Edited by
Jef Poortmans and Vladimir Arkhipov

박막태양전지

제조, 특성평가, 활용

윤경훈 | 안병태 | 문상진 | 김동환 공역

Thin Film Solar Cells

Fabrication, Characterization and Applications

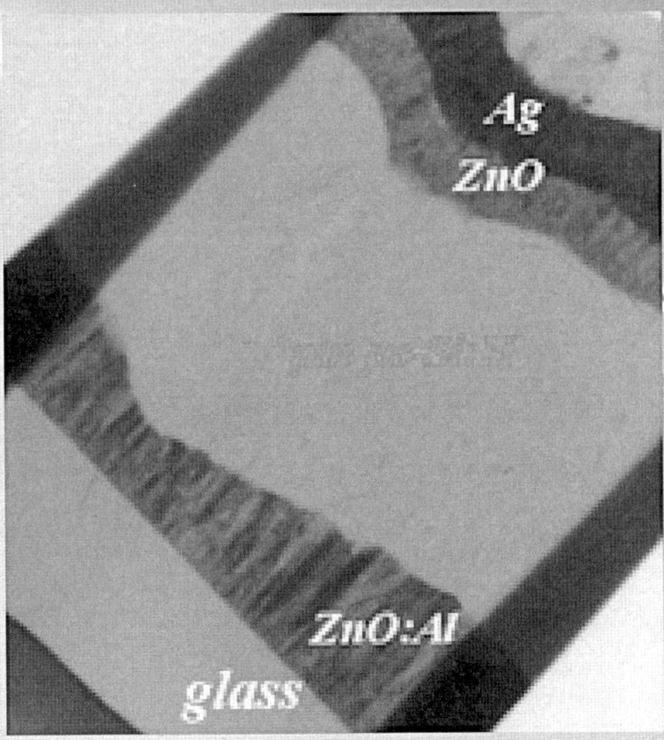

홍릉과학출판사

Thin Film Solar Cells

Fabrication, Characterization and Applications

머리말

인류가 당면하고 있는 여러 가지 문제 중에서, 에너지는 첫 손가락에 꼽을 정도로 중요성이 부각되고 있다. 하지만 무조건적인 에너지 공급이 아닌 환경친화적인 에너지 공급이 최근 더욱 더 중요한 과제로 인식되고 있다. 이런 관점에서 태양전지를 이용하여 대양에너지를 전기로 변환시키는 태양광발전이 어느 때보다 관심을 끌고 있으며, 이미 태양광 기술은 하나의 새로운 에너지 산업으로 확실한 자리를 굳히고 있다. 2010년 말 현재 전 세계에 설치된 태양광발전 용량은 약 43 GW(원자력 발전 1기 용량 : 1 GW)에 달하고, 2010년 한해에만 약 16.5 GW가 설치되었다. 태양전지의 저가격 고효율화를 통해 경제성이 더욱 더 좋아지면 그 시장은 가히 폭발적으로 증대할 것이다.

우리나라의 태양전지 연구는 1980년대 초부터 시작되었지만 이후 상당한 부침을 겪었다. 최근 새로이 태양전지에 대한 관심과 지원이 재개된 것은 제2차 국가 신재생에너지 기본계획이 수립되고 난 이후인 2004년부터이다. 태양전지에 대한 정부의 연구개발 지원이 대폭 늘어나면서 민간 기업의 참여도 활발해졌고, 지금은 많은 대·중·소기업들이 결정질 태양전지 가치사슬 전 분야에 진출해 있고, 특히 실리콘 원료분야는 세계 선두를 다투고 있다.

약간의 시차를 두고 박막 태양전지에 대한 관심과 정부 지원도 폭증하였다. 대규모의 박막 태양전지 연구개발 사업이 대기업의 주도로 추진되었고, 많은 기업들이 초기 기술 탐색은 물론 선도국과 경쟁가능한 상업화 기술 확보에 매진하고 있다. 규모가 작기는 하지만 2개의 기업이 실리콘 박막 태양전지를 생산하고 있다. 이 책에서 소개되는 모든 종류의 박막 태양전지 기술 확보에 치열한 경쟁을 벌이게 되면서, 관련 인력의 확보와 교육도 향후 경쟁력 확보에 매우 중요한 요소로 자리 잡고 있다.

2000년 이후 태양전지에 대한 세계적인 관심 증대와 함께 이와 관련한 다양한 책들이 발간되고 있는데, 이 책은 박막 태양전지(Thin Film Solar Cells)에 관한 많은 연구개발 자료를 소재별로 정리하고 분석 기술한 것으로 2006년에 발간된 것이다. 최신의 동향을 담지 못한 아쉬움이 있지만, 그 내용이 박막 태양전지에 관한 연구자는 물론 산업 현장의 기술인력 그리고 관심을 갖고 박막 태양전지를 처음 접하는 분들이나 학생들에게도 많은 도움이 될 것으로 기대한다.

번역 원고를 꼼꼼히 읽고 수정 의견을 제시해 준 한국에너지기술연구원의 윤재호, 안세진, 조준식, 한치환, 곽지혜, 유진수, 박상현, 안승규, 박주형 연구원들, 그리고 이 책을 번역하고 편집할 수 있도록 도와준 모든 분들께 고마움을 전한다.

2012년 2월
번역자 씀

서문

박막 태양전지 기술 및 산업 현황

P.1 태양전지 현황 및 박막 태양전지의 역할

태양전지는 광흡수층 소재의 종류에 따라 〈표 1〉과 같이 분류할 수 있다. 현재 태양전지 시장의 80% 이상을 점유하고 있는 주류는 결정질 실리콘 태양전지로 단결정, 다결정의 웨이퍼를 기판으로 사용한 것이다. 기술의 성숙도에 따라 이들 결정질 실리콘 태양전지를 1세대로, 그리고 실리콘, 화합물 반도체, 유기물을 소재로 한 박막 태양전지를 2세대로 분류한다. 그리고 현재 실험실에서 태동 중이거나, 미래에 출현할 적층형 또는 나노구조 태양전지, 유무기 복합소재 등의 신개념을 이용한 태양전지를 3세대로 통칭하는 것이 일반적이다. 1세대에 이어 현재 2세대 박막 태양전지가 시장의 점유율을 높여가고 있는 상황이다.

[표 1] 태양전지 기술 분류

대분류	세분류	정의(범위) 및 적용영역
실리콘 계	결정질 실리콘 웨이퍼	벌크 상태의 단결정 및 다결정 실리콘 기판 리본형, 구형 포함
	박막 실리콘	비정질 결정질(단결정, 다결정, 마이크로 결정, 나노결정) 비정질/결정질 탠덤(이중 이상의 다중접합)
화합물 계	III-V 화합물	GaAs, InP 계 III-V 계 자체 또는 IV(Si, Ge)과의 탠덤(다중접합)
	II-VI 화합물	CdTe 계 자체 또는 타 화합물과의 탠덤
	I-III-VI 화합물	$CuInSe_2$ 계(CIS, CIGS, CIGSS, AIGS, CIASS 등) $CuZnSnSe_2$ 계 자체 또는 타 화합물과의 탠덤
유기물 계	염료감응	유기염료 무기 증감제
	유기	유기분자 고분자 유무기 하이브리드 포함

P.1.1 태양전지 시장 규모 및 전망

2010년 한해 실제로 설치된 태양전지는 모듈 기준으로 약 16.5 GW이었다. 이는 금융위기의 여파로 2009년도 전 세계 태양전지 시장이 전년에 비해 그 규모가 줄어들 것이라는 전망에도 불구하고 기대 이상의 증가를 보인 것으로, 태양광에 대한 관심이 식지 않았음을 보여준 데 이어 또 다시 전년도 시장(7.2 GW)에 대비하여 2배 이상 시장 규모가 확대된 것이다. [그림 1]은 연도별 추이를 나타낸 것으로 그 성장세가 폭발적인 것을 확인할 수 있는데, 독일이 2010년 약 8.5 GW를 보급하여 부동의 1위를 고수하고 있다. 이어서 이탈리아, 미국, 일본, 미국, 체코, 프랑스, 벨기에, 프랑스, 중국의 순으로 많이 보급되었다. 2010년까지 보급된 누적량도 독일이 약 17.3 GW로 압도적으로 많고, 이어서 일본, 스페인, 미국, 이탈리아의 순이다. 유럽태양광산업협회(EPIA)는 2011년에 약 20 GW, 2012년에는 약 23 GW가 보급될 것으로 예측하고 있다.

한국에서는 2010년 한해 131 MW가 보급되어, 전체 보급량 누계는 약 652 MW가 되 있다. 2011년과 2012년의 보급량은 각각 142 MW, 229 MW로 전망하고 있다.

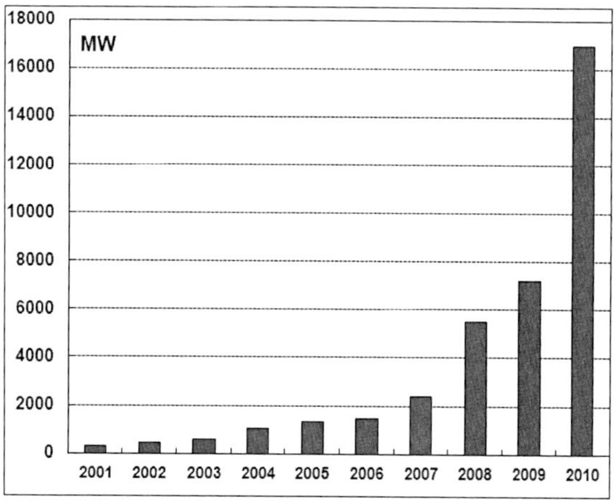

그림 1 전 세계 태양전지 보급량 추이

P.1.2 태양전지 생산

[그림 2]와 같이 모듈 기준으로 태양전지 생산량은 매년 45% 이상의 성장률을 보이고 있다. 2010년도 생산량은 약 27.2 GW로 전년 대비 100% 이상 증가한 것이다. 국가별로는 중국의 성장세가 주목된다. 2010년 기준 중국의 점유율은 무려 47.8%이다. 2위인 대만은 12.7%를 점유하였다.

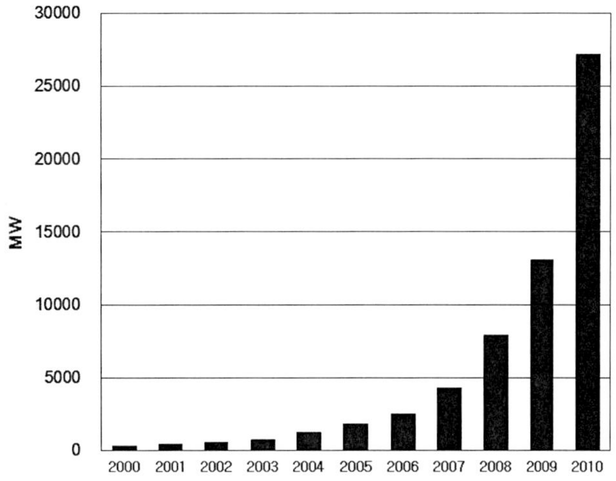

그림 2 전 세계 태양전지 생산량 추이

개별 기업별로는 중국의 Suntech가 약 1.6 GW를 생산하여 1위, 중국의 JA Solar가 2위, 미국의 First Solar 사가 CdTe 박막 태양전지만으로 생산량 1.4 GW를 상회하여 3위를 차지하였다.

한국은 모듈 기준으로 2010년 약 865 MW를 생산하였는데, 이는 전 세계 생산량의 약 3.2%에 해당한다.

전 세계적으로 태양광 분야에는 40개국에서 약 400여개의 회사가 활동 중인데, 국내에서도 이제는 태양전지 생산 연구개발에 대기업의 참여가 활발해지고 있다.

[그림 3]과 같이 시장에 진입해 있는 3가지 — 비정질 실리콘(a-Si), CdTe, CIS 화합물 — 박막 태양전지의 전체 생산량 점유율은 2005년까지는 결정질 실리콘 태양전지의 생산량이 급증하면서 상대적으로 위축되었으나, 2005년 이후 꾸준하게 점유율을 높여가고 있다. 2009년도에는 박막 태양전지의 점유율이 16.8%를 차지하였는데, 이때 CdTe 태양전지의 생산량 증대가 큰 기여를 하였다. 하지만 2010년에는 박막의 점유율이 11.9%로 다시 떨어졌다. 종류별로는 CdTe 태양전지가 5.3%, 실리콘 박막 태양전지가 5.0% 그리고 CIS 태양전지가 1.6%이다. 염료감응과 유기 태양전지는 아직 시장에 진입하지 못하고 있는 실정이다. 점유율이 전년도에 비해 떨어진 것은 기대를 모았던 실리콘 박막 태양전지의 생산이 주춤한 반면, 결정질 실리콘 태양전지의 생산량이 다시 급증하였기 때문이다. 최근 CIS 박막 태양전지에 대한 기업의 관심이 고조되면서 이를 전환점으로 박막의 점유율이 다시 점증할 것으로 전망되고 있다.

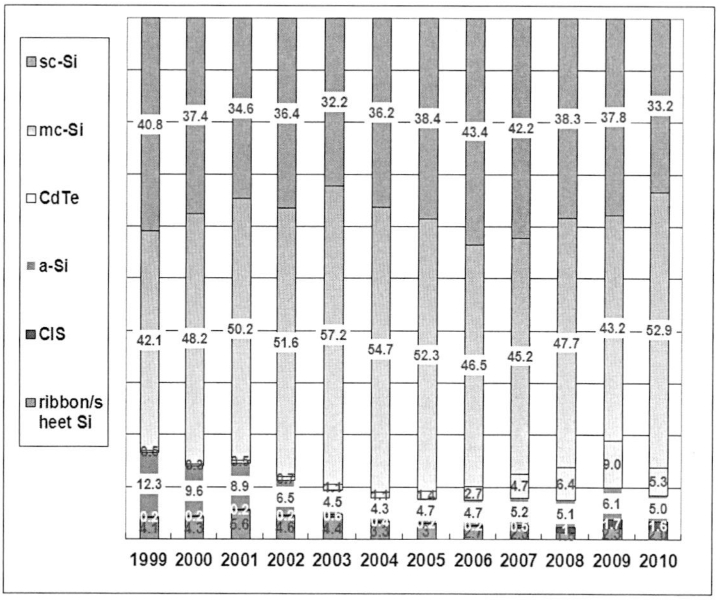

그림 3 태양전지 종류별 전 세계 생산량 추이

P.1.3 태양전지의 경쟁력

결정질 실리콘 기반 태양전지 생산기술의 엄청난 진전과 생산단가의 빠른 하락에도 불구하고 현재의 태양전지 모듈 제조단가는 아직 약 $1.5/W 수준이다. 1990년대 초반에는 약 $5/W, 그리고 2004년에는 약 $2.5/W이었다. 이를 토대로 계산 가능한 태양광발전의 발전단가는 아직 약 $0.25/kWh 정도로 화력발전이나 여타 신재생에너지 발전과 경쟁하기에는 부족하다.

웨이퍼 기반의 결정질 실리콘 태양전지는 고효율, 안정성이 우수한 장점이 있지만 실리콘 원료로부터 단결정의 잉곳이나 다결정의 블록을 만든 다음 이를 절단, 연마하여 웨이퍼를 만들고, 웨이퍼로부터 태양전지 제조, 모듈 조립 등 많은 수의 공정이 필요하고 공정 자체가 단속적일 수밖에 없는 단점이 있다. 향후 결정질 실리콘 태양전지의 경제성을 향상시킬 수 있는 방안으로 실리콘 웨이퍼의 두께를 현재의 180~200 μm에서 최저 50 μm까지 줄이는 데 큰 기대를 걸고 있다. 가장 확실한 대안으로는 박막 태양전지 기술, 나아가서는 새로운 소재와 구조를 이용한 초저가, 초고효율 태양전지를 개발하는 것이다.

P.2 박막 태양전지용 소재

P.2.1 박막의 정의

박막 태양전지 기술이라는 용어에 대한 개념 정립이 잘 되어 있지 않은데, Chopra 등이 '박막'과 '후막(thick film)'을 구분할 수 있는 훌륭한 기준을 제시하였다[3]. 이에 따르면 박막은 하나의 기판 위에 개별적으로 응축/반응하는 원자/이온/분자 종들(species)이 출발부터 무작위한 핵생성(nucleation)과 성장(growth)을 하여 만들어진 재료라고 정의하고 있다. 이런 재료의 구조적, 화학적, 야금학적 그리고 물리적 특성들은 많은 수의 증착 변수들에 강하게 의존하고 그리고 두께에 의존하기도 한다. 박막은 수 나노미터부터 수십 마이크로미터까지 상당한 범위의 두께를 포함할 수 있고 그리고 두께에 의하기 보다는 제조 프로세스에 의해 정의하는 것이 가장 적합하다. 벌크 재료의 thinning이나 혹은 스크린 프린팅, electrophoresis, 슬러리 스프레이, 플라즈마 건, ablation 등과 프로세스에서 미세 종들(microscopic species)의 cluster들을 증착하는 것과 같은, 통상 후막 기법이라고 부르는 여러 가지 방법으로 얇은 두께의 재료(thin material : 박막이 아님)를 만들 수도 있다. 위 정의에 따르면 다양한 박막 제조법(플라즈마, 스퍼터링, 진공증착, 액상 증착 등)이 사용가능하고 박막의 전기적 구조적 특성(결정질, 비정질, 중간 상)을 요구에 맞게 만들 수 있다.

P.2.2 박막 광흡수층 재료

전통적으로 태양전지 재료는 무기 반도체를 사용하며, 반도체가 전하 캐리어를 분리시키는 접합을 형성한다. 접합은 결정질 Si 태양전지와 같이 동일한 소재를 사용하는 동종접합(homojunction) 혹은 CdTe나 CIS와 같이 다른 소재를 사용하는 이종접합(heterojunction)을 만들게 된다. 원칙적으로 많은 수의 반도체 재료들이 사용가능하지만 그 중 일부만이 관심의 대상이 된다. 효율적인 지상용 태양전지의 광흡수층 재료로 이상적인 것은 350~1,000 nm 파장 영역의 빛에 대한 흡수계수가 높고(10^4~10^5 cm^{-1}), 밴드갭이 1~1.5 eV, 여기된(excited) 캐리어들의 양자효율이 높고, 확산길이가 길고 재결합 속도가 낮은 반도체이다. 만약 이들 조건들이 만족되고 그리고 기본 소재를 널리 확보할 수 있으면, 이 재료는 원칙적으로 박막 태양전지를 만들 수 있는 재료이다.

프로세스, 생산성 그리고 재현성 측면에서, 간단하고 간편한 방법으로 박막 태양전지를 제조할 수 있는 것이 단일원소로 된 반도체이다. 현재 태양전지 시장의 주류인 실리콘이 그것이다. 결정질 실리콘은 밴드갭이 1.1 eV인 반도체이다. 실리콘이 3.4 eV 보다 낮은 에너지를 가진 포톤(photon)들에 대해서는 간접천이 특성을 가지므로 박막 태양전지에 이상적인 재료인지는 아직 확실하지 않다. 그럼에도 불구하고 결정질 실리콘을 소재로 한 박막 태양전지 개발이 활발하게 이루어지고 있다. 결정질 실리콘의 박막은 미결정 실리콘을 형성하는 저온 증착 방법이나 혹은 고온 증착 방법으로 성장할 수 있다. 후자의 경우 성장된 결정질 실리콘의 재료 특성은 벌크 실리콘 태양전지 재료와 비슷하다. 흡수 계수가 비교적 낮기 때문에 흡수를 효율적으로 향상시킬 수 있는 광학적인 강화책이 사용되지 않는 경우 결정질 실리콘의 두께는 최소한 30 μm는 되어야 한다. 실리콘은 굴절률이 높기(4) 때문에 효과적인 빛 가두기가 가능하여 광학적인 경로를 50배로 증가시킬 수 있다. 따라서 결정질 실리콘 박막 태양전지 연구에서 광포획이 연구의 중요한 부분이 되는 것은 당연하다.

실리콘은 또한 비정질 형태로 증착할 수 있다. 비정질 실리콘 그 자체는 불포화결합(dangling bond)의 밀도가 극도로 높고 그리고 밴드갭 내에서의 상태 밀도가 매우 높아서($>10^{19}$ cm^{-3}) 빛에 의해 생성된 과잉 캐리어들이 즉시 재결합하게 되고 페르미 준위를 pinning하여 도핑에 의한 제어가 불가능하여 태양전지용으로는 거의 소용이 없다. 수소로 비정질 실리콘을 합금화하면 수소가 불포화결합의 대부분을 부동태화(passivation)하여 밴드갭 내의 상태 밀도를 10^{16} cm^{-3} 이하로 감소시킴으로써 그 특성이 엄청나게 향상된다. H와의 합금은 플라즈마에 의한 Si 전구체(대부분 SiH_4)의 분해로 증착되는 박막의 증착 중에 자연스럽게 일어나고, 이렇게 형성된 재료를 a-Si:H로 표기한다. 결정질 실리콘과 대비하여 a-Si:H는 박막 태양전지의 광흡수층으로서 매력적인 많은 특성을 가지고 있다. a-Si:H의 밴드갭은 증착 방법이나 증착 조건을 제어하여 어느 정도 범위에서 변화시킬 수가 있다. 게다가 이 재료는 도핑하기 쉬워 동종접합 소자로 제작할 수 있고, 그리고 해당 파장 범위에서 광학적인 흡수계수가 매우 높다. 적절한 증착 조건과 수소 희석을 강하게 하면 나노결정이나 미결정(microcrystalline) 재료를 얻을 수 있다. 결정의 크기와 부피 비율(volume fraction)은 매우 작지만, 어닐링하게 되면 이들 결정립들은 비정질 매트릭스의 나머지 부분을 재결정화하는 데 촉매 역할을 한다. 이 방법으로 만든 미결정 재료는 결함 밀도가 더 낮고 a-Si과 비교하여 광열화에 대한 안정성이 더 높다. 최근 개발된 효율이 좀 더 높은 재료는 비정질과 중간 범위 정도의 미결정 재료의 이종(heterogeneous) 혼합물로 구성된 것이다.

a-Si:H는 1980년대에 한동안 결정질 실리콘의 독점적 지위에 도전할 수 있는 매력적인 재료로 부각되었다. 결정질 실리콘에 비해 안정성 문제와 낮은 효율 때문에 a-Si:H 기반 박막 태양전지의 시장은 한계에 부딪쳐 있다. 그럼에도 불구하고 현재 결정질 실리콘의 부족 문제와 다중접합(multijunction) 구조 및 미결정/비정질 하이브리드의 개발은 이 기술에 새로운 기회를 제공하고 있다. 최근에는 카본(carbon)도 박막 태양전

지의 후보 재료로 출현하였는데, 붕소를 도핑한 diamond-like 카본[6]과 fullerene 박막[7]에서 첫 결과가 보고되었다. 이들은 아직 개발의 성숙도가 낮다.

GaAs, InP 그리고 그 합금과 화합물 등의 III-V 화합물 재료는 대부분 직접천이 밴드갭을 가지고 있어 태양전지용으로 이상적이나, 증착에 필요한 전구체와 증착 시스템 자체가 비싸기 때문에 대규모 상업용 목적으로는 아직 경제성이 떨어진다. 이들 재료들의 증착용 시스템은 분자선 에피택시(molecular beam epitaxy)나 혹은 유기 금속 기상 화학 증착(metalorganic chemical vapour deposition)을 토대로 한 것들이다.

프로세스 상의 용이성과 재료 및 증착 비용의 측면에서 좀 더 매력적인 것은 CdTe나 $CuInSe_2$와 같이 그 변형인 II-VI 혹은 I-III-VI 화합물이다. 박막 태양전지 제조에 이들 재료들이 가지는 장점은 2가지 요소에 바탕을 두고 있다. 이들 재료들의 화학적인 구조 때문에 내부[결정입계(結晶粒界, grain boundaries), 계면 interfaces]와 외부 표면은 자체적으로 부동태화가 잘 되어 있고, 과잉 캐리어의 재결합 속도가 낮은 특징이 있다. 결정입계에서의 재결합이 낮아서 재료가 불과 수 μm 정도의 작은 결정립들을 가진 다결정(polycrystalline)인 경우에도 높은 효율의 태양전지를 제조할 수 있다. 이 점은 통상 결정입계에서의 재결합 속도가 높은 결정질 실리콘과 대비된다. 게다가 다결정성은 다양한 기판(유리, 스틸 포일 등)의 사용을 가능케 하고, 에피택셜 성장이나 큰 결정립을 얻기 위해 고온이 필요하지 않으므로 저온 증착 공정의 사용이 가능하다. 두 번째 중요한 특성은 밴드갭을 조절할 수 있는 가능성이다. $CuInSe_2$에서 Se을 S로 대체하면 밴드갭을 높일 수 있다. 이런 특성을 활용하여 밴드갭 구배를 형성하면 과잉 캐리어의 수집을 촉진하고 그리고 궁극적으로는 다중접합 태양전지의 구현도 가능할 수 있다. 3원 그리고 4원 화합물에서 성분의 수가 증가함에 따라 가능한 재료 조합의 수도 증가한다.

유기 반도체는 무기 반도체 광흡수층을 대체할 수 있는 흥미로운 재료로, 폴리머/플라스틱 재료가 가지는 우수한 기계적 특성과 제조 측면의 장점 및 우수한 광전(optoelectronic) 특성의 결합이 가능하다. 유기 반도체에서는 포톤을 흡수하여 자유전하가 아닌 0.5 eV 정도의 결합에너지를 가진 전자-정공이 결합된 쌍(exciton)이 생성된다. 엑시톤은 에너지를 운반하지만 net 전하는 운반하지 못하고, 또한 분해 사이트(dissociation site)로 확산되어서 전하의 분리 및 접촉전극으로의 수송이 일어나야 한다. 반도체 폴리머들 대부분은 밴드갭이 2.0 eV 이상이기 때문에 대부분의 유기 반도체에서는 입사광의 아주 일부(30%)만 흡수된다. 전하 캐리어와 엑시톤의 이동도(mobility)가 낮기 때문에 활성 광흡수층의 두께는 100 nm 이하이어야 한다. 굴절률이 작아 특별한 접근방법이 필요하기는 하지만 광포획이 사용되면 이 두께는 대부분의 태양광을 흡수하기에 충분하다. 더 중요한 점은 유기 반도체 박막 제조시 spinning이나 프린팅 같은 간단하고 값이 싸며 에너지 소비가 적은 공정을 사용할 수 있다는 것이다. 궁극적으로는 용액 공정으로 플렉시블 기판 위에 박막 제조가 가능하며 또한 이를 거의 실온에 가까운 온도에서 진행할 수 있기 때문에 매우 값싼 소자 제작이 가능하다. 아직 이들 소자의 효율은 낮지만 소규모 전력이 요구되는 분야에 1회성 태양전지로 활용하는 것은 조만간에 가능할 것이다. 유기 태양전지의 시장 진입이 본격화되기 전에 해결되어야 할 주요 이슈는 공액 고분자의 안정성 향상과 고효율이 가능하도록 블렌드/컴포지트 폴리머와 적절한 염료를 사용하여 유기 재료의 밴드갭을 태양광 스펙트럼과 합치되게 하는 것이다.

P.3 박막 태양전지 기술

위에서 설명한 반도체 광흡수층 재료를 토대로 한 박막 태양전지 기술은 다음과 같다.

P.3.1 결정질 실리콘 박막 태양전지

결정질 실리콘 박막 태양전지에는 다양한 접근방법이 있다. 고전적인 결정질 실리콘 태양전지 구조에 가장 가까운 것이 에피택셜 태양전지이다. 이 박막 태양전지의 기본 구상은 [그림 4 (a)]에서와 같이 에피택셜 성장으로 저가의 실리콘 담체(carrier) 기판 위에 전자 특성이 우수한 결정질 실리콘 박막을 형성하는 것이다. 이 구조는 기존의 벌크 결정질 실리콘 태양전지 구조와 매우 흡사하고, 태양전지 프로세스도 현재의 태양전지 산업에서 사용되는 것과 매우 유사하다. 구조적인 유사성 때문에 결정질 실리콘에 의해 지배되고 있는 현재의 태양전지 산업에 큰 어려움 없이 받아들여질 수 있다. 특별한 경우는 'lift-off approach'로 다공성 실리콘을 토대로 결정질 실리콘 템플레이트 방법을 이용하여 얇은 셀을 실현하는데, 실리콘 박막은 셀 프로세스 이전 혹은 이후에 lift-off 한다.

에피택셜 방법은 실리콘 기판을 사용하게 된다. 비실리콘 기판 위에 결정질 실리콘 박막 태양전지를 구현하기 위한 시도도 있었다. 박막 증착에 고온(> 600℃)을 사용하므로 유리는 적절한 기판이 아니다. 이 보다는 저가격의 세라믹 기판이나 흑연이 그 대상이 된다. 기판이 비전도성인 경우에는 [그림 4 (b)]에서와 같이 태양전지를 접촉하는 데 특별한 태양전지 구조가 필요하다. 이들 기판 위에 증착되는 실리콘 층은 미결정 혹은 다결정으로 결정입자의 크기는 성장 온도와 실리콘 증착 동안의 과포화(supersaturation) 조건에 좌우된다. 이 분야에서 상당한 진전이 있었지만, 1~10 μm

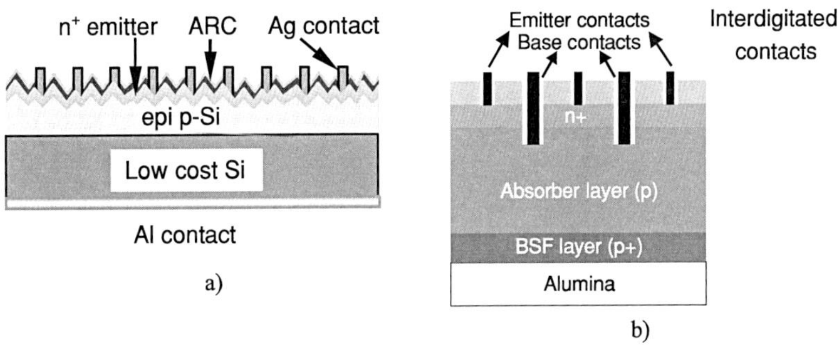

그림 4 a) 고농도로 도핑된 저가격 실리콘 기판 위에 형성한 에피택셜 셀의 개략도(ARC : 반사방지 코팅), b) 비전도성 기판에 사용되는 새로운 태양전지 구조.

정도의 결정입자들을 가진 재료에서 어느 정도의 효율을 달성하는 것은 어려운 것으로 밝혀졌다. 고온을 견딜 수 있는 세라믹 기판 위에서는 최종 결정입자의 크기를 증가시키기 위해 흔히 액상 재결정을 하고, 반면에 제한된 시간 동안만 650℃ 이상의 프로세스 온도를 견딜 수 있는 기판용으로 레이저 재결정화와 RTA(rapid thermal annealing) 방법이 개발되었다.

P.3.2 비정질과 미결정 실리콘 박막 태양전지

a-Si:H는 효율적으로 p-형과 n-형으로 도핑할 수 있기 때문에 셀의 구조는 동종접합을 기본으로 한다. 캐리어의 수명이 짧고 캐리어 이동도가 낮아 순수하게 과잉 캐리어의 확산에 의한 수집은 효과적이지 못하다. 그러므로 a-Si:H 태양전지는 캐리어의 수집을 향상시키기 위해 표류(drift) 영역을 도입한다. 그 결과 태양전지의 구조는 진성(intrinsic) a-Si:H 층이 n^+-형과 p^+-형 층 사이에 샌드위치된 p-i-n 구조가 된다. 진성 영역에서의 낮은 도핑 때문에 전기장은 진성 영역 전체에 걸쳐지게 된다. 앞에서 언급한 바와 같이 재료와 접합 소자의 특성은 Staebler-Wronski 효과라고 알려진 빛에 의해 생성되는 준안정 결함들에 의해 크게 영향을 받는다. a-Si:H 소자의 광열화 그리고 그 결과에 의한 태양전지 진성 영역에서 전기장이 저하되는 것을 막기 위해서는 a-Si:H 층의 두께를 줄여서 광생성 캐리어들이 접촉전극에 도달하기 전까지 짧은 거리만 이동해도 되도록 하면 된다. 하지만 두께를 줄이면 빛의 흡수가 더 줄어들기 때문에 포톤을 흡수하는 데 필요한 유효 두께를 증가시키기 위해서는 전면과 후면 접촉전극이 산란 반사를 일으키는 빛 가두기 기법이 요구된다. 상당 기간 동안에 증착 기법과 소자 구조에 대한 광범위한 연구개발의 결과 높은 효율과 중간 정도의 안정성을 나타내는 단일접합과 다중접합 소자가 개발이 되었다. a-Si:H를 기반으로 하는 다중접합 태양전지의 구조는 [그림 5 (a)]와 같다.

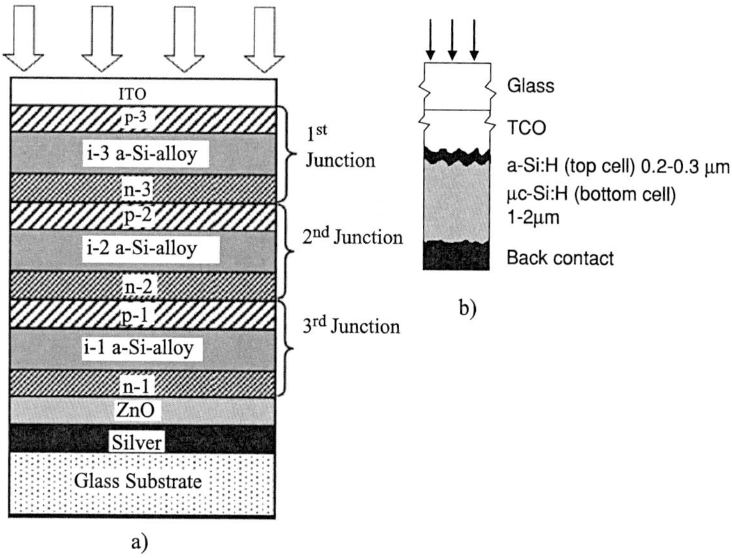

그림 5 a) a-Si:H 기반 다중접합 태양전지의 단면 구조. 성능 향상을 위해 하층의 a-Si:H 서브 셀은 가끔 a-SiGe:H 합금을 대체한다. b) 마이크로모프 개념에서는 a-Si:H 하층 셀을 미결정 실리콘으로 대체하여 안정성이 향상된다.

Ge 전구체의 비용이 비싸고 a-SiGe:H 층의 전자 특성이 a-Si:H 층보다 낮아서 미결정 실리콘과 같은 다른 재료로 a-SiGe:H를 대체하기 위한 많은 노력이 있었다. 그 결과 [그림 5(b)]와 같이 a-Si:H 상층 셀에 미결정 하층 셀을 결합한 '마이크로모프(micromorph)' 개념이 출현하게 되었다.

P.3.3 $CuInGaSe_2$와 CdTe 태양전지 구조

$CuIn(Ga)Se_2$(CIGS) 태양전지는 상판(superstrate)과 기판(substrate) 구조 둘 다 사용되고 있다. 박막 성장과 상호 확산, 그에 따른 소자의 특성은 소자 구조에 의존한다. 고온에서의 CIGS 박막 성장 중에 CdS가 상호 확산하기 때문에 상판 구조의 CIGS 태양전지는 기판 구조보다 못하다. 상판 구조에서의 최고 효율은 10.2%이다. 반면에 기판 구조에서는 [그림 6(a)]와 같이 CdS 버퍼층을 사용하여 20%의 효율이 달성되었다.

Cadmium telluride(CdTe) 태양전지는 CdTe 표면이 접촉전극에 노출되므로 우선적으로 상판 구조로 제조된다. 게다가 프로세스 중의 CdS 확산이 CdTe와 CdS 사이의 격자결함을 줄이는 좋은 역할을 한다. CdTe 태양전지는 고온(600℃) 증착을 위해 붕규산(borosilicate) 유리를 사용하고, 저온 증착(60~500℃)의 경우는 소자석회 유리를 사용한다. CdTe는 스테인리스 스틸, Mo, Ni, Cu 같은 얇은 금속 포일 위에 증착하기도 한다. CdTe 증착에서는 Mo이 최적인데, 이는 열적 합치도가 좋기 때문이다.

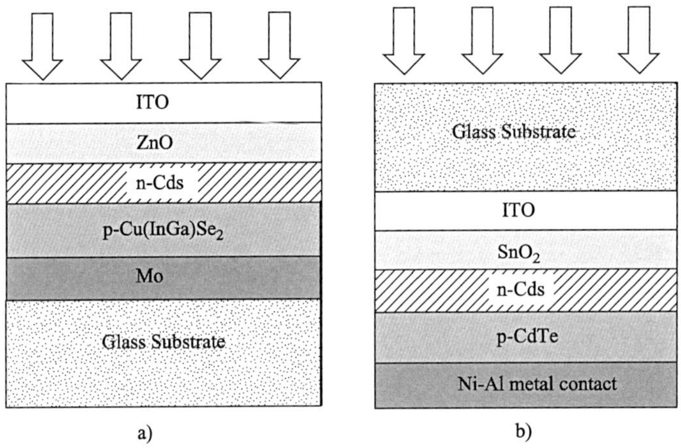

그림 6 a) 전형적인 기판 사용의 CIGS 태양전지 구조, b) 상판 구조의 CdTe 태양전지 구조.

P.3.4 유기 박막 태양전지의 기본 구조

유기 태양전지(organic solar cell)라는 용어는 정확하게 구분을 하여야 한다. 이 용어는 유기물 층이 태양전지의 핵심 부분이 되는 태양전지를 커버한다. 태양광 변환의 기본 스텝은 빛의 흡수, 전하 캐리어 생성, 전하 캐리어 수송 그리고 외부 전극을 통한 전하 캐리어의 추출/주입(extraction/injection)이다. 좀 더 정확하게, 유기 태양전지라는 용어는 처음 2 스텝이 유기물 층에 의해 실현되는 경우에 적용한다. 이 정의에 의하면 하이브리드 소자뿐만 아니라 완전한 유기 태양전지도 커버된다.

유기 태양전지는 활성층 재료가 매우 값싸다는 잠재성 때문에 오랜 기간 연구개발의 대상이 되어왔다. 처음에 유기 태양전지를 구현하고자 하는 대부분의 시도는 핵심적으로 박막 p-n 혹은 p-i-n 소자와 같은 개념에 토대를 두었다. 그 결과 약 1%의 변환효율을 얻었는데, 엑시톤의 확산길이가 짧고, 엑시톤의 분해가 충분하지 않는 것이 주요 제약 요인이었다. 유기물을 사용한 태양전지의 돌파구는 평판형의 이종 혹은 동종접합으로부터 전적으로 벗어난 개념의 출현과 함께 왔다. 이 개념의 포괄적인 아이디어는 여기된 캐리어들을 포획하고 그리고 엑시톤의 분해 속도를 증가시키는 벌크 내에 분포된 계면들의 존재이다. 'Graetzel cell'이 하이브리드 셀에 속하는 이런 포괄적인 아이디어의 확실한 사례이다. 기공이 많은 TiO_2 층 내에 [그림 7 (a)]와 같이 기공의 벽에 단일층의 유기 증감제(sensitizer)가 흡착되어 있다. 포톤을 흡수한 후 증감제 분자 내에서 여기된 전자가 즉시 TiO_2의 전도대로 넘어가고, 그 후에 전자는 기공성 네트워크를 통하여 접촉전극으로 확산되어 간다. 산화된 증감제 분자는 기공 내에 있는 액체 전해질을 통하여 전자를 공급받으면서 처음의 상태로 환원된다. 이런 하이브리드 개념을 이용한 태양전지는 소면적에서 최고 11%의 효율이 달성되었고, 면적 17 cm^2 정도의 서브 모듈에서는 효율 9.9%가 보고되었다. 이런 하이브리드 태양전지에서 당면 이슈는 적색과 적외선 스펙트럼의 흡수를 더 잘할 수 있는 재료로 증감제를 대체하는 것과 고상의 정공 전도체(hole conductor)로 액체 전해질을 대체하고 태양전지의 안정성을 향상시키는 것이다.

하이브리드 태양전지와 비교가 되는 완벽한 유기 태양전지가 [그림 7 (b)]의 벌크 도너-억셉터 이종접합 개념으로, 2개의 유기 화합물을 혼합한 것인데, 하나는 도너의 특성을, 다른 하나는 억셉터의 특성을 가진다. 엑시톤은 도너와 억셉터 계면에서 매우 효과적으로 분해되고, 상호 연결된 도너 억셉터 서브 네트워크를 통하여 접촉전극으로 흘러간다. P3HT/PCBM 도너-억셉터를 이용하여 만든 이런 유형의 태양전지에서 효율 8 %가 보고되었다. 100 fs 범위의 전이시간(transfer time)과 함께 엑시톤 분해가 극히 효과적인 것으로 밝혀져 PCBM 억셉터는 널리 사용된다. CN-PPV/MEH-PPV 조합과

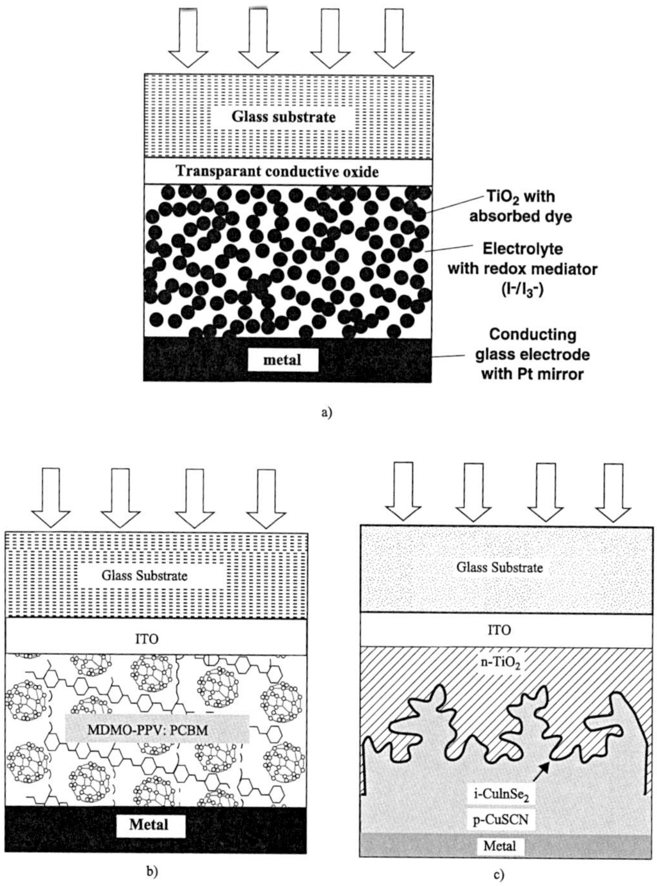

그림 7 a) 기공성 나노결정 TiO_2 기반 Graetzel cell, b) 벌크 도너-억셉터 이종접합 개념, c) ETA cell 구조.

같이 PCBM 대신에 억셉터의 특성을 가진 폴리머를 사용한 경우도 보고되었다. 이런 유기 태양전지에서의 당면 과제는 적색과 적외선 영역까지 흡수를 확대할 수 있는 활성층 재료, 이동도가 높은 재료(액체 결정 재료의 사용 시도도 있었음)의 사용 그리고 안정성에 관한 것이다. 도너의 적색과 적외선 감도를 향상시키는 측면에서 thiophenes에 대한 연구가 집중되었는데, 이 재료는 안정성도 향상시켜 줄 수 있다.

이와 같은 3차원 접합 소자에서 유기물을 사용하지 않은 개념도 있는데, [그림 7 (c)]의 ETA(extremely thin absorber) 구조이다.

P.4 모듈 제조 기본 구상

기본적으로 박막 태양전지를 인터커넥션하여 모듈을 만드는 방법은 2가지이다. 첫 번째 개념은 결정질 실리콘 태양전지로 만든 모듈과 유사하다. 동일한 개념은 에피택셜 태양전지나 혹은 흑연 위의 결정질 실리콘 박막 기술과 같은 웨이퍼 형태의 태양전지를 토대로 한 어떤 박막 구조에도 적용이 된다. 이 개념은 [그림 8 (a)]와 같이 하나의 태양전지의 전면과 이웃하는 태양전지의 후면 사이를 금속 탭을 이용하여 인터커넥션한다.

두 번째 개념은 모놀리식(monolithic) 모듈로 셀과 모듈 프로세스가 더 이상 구분이 되지 않는다. 모놀리식 태양광 모듈의 제조에서는 하나의 대면적 기판 위에 서로 다른 박막을 순차적으로 증착하여야 한다. 전형적인 다결정 상판 모듈 제조 프로세스는 우선 유리 기판의 세척으로부터 시작하고 이어서 TCO 증착, 창층과 광흡수층 형성이 이루어진다. 일반적으로 3번의 레이저 혹은 기계적인 스크라이빙(scribing) 스텝으로 셀들의 각 영역을 결정하고, 상호 연결 및 분리시킨다. 두 번째 스크라이빙 후의 금속 전극 공정으로 첫 번째 스크라이빙으로 구분한 셀들을 상호 연결한다. 인터커넥션 방법은 제조업체에 따라 다르다. 이후에 모듈은 라미네이션과 전류 도선 부착을 통해 완성된다. [그림 8 (b)]는 전형적인 모놀리식 모듈의 단면을 보여주고 있다. 실제 프로세스와 소자 구조 그리고 재료는 제조업체에 따라 다르다. 모듈 제조에서 셀들을 모놀리식하게 연결하는 것이 모듈에서의 손실을 최소화할 수 있는 방안인 것을 그림으로부터 확인할 수 있다. 제조 단가 측면에서 수율(yield), 재료 가격, 자본 투자 등이 대면적 모듈 제조에 핵심적인 영향을 미치는 요소들이다. 생산 수율은 여러 가지 인자에 의해 좌우되는데, 증착 프로세스의 균일성, 개별 셀들을 상호 연결하고 분리하는 데 사용하는 레이저 스크라이빙 등이 그러하다. 대면적에서의 소자 균일성은 매우 중요한 요소인데, 결함이 있는 하나의 셀이 전체 모듈의 성능에 심각한 영향을 미치기 때문이다. 이 점은 모놀리식 모듈 제조 방법의 약점이자 장점이다. 원칙적으로 모놀리식 모듈 제조 방법은 웨이퍼 기반 모듈 제조방법에 비해 많은 수의 공정 스텝이 감소되기 때문에

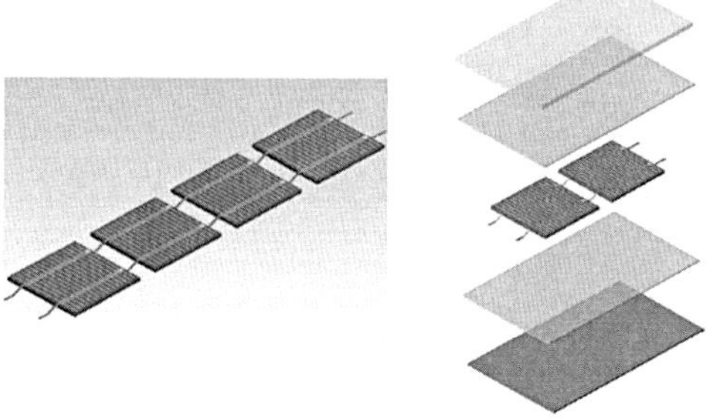

a)

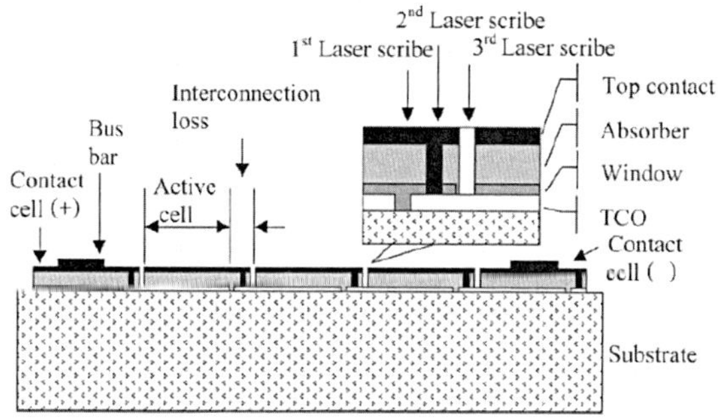

b)

그림 8 a) 벌크 결정질 실리콘 태양전지를 사용하는 모듈의 구조 개념으로 웨이퍼와 같은 형태의 태양전지이면 어떤 박막 기술에도 적용 가능하다. 왼쪽의 그림은 태양전지의 스트링 연결을 보여주는 것이고, 오른쪽은 셀의 라미네이션을 보여준다. b) 박막 기술을 사용한 경우의 전형적인 모듈 단면.

제조단가를 상당히 절감할 수 있다. 하지만 이런 가격절감 상의 잠재성은 모듈 제조에 사용되는 프로세스가 대면적에서도 매우 높은 수율을 보장해 줄 수 있을 경우에만 실현이 될 것이다.

P.5 태양전지 변화효율 추이

2010년 말 현재 소재별 태양전지의 최고 변환효율과 주요 특징은 〈표 2〉와 같다[4]. 지상용의 경우 결정질 실리콘 태양전지의 효율이 가장 높은데, 시장의 점유율을 높여가고 있는 박막의 경우 CIGS가 가장 높고, 이어서 CdTe, Si의 순이다. 특히, CIGS의 경우는 실험실적 효율이 다결정실리콘 태양전지의 최고 효율에 근접하고 있다.

태양전지 종류별 변환효율 추이는 [그림 9]에서 보는 바와 같이 전체적으로 꾸준한 상승세를 확인할 수 있지만 종류에 따라 수년간 정체되고 있는 경우도 적지 않다[5]. 그리고 최근 연구개발의 관심이 증대되고 있는 유기 태양전지의 경우는 효율 향상 속도가 매우 빠름을 볼 수 있다.

[표 2] 태양전지 종류별 변환효율 및 특징

	실험실 전지 효율 (%)	셀/서브 모듈 효율 (%)	모듈 효율 (%)	2010년 생산 점유율	특징 및 장단점
단결정 Si	25.0	24.2	21.4	33.2%	기술 성숙, 대규모 생산 소재 안정성 제조가 비쌈, 유연성 없음
다결정 Si	20.4	19.3	17.6	54.9%	
Si 박막	12.5	11.7	10.4	5.0%	비교적 저가, 유연성, 경량 효율 낮고, 옥외 열화
CdTe 박막	16.7	12.5	10.9	5.3%	비교적 고효율, 경량 Cd 거부감, Te 자원 부존량
CIGS 박막	20.3	16.7	15.7	1.6%	고 효율, 안정성, 경량, 유연성 고가 공정, Si 대비 경험 부족 In, Ga 부존 자원량 한계
염료감응	11.2	9.9		0	저가 잠재력 최고 유연성, 다양한 용도 상업화 기술 미성숙 소재 불안정성
유기	8.3	3.5		0	
III-V	GaAs 27.6% GaAs 29.1%(117 suns) GaInP/GaAs 32.6%(1026 suns) GaInP/GaAs/Ge 32.0% InGaP/GaAs/InGaAs 42.3%(406 suns)				

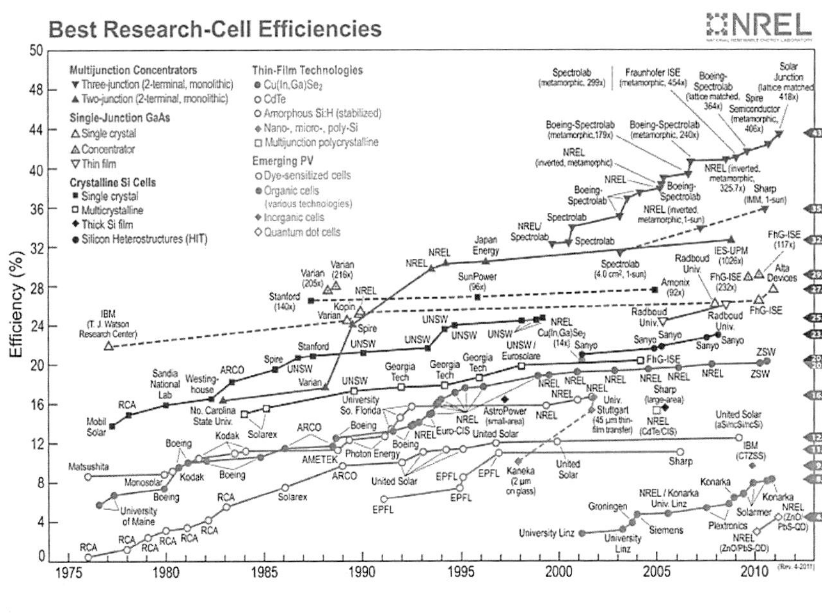

그림 9 소재별 태양전지 및 모듈의 변환효율 향상 추이(NREL)

P.6 이 책의 개요

이 책은 앞에서 요약 소개한 박막 태양전지를 개략적으로 설명한 것이다. 우선 다양한 태양전지의 개념들을 소개하고 이들 소자의 성능에 대한 현황, 모폴로지(morphology)와 전기광학적인 측면을 포함한 특성 평가에 대한 정보를 제공하고자 하는 것이 이 책의 목적이다. 이런 측면에서 이 책은 향후 태양전지 시장에서 점차로 점유율을 높여 갈 박막 태양전지에 대해 배우고자 하는 일반 대중뿐만 아니라 최근의 지식을 얻고자 하는 과학기술자들에게도 흥미로울 것이다.

이 책의 짜임새를 살펴볼 때 독자들은 활성층의 결정입자(grain 또는 crystal grain, 결정립) 크기가 제1장에서 뒤로 갈수록 감소한다는 것을 알아챌 수 있을 것이다. 제1장과 2장에서는 결정립의 크기가 mm 범위이고, 제3장과 4장에서는 그 크기가 μm 범위로 작아지고, 그리고 제5장에서는 전면적으로 비정질 재료를 다룬다. 제1장에서는 저가격의 실리콘 기판 위에 실리콘 박막을 에피택셜로 성장시키는 'epitaxial cell' 방법을 다룬다. 그 결과로 얻어지는 구조는 다결정 웨이퍼와 동일하고, 이것으로 태양전지 산업에서 흔히 사용되는 공정으로 태양전지를 만들게 된다. 이런 측면에서 이는 기존 태양전지 기술과 박막 태양전지 기술 사이의 다리 역할을 한다. 이를 연장하여 제2장에서는 결정질 실리콘 박막을 비 실리콘 기판 위에 증착한다. 실리콘 층이 녹는 고온 처리를 통해 결정질 실리콘 층이 다결정 실리콘과 유사한 형태로 변환된다. 기판이 만약 전도성이면 실리콘 웨이퍼와 역시 동일한 구조가 만들어지게 된다. 만약 기판이 비전도성이면 최종 구조는 [그림 8 (b)]와 같은 기본적인 박막 모듈에 더 가깝게 된다. 고온 처리 때문에 비 실리콘 기판은 열적 및 기계적인 안정성 측면에서 엄격한 요구조건을 만족시켜야 하고, 반면에 불순물은 실리콘 활성층으로 확산되는 것을 방지할 수 있도록 억제되어야 한다. 이런 문제는 제3장에서는 없는데, 여기서는 유리와 세라믹 기판 위에 형성한 다결정 실리콘 태양전지의 현황을 기술하고 있다. 중간에 어떤 용융 스텝이 없기 때문에 활성층 결정립의 크기는 μm 범위가 되는데, 하지만 기본적인 전하 수집 구조는 역시 p-n 접합에 기본을 두고 있다. 이런 구조는 제4장과 5장에서는 더 이상 거론되지 않는데, 여기서는 미결정 실리콘과 a-Si:H 활성층에 대해 논의가 된다. 이들 활성층은 400℃ 이하 온도에서 증착된다. 이들 층의 전자 특성은 캐리어 수집이 더 이상 소수 캐리어 확산에 의존할 수가 없는 정도가 된다. 대신에 캐리어 수집은 활성층에 걸쳐 존재하는 내부(built-in) 전기장에 의해 촉진된다. 이 내부 전기장은 p-i-n 배열 구조에 의해 실현된다.

처음 5개의 장에서는 결정질 혹은 비정질 형태의 실리콘을 활성층으로 사용한 것인 반면에 다음 제6과 7장은 결정립 크기가 μm 범위인 다결정(polycrystalline) 화합물 반도체를 다룬다. 제6장에서는 CdTe 태양전지의 특성 평가와 모델링에 중점을 두었고, 제7장은 $CuInSe_2$ 태양전지에 대해 고찰하였다.

제8장에서는 자유 캐리어의 생성과 관련하여 무기재료와 유기재료의 근본적인 차이를 다룬다. 엑시톤 생성과 분해에 대해 상세히 고찰한다. 여기서 얻은 지식은 제9장과 10장에서의 소자 개념을 이해하기 위해 필요하다. 이들 장에서는 완전한 유기 벌크 도너-억셉터 이종접합 태양전지나 염료감응 태양전지와 같은 하이브리드 방식에서 마주치는 nm 범위의 사이즈를 갖는 활성층을 다룬다. 제9장과 10장에서의 소자 개념은, 그 수집이 활성층 전체에 걸쳐 일어나고 그리고 소수 캐리어라는 개념이 본질적으로 그 의미를 상실하기 때문에 앞의 장에서 다룬 개념과는 완전히 다른 것이다.

참고문헌

[1] Global Market Outlook for PV until 2014, EPIA (www.epia.org)

[2] Photon Int'l, March 2011.

[3] K. L. Chopra, P. D. Paulson and V. Dutta, Thin-film solar cells: an overview, *Progress in Photovoltaics: Research and Applications*, 12, 69-92 (2004).

[4] Progress in Photovoltaics, Vol. 19(1), Jan. 2011.

[5] Lawrence Kazmerski, National Renewable Energy Laboratory (NREL), *NREL compilation of best research solar cell efficiencies,* March 2011.

차 례

01 저가 실리콘 담체를 이용한 에피택셜 성장 결정질실리콘 박막 태양전지 / 1

02 고온 증착과 재결정화 기법에 의한 이종기판 결정질실리콘 박막 태양전지 / 45

03 다결정실리콘 박막 태양전지 기술 / 109

05 비정질실리콘 박막 태양전지 기술 / 193

08 도핑이나 블렌드된 유기 반도체에서의 광전류 생성 / 377

09 나노결정 주입 태양전지 / 423

01 저가 실리콘 담체를 이용한 에피택셜 성장 결정질실리콘 박막 태양전지

Epitaxial Thin Film Crystalline Silicon Solar Cells on low Cost Silicon Carriers

Jef Poortmans
IMEC, Leuven, Belgium

1.1 서 론

현재의 결정질실리콘 태양전지의 가격을 획기적으로 줄이기 위해서는 태양전지에 사용되는 고순도 실리콘의 소재 사용량을 줄여야 한다. 대부분의 결정질실리콘 소재는 단순히 태양전지 소자의 기계적인 담체(carrier)로서의 역할을 하는데, 실제 태양전지에서 광흡수의 대부분은 표면에서 30 μm 깊이 내에서 이루어진다. 광학적인 빛 가두기(optical confinement)를 최대화하면 에너지 변환효율 15%를 달성하는데 필요한 활성층의 두께는 최소 0.5 μm 만으로도 충분하다[1]. 실리콘 소비를 줄이기 위해 더 얇은 박판을 사용하면 한 가지 문제가 있는데, 웨이퍼의 두께를 200 μm 이하로 줄일 때 일어날 수 있는 공정 수율이다. 3-결정 실리콘(tri-crystalline Si)[2]이나 얇은 EFG(edge film growth)[3] 리본 기판과 같이 균열의 전파를 피할 수 있는 특수한 기판 구조인 경우 이와 같은 문제점을 어느 정도 줄일 수 있다.

태양전지 제조비용을 줄일 수 있는 보다 확실한 대안은 값싼 담체 위에 얇은 결정질실리콘 활성층을 성장하는 것이다. 이 담체는 세라믹 기판이나 혹은 박막과 태양전지 공정이 저온에서 가능할 경우 유리 기판이 될 수도 있다. 이들 기판 위에 증착되는 실리콘 층은 미결정(microcrystalline) 또는 다결정(polycrystalline)으로 결정립의 크기는 실리콘 증착 중의 성장 온도와 supersaturation 조건에 따라 달라진다. 유리 기판 위에 증착한 미결정실리콘 태양전지는 결정립의 크기가 1~100 nm, 그리고 태양전지 변환효율이 최고 10%에 달한다[4]. 반면에, 최근 많은 진전이 있긴 하였지만[7], 결정립의 크기 1~10 μm 범위인 소재에서는 적절한 변환효율을 지닌 태양전지 제조가 어려운 것으로 밝혀졌다[5, 6]. 고온을 견딜 수 있는 세라믹 기판의 경우, 입자의 크기를 증가시키기 위해 액상 재결정(liquid phase recrystallization)[8, 9]

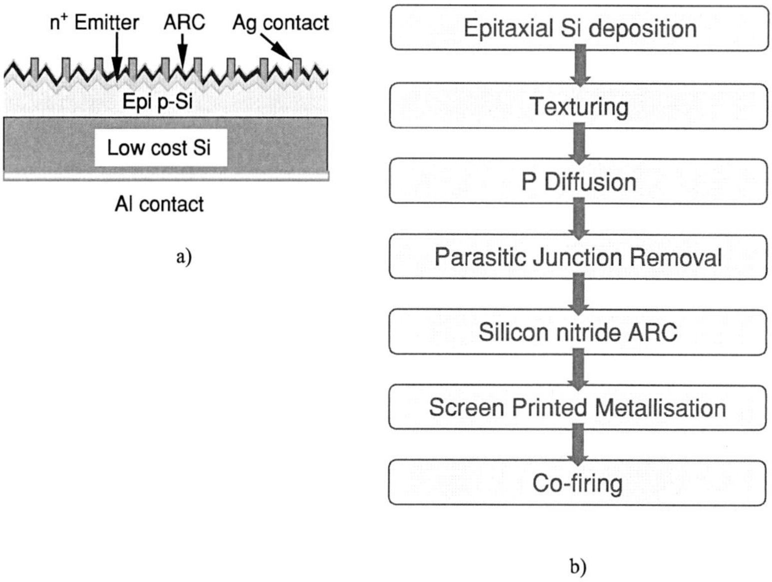

그림 1.1 a) 에피택셜 태양전지 구조의 단면, b) 일반 결정질실리콘 태양전지 공정 대비 에피택셜 태양전지 공정 비교(첫 번째 에피택셜 증착 공정만 추가).

기법을 적용하는데, 한편 짧은 시간 동안 공정 온도 650℃를 견딜 수 있는 기판에 적용할 수 있는 레이저 재결정과 급속가열법이 개발되었다[10, 11].

여기에서 논의코자 하는 박막 기법의 기본적인 아이디어는 에피택셜 성장법으로 값싼 실리콘 담체 위에 전자소자 급의 고순도 결정질 박막 실리콘을 구현하는 것이다[12,13]. 박막 태양전지 기술을 언급할 때 불활성으로 고농도로 도핑된 저가의 실리콘 담체위에 에피택셜 성장시킨 활성층을 기반으로 한 결정질실리콘 박막 태양전지는 별로 다루어지지 않는다. [그림 1.1a]를 보면 쉽게 이해할 수 있다. 에피택셜 성장 태양전지의 구조는 기존의 결정질실리콘 태양전지와 흡사한데, 따라서 제조 공정도 거의 같다. 이 점이 이 기술의 장점이자 단점이다. 기존의 태양전지 기술은 결정질실리콘이 95%를 점유하고 있어 이러한 구조적 유사성은 태양전지 산업에서 쉽게 받아들일 수 있다. 유일한 차이점은 [그림 1.1b]에 나타낸 바와 같이 공정초기에 높은 수율의 에피택셜 증착 반응기를 추가하는 것이다. 이렇게 하면 초기 투자와 위험도를 최소화할 수 있다. 이런 측면에서 일부에서는 이 기술의 유사성을 강조하기 위해 'wafer equivalents'란 용어를 거론한다. 적어도 'wafer scale' 접근 방식은 결정질실리콘 태양전지 생산 장비에서의 모니터링 도구를 이용하여 공정 수율을 최고 수준으로 유지할 수 있는 장점이 있다. 면적 1 m^2 이상의 대면적 기판 위에 활성층을 증착하는 박막 태양전지 기술에서 박막의 균일성과 재현성은 높은 수율을 얻는 것보다 더 어려운 문제이다. 에피택셜 태양전지의 구조가 기본 태양전지 구조와 유사하다는 점은 에피택셜 기법을 사용하더라도 얻을 수 있는 제조비용 상의 이점이 그리 크지 않다는 것으로 해석될 수 있다. 하지만 면밀히 살펴보면 그렇지 않다는 것을 알 수 있다. 다결정실리콘 태양전지 모듈의 제조비용을 분석한 결과에 의하면 모듈 비용의 50% 이상은 결정질실리콘 기판과 관련된 것으로 나타났다[14, 15]. 이 글을 쓸 당시 다결정실리콘 원료 공급의 부족 때문에 실리콘 기판의 가격이 상승하는 시점이었다. 이는 저자의 의견을 뒷받침해 주는데, 왜냐하면 다결정실리콘 원료 공급에 필요한 대규모의 추가 투자는 태양전지 산업에 맞춰지기 때문이다[16]. 그럼에도 불구하고 태양전지급(solar grade) 다결정실리콘 원료의 가격은 €(Euro)15~20 /kg로 전망되었다. 이와 같은 원료 가격과 연간 5%에 달하는 결정질실리콘 기판의 추가적인 가격 하락[17]에 기초하면 결정질실리콘 태양전지 모듈의 제조비용은 변환효율 20%[15]로 계산하면 약 $1.2 /W가 된다. 에피택셜 태양전지는 제조비용이 €5 /kg 이하인 MG(metallurgical grade)급 또는 UMG (upgraded metallurgical grade)급 실리콘 기판을 기본으로 한 것이다(실리콘은 희귀 원소는 아니지만 모래를 실리콘으로 환원시키기 위해서는 €1~2 /kg이 소요된다). 에피택셜 공정이 비용 €10 /m^2 이하의 고 수율 공정이 되면, 태양전지 효율을 15%라고 보아도 모듈의 최종 비용은 $0.9~1 /W가 된다. 이런 비용 상의 이점 외에 에피택셜 공정은 태양전지 산업을 다결정실리콘 원료 수급상의 이슈로부터 자유롭게 해준다.

에피택셜 태양전지에 사용되는 Si 기판은 값이 싼 것으로 도핑 농도와 불순물 농도 때문에 태양전지를 만들어도 충분한 효율을 얻을 수 없는 것이다. 기판은 고농도로 도핑한 Si 리본일 수도 있는데, RGS(ribbon growth on substrate) 리본 위에 CVD[18] 공정으로 에피택셜 성장시키기도 하고, 리본 위에 액상 에피택시(liquid phase epitaxy : LPE)[19, 20] 기법으로 성장시키기도 한다. 또한, MG급이나 UMG급의 실리콘 잉곳도 매력적인 대안이 된다[13, 21, 22]. 이와 같은 기판 위에 적절한 도핑과 불순물 농도를 줄인 에피택셜 성장을 하면 이 기판 위에 높은 효율의 태양전지를 만들 수 있게 된다[21]. [그림 1.2]의 SIMS(secondary ion mass spectrometry) 결과를 보면 오염된 기판 위에 성장된 에피택셜 층은 기판보다 훨씬 더 낮은 농도의 불순물을 함유한 것을 볼 수 있다.

여기서는 갖가지 에피택셜 성장 기술과 에피택셜 층의 구조에 대해 비교 요약하고자 한다. 태양전지 공정 개발에 대해서는 어느 정도 변환효율을 나타낸 바 있는 일부 실험실 또는 산업 기술에 대해 언급하고, 대부분은 에피택셜 기술을 산업기술

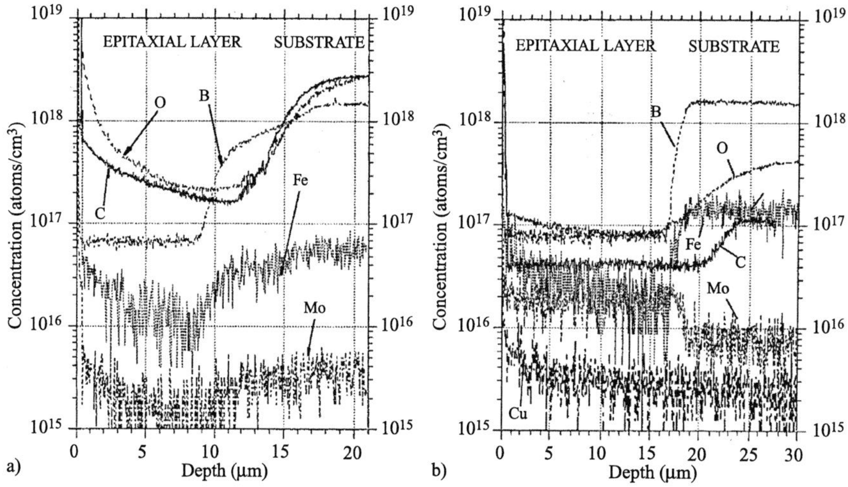

그림 1.2 에피택셜 층에서의 불순물 O, C, Fe, Mo, Cu 의 SIMS 분석 결과
a) : 고농도 도핑 다결정실리콘 기판(SILSO) 위 에피택셜
b) : MG급 실리콘 기판 위 에피택셜. 양쪽에서 에피택셜 층에서는 Fe, O, C 농도가 감소함.

로 발전시키는 데 필수적인 요소에 대해 기술하고자 한다. 공정과 관련해서는 높은 수율의 달성이 가능한 증착 기술의 개념과 개발 현황에 대해 설명하고, 이를 태양전지 공정에 적용하는 방안과 에피택셜 층의 두께를 최소로 하는 기법에 대해 언급할 것이다. 두께 최소화는 태양전지 활성 영역에서 광포획(light trapping)이나 빛 가두기를 증진시킴으로써만 가능하다. 기판과 활성 소재 모두가 결정질실리콘이라 계면에서의 반사가 일어나지 않기 때문에 광학적으로 빛 가두기를 형성하는 것은 매우 어렵다. 이 문제를 해결하기 위해서는 '매몰형 반사체(buried reflector)'와 같은 보다 혁신적인 방안이 요구된다. Ge으로 합금을 형성하는 것도 태양전지의 흡광도를 증진시키는 방안이 될 수 있다.

1.2 증착 기술

그동안의 실험실적 결과와 개별 기술의 성숙도를 감안하여 가장 높은 온도를 이용하는 기법부터 시작하여 태양전지용 에피택셜 성장의 갖가지 증착 기술에 대해 설명하고자 한다. 태양전지용 에피택셜 층은 여타 전자 소자용보다 두께가 두껍다 (전력전자 소자용의 에피택셜 층만 제외). 증착에 과도한 시간을 소요하지 않고 두께 5~30 μm에 이르는 층을 형성하기 위해서는 성장 속도가 빨라야 한다. 저온 증착에서는 성장 표면 위에 놓인 원자(adatom)의 표면 이동도가 감소하여 결정격자 내에 자리를 잡을 수 있는 시간이 불충분하여 결정 결함이 많이 생기게 된다. 따라서 저온에서 표면 이동도를 증가시키고 양질의 에피택셜 층을 형성하기 위해서는 열에너지 외에 추가로 에너지가 공급되어야 한다. 추가 에너지는 가속된 이온의 형태로 또는 플라즈마 기법을 통해 공급될 수 있다.

1.2.1 열 CVD

지금까지 가장 널리 그리고 광범위하게 연구된 것이 열 CVD(Thermally assisted chemical vapor deposition : TACVD)로 실리콘 전구체와 도핑 가스를 가열된 실리콘 기판 위에서 이종(異種) 열분해(heterogeneous decomposition)시키는 것에 기반을 두고 있다. 1970년대 이 방법을 태양전지 제조에 시도한 예[23]가 있고, 유럽[15, 24]과 일본[25]에서 박막 실리콘 태양전지 개발에 활용하고 있다. 열 CVD 용으로 다양한 반응기가 개발되었는데, 낱장의 웨이퍼 처리용, 배치용 등이 그러하다. 낱장의 웨이퍼를 처리하는 시스템의 대부분은 가스가 반응기의 한쪽 끝으로 들어와서 다른 끝으로 빠져나가는 소위 수평식 반응기(horizontal flow reactor)이다. 웨이퍼는 SiC 코팅된 흑연 서셉터(susceptor)에 놓여있거나 열적으로 고립되어 있고 복사 가열방식이다. 후자의 경우 급속 가열과 냉각이 가능한데, 이를 급열방식(rapid thermal) CVD(RTCVD)[26]라고 부른다. 이 기술은 1980년대[27] 처음 도입되었고, 결정질 박막 실리콘 연구 목적으로는 프랑스의 Strasbourg에 있는 Institut d'Electronique du Solide et des Systèmes (INESS)에서 시작되었다[26](그림 1.3 참조). 반응기 벽 위에서 불필요하게 실리콘 박막이 증착되는 것을 피할 수 있고, 기판 급속 가열과 냉각에 필요한 시간을 대폭 줄일 수 있을 뿐만 아니라 에너지를 기판 가열에만 사용하기 때문에 매우 경제적이다. 여러 장의 웨이퍼를 처리하는 배치형의 경우 반응기 모양이 팬케이크 모양이나 원통형인데, 기판을 회전시켜 박막의 균일도를 향상시키고, 유체의 공기역학적인 흐름을 잘 제어할 수 있는데, 저압(low pressure) CVD(LPCVD)도 여기에 포함된다.

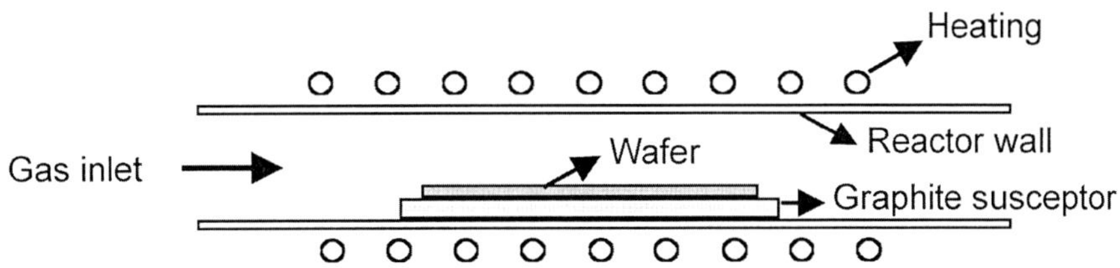

그림 1.3 전형적인 수평 방식의 열 CVD 시스템([26]).

CVD 기술은 이미 마이크로일렉트로닉스 산업에서의 경험을 토대로 대규모 공정이 가능한 장점이 있다. 현재의 기술로도 재현성이 높고 균일한 박막의 제조가 가능하고 두께 조절은 물론 도핑 농도의 제어도 가능하다. 도핑과 두께 균일도는 면적 200~300 mm 범위에서 수 % 수준이다. 실제로 마이크로일렉트로닉스에서 요구되는 요건은 태양전지보다 훨씬 더 까다로운데, 태양전지에서 요구되는 두께 균일도는 약 10% 수준이고 도핑 농도 역시 충분하다. 그럼에도 불구하고 열 CVD는 결정질실리콘 박막 태양전지 분야에서는 고유한 단점을 갖고 있다. 우선 실리콘의 전구체가 독성 또는 부식성이고, 폭발성이 있다는 점이다. 게다가 증착속도 수 μm/min를 확보하는 데 필요한 증착 온도가 1,000~1,200℃ 범위로 매우 높다는 점이다.

CVD로 성장한 에피택셜 층이 전자소자 용도에 적합한 품질인지의 여부를 판별하기 위해 캐리어의 수명 측정 등의 기법이 연구되었는데, 수명은 단결정 실리콘 표준기판의 경우 수 μs, 그리고 다결정 기판의 경우는 1 μs이다[28].

1.2.2 액상 에피택시-전착

CVD와의 차이는 가스 반응식이 아닌 액체상에서의 반응을 이용한 용액 성장(solution growth : SG) 방식이라는 점이다. 이를 액상 에피택시(liquid phase epitaxy : LPE)라고도 부르는데, 결정질 기판 위에 에피택셜 층을 성장시키는 데 사용한다[29]. 용액 성장에서는 실리콘의 성장이 용융 상태의 금속 용액으로부터 진행이 되는데, 용액은 보통 Sn, In, 그리고 경우에 따라서는 Cu, Al을 포함한다[30, 31]. 용융 금속은 실리콘으로 포화되어 있어 이 후 서서히 냉각시킨다. 냉각되면서 용융 금속은 과포화되고, 이종 핵생성(heterogeneous nucleation)에 의해 기판 위에 결정질실리콘이 용융 금속용액으로부터 증착된다. 이때 온도는 700~900℃ 범위이고, 증착속도는 1 μm/min이다.

개념이 간단한 점 외에 LPE 기술의 장점은 성장 시스템이 열적 평형상태에 가까운 상태에서 진행되고, 용융 상태에서 원자의 확산계수가 매우 크다는 것이다. 이들 두 가지 인자가 성장된 실리콘 박막의 결정성을 높여준다. 하지만 평형에 가까운 조건은 심각한 단점을 가져다 줄 수 있는데, 실리콘이 아닌 기판이나 실리콘 표면에 있는 결함들을 따라서는 실리콘 층의 핵생성이 매우 어려워, 균일하지 않거나 심지어는 연결이 끊어진 상태의 실리콘 층이 결정 결함이 많은 기판 위에 형성된다. 흑연과 같은 비실리콘 기판의 경우, 다른 방식으로 실리콘 seed 층을 먼저 증착하여야 한다는 점에서 논쟁의 여지가 있다. RGS[19], SSP(silicon sheets from powder)[20] 리본 기판 위에 LPE 기법으로 에피택셜 층을 증착할 때 결정입계에서의 층 두께는 결정립 내부

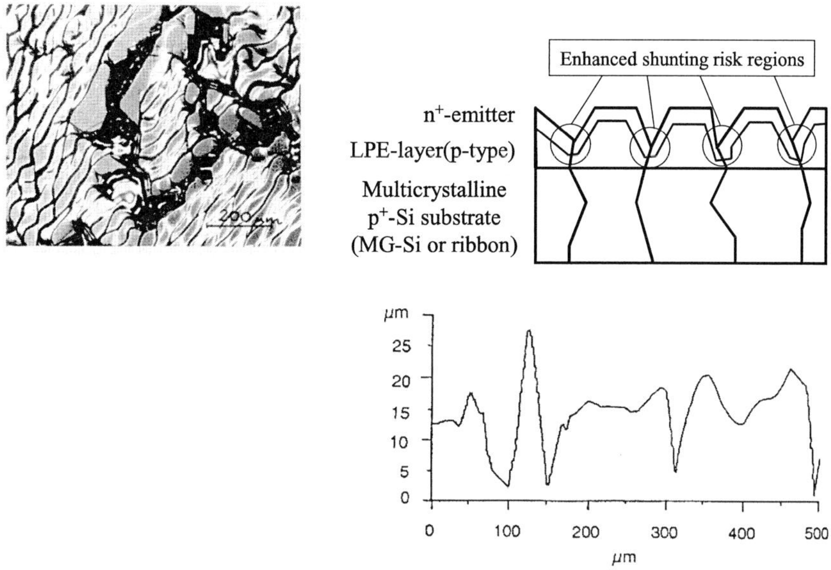

a) b)

그림 1.4 a) 결함이 많은 Si 기판 위에 성장한 LPE 층의 모양과 표면 프로파일[19],
b) 결정 결함 부근 영역에서의 LPE 성장 층의 토폴로지. 에미터 확산 중 이 영역들은 n^+ emitter 와 고농도 도핑 기판 사이에 생기는 shunting에 더 민감함.

에서의 두께에 비해 크게 감소한다. 이는 [그림 1.4]에 나타낸 바와 같이 결함과 관련된 더 높은 에너지가 이들 결함 주위에서의 층 성장을 억제하기 때문이다. 에피택셜 층이 매우 얇은 영역에서는 n^+ emitter의 확산과 p^+ 기판이 서로 접촉하여 접합의 누설(leak)을 형성하고 태양전지의 충진율을 낮춘다. 급속 냉각이 어느 정도 이 문제를 개선시켜 줄 수 있는데, 대면적 기판에서의 균일한 증착의 경우 여전히 문제가 된다.

LPE 성장 중 과포화도가 낮기 때문에 결함 밀도와 과잉의 캐리어 재결합은 CVD 성장 층에 비해 더 낮다. 여러 연구결과에서 이 점이 확인되고 있다[32, 33]. 부분적으로 마스크로 가린 구조에 대해 전자선 유도 전류(Electron beam induced current : EBIC) 기법에 의한 측정 결과는 LPE 층에서 재결합이 감소한 것을 확실하게 보여준다[32]. 이러한 재결합 감소는 LPE 층에서의 어긋나기(dislocation) 네트워크가 최소에너지를 가진 배열을 찾는 경향 때문이다. 게다가 액상과 고상 사이의 분포 계수 때문에 불순물은 용융 금속 용액에 내포되어 있다. 에피택셜 Si 태양전지에서 수 μs에서 10 μs까지의 소수 캐리어 수명이 보고된 바 있다[34].

용융염으로부터의 전착(electrodeposition)은 용액 성장 공정의 변형된 형태로 [그림 1.5]와 같이 에피택셜 성장을 가능케 한다[35].

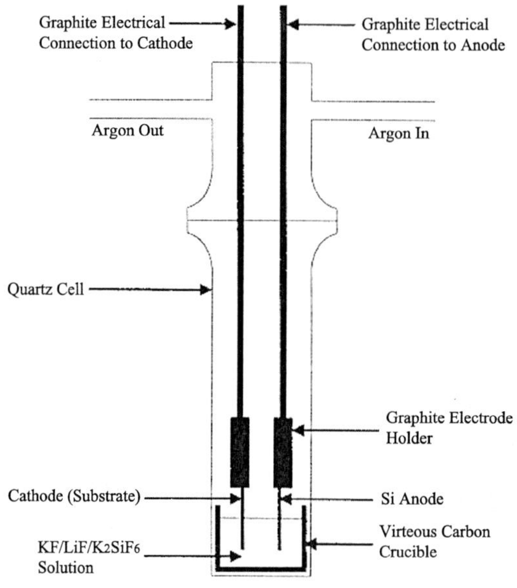

그림 1.5 전착(electrodeposition) 기법의 개략도.

LPE 공정에서는 활성층의 도핑 농도에 구배를 주는 것을 장치에서 쉽게 구현할 수 있다. 도핑 농도에 구배를 주면 성장 중 도핑이 감소하는 경우에도 전기장을 +로 만들 수 있다. 이 양의 전기장은 소수 캐리어의 수집을 도와주고 유효 확산 길이(effective diffusion length : L_{eff})를 증가시켜 주게 된다[36].

$$\frac{1}{L_{eff}} = \frac{1}{2L}\left(\sqrt{\left(\frac{E}{E_c}\right)^2 + 4} - \frac{E}{E_c}\right) \tag{1.1}$$

여기서 L: 전기장이 없을 때의 소수 캐리어 확산 길이

$$E_c = \frac{kT}{q}L \tag{1.2}$$

$$E = \frac{kT}{qW_B}\ln\left(\frac{N_r}{N_f}\right) \tag{1.3}$$

여기서 N_r : 기판-에피층 계면에서의 도핑 농도
N_f : 에피층 표면에서의 도핑 농도

직관적으로 이런 효과에 의해 성능이 크게 향상될 것으로 기대하지만, 실제로 대부분의 경우 그 효과는 매우 제한적이고, 광 포획(light trapping)이 없는 경우에 그리고 소수 캐리어 확산 길이도 매우 짧은 경우에만 의미가 있다[36]. Majumdar

등에 의하면 마이너스 전계(에피층 성장 중 도핑 농도를 증가시킴)가 더 좋은 접근법이라는 것이 증명되었다[37]. 이 결과가 어느 정도는 반직관적이지만, 빛 조사 하에서 소수 캐리어의 농도 구배가 아무튼 더 크고, 그리고 비교적 도핑 프로파일의 영향을 덜 받는 반면에 접합 부근에서의 베이스 도핑 농도가 높기 때문에 개방전압은 높게 유지된다는 관점에서 이해가 가능하다.

1.2.3 근접 기상 수송 기법

화학적 효율(공급되는 Si 대비 성장되는 Si 박막에 들어있는 Si-함유 종들의 양의 비)이 매우 높은 대체 기법으로 소위 근접 기상 수송법((Close space vapor transport: CSVT)이 있다[38]. 이 기법은 1960년대부터 알려져 왔으나[39], 미국 NREL에서의 연구 결과에 힘입어 새로이 조명을 받게 되었다. 그 개요는 [그림 1.6]과 같은데, 여기서 Si은 소스로부터 기판에 수송된다. Si 수송의 구동력은 양쪽 사이의 온도차이다. 소스와 목적지 사이의 간격을 매우 좁게 유지하면 수송 효율이 매우 높아지는데, 이는 벽 쪽으로의 Si 손실이 매우 적기 때문이다. 이 기법으로 고농도로 도핑된 단결정 및 다결정 Si 기판 위에 에피택셜 층을 형성할 수 있었다.

대기압 요드 기상 수송법(atmospheric pressure iodine vapor transport : APIVT)으로 에피택셜 층을 만들고 이를 이용해 태양전지를 만들어 확인한 결과 전자 특성은 매우 우수한 것으로 확인되었고, 특히 비교적 낮은 기판 온도에서 증착속도가 높았다는 점이 좋았다. 기판 온도 650~850℃(이때 소스 온도는 1,300℃에 유지)에서 증착속도는 1~3 μm/min 수준이었고, 비교적으로 기판 온도에는 민감하지 않았다. 온도에 따른 성장속도의 의존성이 기존의 방식에서 얻은 결과와는 달라서 이를 설명하기 위한

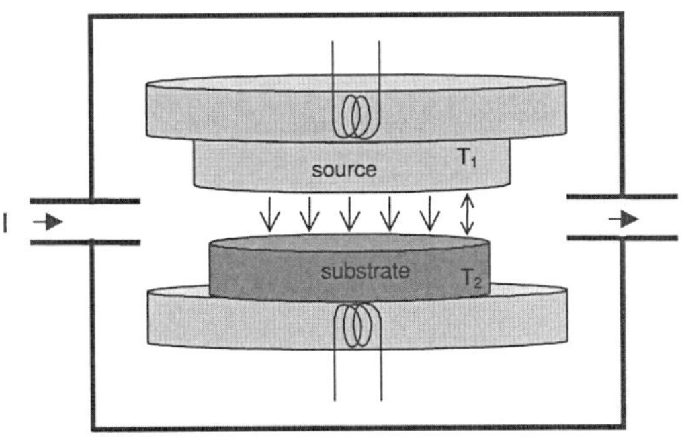

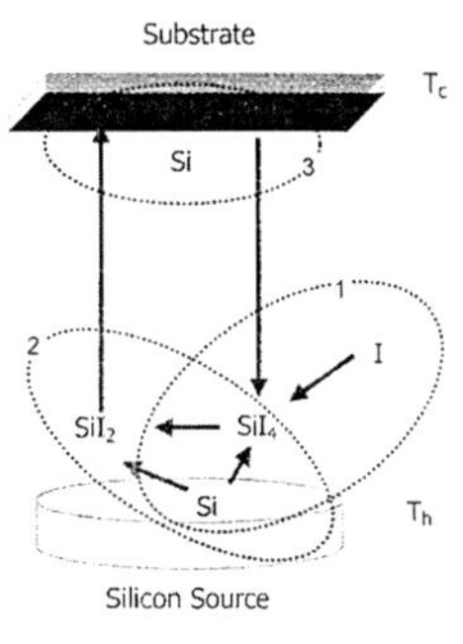

그림 1.6 a) Si 증착용 CSVT 개략도, b) APIVT 시스템에서의 CSVT 원리 활용[38].

모델을 세웠다. 이 모델은 SiI_2의 도착 속도, SiI_4의 이반속도, 그리고 표면 이동 (surface migration)을 고려한 것인데, 증착속도 R을 다음 식으로 나타내었다.

$$R \propto (T - T_{source})(T_{source}^2 - T^2)\exp(\frac{-Q}{kT}) \tag{1.4}$$

여기서 T : 기판 온도

Q : 표면 이동 활성화에너지

성장속도가 기판 온도에 둔감한 것은 두 가지 서로 상반되는 경향에 기인한 것이다. 고전적인 CVD에서는 표면 이동이 기판 온도 T에 의존하여 증착속도가 증가한다. 하지만 APIVT에서는 소스와 기판(소스 온도 일정 유지) 사이의 온도 차가 매우 적어 그 현상이 억제되어 결과적으로 도착속도가 더 늦어진다.

1.2.4 이온 증착

이온 증착(Ion assisted deposition : IAD) 기법은 전자총 증발(electron-gun evaporation)과 그에 이은 Si의 부분적인 이온화에 바탕을 둔 것이다[40]. 인가된 전압은 Si 이온을 기판 쪽으로 가속한다. 통상의 인가전압은 약 20볼트이다. 이렇게 하면 단결정 에피택셜 층에서의 에치 피트(etch-pit) 밀도가 가장 낮게 된다[41]. 이온 증착 기법의 원리는 [그림 1.7]과 같다,

가속된 이온들이 공급하는 에너지 때문에 표면의 원자 이동도가 증대된다. 그 결과 이온 증착 기법으로 435℃의 낮은 온도에서도, 0.5 μm/min 정도의 매우 높은

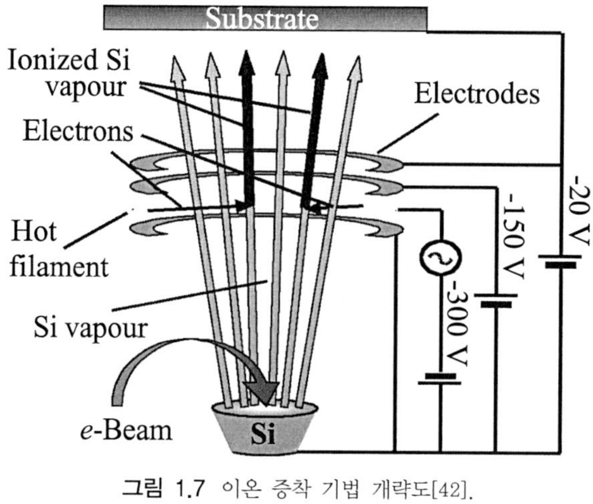

그림 1.7 이온 증착 기법 개략도[42].

성장속도로 에피택셜 성장이 가능하다. 단결정 에피택셜 층의 Hall 이동도는 증착 온도와 함께 증가하여, $T > 540$℃에서는 벌크 Si 값에 가까운 값을 갖는다. 이온 증착 기법으로 보론(B) 도핑한 막에서 다수 캐리어 이동도는 도핑 농도 10^{16}~$10^{20}cm^{-3}$ 범위의 벌크 결정질실리콘에서 얻을 수 있는 이론값에 거의 근접한다.

막의 전자적 특성은 기판의 결정 방향에 크게 의존한다. 저온 에피택셜 성장 기법에서 발견된 여러 사실들과 부합되게, 확산 거리는 (111) 방향 Si 박막이 (100) 방향 Si 박막에 비해 한 차수 정도까지 낮다. 그 결과 다결정실리콘 기판 위에 성장시킨 에피택셜 태양전지에 대한 LBIC(light-beam induced current) 측정 결과 전류 수집이 불균일한 것으로 확인되었다[43]. PL(Photoluminescence)과 DLTS(deep level transient spectroscopy) 측정 결과는 기판 온도 550℃ 이하의 저온 증착의 경우 결함이 넓게 분포되는 것으로 밝혀졌다. 점결함(point defect) 밀도는 (100) 방향 Si 박막이 (111) 방향 Si 박막에 비해 네 차수 정도까지 낮다. 또한, 이온 증착 기법으로 에피택셜 성장시킨 실리콘 박막 태양전지의 재결합 거동을 살펴보기 위해 온도 의존 양자효율(temperature-dependent quantum efficiency : TQE)을 측정하였다[44]. 이 물질에서 확산 거리는 활성화 에너지가 각각 70~110 meV, 160~210 meV 정도인 비교적 얕은(shallow) 결함을 통한 Shockley–Read–Hall 재결합에 의해 좌우된다. 증착 온도 650℃, 그리고 prebake 온도 810℃부터[45], 이온 증착 기법으로 만든 에피택셜 실리콘 박막은 소수 캐리어 확산 거리가 약 40 μm이다.

1.2.5 저 에너지 PECVD / ECRCVD

가속된 이온은 별도로 하고 플라즈마 기법도 역시 표면 이동도를 증가시켜 주는 데 필요한 여분의 에너지를 공급하는 데 사용할 수 있고, 그렇게 함으로써 저온에서 고품질의 에피택셜 성장을 할 수 있다.

저온 플라즈마 CVD(PECVD)는 저에너지의 입자들로 구성된 고 전류의 플라즈마 방전으로 높은 증착속도를 얻을 수 있으면서도 웨이퍼 표면에서의 손상을 막을 수 있는 기법이다[46]. 이 기법은 주로 고속의 MOS(metal-oxide-semiconductor)용으로 조성의 구배가 있는 SiGe 버퍼층을 성장시키는 데 주로 사용되는데, 그 원리상 태양전지용으로도 매우 유망하다.

ECR(electron cyclotron resonance) 소스는 표면 이동도를 크게 높여줄 수 있고, 400℃ 이하의 저온 에피택셜 성장을 가능케 할 수 있을 만큼 밀도가 높은 플라즈마 상태를 만드는 데 사용할 수 있다[47].

1.3 흡광도를 향상시킬 수 있는 실리콘 기판 에피택셜 층의 구조

실리콘은 간접천이 밴드갭 물질이므로 900 nm 이상의 파장에서는 흡수계수가 매우 낮아, 두께 20 μm 정도의 에피택셜 층으로는 장파장 영역의 빛을 효과적으로 흡수할 수 없다. 흡광도(absorbance)를 증가시키기 위해서는 광학적 경로(optical path- length)를 증가시킬 수 있는 특수한 구조로 만들거나 Ge을 첨가하여 밴드갭을 낮추는 기법 등으로 에피택셜 층을 개선할 수 있다.

1.3.1 텍스처링된 기판 위에 에피택셜 성장

첫 번째 방법은 에피택셜 성장 전에 기판을 화학적으로 텍스처링하는 것이다. 하지만 이 방법은 결점이 있다. 텍스처링 표면 구조가 에피택셜 성장 중에 facet의 형성으로 평평해지면서 텍스처링 효과가 감소하는 것이다. 게다가 에피택셜 성장 이전에 형성된 표면 조도(roughness) 때문에 에피택셜 성장 층에서의 결함 밀도가 높아지고, 그 결과 높은 값의 개방전압을 얻기가 매우 어렵다.

기계적인 방법으로도 텍스처링이 가능한데, [그림 1.8]과 같은 형태가 된다. 여기에서의 방법은 매우 간단한데, 에피택셜 성장 전에 실리콘 기판에 홈을 파고, 성장이 기판의 모양과 동일하게 성장한다고 가정하면 [그림 1.8a]와 같이 활성층 내에서의 광학적 경로가 증가하게 된다. 홈을 파기 전과 후의 반사도를 최소화하는 것에 관한 연구가 진행된 바 있다[48]. 이 기법을 다결정 기판에 적용할 경우에는 에피택셜 층이 facet하게 성장하고, 결정 방향에 따라 성장속도가 서로 다르다는 것을 감안하여야 한다. 그 효과에 대한 결과가 [그림 1.8b]에 나타나 있는데, 기계적으로 텍스처링한 표면 위에 성장한 에피택셜 층의 단면을 보여주고 있다. 에피택셜 성장 후에 텍스처링의 모양이 전과 달라져 있는 것을 볼 수 있다. (100) 방향에 근접한 방향에 위치한 결정입자들 위에서는 당초의 텍스처링 형태가 잘 보존되나, 여타 결정입자 방향에서는 처음의 텍스처링이 서로 다른 형태의 facet 형성에 의해 그 모습이 달라진다. 이 방법으로 UMG-Si 위에 CVD 방법으로 에피택셜 성장시킨 대면적($100\ cm^2$) 막을 이용하여 태양전지를 제조하였다. 스크린 프린팅 방식의 전극 구조 등 기존의 산업 공정을 적용하여 15~20 μm의 얇은 에피택셜 층의 두께에도 불구하고 태양전지 변환 효율 12~13%를 얻었다[21, 49].

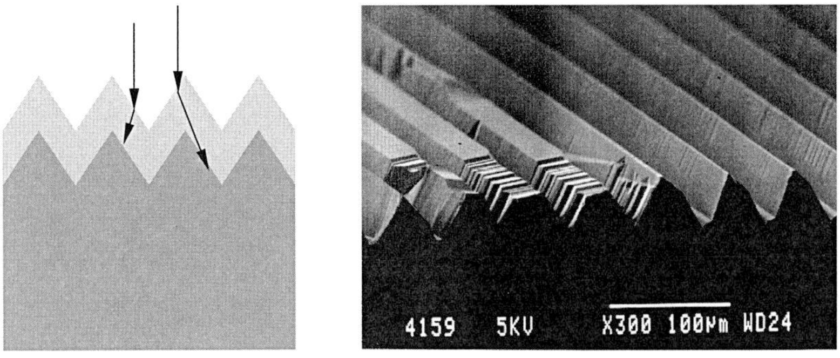

a) b)

그림 1.8 a) 에피택셜 성장 전에 실리콘 기판에 홈을 파고, 성장이 기판의 모양과 동일하게 성장한다고 가정한 경우 활성층 내에서의 광학적 경로 증가를 보여주는 개략도; b) 기계적으로 텍스처링한 표면 위에 성장한 에피택셜 층의 SEM 단면으로 에피택셜 성장 후에 텍스처링의 모양이 결정입자들의 방향에 따라 전과 달라져 있음.

1.3.2 SiGe 합금

단락전류를 높이는 가장 간단한 방법은 실리콘을 Ge과 합금으로 만들어 흡수계수를 높이는 것이다. 밴드갭이 낮은 SiGe 합금은 개방전압이 약간 감소하기는 하지만 태양전지의 적외선 파장 영역에서의 흡수를 증가시킨다. 벌크 결정질 태양전지에서, 이 손실은 단락전류 증가에 의한 이득을 능가한다. Ge의 함유율 10% 이하인 벌크 $Si_{1-x}Ge_x$ 기판(x < 10%)을 기반으로 한 태양전지가 보고된 바 있는데, 그 거동이 예측한 대로였다[50]. 하지만 박막 태양전지에서는, 적어도 이론적으로는, 표면 재결합이 벌크 재결합을 능가하는 경우에는 개방전압의 감소의 정도가 덜 심각하다. $Si/Si_{1-x}Ge_x$ 이종접합 후면 전계(back surface field : BSF, [그림 1.9a])를 이용하면 개방전압 손실의 대부분은 이론적으로 회복 가능하다. [그림 1.9b]는 (100) Si 기판 위에 에피택셜 성장시킨 이완된(relaxed) SiGe 층의 그물 모양(cross-hatch) 패턴의 전형을 보여주고 있다.

이론적 계산으로는 Ge 함량이 높을 경우 impact ionization에 의한 이점도 약간 기대할 수 있을지 모르지만, 태양전지의 목적으로 (100) Si 기판 위에 성장시킨 이완된 $Si_{1-x}Ge_x$ 에피택셜 층은 대부분 Ge 함량 20% 이하의 합금에만 한정된다[51, 52]. Ge의 함량 x가 0~20%이고, 두꺼운 이완된 $Si_{1-x}Ge_x$ 에피택셜 층을 태양전지 목적으로 고농도로 도핑된 단결정 실리콘 기판 위에 CVD와 LPE 방법으로 성장시켰다. 흑연 서셉터를 사용한 램프 가열 방식의 CVD 방식으로 40 mTorr의 낮은 압력, 700~800℃ 온도 조건에서 SiGe 합금을 에피택셜 성장시켰다[53]. Si과 Ge의

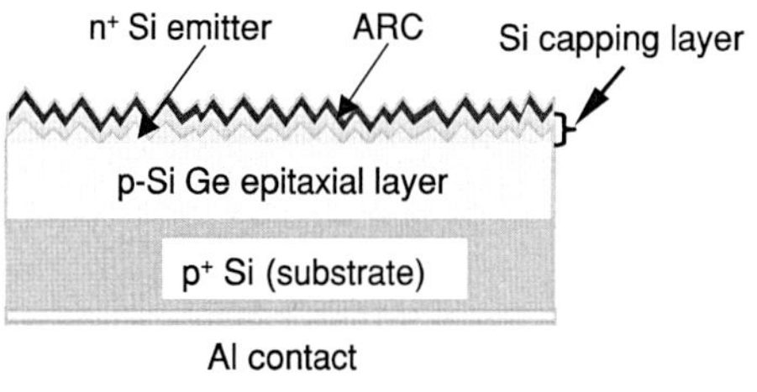

a)

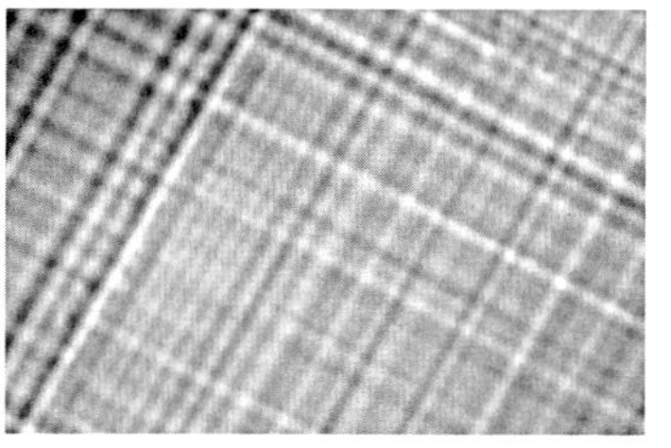

b)

그림 1.9 a) Si 기판 위 SiGe 박막 구조;
b) Si 기판 위 이완된 $Si_{.9}Ge_{.1}$ 층의 그물 모양 패턴을 보여주는 광학 현미경 사진(배율 500x)

소스로는 SiH_2Cl_2와 GeH_4 전구체를 사용하였다. 요구하는 두께가 상대적으로 두꺼워(microelectronics 용에 필요한 strained 층과 비교하여) 증착속도를 최대한 높게 하여야 한다. 증착속도를 올리기 위해서는 증착 온도가 높아야 하지만 고온에서는 Ge이 박막 내에 침투되어 들어가는 효율이 낮아지기 때문에 그 절충점을 찾아야 한다. [그림 1.10]이 이를 보여주는 것으로 태양전지용으로 만든 층에서는 증착속도 0.15~0.2 μm/min 정도가 얻어졌다.

$Si_{1-x}Ge_x$ 층과 Si 기판 사이의 격자상수 차이 때문에 Si 기판과 활성층 사이에 버퍼층을 삽입하여야 한다. 통상 Si 기판 위에 성장하는 $Si_{1-x}Ge_x$ 층의 두께(10~15 μm)가 임계 두께보다 매우 두꺼우면, misfit 어긋나기(dislocation)가 격자 상수 불일치로부터 기인하는 격자 변형(strain)을 완화시켜 준다[54]. (Si과 Ge 사이의 격자상수 불일치도는 약 4%, SiGe 합금의 격자상수는 실질적으로 Si과 Ge 격자상수와 직선관계로 비례한다 : Vegard의 법칙). [그림 1.11a]는 Si 기판 위에 에피택셜 성장시킨 $Si_{1-x}Ge_x$ 층 전체에 걸쳐 발생하는 어긋나기 밀도를 보여주고 있다. 적절한 조건과 충분히 고온에서 성장되면, misfit 어긋나기는 버퍼층 내에서 부분적으로 상쇄된다. 결함을 에칭시킨 bevelled 시료를 이용하여 깊이에 따른 결함 밀도의 변화를 확인하였는데, [그림 1.11a]에서 어긋나기 밀도가 상층 표면 쪽 방향으로 크게 감소하는 것을 볼 수 있다. 결함 밀도가 버퍼층에서 10^7 cm^{-2}이었는데, 에피택셜 층의 최상층 표면에서는 10^5 cm^{-2}로 줄어들었다. [그림 1.11b]에서는 misfit 어긋나기가 특정 부위에 한정되어 존재하는 것을 단면 TEM 사진에서 확인할 수 있다.

이완된 $Si_{1-x}Ge_x$ 층을 증착 후 있는 그대로 사용하여 Schottky 다이오드를 만들고 EBIC 측정을 한 결과 유효 확산 거리를 도출할 수 있었다[55]. 10^5 cm^{-2} 정도의 결함 밀도에도 불구하고 버퍼층을 사용하였을 때는 CVD나 LPE 성장 층에서 유효 확산 거리 80~100 μm가 도출되었다. '유효 확산 거리'라는 용어를 특별히 사용한

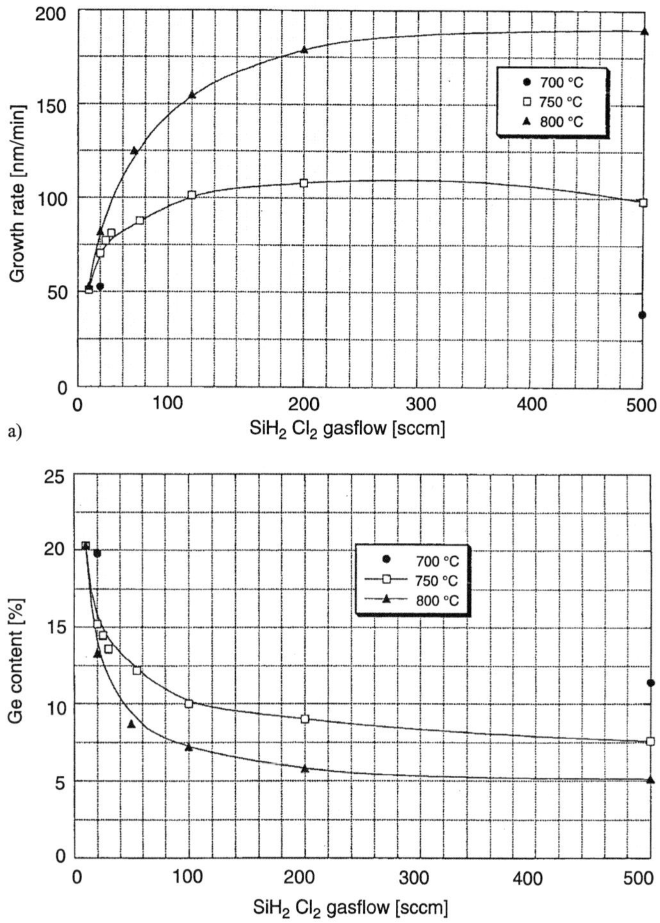

b)

그림 1.10 a) SiH_2Cl_2 유량에 따른 $Si_{1-x}Ge_x$ 에피택셜 층의 성장 속도(H_2로 희석한 1% GeH_4에서 총 유량은 200 sccm으로 고정, sccm은 standard cubic centimeter per minute의 약자로서 분당 1 cc 흐르는 것을 나타내는 유량 단위이다.); b) SiH_2Cl_2 유량에 따른 Ge 함유량의 변화(GeH_4/H_2 희석비는 a)와 동일).

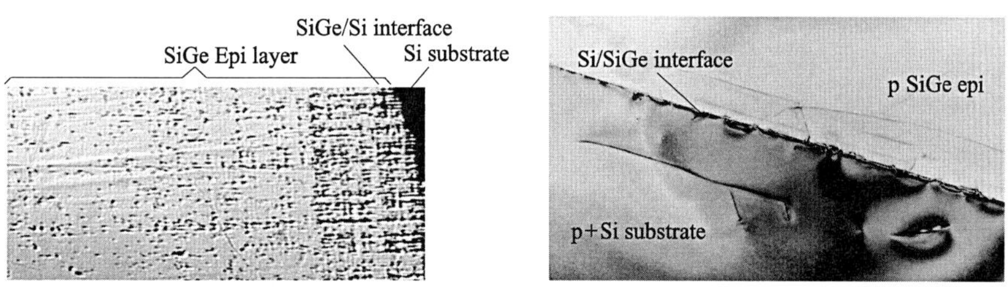

a) b)

그림 1.11 a) 광학적 분석에 의한 Si 기판 위에 에피택셜 성장시킨 이완된 $Si_{.9}Ge_{.1}$ 층에 걸쳐 발생하는 두께에 따른 어긋나기 밀도; b) a)와 동일한 구조에서 버퍼층 내에 한정된 어긋나기의 TEM 사진. 버퍼층 내에서의 어긋나기 라인의 휘어짐 관찰.

것은 층의 두께가 불과 20 μm에 불과하기 때문이다. 그리고 적어도 실온에서 측정한 CVD 성장 층의 어긋나기가 LPE 성장 층에서의 어긋나기보다 더 활동적이지는 않다는 것이 증명되었다.

실험실 공정으로 p^+-Si 기판 위에 이완된 $Si_{1-x}Ge_x$ 층을 성장시킨 다음 실험실 공정으로 태양전지를 제조하였는데, 공정은 고상 확산, 질화물 표면 부동태화, 진공증착 전극 등을 포함한다[56]. 이완된 $Si_{1-x}Ge_x$ 층을 가진 태양전지의 단락전류는 결정질실리콘 박막 태양전지보다 더 높았는데, 이때 두 경우 모두 층의 두께와 도핑 프로파일은 동일하게 하였다. 하지만 Ge 함량 10% 이상에서는 단락전류가 포화되었다. 그러나 개방전압과 충진율은 기준이 되는 결정질실리콘 태양전지에 비해 매우 낮았다. $Si_{1-x}Ge_x$ 층을 사용할 때의 중요한 요소 중 하나는 표면 부동태화이다. 비록 PECVD 공정에 의한 질화물 막이 어느 정도 표면을 부동태화시켜 주지만 단파장에서의 태양전지 응답은 훨씬 더 낮았다. 단파장 응답은 구조의 맨 위에 Si capping 층을 사용함으로써 개신되있다. 집합으로부터 $Si_{1-x}Ge_x$ 진이 층의 거리는 에미터가 확산되는 Si capping 층과 $Si_{1-x}Ge_x$ 베이스 층 사이의 계면 부근에서 과도한 재결합을 피하는 데 매우 중요하다. 최상층의 Si은 스스로 완화되어 Si 층에서의 결함 밀도는 $10^7\ cm^{-2}$ 정도가 된다. [그림 1.12]의 내부 양자효율 곡선은 Ge과의 합금에 의해 베이스 층에서의 장파장 응답이 증가하고, 최적의 Si capping 층을 사용함으로써 단파장 응답이 개선된 것을 보여준다. 하지만 이와 같은 조건에서도

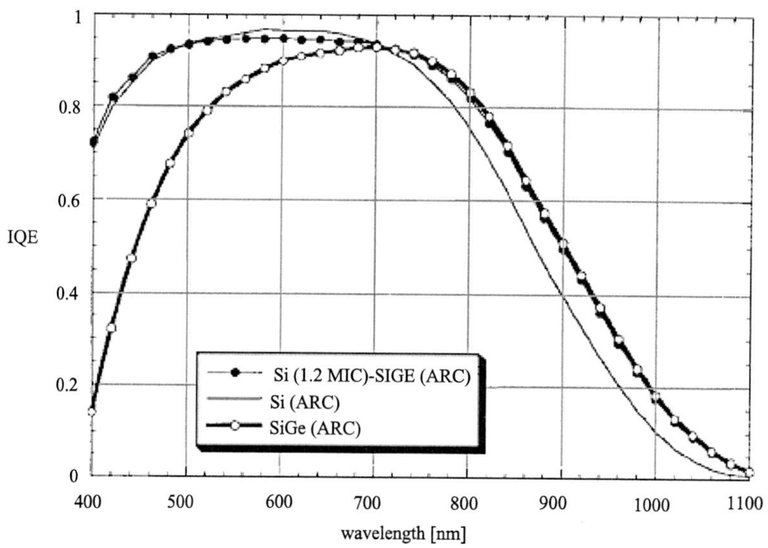

그림 1.12 이완된 SiGe 기반([Ge]=10%) 에피택셜 태양전지의 내부 양자효율(IQE) 곡선과 동일한 두께를 지닌 에피택셜 Si 태양전지 곡선과의 비교.

표 1.1 p^{+}Si 기판 위에 증착한 $Si_{.9}Ge_{.1}$ 에피택셜 박막 태양전지의 AM1.5 I-V 특성과 동일한 기판 위에 증착한 결정질 박막 Si 태양전지의 비교. 활성층의 두께는 15 μm, Si capping 층 두께 1 μm

Active layer material	Short circuit current [mA cm^{-2}]	Open circuit voltage [mV]	Fill factor [%]	Efficiency [%]
$Si_{.9}Ge_{.1}$	28.8	575	77.5	12.8
Si	27.9	634	79.2	14.0

〈표 1.1〉에 보는 바와 같이 기준이 되는 결정질실리콘 태양전지에 비해 전압 손실이 너무 커서 효율 향상이 되지 않았다.

1.3.3 Ge-Si 구조

임계 두께보다 더 두꺼운 SiGe 층의 이완에 발생하는 결정 결함의 형성을 억제하기 위해 최근 여타 방법이 제안, 시도되었다. 그 중 하나는 Stranski-Krastanov 성장모드에서 3차원의 islands를 형성시키는 방식으로 Si 매트릭스에 파묻히게 Ge 층을 성장시키는 것이다. 파묻힌 Ge 층은 태양전지의 베이스 층에서의 적외선 흡수를 증가시켜 전체 광전류를 높이고, 이종접합 구조에서의 개방전압 손실을 억제시킨다. Usami 등[57]은 Si 기반 p-i-n 다이오드의 진성 영역에 자기조립 Ge dot가 적층된 태양전지의 성능에 대해 보고하였다. 이들 dot들은 기상 분자선 에피택시(MBE, molecular beam epitaxy) 기법으로 Stranski-Krastanov 성장 모드 방식으로 p-형 Si(100) 기판 위에 에피택셜 성장시킨 것이다. 적층된 층의 모양이 [그림 1.13a]이다.

[그림 1.13b]에서 보는 바와 같이 자기조립 Ge dot가 없는 경우에 비해 자기조립 Ge dot가 적층된 태양전지에서 1.45 μm까지 적외선 영역에서의 외부 양자효율이

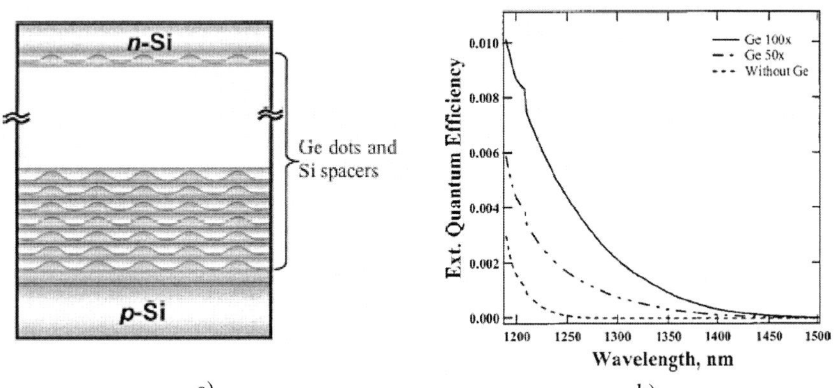

a) b)

그림 1.13 a) Si-Ge 층 구조의 단면[57]; b) 분광응답[57].

증가한 것을 볼 수 있다. 게다가 외부 양자효율은 적층된 층의 수가 늘어날수록 증가하고 있다. 유사한 결과가 Presting 등[58]에 의해 보고된 바 있다. 초고진공 MBE (UHV-MBE) 챔버에서 10 Ω-cm, p-형 Si 기판 위에 75개 층의 Ge을 성장시켰는데, 이때 각 층의 두께는 8개의 단원자에 해당하고, 각 층 사이는 폭 9~16 nm의 Si 스페이서를 증착한 것이다. 각 층들에서의 islands 농도는 안티모니(Sb)를 계면활성제(surfactant)로 사용하여 증가시켰는데, 농도는 10^{11} cm^{-2} 이상이다. islands들은 두께 200 nm의 n-형 Si 층으로 덮는데, 이를 태양전지의 에미터로 사용한다. 광전류 측정 결과 표준 Si 태양전지에 비해 적외선 영역에서 응답이 더 높게 나타났다. 전압 손실을 이 방법으로 보상할 수 있을지는 미지수이다.

이해의 폭을 넓히는 측면에서 우주용 태양전지에서 Si 기판 위에 GaAs 층을 성장시키는 기법이 큰 관심의 대상인 점을 지적할 필요가 있다. Si과 GaAs 사이의 격자상수 불일치를 조정하기 위해 흔히 Ge 템플릿을 Si 기판과 GaAs 활성층 사이에 성장시킨다[59, 60].

1.3.4 매몰형 후면 반사체 위에 에피택셜 층

광전류가 증가한다는 확실한 실험실적인 증거가 있음에도 불구하고, 태양전지 활성층에 $Si_{1-x}Ge_x$ 합금이나 임베디드 Ge 층을 집어넣어 전류값을 증가시킴으로써 전압 손실을 충분히 상쇄할 수 있다는 것을 실험적으로 증명한 그룹은 아직 없다. 그 결과 동일한 활성층의 두께를 지닌 Si 태양전지에 비해 광전류의 증가가 효율 증가로 직결되지는 않는다. 그러므로 Si 기판과 Si 에피택셜 층 사이의 계면에서 반사를 일으켜 빛 가두기 효과를 거둘 수 있는 재료 시스템을 구축하는 데 많은 연구가 이루어졌다. 반사는 Si 기판과 Si 에피택셜 층 사이에 굴절률이 그 중간이 되는 층을 삽입할 때만 가능하다. 이런 측면에서 가장 중요한 요소는 이 중간층을 에피택셜 성장할 수 있어야 한다는 것이다. 전체적으로는 [그림 1.14]에 나타낸 바와 같이 기본적으로 2 가지 해결책을 생각해 볼 수 있다. 첫 번째는 다공성 Si 중간층을 사용하는 것이다. 다공성의 특성을 이용하면 굴절률의 제어가 가능한데, 이때 다공성 Si 기판(최소한 다공성 Si이 HF 함유 용액에서 anodization으로 형성되었을 때)은 결정성에 관한 정보는 그대로 전달하면서도 에피택셜 성장용 템플릿으로 쓸 수 있다. 두 번째 방법은 Si 기판의 결정성을 따를 수 있도록 개구부를 가진 유전체나 금속층 위에서 과잉 에피택셜 성장(epitaxial overgrowth)시키는 방법이다.

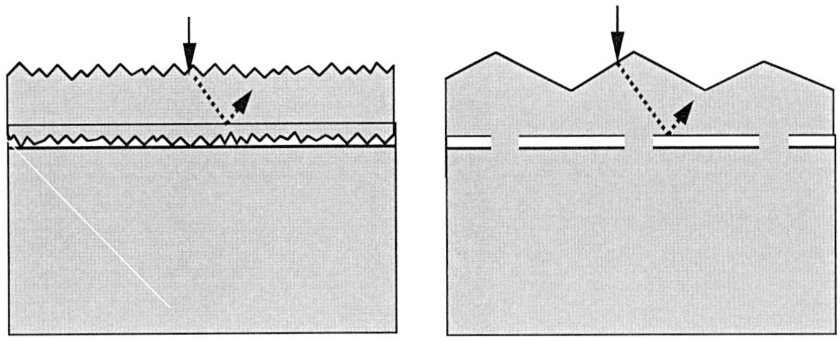

그림 1.14 a) 다공성 Si 중간층 구조의 개략도; b) lateral 에피택셜 overgrowth 접근법의 개략도

1.3.4.1 매몰된 다공성 Si 중간층 위에 에피택셜 층

다공성 Si의 전기화학적 에칭은, 예를 들어 광학 cavity에서 사용 가능한 Bragg 다중 반사체를 만들 수 있는 매우 뛰어난 기법이다. Bragg 반사체의 각 층의 굴절률은 기공에 의해 조절되는데, 기공은 용액 내에서의 전류 밀도, HF 농도 등 anodization 조건에 좌우된다. 다공성 Si이 에칭이 된 처음 결정의 결정성에 관한 정보를 갖고 있기 때문에 Si 증착 공정으로 처음 기판의 결정구조를 따르도록 질서 정연하게 증착할 수 있다. 따라서 위에서 설명한 목적에는 이상적으로 보인다[61, 62].

다공성 Si 층의 반사도를 모델링하고 최적화하기 위해 많은 노력이 뒤따랐다. Zettner[61], Abouelsaood 등[63]은 랜덤 매개체 내에서의 파장 전파 이론에 기초하여 다공성 Si에서의 빛 전파에 관한 모델을 개발하였다. 후자에서 모델링은 Si이 주 소재이고, Si 내에서 무질서하게 분산된 구형의 공극(void)들이 산란 입자의 역할을 하는 것에 바탕을 두고 있다. 빛 산란 중 specular 성분과 확산(diffuse) 성분은 별도로 결정하고 취급하였다.

이런 개념을 실험적으로 구현하는 데 있어서의 난제는 Si 증착 공정 중에 반사체의 특성을 유지하는 것인데, 증착 공정은 흔히 고온에서 이루어지고, 고온에서는 다공성 Si이 안정하지 않다. 다공성 Si은 더 크고 구형인 공극들을 포함하는 에너지가 낮은 구조로 재배열(reorganize)된다. 게다가 기공의 채움 현상이 일어나는데, 증착된 Si의 일부가 기공 내에 들어가서 기공도를 낮춘다. 두 가지 접근방법이 수반될 수 있다. 하나는 LE(low energy) PECVD[64]에서와 같이 저온에서 증착하여 기공도를 최대한 유지토록 하는 것이다. 이 방법으로 다층 구조의 특성([그림 1.15a]에 나타난 것과 같은 고분해능 XRD, 단면 TEM 사진 등으로 확인)을 파괴하지 않고

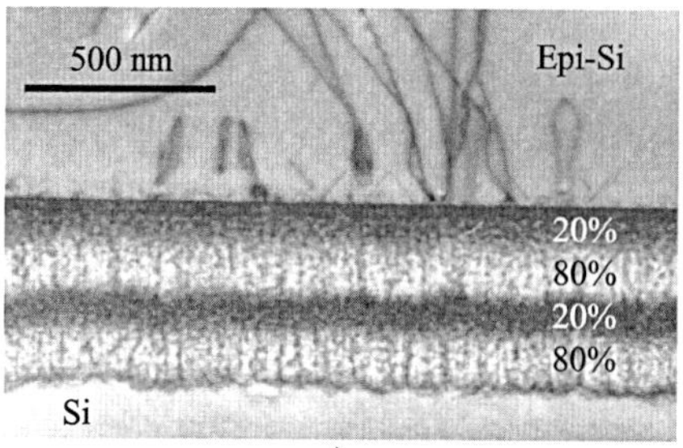

a)

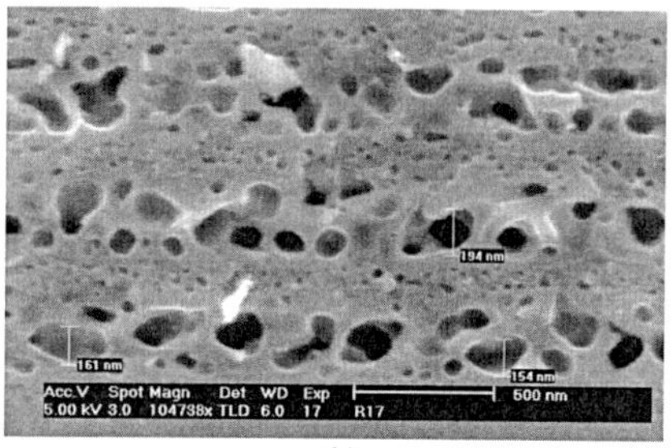

b)

그림 1.15 매몰형(buried)의 다공성 Si 반사체 :
a) 저온에서 다공성 Si 층 위에 성장한 에피택셜 층의 TEM 사진;
b) 高기공도/底기공도 2중층이 여러 겹 적층된 다공성 Si 반사체를 어닐링 후의 SEM 단면 사진. 기공 층의 어닐링 온도 T=1,150℃.

다공성 Si 위에 Si 박막을 에피택셜 수준으로 증착할 수 있다. 두께 10 μm의 에피층은 590℃에서 매우 빠른 속도(약 3 nm/s)로 증착한 것이다. TEM 분석결과 증착 중에 높은 밀도의 결함이 다공성 Si/에피 Si 사이의 계면에 형성되고, 이것이 전체 에피택셜 층으로 퍼져나가는 것을 볼 수 있다. 결함 밀도는 증착 온도가 645℃까지 올라가면 감소한다. 두 번째 방법은 에피택셜 층의 형성을 고온에서 하는 것이다. 이때 불가피하게 일어나는 재배열 현상을 그대로 두는 것이다. 최근 주목할 만한 결과가 발표되었다[65]. 底기공도 Si/高기공도 Si이 여러 겹 적층된 다공성 Si 다층막을 고농도 p-형 단결정 Si 기판 위에 전기화학적 에칭 방법으로 형성한 후, 시료들을 고온으로 유지시키고, 이어서 열 CVD 공정으로 에피택셜 증착하였다. [그림 1.15b]의 SEM 결과에서와 같이 처음 수 nm 수준의 기공 크기를 가진 다공성 Si이 더 큰 공극과 폭이 더 넓은 기공 벽을 지닌 층으로 완전히 재배열된 것을 확인할 수 있다. 그러나 底기공도 Si/高기공도 Si이 교대로 증착된 전체 구조는 그대로 유지되어 있다. 놀랍게도 재배열 후 구조는 Bragg 거울의 기능을 더 잘하는 것으로 보인다.

그 결과는 [그림 1.16]에서와 같은데, 시료의 총 반사율(total reflectance)로부터 계산에 의해 구한 다공성 Si/에피택셜 계면에서의 내부 후면 반사(internal back reflectance, R_B)를 파장의 함수로 나타내었다. 내부 반사는 다공성 Si 층의 개수와 함께 증가하는데, 넓은 파장 영역에서 적층 개수 15개 일 때 약 80%로 최고점에 이른다. 저항 측정의 결과는 이와 같은 매몰형 반사체가 다수 캐리어의 수직 방향으로의 흐름을 크게 방해하지는 않는 것을 보여 준다. 따라서 이는 전류 값이 매우 높은 에피택셜 태양전지의 제조 가능성이 매우 높음을 보여주는 것이다.

LPE 공정도 다공성 Si 위에 Si 에피택셜 층을 성장시키는 데 사용되었다. 첫 번째 단계로는, (100)이나 (111) Si 웨이퍼 위에 HF 양극산화 기법으로 다공성 Si을

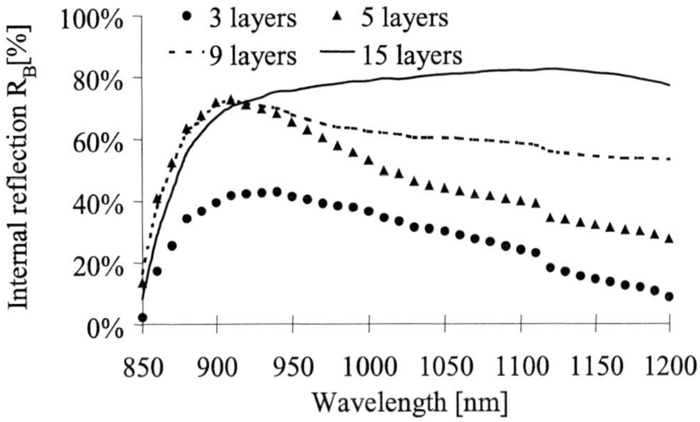

그림 1.16 다공성 Si 반사체의 종류에 따른 태양전지의 후면 반사도 측정 곡선[67].

형성하고[66], 이를 수소 분위기에서 열처리하고, 이어서 LPE 공정으로 나공성 Si 위에 Si 층을 얻기 위해 공정 중에 온도 구배를 변화시켰다. 다공성 (100) Si 기판 위에 피라미드 형상으로 성장된 것이 확인되었는데, 응집(coalescence)된 상태는 얻을 수 없었다. 그러나 p-Si(111) 기판 위에서는 균질한 층이 얻어졌다.

에피택셜 성장용 템플릿으로서의 역할 이외에도 다공성 Si 매몰 층은 Si 담체 기판으로부터 에피택셜 활성층으로의 확산에 의한 오염을 방지하는 게터링(gettering) 층으로의 역할도 한다. 태양전지용 다결정 Si 박막 성장에 필요한 저가격 에피택셜 기판으로 다공성 Si 게터링 효과가 있는 다결정 Si을 사용할 수 있다는 것이 Tsuo 등[67]에 의해 입증된 바 있다.

1.3.4.2 Epitaxial lateral overgrowth

[그림 1.14b]에 나타낸 epitaxial lateral overgrowth는 익히 알려진 기법으로 흔히 유전체 내에 있는 개구부를 통해 Si을 선택적으로 에피택셜 성장하는 것에 바탕을 두고 있다. 흔히 마스킹 층으로 사용되는 유전체는 열 생성 산화물이다. CVD에서 선택성(selectivity)은 Si 에칭과 Cl 함유 분위기에서의 성장 사이의 균형을 조절하여 얻는다. 유전체를 과잉 성장시키기 위해서는 수직 방향 성장 속도에 비해 측면 성장속도를 우선적으로 증가시킨다. 이것이 어렵기 때문에 유전체 위에 폐쇄된 Si 층을 확보하는 유일한 방법은 개구부 사이의 거리를 원하는 층 두께의 2배 정도로 유지하는 것이다.

거의 평형에 가까운 특성 덕택에 LPE 방법으로 선택적으로 수직 방향에 비해 수평 방향의 성장을 증가시키는 것이 더 용이하다. 성장은 보통 (111) Si 기판 위에서

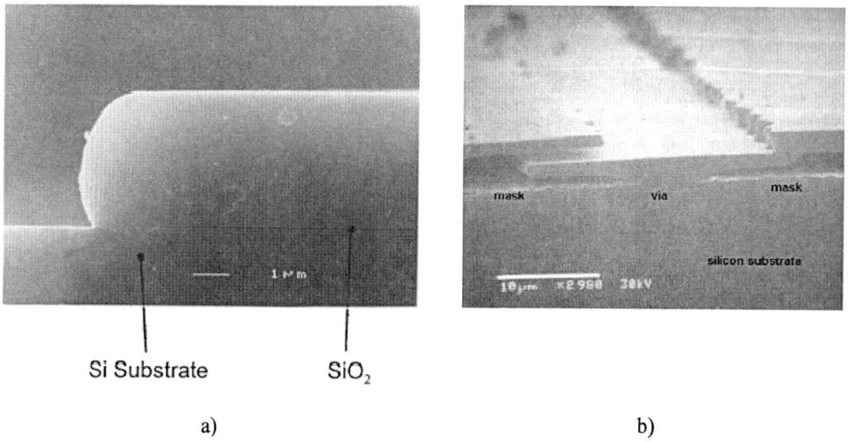

그림 1.17 a) (111) Si 기판 위에 있는 절연체 층에 나있는 개구부를 통해 LPE 법으로 측면방향으로 과잉 에피택셜 성장시킨 층. 실험실적 aspect 비(층의 폭/높이)는 43, 이 그림은 문헌 [68]에서 인용한 것이다. b) 텅스텐 매몰형 반사체 위에 과잉 electro-epitaxial 성장시킨 형상으로 문헌[69]에서 인용한 것이다. Si이 마스크에 나있는 stripe 형태의 개구부로부터 성장한다. 오른쪽은 바로 그 위에 시드를 내리고 과잉성장한 Si과 연결되어 있고, 왼쪽은 이웃하는 Si과 정렬이 불량하여 틈이 벌어져 있다.

이루어지는데, 비록 (100) Si 기판 위에 LPE 성장 중의 즉석 텍스처링이 매우 유용한 것이긴 하지만, (111) 기판의 경우 [그림 1.17a]에서와 같이 매끄러운 층의 성장이 가능하기 때문이다[68]. 여기서 흥미로운 점은 전착법으로 매몰형 반사체(buried reflector)를 만들 수 있다는 점이다. 그 개념은 [그림 1.17b]와 같이 액상 electro-epitaxial lateral overgrowth 공정으로 패터닝되어 있는 금속-마스크 Si 기판 위에 정립된 바 있다[69]. Si 박막은 줄무늬(stripe) 패턴의 W(텅스텐)-마스크 씌운 (111) Si 기판 위에 current-induced crystallization 공정으로 액상의 금속 용액(Si으로 포화된 용융 비스무스)으로부터 제조하였다. 텅스텐은 전착 중에 고온에서 잘 견디고 용융 금속에 의해 화학적으로 침해를 받지 않기 때문에 선택되었다. 성장 온도는 800~1,150℃, 그리고 측면 성장을 증가시키기 위해 Si/금속 계면을 가로질러 전류밀도 2~20 A/cm^{2}를 인가하였다. 폭 10 μm의 줄무늬 모양의 개구부와 개구부의 간격 100 μm인 W-마스크 기판 위에 면적 1 cm^{2}로 연속적인 에피택셜 성장이 실현되었다.

1.4 에피택셜 태양전지 결과와 분석

1.4.1 실험실에서의 에피택셜 태양전지

비록 에피택셜 태양전지용 기판은 저가격의 Si 기판이지만 비교 목적으로 단결정 및 다결정 Si 기판을 사용하여 많은 연구가 이루어졌다. 고농도로 도핑한 단결정 Si 기판을 사용한 에피택셜 태양전지에 대해서는 고효율의 잠재성을 확인하기 위한 목적으로 1990년대 초기부터 많은 연구그룹들이 보고한 바 있는데, CVD[70] 공정과 LPE[71, 72] 공정이 비교 대상이었다. 〈표 1.2〉는 다양한 기법으로 만든 최고 효율의 에피택셜 태양전지를 비교한 것이다. 고농도로 도핑한 단결정 기판을 사용한 경우 결정질 박막 Si 태양전지의 효율을 크게 향상시킬 수 있는 잠재성을 확인할 수 있다. 특히, 적절한 후면 반사체를 사용한 경우에 그러한데, 산소의 임플랜테이션(implantation)에 의한 silicon-on-insulator인 경우 중간의 산화물 층(SIMOX 기판 또는 빛 가두기를 향상시키기 위해 Si 기판 후면을 에칭한 구조)이 그러하다. 몇몇 보고에서는 에피택셜 층에서의 결정 결함들은 고농도 도핑 Si 기판과 에피택셜 층 사이의 격자 상수의 불일치에 기인한 것으로 보고 있다. 이 격자 상수 불일치는 작지만 에피택셜

표 1.2 실험실 에피택셜 태양전지 효율과 공정 비교

Growth technique	Type of substrate	Thickness [μm]	Cell area [cm^2]	Solar cell process	Efficiency [%]
CVD-grown epitaxial layers					
CVD	Mono (SIMOX)	46	4	High-efficiency interdigitated process Evaporated contacts	19.2 [8]
CVD	p^+-Mono	37	4	ISE high-efficiency process	17.6 [78, 79]
CVD	p^+–SILSO	20	4	Homogeneous etched-back emitter Evaporated contacts	13.8 [49]
CVD	p^+-EFG	20	4	Homogeneous etched-back emitter Evaporated contacts	13.2 [49]
LPE-grown epitaxial layers					
LPE	p^+-mono	35	4	Evaporated contacts + back-etch of substrate	18.1 [80]
LPE	p^+-mono	30	4	Evaporated contacts (drift-field in epitaxial layer)	16.4 [76]
LPE	p^+-multi				15.4 [77]

층이 상대적으로 두껍기 때문에 misfit 어긋나기를 매개로 strain 이완이 일어나게 된다[73].

CVD 공정으로 고농도로 도핑된 다결정 기판(리본, MG-Si, p^+-다결정 Si) 위에 에피택셜 성장이 이루어지면, 실험실 태양전지의 효율은 단결정 기판 사용과 비교하여 상대적으로 낮아진다. 에피택셜 성장 중 remote plasma hydrogenation 또는 firing-through-nitride 기법으로 H를 넣어 주는 공정은 에피택셜 층에서의 결함들을 부동태화 시켜주는 데 매우 효과적인 것으로 밝혀졌다[18, 21, 48, 49]. 이렇게 하여 두께 약 20 μm의 소면적 에피택셜 태양전지에서 효율 14%가 얻어졌다.

LPE 성장 에피택셜 층위에 만든 태양전지에서는 개방전압 660 mV 이상이 확인되었는데[74], 이는 에피택셜 층이 매우 양질의 전자 특성을 가진 것을 확인시켜 준다. 그 결과, LPE 성장 태양전지에서 최고 17~18%의 효율이 얻어졌다[75]. 이와 같은 태양전지의 고효율 확보에서 중요한 단계는 고농도로 도핑된 기판을 충분히 제거하는 것인데, 후면 반사를 증신시키기 위해 에피택셜 층은 이 기판 위에 형성한다. 이렇게 하면 태양전지의 두께가 30 μm가 되어도 효율은 약 25% 향상된다. 위에서 언급한 바와 같이 LPE 공정에서는 에피택셜 층 내에 도핑의 프로파일을 간단하게 변화시켜 줄 수 있다. 문헌[76]에서 태양전지 베이스 층에 drift 전기장을 만들어 주기 위해 의도적으로 Ga 농도를 박막 전체에 걸쳐 구배를 준 바 있는데, 이렇게 함으로써 소수 캐리어의 유효 확산 길이를 증가시키고 장파장 영역에서의 응답을 증가시킬 수 있었다. LPE로 drift 전계를 형성한 박막 Si 태양전지에서 효율 약 16.4%가 확인된 바도 있다.

소면적의 다결정 Si 기판의 경우에는 효율 15.4%가 달성되는 등 효율 증대의 잠재성이 더 높다는 것이 확인되었다[77].

1.4.2 산업용 에피택셜 태양전지

여기서 산업용 태양전지의 정의는 태양전지 면적이 20 cm^2 이상인 것으로 보통의 태양전지 산업에서 이루어지는 공정과 유사한 방법으로 제조한 것을 의미한다. Si 에피택셜 태양전지의 대부분의 공정은 여타 보통의 태양전지 공정과 매우 유사하지만 2가지 이유로 별도로 취급하고자 한다. 첫 번째, 대면적 태양전지를 만드는 것은 특정 에피택셜 증착 기술(대면적에서 두께 균일도, 도핑 농도 균질성)이 성숙되었음을 의미한다. 두 번째, 비록 공정이 유사하지만 전면 표면의 텍스처링은 에피택셜 태양전지에 맞게 처리하여야 한다. 후자의 경우 기존 벌크 태양전지에서 사용되는 공정을 그대로 적용하면 안 되는데, 왜냐하면 에피택셜 층의 대부분이 제거될 수 있기 때문이다. 보통 텍스처링의 경우, Si 두께 10~20 μm가 제거된다.

그동안 보고된 주요 결과는 〈표 1.3〉과 같다. Czochralski-silicon(Cz-Si) 기판에서는 효율 14%, 고농도 도핑 다결정 Si 기판에서는 효율 13%가 얻어졌는데, 이때 사용한 공정은 튜브 또는 인라인 P 확산, 전면과 후면전극의 스크린 프린팅, SiN_x 반사방지막 코팅 및 전극 열처리 등 산업 공정이다[81, 82]. Light-beam induced current(LBIC) 측정 결과, 확산 거리 분포는 태양전지 전면에 걸쳐 매우 불균일한 것으로 나타났다. 보통의 에피택셜 태양전지에서 최대 유효 확산 거리는 25 μm, 평균 확산 거리는 약 15 μm이었다[83]. 적외선 lock-in thermography 측정에서는 [그림 1.18]에서와 같이 국부적인 shunts가 확인되었다. 어떤 경우에는 이 shunts가 익히 알고 있는 에피택셜 결함과 연관된 것으로 보았다[84].

표 1.3 산업 공정으로 만든 에피택셜 태양전지의 효율 비교

Growth technique	Type of substrate	Thickness [μm]	Cell area [cm^2]	Solar cell process	Efficiency [%]
CVD	p^+-Cz-Si (reclaimed)				13.8[81]
CVD	p^+-SILSO	20	25	Screenprinting (firing through nitride)	12.5 [21]
	Epitaxial layer on grooved p^+-SILSO	20	25	Screenprinting (firing through nitride)	13.2 [21]
	p^+-SILSO	40	20	Laser-grooved buried grid technology	11.9 [21]
CVD	UMG-Si	25	20	Screenprinting (firing through nitride)	12.9[82]
		100	20	Screenprinting (firing through nitride)	12.2[82]
LPE	UMG-Si (melt-back method)	Small area	30	Phosphorus diffusion from pastes	10[86]

전면의 반사도를 줄이고 광학 경로를 증가시키기 위해서는 에피택셜 태양전지의 전면을 텍스처링하여야 한다. 이는 대부분의 벌크 태양전지 산업에서도 기본 공정이지만, 에피택셜 태양전지에 맞도록 조절하여야 한다. 가장 중요한 요소는 처음 에피택셜 층의 두께를 최소화할 수 있도록 제거되는 실리콘의 양을 최소화하는 것이다.

산업용 다결정실리콘 태양전지 텍스처링에 이미 사용되고 있는 한 공정은 화학적인 isotexturing이다. HF와 HNO_3를 사용한 이 습식 화학적인 에칭은 sawing에

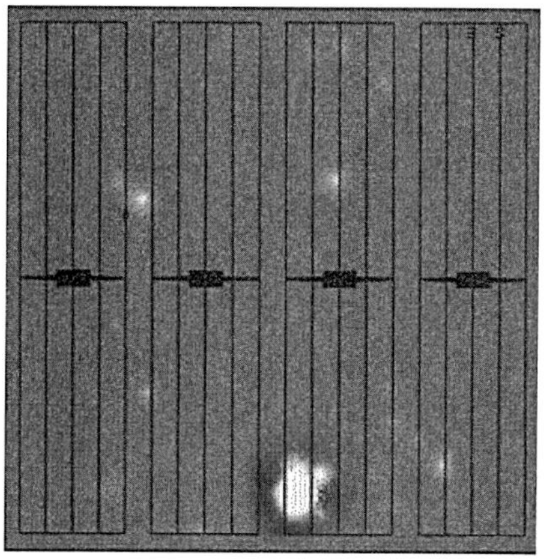

그림 1.18 적외선 열상법(IR-thermography)으로 관찰한 국부적인 shunting path.

의해 생긴 손상부위 표면에 있는 결함에서 먼저 이루어지고 직경 1~10 μm의 에치 피트를 가진 텍스처링 표면을 만들어 낸다. 그러나 에피택셜 성장 층은 원래 표면이 결함이 없기 때문에 이 공정이 균일하게 이루어지지 않는다. 즉, 균질하게 텍스처링한 표면 대신에 에피택셜 층 내에 있는 결함들에서 표면에 깊은 구멍을 만든다. 그래서 SF_6 화학에 바탕을 둔 플라즈마 텍스처링 기법이 개발되었는데, 마이크로웨이브 안테나를 이용한 플라즈마 발생장치를 사용하고, 에피택셜 태양전지에 맞게 공정을 최적화한 것이다. 특히, 제거되는 Si의 함량은 최소화시키고, 반사도는 낮게 유지시킨다. 이 공정은 에피택셜 층의 표면 2 μm 정도만 제거한다. 이 공정으로 UMG-Si 기판 위에 CVD 성장시킨 에피택셜 태양전지에서 효율 약 13%가 얻어졌다.

고농도로 도핑된 단결정과 다결정 Si 기판을 사용한 에피택셜 태양전지 모듈에서는 효율이 각각 12.2%(태양전지 aperture 면적 368 cm^2), 10.2%(aperture 면적 576 cm^2)가 보고되었다[85]. 이 결과는 이 태양전지 기술이 빠른 속도로 성숙되어 가는 것을 보여 준다.

LPE 성장 층을 이용하여 산업용에 가까운 태양전지도 개발된 바 있는데, CVD 성장 태양전지(다결정 Si 기판에서 산업용과 실험실용 효율 차이 1%)와 비교하여 산업용과 실험실 태양전지 사이의 효율 격차가 더 컸다. 이는 태양전지 전체 면적에 걸쳐 균일한 형상을 가진 LPE 층을 얻는 것이 어렵기 때문이다. P 페이스트 확산 공정으로 만든 태양전지에서 최고 효율 10.0%가 얻어졌다[86].

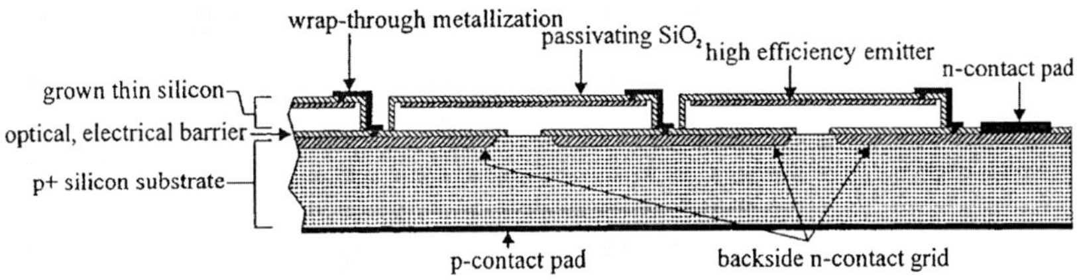

그림 1.19 신 개념의 에피택셜 태양전지 구조[87].

1.4.3 새로운 에피택셜 태양전지 구조

웨이퍼 기반 태양전지에서 접촉전극 기술이 적용된 것과 같이, 기판이나 상판(superstrate) 위에 결정질 Si 박막을 성장시킨 에피택셜 태양전지의 전면에 그리드 전극을 형성한 구조가 가장 많이 보고되었다. 이 두 가지 기술을 접목시키는 것이 결정질실리콘 태양전지의 2가지 중요한 손실 메커니즘을 동시에 줄일 수 있는 방안이 될 수 있다. 기존 태양전지에 사용하는 전면의 금속 전극 대신에 그 대안으로 에피택셜 태양전지에서는 [그림 1.19]에 나타낸 바와 같이 epitaxial lateral overgrowth 기법으로 임베디드 반도체 전극을 사용하는 개념이 제시된 바 있다[87]. 박막 에피택셜 태양전지에서 효율 7.8%가 얻어진 바 있는데, 여기에서는 전극들이 잘 분리되어 있고, 직렬저항에 의한 전력 손실은 무시할 정도이고, 면적 중 가려지는 부분은 전체의 1% 미만이다.

1.5 고수율 실리콘 증착

기본적으로는 기존 벌크 태양전지 제조 기술과 유사하지만 에피택셜 태양전지의 제조 기술에서는 2가지 문제가 해결되어야 한다. 하나는 상업용 저가격 Si 기판을 확보하는 것이다. 앞에서 본 바와 같이 MG-Si 기판 에피택셜 태양전지에서 단기적으로는 효율 14~15%가 가능할 것이다. 문제는 원소재 생산 및 이를 이용하여 대면적 다결정실리콘 잉곳과 기판을 만들 수 있는 인프라를 확충할 수 있는가 하는 것이다.

두 번째 문제는 에피택셜 층의 두께 5~20 μm에, 수 m^2/h의 속도로 성장시킬 수 있는 수율 높은 증착 장비를 개발하는 것이다. 이 수율은 기존 마이크로전자 산업에서 개발된 상업용 에피택셜 장비보다 확실히 높은 것이다. 기존 마이크로전자 산업에서는 주된 목적이 두께와 1% 정도의 도핑의 균일성을 최대한 확보하는 것이다.

a-Si:H이나 μc-Si:H 박막을 이용한 태양전지에서도 생산 규모 확대와 관련한 문제가 있는데, 에피택셜 태양전지에서는 해결해야 할 어려움이 매우 많다. 수 μm/min의 증착속도와 고품위의 결정을 얻기 위해서는 공정 온도가 800~1,300℃ 정도 되어야 하는데, 그러기 위해서는 고온에 견디는 소재의 사용이 필수적이다. 증착 중 고온을 유지하면서도 사용하는 소재의 순도를 높이는 등의 방법으로 결정 Si의 오염을 막아야 한다. 하지만, CVD와 LPE에서는 잠재적으로 부식성 및 침해도가 높은 액체나 가스를 사용해야 하는 경우가 많다. 최종적으로는 Si 증착 공정의 화학적 효율성과 두께 균일도와 관련하여 서로 상반되는 요구조건이 있다. 보통 균일도를 높이기 위해서는 효율 저하를 어느 정도 허용할 수밖에는 없다. 왜냐하면 고효율을 위해서는 고온이 필요한데, 이때 가스 상이 부족(depletion)해지기 때문이다. 두께와 도핑 균일도 10% 정도를 요구해도 만족시키기가 쉽지 않다.

이런 문제들이 만족스럽게 해결되어도 개발된 증착 장비의 장기 신뢰성과 안전성 및 낮은 유지비용이 증명되어야 한다. 장비의 감가상각을 감안한 허용 가능한 비용과 소비재(가스, 서셉터 등)와 정비 비용은 명확히 달성된 효율에 따라 달라지지만, 모듈의 효율을 14%로 가정할 경우 €1/W의 비용 수준을 맞추기 위해서는 이 비용은 €20/m^2 보다 높지 않아야 한다[15].

아직까지 이 수준까지는 도달하지 못하고 있다. 이 보다는 핵심 과제들을 정면 돌파할 수 있는 여러 가지 고수율의 증착 장비의 개념을 모색하고 있다. 이들 개념은 주로 CVD와 LPE의 규모를 키우는 것이다. 규모 키우기 노력이 CVD와 LPE에 초점을 맞추고 있는 것은 IAD와 같은 여타 방식에 비해 상대적으로 기술의 성숙도가 높기 때문이다. 이들 반응로 개념이 기존 태양전지 생산 라인에 적용되기 전까지 충분한 신뢰성이 확보되어야 한다.

1.5.1 CVD 반응로 대형화

1.5.1.1 연속식 CVD 반응로

첫 번째 반응로 개념은 기존 결정질실리콘 태양전지 생산 라인에 사용되는 인라인 장비와 매우 가까운 것으로, 에피택셜 성장이 이루어지는 고온의 반응 영역을 통해 웨이퍼를 연속적으로 이송하는 방식이다. 주변부는 증착이 거의 되지 않으면서도 $Si_{(g)} \rightarrow Si_{(s)}$ 반응의 효율을 높이기 위해서는 반응로 개념이 tube-in-tube 방식이어야 한다[88, 89]. 사각형의 기판들은 내부 반응로 튜브의 측면 벽을 형성하면서 내부 표면 중 가장 넓은 부분을 점유한다. 반응실은 수소나 기타 불활성 가스를 충분

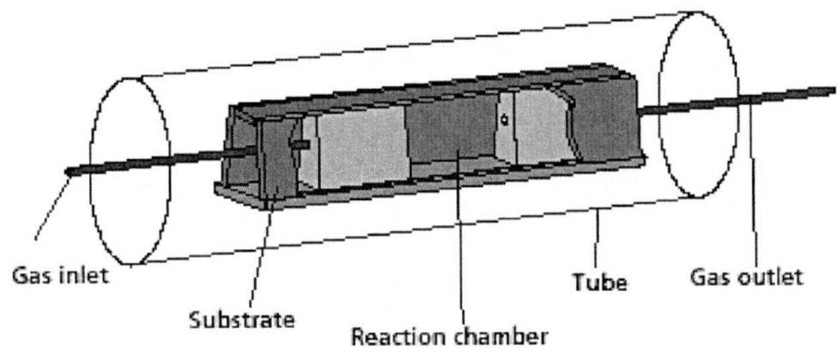

그림 1.20 독일 FhG-ISE에서 개발한 연속방식 CVD 시스템용 tube-in-tube 개념의 개략도.

히 공급받는 외측 튜브 안에 놓인다. $SiHCl_3$(TCS)와 수소로 된 반응가스는 반응실 안으로 공급되고, 증착이 이루어진다. 연속식(continuous) CVD(Con-CVD) 반응로 내에서는 2열의 기판들이 [그림 1.20]에서와 같이 반응실을 따라 연속적으로 움직이게 된다. 이렇게 하면 모든 기판들이 동일한 반응 프로필을 경유하기 때문에 측면의 두께 균일도 문제나 가스 고갈(depletion)의 문제를 해결할 수 있다. 반응실로부터 외측 튜브 방향으로 반응가스들이 확산되는 것을 방지하거나 최소한으로 줄이기 위해 약간의 과압(overpressure) 상태를 유지한다.

가스 커튼 시스템으로 반응 영역에 해당하는 내측 튜브 내의 분위기와 외측 튜브 내의 분위기를 별도로 제어할 수 있다. 이렇게 하면 반응기와 실험실 사이의 가스가 상호 교환되지 않고도 연속적인 방식으로 기판들을 반응로 내부로 공급하고, 배출시킬 수 있게 된다. 이는 다른 기체의 흐름에 대항하여 특정 기체가 확산되는 성질에 기초한 것이다. 1초당 수 cm 정도의 아주 느린 흐름이 그 반대 방향으로 움직이는 다른 기체의 흐름을 거슬러 움직임으로써, 확산하는 기체의 농도를 무시할 정도로 낮출 수 있다. [그림 1.21]은 반응로 튜브 양단에 설치된 가스 커튼 시스템의 원리를 나타낸 것이다.

독일 FhG-ISE가 이 개념을 활용한 반응로를 처음 도입하였는데[88, 89], 그 Con-CVD의 주요 특징은 [그림 1.22]와 같다.

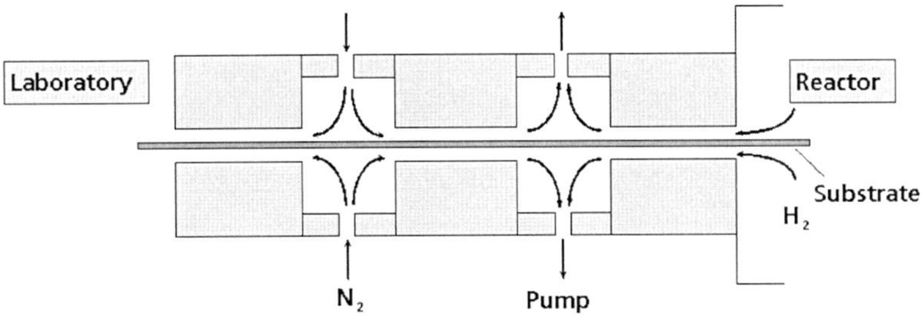

그림 1.21 연속식 CVD 장비에서 반응기 내부 분위기를 외부로부터 분리하기 위한 가스 커튼 시스템[89].

a)

- 2열의 기판이 연속적으로 이동하고, 가스 커튼을 사용하는 오픈 방식
- 기판은 저항 가열방식으로 1,300℃까지 유지 가능
- 반응로 튜브는 재질이 SiC, 직경 30 cm
- 반응 챔버는 재질이 흑연, 길이 40 cm
- 2열의 기판 캐리어는 재질이 흑연으로 폭이 10, 20 cm, 기판 길이 40 cm, 10 cm 폭의 기판은 상하로 각 캐리어 위에 위치
- 반응로로 유입되는 가스 라인 : H_2, $SiHCl_3$, B_2H_6, inert
- 평균 증착속도 5 μm/min에서 생산 속도 : 두께 30 μm 실리콘 층의 경우 시간당 1.4 m

b)

그림 1.22 a) 독일 FhG-ISE에서 사용하는 Con-CVD 장비, b) 그 주요 특징.

이 반응로를 이용하여 에피택셜 층을 고농도로 도핑된 다결정 Si 기판 위에 온도 1,150℃, 증착속도 1.5 μm/min, 수율 1.2 m^2/h의 조건으로 성장시켰다. 비교적 간단한 태양전지 구조를 채택하여 효율 12.5%를 보고한 바 있다[90].

이 반응로에 대한 가격을 추산한 결과에 따르면 폭 20 cm, 길이 2 m(기존에는 0.4 m)의 Con-CVD 시스템에서는 연간 처리량 150,000 m^2/year이 가능하고, 이는 Si 에피택셜 비용은 €10 /m^2 정도에 해당하는 것으로, 이 수치는 앞에서 언급한 가격 목표와 부합되는 수준이다. 비용에서 가장 큰 몫은 H_2 소비로, 최신의 H_2 재활용 시스템을 적용하면 그 소비를 대폭 줄일 수 있을 것으로 보고 있다[88].

1.5.1.2 Convection Assisted CVD

Convection(대류) assisted CVD(COCVD)는 반응로 내부에서의 기체 흐름을 제어하고, 사용되지 않은 전구체 가스의 리사이클링이 자연스럽게 이루어질 수 있도록 하는 데 열대류(thermal convection)를 적극적으로 활용하는 최근 개발 방식이다. COCVD의 개요는 [그림 1.23]과 같다[91]. 반응로가 수평방향에 대해 α 각도만큼 기울어지게 되어 있다. 온도가 차가운 가스가 반응로 내부로 유입되고 그 흐름이 기판과 반대편에 있는 차가운 벽을 따라 하향한다. 기판이 있는 부분에서 가스 흐름이 상향하게 되는데, 기판 부분은 가열되어 대류 현상을 유도하게 된다. 가스의 일부분은 배출구(outlet)를 통해 반응로를 빠져나가고, 반면에 기판으로부터 먼 곳에

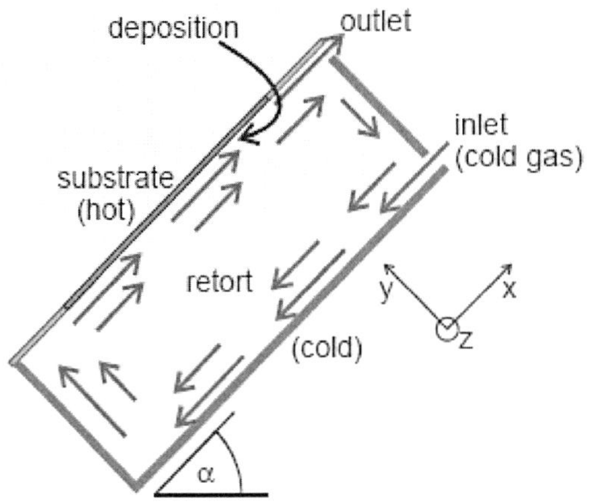

a)

b)

그림 1.23 a) convection-assisted CVD 개념. 열대류에 의해 공급 가스의 흐름이 증대되고 안정된다. 대류는 반응기의 기울기 경사각 α에 의해 좌우된다. b) 신규 CVD 시스템 사진.

있는 가스들은 대류 순환 고리에 머물며 다시 한 바퀴 돌게 된다. 이는 특정 두께의 막 성장에 필요한 TCS의 소요량을 줄여주는 '내부 순환(internal recirculation)' 메커니즘에 해당한다. 기판과 아래 벽면을 기울이는 것이 대류 현상에서 핵심이라는 것을 확인할 수 있다.

1.5.1.3 배치 방식의 에피택셜 반응로

Con-CVD와 COCVD 방식에서 큰 진전이 있었음에도 불구하고 신뢰성과 안전성 측면에서는 앞으로도 해결해야 할 문제점이 많이 있다. 마이크로일렉트로닉스 분야에서는 SiH_4를 전구체로 사용하는 대형의 수직 배치 방식의 반응로가 많이 개발된 바 있는데, 이는 직경 200 mm, 300 mm 웨이퍼용으로 수율이 100 웨이퍼/h, 또는 5 m^2/h 정도이다. 이러한 다결정실리콘 증착 공정을 개선함으로써, 더 두꺼운 다결정 Si 층(보통 전력전자 분야에서 사용)의 제조에 사용되는 방식으로 증착 온도를 100~200℃ 더 높이고, 두께 균일도는 10% 정도로 줄이는 공정을 채택해서도 필요로 하는 가격 목표를 달성할 수 있을 것이다.

에피택셜 층으로 적합한 품질의 박막이 배치 방식 LPCVD 시스템에서 구현된 바 있다[92]. 이 시스템은 저항 가열방식의 석영 튜브로 만든 것으로 한쪽은 펌프 시스템에 연결되어 있고, 다른 한쪽은 석영으로 만든 도어로 닫혀있다(도어와 반응 영역 사이는 진공 배기가 되는 석영 bell-jar로 단열이 된다). Si 층은 한꺼번에 20개의 웨이퍼 위에서 동시에 형성된다. 이때 쉽게 제거할 수 있는 석영으로 만든 삽입체

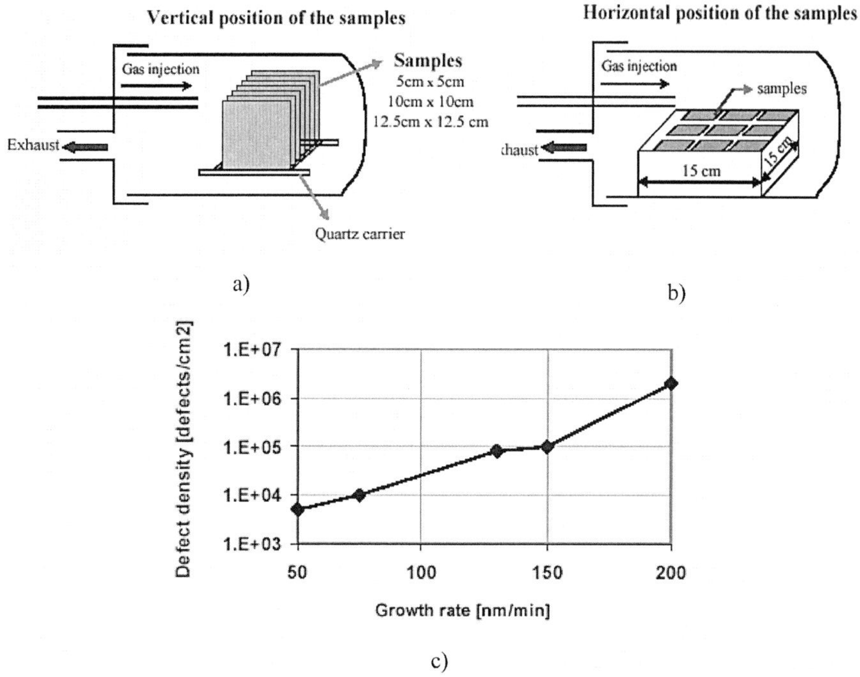

그림 1.24 a) LPCVD 시스템의 기본구조, b) 문헌[92,93]에서 사용한 웨이퍼 stacking, c) LPCVD 시스템에서 증착속도에 따른 결함밀도의 의존성.

(insert)를 이용하여 반응로 벽면에서의 불필요한 Si 성장은 억제시킬 수 있다. [그림 1.24 a, b]와 같이 웨이퍼들은 다양한 방식으로 장입할 수 있다. 수평방식으로 웨이퍼들을 장입하면 $5 \times 5\ cm^2$ 면적의 다섯 장의 웨이퍼에서 두께 불균일도가 20% 이하가 되는데, 이 값은 태양전지 분야에서 허용 가능한 범위에 있다. 이렇게 하여 매우 양질의 에피택셜 층 성장을 할 수 있었는데, 단결정 p^+-Si 기판 위에 성장하여 태양전지 소자를 구현한 바 있다[93]. 20~50 nm/min 정도의 낮은 성장 속도에서는 결함밀도가 10^4 defects/cm^2 정도이었다. 이 값은 상업용 반응로로 고농도 도핑 기판 위에 성장시킨 에피택셜 층의 품질과 유사한 수준이다. 전체 가스 유량 중에 SiH_4의 분압을 증가시키면 성장 속도가 올라간다. 성장된 막의 결함밀도는 [그림 1.24c]와 같이 성장 속도에 따라 크게 증가한다.

또 다른 배치 방식은 stacked epitaxial reactor(SER)[94]로 [그림 1.25a]에서와 같이 저항 가열 방식의 흑연 서셉터를 매우 촘촘하게 배열하는 것을 기본으로 한다. 그리고 [그림 1.25b]는 1980년대에 처음으로 창안된 방식이다[95]. 이렇게 하여 가열을 매우 효과적으로 균일하게 할 수 있었다. 현재 이 반응로의 개념을 채택한

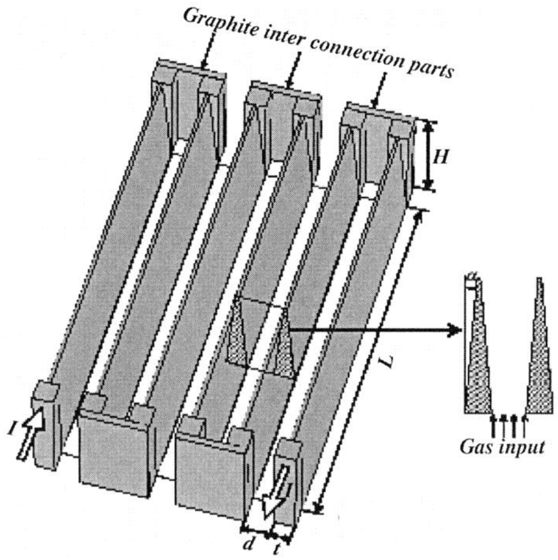

a)

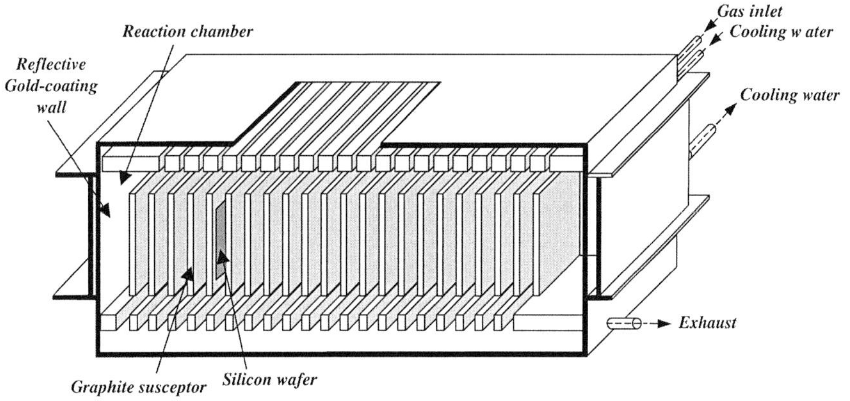

b)

그림 1.25 a) SER 반응기에서의 흑연제 서셉터 구조와 interduct의 단면 디테일,
b) SER 개념의 입체 개략도.

시제품이 있는데, 여기에는 H_2 재순환 시스템이 장착되어 있다. 시스템에 소요되는 H_2 유량이 매우 많은데, 이는 분말 형성을 방지할 수 있도록 가스 phase 내에서의 온도를 낮게 유지하기 위해서이다. H_2 재순환 시스템이 없으면 그 경제성이 매우 나빠진다. 이 시스템은 비록 시제품에서는 저압에서의 작동도 가능할 것으로 예상하나, 대기압에서 mass transport controlled regime에서 작동하는 것으로 예상하고 있다.

1.5.2 액상 에피택시 반응로 대형화

LPE 반응로의 크기를 키우는 데 있어서도 인라인 방식과 배치 방식을 앞에서와 같은 방식으로 구분한다. 일반적으로, LPE는 기술적으로 CVD 만큼 그 개념의 성숙도가 높지 않다.

1.5.2.1 온도차 방식

온도차 방식(temperature difference method : TDM)은 대면적(10×10 cm^2)의 다결정 Si 기판 위에 용액으로부터 박막 Si을 성장시키는 반 연속식의 매우 유망한 기술이다[96, 97]. Nishizawa[98]에 의해 개발된 것으로 발광 소자용의 III-V 반도체의 증착에 사용되어 왔다. TDM 방식에서 막 성장의 열역학적 구동력은 [그림 1.26]에서와 같이 기판 표면에 수직방향으로 존재하는 온도의 구배이다. 온도 구배로 말미암아 용융체 위에 농도의 구배가 일어나게 된다. 이 구배가 바로 막 성장의 구동력이 된다. 성장 중에 온도가 일정하게 유지되므로 용해도의 온도 의존성은 막의 조성에 영향을 미치지 않는다.

Si 박막을 In/Ga 용액으로부터 성장시킨 바 있는데, 성장속도는 0.3 μm/min이었다. 단결정과 다결정 Si 기판 위에 성장한 두께 30 μm 막의 소수 캐리어의 수명은 5~10 μs이었다. 수소 부동태화 처리를 하지 않았음을 감안하면 이 값은 매우 높다고 볼 수 있다.

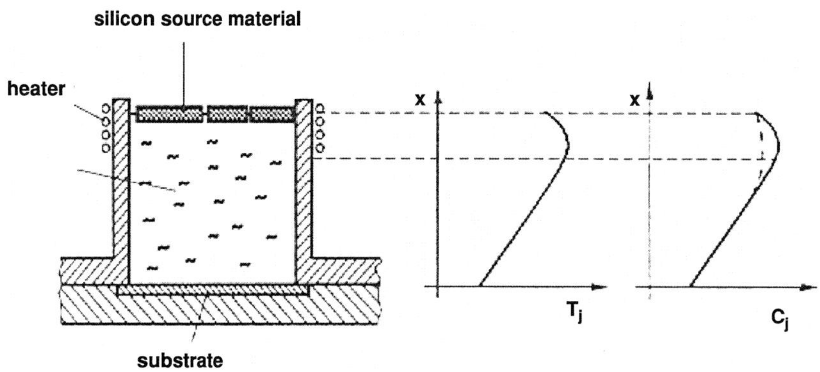

그림 1.26 온도차 방식의 원리[97]; 상단에 있는 히터는 소스와 기판 사이의 온도차를 유지한다.

1.5.2.2 melt-back을 이용한 배치형의 액상 에피택시 시스템

'sliding boat approach'와 같은 표준 LPE 방식은 대규모 배치 방식으로는 적합하지 않은데, 왜냐하면 매번 에피택셜 공정 후 용해된 Si의 부피가 줄어들어 용매를 교환해주어야 하기 때문이다. Konstanz 대학에서는 기판을 infinite source[99, 100]에 담그는 방식을 토대로 한 시스템을 개발하고 있는데, 그 원리는 [그림 1.27a]와 같다. [그림 1.27b]의 현재 시스템은 한번에 16개의 웨이퍼를 처리할 수 있는데, 기본적으로 그 규모를 키우는 데 제한은 없다. 제안된 방식에서 흥미로운 점은 'melt-back step'으로 매 성장 공정 전에 전자소자급의 초고순도 Si을 용액에 추가하는 것이 아니라 UMG-Si을 용융물에 공급하는 것이다[100, 101]. 이와 같은 방식의 Si 소재의 품질을 높이는 기술이 MG(metallurgical grade) Si을 정제하는 것보다 에너지 효율측면에서 더 좋을 수 있다. 이런 LPE 방식으로 제조한 Si 웨이퍼에 산업용 태양전지 공정을 적용하여 제조한 소면적(3 cm^2) 태양전지에서 효율 10%를 달성하였다.

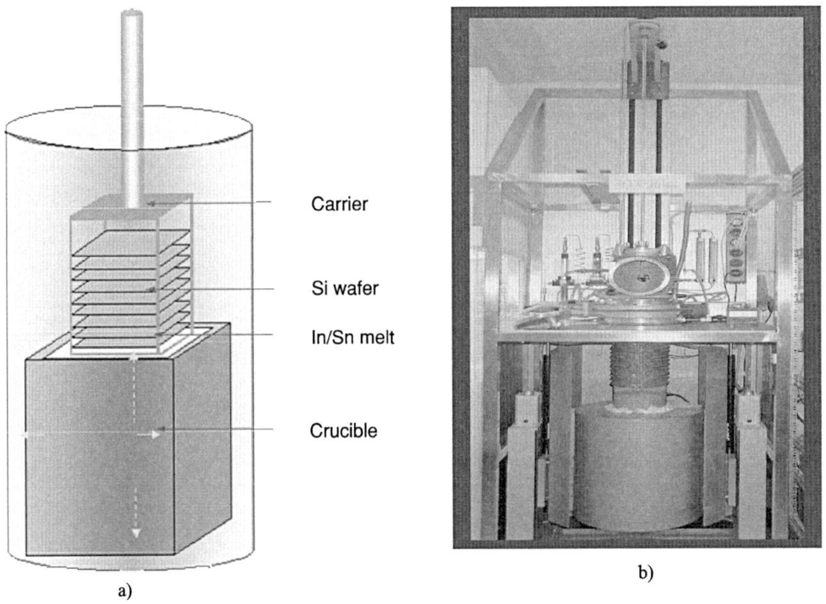

그림 1.27 a) 기판을 'infinite source'에 담구는 것으로 토대로 한 배치형 LPE 장치 개략도, b) Konstanz 대학이 개발한 시스템.

1.6 결 론

에피택셜 박막 태양전지는 여타 박막 기술과는 매우 큰 차이가 있지만, 현재 시장을 주도하고 있는 벌크 Si 태양전지 기술에 매우 가깝다. 따라서 기존 벌크 태양전지 기술에서 모놀리식 박막 모듈로 점진적으로 이전되는 측면에서 볼 때 상당히 매력적인 선택이다. 가격 절감의 잠재성은 여타 박막 기술만큼 괄목할 만하지 않지만 매우 크다고 볼 수 있다. 특히 중요한 점은 이 기술이 다결정 Si의 원소재 공급에 대한 의존성을 크게 줄여줄 수 있다는 것이다. 박막 에피택셜 태양전지는 기술의 성숙도가 높아 이미 산업적으로 태양전지 효율 약 13%가 달성되었다. 효율을 더 높이기 위해서는 빛 가두기 기술이 요구된다. 최근 다공성 Si 반사체를 활용하여 기존 벌크 태양전지만큼 빛의 경로를 증대시키는 것이 가능한 것으로 확인되었다. 다양한 증착 기법들을 살펴보았는데, 열 CVD가 가장 성숙도가 높고, 결과도 좋은 것으로 나타났나. 향후 상업화를 위해서는 수율이 월등한 에피택셜 시스템이 필요한데, 현재 연구개발의 초점도 여기에 맞추어져 있다.

참고문헌

[1] R. Brendel and D. Scholten, 'Modeling light trapping and electronic transport of waffle-shaped crystalline thin-film Si solar cells', *Applied Physics A (Materials Science and Processing)*. vol.A69, no.2; p.201–213. (1999).

[2] J. Palm, W. Krühler, W. Kusian, A. Lerchenberger, A. L. Endrös, G. Mihalik, B. Fickett and J. Tester, 'Characterization of Tri-crystalline Silicon for photovoltaic applications', *Proceedings of the Twenty-eighth IEEE Photovoltaic Specialists Conference*, Anchorage 15–22 September 2000, p.40–45 (2000).

[3] B. H. Mackintosh, M. P. Ouellette, M. D. Rosenblum, J. P. Kalejs and B. P. Piwczyck, '100 micron thick multicrystalline Si wafers and cells from large diameter EFG cylinders', *Proceedings of the Twenty-eighth IEEE Photovoltaic Specialists Conference*, Anchorage 15–22 September 2000, p.46–49 (2000).

[4] see e.g. A. V. Shah, J. Meier, E. Vallat-Sauvain, N. Wyrsch, U. Kroll, C. Droz, U. Graf, 'Material and solar cell research in microcrystalline silicon', *Solar Energy materials and Solar Cells*. vol.78; p.469–491(2003) and references therein.

[5] R. B. Bergmann, 'Crystalline Si thin-film solar cells: a review', *Applied Physics A (Materials-Science-Processing)*. vol.A69, no.2; p.187–194 (1999).

[6] A. Focsa, A. Slaoui, E. Pihan, F. Snijkers, P. Leempoel, G. Beaucarne and J. Poortmans, 'Poly-Si films prepared by thermal CVD on flowable oxide layers coated ceramic substrates', E-MRS 2005 Spring Meeting, Strasbourg, May 31–June 3 (2005).

[7] see e.g. L. Carnel, D. Van Gestel, I. Gordon, K. van Nieuwenhuysen, G. Beaucarne and J. Poortmans, 'Thin-film polycrystalline Si solar cells with a *V*oc above 500 mV' and I. Gordon, K. Van Nieuwenhuysen, L. Carnel, D. Van Gestel, G. Beaucarne, 'Development of interdigitated solar cell and module processes for polycrystalline-silicon thin films', presented at the E-MRS 2005 Spring Meeting, Strasbourg, May 31–June 3 (2005) and to be published in *Thin Solid Films*.

[8] C. Hebling, S. Reber, K. Schmidt, R. Lüdemann and F. Lutz, 'Oriented recrystallization of silicon layers for silicon thin-film solar cells', *Conference Record of the Twenty-sixth IEEE Photovoltaic Specialists Conference* – 1997 (Cat. No.97CB36026). IEEE, New York, NY, USA; 1997; 1451 p.623–626 (1997).

[9] M. Pauli, T. Reindl, W. Krühler, F. Homberg and J. Müller, 'A new fabrication method for multicrystalline silicon layers on graphite substrates suited for low-cost thin-film solar cells', *Proceedings of the First World Conference on Photovoltaic Energy Conversion*, Hawaii, p.1387–1390 (1994).

[10] G. Andra, J. Bergmann, F. Falk and E. Ose, 'Laser-induced crystallization: a method for preparing silicon thin solar cells', *Proceedings of the Twenty-sixth IEEE Photovoltaic Specialists Energy Conference*, Anaheim, p.639–642, (1997).

[11] M. J. Keevers, A. Turner, U. Schubert, P. A. Basore and M. A. Green, 'Remarkably effective hydrogenation of crystalline Si on glass modules', to be published in *Proceedings of the Twentieth European Photovoltaic Solar Energy Conference*, Barcelona, Spain, June 6–10 (2005).

[12] M. Stemmer, G. Wagner, S. Martinuzzi, D. Ginley, A. Catalano, H. W. Schock, C. Eberspacher, T. M. Peterson and T. Wada, 'Silicon films deposited by LPE on low cost multicrystalline silicon substrates', *Proceedings of Thin Films for Photovoltaic and Related Device Applications Symposium*, p.123–128 (1996).

[13] E. Demesmaeker, M. Caymax, R. Mertens, Le Quang Nam and M. Rodot, 'Solar cells in thin epitaxial layers on metallurgical silicon substrates', *International Journal of Solar Energy*, vol.11, no.1–2; p.37–53 (1992).

[14] See **Preface?** of this book.

[15] J. Poortmans, S. Reber, S. Gall, C. Zahedi and J. Alonso, 'European Cluster on High- and Intermediate thin-film crystalline Si solar cells R & D: overview of running projects and underlying

roadmap', *Proceedings of the Nineteenth European Photovoltaic Conference*, Paris, 7–11 June, p.397–402 (2004).

[16] There is one company dedicated to the production of solar grade Si (SGS, USA) whereas several other companies (Hemlock, USA; Wacker, Germany; Tokuyama, Japan) are developing specific production lines for the production of solar grade Si (Fluidized bed reactors for Wacker, vapor to liquid reactor for Tokuyama). Elkem, Norway is developing its own route based on upgrading metallurgical Si see e.g. C. Zahedi, E. Enebakk, K. Friestad, M. G. Dolmen, J. Heide, T. Buseth, R. Tronstad, C. Dethloff, K. Peter, R. Kopecek, I. Melnyk and P. Fath, 'Solar Grade Silicon from metallurgical route', *Technical Digest of the Fourteenth International Photovoltaic Science and Engineering Conference (PVSEC-14)*, Bangkok, Thailand, January 26–February 1, p. 673–676, (2004).

[17] H. A. Aulich, 'Silicon supply for PV', *Technical Digest of the Fourteenth International Photovoltaic Science and Engineering Conference (PVSEC-14)*, Bangkok, Thailand, January 26–February 1, p. 677, (2004).

[18] T. Vermeulen, O. Evrard, W. Laureys, J. Poortmans, M. Caymax, J. Nijs and R. Mertens, 'Realisation of thin film solar cells in epitaxial layers grown on highly doped RGS-ribbons', *Proceedings of the Thirteenth European Photovoltaic Solar Energy Conference*, Nice, p.1501–1504 (1995).

[19] G. Wagner, G. Steiner, B. Winter, W. Dorsch, A. Voigt, H. P. Strunk, R. Brendel, M. Wolf and J. H. Werner, 'Polycrystalline silicon layers on low cost silicon ribbons for photovoltaic cell application', *Proceedings of the Thirteenth European Photovoltaic Solar Energy Conference*, Nice, p.461–464 (1995).

[20] K. J. Weber, A. Stephens and A. W. Blakers, 'Investigation of the effect of various process parameters during liquid phase epitaxy of silicon on silicon substrates', *Proceedings of the Thirteenth European Photovoltaic Solar Energy Conference*, Nice, p. 1590–1593 (1995).

[21] see e.g. T. Vermeulen, J. Poortmans, M. Caymax, F. Duerinckx, S. Maene, J. Szlufcik, J. Nijs, R. Mertens, N. B. Mason and T. M. Bruton, 'Application of industrial processing techniques to thin-film crystalline solar cells on highly doped defected silicon substrates', '*Proceedings of the Second World Conference on PV Solar Energy Conversion*', p.1209–1214 (1998) and J. Poortmans, J., F. Duerinckx, F. J. Nijs, J., N. Mason, N., T. Bruton, B. Garrard, B., T. Ulset and W. Warta, 'Large-area epitaxial thin-film solar cells on metallurgical-grade Si substrates'. *Proceedings of the Sixteenth European Photovoltaic Solar Energy Conference and Exhibition*; May 2000; Glasgow, Scotland, p. 1549–1552 (2000).

[22] C. Zahedi, F. Ferrazza, A. Eyer, W. Warta, H. Riemann, n. V. Abrasimov, K. Peter and J. Hötzel, 'Thin-film silicon solar cells on low-cost metallurgical silicon substrates by liquid phase epitaxy', *Proceedings of the Sixteenth European Photovoltaic Solar Energy Conference and Exhibition*; May 2000; Glasgow, Scotland, p. 455–458 (2000).

[23] J. Bloem and L. J. Giling, 'Mechanisms of the chemical vapour deposition of silicon', *Current Topics in Materials Science* (Ed. E. Kaldis), North-Holland Publishing Company (1985).

[24] J. Poortmans, A. Diet, A., and A. Räuber, 'A. survey of the European activities and progress in the field of CVD-grown crystalline Si thin-films for solar cells on low-cost insulating substrates'. *Proceedings of the Sixteenth European Photovoltaic Solar Energy Conference and Exhibition*; May 2000; Glasgow, Scotland, p.1077–1082 (2000).

[25] S. Arimoto, H. Morikawa, M. Deguchi, Y. Kawama, Y. Matsuno, T. Ishihara, H. Kumabe and T. Murotami, 'High-efficient operation of large-area 100 cm^2 thin film polycrystalline silicon solar cell based on SOI structure', *Solar Energy Materials and Solar Cells*. vol.34; p.257–262 (1994).

[26] A. Slaoui, R. Monna, D. Angermeier, S. Bourdais and J. C. Muller, 'Polycrystalline silicon films formation on foreign substrates by a rapid thermal CVD technique', *Conference Record of the Twenty-sixth IEEE Photovoltaic Specialists Energy Conference*, Anaheim, p. 627–630 (1997).

[27] J. F. Gibbons, C. M. Gronet, K. E. Williams, 'Limited Reaction Processing: Silicon Epitaxy', *Applied Physics Letters*. Vol.47; p.721–723 (1985).

[28] Z. C. Liang, H. Shen, N. S. Xu and S. Reber Characterisation of direct epitaxial silicon thin

film solar cells on a low-cost substrate', *Solar Energy Materials and Solar Cells*, vol. 80, no.2; p. 181–193 (2003).
[29] see e.g. M. Konuma, I. Silier, E. Czech and E. Bauser, 'Semiconductor liquid phase epitaxy for solar cell application', *Solar Energy Materials and Solar Cells*. vol.34, no.1–4; p.251–256, (1994).
[30] T. F. Ciszek, T. H. Wang, X. Wu, R. W. Burrows, J. Alleman, C. R. Schwerdtfeger and T. Bekkedahl, 'Si thin layer growth from metal solutions on single-crystal and cast metallurgical-grade multicrystalline Si substrates', *Conference Record of the Twenty-third IEEE Photovoltaic Specialists Conference,* p.65–72, (1993) (Cat. No.93CH3283–9).
[31] R. Bergmann, S. Robinson, Z. Shi and J. Kurianski, 'Silicon films incorporating a drift-field grown by liquid phase epitaxy for solar cell applications', *Solar Energy Materials and Solar Cells*, vol.31, no.3; p. 447–451 (1993).
[32] M. Albrecht, B. Steiner, Th.Bergmann, A. Voigt, W. Dorsch, H. P. Strunk and G. Wagner, 'The crystalline quality of epitaxial Si layers solution grown on polycrystalline Si substrates', *Materials Research Society Symposium Proceedings*. vol.358; p.889–894 (1995).
[33] B. Steiner and G. Wagner, 'Silicon layers on polycrystalline Si substrates – influence of growth parameters during liquid phase epitaxy', *Journal of Crystal Growth*. vol.146; p. 293–298 (1995).
[34] S. Nishida, K. Nakagawa, M. Iwane, Y. Iwasaki, N. Ukiyo, H. Mizutani and T. Shoji, 'Si-film growth using liquid phase epitaxy method and its application to thin-film crystalline Si solar cell', *Solar Energy Materials and Solar Cells*, p. 525–532 (2001).
[35] J. T. Moore, T. H. Wang, M. J. Heben, K. Douglas and T. F. Ciszek, 'Fused-salt electrodeposition of thin-layer silicon', *Conference Record of the Twenty-sixth IEEE Photovoltaic Specialists Energy Conference*, Anaheim, p. 775 (1997).
[36] K. J. Weber, A. Cuevas and A. W. Blakers, 'The influence of drift fields in thin silicon solar cells', *Solar Energy Materials and Solar Cells*. vol.45; p.151–160 (1997).
[37] D. Majumdar, S. Chattejee, U. Gangopadhyayand H. Saha, 'Role of drift field in thin silicon solar cell developed by liquid phase epitaxial method', *SPIE – International Society For Optical Engineering*, p. 1262–1265, (2000).
[38] T. H. Wang, T. F. Ciszek, M. Page, Y. Yan, R. Bauer, Q. Wang, J. Casey, R. Reedy, R. Matson, R. Ahrenkiel and M. M. Al-Jassim, 'Material properties of polysilicon layers deposited by atmospheric pressure iodine vapor transport', *Conference Record of the Twenty-eighth IEEE Photovoltaic Specialists Conference*, Anchorage 15–22 September 2000, p.138–141 (2000) and T. H. Wang, T. F. Ciszek, M. R. Page, R. E. Bauer, Q. Wang and M. D. Landry, 'APIVT-grown silicon thin layers and PV devices', *Conference Record of the Twenty-nineth IEEE Photovoltaic Specialists Conference*, New Orleans, May, 19–24, 2002, p.94–97 (2002).
[39] J. E. May, *Jourrnal of the Electrochemical Society*. vol.112; p.710 (1965).
[40] L. Oberbeck, R. B. Bergmann, N. Jensen, S. Oeltingand J. H. Werner, 'Low-temperature silicon epitaxy by ion-assisted deposition', *Diffusion Defect Data B, Solid State Phenomena*, vol.67–68; p.459–464 (1999).
[41] L. Oberbeck, T. A. Wagner, R. B. Bergmann, R. W. Collins, H. M. Branz, M. Stutzmann, S. Guha and H. Okamoto, 'Ion-assisted deposition of silicon epitaxial films with high deposition rate using low energy silicon ions', *Amorphous and Heterogeneous Silicon Thin Films – 2000. Symposium (Materials Research Society Symposium Proceedings* Vol.609), p. A7.1.1–6, (2001).
[42] Niels-Peter Harder, Ph. D Thesis, University of Leipzig, 2005.
[43] T. A. Wagner, L. Oberbeck, R. B. Bergmannand J. H. Werner, 'Intra-grain defects-limiting factor for low-temperature polycrystalline silicon films?', *Diffusion Defect Data B, Solid State Phenomena*. vol.80–81; p. 95–100 (2000).
[44] T. A. Wagner and U. Rau, 'Density of recombination centers in epitaxial silicon thin-film solar cells by temperature-dependent quantum efficiency measurements', *Applied Physics Letters*. vol.82, no.16; p. 2637–2639 (2003).
[45] L. Oberbeck, J. Schmidt, T. A. Wagner and R. B. Bergmann, 'High-rate deposition of epitaxial layers for efficient low-temperature thin film epitaxial silicon solar cells', *Progress in Photovoltiacs*

Research And Applications. vol.9, no.5, p333–340 (2001).

[46] C. Rosenblad, M. Kummer, H.-R. Deller, T. Graf, A. Dommann, T. Hackbarth, G. Hock, E. Muller and H. von Kanel, *Materials Research Society Symposium Proceedings*. vol.696; p. 131 (2002).

[47] S. Brehme, P. Kanschat, K. Lips, I. Sieber and W. Fuhs, *Materials Science & Engineering B* vol.B 69–70; p. 232 (2000).

[48] T. Vermeulen, 'Epitaxial solar cells on low-cost, highly doped defected Si substrates' Ph.D thesis, Katholieke Universiteit Leuven.

[49] T. Vermeulen, F. Duerinckx, K. De Clercq, J. Szlufcik, J. Poortmans, P. Laermans, M. Caymax, J. Nijs and R. Mertens, 'Cost-effective thin film solar cell processing on multicrystalline silicon', *Conference Record of the Twenty-sixth IEEE Photovoltaic Specialists Conference* – 1997 (Cat. No.97CB36026), p. 267–269 (1997).

[50] K. Said, J. Poortmans, M. Libezny, M. Caymax, J. Nijs and R. Mertens, 'Low-temperature passivation for SiGe-alloy solar cells', *Proceedings of the Fourteenth European Photovoltaic Solar Energy Conference*, Barcelona, p.986, (1997).

[51] J. H. Werner, S. Kolodinski and H. J. Queisser, 'Novel optimization principles and efficiency limits for semiconductor solar cells', *Physical Review Letters*. vol.72, no.24; p.3851–3854 (1994).

[52] M. Wolf, R. Brendel, J. H. Werner and H. J. Queisser, 'Solar cell efficiency and carrier multiplication in $Si_{1-x}Ge_x$ alloys', *Journal of Applied Physics*. vol.83; p.4213–4221 (1998).

[53] K. Said, J. Poortmans, M. Caymax, R. Loo, A. Daami, G. Bremond, O. Kruger and M. Kittler, 'High quality, relaxed SiGe epitaxial layers for solar cell application'. *Thin Solid Films*. vol. 337, no.1–2; p. 85–89 (1999).

[54] U. Jain, S. C. Jain, J. Nijs, J. R. Willis, R. Bullough, R. P. Mertens and R. Van Overstraeten, 'Calculation of critical-layer-thickness and strain relaxation in Ge_xSi_{1-x}strained layers with interacting 60 and 90 degrees dislocations', *Solid State Electronics*. vol.36, no.3; ; p.331–337 (1993).

[55] O. Kruger, W. Seifert, M. Kittler, A. Gutjahr, M. Konuma, K. Said and J. Poortmans, 'Electrical properties of SiGe epitaxial layers for photovoltaic application as studied by scanning electron microscopical methods', *Diffusion and Defect Data Part B (Solid-State-Phenomena)*. vol.63–64; p.509–518 (1998).

[56] K. Said, J. Poortmans, M. Caymax, J. F. Nijs, L. Debarge, E. Christoffel and A. Slaoui, 'Design, fabrication, and analysis of crystalline Si-SiGe heterostructure thin-film solar cells', *IEEE Transactions on Electron Devices* vol.46, no.10; p.2103–2110 (1999).

[57] A. Alguno, N. Usami, T. Ujihara, K. Fujiwara, G. Sazaki, K. Nakajima and Y. Shiraki, 'Enhanced quantum efficiency of solar cells with self-assembled Ge dots stacked in multilayer structure', *Applied Physics Letters* vol.83, no. 6, 1258–1260 (2003).

[58] H. Presting, J. Konle and H. Kibbel, 'Self-assembled Ge-dots for Si solar cells', *International Journal of Modern Physics B*, vol.16, no.28–29; p. 4347–4351, (2003).

[59] C. L. Andre, J. A. Carlin, J. J. Boeckl, D. M. Wilt, M. A. Smith, A. J. Pitera, M. L. Lee, E. A. Fitzgerald and S. A. Ringel, 'Investigations of high-performance GaAs solar cells grown on Ge-Si_{1-x}/Ge_x-Si substrates', *IEEE Transactions on Electron Devices*. vol.52, no.6; p. 1055–1060 (2005).

[60] G. Flamand, S. Degroote, K. Dessein and J. Poortmans, 'Cheap virtual germanium substrates by CSVT deposition on porous Si', *Conference Record of the Thirty-first IEEE Photovoltaic Specialists Conference*, Orlando, January 2005 (2005).

[61] J. Zettner, M. Thoenissen, T. Hierl, R. Brendel and M. Schulz, 'Novel porous silicon backside light reflector for thin silicon solar cells', *Progress in Photovoltaics: Research and Applications*. vol.6, no.6; 423–432 (1998).

[62] L. Stalmans, J. Poortmans, M. Caymax, H. Bender, S. Jin, J. Nijs and R. Mertens, 'Realization of light confinement in thin crystalline Si films grown on porous silicon', *Proceedings of the Second World Conference on Photovoltaic Solar Energy Conversion*, Vienna, 1998, p. 124 (1998).

[63] A. A. Abouelsaood, M. Y. Ghannam, L. Stalmans, J. Poortmans and J. F. Nijs, 'Experimental testing

of a random medium optical model of porous silicon for photovoltaic applications', *Progress in Photovoltaics: Research and Aplpications*, p. 15–26 (2001).

[64] R. Bilyalov, C.S. Solanki, J. Poortmans, O. Richard, H. Bender, M. Kummer and H. von Kanel, *Solar Energy Materials and Solar Cells*. vol.72; p. 221 (2002).

[65] F. Duerinckx, K. Van Nieuwenhuysen, H. J. Kim, I. Kuzma-Filipek, G. Beaucarne and J. Poortmans, to be published in *Proceedings of the Twentieth European Photovoltaic Solar Energy Conference*, Barcelona, June 6–10, (2005).

[66] S. Berger, S. Quoizola, A. Fave, A. Ouldabbes, A. Kaminski, S. Perichon, N. –E. Chabane-Sari, D. Barbier and A. Laugier, 'Liquid phase epitaxial growth of silicon on porous silicon for photovoltaic applications', *Crystal Research and Technology*. vol.36, no.8–10; p.1005–1010 (2000).

[67] Y. S. Tsuo, P. Menna, J. R. Pitts, K. R. Jantzen, S. E. Asher, M. M. Al-Jassim and T. F. Ciszek, 'Porous silicon gettering', *Conference Record of the Twenty-fifth IEEE Photovoltaic Specialists Conference* – 1996 (Cat. No.96CH35897), 461–464 (1996).

[68] H. Raidt, R. Kohler, F. Banhart, B. Jenichen, A. Gutjahr, M. Konuma, I. Silier and E. Bauser, 'Adhesion in growth of defect-free silicon over silicon oxide', *Journal of Applied Physics*. vol.80, no.7; p.4101–4107, (1996).

[69] M. G. Mauk and J. P. Curran, 'Electro-epitaxial lateral overgrowth of silicon from liquid-metal solutions', *Journal of Crystal Growth*. vol.225, no.2–4; p. 348–353, (2001).

[70] O. Evrard, T. Vermeulen, J. Poortmans, M. Caymax, P. Laermans, J. Nijs and R. Mertens, 'The study of the influence of the layer resistivity of thin epitaxial Si cells', *Proceedings of the First IEEE World Conference on Photovoltaic Energy Conversion. Conference Record of the Twenty Fourth IEEE Photovoltaic Specialists Conference-1994* (Cat.No.94CH3365-4), 1567–1570 (1994).

[71] J. H. Werner, S. Kolodinski, U. Rau, J. K. Arch and E. Bauser, 'Silicon solar cell of 16.8 μm thickness and 14.7 % efficiency', *Applied Physics Letters*. vol.62, no.23; p.2998–3000 (1993).

[72] A. W. Blakers, J. H. Werner, E. Bauser and H. J. Queisser, 'Silicon epitaxial solar cell with 663-mV open-circuit voltage', *Applied Physics Letters*. vol.60, no.22; p.2752-2754 (1992).

[73] O. Evrard, E. Demesmaeker, T. Vermeulen, M. Zagrebnov, M. Caymax, W. Laureys, J. Poortmans, J. Nijs and R. Mertens, 'Analysis of the limiting recombination mechanisms on high-efficiency thin-film cells grown with CVD epitaxy', *Proceedings of the Thirteenth European Photovoltaic Solar Energy Conference*, Nice, p.440 (1995).

[74] A. W. Blakers, J. H. Werner, E. Bauser and H. J. Queisser, 'Silicon epitaxial solar cell with 663-mV open-circuit voltage', *Applied Physics Letters*, 2752–2754 (1992).

[75] A.W. Blakers, K. J. Weber, M. F. Stuckings, S. Armand, G. Matlakowski, A. J. Carr, M. J. Stocks, A. Cuevas and T. Brammer, '17 % efficient thin-film silicon solar cell by liquid-phase epitaxy', *Progress in Photovoltaics: Research and Applications*. vol.3, no.3; p. 193–195 (1995).

[76] Guang Fu Zheng, Wei Zhang, Zhengrong Shi, D. Thorp and M. A. Green, 'High-efficiency drift-field thin-film silicon solar cells by liquid-phase epitaxy and substrate thinning', *Conference Record of the Twenty-fifth IEEE Photovoltaic Specialists Conference – 1996* (Cat. No.96CH35897), 693–696 (1996).

[77] G. Ballhorn, K. J. Weber, S Armand, M. J. Stocks and Blakers,, 'High-efficiency multicrystalline silicon solar cells by liquid phase-epitaxy', *Solar Energy Materials and Solar Cells*. vol.52, no.1–2; p.61–68 (1998).

[78] F. R. Faller, V. Henninger, A. Hurrle and N. Schillinger, 'Optimization of the CVD process for low-cost crystalline-silicon thin-film solar cells', *Proceedings of the Second World Conference on PV Solar Energy Conversion*, p.1278–1283 (1998).

[79] F. R. Faller and A. Hurrle, 'High-temperature CVD for crystalline-silicon thin-film solar cells', *IEEE Transactions on Electron De*vices. vol.46, no.10; 2048–2054 (1999).

[80] A. W. Blakers, K. J. Weber, M. F. Stuckings, S. Armand, G. Matlakowski, M. J. Stocks and A. Cuevas, '18 % efficient thin silicon solar cell by liquid phase epitaxy', *Proceedings of the Thirteenth European Photovoltaic Solar Energy Conference*, Nice, p.33 (1995).

[81] J. Rentsch, S. Bau and D. M. Huljic,' Screen-printed epitaxial silicon thin-film solar cells with 13.8 % efficiency', *Progress in Photovoltaics: Research and Applications*. vol.11, no.8; p.527–534 (2003).

[82] K. Van Nieuwenhuysen, F. Duerinckx, R. Bilyalov, H. Dekkers, G. Beaucarneand J. Poortmans, *Proceedings of the Nineteenth European Photovoltaic Solar Energy Conference*, Paris, June 7–11, 2004, p. 1178. (2004).

[83] Z. C. Liang, H. Shen, N. S. Xu and S. Reber,' Characterisation of direct epitaxial silicon thin film solar cells on a low-cost substrate', *Solar Energy Materials and Solar Cells*, vol.80, no.2; p. 181–193 (2003).

[84] S. Bau, D. M. Huljic, J. Isenberg and J. Rentsch, 'Shunt-analysis of epitaxial silicon thin-film solar cells by lock-in thermography', *Conference Record of the Twenty-ninth IEEE Photovoltaic Specialists Conference 2002 (Cat. No.02CH37361)*, New Orleans, May 21–24, 1335–1338 (2002).

[85] S. Reber, H. Schmidhuber, H. Lautenschlager, J. Rentsch and F. Lutz, 'Solar minimodule made with epitaxial crystalline silicon thin-film wafer equivalents', *Proceedings of the Nineteenth European Photovoltaic Conference*, Paris, 7–11 June, 1311 (2004).

[86] K. Peter, R. Kopecek, P. Fath, E. Bucher and C. Zahedi, 'Thin film silicon solar cells on upgraded metallurgical silicon substrates prepared by liquid phase epitaxy', *Solar Energy Materlals and Solar Cells*, vol.74, no.1–4; p.219–223 (2002).

[87] D. J. Aiken and A. M. Barnett, 'Alternative contact designs for thin epitaxial silicon solar cells', *ProgRess in Photovoltaics: Research and Applications*. vol.7, no.4; p.275–285, (1999).

[88] S. Reber, N. Schillinger, S. Bau, B. Waldenmayer, 'Progress in high-temperature silicon epitaxy using the RTCVD 160 processor', *Proceedings of the Nineteenth European Photovoltaic Conference*, Paris, 7–11 June, p. 471 (2004).

[89] A. Hurrle, S. Reber, N. Schillinger, J. Haase and J. G. Reichart, 'High-throughput continuous CVD reactor for silicon deposition', *Proceedings of the Nineteenth European Photovoltaic Conference*, Paris, 7–11 June, p. 459 (2004).

[90] S. Reber, A. Eyer, F. Haas, N. Schillinger, S. Janz and E. Schmich, 'Progress in crystalline Si thin-film solar cell at Fraunhofer ISE', *Proceedings of the Twentieth European Photovoltaic Conference*, Barcelona, 6–10 June, p. 459 (2004).

[91] T. Kunz, I. Burkert, R. Auer, R. Brendel, W. Buss, H. v. Campe, and M. Schulz, 'Convection-assisted Chemical Vapor Deposition (COCVD) of silicon on a 40 × 40 cm^2 substrate for photovoltaics', *Proceedings of the Nineteenth European Photovoltaic Conference*, Paris, 7–11 June, p. 903 (2004).

[92] J. Poortmans, J. G. Beaucarne and S. Sivoththaman, 'Study of Si deposition in a batch-type LPCVD-system for industrial thin-film crystalline Si solar cells', *Conference Record of the Twenty-eighth IEEE Photovoltaic Specialists Conference* – 2000 (Cat. No.00CH37036), p. 347–350 (2000).

[93] K. Van Nieuwenhuysen, D. Van Gestel, I. Kuzma, F. Duerinckx, G. Beaucarne and J. Poortmans, 'Characterization of thin silicon films grown in a batch-type LP-CVD system', *Twentieth European Photovoltaic Solar Energy Conference and Exhibition*, Barcelona, June, 2005.

[94] H. J. Rodriguez, J. C. Zamorano, I. Tobias, C. Del Canizo and A. Luque, 'High-throughput epitaxial reactor prototype for thin-film solar cells on low grade Si substrates', *Proceedings of the Nineteenth European Photovoltaic Conference,* Paris, 7–11 June, p. 903 (2005).

[95] A. Luque, V. Ortuno, J. Alonso and E. Gomez, 'New concepts on epitaxial reactors for solar cells' *Proceedings of the Ninth European Photovoltaic Conference,* Freiburg, p. 459 (1989).

[96] B. Thomas, G. Müller, P. Heidborn and H. Wawra, 'Growth of polycrystalline silicon thin films using the temperature difference method', *Proceedings of the Fourteenth European Photovoltaic Conference*, Barcelona, June 30–July 4, p. 1483 (1997).

[97] B. Thomas, G. Muller, P.-M. Wilde and H. Wawra, 'Properties of silicon thin films grown by the temperature difference method (TDM)', *Conference Record of the Twenty-sixth IEEE Photovoltaic Specialists Conference* – 1997 (Cat. No.97CB36026, p. 771–774 (1997).

[98] J. Nishizawa, Y. Okuno and H. Tadano, 'Nearly perfect crystal growth of III–V compounds by the temperature difference method under controlled vapour pressure', *Journal of Crystal Growth.* Vol.31; p. 215–222 (1975).

[99] K. Peter, G. Willeke and E. Bucher, 'Rapid growth of high quality crystalline silicon by a novel temperature gradient liquid phase epitaxy', *Proceedings of the Thirteenth European Photovoltaic Conference,* Nice, p. 379–381 (1995).

[100] K. Peter, R. Kopecek, P. Fath, E. Bucher and C. Zahedi, 'Thin-film silicon solar cells on upgraded metallurgical silicon substrates prepared by liquid phase epitaxy', *Solar Energy Materials and Solar Cells*. vol.74; p. 219 (2002).

[101] M. Mueller, R. Kopecek, P. Fath, C. Zahedi and K. Peter, *Proceedings of Third World Conference on Photovoltaic Energy Conversion*, p. 1221 (2003).

02 고온 증착과 재결정화 기법에 의한 이종기판 결정질실리콘 박막 태양전지

Crystalline Silicon Thin Film Solar Cells on Foreign Substrates by High Temperature Deposition and Recrystallization

Stefan Reber
Fraunhofer Institute for Solar Energy Systems ISE, Freiburg, Germany

Thomas Kieliba
Former member of Fraunhofer ISE, now with ErSol Solar Energy AG, Erfurt, Germany

Sandra Bau
Former member of Fraunhofer ISE, now with AMD, Dresden, Germany

2.1 서 론

실리콘 박막 태양전지 증착과 태양전지 공정용으로 비실리콘 소재나 실리콘을 코팅한 소재 등 이종기판을 사용하고자 하는 생각은 오랫동안 과학자들이 품고 있었던 것이다. 이 개념은 근본적으로 몇 가지 장점이 있는데, 우선 값비싼 태양전지급 실리콘의 소비를 대폭 줄일 수 있다는 점이 있고, 그리고 웨이퍼 제조 중 sawing 공정을 완전히 배제할 수 있다는 점이다. 이는 태양광 모듈의 제조비용 측면에서 매우 중요한 요소이다.

이 개념을 구현하기 위해 30년 전에 유리 기판 위에 비정질실리콘 박막을 증착하는 연구에 착수한 바 있다. 유리 기판은 저비용, 풍부함, 투명성 등 여러 가지 장점을 갖고 있다. 하지만 현재 비정질실리콘 박막 태양전지의 효율은 더 이상 진전이 없고, 모듈 효율이 6~8%에 머물고 있다. 이 효율은 면적에 따라 수반되는 여러 가지 비용 요소들을 감안할 때 가격 경쟁력이 매우 낮다. 이와 같은 한계를 극복하기 위해 이중접합과 삼중접합 구조의 채택으로 효율이 향상된 바 있다[1]. 이 밖에 수소화 미결정실리콘(μc-Si:H)은 효율 향상에 크게 기여할 수 있는 새로운 소재로 부각되었다. 미결정실리콘은 결정립의 크기가 서브마이크론이고, 많은 수의 불포화 결합(dangling bonds)은 수소로 부동태화되어(passivated) 있다. μc-Si:H의 전기, 광학적 특성은 결정립 크기가 큰 결정질실리콘과 유사하다. 이중접합으로 탠덤구조 태양전지를 구현하는데, 상층 셀은 a-Si, 하층 셀은 μc-Si:H을 광흡수층으로 한다. 실험실에서 만든 대면적 모듈의 광열화 이전 효율은 약 13%[2]에 달하나, 안정화 효율은 약 10%[3]이다. 그럼에도 불구하고 시장에서의 점유율은 아직 크게 높이지 못하고 있다. 이종기판(foreign substrates) 위에 실리콘 박막 태양전지를 저비용으로 제조하기 위해서는 결정질실리콘이라는 점과 결정질실리콘 박막(Crystalline silicon thin film : CSiTF)이라는 점이 부각되어야 한다. CSiTF 태양전지에 대한 연구가 15년 전부터 집중적으로 추진되었는데, 그 결과 태양전지 효율이 박막층의 품질에 의해 제약을 받지 않으려면[5], 태양전지 활성층의 소수 캐리어의 확산거리가 실리콘 층의 두께보다 적어도 2 내지 3배 정도 커야 한다는 것이다. Bergmann and Werner는 결정입계가 미치는 나쁜 영향을 고려한 가운데, 태양전지의 잠재적인 효율과 다결정실리콘 층의 결정립 크기 사이의 정량적인 상관관계에 대해 계산한 바 있다[6, 7]. 그 계산에 의하면 15% 이상의 높은 효율을 달성하기 위해서는 실리콘 결정립의 크기가 최소한 100 μm는 되어야 한다는 것이다.

하지만 이종기판 위에 실리콘을 직접 증착하면 증착조건과 온도에 무관하게 결정 크기가 5 μm 이하가 된다. 따라서 CSiTF 태양전지 연구에서의 핵심은 증착된 실리콘 층의 결정립 크기를 키우는 것인데, 재결정화(recrystallization)가 매우 중요한 기법이 된다. 재결정화 CSiTF 태양전지를 구현하기 위해서는 별도의 열처리가 필수적이다. 기판 종류에 따라 공정온도가 제약을 받는다. 유리 기판을 사용하는 소위 저온 기법에서는 550℃ 이상을 넘길 수가 없다. 최대 결정립 크기는 약 10 μm 정도이고, 태양전지 효율은 최대 8% 수준이다[8]. 여기에 대해서는 다음 장에서 다시 상술하고자 한다.

고온 기법에서는 공정 온도에 제약은 없다. 실리콘의 융점인 1,420℃를 넘을 수도 있다. 미결정실리콘 층을 재결정화하여 결정립 크기 100 μm를 상회할 수도 있는데, 이 기법이 액상 재결정화(liquid phase recrystallization)이다.

본 장에서는 고온 기법으로 이종기판 위에 CSiTF 태양전지를 제조하는 데 있어서의 문제점을 다루고자 한다. 핵심 이슈는 (i) 적절한 기판 소재의 존재, (ii) 인라인 실리콘 증착기법 개발, (iii) 고속 재결정화 기법의 진전이다.

CSiTF 태양전지의 전형적인 구조는 [그림 2.1]과 같다. 이 태양전지는 세라믹이나 저가 실리콘 리본 등과 같이 고온 안정성이 있는 기판을 사용한다. 기판은 보통 기판으로부터 Si 층으로의 불순물 확산을 억제하기 위해 중간층(intermediate

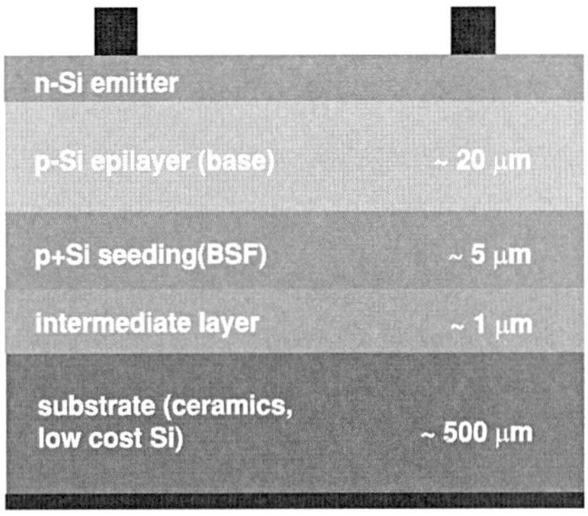

그림 2.1 이종기판을 사용한 CSiTF 태양전지의 구조.

layer : IL)으로 코딩한다. 기판과 중간층에 대한 요구조건 및 지금까지의 연구결과는 2.2절에서 설명한다.

Si 층의 형성은 3개의 주요 단계로 구성된 공정으로 이루어진다. 첫 번째 단계는 고농도 붕소로 도핑된 Si 층(~10^{19} at/cm^3)을 중간층 위에 증착하는 것이다. 2.4절에서는 이런 용도로 사용되는 Si 증착 기법에 대한 기초와 최근 결과에 대해 기술한다. 가장 널리 사용되는 기법이 대기압 열 CVD(thermal atmospheric-pressure chemical vapor deposition : APCVD)이다.

증착 직후의 Si 층은 미결정인데, 두 번째 단계에서 재결정화시킨다. 대면적 용해(large-area melting)[9]와 zone-melting recrystallization(ZMR) 등이 가능한 기법이다. ZMR이 주로 사용되는 기법으로 2.3절에서 여기에 대해 기술하고자 한다.

재결정화된 Si 층('seeding layer' 라고도 칭함)은 그 위에 형성되는 붕소 도핑(~10^{17} at/cm^3) Si 에피택셜 층(광흡수층의 역할)을 증착하는 데 있어서의 시드 역할을 한다. 자세한 사항은 2.4절에서 상술할 것이다.

Si 층 형성에 사용한 3단계 공정으로 시드 층과 에피택셜 광흡수층 사이의 계면에서 p^+/p high-low 접합이 만들어지게 된다. 이때 p^+ 층은 후면전계(back surface field: BSF)의 역할을 하여 에피택셜 층 후면에서의 표면 재결합을 줄여주게 된다.

기본적으로 적층 방식에 의한 태양전지 제조에는 2가지 공정이 가능하다. 기판과 중간층이 비전도성이면 전면에 베이스와 에미터의 금속전극을 같이 만들어야 한다. 이렇게 하여 각각의 태양전지 stripe들을 레이저 등을 이용하여 상호연결하면 하나의 대면적 기판 위에 집적화된 모듈을 만들 수 있다. 만약 기판과 중간층이 모두 전도성이면, 기존의 태양전지와 마찬가지로 베이스와 에미터 전극을 만들면 된다. 베이스 전극은 기판의 후면에, 에미터 전극은 전면에 만든다. 이런 공정이 가능하면, 적층(기판-중간층-Si 층)된 스택은 기존 태양전지와 모듈 공정을 그대로 사용할 수 있기 때문에 'recrystallized wafer equivalent'[10]라고 부를 수도 있다. 이 기술이 기존 태양전지 생산공정 중에 널리 사용되는 웨이퍼를 대체할 가능성이 매우 높아진다. 여기에 대해서는 2.5절에서 설명하고자 한다.

2.2 기판과 중간층

거의 모든 박막 태양전지의 개념은 기판 위에 전기적으로 활성인 광흡수층을 증착하는 것이 기본이다. 대부분의 경우 태양전지 성능에 치명적인 불순물의 확산을 억제하기 위해 기판과 활성층 사이에 중간층이 사용된다. 고온 증착공정이 필요한 CSiTF 태양전지를 구현하기 위해서는 기판과 중간층의 선택에 매우 유의하여야 한다.

2.2.1 기판

2.2.1.1 재료의 요구조건

박막을 형성하는 공정이 고온이기 때문에 Si 증착속도가 높고, 재결정화에 의해 결정립 크기가 커지고, 결함이 적은 에피택셜 성장이 이루어진다. 그러나 이에 필요한 고온 안정성의 요구조건 때문에 기판으로 사용가능한 재료의 선택에 한계가 있다. 만족해야 할 요구조건은 다음과 같다.

- *기계적, 화학적 안정성* : 기판의 기본적인 요구조건은 고온공정 중의 기계적 안정성이다. 스크린 프린팅과 라미네이션 공정은 곡강도(bending strength) ~150 MPa[11] 정도를 요구한다. 화학적 안정성과 관련하여 기판 소재는 ZMR 공정 중 액체 실리콘과 어떤 반응도 하지 않아야 한다. 기판으로부터 실리콘 층으로의 불순물 확산은 없어야 한다. 확산 방지를 위한 중간층이 도입되면 기판에 대한 요구조건이 완화될 수 있다. 기판은 태양전지 공정 중에 접촉하는 어떤 화학물질에도 견딜 수 있어야 한다. 기존의 습식공정을 건식공정으로 대체하면 요구조건을 낮출 수 있다[12].

- *평판도 및 두께 균일도* : ZMR이 제대로 되기 위해서는 기판의 평판도가 어느 정도 확보되어야 한다. 크기 150×150 mm^2 웨이퍼라면 허용 가능한 최대 휨 폭은 0.5~1.0 mm이다. 이 정도를 넘으면 ZMR 공정에서 문제가 됨은 물론 이후 현재의 표준 공정에 의한 태양전지 제조에서도 문제가 된다. 두께 균일도 역시 균일한 온도 유지와 안정한 재결정화를 위해 매우 중요한 요소이다.
- *표면 조도 최소화* : 표면 조도와 표면 기공을 최소화 하는 것도 Si 증착과 재결정화 공정 중에 기공이 없는 완전 밀폐된 막을 형성하는 데 매우 중요하다. 표면 조도의 최댓값은 대략 시드 층 두께의 1/3 이하라야 한다[13].
- *열팽창계수(thermal expansion coefficient : TEC) 일치* : Si 증착과 재결정화 중에 기판온도는 약 1,200℃까지 가열되고, 국부적으로는 1,400℃ 이상까지 올라간다. 고온공정 후 냉각 중에 크랙 발생을 피하기 위해서는 기판의 열팽창계수가 Si의 열팽창계수[14]와 같아야 한다.
- *소재의 열 충격 내성* : 고온공정 중 고온 상승과 냉각에 따른 열 충격에 대한 내성(thermoshock resistance)이 있어야 한다.
- *저 비용* : 기판의 비용과 활성 Si 박막층의 제조가를 합한 것이 표준 다결정실리콘 웨이퍼 보다 크게 낮아야 한다. 그렇지 않으면 CSiTF 태양전지는 가격 경쟁력을 갖지 못한다. 가격 계산결과에 의하면 비용의 최대한도는 변환효율 12%를 가정하여 €50~70 /m^2로 보고 있다[15]. 대량생산의 경우는 기판의 비용을 €20~50 /m^2로 예상하였다[15, 16]. 세라믹을 기판으로 선택하면 그 생산공정이 반드시 테이프 캐스팅이어야 한다. 그렇지 않고 고압가열 소성 방식이 되면 가격 경쟁력이 없다.

2.2.1.2 저가 기판과 모델 기판

CSiTF 태양전지 연구에 2가지의 기판이 사용되었다. 한편으로는 저가 잠재성이 큰 실리콘 리본과 세라믹 재료가 시도되었다. 다른 한편으로는 표준화된 단결정 및 다결정 Si 웨이퍼를 Si 박막 최적화용 모델 기판으로 사용하였다.

첫 번째 그룹에 속하는 것이 silicon nitride(Si_3N_4)[19, 20], $ZrSiO_4$[21], silicon infiltrated silicon carbide(SiSiC)[22], 그리고 reaction bonded silicon carbide (RBSiC)[23], Al_2O_3[24], Mullite[25, 26], SiAlON[27, 28], graphite[12, 29], SSP(silicon sheets from powder) 리본[28, 30]이다. 이들 모든 재료들이 앞에서 언급한 요구조건을 다 만족시키지는 않는다. 예들 들어, Al_2O_3는 Si과 열팽창계수가

큰 차이가 나므로 ZMR 용으로는 사용치 않고, Si을 직접 증착하는 경우에만 사용되었다.

Silicon nitride 세라믹은 2가지 방법으로 제조한다. 하나는 silicon nitride 분말을 소성하는 것이고(sintered silicon nitride, SSN), 다른 방법은 nitridation을 통한 반응 소결(reaction bonded silicon nitride, RBSN)이다. SSN 재료의 장점은 RBSN 대비 재료의 밀도가 높다는 것이다[18]. 하지만 박막 태양전지 기판용으로는 가격이 싸기 때문에 RBSN이 선호된다. 두 가지 다 열팽창계수는 Si에 비해 약간 적고, 열 충격에 대한 내성이 매우 좋다. SSN과 약하게 가압 가열한 RBSN 소재는 독일 Ceramic for Industries 사에서 생산된다. 테이프 캐스팅 SSN 세라믹은 네덜란드 Energy Research Centre of the Netherlands(ECN)에서 생산한다[20].

Zirconium silicate($ZrSiO_4$)는 zircon 자연광으로 발견되고, 모래로 채굴한다. 이 소재는 가격 측면에서 매우 유리하다. 기판은 비전도성이고, 색깔이 흰색이기 때문에 빛 가누기 효과를 얻기가 매우 용이하다. $ZrSiO_4$ 기판은 일축방향으로 가압하여 만드는데, 테이프 캐스팅 공정도 가능하다.

가장 중요한 비산화물 세라믹의 하나가 SiSiC이다. SiC 세라믹의 기공이 액체 실리콘으로 채워져 노출된 기공이 없는 매우 치밀한 구조가 된다. 고온 안정성, 열 및 전기 전도도가 좋은 점이 SiSiC의 장점이다. 이 소재에 관한 기본 정보는 문헌[18]에서 찾을 수 있다. 보통 SiSiC 세라믹은 등축 가압소결(isostatic hot pressing)법으로 만드는데, 제조비용이 높아지는 점이 문제이다. 보다 경제적인 방법은 테이프 캐스팅과 SiC 기반 세라믹을 반응 소결하는 것이다[23]. 실리콘, 카본, SiC 입자들과 바인더를 혼합한 슬러리로 폭 40 cm의 테이프로 캐스팅하고, 이어서 바인더 제거하고, 1,500℃ 이상 고온에서 소성한다. 소성 중에 실리콘과 카본은 반응하여 SiC가 되고, 이것이 이미 존재하고 있던 SiC 입자들과 상호 결합하게 된다. 그 결과 얻어지는 RBSiC 테이프는 태양전지용으로 매우 값싼 장점이 있다. 하지만 SiSiC에 비하여 습식 화학공정을 적용하기 어렵게 만드는 노출된 기공이 단점이다.

SSP 리본성장 공정은 독일 Fraunhofer ISE와 Siemens AG[31, 32]에서 개발되었다. 원래 이 기술은 zone melting 뿐만 아니라 표면 용해도 가능하다. 이후에 표면 용해가 가능토록 하여 태양전지용으로 개선한 것이다[30]. SSP 리본으로 만든 기판은 두께가 약 600 μm로 추가적으로 표면 고르기를 목적으로 하는 기계 및 화학적인 처리 없이 사용되었다.

위에서 설명한 모든 세라믹과 실리콘 리본 기판들은 CSiTF 태양전지 연구 프로젝트를 통해 개발된 것이다. 기판의 조성과 제조 기법은 여전히 연구 중이고, 재현성 있는 특정 제품화 단계에는 이르지 못하고 있다. 게다가 박막 태양전지용으로 사용하기에는 아직 공급량이 충분하지 않다. 현재 CSiTF 태양전지용 기판은 상업화되어 있지 않다. 하지만 연구개발에 상당한 진전이 나타나고 있다.

산화된 그리고 SiC 코팅한 표준 단결정 Czochralski silicon(Cz-Si)과 다결정(multi-crystalline silicon : mc-Si)들이 ZMR 용의 모델 기판으로 흔히 사용되었는데, Si 증착과 태양전지 최적화 목적이다. 그리고 반도체 산업에서 모니터 웨이퍼로 사용되는 단결정 Cz-Si와 다결정 기판도 와이어 절단, 표면 손상 부분을 에칭한 후에 이 목적으로 사용되었다.

2.2.2 중간층

값과 화학순도 2가지를 동시에 만족시키는 우수한 기판재료는 없다. 나쁜 영향을 미치는 원소들은 보통 금속 형태로 존재하지만 산화물 형태로 존재하면 덜 치명적이다[33]. 고성능 태양전지가 필요로 하는 순도는 중간의 barrier 층 없이는 거의 불가능하다. 중간층(intermediate layer)의 역할을 제대로 하기 위해서는 다음의 요건을 만족시켜야 한다.

- 가장 중요한 것은 1,450℃ 정도의 고온에서의 기계적 및 화학적 안정성이다. 요건들이 충족되지 못하면 Si 시드 층이 제대로 형성되지 않고, 이어지는 ZMR 공정도 균일하지 않게 된다. 또한, 기판의 불순물에 의한 오염의 가능성도 높다.
- 중간층은 전기적으로 활성인 불순물의 확산을 억제할 수 있어야 하며, 그 자체가 불순물의 소스가 되어서는 안된다. ZMR 공정이 고온에서 이루어지는 점을 감안하면 이 요구조건은 매우 까다로워 사용 가능한 소재의 폭을 매우 좁게 만든다.
- 기판과 Si 층 둘 다 습윤성(wettability)이 좋으면 ZMR 공정의 신뢰성이 더 좋아진다. 대부분의 보고에 의하면 SiO_2가 중간층 소재로 사용되는데, 이 소재는 액체 실리콘에 대한 습윤성이 비교적 나쁘다.

확산방지층으로서의 역할 외에 중간층은 2가지 목적이 더 있다. 하나는 박막 모듈에서 모놀리식 구조와 같이 단위 셀의 전극을 상호 직렬 연결하는 데 있어 기능적인 역할을 할 수 있는 점, 다른 하나는 후면 반사체로서의 역할과 함께 빛 가두기를 위한 구조설계의 한 부분이 될 수 있다는 점이다.

모델 기판으로 사용하는 다결정 및 단결정 Si 웨이퍼 위에서는 중간층이 확산 방지층으로서의 역할이 불필요하지만, 다른 목적으로 사용되기도 한다. 여기서 중간층은 코팅된 세라믹 기판 위에서와 같이 동일한 Si 시드 박막의 형성을 보장한다. 게다가 필요할 경우 기판으로부터 활성층 Si 박막을 전기적으로 분리해 주는 기능을 한다.

원칙적으로 모든 탄화물, 질화물과 산화물들은 중간층 목적으로 사용 가능하다. 또한, 규산화합물(silicates)과 같은 화합물이나 나아가서는 단위 원소로 된 층(예 : pyrocarbon) 등도 사용할 수 있다. 물론, 전이 금속과 여타 악영향을 미치는 원소들을 화합물의 음이온이나 순수 금속으로만 형성된 중간층으로 사용해서는 안될 것이다. 왜냐하면 이들 금속원소들이 액체 실리콘에 의해 용해되어 오염원이 되기 때문이다.

그러나 지금까지는 다만 이산화규소(SiO_2), 질화규소(SiN_x), 탄화규소(silicon carbide) 층들만이 중간층으로 시험되었다. 이산화규소 박막은 PECVD 혹은 상업용 스핀 코팅 방법으로 만든다. 열 산화(thermal oxidation) 방식도 시도된 바 있다. 질화규소의 경우는 PECVD가 유일한 증착 기법이다. 이산화규소와 질화규소의 스택(예 : $SiO_2/SiN_x/SiO_2$, 'ONO')도 연구된 바 있다[22, 26, 34].

이산화규소와 질화규소는 둘 다 비전도성이다. 반면 탄화규소는 전도성인데, 저온 PECVD 기법이나, 고온에서 대기압 CVD 기법이 적용되었다[35, 36]. 중간층의 두께는 저온 증착의 경우 0.5~4 μm, 그리고 고온 탄화규소의 경우에는 수십 μm까지 된다.

2.2.2.1 광포획

결정질 Si은 간접천이 반도체이기 때문에 효율 높은 박막 태양전지를 만드는 데 있어 광포획(light trapping)이 매우 중요한 역할을 한다. 빛의 경로를 증대시키지 않으면 두께가 두꺼운 태양전지에 대비해서 박막 태양전지의 장점, 즉 소재의 품질이 좀 낮더라도 높은 개방전압을 얻을 수 있다는 점을 살릴 수가 없다. 실제 Kaneka[37]와 CSG Solar[8, 38]와 같이 저온 공정으로 박막 태양전지를 생산 또는 개발하고 있는 회사들도 광포획 기술에 중점을 두고 있다.

분석적인 접근방법을 통해 Goetzberger 교수는 [그림 2.2a]에서와 같이 이상적인 확산 반사체(diffuse reflector)와 평평한 표면을 조합하면 매우 효과적인 광포획 구조를 형성할 수 있다고 하였다[39]. 이 개념에서의 핵심은 Lambertian 반사체로 이는 빛의 입사각에 무관하게 모든 방향으로 균일하게 빛을 반사시켜 주는 것이다. 이런 반사체를 이용하면 산란된 빛 중에서 아주 작은 부분만 표면에서 도망가고, 어떤 임계 각도 θ_c 보다 큰 각도 θ를 가지고 방사되는 모든 빛은 전반사 현상에 참여한다.

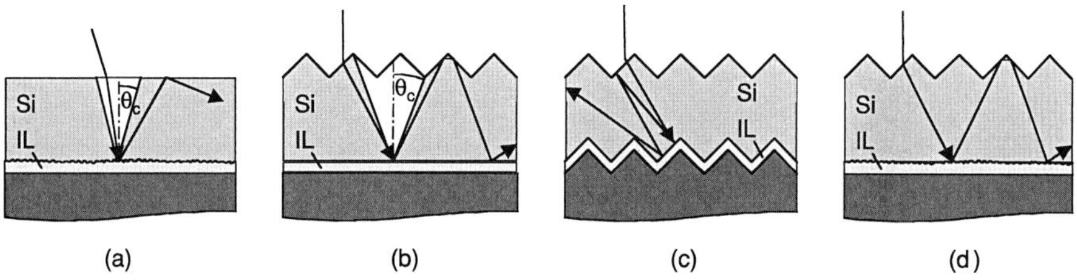

그림 2.2 광포획의 유형. Si과 중간층(IL)의 계면에서의 굴절률의 변화가 θ_c 보다 큰 각도로 입사하는 모든 빛을 완전히 반사시키게 된다. (a) 후면 확산 반사체, (b) 전면 피라미드 구조와 후면 평평한 반사체, (c) 양쪽면의 피라미드 구조, (d) 전면 피라미드 구조와 후면 확산 반사체.

파장 800~1,200 nm 영역에서 임계 각도 θ_c는 실리콘과 공기의 경우 약 16°, 실리콘과 이산화규소의 경우는 약 24°이다[40].

Yablonovitch와 Cody는 랜덤한 구조에서 빛의 경로가 증진될 수 있는 최댓값을 $4n_{21}^2$으로 계산하였는데, 여기서 n_{21}은 이웃하는 물질의 굴절률 대비 실리콘 굴절률의 비이다[41, 42]. 실리콘과 공기의 경우 증진되는 인수는 약 50이다. 수치해석에 의하면 아무리 정교한 구조를 채택하더라도 위에서 언급한 이상적인 확산 반사체의 성능을 능가하는 것은 어렵다고 한다[5, 43]. 그러나 실제에 있어서는 Lambertian 거동을 실현하기는 불가능하고[44], 확산 반사체에 대한 보다 현실적인 시뮬레이션에서는 Phong 모델이 이용된다[5, 45]. 게다가 실리콘 층의 후면에 있는 중간층은 어떤 경우에도 이상적인 반사체는 아니고 하나의 유전체 거울(dielectric mirror)로서의 역할을 한다. 이 유전체 거울 역시 loss cone이 있는데, 임계 각도 θ_c는 굴절률 n에 따라 달라진다. 굴절률이 높은 소재로 만든 중간층(예: SiC $n \approx 2.5$)은 loss cone이 중대한 단점이 될 수 있다.

위에서 언급한 수치해석에 따르면 가장 효율적인 구조가 양쪽 면에 파리미드가 있는 경우(그림 2.2c) 또는 후면에 확산 반사체와 함께 전면에 피라미드 구조를 조합한 경우(그림 2.2d)이다. 효율성이 좀 떨어지는 것은 전면에 피라미드 구조와 후면에 평평한 반사체를 조합한 경우이다(그림 2.2b).

많은 논문에서 보고되는 구조는 모델 기판의 경우 [그림 2.2b]에 해당한다. 커팅 후 웨이퍼의 표면을 에칭한 다결정 Si 웨이퍼와 세라믹 기판은 표면의 조도가 심하기 때문에 구조상 [그림 2.2b]와 [그림 2.2d]의 중간에 해당한다.

ZMR 기판은 결정립이 (100) 선택방향을 나타내기 때문에, 표준으로 사용하는 KOH/isopropanol과 같은 알칼리 용액을 사용하는 습식 화학에칭으로 표면을 쉽게 텍스처링할 수 있다. 이렇게 얻어지는 랜덤한 피라미드 구조가 [그림 2.2b]이다.

2.2.2.2 불순물의 확산

원칙적으로 CSiTF 태양전지의 실리콘 층에서는 어떤 화학원소도 달갑지 않다. 알루미늄과 같은 원소는 물론 철, 니켈, 티타늄과 같은 전이금속이 metallurgical 실리콘과 실리콘 기반 세라믹에서 발견된다[46]. 그 농도는 10^{20} at/cm^3에 이르고, 상당수는 고온에 있는 기판 내에서 이동한다. 아주 적은 양이 실리콘 활성층으로 이동하여도 태양전지의 성능에 심각한 악영향을 미친다. 전이금속 원소들은 태양전지의 효율을 떨어뜨리기 때문에 특히 나쁘다[47, 48]. CSiTF 태양전지의 고온공정 중에 실리콘 내에서의 각 원소들의 확산속도를 특별히 고려하여야 한다. 여타 원소에 비해 전이금속들은 고온의 실리콘 내에서 매우 빨리 확산한다. 그 중 철, 크롬, 바나듐 등은 확산계수가 매우 큰 것들이다[49]. 이들이 중간층으로 침투해 들어가면 고온에서 아주 짧은 시간 안에 골고루 분산될 것이다. 티타늄 역시 확산계수가 높은데, 이는 실리콘 표면에서 분리되어 여타 전이금속들처럼 이동성이 좋지는 않다[50].

이 3가지 기준을 고려할 때 철, 크롬, 바나듐은 CSiTF 태양전지에 가장 큰 영향을 미친다. 따라서 중간층은 반드시 이들 금속들의 확산을 고려하여야 한다. 이들 전이금속과 관련하여 확산 방지층으로서 SiO_2, SiN_x, SiC 중간층의 효과에 대한 체계적인 연구결과는 매우 드물다. 문헌[51]에서 태양전지 외 분야에서의 확산방지층에 대한 데이터가 보고되어 있는데, PECVD 공정으로 만든 SiO_2와 SiN_x 확산방지층의 경우 온도에 따른 철, 니켈, 바나듐 원소의 확산계수에 대한 실험 데이터를 포함하고 있다. 시뮬레이션 결과에 의하면 SiO_2와 SiN_x 모두 불순물의 확산 방지에 매우 효과적이라고 보고되어 있다. PECVD 층과 관련하여서는 SiN_x가 SiO_2에 비해 좀 더 효과적인 것으로 보고 있다[52].

확산방지층의 효과를 검증하는 데 있어 보다 실질적인 방법은 모든 공정을 마친 후에 실리콘 층의 조성을 분석하는 것이다. SiSiC 기판 위에 PECVD 기법으로 두께 2 μm의 SiO_2 층을 글로우 방전 질량 분광(glow discharge mass spectrometry : GDMS)으로 분석한 사례가 있다[20]. [그림 2.3]은 ZMR과 에피택셜 층 형성 이후 각각의 불순물 농도를 보여준다.

측정 결과는 세라믹 기판이 붕소와 철, 티타늄, 바나듐, 크롬, 망간, 니켈 등 여러 종류의 전이금속으로 오염된 것을 보여준다. 확산방지층과 BSF 층(그림에서 'p^+-Si')이 있으면 모든 불순물 원소들의 농도가 크게 감소하고, 베이스 층에서는 단지 철,

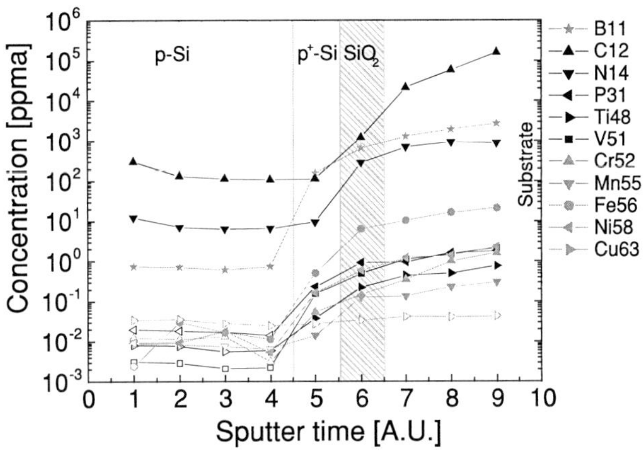

그림 2.3 SiO_2 encapsulated SiSiC 세라믹 위에 제조한 Si 막의 GDMS 불순물 농도 프로파일. 색이 채워지지 않은 마크로 표시한 데이터는 탐지 한계 이하에서의 측정 시그널을 나타낸다.

니켈만이 0.01 ppma(ppm by atom, 물질에 들어있는 원자의 수) 이상의 농도로 검출된다. 기판 내에서의 농도에 비해 이 농도는 10의 2~3승배 낮은 값이다. 중간층으로 ONO를 사용한 경우 p^+ 영역에서 전이금속의 오염은 비슷한 수준으로 감소하나, 에피택셜 층 내에서는 불순물 농도가 검출 한계 밑으로 크게 떨어지는 것을 보고한 바 있다.

CSiTF 구조에서 조성을 분석하는 것은 확산방지층의 효과를 검증할 수 있는 매우 유용한 수단이다. SiO_2와 SiN_x는 순도가 높지 않은 세라믹이나 고온공정이 1,450℃에 이르는 경우에도 매우 유용한 것으로 확인되었다. 아직 SiC 중간층에 대해서는 증명된 결과가 없다.

2.3 ZMR (Zone melting recrystallization)

본 장에서의 박막 태양전지 개념에서는 ZMR이 핵심기술이다. 이 공정에서 실리콘 박막의 결정학적인 특성과 전자특성이 좌우된다. 여기서는 ZMR의 간단한 역사와 함께 기술적인 측면에 대해 기술코자 하는데, 관심 사항은 박막의 품질에 미치는 스캔속도, 시스템의 구체적 사례, 공정 모니터링 등이다. 세라믹 기판을 사용한 경우의 ZMR 결과에 대해서도 소개하고자 한다.

2.3.1 서 론

보통 고온 CVD 방법으로 이종기판 위에 증착한 실리콘 박막의 결정립 크기는 마이크로미터 수준이다. 지금까지 기존의 태양전지 공정으로 만든 p-n 접합 구조에서 얻은 최고효율은 6% 미만이다[26, 53, 54]. 고상과 액상 재결정화(solid, liquid phase recrystallization)를 거치면 결정립 크기가 몇 승 이상으로 커지고, 보다 높은 효율을 얻을 수 있다.

태양전지용 재결정화는 다음 요건을 만족시켜야 한다.

- 공정비용 : €20 /m^2 이하
- 공정의 단위시간 당 처리량 : 5 m^2/h 이상
- 재결정화 공정이 복잡하지 않고 신뢰성이 있고, 자동 제어 가능해야 함
- 결정립 크기 : 100 μm 이상

ZMR은 이런 조건을 충족시켜 줄 수 있는 몇 가지 기법 중의 하나이다. 그 원리는 [그림 2.4]와 같고, 할로겐 램프로 가열한다. 모든 ZMR에서의 공통점은 폭이 좁은 용해 영역을 만드는 것인데, 이 영역을 박막을 가로질러 스캔한다. 초점선 뒤에서는 용융체가 융점 이하로 냉각되고 이종(heterogeneous) 핵생성이 시작된다. 안정 상태의 결정들이 조성되고, 이들이 결정성장의 시드 역할을 한다. 결정 성장속도가 이방성(anisotropic)이기 때문에[55], 특정 방향으로 자라는 결정립들이 더 많아

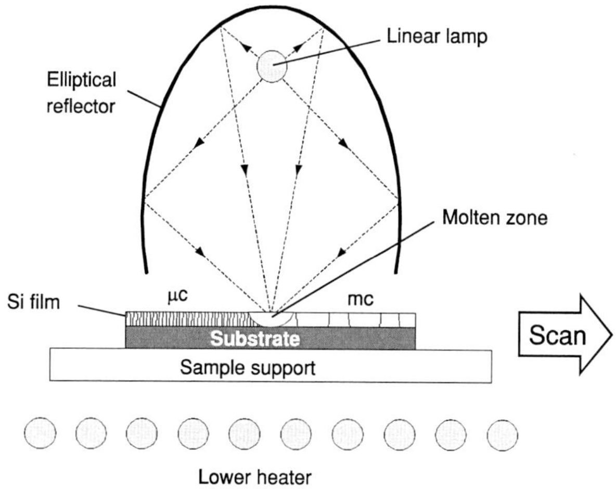

그림 2.4 리니어 할로겐 램프 히터를 이용한 ZMR의 원리.

진다. 이와 같은 기하학적인 선택은 태양광에서 다결정실리콘 잉곳성장에 사용하는 Bridgman technique[56]에서 이미 익히 알려진 것들이다[57]. ZMR로 성장한 결정립의 크기는 폭이 수 밀리미터, 길이가 수 센티미터에 이른다.

ZMR의 신구자는 Leitz로 1950년에 발광재료의 단결정 막 성장기법으로 특허를 받은 바 있다[58]. 1960년대 ZMR은 Ge이나 InSb와 같은 융점이 낮은 반도체의 성장 목적으로 연구되었다[59]. 이때 실리콘 성장에 관한 첫 실험은 실패했다. ZMR에 대한 연구는 1980년대에 재개되어 silicon on insulator(SOI) 박막 생산이 가능한 기술로서 관심을 끌었다. 이런 박막은 작은 구조를 가진 고속의 CMOS 집적회로용으로, 그리고 절연체 위에 만드는 고전력 소자용에 적합하다. 여기에 대한 종합적인 설명은 Givargizov[60]가 한 바 있고, 모델링에 초점을 둔 전체 개요에 대해서는 Miaoulis 등이 보고한 비 있다[61].

SOI 기술용의 ZMR 웨이퍼는 산소 주입(implantation of oxygen : SIMOX)에 의한 분리나 웨이퍼 본딩과 같은 기술에 필적할 수가 없었다. 하지만 몇몇 그룹이 태양전지에 사용 목적으로 ZMR에 대해 연구를 하였는데, 〈표 2.1〉에서와 같이 4개의 기법이 시도되었다.

- *Electron beam(전자선) ZMR* : 진공 분위기에서 발생된 전자선이 매우 빠른 속도로 얇은 Si 층을 녹인다[62]. 스캔속도가 매우 빨라서(최고 수 cm/s), 기판의 열 부하는 낮게 유지할 수 있다. 결정립 내에서의 결함밀도는 비교적 높다. 그러나 기판온도가 낮기 때문에 이 기법은 유리 기판에 매우 유용하다.
- *레이저 ZMR* : 레이저빔이 Si 층을 이차원적으로 스캔하면서 Si 용해 영역을 만들어 낸다[63]. 레이저 스폿이 중첩되어야 하므로 처리속도에는 한계가 있고, 따라서 스캔속도도 비교적 느리다. 전자선 용해와 비슷하게 가열과 냉각이 매우

표 2.1 서로 다른 ZMR 막 성장 방법의 특징

Heat source	Electron beam	Laser	Graphite stripe	Incoherent lamp
Temp. gradient	high	high	low	low
Grain size	μm–mm	μm–mm	mm–cm	mm–cm
Defect density	high	high	medium	medium
Substrate requirements	medium	medium	high	high
Film contamination	oxygen	oxygen	carbon, oxygen	oxygen
Investment costs	very high	high	low	low

빠르게 이루어지기 때문에 기판의 열 부하는 비교적 낮지만 결정 내의 결함이 매우 많아진다. 이 방법 역시 유리 기판에 우선적으로 적용된다.

- *Graphite stripe 용해* : Si 표면 가까이에 위치한 줄 모양의 흑연을 진공이나 불활성 분위기에서 전기 가열하는 방식이다[64]. 기판의 열 부하가 매우 높으나 온도구배가 적고 냉각과정도 평탄하다. 그 결과 결정의 품질은 매우 높다.
- *Incoherent lamp heating* : [그림 2.4]에서와 같이 직선 모양의 할로겐 램프를 광학 시스템으로 집광한 것을 용해 영역을 생성하는 에너지원으로 한다. 이 방식으로 형성된 Si 층의 특성은 위의 stripe 가열 방식에서와 유사한데, 신뢰성이 높고 공정제어가 더 용이하다. 그리고 카본에 의한 Si 층의 오염을 완전하게 피할 수 있다.

직선 모양의 할로겐 램프를 이용한 ZMR 기법과 관련하여서 미쓰비시 전기의 연구[65]에 대해 언급할 필요가 있는데, strip과 램프 히터를 이용한 고온 방식의 ZMR에 이어 이 그룹은 기판 크기 $1 \times 1\ cm^2$, $10 \times 10\ cm^2$의 박막 태양전지에서 효율 16.45%, 16%를 보고한 바 있다[66, 67].

지난 10여 년간 ZMR 기술의 진전은 주로 장비개발, 공정개발, 수치 모델링의 세 가지 분야에서 이루어졌는데, 후자는 컴퓨터 기술에 힘입은 바가 크다.

2.3.2 ZMR 박막 성장

ZMR 성장 박막들을 선택적으로 에칭(예를 들어 HF, $K_2Cr_2O_7$으로 만든 Secco 용액으로)하면 [그림 2.5a]와 같은 결함구조를 만들어낸다. 어두운 선으로 나타난 결함들은 low angle 결정입계에 기인한 것이다. 스캔 방향에 거의 평행하게 나타나고 간격도 일정하다. 다른 특징은 새로운 결정입계가 나타나고 이들이 Y자 형태로 만나는 것이다. 이들 결정입계들은 단일 결정립 내에서 발견되기 때문에 subgrain boundary 또는 short subboundary라고 부른다. 그 근원을 밝히고자 하는 많은 실험 및 이론적인 연구들[69~75]이 있었다. Givargizov[60]가 다양한 모델들에 대한 상세한 해석을 한 바 있다.

결정화 프런트 모폴로지(crystallization front morphology)의 분석이 subboundary 생성을 이해하는 데에는 큰 기여를 하였다. 구조에 대한 첫 번째 힌트는 급냉(quenching) 실험으로부터 얻어졌다[70, 73]. 매우 빠르게 냉각할 때 얻어진 구조는 결정화 프런트의 순간적인 이미지로 해석하였다. [그림 2.5b]와 같이 평탄하지 않은 faceted 형상이 발견되었다. 더 많은 정보는 CCD 카메라를 이용한 *in situ* 관찰에

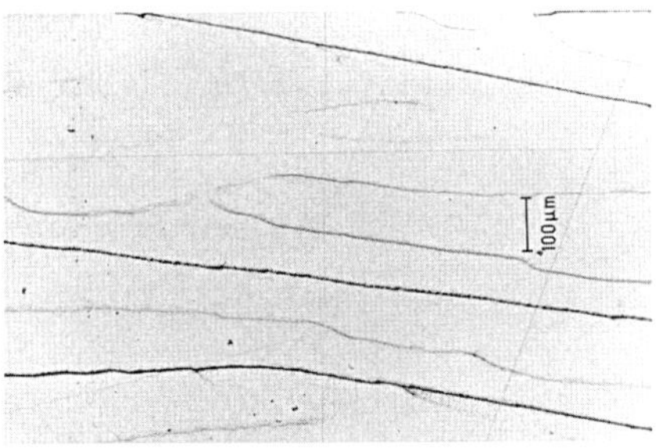

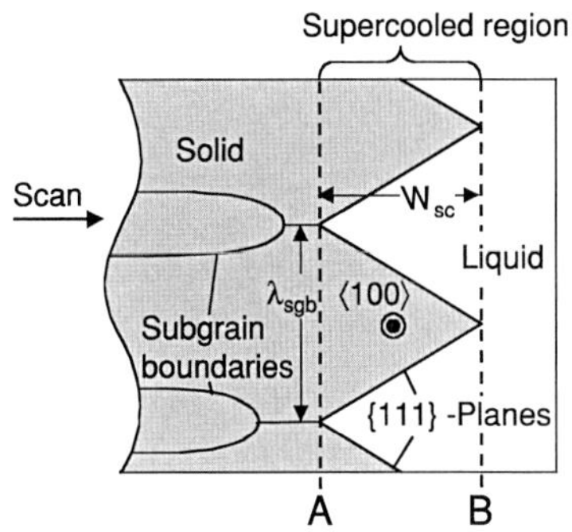

(a) (b)

그림 2.5 (a) 에칭과 광학현미경으로 관찰한 에피택셜로 두께를 키운 Si 박막에서의 subboundary 구조 [76]. (b) 결정화 프런트 모폴로지의 개략도와 subboundary 형성. Faceted 성장의 경우에는 subboundary 간의 거리 λ_{sgb}와 과냉각 영역 W_{sc}의 깊이 사이에는 직접적인 관계가 있다.

의해 확보되었다. 이 기법은 처음에 레이저 ZMR[77, 78]과 전자선 ZMR 용으로 개발된 것이었다[79]. 그 후 strip[74]과 램프 heater 방식[80]으로도 사용되었다. 급속냉각의 결과와는 달리 *in situ* 관찰결과는 추가적으로 시간 경과에 따른 변화와 결정화 프런트의 안정성에 대한 정보도 제공하였다. *In situ* 관찰은 2.3.4.2절에서 논의한 바와 같이 보다 향상된 공정제어의 기본으로도 사용 가능하다.

최근의 연구결과들은 subboundary 형성과 결정화 프런트의 모폴로지가 특이한 것이 과냉각(supercooling)에 기인한 고상-액상 계면의 불안정성에 기인한다는 것을 인정하고 있다. Leamy 등[81]과, Lemons 등[82]은 subboundary 형성이 구조성의(constitutional) 과냉각, 즉 결정화 프런트 전면에서 불순물이 편석되어 발생하는 과냉각에 의한 것이라고 보았다. 이 메커니즘은 Czochralski 기법과 같이 여타 성장기법에서 나타나는 microcellular 형상을 만드는 것으로 잘 알려져 있다[83, 84].

그러나 평탄하지 않은 형상은 구조성의 과냉각이 없는 특정온도로 고정된 가열방식에서도 관찰되었다. *In situ* 미세구조 관찰을 통해 Im과 그 동료들은 고정방식의 strip heater를 사용하여 특정온도에서의 ZMR에서 결정화 프런트의 모폴로지가 비평면적(nonplanar)으로 전개되는 것을 확인하였다[74]. 이들은 관찰된 구조 모폴로지가 '복사성(radiative)' 과냉각 때문으로 보았다. 이 모델에서 과냉각은 고상과 액상 간의 반사율 차이로 설명하고 있다. 액상 Si의 반사율[$R_l(0.6\ \mu m)=0.7$]은 고상 Si의 반사율 [$R_s(0.6\ \mu m)=0.3$]보다 훨씬 크다. 그러므로 액상 상태에서는 고상 상태보다 복사에너지를 훨씬 더 적게 흡수한다. 이 효과로 고상-액상 계면에서 액상 Si의 과냉각과 고상 Si의 과잉가열(superheating)이 일어난다.

비록 구조성과 복사성 과냉각이 서로 다른 공정에 의해 발생하지만 그 효과는 동일하고, 고상-액상 계면에서의 온도 구배와 과냉각된 영역의 깊이 사이에 상관성이 있다. 이 관계는 [그림 2.5b]에서 설명이 가능하다. 초기에 평탄한 고상-액상 계면을 고려하면 이 계면은 직선 A에 위치한다. 과냉각 영역은 직선 B까지 확장되는데, 이때 깊이는 W_{sc}이다. 이런 모양은 매우 불안정하다. 조그마한 외부의 동요도 직선 B에 의해 주어지는 전선까지 확장되는 돌출 영역의 발생 원인이 된다.

이렇게 고상-액상 계면이 자기 조정을 통해 보다 안정한 형상으로 바뀌는 것으로 볼 수 있다. [그림 2.5b]의 cellular 구조의 경우 solidification 프런트(line A)에 가까운 과냉각 영역 내에서는 Si의 대부분이 고체이고, 반대 쪽(line B)에서는 대부분이 액체 Si이다. 성장하고 있는 cell의 꼭지 지점과 내부 모서리 부분 사이의 최대 거리가 과냉각 영역의 깊이 W_{sc}의 척도가 된다.

구조성의, 그리고 복사성의 과냉각 어느 경우에도 과냉각 영역의 깊이는 고상-액상 계면에서의 온도 구배에 의존한다. 구배가 적으면 과냉각 영역이 더 깊어진다. 온도가 증가하면 계면 형상이 수지상(dendritic)에서 cellular 구조로 그리고 평면(planar) 구조로 전이된다[74, 87]. [그림 2.5b]의 faceted cellular 계면의 경우에는 subboundary spacing λ_{sgb}과 과냉각 영역 깊이 W_{sc} 사이에 직접적인 연관성이 있다. 이러한 모양에서는 결함밀도가 가장 적어지는데, 이는 실험으로 확인되었다[61, 87, 88]. 수지상이나 평면의 계면 구조는 결함이 훨씬 더 많다.

가열원의 선택에 따라 온도 구배가 크게 달라지고, 박막의 품질도 달라진다(〈표 2.1〉 참조). Strip이나 램프히터는 레이저나 전자선보다 온도 구배가 훨씬 더 적다. 따라서 전자의 가열 방식을 이용한 ZMR 공정으로 만든 결정의 품질이 더 좋다[89].

〈표 2.1〉에서 논의된 또 다른 관점은 공통의 불순물이다. ZMR 공정 중에 Si 박막은 적어도 하나의 SiO_2 층과 접촉을 하는데, (i) 경우에 따라서는 SiO_2 중간층, (ii) SiO_2 또는 SiO_2/SiN capping 층으로 용해 Si의 응집(balling-up effect)을 방지하기 위한 것이다. 그러므로 용해도 한계까지에 해당하는 농축된 산소가 재결정 층에서 발견된다[71, 90]. Strip 히터 방식의 ZMR에서는 추가 오염원으로 흑연 strip이 있고, 이로 인하여 카본농도가 매우 높아진다[69].

앞에서 논의한 바와 같이 가장 안전하고 가장 낮은 결함밀도를 가진 ZMR 성장은 cellular 계면 형상의 경우에 관찰되었다. Faceted cells의 경우에는 계면이 {111} 면으로 구성되어 있는데, Si의 경우에는 이 면의 성장이 가장 늦게 진행된다. 스캔

방향과 표면의 법선은 모두 (100) 방향이다. 다결정 고체에서 결정들이 우선방향(preferential orientation)으로 배열되는 현상을 '텍스처(texture)'라고 한다.

실험 결과 {100} 배열된 결정립들의 비율은 Si의 막 두께와 스캔방향에 의존한다[91]. (100) 배열이 지배적으로 되는 두께는 2~5 μm이나[77, 92]. Biegelsen 등은 결정 Si과 SiO_2 사이의 이방성 계면의 자유에너지를 토대로 하여 우선방향에 대한 설명을 하였다[93]. (100) 텍스처는 빛 가두기 구조를 구현하는 데 매우 유용한데, 이방성 에칭으로 표면 텍스처링을 쉽게 할 수 있기 때문이다.

2.3.3 ZMR 기법으로 재결정화한 Si 층의 특징

2.3.3.1 결정립 크기 증대

ZMR의 가장 확실한 효과는 2.3.2절에서 설명한 메커니즘에 의한 Si 결정립의 크기 증대이다. [그림 2.6]은 Secco 용액으로 에칭한 단면을 보여주고 있다. a)에 나타낸 증착 후의 Si 층 결정립 크기는 마이크로미터 수준이다. 초기 5 μm까지는 결정립 크기가 더 작은 submicron 수준인데, b)는 ZMR 후의 결과로 단면은 스캔방향과 수직방향이다. 그림에서는 결정입계가 하나만 보인다. 미결정 구조가 매우 큰 크기의 결정립으로 바뀌었는데, 그 폭이 100 μm 이상이다.

ZMR은 연마하고 SiO_2 코팅한 Cz-Si 기판에 증착한 두께 1~5 μm의 Si 층에 특히 더 효과가 좋다. 최적화된 ZMR 조건(용해 영역에서 전력분배를 아주 고르게, 기판의 두께와 모든 기능성 층의 두께가 매우 균일하고, capping 층이 매우 안정하고, 경우에 따라서는 SiO_2/SiN_x 층을 적용)에서는 박막층이 거의 단결정이 된다. 이런 이상적인 조건에서 멀어지면(층의 두께 불균일, 온도/복사에너지 분배 불균일) 결함이

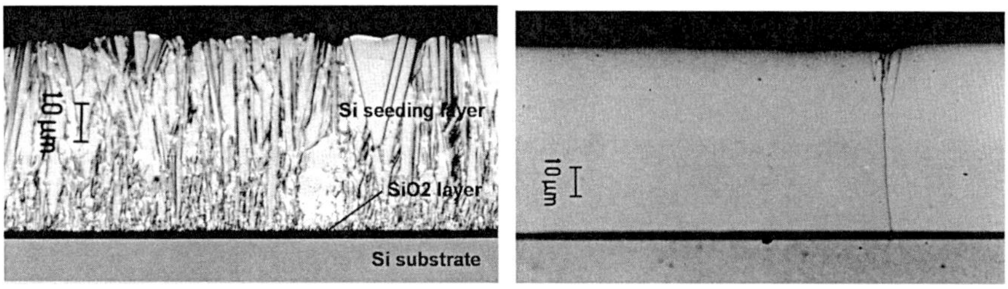

a) b)

그림 2.6 a), b)는 각각 ZMR 전후에 SiO_2 코팅 Cz-Si 기판 위에 증착한 Si 층의 단면 Nomarski 사진이다.

증가한다. 결함의 정도가 미미한 경우에도 결정립의 폭은 약 1 cm 정도까지 작아진다. 결정립의 크기는 여전히 기판의 길이와 비슷하고 결정방향은 이상적인 〈100〉 방향에서 약간 벗어난다. 결정립의 전체 면적은 1 μm^2에서 10 cm^2까지 증대되어, 거의 10의 9승배나 된다. 만약 시료와 ZMR 공정 설비의 결함이 심각하면 결정립 크기는 더 작아진다. 상당히 까다로운 가격 요건을 만족시켜야 하는 태양전지에 적용하기 위해 비이상적인 세라믹 등의 기판을 사용하게 되는데, 층이 균일치 않고, ZMR 공정도 정교성이 떨어진다. 이런 조건에서는 그 결과가 [그림 2.7]과 같이 된다. 결정립의 폭은 0.5~5 mm, 길이는 수십 mm가 된다. 그래도 결정립의 전체 면적은 10^7~10^8배 커진 것이다. 이후 결정립은 더 이상 완벽히 평행하게 자라지 않고 스캔 방향에 대해 경사지게 된다. 이렇게 하여 두 개의 tilt된 결정립들의 교차점에서 새로운 결정립들이 형성된다. 그래서 결정립들은 일반적으로 기판 길이보다도 짧아진다. [그림 2.7]의 시료의 가장자리 부분에서 Si 층은 재결정화 되지 않았고, 표면은 균일하게 회색빛을 나타내는데, 이는 ZMR에 의해 결정립들의 크기가 증대되었다는 확실한 증거이다.

그림 2.7 SiO_2 코팅한 크기 50×50 mm^2의 다결정 Si 기판 위에 ZMR 재결정화 층의 사진. 스캔방향은 아래에서 위쪽으로, 용해 영역은 수평방향에 있다.

2.3.3.2 미세구조와 결함의 근원

2.3.2절에서 어떻게 ZMR 공정 중에 subgrain boundary라는 결함이 생성되는지에 대해 논의하였다. 그러나 재결정화 후에 고농도로 도핑된 Si 박막은 정상적으로 도핑된 에피택셜 Si 층의 성장에 의해 두꺼워진다. 이 단계에서의 박막들이 태양전지에 사용된다. 그러므로 ZMR 시드 박막에서의 결함들과 에피택셜 성장된 박막

사이의 상관관계가 매우 중요하다. 연마 및 Secco 용액 처리 후의 이 박막들의 표면이 [그림 2.8]에 나타나 있다[68]. 어긋나기(dislocation) 밀도(거시적으로는 에치 피트 밀도로 탐지됨, etch pit density : EPD)가 바탕(background)보다 매우 높은 영역들이 검게 줄무늬 모양으로 나타나 있다. 두 개의 전형적인 결정립들에 라벨이 매겨져 있는데, 결정립 B는 subgrain boundary 방향이 스캔방향과 평행한 경우이고, 결정립 A는 subgrain의 배열방향이 스캔방향과 크게 경사진 경우이다. 두 가지 경우에서 EPD의 값은 크게 변화한다. 결정립 B에서 바탕 값은 약 1×10^{6} cm^{-2}, 반면에 이 결정립 내에서 어긋나기 밀도가 더 높은 영역에서의 EPD는 7배나 더 높다. 결정립 A에서의 바탕 EPD 값은 결정립 B의 경우와 매우 비슷하다. 그러나 어긋나기 밀도가 더 높은 영역들이 더 많이 존재하는데, 그들의 EPD 값은 결정립 B에서 더 높은 어긋나기 밀도를 지닌 영역들에 비해 10배나 더 높다. 이 사례는 태양전지용 ZMR 박막의 전형적인 미세구조 특징을 보여주는데, 결함밀도, 즉 이웃하는 결정립들의 품질이 엄청나게 변한다. [그림 2.9]에서 살펴볼 때 어긋나기 밀도가 높은 줄무늬의 근원은 ZMR 시드 박막 내에 있다. [그림 2.8]에 보이는 결함들은 subgrain boundary에서 시작되었음을 알 수 있다.

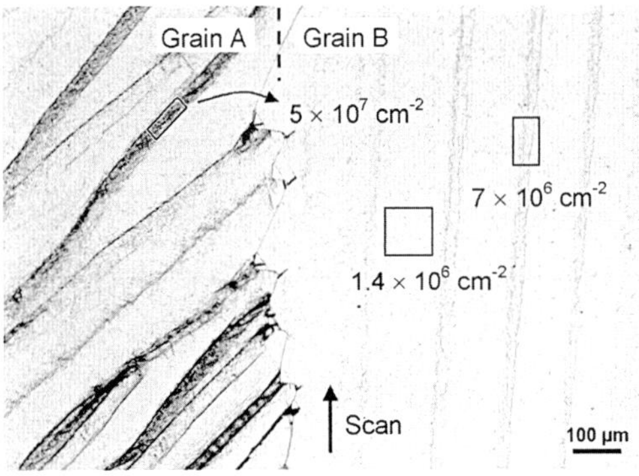

그림 2.8 에피택셜로 두께를 키운 ZMR 시드 층의 연마 후 Secco-etched 표면의 광학현미경 사진. 시드 층에 있는 subgrain boundary가 어긋나기 밀도가 높은 줄무늬 형상을 만든다.

[그림 2.10a~c]는 [그림 2.9]의 경사 단면이다. 이 그림은 시드 박막에서의 어긋나기 밀도와 에피택셜 박막 사이의 확실한 연관성을 보여준다. 3개의 다른 유형의 구조를 구별할 수 있다. [그림 2.10a]에서는 2개의 subgrain 사이에 있는 영역에서의 어긋나기 밀도가 주변 영역보다 더 높다. 하지만 뚜렷한 경계는 잘 보이지 않는다. [그림 2.10a]와 비교할 때 [그림 2.10b]에서의 어긋나기 밀도가 더 높다. 에치 피트들이 중첩되어 뭉쳐있다. 에피택셜 박막에서의 어긋나기 밀도 역시 전자의 경우

보다 훨씬 더 높다. [그림 2.10c]가 다른 2개 그림과 차이가 나는 점은 subgrain boundary가 일직선으로 뚜렷한 것이다. 이 경우가 에피택셜 박막의 어긋나기 밀도가 가장 높다.

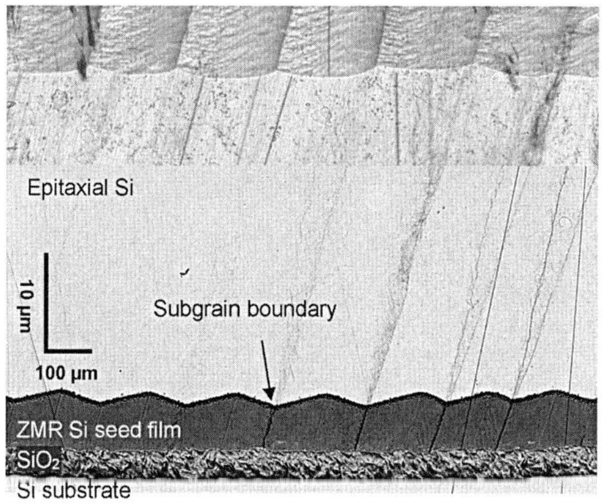

그림 2.9 에피택셜로 두께를 키운 ZMR Si 막의 Beveled 단면. 그림에 있는 수직 scale은 시료의 표면에 대해 2°52' 기울어진 beveled 표면 위에서의 Z-scale을 투영한 것이다.

[그림 2.10a~c]는 또 에피택셜 층에서의 어긋나기 밀도가 일반적으로 시드 박막에서보다 더 높다는 것을 증명한다.

태양전지용 ZMR 박막층의 관찰로부터 다음과 같은 점들을 추론할 수 있다. 만약 시드 층 개념이 CSiTF에 적용되면 에피택시는 시드 층을 두껍게 해야 할 필요가 있는데, 품질 좋은 박막층의 핵심은 균일한 기판 위에 균일한 층을 갖도록 ZMR 공정을 최적화하는 것이다. 그러므로 가격 측면과 함께 이와 같은 요건을 만족시키기 위해서는 기술개발이 더 한층 진전되어야 한다.

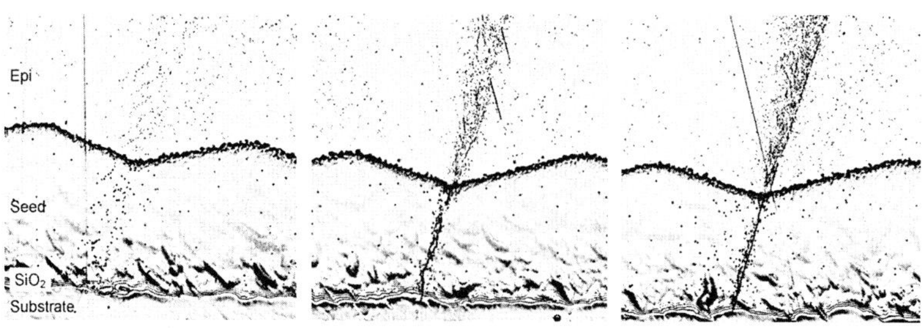

그림 2.10 시드 층에서 이웃하는 subgrain 사이에 있는 경계에서 서로 다른 개수와 구조의 어긋나기를 보여주는 [그림 2.9]의 경사진 단면의 디테일. 콘트라스트를 증대시키기 위해 시드 층에 있는 어두운 배경은 이미지 처리로 제거하였다.

2.3.3.3 고속으로 재결정화한 Si 층

공정비용을 절감할 수 있는 직접적인 요소는 ZMR 스캔속도를 높이는 것이다. 원칙적으로 ZMR은 소비재가 많이 소요되는 공정은 아니므로 공정 면적당의 투자비용이 전체 공정비용의 대부분을 차지하게 된다. 계산에 따르면 ZMR 비용 €10 /m^2을 맞추기 위해서는 공정속도가 100 mm/min 이상 되어야 하고, 장치 하나당의 처리량은 10,000 m^2/year 이상이 되어야 한다[95]. 최근의 기술수준으로 스캔속도는 10~20 mm/min이다. 스캔속도가 올라감에 따른 결함밀도의 증가에 대한 연구는 1990년대 일본 미쓰비시 사에서 시도된 바 있다[64, 91, 96]. 이들 연구의 핵심은 두께 1 μm 정도의 비교적 얇은 시드 층에 맞추어져 있었다. 최고 스캔속도 360 mm/min까지 시도되었는데, 중요 결과는 다음과 같다.

- 두께 1 μm 이상의 두꺼운 층의 경우 스캔속도가 빨라지면 매우 치명적인 결과를 낳게 되는데, 속도가 조금만 올라가도 결함밀도는 엄청나게 증가한다.
- 시드 층이 더 얇을수록 결함밀도의 증가폭은 줄어든다. 두께 0.3 μm 정도의 박막층인 경우 결함밀도는 스캔속도가 높음에도 불구하고 10^6 cm^{-2} 이하로 할 수 있었다.

이상적인 기판에 적용된 이 결과들은 고품질의 결정이 필요하면 매우 얇은 층을 사용하는 것이 효과적이라는 것을 시사한다. 불행하게도 이 결과는 저가격의 기판이 사용되어야 하는 태양전지용 CSiTF 층에 채택되지는 못했다. 시드 층이 너무 얇으면 저가 기판에 ZMR Si 층을 올리는 것이 어려운데, 이는 표면의 거칠기가 너무 심하기 때문이다. 평균 정도의 거칠기 값은 보통 2~5 μm 범위인데, 이는 미쓰비시 사의 실험에서 사용된 적정 두께보다 10배 이상 높다. 독일 Fraunhofer ISE에서도 유사한 실험이 시도된 바 있는데, 이때 막의 두께는 2 μm과 8 μm, 스캔속도는 10~100 mm/min이었다[97]. 스캔속도와 EPD 사이의 상관성이 미쓰비시 사의 결과와 일치하지만 두께와 관련한 거동은 상반되어, 두께 8 μm 층이 두께 2 μm 층보다 품질이 더 좋았다. Fraunhofer ISE에서의 또 다른 실험에서는 층의 두께(각각 8 μm, 12 μm)보다는 스캔속도(20~400 mm/min)와 에피택셜 전후의 EPD 변화에 대해 초점을 맞추었다[98].

melting zone의 형상

스캔 속도를 높이거나 느리게 할 때 용해존의 형상은 세 가지 기준에서 볼 때 큰 차이가 있다. [그림 2.11]은 그 각각을 보여주는 전형적인 사례이다. 첫 번째 기준은 용해존의 폭으로, 완전한 용해상태와 faceted 성장이 이루어지기 위해서는 속도가 빠를수록 용해존의 폭이 더 넓어야 한다. 스캔속도 ν_s =200 mm/min에서 전형적인 용해존의 폭은 스캔속도 ν_s =20 mm/min(1.1 mm) 때보다 3배 더 넓다. 두 번째 faceted 성장한 단위 셀의 평균 크기는 스캔속도와 함께 커진다. 2.3.2절에 의하면 성장한 셀의 크기는 subgrain boundary의 간격과 직접적인 관련이 있고, 따라서 생성된 결함밀도는 더 낮을 것으로 예측된다. 성장한 셀의 크기가 더 큰 것은 solidification front에서의 온도 구배가 낮은 점을 그 이유로 들 수 있는데, 이는 2.3.2절에서 설명한 구조성 및 복사성 과냉각 모델에서도 제의한 바 있다. 실제로 스캔속도가 매우 빠르면 solidification 프런트는 더 이상 focus 램프에 의해 직접적으로 가열되지 않고, 액체와 고체 Si 사이의 온도 구배는 스캔속도가 낮을 때 보다 덜 심한 것에 기인한 것으로 분석하고 있다. 세 번째는 시간에 따라 facet들이 기하학적으로 매우 불안정하다는 것이다. Facet들은 측면으로 이동하고, 없어지고 그리고 또 나타나기를 반복하는데, 그 횟수는 스캔속도가 빠를 때 더 잦아진다. Subgrain boundary라고 이름을 붙일 수 있는 이것은 스캔속도가 매우 빠를 때는 더 이상 측면으로 이동하지 않고, 서로 합쳐지거나 다시 떨어지기를 반복한다. 결과적으로 성장 셀의 크기가 더 커짐에 따라 subgrains의 크기가 증가하고, 그와 함께 결함밀도가 더 낮아질 수 있다.

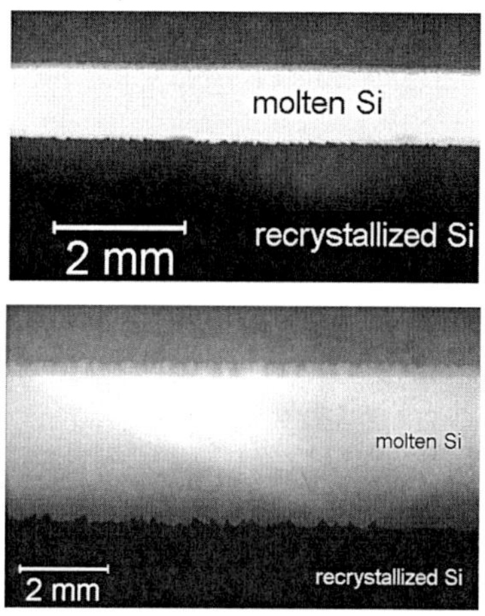

그림 2.11 전형적인 용해 존의 스냅사진, 재결정화 속도 (위) 20 mm/min, (아래) 200 mm/min. 아래 위의 눈금이 서로 다름.

Grain shape : 결정립 모양

[그림 2.12]는 두께 12 μm 시드 층의 사진으로 각각 낮은(20 mm/min, 좌측), 높은(300 mm/min, 우측) 스캔속도에서 재결정화 된 것이다. 스캔속도가 낮으면 구조가 확실히 더 규칙적이다. 이는 위에서 설명한 결정화 프런트가 안정하다는 것을 말해 준다.

낮은 속도에서 결정립의 폭은 1~3 mm이고, 최대 폭은 13 mm에 달한다. 결정립의 길이는 평균 수 센티미터이다. 1 mm 보다 더 작은 크기의 결정립들의 개수는 매우 적다. 속도가 빨라지면 상황은 달라진다. 결정립의 폭은 불과 수 밀리미터이다. 큰 결정립 속에 작은 결정립이 어두운 점이나 선 모양으로 보인다. 색깔이 다른 것은 결정의 방향이 다르다는 것을 나타낸다. 자세히 보면 이들 결정립들의 크기는 여전히 수백 마이크로미터 정도인데, 그 크기가 반드시 태양전지의 특성을 좌우하는 것은 아니다.

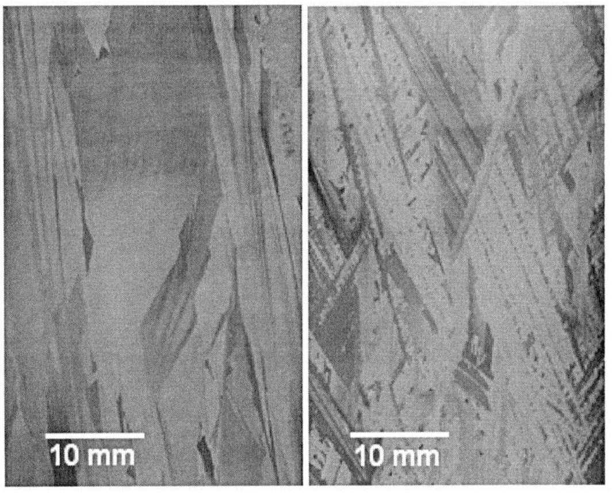

그림 2.12 재결정화 후의 Si 층의 사진, 재결정화 속도 (좌) 20 mm/min, (우) 300 mm/min.

Defect density : 결함밀도

Intragrain 결함들은 위에서 본 바와 같이 CSiTF 태양전지의 특성에 가장 큰 영향을 미치는 결정의 특징이다. EPD의 개수는 Si 층의 결함밀도를 해석하는 데 매우 유용하다. 하지만 이 방법으로 분석하는 데에는 한계가 있는데, 에치 피트의 직경이 보통 0.3 μm 정도이기 때문에 EPD 농도가 3×10^7 cm^{-2} 정도 되면 상호 중복된다. 이 값보다 더 큰 EPD 값들은 실제 EPD 값(여전히 미지)의 최저 한계로 보아야 한다.

[그림 2.13]은 서로 다른 속도에서 재결정화한 층의 EPD를 관찰한 실험결과로 [98], a)는 에피택셜 층이 없는 경우이고, b)는 에피택셜 층을 추가로 증착한 것이다. EPD 기법의 한계는 b)에만 영향을 미치는데, 시료는 에피택셜로 두께를 키운 ZMR 층이다. 여기서 계산된 평균값들뿐만 아니라 $10^7\ cm^{-2}$ 이상의 EPD 값들에 해당하는 곡선의 모양은 단순히 EPD의 아래 한계를 나타낸다.

ZMR 층만의 EPD 평균값은 50~350 mm/min 범위의 스캔속도에서는 크게 변하지 않는다. 평균값 $3{\sim}5\times10^6\ cm^{-2}$는 여전히 낮은데, CSiTF 태양전지용으로 사용가능하다. [그림 2.13b]의 곡선으로부터 계산한 에피택셜 층의 EPD 평균값의 아래

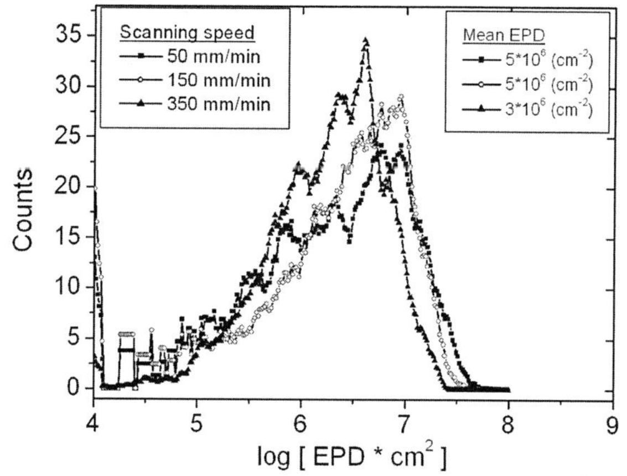

a)

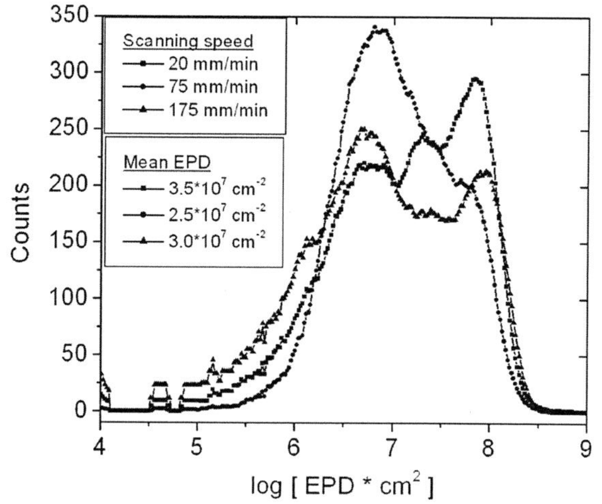

b)

그림 2.13 ZMR Si 층의 표면에서 측정한 에치 피트 밀도 분포, a)와 b)는 추가로 에피택셜 층이 없는 경우와 있는 경우이다. 시료 크기 $8\times8\ mm^2$.

한계는 약 $3\times10^{7}\,cm^{-2}$로 이는 순수 ZMR 층에 비해 10배나 큰 값이다. 이 결과는 미쓰비시 그룹이 제시한 바와 잘 일치한다[99]. 게다가 이는 에피택셜 층의 두께가 두꺼워질수록 결함밀도가 증가한다는 정량적인 관찰결과를 그대로 반영하는데, 이미 2.3.3.2절에서 설명한 바 있다.

EPD 측면에서 순수 ZMR 층들은 에피택셜 층이 추가로 있는 경우에 비해 더 우수하다. 결과적으로, 고속스캔에서 고품질의 ZMR 층을 얻기 위한 방안은 시드 층의 개념을 없애고, ZMR 층을 태양전지 활성화 층으로 그대로 사용하는 것이다. 물론 이럴 경우 다른 문제점이 제기되는데, 예를 들어 박막 태양전지에서 순수 ZMR의 성능이나, 후면에서 표면 재결합속도를 낮추는 방법 등이다. 특히, 후자는 고효율 태양전지에 있어서는 매우 중요하다.

2.3.4 램프 가열식 ZMR 장치 개발

위에서 설명한 바와 같이 램프 가열방식의 ZMR 장치는 결정립의 구조, 결함밀도 및 공정오염 측면에서 가장 좋은 품질의 박막을 가능케 한다. 결과적으로, 가장 좋은 태양전지는 이 방식으로 만든 것이고, 여러 연구개발 그룹에서 꾸준히 사용되고 있다. ZMR과 관련한 주요 이슈는 폭을 키우고, 시료 투입과 배출시간을 줄이고, 속도향상, 자동 공정제어의 향상 등의 방법으로 처리량을 증대시키는 것이다. 이 점과 관련하여 가장 개선된 장비가 독일 Fraunhofer Institute for Solar Energy Systems에서 가동 중이다[98, 100]. 아래 내용은 처리량이 크게 증대된 시스템에 대한 설명이다.

2.3.4.1 시스템 설치

박막 Si 용으로 램프 가열방식의 ZMR 장치가 SOI 반도체에 활용 목적으로 1980년대에 보고되었다[101]. 태양전지 목적으로는 1996년 미쓰비시 그룹[102], 그리고 1998년 Fraunhofer ISE[94] 그룹에 의해 10여년 늦게 보고되었다. 최신 장치는 2001년 Fraunhofer ISE가 보고한 것이다[103]. 초창기의 장비에서 이미 최근에 사용되는 장치의 핵심 요소들이 모두 포함되었는데([그림 2.4]), 선형(linear)의 할로겐 램프들을 reflecting cylindrical ellipse('focus mirror')의 첫 번째 focal line에 배치하고, 두 번째 focal line은 시료의 Si 박막 면에 놓이게 된다. 시료는 ZMR focal line에 수직 방향으로 움직인다. 시료 아래 부분에 장착된 일직선으로 배치된 할로겐 램프 히터로 균일하게 가열한다. Focus 히터로 생성되는 용해 영역을 CCD 카메라로 관찰하는데, 이미지를 분석하여 폭을 추출한다. 미쓰비시 그룹은 이 목적으로 하드웨어 해석기(analyzer)를 이용하였고, Fraunhofer ISE 그룹은 vision software(2.3.4.2절)를 이용하였다. 균일하게 재결정화 가능한 시료의 크기는 미쓰비시가 직경 6", Fraunhofer ISE 장치에서는 100 mm이다.

폭이 400 mm에 달하는 장치도 보고되었다[100]. 'ZMR400'라 부르는 이 장치는 더 큰 램프를 사용하여 furnace의 몸체가 더 넓고, 시료 수송을 위해 시료 장입 측에 로드록(load lock)과 밀봉된 피드스루(sealed feedthrough)를 설치하였다. 하지만 전체 개념은 폭이 좁은 장치와 비교하여 변화가 없다. 폭이 300 mm 보다 큰 시료의 재결정화도 가능하지만 단점은 처리량이 적다는 것이다. 이러한 이유로 완전한 인라인 연속 제조장치로 ZMR400con이 등장하였다[98]. [그림 2.14]가 이 장치의 원리를 보여주고 있다. 로드록 대신에 furnace 본체의 전면과 후면에 가스 커튼이 달려있고, 시료는 워킹 빔(walking beam) 메커니즘 방식으로 투입 스테이션으로부터 배출 스테이션으로 이동한다. 용해존의 측면 방향의 균일성을 향상시키기 위해 램프들을 시로 교차하게끔 시료 이동방향과 수직방향으로 어레이를 구성하였다. 이런 램프 배열방식의 유효성은 미쓰비시 그룹에 의해 증명된 바 있다.

시료 장입과 이송 시스템의 개선으로 ZMR400con 장치의 처리량을 최대 10 m^2/h까지 높일 수 있었다.

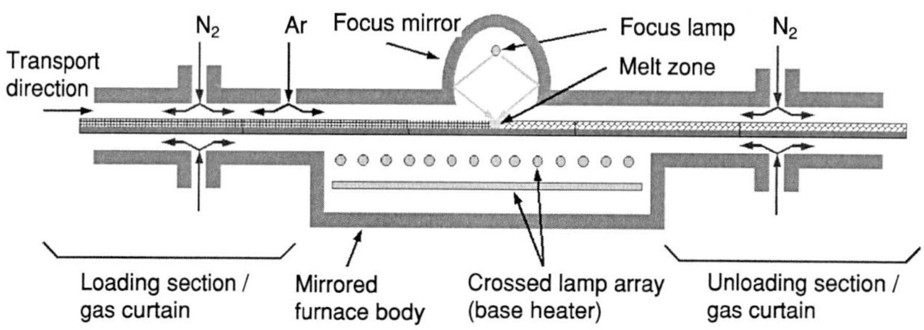

그림 2.14 ZMR400con 장비의 단면 개략도.

필자는 크기 $100\times100\ mm^2$의 Si 코팅 대형 기판 4장을 동시에 균일하게 재결정화할 수 있는 장비를 보고하였는데, 시료들을 서로 나란히 배열하여 폭 400 mm의 기판 어레이를 구성하였다. 크기 $200\times200\ mm^2$의 대형 Si 혹은 Si 층이 있는 세라믹 기판에서도 좋은 결과를 확보하였다[95].

2.3.4.2 공정 제어

온도 구배, 성장 막의 형상, 결함밀도 사이의 연관성에 대해서는 이미 논의한 바 있다. 결정화 프런트에서의 온도 구배를 정확히 제어하는 것은 고품질의 ZMR 박막을 성장시키는 데 있어 매우 중요한 요소이다.

불행스럽게도 온도 구배라는 값은 직접 측정에 의해 쉽게 결정할 수 있는 값이 아니다. 그러나 용해 Si을 시각적으로 잘 구분할 수 있는 점을 이용하여 간접적으로 측정이 가능한데, 용해 Si의 가시성은 반사율의 변화에 기인한다. 용해존의 폭은 수치해석을 통해 Robinson과 Miaoulis이 보여준 바와 같이 결정화 프런트에서의 열 구배와 연관되어 있다[86]. 용해존이 작으면 열 구배도 낮다. 이는 결정화 프런트의 모폴로지에 관한 실험결과와 일치한다[87, 104]. 그러므로 용해존의 폭을 탐지하고 ZMR 공정을 제어하는 데 이미지 해석을 사용할 수 있다. Ga 박막의 재결정화 제어에 대해서는 Wong과 Miaoulis가 처음 보고하였다[105]. 그들이 사용한 시스템에서는 2개의 공정변수를 선택하였는데, 하나는 결정화 프런트의 위치, 다른 하나는 결정화 프런트의 패턴이다. 결정화 프런트의 위치를 정확히 제어할 수 있음을 보여주었다. 하지만 광원 조건이 안정적이지 못했고, 시료채취 시간이 길었던 것이 큰 어려움이었다.

미쓰비시 전기의 Kawama와 동료들은 CCD 카메라와 상업용 폭 분석기를 이용하여 Si 박막의 ZMR 공정제어를 추진하였다[102]. 그들의 실험에서는 용해존의 폭이 결정화 프런트의 형상을 제어하는 유용한 인자임을 확인시켜 주었다. 용해존의 폭을 ±10% 범위(보통 약 0.1 mm)에서 일정하게 유지할 수 있다고 보고하였다[64].

2.3.4.1절에서 설명한 보다 개선된 ZMR 공정제어 방식이 본 필진 중의 한 사람에 의해 개발되었다[76]. 이미지 확보는 여러 대의 소형 CCD 카메라로 하였다. 소프트웨어 활용으로 공정제어를 실현하였는데, 용해존의 폭의 분석, 포커스 램프들을 제어하기 위한 폐회로(closed-loop) 피드백 등이 그 요소들이다(그림 2.15).

표준 기판의 경우 이런 자동제어를 통해 용해존의 폭을 원하는 값의 ±5% 범위에서 제어할 수 있다. 스캔속도 400 mm/min에 이르는 ZMR 공정을 성공적으로 시도한 바 있는데[98], 그 결과는 앞에서 이미 설명하였고, 이런 속도에서는 수동제어는 고려치 않는다.

한 사례로 [그림 2.16]은 길이 50 mm 시료의 ZMR 공정 자동제어 중에 기록한 데이터들이다. 용해존의 실제 너비는 원하는 1.0 mm에서 약간 벗어난다. 눈에 띄는 것은, 중앙 부분에서의 초점 램프의 전력이 시작 때 보다 크게 낮아진 것인데, 이는

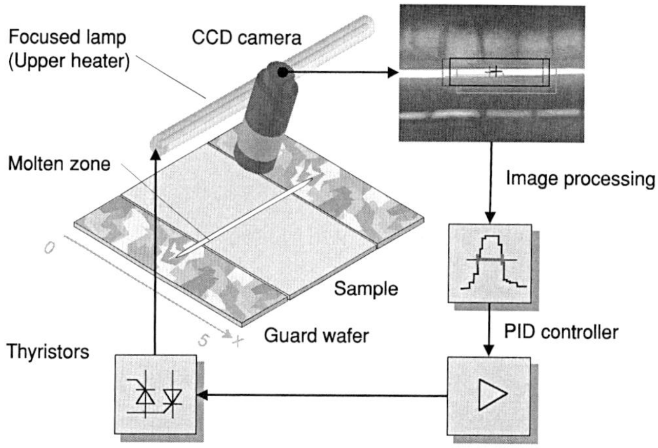

그림 2.15 ZMR100 시스템에서의 폐회로 제어.

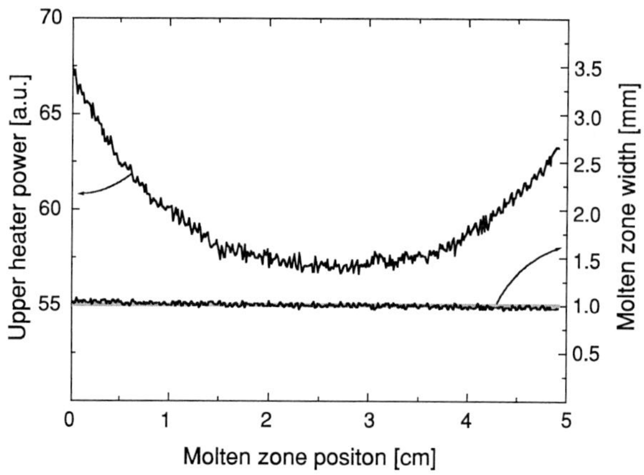

그림 2.16 자동제어 ZMR 공정에서 zone 위치에 따른 upper 히터 전력(focused 램프)과 용해 zone의 폭. 회색의 두꺼운 선은 기대 값을, 아래의 얇은 선은 실제 폭을 나타낸다. PID 제어방식으로 램프 전력(위 얇은 선)이 기대 값과 실제 값 사이의 차이를 최소화하도록 조정한다.

이미 미쓰비시 그룹에 의해 보고되었다[102]. 이 발견은 급속 열처리 공정(rapid thermal processing : RTP)으로부터 잘 알려진 효과로 설명할 수 있는데, 상단 혹은 하단으로부터 램프에 의해 균일하게 가열된 웨이퍼들은 가열되지 않는 측면에서의 방사손실 때문에 중앙부 보다는 모서리 부분이 더 온도가 낮다. 이 효과는 인공적으로 웨이퍼 전체 면적을 커버하는 소위 'guard ring'이라는 것을 사용하여 줄일 수 있다[106]. 유사하게 ZMR 반응기에서 'guard stripe'웨이퍼들을 시료와 평행하게 배치한다(그림 2.15). Guard 웨이퍼가 없으면 용해존의 폭은 웨이퍼 모서리에서는 줄어들어 시거 형태의 형상을 만든다.

2.3.5 세라믹 기판에서의 ZMR

앞에서 ZMR Si 층의 품질은 모델 기판을 사용하는 경우에도 여러 변수에 의해 좌우되는 것을 확인하였다. 이상적이지 아니한 세라믹 기판을 사용하면 상황은 더 어렵게 된다. 통상 ZMR의 거동에 중요한 소재 고유의 특성측면을 고려했을 때 세라믹은 Si 기판과 많이 다르다.

- *표면 거칠기* : CP133(50% HF : HNO_3 : CH_3COOH=1 : 3 : 3) 화학 연마 에칭과 같이 간단한 isotropic 에칭으로 Si 기판의 표면을 현미경 스케일에서 보아도 아주 매끈하게 만들 수 있다. 그러나 세라믹 기판의 표면은 화학에칭에 의해 쉽게 변하지 않고 소성 후의 상태 그대로 있다. 기판 소재와 제조공정에 따라 평균 거칠기는 0.1~10 μm 범위이고, 보통 저가격의 기판은 2 μm 이상이나. 시드 층의 두께는 최소한 이 값보다 3배 이상 되어야 한다.
- *개방 기공률(open porosity)과 기공 직경* : 테이프 캐스팅한 세라믹 기판 등은 개방 기공률이 30% 이상이다. '개방 기공률'이라는 것은 기공들이 뭉쳐서 전체 세라믹을 관통하는 개방 경로를 형성한다. 만약 중간층이 치밀하지 않으면 액체 Si이 ZMR 도중에 이들 개방 기공들을 통해 기판 내부로 들어가 버리게 된다. 즉, 시드 층으로부터의 Si이 기판 안으로 스며들게 된다. 개방 기공률 자체 보다 더 중요한 것은 기공의 직경이다. 액체 Si의 표면장력이 높아 기공이 적을수록 기판 내부로 스며드는 경향이 감소한다. 어떤 경우에도 모든 개방 기공들을 닫아줄 수 있는 적절한 중간층이 있으면 ZMR 공정의 신뢰성이 좋아진다.
- *열팽창계수(TEC)* : 세라믹의 열팽창계수는 Si과 다르다. 세라믹의 유형에 따라, 예를 들어 Al_2O_3 세라믹은 그 차이가 2배까지 될 수 있다. SiC이나 Si_3N_4 기반 세라믹과 같이 태양전지 기판으로 적합한 경우에도 열팽창계수는 크게 차이가 난다. 균열이나 물집 형태 같은 결함들을 피하기 위해서는 Si 층과 기판 사이의 길이 차이가 전체 온도구간에 걸쳐 전체 길이의 0.1% 이하여야 한다.
- *열전도도* : 조성변화(기공은 조성변화가 가장 극심함)에 기인하여 세라믹 기판의 열전도도는 위치에 따라 크게 변한다. 이로 인하여 ZMR 공정 중 recrystallization front에서 온도변화가 생기고, ZMR의 거동이 비이상적으로 변한다.

이들 소재 고유의 효과 외에도 기하학적인 이슈로 인해 ZMR 기술의 실제 적용에 제한을 받는다. ZMR 전 후에 기판의 휨 현상이 일어날 수 있고, 시드 층은 그에 따라 focal 램프의 초점으로부터 벗어나게 되어 결과적으로 전력의 배분과 측면 균일성에 문제가 발생한다. 게다가 기판의 두께 변화로 인해 위에서 설명한 국부적인 열전도도 변화와 같은 동일한 효과가 일어나게 된다.

다음으로 적절하거나 적절하지 못한 세라믹 기판의 사례에 대해 설명하고자 한다.

[그림 2.17]은 PECVD 방식으로 SiC를 코팅한 RBSiC 세라믹 기판 위에 ZMR400con 장치로 재결정화한 Si 층을 보여주고 있다[95]. 결정립의 크기는 그 폭이 최대 수 밀리미터이고, 부분적으로는 기판 자체만큼 길이가 길다. 이 경우 열팽창계수는 잘 매치되고, 임계점 이하의 휨 현상도 없어 전반적으로 ZMR에 대한 영향이 크지 않다. 단지 모서리 부분에 1 cm 정도가 영향을 받았는데, 이는 ZMR 후 절단하였다.

우선 보기에는 [그림 2.18]에서와 같이, 가압 소결 공정으로 만든 두께 1 mm의 RBSiN 기판이 ZMR 용으로 완벽한 특성을 나타내는 것처럼 보이는데, 결과로 얻어진 결정립들은 거의 이상적인 구조를 가지며 크기가 매우 크다. 에피택셜 증착하여 두께를 키운 Si 층을 자세히 보면 균열이 상호 연결되어 본래의 모습이 큰 영향을 받았다. 이런 부정적인 효과의 확실한 이유는 세라믹과 Si 층 사이의 열팽창계수가 차이가 난다는 것이다. 균열의 크기가 작지만 2.5.3절에서 설명한 것처럼 이들이 태양전지의 성능에 미치는 영향은 결정적이다.

용해존의 폭이 불균일한 것은 [그림 2.19]에 나타낸 것과 같이 두께 250 μm로 얇게 테이프 캐스팅한 Si_3N_4 세라믹에 ONO 캡핑한 것을 기판으로 사용하여 재결정화 했을 때 나타난다. 경우에 따라서는 [그림 2.19]에서 흰색 선으로 둘러싼 부분은 전력의 세기가 충분하여 시료의 뒷면에 있는 여분으로 생성된 Si 코팅 부분까지 녹일 정도이다. 온도 구배가 적기 때문에 재결정화 Si 박막의 결정구조는 이들 영역에 있는 작은 크기의 결정립들이 그 특징이다. Faceted 형상으로 성장하는 성장 front는 시료의 일부분에서 관찰되었는데, 이는 결정립 성장의 방향성을 나타내는 것이다. 이 경우 폭이 수 밀리미터, 길이 수 센티미터에 이르는 큰 결정립들이 나타났다. 불균일한 열적 특성이 ZMR이 불균일하게 되는 원인이 되는데, 두 가지로 영향을 미치게 된다. 첫 번째, 출발 분말들의 불완전한 혼합 또는 불균일한 소성 조건들이 불균일한 Si_3N_4 테이프를 만들게 되고, 두 번째는 심각한 휨 현상 때문에 ZMR 공정 중에 이 시료의 뒷부분이 석영 플레이트와 부분적으로만 접촉하는 것인데, 후자에서는 뒷부분에 원치 않게 증착된 Si이 녹으면서 'hot spots'을 형상하게 된다.

요약하면, 세라믹 위에 ZMR을 성공적으로 하기 위해서는 기판과/중간층 시스템을 적절히 선택하여야 한다. 그럴 경우 변환효율 10% 이상을 달성할 수 있는 충분한 품질의 Si 층을 만들 수 있다.

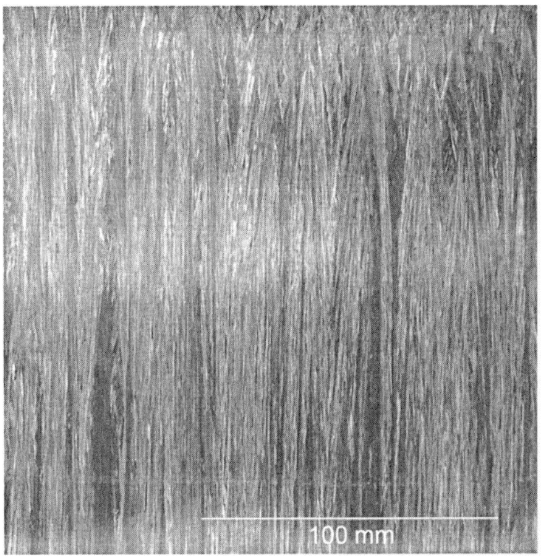

그림 2.17 SiC 코팅한 tape cast RBSiC 기판 위에서의 ZMR 실리콘 층. 스캔 방향은 위에서 아래로.

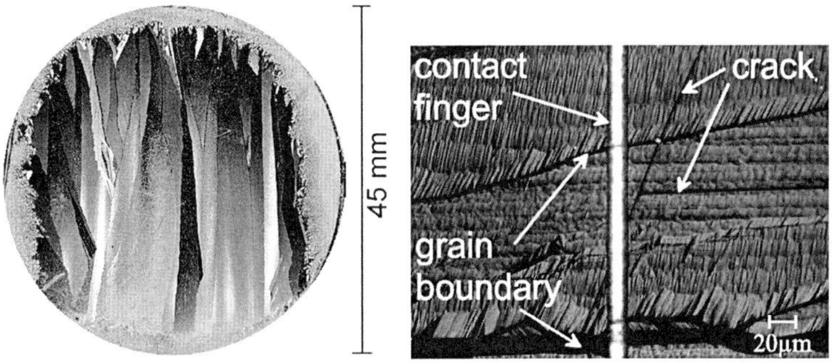

그림 2.18 ZMR과 에피택시 후의 가압 소결 RBSiN 세라믹 기판 위에서의 ZMR Si 층[19]. (좌) 전체 시료의 사진, (우) 태양전지 공정 후의 클로즈업.

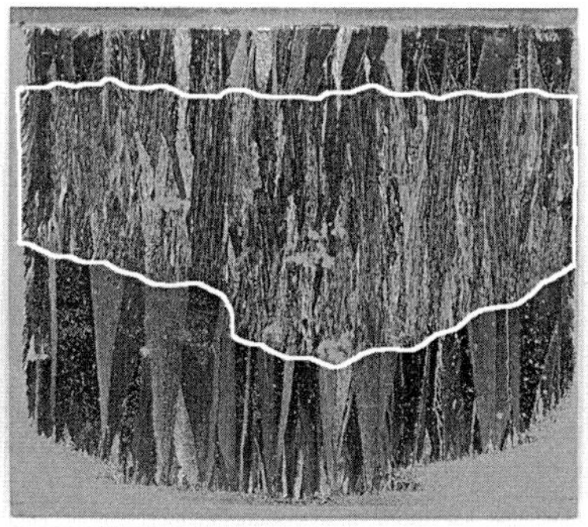

그림 2.19 ZMR과 에피택시 후의 ONO 코팅한 tape-cast Si_3N_4 세라믹 기판 위에서의 Si 층. 흰색선은 시료 중 재결정화가 잘못된 영역을 나타낸다.

2.4 증 착

CSiTF 태양전지 개념에서 기본이 되는 단계는 Si 층의 증착이다. 그런 측면에서 적절한 방법은 염화실란(chlorosilanes)의 열 CVD로 볼 수 있는데, 우선 그 이유를 살펴보고 열 CVD의 화학에 대한 기초를 설명하고자 한다. 이어서 장비 및 공정개발에 관한 현황을 짚어보고, 개발된 공정을 어떻게 세라믹 기판에 적용하고, 특히 박막증착 품질에 적절치 않는 기판의 영향에 초점을 맞추어 기술하고자 한다.

2.4.1 태양전지용 Si 증착 구비 요건

태양전지에 관한 거의 모든 연구개발은 제조단가를 줄이는 데 목표를 두고 있다. 간이계산에 의하면 결정질 Si 박막 태양전지에 적절한 Si 층의 증착비용의 상한을 약 €30 /m^2로 보고 있다. 적절하다는 의미는 층의 품질에 관한 것으로 충분히 높은 효율을 얻을 수 있어야 한다. Si 증착에서 요구되는 요건은 다음과 같다.

- 시간당 처리량 : 5~10 m^2/h
- 성장속도 ≥ 5 μm/min
- Si 전구체 화합물의 사용 수율
- 직사각형 또는 정사각형 웨이퍼 사용 가능성
- 표면이 거칠고 기공이 있는 세라믹 기판에 증착 가능성
- 충분한 층의 품질 : 에피택셜 층의 확산계수가 두께의 2~3배 이상
- 도핑 프로파일 제어
- 복잡하지 않은 간단한 장치

모든 증착방법[20] 중에서 고온에서 염화실란을 전구체로 하는 대기압 열화학증착(thermal atmospheric pressure chemical vapor deposition : APCVD)이 위의 모든 조건을 만족시켜 주는 가장 유망한 방법이다. 열 CVD는 가열된 기판 표면에 실리콘을 함유하는 소스 가스의 열분해와 이를 통해 지속적으로 성장하는 박막에 실리콘 원자를 공급해 주는 것을 기본으로 한다. 이 기법에 의한 증착은 공정온도와 압력에 따라 서로 다른 동작 레짐(regime) 하에서 이루어진다. 1,300℃에 이르는 고온에서는 APCVD가 mass transport 동작 레짐에 의해 제한을 받는다. 이런 조건에서는

증착속도 10 μm/min까지 달성될 수 있다. 수소로 대폭 희석시킨 삼염화실란(trichlorosilane : TCS : $SiHCl_3$)이 보통 실리콘의 소스가스로 사용된다. p-형과 n-형의 *in-situ* 도핑은 수소로 희석시킨 diborane(B_2H_6)과 phosphine(PH_3) 같은 도핑 가스를 적정량 첨가하여 한다. APCVD 공정은 에피택셜 증착에 매우 적합한데, 이는 고온공정이기 때문에 Si 결정구조의 위치에 맞게 증착된 원자들이 잘 배열되어 위치할 수 있고, 따라서 결함밀도가 극히 낮은 결정을 형성할 수 있어서이다. 보통 APCVD에 의한 Si 에피택시는 950~1,250℃의 온도 범위에서 이루어진다. 진공이나 기타 복잡한 시스템으로 구성된 여타 증착방법과 비교하여 대기압 CVD에서는 기술적으로 큰 문제가 없고 연속공정이 가능하다.

이 증착기법은 마이크로 전자 산업에서 Si 에피택시 증착용의 핵심기술이다. 이 분야에서는 결정학적인 품질, 두께와 도핑 균일도 2% 범위, 그리고 초고순도가 절대적으로 요구된다[107]. 전통적으로 배치형 시스템(barrel reactors) 혹은 단일 웨이퍼 용 반응기들이 사용된다. 가스유량을 높이면 전구체 가스의 사용률과 처리량이 낮아져 제조단가는 올라갈 수 있지만 요구되는 두께와 도핑 균일도를 잘 달성할 수 있다. 마이크로 전자 소자의 최종 제조단가와 관련하여 Si 증착은 비록 비용이 많이 소요되는 공정을 사용하더라도 전체의 아주 일부분에 불과하다. 이런 측면에서 높은 처리량, 저가격의 증착장치 등은 마이크로 전자산업에서 큰 관심거리가 아니다. 그에 비해 Si 박막 태양전지에서는 Si 증착장치가 제조단가의 큰 부분을 차지하기 때문에 가격경쟁력이 있는 증착장치가 주요 개발이슈이다. CSiTF에서 가장 널리 사용되는 것이 염화실란을 출발물질로 하는 APCVD이다.

2.4.2 염화실란의 열 APCVD 공정에 관한 기초

CVD에서 실리콘 성장 공정은 매우 복잡한데, 기판 표면과 가스상 내에서 가스의 공급 전달 현상과 화학반응이 동조되어야 한다. 따라서 증착과 관련한 일반적인 모델링에서는 여러 개의 편미분방정식의 해를 포함하게 된다. 내재된 문제들이 매우 복잡하기 때문에 대부분의 전문가들은 특정한 동작 레짐에서 가스 흐름에 관한 역학 등은 무시하고 매우 간단한 모델링으로 분석하는 데 그친다. 보다 개선된 모델과 시뮬레이션 툴은 여전히 연구개발의 주요 이슈로 자리하고 있다[108~110].

태양전지용 실리콘 증착의 처리량과 제조단가에 미치는 중요한 2가지 핵심 변수는 성장 속도와 화합물 전구체의 yield(사용 비율)이다.

2.4.2.1 $SiHCl_3$ (TCS)-H_2 가스 시스템에서의 실리콘 증착속도

TCS/H_2 시스템에서 성장속도(또는 증착속도 : deposition rate)는 증착온도, 가스상의 조성, 반응기 내 압력의 영향을 받는다. 반응기의 적정한 구조는 물론 적정의 작업조건 규명을 위해서는 장치의 모델링이 불가피하다. 참고문헌[111]에서는 고온에서 수평식 APCVD 장치로 TCS를 사용한 실리콘 증착과 관련하여 이론적인 성장 모델링과 실험실적 확인이 이루어진 바 있다. 실리콘 증착에 이르는 화학반응은 2 단계 반응으로 추측된다. 첫 번째는 $SiHCl_3$ 분자들이 기판 표면에 부딪히며 화학적으로 흡착(chemisorbed)되면서 $SiCl_2$와 휘발성의 HCl를 생성하고, 두 번째 단계는 $SiCl_2$ 분자들이 H_2와 반응하여 HCl과 고상의 실리콘을 생성하는데, 이 고상 실리콘이 결정 내에 들어가게 된다. 단순화한 형식으로 전체의 화학반응은 다음과 같다.

$$SiHCl_3 + H_2 \rightarrow Si + 3HCl$$

간단히 추정해 보면 성장속도는 화학흡착과 열분해뿐만 아니라 $SiHCl_3$와 H_2의 농도에 의존한다. 반응을 설명할 수 있는 주 인자는 Cl/H 비로서 이는 공정가스의 조성에 의해 주어지는 것으로 반응에 의해 변화하지 않는다.

[그림 2.20]은 이런 추정에 근거하여 성장속도에 미치는 온도와 Cl/H 비의 효과를 나타낸 것이다.

Cl/H 비에 따라 성장속도 곡선은 3개의 레짐으로 구분된다. Cl/H 비가 0.5% 이하면 성장속도는 Cl/H 비의 증가와 함께 강하게 증가한다. 가스조성이 약간 변화하면 성장속도가 크게 달라진다. Cl/H 비가 그 이상 증가하면 성장속도가 포화수준

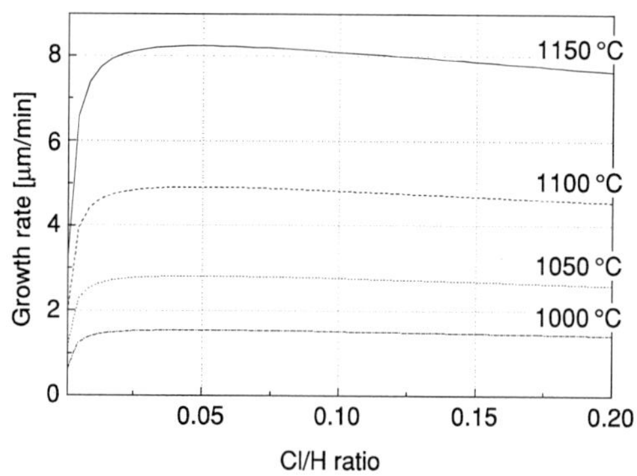

그림 2.20 Habuka 모델[112]에 따라 계산한 성장속도의 온도와 Cl/H 비의 의존성.

(saturation level)에 도달하는데, Cl/H 비가 증가하여도 약간의 변화가 있고, 경우에 따라서는 Cl/H 비가 증가하면 성장속도가 감소한다. 이 레짐에서는 성장속도가 Cl/H 비에는 비교적 무관하다.

이 모델의 유효성은 일반 산업용 APCVD의 작동 레짐이 커버하는 800~1,120℃의 넓은 온도범위에서, 분자량 2.7×10^{-3}~11×10^{-3} kg/mol의 가스조성 범위에서 Habuka가 증명한 바 있다.

문헌[107]에서는 TCS를 전구체로 하는 수평식 단일 웨이퍼용 반응기에서의 성장속도를 설명하는 유사한 모델이 발표되었는데, 예상 성장속도를 실험으로 증명할 수 있었다.

태양전지 산업용 CVD에서의 결과와 성장속도 모델링을 연계한 결과, TCS를 실리콘 공급원으로 사용할 때 높은 성장속도와 실험변수의 동요에 대한 허용치가 매우 높은 증착공정을 달성하기 위해서는 Cl/H 비가 대략 2% 이상 되어야한다는 것이다. 그리고 증착속도 5 μm/min 이상을 위해서는 온도가 적어도 1,150℃가 되어야 한다는 것이다.

2.4.2.2 화학수율 (Chemical yield)

화학수율(혹은 실리콘 전환효율)은 초기 가스 phase에 포함된 실리콘이 고체 실리콘으로 전환되는 효율로 정의할 수 있다. 초기 가스상의 Si/Cl 몰비를 열평형 상태 하에서 증착온도에서의 최종 Si/Cl 비와 비교하면 반응 중에 실제로 소비되어 고체 상태로 증착된 이론적인 TCS의 양에 대한 정보를 얻을 수 있다. TCS를 전구체로 사용하면 초기 Si/Cl 비는 0.33이다. 만약 최종 Si/Cl 비가 이 보다 크면 공정

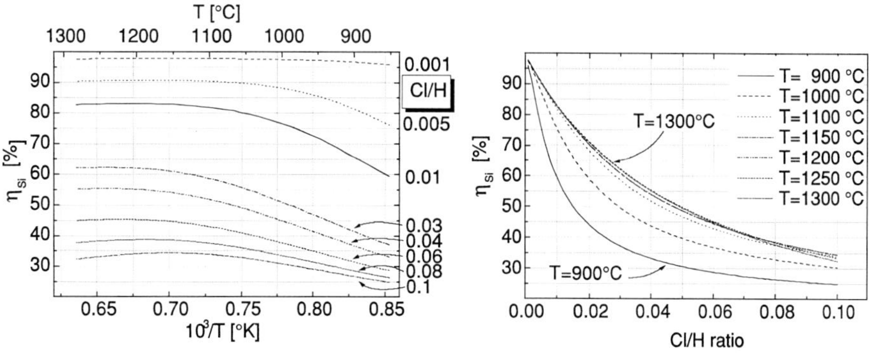

그림 2.21 열평형[113]에서의 화학수율의 온도와 Cl/H비 의존성.

중에 증착 대신 실리콘 에칭이 주가 된다. Si/Cl 비가 0.33보다 작으면 실리콘 증착이 일어난다. 최종 Si/Cl 비는 공정온도, 초기 가스조성, 즉 Cl/H 비에 따라 달라진다. 화학 전구체의 수율은 다음 식으로 정의할 수 있다.

$$\mu_{Si} = 1 - \frac{(Si/Cl)}{(Si/Cl)_i}$$

Cl/H 비와 온도에 의해 화학평형에서 도달할 수 있는 최댓값의 화학수율이 결정된다. 이 비가 낮을수록 주어진 온도에서 화학수율은 커진다. 온도가 올라가면 반응성이 증가하기 때문에 수율이 증가한다. 최대의 수율은 고온공정에서 Cl/H 비가 낮을 때 얻어진다. 성장속도 때문에 Cl/H 비의 최저 한계가 2%인 점을 감안하면 CVD 공정에서 최대 수율은 대략 70%이다(이는 증착 공정 중에 어느 단계에서 화학평형이 이루어졌을 때만 가능함). 실리콘 층 생산에 필요한 실제 인자들의 선택은 실리콘 전구체와 수소의 가격 등 경제적인 요소에 따라 달라질 수 있다.

2.4.3 태양전지용 실리콘 APCVD 연구개발 동향

2.4.3.1 반응기 개발

앞의 2.4.2절에서 언급한 바와 같이 마이크로 전자산업에서 사용되는 에피택시 반응기는 가격 때문에 태양전지용으로 적합하지 않다. 그러므로 태양전지 분야에서의 연구는 대면적 배치형이나 처리량이 많은 연속식 반응기에 초점을 두고 있다. 2.4.1절에서 설명한 다양한 요구조건을 만족시킬 수 있는 태양전지용 반응기 개발에 여러 그룹들이 참여한 바 있다. 모든 연구는 익히 알려져 있는 TCS/H_2 APCVD 반응에 기초한 것이다.

Kunz 등은 한 배치에 $40 \times 40\ cm^2$ 크기의 웨이퍼 증착이 가능한 광학 가열방식의 실리콘 에피택시 반응기 개발을 보고하였다[114]. 기판들은 경사지게 한 입방형의 스테인리스 반응기 내부에 넓은 면과 평행하게 아래쪽에 장착한다. 반응실의 양단은 기판 캐리어를 볼 수 있게 석영 창이 만들어져 있다. 가열은 할로겐 램프방식이다. 반응 가스들은 기판 면과 평행하게 하단 석영 창 가까이로 들어가고, 석영 창을 따라 아래쪽으로 흐른다. 가스 흐름이 가열되면 반응실 하단 끝 부분에서 회전하고, 입방체의 반응실과 동일면에 가스 입구 상단에 위치한 가스 출구 쪽으로 거꾸로 흐른다. 대류현상에 의해 가스흐름은 기판 면 아래로 직접 움직이게 된다. 이와 같은 출구 쪽으로의 가스 이동으로 인하여 실리콘 증착이 기판 위에서 이루어지게 된다.

스테인리스 스틸 입방체가 기울어져 있기 때문에 원칙적으로 gas depletion(반응가스 고갈) 효과는 피할 수 있다. 이와 같은 일련의 메커니즘의 원리를 'convection roll'이라 칭한다. 현재까지 더 이상의 실험결과는 발표되지 않았다.

Rodriguez 등[115]은 1회에 60개의 10×10 cm^2 웨이퍼를 처리할 수 있는 APCVD 반응기를 개발하였다. 기판들은 서셉터 역할을 하는 길이 50 cm의 흑연제 입방체의 경사진 수직 벽면에 장착한다. 6개의 서셉터들이 서로 평행하게 어레이 형태로 장착된다. 가열은 서셉터를 직접 전기 가열하는 방식이다. 반응 가스들은 서셉터 어레이의 하단에 있는 반응기로 들어가고, 개별 서셉터 사이에 있는 슬릿을 통해 어레이 수직 방향으로 위쪽으로 흐른 이후 천정을 통해 반응기를 빠져나간다. Depletion과 온도 효과는 서셉터 벽의 경사각도 조절을 통해 균형이 이루어지게 한다. 공정 단가를 낮추기 위해서는 피드백을 통해 공성 가스를 재사용하는 방안이 보색되어야 한다. 이 반응기 개발과 관련한 실험실적 데이터는 아직 발표되지 않았다.

세 번째로 독일 Centrotherm 사와의 협력으로 대량 생산이 가능한 실리콘 증착 반응기 개발에 대해 독일 Fraunhofer ISE에서 Hurrle 등이 보고하였다[116]. 이 장치에서는 실험실 환경으로부터 반응기 분위기를 격리하기 위해 가스 커튼을 사용하여 연속으로 이동이 가능케 하였고, 고온센서의 온도 균일성을 위해 저항 가열방식을 채택하였고, 화학수율을 증가시키기 위해 depletion 레짐에서의 작동뿐만 아니라 전력사용을 최적화할 수 있는 방안들이 동원되었다. 이 반응기는 연속식이라 Con-CVD로 칭하였는데, 시료의 캐리어들이 연속으로 반응기 내부로 공급되는 오픈 시스템이다. 실험실 분위기로부터 반응기 내부 분위기를 격리하기 위해 장치의 양단에 질소가스로 커튼을 만들어 준다. [그림 2.22]가 반응기 튜브와 반응실의 개략도이다. 증착이 이루어지는 반응실은 전면과 후면이 각각 로드로 연결된 프레임으로 구성되어 있다. 이동하는 시료와 함께 어느 정도 닫힌 공간이 만들어지는데,

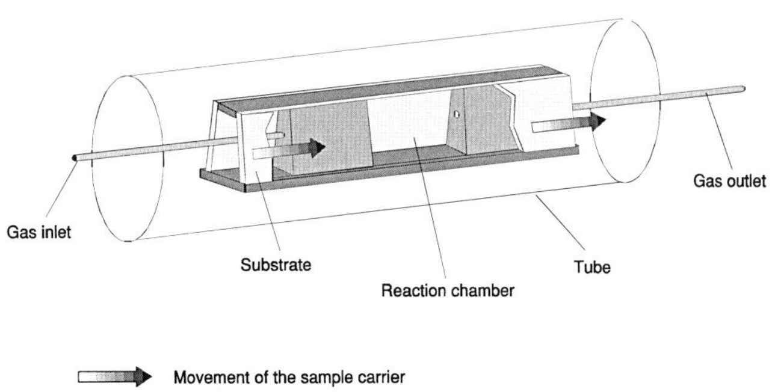

그림 2.22 Con-CVD 반응기와 증착 챔버 개략도.

여기에 공정 가스가 주입된다. 증착 후 시료는 냉각 존으로 들어가는데, 여기서 반응기를 빠져나가기 전까지 냉각된다. 최대 폭 200 mm의 시료를 처리할 수 있고, 수송 속도를 조절하면 임의의 두께를 가진 막을 성장시킬 수 있다.

시료가 이동하기 때문에 증착 공정은 depletion 조건 하에서 작동된다. 그러면서 화학수율을 높게, 그리고 두께 균일성도 매우 높게 유지할 수 있다. 반응실의 길이 400 mm, 기판 폭 200 mm의 이 반응기로 평균 증착속도 5 μm/min로, 두께 20 μm의 실리콘 층을 처리량 2.1 m^2/h 정도로 수행할 수 있다.

3가지 개념 중에서 실험실적 결과는 Con-CVD의 경우에만 발표되었다[116]. 최상의 화학수율은 약 30%(초기 Cl/H 비에 대비하여 이론한계의 90%에 육박)이었고, 수송 방향으로의 균일도는 100%에 가깝다. 그리고 수송 방향에 수직한 기판 폭 방향의 두께 균일도는 20% 이하였다. 평균 성장속도는 3.3 μm/min이었다. 고농도 도핑한 다결정 Si(mc-Si) 위에 Con-CVD로 증착한 두께 20 μm의 실리콘 에피택셜 층을 이용하여 제작한 태양전지의 효율은 12.5%였다[95].

2.4.3.2 공정 개발

이종기판 위에 CSiTF 시드 층의 개념이 도입됨에 따라 서로 다른 2개의 실리콘 층 증착이 필요하게 되었다. 첫 번째 증착은 기판과/중간층 위에 이루어지는데, 결정립 크기가 마이크로미터 정도의 다결정(polycrystalline) 실리콘이 만들어진다. 뒤 이어 ZMR 공정에서는 균일도 90~95%, 구조적으로 우수한 품질(whisker, 기공 등이 없는)을 가진 두께 1~5 μm의 층이 필요하다. CSiTF 태양전지에서 BSF(back surface field)를 구현하기 위해서는 보통의 경우 10^{19} at/cm^3 이상의 고농도 도핑이 필요하다. PECVD로 증착한 SiO_2가 중간층으로 사용되면 실리콘 증착이 온도 1,000℃ 이하에서 이루어져야 한다. 이는 수소에 의해 SiO_2가 분해되어 유전체 층의 성능에 손상을 주는 것을 피하기 위해서이다. 저온에서의 실리콘 증착은 반응속도(reaction kinetics)에 의해 좌우되기 때문에 TCS를 사용한 성장 속도는 비교적 느리다(약 1 μm/min). 공정 가스의 고갈은 전구체 가스의 농도를 낮게 하면 피할 수 있고, 이렇게 하면 두께 균일도가 매우 우수하게 되는데, 특히 시료의 위치가 고정된 시스템에서 그 효과가 뛰어나다.

ZMR 공정 후에, 이전까지 굵고, 거친 형태의 실리콘 시드 층의 결정립을 전기적으로 활성인 태양전지 흡수층으로 사용하기 위해서는 도핑 농도를 낮게하여 에피택셜 공정으로 두께를 키우게 된다. 그 결과, 에피택셜 층의 후면에 high-low 접합이 생성되고, 이로 인해 광생성된 전자-정공쌍의 유효 후면 재결합(effective rear surface recombination)이 감소하게 된다. 에피택셜 층은 태양전지의 성능을 좌우하기 때문에 그것의 전기적, 결정학적 품질이 매우 중요하다.

에피택셜 층의 결정학적 품질은 기판의 소재, 에피택셜 전의 클리닝과 공정 조건에 따라 달라진다[117]. 에피택셜 층은 표준 웨이퍼에 비해 결함밀도가 매우 높은 것으로 알려져 있는데, 산소 농도는 Cz-Si에 비해 비교적 낮다[118]. 에피택셜 결함들은 그 종류를 기판과 연관된 결함들([그림 2.1]의 경우 시드 층에서의 결함)과 공정 조건에 관련된 결함들로 구분한다. 결정입계(Grain boundaries) 혹은 기판 표면을 가로지르는 여타 결정 결함들은 에피택셜 층에서도 계속해서 나타나는데, 이들은 전자의 범주에 속한다. Stacking faults와 spikes는 후자의 범주에 속하는 전형적인 에피택셜 결함들이다. Stacking faults는 모든 결함들 중에서 에피택셜 웨이퍼의 전기적 품질에 가장 치명적인 영향을 미치는 것으로 보고되었다[119]. 그들은 일반적으로 기판 위에 존재하는 불순물(유기 또는 금속성)에 기인하는 것으로 보고 있다[120]. 시료 표면의 오염은 에피택시 전의 불완전한 클리닝과 공정 조건(웨이퍼 핸들링, 실험실 청정도, 공정 가스의 순도 등)이 깨끗하지 못한 것에 그 원인이 있다.

에피택셜 층의 공정 개발은 증착의 경제적인 이슈(화학수율, 처리량 등)들과 층의 전기적인 우수성에 초점을 두어야 한다. 통상적으로는 2가지 조건의 절충이 필요하다. 시료의 습식 화학 클리닝은 그 절충의 좋은 사례이다. 비교적 시간이 많이 소요되는 표준 RCA(3단계)로 세척한 표면은 단결정 기판 위에서 결함밀도가 가장 낮게 나타난다. 그러나 KOH나 CP 에칭과 같은 원스텝 클리닝은 결정학적 품질이 다소 나쁘지만 태양전지 공정 후에는 그 특성이 거의 차이가 없다[121]. 태양전지의 성능에 미치는 에피택셜 층의 성장속도 영향에서도 유사한 결과가 보고되었다[20]. 성장속도 각각 5 μm/min, 9 μm/min인 2개 공정이 비교되었다. 비록 9 μm/min 공정이 결함밀도는 높게 나타나지만 태양전지 효율에서는 5% 정도의 차이가 있었다. 경제적인 면을 고려한 평가에서는 분명히 성정속도가 높은 쪽이 더 좋을 것이다. 이 두 가지 사례는 많은 경우 합리적인 절충이 가능하다는 것을 보여준다. 게다가 이종기판을 사용한 태양전지에서 에피층의 품질은 시드 층의 품질과 큰 연관이 있으므로, 연구개발의 초점은 재결정화 공정에 맞추어져야 한다.

2.4.4 세라믹 기판 위에 실리콘 CVD

SiO_2이나 다른 기판 위에 염화실란의 APCVD에 의한 다결정실리콘의 증착은 마이크로 전자산업에서는 일상적으로 이루어진다. 2.4.3절에서 설명한 반응기와 원리들이 그대로 SiO_2 코팅한 실리콘 기판 위에 다결정실리콘 층을 증착하는 태양전지

공정용에도 적용된다. [그림 2.6(좌)]는 선택적으로 결함 에칭한 층의 단면을 보여준다. 핵생성(nucleation)은 매 0.5 μm 혹은 더 빈번하게 SiO_2 층 위에서 이루어지고, 주상형(columnar) 결정립들은 층 두께가 두꺼워질수록 크기가 더 커진다. 시드 층의 두께는 시범 목적으로 비정상적으로 크게 한 것이다. SiO_2 층은 밀폐된 상태에 표면이 매끄럽게 되는 것이 중요하고 APCVD로 성장시킨 시드 층은 기공이나 여타 비정상적인 형태를 보이지 않아야 한다. 이런 결과는 세라믹 기판에도 동일하게 적용된다. [그림 2.23]은 손상이 없고, 고르게 매끈한 중간층과 시드 층으로 커버된 표면이 매끈한 SiSiC 세라믹 기판의 표면이다. 성공적인 시드 층의 증착에 필요한 중요 인자는 다음과 같다.

- 중간층의 표면은 금속성의 불순물에 오염되지 않아야 한다. 그렇지 않으면 국부적으로 금속 규화물(metal silicide)의 eutectic을 생성시켜 whisker 성장을 유발한다[122].
- 중간층은 기공이 없는 균일한 표면을 가져야 한다. 그렇지 않으면 선택적인 성장속도로 말미암아 국부적으로 층의 두께 균일성에 문제가 생기고 기판 불순물에 기인한 whisker 성장이 발생할 수 있다.

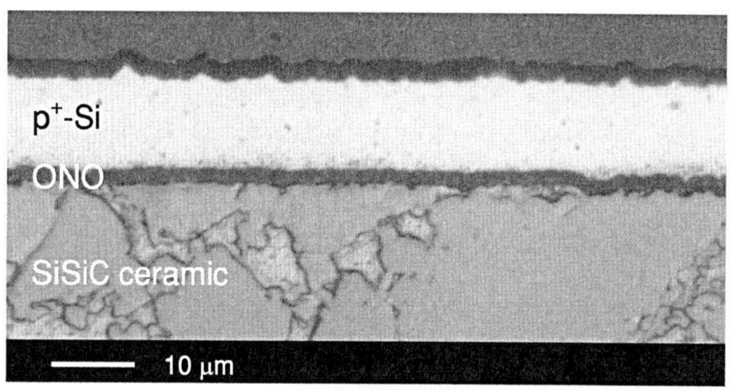

그림 2.23 SiO_2, SiN_x, SiO_2 (ONO) 스택으로 코팅한 SiSiC 세라믹 기판 위에서의 다결정 Si 시드 층의 단면.

[그림 2.24]는 적합하지 않은 기판 위에 증착한 실리콘을 보여준다. 표면이 거칠고, 기공이 많은 SiAlON 기판 표면은 화학적으로 ONO 중간층과 반응하여 구조적으로 일체성이 파괴되고 균열(좌)이 생기고, 그 결과 실리콘 증착 중에 whisker(우)가 나타났다.

상황은 재결정화 실리콘 층 위에서의 에피택시의 경우에도 유사하다. 밀폐된, 결함이 적고, 표면이 깨끗한 실리콘 표면과 같은 이상적인 상태로부터 크게 벗어나면 비이상적인 에피택시가 된다. 에피택시 전에 세라믹 기판 위에 있는 실리콘 층의

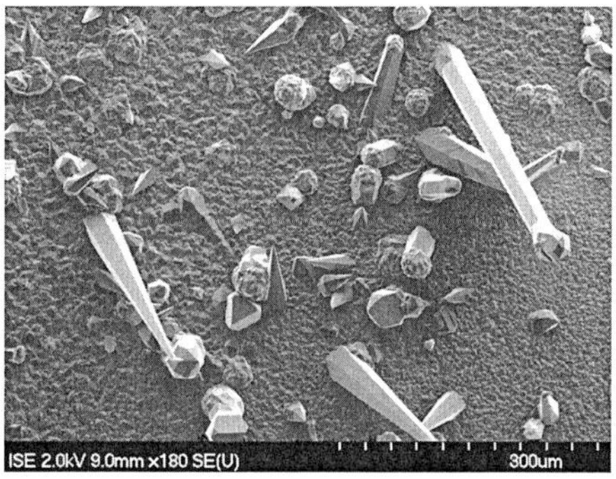

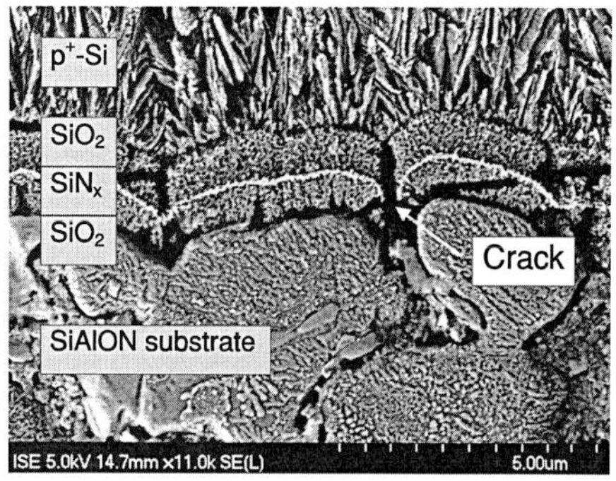

그림 2.24 적절하지 않은 SiAlON 세라믹 기판 위에서의 CVD Si 층의 표면(좌)과 단면 SEM(우).

세척은 매우 까다로운 일이다. 왜냐하면 세라믹은 흔히 금속성의 원소재로 구성되어 있기 때문이다. 시드 층의 표면이 상호 오염되는 것은 습식 화학 세정 중에 발생하고, 이것이 whisker 성장이나 에피택시 중의 결함밀도 증가의 원인이 된다. 기판에 기공이 많으면 습식 화학 세정은 안전상의 문제로 더 어려워진다. 상호 오염은 기판으로부터 불순물들이 확산되어 이것들이 가스 phase를 통해 성장하고 있는 실리콘 층으로 유입될 가능성이 높은 고온 에피택시 공정 중에서도 일어날 수 있다.

이 효과들은 대수롭지 않기 때문에 에피택시는 여전히 좋은 품질을 유지한다. 성장 층이 사용 불가능한 상태가 되는 주요 원인은 시드 층이 밀폐되어 있지 않거나, 기판과 실리콘의 열팽창계수가 잘 맞지 않을 경우이다. [그림 2.25]는 그 예를 보여준다. 왼쪽의 사진에서는 규칙적인 에피택셜 층과 경계를 이루고 있는 다결정실리콘 영역이 강조되어 있다. 여기서 중간층(IL)은 더 이상 재결정 시드 층으로 덮여있지 않고, 에피택시 중에 크기가 작은 결정립의 실리콘 증착이 이루어진다. 오른쪽 사진에서는 재결정 시드 층에 이미 존재하고 있는 크랙이 에피택시 층 안까지 그대로 나타나 있다. 이런 크랙들은 에피택셜 층에서의 측면 전도성을 훼손시키고, 태양전지 공정 중에 에미터 금속전극과 베이스 간에 단락을 일으킬 수도 있다.

요약하면, 세라믹 기판 위에 실리콘 증착은 원칙적으로 마이크로 전자산업에서 알려진 표준 CVD 공정으로 가능하다. 하지만 실리콘 층의 품질은 기판의 품질과 직결된다. 완전하지 못한 기판은 증착 실리콘 층의 품질을 떨어트린다. 불순물과 기공들, 그리고 중간층과 시드 층에서의 크랙들이 크랙 발생의 촉매역할을 하고 에피택시 중에 whisker나 여타 성장 측면에서의 결함들을 발생시켜 다결정 성장이 이루어지게 하는 요인이 된다.

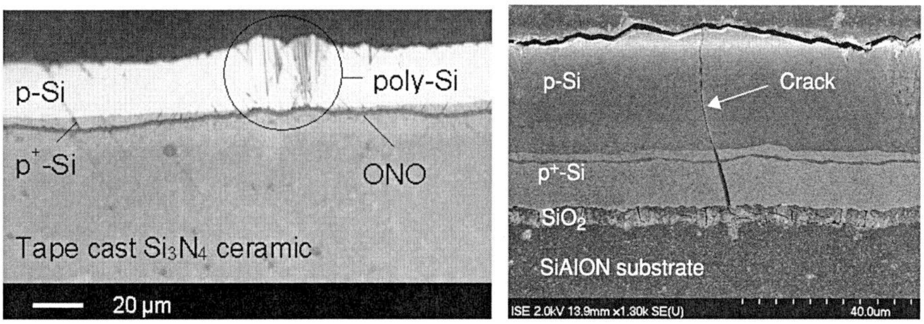

그림 2.25 크게 실패한 Si 에피택셜 층의 단면, (좌) 다결정 Si 영역의 Nomarski 미세그림, (우) TEC 불일치에 의한 크랙.

2.5 이종기판 태양전지

1,400℃ 까지 올라가는 온도에서 제조한 실리콘 층의 태양전지 프로세스는 실리콘 웨이퍼 태양전지 공정에 사용되는 모든 알려진 기술들을 포함하여 원칙적으로 일관성이 있어야 한다. 그러나 이종기판을 사용하게 되면 적용하기 어려운 공정이 생기게 된다.

2.5.1 태양전지 제조공정 선택 사항

고온에서 제조한 결정질실리콘 박막의 큰 장점은 기존 mc-Si 태양전지와 마찬가지로 광활성층이 다결정실리콘으로 되어 있어 기존 태양전지 공정에 적합하다는 것이다. 비전도성 세라믹 기판 위에 CSiTF 제조와 관련한 기본 공정단계들이 [그림 2.26]에 요약되어 있다. 이 그림에서 특별한 것은 에미터와 베이스 전극 모두가 태양전지 전면에 배치된 것인데, 이는 중간층과 세라믹이 비전도성인 경우에는 반드시 필요하기 때문이다. 표준 실리콘 웨이퍼 태양전지 공정에서는 에미터를 확산공정으로 형성하고, 전면반사에 의한 손실을 줄여주기 위해 반사방지막을 증착한 이후 금속전극은 태양전지로부터 전류를 추출해낸다. 하지만 다음 몇 가지 특징은 웨이퍼 태양전지 보다는 박막 태양전지에서 더 중요하다.

- *표면 텍스처링* : 실리콘 층 후면에서의 굴절률의 차이 형성과 함께 표면 텍스처링은 2.2.2.1절에서 설명한 광포획 효과를 위한 것이다. 종래의 습식 화학 알칼리 이방성(anisotropic) 에칭을 이용하여 뚜렷한 형태의 랜덤한 피라미드 구조를 실리콘 표면에 형성할 수 있다. 이는 고효율 태양전지 공정에서도 이용되는 기술이다.

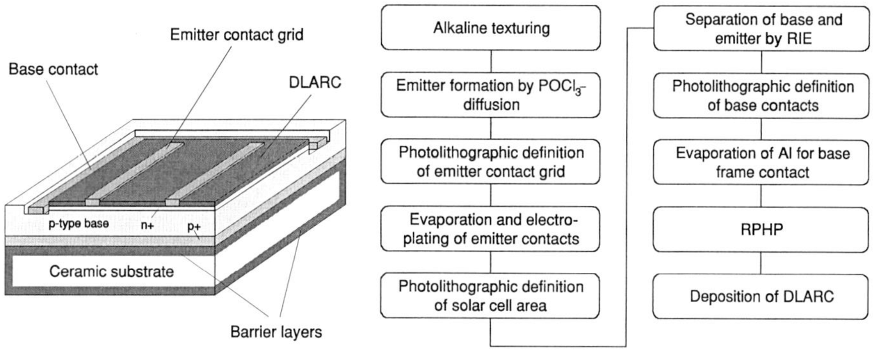

그림 2.26 절연성 기판 위에 한쪽 면에만 전극이 있는 구조의 태양전지 개략도와 제조 공정[20]. 'RPHP': Remote plasma hydrogen passivation.

그 결과로 내부반사는 90%를 쉽게 초과한다[76]. 그러나 KOH/isopropanol 용액으로 에칭하면 실리콘 층의 표면이 10 μm까지 제거된다. 텍스처링 중에 손실된 실리콘의 양은 전체 증착된 양의 1/3에 달한다. 이로 인하여 CSiTF 공정의 단가가 상승함. 대안은 플라즈마 에칭으로, 아래에 좀 더 상세히 설명되어 있다.

- *전면 부동태화(front surface passivation)* : 두께가 두꺼운 웨이퍼 태양전지에 비해 박막 태양전지는 전면과 후면에서의 재결합이 CSiTF 태양전지의 성능에 심각한 영향을 미친다. 이는 박막의 두께가 확산거리에 불과하여 웨이퍼 태양전지에 비해 표면에서의 높은 재결합에 더 큰 영향을 받기 때문이다. 시드 층을 사용하는 경우에는 BSF high-low 접합에 의해 후면에서의 유효 재결합이 낮아진다. 원칙적으로 전면의 부동태화는 열 산화 혹은 SiN_x 증착으로 해결할 수 있다. 하지만 세라믹 기판에서의 CSiTF와 관련한 전면 부동태화에 대한 체계적인 연구는 아직 없었다.
- *벌크 부동태화(bulk passivation)* : 2.5.2.1절에서 설명할 바와 같이 수소에 의한 벌크 내 결함의 부동태화는 ZMR 실리콘 층을 이용한 태양전지 성능에 큰 도움이 된다. 태양전지 부동태화에 필요한 수소 원자를 만드는 2가지 방법이 있는데, 하나는 시료가 장착되는 반응기 내에서 수소 플라즈마를 생성하는 것이고, 다른 하나는 SiN_x:H 반사방지 코팅 공정 중에 직접 수소원자를 공급하는 것이다. 세라믹 기판의 경우에는 전자의 방법만이 보고되었다.

비록 원칙적으로는 종래에 사용하는 거의 모든 공정을 CSiTF 태양전지에 적용할 수 있으나, 세라믹 기판의 사용으로 몇 가지 문제가 발생한다. 기공은 가장 중요한 이슈인데, 세라믹이 오픈 기공을 갖고 있으면 습식 화학클리닝이 어렵고, 위험할 수 있다. 에칭이나 도금 중 사용되는 화학물질들이 기공을 메우고, 내부 표면적이 넓기 때문에 물로 헹구는 것만으로 적절한 세정이 불가능할 때도 있다. 위험한 화학물질의 처리와 이 후 공정에 미치는 결정적인 영향 등도 고려하여야 한다. 따라서 특별한 상황에 맞는 태양전지공정이 개발되어야 한다. 2가지 전략이 가능한데, 하나는 오픈 기공을 완전히 밀폐하는 것으로 두꺼운 중간층을 증착한다든지, 모든 화학물질에 내성이 있는 레진으로 코팅하는 방법이 있다. 흑연 기판의 모든 기공을 밀폐하기 위해 중간층으로 SiC를 코팅한 사례가 발표된 바 있다[12]. 이 방법의 문제는 밀폐에 따르는 처리비용으로, 추가로 층을 입혀야 하고 넓은 면적을 커버해야 하는 레진도 비용이 많이 소요된다. 두 번째 방법은 건식공정을 이용하는 것이다. 플라즈마 에칭이 가장 확실한 방법이다. 이미 잘 알려져 있는 기술로 실리콘 웨이퍼 태양전지 공정에도 활용되고 있다[123]. 이 공정을 세라믹 기판 위에 c-Si 박막에 활용코자 하는 시도가 있었다. 불소 기반 플라즈마를 이용하여 문제가 되는 모든 습식 화학 에칭 공정을 대체하는 것인데, ZMR 후의 capping 층의 제거, 에피택시 전의 표면 준비, 에미터 확산 전에 시료의 클리닝, 적은 양의 실리콘 제거를 통한 텍스처링, phosphosilicate 유리 제거와 실리콘 에칭 등이 그러하다[124~126]. 세라믹 기판 위에 CSiTF를 제조하는 데 있어 완전한 건식공정을 적용하는 것은 아직 정례화된 방식은 아니다.

기판과 중간층이 모두 비전도성이면 더욱 더 복잡한 태양전지공정이 요구된다. 2개의 접촉전극이 모두 빛이 조사되는 쪽에 위치하는 one-side 접촉전극을 만들기 위해서는 trench를 절단하거나 실리콘 층까지 에칭하거나 아니면 셀 stripe으로 집적구조 형태로 직렬연결하여야 한다. 첫 번째 기술의 통상적인 사용에 대해서는 여러 그룹이 결과를 보고한 바 있는데, 집적구조의 직렬연결에 대해서는 불과 몇 개 그룹만이 보고하였다[127~130]. 결함이 없는 완전한 직렬연결 구조를 구성하는 데 있어서의 문제는 에피택셜 성장시켜 두꺼워진 ZMR의 표면이 비교적 거칠다는 것인데, 이는 성장 중에 결정립들의 배열 방향이 서로 다르고 성장속도도 서로 다르기 때문이다. Rentsch 등은 스크린 프린팅으로 직렬연결 구조용 금속전극을 형성할 때 이와 같은 문제로 인하여 shunting이 발생한다는 것을 보고하였다[127]. 여타 개념으로는 photolithography[129], trench dicing, metal dispensing[128], shadow mask evaporation[130] 혹은 wire bonding[131] 등이 시도되었다. Brendel 등은 베이스와 에미터를 특수한 shadow-mask를 이용한 에피택시를 함으로써 금속전극이 필요 없는 직렬연결 구조의 개념을 발표하였다[132]. 위 개념 중 어떤 것도 단가 측면에서 경쟁력이 있고 대량생산에 적합한 것은 아직 없는데, 다만 Sims 등이 보고한 trench dicing과 metal dispensing[128]은 예외로 볼 수 있다. 놀랍게도 이들이 만든 세라믹 기판 위의 집적구조 태양전지(면적 5.6 cm^2)는 변환효율 5.6%로 최고의 기록을 보였는데, V_{oc}는 2.2 V이었다.

모델 기판 위에 ZMR 실리콘 층을 사용하여 만든 태양전지의 최고 효율은 Gazuz 등이 수립하였다[130]. 9개의 stripe으로 구성된 면적 86 cm^2의 모듈에서 효율 6.3%, 평균 V_{oc} 544 mV를 얻었다.

결론적으로, 습식 화학물질은 세라믹 기판이 갖고 있는 다공성 구조 때문에 CSiTF 태양전지 공정에 많은 문제를 일으키는 주요인이다. 처리량이 많은 태양전지 생산을 위해서는 플라즈마 에칭과 같은 건식 공정만이 이 문제를 해결할 수 있는 대안으로 보인다.

2.5.2 모델 기판 태양전지

2.5.2.1 ZMR 스캔 속도와 수소 부동태화

2.2.1.2절에서 설명한 바와 같이 ZMR 박막 실리콘 태양전지에 관한 거의 대부분의 보고는 모델 기판을 사용하여 얻은 것이다. 이들로부터 ZMR 층의 주요 성능에 대한 중요한 정보를 얻을 수 있다. 최고 효율은 산화시킨 실리콘 웨이퍼를 이용해 만든 것으로 미쓰비시 그룹이 보고한 면적 1 cm^2에서 16.45%, 면적 10×10 cm^2에서 16%이다[66, 67]. 이들 태양전지에 적용된 공정은 매우 복잡하지만, 그 결과는 이종기판 ZMR 태양전지의 잠재성을 보여준 것으로 보고 있다.

보다 경제성 있는 기판을 사용하여 이런 좋은 결과를 도출하기 위해서는 ZMR 층 공정 변수에 대해 체계적인 연구가 필요하다. 저가격의 실리콘 기판(예 : SSP 리본)을 사용할 때는 유망한 결과를 수월하게 얻을 수 있지만 세라믹 기판에서는 여전히 어려운 일이다.

ZMR 태양전지의 성능에 가장 큰 영향을 미치는 2가지 실험 변수는 ZMR 스캔 속도와 수소 부동태화이다.

2.3.3.3절에서 이미 언급한 바와 같이 스캔 속도는 ZMR 공정의 경제성에 미치는 가장 중요한 변수이다. 결함밀도와 관련하여 어느 정도 태양전지 성능에 영향을 미치는지에 대한 실험실적 보고가 있었다. 미쓰비시 그룹은 스캔속도와 결함밀도가 증가함에 따라 태양전지 성능, 특히 V_{oc}가 크게 감소하는 것을 보고하였다[64, 91, 96]. Fraunhofer ISE 그룹[97]은 스캔속도와 관련한 동일한 결과를 발표하였다. 하지만 이 그룹은 [그림 2.27]에서와 같이 remote plasma hydrogen passivation(RPHP) 처리를 통해 저속 스캔 시료보다는 고속 스캔 시료들의 V_{oc}를 증가시킬 수 있었다. 따라서 V_{oc}와 효율상의 큰 차이는 수소화로 어느 정도 상쇄된다.

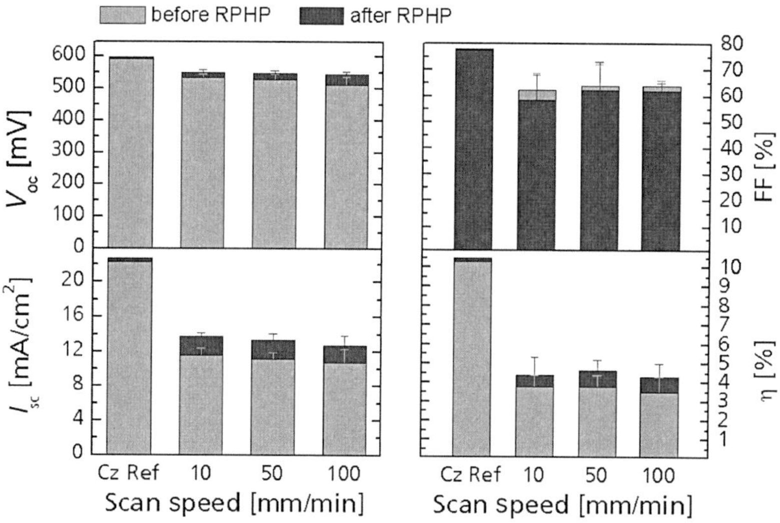

그림 2.27 수소 부동태화 전후에 에피택셜 층을 가진 ZMR 재결정화 태양전지의 성능 변수.

후속 실험으로 2종류의 태양전지에 대한 비교를 하였다[133]. 첫 번째는 더 이상의 처리를 하지 않은 보통 수준의 도핑을 한 ZMR 실리콘 층, 두 번째는 보통 수준으로 도핑한 에피택셜 층으로 두께를 키운 고농도 도핑 ZMR 층을 사용하였다. 태양전지의 성능을 RPHP 전후로 비교하였는데, [그림 2.28]이 그 결과이다. 첫 번째 군의 V_{oc} 값들은 수소 플라즈마 전후로 ZMR 속도와 무관하게 약 30 mV 상승하는데, 곡선의 모양은 변화가 없이 높은 값 쪽으로 위치가 이동한다. 고속 스캔 시료들의 경우 수소 플라즈마 처리로 V_{oc} 분산 정도가 적어진다. 수소 부동태화 결과는 EPD 측정 결과와 잘 맞는데, ZMR 스캔 속도와 무관하게 기본적으로 동일한 양의 결함이 존재하고 이들이 부동태화되는 것이다. V_{oc}의 추이도 결함밀도와 역시 잘 맞는데, V_{oc}는 ZMR 속도에 따라 크게 변화지 않고, 속도를 20 mm/min에서 350 mm/min로 약 20배 올렸을 때 약 15 mV 정도 약간 내려간다. 이 결과는 매우 고무적으로 고속 스캔 ZMR 층으로부터도 고효율의 태양전지를 만들 수 있다는 것이기 때문이다. 에피택시 층의 유무에 따른 결과가 [그림 2.29]이다. V_{oc} 곡선에 2개의 큰 차이가 있다. 첫 번째, 스캔 속도와 무관하게 에피택셜 층이 있으면 모든 V_{oc} 값이 매우 작다. 스캔 속도 100 mm/min까지 수소 부동태화에 의하여 V_{oc} 값이 비례값 이상으로 크게 증가한 이전의 결과[97]가 재현되지 않았다. 이 결과는 EPD 값의 절대적인 차이에 기인한 것으로 보이는데, 2.3.3.3절에서 설명한 바와 같이 적어도 one order 정도 차이가 난다. 두 번째는 V_{oc}와 스캔속도 상관 곡선의 모양이 매우 다른 점으로, ZMR 층으로만 만든 태양전지의 V_{oc}는 높은 수준에서 포화되지만 에피택시 층이 있는 경우 V_{oc}는 스캔속도와 함께 크게 감소한다.

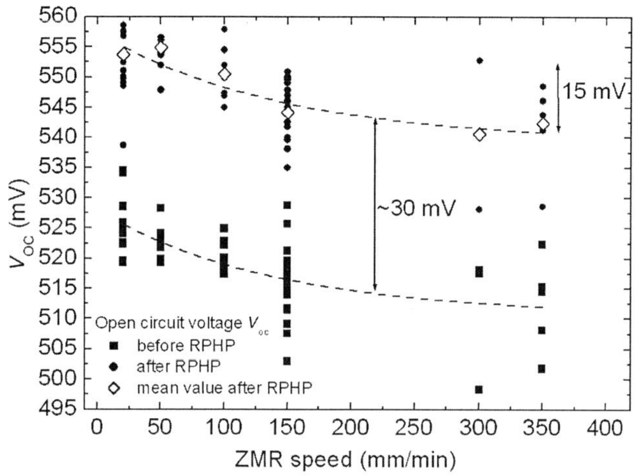

그림 2.28 추가로 에피택셜 Si 층이 없는 태양전지의 개방전압 V_{oc}. 선들은 모두 최소자승법으로 구한 것이다.

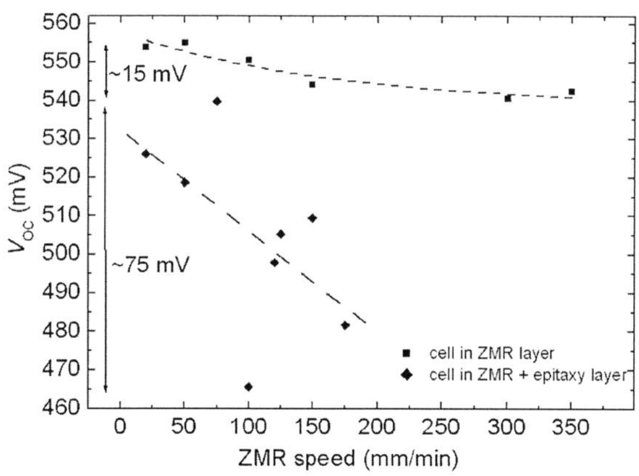

그림 2.29 추가로 에피택셜 Si이 있고, 없는 경우에 수소 부동태화 후의 태양전지 개방전압 V_{oc} 평균값의 비교.

이 결과들은 2.3.3.3절에서 도출한 결과들을 뒷받침해 주는데, 최고의 CSiTF 태양전지를 만들기 위해서는 에피택시 층을 시드 층으로 사용하는 개념이, 특히 ZMR 속도가 높은 경우에는 최상의 선택이 아니라는 점이다. 수소 부동태화를 하면 태양전지 효율이 약 5~10% 올라가지만, 에피택셜 층이 사용되는 경우 결함밀도가 크다는 치명적인 효과를 상쇄시켜 주지는 못한다.

2.5.2.2 대면적 재결정화 웨이퍼 대용품

ZMR 실리콘 층을 이용한 대면적(> 50 cm^2) 태양전지를 처음 보고한 것은 앞에서 여러 번 언급한 바와 같이 미쓰비시 그룹이다. SiO_2 중간층을 습식 화학적인 방법으로 제거하여 전체 실리콘 층을 기판으로부터 떼어내는 방식을 사용하였다. 이 공정의 명칭은 'VEST(via-hole etching for the separation of thin films)'로, 약 80 μm 두께의 실리콘 층에 적용되었다[99]. 최고 효율은 앞에서 언급한 바와 같이 16.0%이었다. 대면적의 재결정화 웨이퍼 대용품(equivalents)을 생산코자 하는 시도를 Reber 등이 한 바 있다[95]. 여기서의 대용품은 층이 여전히 기판에 붙어있는 상태이다. 이 공정의 명칭은 'laser-fired rear access'(LFA) 으로 에피택시 증착 베이스 층이 중간층내로 laser via-holes 과정을 거쳐 기판 웨이퍼에 접촉이 이루어진다. 전면에서의 에미터 전극공정, 후면에서의 베이스 금속전극 공정을 포함하는 표준 태양전지 공정으로 LFA 태양전지를 만들었다. 최상의 성능은 V_{oc}=556 mV, 단락전류 밀도 J_{sc}=25.0 mA/cm^2, 충진율 FF=60.7%, 효율 η=8.4%이었다. 이때 면적은 86 cm^{2}이었다. 태양전지 효율은 주로 직렬저항이 높아 한계에 부딪히는데, 이는 via-hole 패턴의 설계가 적절치 못했기 때문이다. 이는 웨이퍼 대용품의 개념에 대한 가능성을 확실히 보여준 것이다(그림 2.30좌 참조). Tab 솔더링으로 6개의 LFA 태양전지를 직렬연결 방식으로 라미네이션 하는 등 기존공정으로 미니 모듈을 만들었다. [그림 2.30우]의 모듈은 V_{oc}가 3.2 V로 단일 셀의 전압을 합한 값과 거의 일치한다.

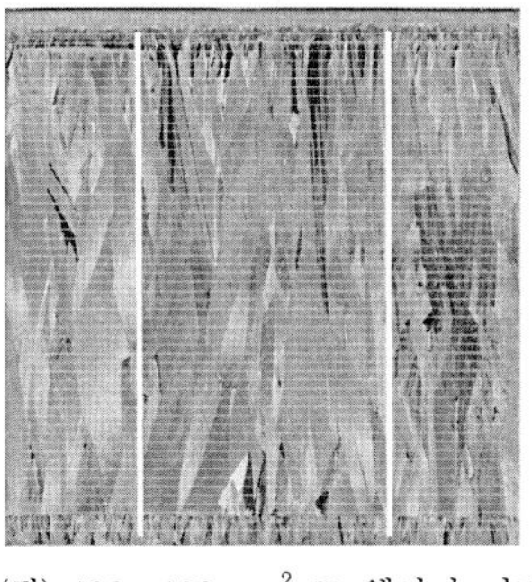

그림 2.30 (좌) 100×100 mm^2 Si 웨이퍼 기판을 이용하여 만든 면적 92 cm^2 LFA 재결정화 태양전지, (우) LFA 셀을 6개 직렬연결한 미니 모듈.

2.5.3 저가격 기판 태양전지

지금까지 세라믹 기판이나 저가격의 기판을 사용한 태양전지에 대해 보고한 그룹은 그리 많지 않다. 〈표 2.2〉는 램프나 strip 히터를 사용한 ZMR 태양전지의 최고 효율을 정리한 것이다. 최고 효율은 11.3%로 전기적으로 순수한, 그리고 SiO_2 capped, SSP 리본 기판을 사용한 것이다. Metallurgical 급의 원재료를 사용한 SiSiC 기반 태양전지로는 최고 10.7%를 얻었다. 하지만 대부분이 소규모 배치 방식이다. 따라서 이 표가 각각의 기판에 대한 적절한 정보를 제공한다고 보기 어렵다.

표 2.2 ZMR 공정 적용 세라믹 기판 태양전지의 최고 효율

Substrate	Intermediate layer	Thickness of active Si layer, approx.	Conversion efficiency	Reference
SSP-Si	PECVD-SiO_2	30 μm	11.3%	[134]
SiSiC ceramics	PECVD-SiO_2/SiN_x	25 μm	10.7%	[20]
Si_3N_4 ceramics	PECVD-SiO_2/SiN_x	30 μm	9.4%	[19]
$ZrSiO_4$ ceramics	PECVD-SiO_2/SiN_x	30 μm	8.3%	[21]
Mullite (tape cast) ceramics	none	51 μm	8.2%	[25]
Graphite	SiC		11.0%	[12]
unknown	none	30–35 μm	9.2%	[128]

그 중에서 3종류의 태양전지에 대해 기술하고자 한다. Mullite 세라믹은 빛 가두기 측면에서 흥미롭고, Si_3N_4 세라믹 기판은 열팽창계수의 차이로 치명적인 균열이 있고, 최상은 SiSiC 세라믹이다.

2.5.3.1 광포획 효과 : mullite 세라믹 기판

Bourdais 등은 [그림 2.26]에서와 같은 공정으로 만든 테이프 캐스팅 mullite 기판을 사용한 면적 1 cm^2 태양전지에 대해 보고하였다[25]. 사용된 mullite는 광채가 있는 흰색이고, 벌크 내에 작은 크기의 결정들로 되어 있어 빛을 산란시킨다. 한 배치에서 선택한 3개의 태양전지 시료들로부터 광포획 효과가 어떻게 layer engineering에 의해 영향을 받는지를 보여준다. 서로 다른 층의 구조는 〈표 2.3〉과 같다. [그림 2.31]은 해당하는 태양전지의 외부 양자효율(external quantum efficiency : EQE) 곡선이다. mullite 기판 위에 두께 20 μm의 실리콘 층으로 만든 태양전지 B는 26.1 mA/cm^2로 최고의 단락전류밀도를 나타낸다. 1,000 nm 파장에서의 EQE 값은 50%로 비교적 높다. 전면 텍스처링된 표면과 기판으로부터의 확산 반사는 [그림 2.2d]에서 언급한 최상의 광포획 구조로 볼 수 있다. 그러나 중간층이

표 2.3 mullite 기판 태양전지의 단위 층과 성능 지수

Cell	Intermediate layer	Thickness of active Si layer (μm)	J_{sc} (mA/cm^2)	V_{oc} (mV)
A	None	50	23.8	525
B	None	20	26.1	351
C	ONO	20	20.3	534

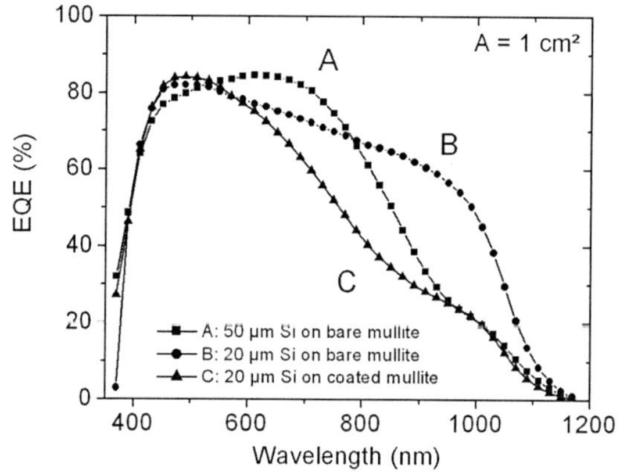

그림 2.31 Mullite 기판 위에 만든 CSiTF 태양전지의 외부 양자효율, A: ~50 μm Si on bare mullite, B: ~20 μm Si on bare mullite, C: ~20 μm Si on coated mullite.

없기 때문에 이 태양전지 용적의 대부분은 불순물들에 의해 오염되어 있다. 따라서 V_{oc} 값이 351 mV로 낮다. A와 C 태양전지의 EQE는 장파장에서는 비슷하나, B 태양전지와는 확연하게 달라, 900 nm부터 작은 혹 모양이 보이는데, 파장 1,000 nm에서 EQE 값이 21%로 B에 비해 매우 낮다. A 태양전지의 두께는 너무 두꺼워 후면에서 효과적인 확산 산란을 기대하기 어렵고, 그 결과 단락전류밀도 23.8 mA/cm^{2}는 B에 비해 매우 낮다. C 태양전지의 구조는 원칙적으로 [그림 2.2b]의 광포획 구조와 비슷하다. 이 구조는 이론적으로 매우 효과적이라야 하는데, 모델 기판 위에 비슷한 구조로 만든 태양전지에서 Kieliba 등은 효율 13.5%, J_{sc} 30.9 mA/cm^{2}를 보고하였다[97]. 그러나 C 태양전지는 가장 낮은 전류값을 나타낸다. 확실히 광포획이 기대만큼 되지 않은 것이다. 그 이유의 하나는 실리콘 결정립들이 (100) 방향으로 배열되지 않은 랜덤한 피라미드 형태로 덮여있기 때문일 것이다. 확산 산란하는 기판의 경우는 이것이 광포획에 크게 나쁘게 작용하지는 않는다([그림 2.2a]에 설명). 그러나 매끈한 ONO 중간층을 가진 경우는 텍스처링 효과가 없고, 따라서 내부 반사가 없기 때문에 많은 빛들이 소실된다.

이 사례는 높은 전류를 필요로 할 경우에는 효과가 뛰어난 광포획 구조가 세라믹 기판에 매우 중요하다는 것을 보여준다. 그러나 광포획을 개선할 수 있는 방법들이 다른 측면으로는 층의 전기적인 품질을 저하시킬 수 있다. 이는 수집된 전자가 없는 경우보다 더 심각한 상황이다. 결론적으로 CSiTF 태양전지의 효율을 향상시키고자 할 때에는 박막층과 태양전지의 여타 다른 특성에 미치는 치명적인 효과들을 상호 체크하여야 한다.

2.5.3.2 열팽창계수의 효과 : Si_3N_4 기판 태양전지

두 번째 사례는 열팽창계수의 미스매치가 태양전지 성능에 미치는 치명적인 영향이다[20]. Bau는 고압 소결한 Si_3N_4 세라믹 기판 표면을 ONO 코팅한 다음 성장시킨 실리콘 층에서 균열을 보고하였다. 태양전지 공정은 앞의 경우와 동일하다. 그에 해당하는 [그림 2.32]의 유효 확산길이(effective diffusion length) map으로부터 두 가지 흥미로운 점을 발견할 수 있다. 하나는 lifetime이 매우 짧은 직사각형 영역이 ZMR 실리콘 층의 모서리에 위치한다는 것인데, 이 영역들은 균열이 깊게 일어나서 베이스 전류가 태양전지 활성 영역을 둘러싸고 있는 베이스 접촉전극으로 흐르지 못한다. 이 영역에서 양자효율은 제로이다. 두 번째, 빈틈없는 조사에 의해서만 찾아낼 수 있는 것으로 유효 단락전류가 증가한 선([그림 2.32]에서 x=6 mm에서 그림의 하단부터 약 -45° 각도로 왼쪽 에지부분까지)들을 볼 수가 있다. 이 선들 역시 크랙이지만 전기적으로 상호 교차하는 베이스 영역을 가르지는 않는다. 이 크랙들의 측면 벽들에서는 수직 에미터가 통상의 에미터 확산 공정 중에 형성되는데,

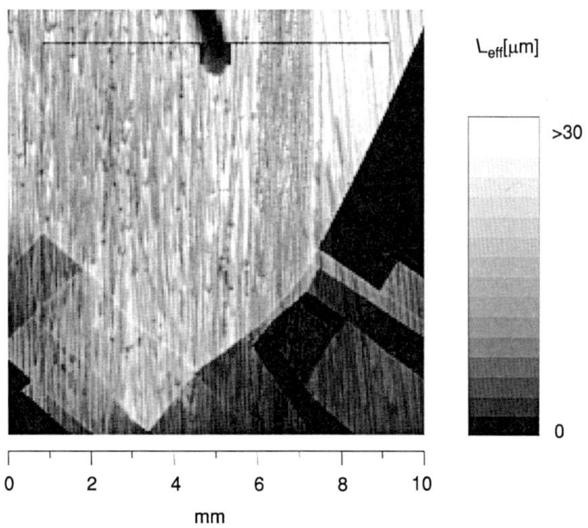

그림 2.32 가압 소결 Si_3N_4 기판 위에 만든 CSiTF 태양전지의 유효 확산길이 맵.

크랙으로부터 확산거리 내에 생성된 캐리어들을 효과적으로 수집할 수 있다. 이 영역에서의 양자효율은 나머지 영역에 비해 커진다. 불행하게도 크랙에 의한 수집영역의 감소는 수직 에미터 채널에 의한 이득보다 더 심각하다. 따라서 전체 성능은 나빠진다.

실리콘 층을 기하학적으로 제대로 구조를 갖추도록 하는 것이 고 품질의 CSiTF 태양전지를 개발하는 데 기본적이고도 가장 중요한 이슈이다. 적절한 세라믹의 선택이 첫 번째이다.

2.5.3.3 적절한 기판 : SiSiC 세라믹 기판 태양전지

SiSiC 세라믹 기판은 기판만 적절히 선택되면 CSiTF 태양전지의 잠재성이 매우 유망하다는 것을 보여준다. 이 세라믹은 기공이 거의 없고, 그 표면은 이상적이게도 밀폐되어 있고 평평하다. 따라서 습식 화학에칭을 사용하는 표준 태양전지 공정을 적용시킬 수 있다. 그 공정은 [그림 2.26]의 것과 유사한데, 전면 표면을 부동태화하기 위해 추가적으로 열 산화를 성장시킨 것이 차이이다. 최상의 태양전지 성능은 $V_{oc}=554$ mV, $J_{sc}=28.9$ mA/cm^2, $FF=66.8\%$, $\eta=10.7\%$이다[20]. 내부 양자효율 곡선(그림 2.33a)은 벌크 상태와 공정의 품질에 대해 더 많은 정보를 제공한다.

400 nm에서의 비교적 높은 효율은 앞 표면의 부동태화를 위한 열 산화층이 매우 효과적이라는 것을 나타낸다. 600 nm 부근에서 효율이 떨어지는 것은 불순물 등의 오염으로 박막의 품질이 최적이 아닌 상태임을 알려주고 있다. 900 nm 부근의 조그만 언덕은 어느 정도 빛 가두기가 이루어진 것을 의미하는데, 이는 비교적 양호한 J_{sc} 값에 반영되어 있다.

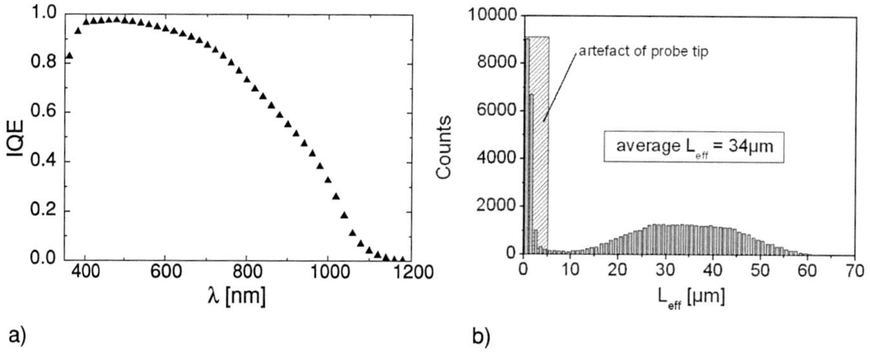

그림 2.33 SiSiC 세라믹 기판 위에 만든 가장 좋은 Si 박막 태양전지의 : a) 내부 양자효율과, b) L_{eff} 히스토그램.

[그림 2.33b]의 유효 소수캐리어 확산길이(effective minority carrier diffusion length : L_{eff}) 히스토그램은 5 μm에서부터 60 μm까지 분포가 상당히 넓다는 것을 보여준다. 측정된 L_{eff} 값의 일부분만이 베이스 층의 두께 25 μm의 2배를 상회하는데, 평균 34 μm의 L_{eff}는 여전히 베이스 층의 두께보다 매우 높다. 이는 비교적 에피택시 층의 결정 품질이 양호하다는 것은 물론 표면 부동태화의 효과를 다시 확인시켜 주는 것이다.

이런 태양전지의 효율을 더 개선하기 위한 전략으로는 다음의 것을 고려해 볼 수 있다.

- 층의 두께를 줄이기(평균 확산거리/두께의 비 2 달성)
- 전면 부동태화 추가 개선(thermal oxide, 혹은 SiN_x)
- BSF(BSF 층의 고농도 도핑)
- 빛 가두기를 개선하기 위해 microrough한 후면 표면 사용

2.6 요약과 전망

이종기판에 재결정화 실리콘 박막 태양전지를 형성하는 분야에 대한 연구개발의 개요에 대해 기술하였다. 세계적으로 몇 개 그룹만이 CSiTF 분야에 활동 중이다. 고온 공정은 고효율 태양전지 및 저가격의 태양전지와 모듈을 만들 수 있는 큰 잠재력을 가지고 있다. 이런 태양전지의 공정에서는 적절한 고온(> 1,400℃)에서 안정성이 있는 기판 위에 우선 중간층(SiO_2, SiN_x 혹은 SiC)을 증착시킨다. 실리콘 층은 그 위에 증착하고, 다시 이 층을 SiO_2 capping 층으로 보호한 다음 ZMR 공정이 이루어진다. 이 공정이 핵심이다. 증착된 실리콘 층의 결정립 크기가 10의 9승 이상 비약적으로 커진다. Capping 층을 제거한 다음 ZMR 실리콘 층(시드 층)은 에피택셜 성장을 통해 두께를 키우고 이를 태양전지 흡수층으로 사용한다. 최종 적층구조의 주요 이점은 온도 안정성과 실리콘 층의 결정성인데, 기존 다결정실리콘 웨이퍼와 매우 유사하다.

ZMR 실리콘 소재에 대한 대부분의 연구는 모델 기판, 즉 SiO_2 코팅한 실리콘 웨이퍼를 사용한 것이다. 이 기판들은 쉽게 재현이 가능한 실험 변수들을 연구하는 데 매우 유용하다. 시료들이 ZMR 고속스캔과 수소 부동태화에 미치는 영향들에 대한 연구에 있어 많은 진전이 있었다. ZMR 층을 가진 결정질실리콘 박막 태양전지는

에피택셜 증착 활성층을 가진 태양전지에 비해 V_{oc}가 높다. V_{oc} 대 ZMR 스캔속도의 관계 곡선은 매우 중요한 결과인데, V_{oc}는 150 mm/min 이상 400 mm/min까지의 스캔속도에서는 포화되는 경향이 있다. 양질의 특성을 지닌 ZMR 층의 대량생산이 여전히 실현가능한 것으로 보인다.

모델 기판에 대한 연구 외에도 지난 몇 년간 다양한 종류의 세라믹을 이종기판으로 검토하였다. 실험결과 적절한 기판과 중간층이 선택되면 변화효율 10% 이상이 실현(실제 최고 효율은 10.7%)가능하다. 하지만 요구되는 조건을 만족시키지 못하는 기판들은 박막층 형성도 어려웠다. 이런 부적절한 기판을 사용한 실험들로부터 공정에 대한 이해도가 훨씬 더 높아졌다.

적절한 세라믹 소재를 정의하는 데 필요한 변수들을 더 좁힐 수 있게 되었다. 하지만 완벽하게 개발되어 시장에서 대량으로 구매할 수 있는 세라믹 기판은 아직 없다.

세라믹 위에 실리콘 증착은 지난 수년간 표준공정이 되었다. 최상의 접근방법은 염화실란을 전구체로 사용한 열 CVD이다. 대기압 공정이 주로 증착에 적용되었는데, 이는 장치가 비교적 간단하기 때문이다. 충분한 품질(양호한 ZMR 가능)의 마이크로 결정질실리콘 층을 적절한 세라믹 기판 위에 증착할 수 있고, 물론 모델 기판 위에도 증착할 수 있다. 재결정화가 잘된 실리콘 층 위에 에피택셜 증착도 역시 가능하다. 이들 박막층의 결함밀도는 충분히 낮아 모델 기판 위에 만든 태양전지의 경우는 효율 16%도 가능하다. 세라믹 기판 위에 ZMR 시드 층을 코팅하면 에피택셜 층의 품질도 매우 높아진다. 그러나 '세라믹 기판-중간층-시드 층'의 샌드위치 구조를 적절히 구성하는 것이 성공적인 실리콘 증착의 선결과제이다. 이런 공정에서 저 품질의 기판이나 시드 층위에 고품질의 마이크로 결정질이나 에피택셜 실리콘의 성장을 보장할 만한 인자는 아직 없다.

ZMR과 실리콘 증착용 공정 장치 개발 분야에 큰 진전이 있었다. 태양전지용으로는 특별히 개발된 툴이 필요하다. 이것이 그동안 장치 분야의 진전이 느렸던 주요인으로 아직 필요한 장치들이 구축되지 않았다. 그러나 Fraunhofer ISE에서 폭 400 mm의 ZMR 개발과 함께 이 문제가 희망적으로 해결될 가능성이 높아졌다. CSiTF 태양전지용으로 이종기판 위에 속도가 빠르고, 값싸게 실리콘을 증착할 수 있는 분야에서 상당한 진전이 여러 그룹에 의해 달성되었다. 그들 모두는 TCS를 사용한 thermal APCVD에 초점을 두었다. 실리콘 증착용 모델 장치가 구축되었고, 고품질의 에피택셜 층을 대량으로 만들 수 있는 장치를 구축할 수 있다는 기대를 한층 높이게 되었다. 시료들을 더 빨리 더 쉽게 만들 수 있어 ZMR 실리콘 층의 연구를 향상시킬 수 있게 되었다.

기존 mc-Si 웨이퍼와 ZMR 실리콘 층이 유사하기 때문에 원칙적으로 모든 태양전지 공정을 그대로 사용할 수 있다. 그러나 기판으로 기공이 많은 세라믹이 사용되면 습식 화학 공정의 채택이 불가능하여 일부 개량이 필요하다. 건식 공정이 그 답이 될 수 있다. 현재 웨이퍼 태양전지 공정에 사용되는 증착과 에칭용 대규모 플라즈마 장치 등은 공정 변수들이 표준 공정으로부터 크게 벗어나지 않을 것으로 보고 있어 세라믹 기판 CSiTF 태양전지에도 매우 도움이 된다.

변환효율의 잠재성과 관련하여 이종기판 고온 재결정화 c-Si 박막 태양전지가 향후 어느 단계에서 기술이 성숙되어 대량생산이 가능한 수준까지 도달할 가능성이 매우 큰 것으로 보고 있다. 이런 목표를 달성하기 위해서는 연구의 초점을 적절한 건식 태양전지 공정, 품질이 보다 향상된 기판 위에 박막 증착의 신뢰성, 그리고 태양전지의 크기를 현재의 1 cm^2에서 적어도 100 cm^2 이상으로 키울 수 있어야 한다.

참고문헌

[1] J. Meier, E. Vallat-Sauvain, S. Dubail, U. Kroll, J. Dubail, S. Golay, L. Feitknecht, P. Torres, S. Faÿ, D. Fischer, A. Shah, Microcrystalline/micromorph silicon thin film solar cells prepared by VHF-GD technique, *Solar Energy Materials and Solar Cells* **66** 73 (2001).

[2] K. Yamamoto, A. Nakajima, M. Yoshimi, T. Sawada, S. Fukuda, T. Suezaki, M. Ichikawa, Y. Koi, M. Goto, T. Meguro, T. Matsuda, M. Kondo, T. Sasaki, Y. Tawada, Large Area Thin Film Silicon Hybrid Solar Cell and Module With Inter-Layer, in *Proceedings of the 14th International Photovoltaic Science and Engineering Conference* (Program Committee PVSEC-14) 447–449 (2004).

[3] B. Rech, T. Repmann, J. Hüpkes, M. Berginski, H. Stiebig, W. Beyer, V. Sittinger, F. Ruske, Recent progress in amorphous and microcrystalline silicon based solar cell technology, in *Proceedings of the 20th European Photovoltaic Solar Energy Conference and Exhibition*, H. Ossenbrink W. Palz, P. Helm (Eds.) (WIP-Renewable Energies, Munich, Germany) 1481–1486 (2005).

[4] M. Schmela, Super sonic solar market–market survey on global cell and module production in 2004, *Photon International* **March 2005** 66–82.

[5] B. F. Wagner, J. O. Schumacher, Light confinement and influence of electrical parameters on thin silicon solar cells, in *Proceedings of the 13th European Photovoltaic Solar Energy Conference*, W. Freiesleben, W. Palz, H.A. Ossenbrink, and P. Helm (Eds.) (H.S. Stephens & Associates, Bedford, UK) 465–468 (1995).

[6] R. B. Bergmann, Crystalline Si Films on Foreign Substrates for Electronic Applications, *Recent Research Deveopments, Crystal Growth Research* **1** 241–256 (1999).

[7] J. H. Werner, Perspectives of Crystalline Silicon Thin Film Solar Cells, in *Technical Digest 13th Sunshine Workshop on Thin Film Solar Cells*, M. Konagai (Ed.) (NE-DO, Tokyo, Japan) 41–48 (2000).

[8] P. A. Basore, Simplified processing and improved efficiency of crystalline silicon on glass modules, in *Proceedings of the 19th European Photovoltaic Solar Energy Conference*, J.-L. Bal, W. Hoffmann, H. Ossenbrink, W. Palz, P. Helm (Eds.) (WIP-Munich and ETA-Florence) 455–458 (2004).

[9] C. Hebling, S. Reber, K. Schmidt, R. Lüdemann, F. Lutz, Oriented recrystallization of silicon layers for silicon thin-film solar cells, *in Proceedings of the 26th IEEE Photovoltaic Specialists Conference* (IEEE; New York, NY, USA) 623–626 (1997).

[10] S. Reber, A. Hurrle, A. Eyer, G. Willeke, Crystalline silicon thin-film solar cells – recent results at Fraunhofer ISE, *Solar Energy* **77** 865–875 (2004).

[11] S. Reber, W. Wettling, High temperature processing of crystalline silicon thin film solar cells, *Applied Physics* **A 69** 215–220 (1999).

[12] R. Lüdemann, S. Schäfer, C. Schüle, C. Hebling, Dry processing of mc-silicon thin-film solar cells on foreign substrates leading to 11 % efficiency, in *Proceedings of the 26th IEEE Photovoltaic Specialists Conference* (IEEE; New York, NY, USA) 159 (1997).

[13] R. Brendel, *Thin-Film Crystalline Silicon Solar Cells: Physics and Technology*, Wiley-VCH, Weinheim, 2003.

[14] T. Soma, H.-M. Kagaya, u. b. M. R. Bronzel, Thermal expansion coefficients of c-Si, in *Properties of Crystalline Silicon*, Robert Hull (Ed.) EMIS Datareview Series No. 20 INSPEC, The Institution of Electrical Engineers, London, UK, 1999 p. 153–154.

[15] J. Poortmans, G. Beaucarne, R. M. Mertens, Thin film crystalline Si solar cells: facts and challenges, in *Proceedings of the 14th International Photovoltaic Science and Engineering Conference* (Program Committee PVSEC-14) 13–16 (2004).

[16] A. Räuber, *'Commercial Process Outline For Crystalline Silicon Thin Film Solar Cells (COMPOSIT), Publishable Report'*, European Commission (2000).

[17] K. Zweibel, Thin film PV manufacturing: materials costs and their optimization, *Solar Energy*

Materials and Solar Cells **63** 375–386 (2000).
[18] H. Salmang, H. Scholze, *Keramik*, Vol. 2, Springer, Berlin, 1982.
[19] S. Reber, G. Stollwerck, D. Osswald, T. Kieliba, C. Häßler, Crystalline silicon thin-film solar cells on silicon nitride ceramics, in *Proceedings of the 16th European Photovoltaic Solar Energy Conference*, B. McNelis, H. Scheer, W. Palz, H.A. Ossenbrink, P. Helm (Eds.) (James & James Scientific Publishers Ltd) 1136 (2000).
[20] S. Bau, *High-temperature CVD silicon films for crystalline silicon thin-film solar cells*, Ph.D. Thesis, University of Konstanz (2003).
[21] T. Kieliba, S. Bau, R. Schober, D. Oßwald, S. Reber, A. Eyer, G. Willeke, Crystalline silicon thin-film solar cells on $ZrSiO_4$ ceramic substrates, *Solar Energy Materials and Solar Cells* **74** 261–266 (2002).
[22] S. Reber, F. R. Faller, C. Hebling, R. Lüdemann, Crystalline Silicon Thin-Film Solar Cells on SiC based Ceramics, in *Proceedings of the 2nd World Conference on Photovoltaic Solar Energy Conversion*, J. Schmid, H.A. Ossenbrink, P. Helm, H. Ehmann, and E.D. Dunlop (Eds.) (Joint Research Centre, European Commission, Ispra, Italy) 1782 (1998).
[23] S. Janz, S. Reber, H. Habenicht, C-Si Thin-film solar cells on ceramic substrates with SiC intermediate layers, in *Proceedings of the 15th International Photovoltaic Science and Engineering Conference*(Organization Committe PVSEC-15) 873–874 (2005).
[24] B. von Ehrenwall, A. Braun, H.G. Wagemann Growth mechanism of silicon deposited by atmospheric pressure chemical vapor deposition on different ceramic substrates, *Journal of The Electrochemical Society* **147** 340–344 (2000).
[25] S. Bourdais, S. Reber, H. Lautenschlager, A. Hurrle, A. Slaoui, Recrystallized silicon thin film solar cells on mullite ceramic substrates, in *Proceedings of the 16th European Photovoltaic Solar Energy Conference*, B. McNelis, H. Scheer, W. Palz, H.A. Ossenbrink, P. Helm (Eds.) (James&James Scientific Publishers Ltd) 1492 (2000).
[26] A. Slaoui, S. Bourdais, G. Beaucarne, J. Poortmans, S. Reber, Polycrystalline silicon solar cells on mullite substrates, *Solar Energy Materials and Solar Cells* **71** 245–252 (2002).
[27] A. v. Keitz, J.A.M. van Roosmalen, C.J.J. Tool, S. E. A. Schiermeier, A. J. M. M. v. Zutphen, F. Fung, G. M. Christie, Improvement of low cost ceramic substrates for use in thin film silicon solar cells, in *Proceedings of the 2nd World Conference on Photovoltaic Solar Energy Conversion*, J. Schmid, H.A. Ossenbrink, P. Helm, H. Ehmann, and E.D. Dunlop (Eds.) (Joint Research Centre, European Commission, Ispra, Italy) 1829 (1998).
[28] S. Reber, W. Zimmermann, T. Kieliba, Zone melting recrystallization of silicon films for crystalline silicon solar cells, *Solar Energy Materials and Solar Cells* **65** 409–416 (1999).
[29] R. Monna, D. Angermeier, A. Slaoui, J. C. Muller, G. Beaucarne, J. Poortmans, C. Hebling, Poly-Si thin films on graphite substrate by rapid thermal chemical vapor deposition for photovoltaic application, in *Proceedings of the 14th European Photovoltaic Solar Energy Conference*, 1456–1459 (1997).
[30] W. Zimmermann, S. Bau, F. Haas, K. Schmidt, A. Eyer, Silicon sheets from powder as low cost substrates for crystalline silicon thin film solar cells, in *Proceedings of the 2nd World Conference and Exhibition on Photovoltaic Solar Energy Conversion*, J. Schmid, H.A. Ossenbrink, P. Helm, H. Ehmann, and E.D. Dunlop (Eds.) (Joint Research Centre, European Commission, Ispra, Italy) 1790–1793 (1998).
[31] A. Eyer, R. Schindler, I. Reis, N. Schillinger, J. G. Grabmaier, Crystal structure and electrical properties of Silicon Grown from Powder (SSP-Method), in *Proceedings of the 19th IEEE Photovoltaics Specialists Conference*, IEEE) 951–954 (1987).
[32] A. Eyer, A. Räuber, N. Schillinger, J. G. Grabmaier, Silicon ribbons for solar cells grown from powder by the SSP method, in *Proceedings of the 20th IEEE Photovoltaic Specialists Conference*, 1565–1568 (1988).
[33] G. Beaucarne, S. Bourdais, A. Slaoui, J. Poortmans, Impurity diffusion from uncoated foreign substrates during high temperature CVD for thin film Si solar cells, *Solar Energy Materials &*

Solar Cells **61** 301–309 (2000).

[34] S. Reber, J. Aschaber, A. Hurrle, High-temperature diffusion of iron in PECVD-SiO_2 barrier layers for crystalline silicon thin-film solar cells, in *Proceedigns of the 2nd World Conference on Photovoltaic Solar Energy Conversion*, J. Schmid, H. A. Ossenbrink, P. Helm, H. Ehmann, and E. D. Dunlop (Eds.) (Joint Research Centre, European Commission, Ispra, Italy) 1798 (1998).

[35] S. Bau, S. Janz, T. Kieliba, C. Schetter, S. Reber, F. Lutz, Application of PECVD-SIC as intermediate layer in crystalline silicon thin-film solar cells, in *Proceedings of the 3rd World Conference on Photovoltaic Energy Conversion*, L.L. Kazmerski, K. Kurokawa, B. McNelis, M. Yamaguchi, C. Wronski, W.C. Sinke (Eds.) (WCPEC-3 Organizing Committee) 1178–1181 (2003).

[36] T. Kunz, I. Burkert, R. Auer, R. Brendel, W. Buss, H. von Campe, M. Schulz, Silicon carbide barrier layer on ceramic substrates for crystalline silicon thin-film modules with an integrated series connection, in *Proceedings of the 3rd World Conference on Photovoltaic Energy Conversion*, K. Kurokawa, L. L. Kazmerski, B. McNelis, M. Yamaguchi, C. Wronski, and W. C. Sinke (Eds.) (WCPEC-3 Organizing Committee) 1255–1258 (2003).

[37] K. Yamamoto, A. Nakajima, M. Yoshimi, T. Sawada, S. Fukuda, K. Hayashi, T. Suezaki, M. Ichikawa, Y. Koi, M. Goto, H. Takata, Y. Tawada, High Efficiency Thin Film Silicon Solar Cell and Module, in *Proceedings of the 29th IEEE Photovoltaic Specialists Conference*, 1110–1112 (2002).

[38] P. A. Basore, Large-area deposition for crystalline silicon on glass modules, in *Proceedings of the 3rd World Conference on Photovoltaic Energy Conversion* (WCPEC-3 Organizing Committee) 935–938 (2003).

[39] A. Goetzberger, Optical confinement in thin film Si-solar cells by diffuse back reflectors, in *Proceedings of the 15th IEEE Photovoltaic Specialists Conference* (IEEE) 867–870 (1981).

[40] D. E. Aspnes, Optical functions of intrinsic c-Si for photon energies up to 7.5 eV, in *Properties of Crystalline Silicon*, Robert Hull (Ed.) EMIS Datareview Series No. 20 (INSPEC, The Institution of Electrical Engineers, London, UK) 1999 p. 683–690.

[41] E. Yablonovitch, Intensity enhancement in textured optical sheets for solar cells, in *Proceedings of the 16th IEEE Photovoltaic Specialists Conference* (IEEE) 501–506 (1982).

[42] E. Yablonovitch, G. Cody, Intensity enhancement in textured optical sheets for solar cells, *IEEE Transactions on Electron Devices* **ED-29** 300–305 (1982).

[43] P. Campbell, M. A. Green, Light trapping properties of pyramidally textured surfaces, *Journal of Applied Physics* **62** 243–9 (1987).

[44] P. Campbell, M. Keevers, Light trapping and reflection control for silicon thin-films deposited on glass substrates textured by embossing, in *Proceedings of the 28th IEEE Photovoltaics Specialists Conferernce* (IEEE) 355–358 (2000).

[45] H. Iwata, T. Ohzone, Numerical solar cell simulation including multiple diffused reflection at the rear surface, *Solar Energy Materials and Solar Cells* **61** 353–63 (2000).

[46] M. A. Green, *Solar cells: operating principles, technology and system applications* (Prentice-Hall, Englewood Cliffs, NJ) 1982.

[47] J. R. Davis, A. Rohatgi, P. Rai-Choudhury, P. Blais, R. H. Hopkins, Characterization of the effects of metallic impurities on silicon solar cell performance, in *Proceedings of the 13th IEEE Photovoltaic Specialists Conference* (IEEE) (1978).

[48] G. Zoth, W. Bergholz, A fast, preparation-free method to detect iron in silicon, *Journal of Applied Physics* **67** 6764–6771 (1990).

[49] INSPEC, *Properties of Silicon* (INSPEC, Institution of Electrical Engineers, London, New York) 1988.

[50] L.-H. Chang, W. G. Cowden, J. Cristiansen, D. Werho, N. D. Theodore, Is Ti Contamination in Si Wafer processing an Issue?, *Journal of the Electrochemical Society* **143** (1996).

[51] S. Reber, *Electrical Confinement for the Crystalline Silicon Thin-Film Solar Cell on Foreign*

Substrate, (ibidem Verlag, Stuttgart, Germany) 2000.

[52] J. Isenberg, S. Reber, J. Aschaber, W. Warta, Silicon dioxide and silicon nitride as diffusion barrier for transition metals in solar cell applications, in *Proceedings of the 16th European Photovoltaic Solar Energy Conference*, B. McNelis, H. Scheer, W. Palz, H.A. Ossenbrink, P. Helm (Eds.) (James & James Scientific Publishers Ltd) 1463 (2000).

[53] G. Beaucarne, S. Bourdais, A. Slaoui, J. Poortmans, Thin-film polysilicon solar cells on foreign substrates using direct thermal CVD: material and solar cell design, *Thin Solid Films* **403–404** 229–237 (2002).

[54] S. Bourdais, G. Beaucarne, J. Poortmans, A. Slaoui, Electronic transport properties of polycrystalline silicon films deposited on ceramic substrates, *Physica B* **273–274** 544–548 (1999).

[55] P. Hartman, *Crystal Growth: an Introduction* (North-Holland Pub. Co., American Elsevier, Amsterdam, New York) 1973.

[56] W. Kleber, *Einführung in die Kristallographie* (Verlag Technik, Berlin) 1990.

[57] A. Schönecker, L. J. Geerligs, A. Müller, Casting technologies for solar silicon wafers: block casting and ribbon-growth-on substrate, in *Proceedings of the 10th International Autumn Meeting on Gettering and Defect Engineering in Semiconductor Technology (GADEST)* H. Richter and M. Kittler (Eds.) Solid State Phenomena, **95–96** 149–158 (2003).

[58] E. Leitz, British Patent No. 691355 (1950).

[59] E. I. Givargizov, N. N. Sheftal, V. I. Klykov, Diataxy (graphoepitaxy) and other approaches to oriented crystallization on amorphous substrates, *Current Topics in Materials Science* **10** 1–53 (1982).

[60] E. I. Givargizov, *Oriented Crystallization on Amorphous Substrates* (Plenum Press, New York) 1991.

[61] I. N. Miaoulis, P. Y. Wong, S. M. Yoon, R. D. Robinson, C. K. Hess, Thermal analysis of zone-melting recrystallization of silicon-on-insulator structures with an infrared heat source: an overview, *Journal of the Electrochemical Society* **139** 2687–2696 (1992).

[62] M. Pauli, T. Reindl, W. Krühler, F. Homberg, J. Müller, A new fabrication method for multicrystalline silicon layers on graphite substrates suited for low-cost thin film solar cells, *Solar Energy Materials and Solar Cells* **41/42** 119–126 (1996).

[63] G. Andrä, J. Bergmann, F. Falk, E. Ose, Laser induced liquid phase crystallization of amorphous silicon films on glass for thin film solar cells, in *Proceedings of the 14th European Photovoltaic Solar Energy Conference*, P. Helm, H.A. Ossenbrink, H. Ehmann (Eds.) (H.S. Stephens, Bedford, UK) 1400 (1997).

[64] H. Naomoto, S. Hamamoto, A. Takami, S. Arimoto, T. Ishihara, Characterization of thin-film silicon formed by high-speed zone-melting recrystallization process, *Solar Energy Materials and Solar Cells* **48** 261–267 (1997).

[65] T. Ishihara, Zone-melting recrystallization of Si films for solar cells, in *Growth, Charecterization and Electronic Applications of Amorphous and Crystalline Si Thin Films*; Ralf B. Bergmann (Ed.) (Research Signpost, Kerala) 2002 p. 79–100.

[66] A. Takami, S. Arimoto, H. Morikawa, S. Hamamoto, T. Ishihara, H. Kumabe, T. Murotani, High efficiency (16.45%) thin film silicon solar cells prepared by zone-melting recrystallization, in *Proceedings of the 12th European Photovoltaic Solar Energy Conference* (1994).

[67] H. Morikawa, Y. Nishimoto, H. Naomoto, Y. Kawama, A. Takami, S. Arimoto, T. Ishihara, K. Namba, 16% Efficiency of large area (10 cm × 10 cm) thin film polycrystalline silicon solar cell, *Solar Energy Materials and Solar Cells* **53** 23–28 (1997).

[68] F. Secco D'Aragona, Dislocation etch for (100)-planes in silicon, *Journal of the Electrochemical Society* **119** 948–951 (1972).

[69] R. F. Pinizzotto, H. W. Lam, B. L. Vaandrager, Subgrain boundaries in laterally seeded silicon-on-oxide formed by graphite strip heater recrystallization, *Applied Physics Letters* **40** 388–90 (1982).

[70] M. W. Geis, H. I. Smith, B. Y. Tsaur, J. C. C. Fan, D. J. Silversmith, R. W. Mountain, Zone-melting

recrystallization of Si films with a moveable-strip-heater oven, *Journal of the Electrochemical Society* **129** 2812–18 (1982).

[71] J. C. C. Fan, B. Y. Tsaur, C. K. Chen, J. R. Dick, L. L. Kazmerski, Oxygen in zone-melting recrystallized silicon-on-insulator films: its distribution and possible role in sub-boundary formation, *Applied Physics Letters* **44** 1086–1088 (1984).

[72] J. M. Gibson, L. N. Pfeiffer, K. W. West, D. C. Joy, Thermal stress during zone-melting-recrystallization of silicon on insulator films: the origin of subboundaries and in-plane orientation of SOI, in *Proceedings of the Semiconductor-on-Insulator and Thin Film Transistor Technology Symposium* (Materials Research Society Symposium Proceedings) 289–298 (1986).

[73] B. Tillack, R. Banisch, H. H. Richter, Origin of defects and their influence on electrical properties of thick SOI films, in *Proceedings of the 2nd International Autumn Meeting: Gettering and Defect Engineering in the Semiconductor Technology (GADEST '87)* 308–312 (1987).

[74] J. S. Im, H. Tomita, C. V. Thompson, Cellular and dendritic morphologies on stationary and moving liquid-solid interfaces in zone-melting recrystallization, *Applied Physics Letters* **51** 685–687 (1987).

[75] L. Pfeiffer, A. E. Gelman, K. A. Jackson, K. W. West, J. L. Balstone, Subboundary-free zone-melt recrystallization of thin-film silicon, *Applied Physics Letters* **51** 1256–1258 (1987).

[76] T. Kieliba, *Optimierung zonengeschmolzener Siliciumschichten für kristalline Dünnschichtsolarzellen*, Diploma thesis, Albert-Ludwigs-University Freiburg (1999).

[77] A. B. Limanov, E. I. Givargizov, Control of the structure in zone-melted silicon films on amorphous substrates, *Materials Letters* **2** 93–96 (1983).

[78] A. Ogura, N. Aizaki, H. Terao, High-speed video observation of laser recrystallization for semiconductor-on-insulator fabrication, *Journal of Applied Physics* **65** 752–754 (1989).

[79] T. Inoue, T. Hamasaki, Direct observation of growth front movement in electron beam recrystallization of silicon layer on insulator, *Applied Physics Letters* **50** 971–973 (1987).

[80] D. Dutartre, *In situ* observation of lamp zone melting of Si films on patterned SiO_2, *Applied Physics Letters* **48** 350–352 (1986).

[81] H. J. Leamy, C. C. Chang, H. Baumgart, R. A. Lemons, J. Cheng, Cellular growth in microzone melted silicon, *Materials Letters* **1** 1944–1947 (1982).

[82] R. A. Lemons, M. A. Bösch, D. Herbst, Crystallization of silicon films on glass: a comparison of methods, in *Conference Proceedings of Laser-Solid Interactions and Transient Thermal Processing of Materials*, J. Narayan, W.L. Brown, and R.A. Lemons (Eds.) (Elsevier, New York) 581–592 (1982).

[83] S. R. Coriell, G. B. McFadden, Morphological Stability, in *Handbook of Crystal Growth*; D.T.J. Hurle (Ed.) 1b(North-Holland Elsevier Science Publishers, Amsterdam) 785–857 (1993).

[84] D. T. J. Hurle, B. Cockayne, Czochralski growth, in *Handbook of Crystal Growth*; D.T.J. Hurle (Ed.) 2a (North-Holland Elsevier Science Publishers, Amsterdam) 99–212 (1994).

[85] D. E. Aspnes, Optical functions of liquid Si, in *Properties of Crystalline Silicon*, Robert Hull (Ed.) EMIS Datareview Series No. 20 (INSPEC, The Institution of Electrical Engineers, London, UK). 696 (1999).

[86] R. D. Robinson, I. N. Miaoulis, Thermal analysis of incandescent lamp zone-melting recrystallization of thin silicon films, *Journal of Applied Physics* **73** 439–447 (1993).

[87] L. Si-Woo, J. Seung-Ki, Effects of process parameters on the defect formation in SOI-ZMR, in *Proceedings of Diagnostic Techniques for Semiconductor Materials and Devices*, D. K. Schroder, J. L. Benton, and P. Rai-Choudhury (Eds.)(Electrochem. Society, Pennington, NJ, USA) 283–294 (1994).

[88] C. K. Chen, J. S. Im, Zone-melting recrystallization with enhanced radiative heating for preparation of subboundary-free silicon-on-insulator thin films, *Applied Physics Letters* **55** 1238–1240 (1989).

[89] H. Richter, B. Tillack, H. Andrä, W. Weinelt, Einfluß des Temperaturgradienten bei der Rekristallisation dicker Poly-Si-Schichten auf SiO_2, *Experimentelle Technik der Physik* **37** 11–21 (1987).

[90] P. W. Mertens, J. Leclair, H. E. Maes, W. Vandervorst, Oxygen distribution in silicon-on-insulator layers obtained by zone melting recrystallization, *Journal of Applied Physics* **67 (12)** 7337–7347 (1990).

[91] A. Takami, S. Arimoto, H. Naomoto, S. Hamamoto, T. Ishihara, H. Kumabe, T. Murotani, Thickness dependence of defect density in thin film polycrystalline silicon formed on insulator by zone-melting recrystallization, in *Proceedings of the 1st World Conference on Photovoltaic Energy Conversion* (IEEE, New York) 1394–1397 (1994).

[92] H. A. Atwater, H. I. Smith, C. V. Thompson, M. W. Geis, Zone-melting recrystallization of thick silicon on insulator films, *Materials Letters* **2** 269–273 (1984).

[93] D. K. Biegelsen, L. E. Fennell, J. C. Zesch, Origin of oriented crystal growth of radiantly melted silicon on SiO_2, *Applied Physics Letters* **45** 546–548 (1984).

[94] C. Hebling, *Die kristalline Silicium-Dünnschichtsolarzelle auf isolierenden Substraten*, Ph.D thesis, Universität Konstanz (1998).

[95] S. Reber, A. Eyer, F. Haas, N. Schillinger, S. Janz, E. Schmich, Progress in crystalline silicon thin-film solar cell work at Fraunhofer ISE, in *Proceedings of the 20th European Photovoltaic Solar Energy Conference and Exhibition*, H. Ossenbrink, W. Palz, P. Helm (Eds.) (WIP-Renewable Energies, Munich, Germany) 694–697 (2005).

[96] T. Ishihara, S. Arimoto, H. Morikawa, H. Kumabe, T. Murotani, S. Mitsui, High efficiency thin film silicon solar cells prepared by zone-melting recrystallization, *Applied Physics Letters* **63** 3604–3606 (1993).

[97] T. Kieliba, J. Pohl, A. Eyer, C. Schmiga, Optimization of c-Si films formed by zone-melting recrystallization for thin-film solar cells, in *Proceedings of the 3rd World Conference on Photovoltaic Solar Energy Conversion*, L.L. Kazmerski, K. Kurokawa, B. McNelis, M. Yamaguchi, C. Wronski, W.C. Sinke (Eds.) (WCPEC-3 Organizing Committee) 1170–1173 (2003).

[98] S. Reber, A. Eyer, F. Haas, High-throughput zone-melting recrystallization for Crystalline Silicon Thin-Film solar cells, *Journal of Crystal Growth* **287** 391–396 (2006).

[99] S. Hamamoto, H. Morikawa, H. Naomoto, Y. Kawama, A. Takami, S. Arimoto, T. Ishihara, K. Namba, Development of the VEST cell process for low-cost fabrication, in *Proceedings of the 14th European Photovoltaic Solar Energy Conference*, P. Helm, H. A. Ossenbrink, H. Ehmann (Eds.) (H.S. Stephens, Bedford, UK) 2328–2332 (1997).

[100] A. Eyer, F. Haas, T. Kieliba, A zone melting recrystallisation (ZMR) processor for 400mm wide samples, in *Proceedings of the 19th European Photovoltaic Solar Energy Conference, 7–11 June 2004*, J.-L. Bal, W. Hoffmann, H. Ossenbrink, W. Palz, P. Helm (Eds.) (WIP – Munich, ETA-Florence) 931–934 (2004).

[101] T. J. Stultz, J. F. Gibbons, Arc lamp zone melting and recrystallization of Si films on oxidized silicon substrates, *Applied Physics Letters* **41** 824–826 (1982).

[102] Y. Kawama, A. Takami, H. Naomoto, S. Hamamoto, T. Ishihara, *In situ* control in zone-melting recrystallization process for formation of high-quality thin film polycrystalline Si, in *Proceedings of the 25th IEEE Photovoltaic Specialists Conference* (IEEE; New York, NY, USA) 481–484 (1996).

[103] S. Reber, W. Zimmermann, T. Kieliba, Zone melting recrystallization of silicon films for crystalline-silicon thin-film solar cells, *Solar Energy Materials and Solar Cells* **65** 409 (2001).

[104] T. Kieliba, S. Reber, Enhanced zone melting recrystallization for crystalline silicon thin-film solar cells, in *Proceedings of the 16th European Photovoltaic Solar Energy Conference*, H. Scheer, B. McNelis, W. Palz, H. A. Ossenbrink, E Dunlop, and P. Helm (Eds.) (James & James Ltd, London UK) 1455–1458 (2000).

[105] P. Y. Wong, I. N. Miaoulis, Real-time image analysis and control of the solid/liquid interface during zone-melting recrystallization of thin films, in *Proceedings of Microelectronic Processes, Sensors, and Controls*, 358–368 (1993).

[106] F. Roozeboom, Introduction: history and perspectives of rapid thermal processing, in *Advances in Rapid Thermal and Integrated Processing*; Fred Roozeboom (Ed.) NATO ASI Series: Series E (Applied Sciences) 318 (Kluwer Academic Publishers, Dordrecht, Boston, London) 1–34 (1996).

[107] S. Kommu, G. M. Wilson, B. Khomami, A theoretical/experimental study of silicon epitaxy in horizontal single-wafer chemical vapor deposition reactors, *Journal of The Electrochemical Society* **147** 1538–1550 (2000).

[108] L. Kadinski (Ed.) *PAR-CVD: Entwicklung leistungsfähiger paralleler Berechnungsverfahren zur Untersuchung und Optimierung von CVD-Prozessen*; (Shaker Verlag Aachen) (1999).

[109] C. R. Kleijn, Computational modeling of transport phenomena and detailed chemistry in chemical vapor deposition – a benchmark solution, *Thin Solid Films* **365** 294–306 (2000).

[110] G. Valente, C. Cavallotti, M. Masi, S. Carrà, Reduced order model for the CVD of epitaxial silicon from silane and chlorosilanes, *Journal of Crystal Growth* **230** 247–257 (2001).

[111] H. Habuka, T. Nagoya, M. Mayusumi, M. Katayama, M. Shimada, K. Okuyama, Model on transport phenomena and epitaxial growth of silicon thin film in $SiHCl_3$–H_2 system under atmospheric pressure, *Journal of Crystal Growth* **169** 61–72 (1996).

[112] H. Habuka, T. Otsuka, W. F. Qu, M. Shimada, K. Okuyama, Model of boron incorporation into silicon epitaxial film in a B_2H_6-$SiHCl_3$-H_2 system, *Journal of Crystal Growth* **222** 183–193 (2001).

[113] F. R. Faller, *Epitaxial Silicon Thin-Film Solar Cells*, Ph.D. Thesis, Albert-Ludwigs-University, Freiburg (1998).

[114] T. Kunz, H. von Campe, *Verfahren und Vorrichtung zum Behandeln und/oder Beschichten einer Fläche eines Gegenstandes*, European Patent No. EP 1 247 587 A2 (2002).

[115] H. J. Rodriguez, J. C. Zamorano, I. Tobias, C. del Canizo, A. Luque, High throughput epitaxial reactor prototype for thin-film Si solar cells on low-grade Si substrates, in *Proceedings of the 19th European Photovoltaic Solar Energy Conference, 7–11 June 2004*, J.-L. Bal W. Hoffmann, H. Ossenbrink, W. Palz, P. Helm (Eds.) (WIP – Munich, ETA-Florence)(2004).

[116] A. Hurrle, S. Reber, N. Schillinger, J. Haase, J. G. Reichart, High throughput continuous CVD reactor for silicon deposition, in *Proceedings of the 19th European Conference on Photovoltaic Energy Conversion*, J.-L. Bal, W. Hoffmann, H. Ossenbrink, W. Palz, P. Helm (Eds.) (WIP - Munich, ETA-Florence) 459 (2004).

[117] S. M. Sze, *VLSI Technology* (McGraw-Hill, New York) (1983).

[118] S. A. Campbell, Critical review of the epitaxial growth of semiconductors by rapid thermal chemical vapor deposition, *Materials Science and Engineering* **R20** 1–36 (1997).

[119] F. Passek, R. Schmolke, U. Lambert, G. Puppe, P. Wagner, Discrimination of defects on epitaxial silicon wafers, in *Proceedings of the Symposium on Crystalline Defects and Communication: Their Impact and Control in Device Manufacturing II*, Electrochemical Society, 438–447 (1997).

[120] M. J. Stowell, Defects in epitaxial deposits, in *Epitaxial Growth, Part B*; Matthews (Ed.) (Academic Press, New York) 437–492 (1975).

[121] N. König, *Durchlauf Silicium-Epitaxie für kristalline Silicium-Dünnschichtsolarzellen*, Diploma Thesis, Albert-Ludwigs-University, Freiburg (2005).

[122] E. I. Givargizov, Growth of whiskers by the vapor-liquid-solid mechanism, in *Current Topics in Materials Science Vol.1*; E. Kaldis (Ed.) (North-Holland Publishing Company) (1978)

[123] F. W. Dekkers, G. Agostinelli, D. Dehertoghe, G. Beaucarne, Improved performances of mc-Si solar cells by isotropic plasma texturing, in *Proceedings of the 19th European Photovoltaic Solar Energy Conference, 7–11 June 2004*, J.-L. Bal, W. Hoffmann, H. Ossenbrink, W. Palz, P. Helm (Eds.) (WIP – Munich, ETA-Florence) 412–415 (2004).

[124] R. Lüdemann, *Plasmatechnologie für die Photovoltaik* (Hartung-Gorre, Konstanz) (1999).

[125] S. Schäfer, *Plasmaätzen für die Photovoltaik* (UFO Atelier für Gestaltung und Verlag, Allensbach) (2000).

[126] K. V. Nieuwenhuysen, F. Duerinckx, R. Bilyalov, H. Dekkers, G. Beaucarne, J. Poortmans, Epitaxial Si thin films by high-temperature CVD, in *Proceedings of the 19th European Photovoltaic Solar Energy Conference, 7–11 June 2004*, J.-L. Bal, W. Hoffmann, H. Ossenbrink, W. Palz, P. Helm (Eds.) (WIP – Munich, ETA-Florence) 1178–1181 (2004).

[127] J. Rentsch, D. M. Hulijc, T. Kieliba, R. Bilyalov, S. Reber, Screen printed c-Si thin film solar cells on insulating substrates, in *Proceedings of the 3rd World Conference on Photovoltaic Energy*

Conversion, L.L. Kazmerski, K. Kurokawa, B. McNelis, M. Yamaguchi, C. Wronski, W.C. Sinke (Eds.) (WCPEC-3 Organizing Committee) 1486–1489 (2003).

[128] P. E. Sims, A. E. Ingram, D. E.J., J. P. Yaskoff, D. H. Ford, J. A. Rand, A. M. Barnett, Silicon-on-ceramic monolithically interconnected solar cell modules, in *Proceedings of the 3rd World Conference on Photovoltaic Energy Conversion*, K. Kurokawa, L. L. Kazmerski, B. McNelis, M. Yamaguchi, C. Wronski, and W. C. Sinke (Eds.) (WCPEC-3 Organizing Committee) 1217–1220 (2003).

[129] M. E. Nell, B. Müller, U. Kerst, S. Kühn, R. Leihkauf, M. Rochel, H. G. Wagemann, Series-interconnection of silicon solar cells on a SOI-wafer, in *Proceedings of the 16th European Photovoltaic Solar Energy Conference* (James & James Ltd, London UK) 1755–1758 (2000).

[130] V. Gazuz, R. Auer, M. Schulz, R. Brendel, Series connection in thin-film crystalline Si solar modules on Insulating Substrates, in *Proceedings of the Proceedings of the 14th International Photovoltaic Science and Engineering Conference* (Program Committee PVSEC-14) 323–324 (2004).

[131] C. Hebling, S. W. Glunz, J. O. Schumacher, J. Knobloch, High efficiency (19.2 %) silicon thin-film solar cells with tnterdigitated emitter and base front-contacts, in *Proceedings of the 14th European Solar Photovoltaic Solar Energy Conversion*, P. Helm, H. A. Ossenbrink, H. Ehmann (Eds.), (H. S. Stephens & Associates), 2318–2323 (1997).

[132] R. Brendel, K. H. Feldrapp, S. Oelting, Shadow-epitaxy for flexible crystalline thin-film silicon solar cell design, *Solar Energy Materials & Solar Cells* **64** 251–260 (2000).

[133] S. Reber, A. Eyer, F. Haas, unpublished work.

[134] T. Kieliba, S. Bau, D. Oßwald, A. Eyer, Coarse-grained Si films for crystalline Si thin-film solar cells prepared by zone-melting recrystallization, in *Proceedings of the 17th European Photovoltaic Solar Energy Conference*, W. Palz, B. McNelis, H.A. Ossenbrink, P. Helm (Eds.) (WIP-Renewable Energies) 1604–1605 (2001).

03 다결정실리콘 박막 태양전지 기술

Thin Film Polycrystalline Silicon Solar Cells

Guy Beaucarne
Silicon Solar Cells Group, IMEC, Leuven, Belgium

Abdelilah Slaoui
PV Group, InESS, Strasbourg, France

3.1 서 론

세계 에너지 수요가 지속적으로 증가하고 환경에 대한 관심이 높아짐에 따라 태양광 기술이 핵심기술로 부각되고 있다. 현재는 웨이퍼 기반의 결정질실리콘 태양전지가 시장의 90% 이상을 차지하고 있다. 비정질실리콘(a-Si), 카드뮴 텔루라이드(CdTe), 구리-인듐-갈륨-셀레늄(CIGS)을 필두로 여러 가지 박막 태양전지 기술이 대두되고 있는데, 아직 결정질실리콘의 독보적인 위치에 도전할 만한 수준에 도달해 있지 않다. 결정질실리콘 태양전지 기술은 여러 가지 장점을 지니고 있는데, 고성능, 안정성, 자원 풍부, 비독성 등이 그러하다. 여기에서는 활성층(광흡수층) 소재로 결정질실리콘의 장점과 박막 태양전지의 저가격의 장점을 결합한 결정질실리콘 박막 태양전지에 대해 기술하고자 한다.

3.1.1 정의

Si 소재를 분류하는 데 사용되는 용어가 아직 체계적으로 정리되어 있지 않아 자주 혼돈이 빚어지기도 한다. Polysilicon(다결정실리콘)은 현재 결정립의 크기가 1 μm ~1 mm 사이로 정의하고 있다[1]. 우리는 이 범위를 조금 확장하여 하단은 0.1 μm로 하고자 하는데, 실제로 1 μm를 넘지 못하는 경우가 매우 흔하기 때문이다. 어떤 경우는 태양전지 표준 소재인 다결정(multicrystalline) 실리콘 보다 결정립의 크기가 엄청나게 작은 경우가 있는데, 이들을 여전히 polycrystalline으로 부르고 있다.

이들 결정립의 크기는 마이크로결정 또는 미결정(microcrystalline) 실리콘과 나노결정(nanocrystalline) 실리콘보다는 훨씬 더 크다. 후자들은 주로 저온(~200℃)에서 플라즈마 CVD(PECVD)로 증착한 것들이다. 이들 소재들은 결정립의 크기가 불과 수십 나노미터로 비정질실리콘의 함량이 매우 높고, 비정질 영역과 미결정 영역 사이의 전이영역에서 가장 양질의 박막을 얻을 수 있다[2]. 그에 비하여 polysilicon은 결정질의 함량이 100%에 가까운데, 무질서한 영역은 매우 얇고 비교적 드문드문 있는 결정입계에 한정되어 있다. 박막이라는 것은 용융물로부터 주조(캐스팅)된 것이 아니고 증착된 것을 의미한다. 실리콘 박막의 두께는 보통 3~10 μm 사이로 최대 30 μm를 넘지 않는다.

3.1.2 왜 polycrystalline 실리콘 박막 태양전지인가

앞에서 언급한 바와 같이 다결정실리콘 박막(polycrystalline Si : pc-Si) 태양전지는 벌크 실리콘 태양전지의 익히 알려진 장점을 이용하고자 하는 것이다. 실리콘 소재는 우선 지각에 가장 풍부하게 부존되어 있고, 그 기술은 대량생산에 매우 적합하다. 독성(현실적 또는 예견되는)이 특정 박막 태양전지(예 : CdTe)에는 큰 장애가 되고 있는 데 비해 실리콘은 거의 무해하다. 기술의 초기단계에 있어 신뢰성 문제가 제기되고 있는 박막 기술에 비해 결정질 Si 모듈의 안정성과 신뢰성은 가장 결정적인 장점이다. 원리상 매우 얇은 박막의 경우에도 고효율을 얻을 수 있는 잠재성도 매우 크다.

다음 질문은 왜 미결정(μc-Si)이나, 단결정실리콘이 아닌 다결정실리콘이냐 하는 것이다[4]. 어떤 박막 태양전지가 목적에 가장 부합되는 것이냐는 여전히 미지수이다. 연구가 다양하게 진행 중에 있어 아직 해답은 없다. 여러 대안 중 pc-Si는 잘 알려져 있지 않고, 처음에는 잘못된 선택으로 보일 수도 있다. 박막 형성이 미결정보다 훨씬 더 높은 온도에서 이루어지기 때문에 기판은 내열성이 좋아야 하고 따라서 값이 비쌀 수 있다. 그리고 결정의 품질이 μc-Si이나 단결정에 비해 크게 떨어진다. 일부에서는 아직 결과가 없기 때문에 그 정도의 결정립 크기를 가진 실리콘으로 우수한 효율의 태양전지를 만들 수 있을지 의문을 제기하는 경우도 많다. 어떤 발표에서는 이런 범주의 결정립 크기를 'the Valley of Suffering'[3]으로 부르는데, 이는 박막 다결정과 단결정, 미결정이라는 기술의 산과 산 사이에 위치하기 때문이다. 하지만 이는 데이터를 잘못 해석한 것이다. 실제로 pc-Si 박막 태양전지에 많은 희망이 있다는 보고가 여러 차례 있었고, 웨이퍼 태양전지의 독보적 위치에 도전할 수 있는 첫 번째 박막 태양전지가 될 가능성이 많다고 보고 있다.

3.2 다결정실리콘 박막 태양전지의 잠재성

3.2.1 빛 가두기

실리콘이 비록 간접천이 밴드갭을 가진 반도체라 광흡수층으로서는 비교적 불충하지만, 이론상으로는 높은 전류 값을 가진 효율적인 태양전지를, 그것도 불과 수 마이크론 정도의 두께로도 실현 가능하다[5].

빛 가두기(light confinement)는 활성 실리콘 층의 전면을 텍스처링하여 빛이 광흡수층 내로 비스듬하게 들어올 수 있게 하고, 여기에 후면 반사체를 함께 적용함으로써 가능하다. 이론적으로 최적에 가까운 빛 가두기는 'Lambertian scheme'으로 구현할 수 있는데, 여기서 2개의 박막 표면 중에 하나는 완벽한 확산(diffusing) 거동을 나타내어야 한다. 그러나 실질적으로 최상의 결과는 양쪽 면이 모두 확산 반사 특성을 보일 때 얻을 수 있다. 빛 가두기는 특히, 파장이 800 nm 이상에서 실리콘에 흡수되는 비율이 낮아지는 파장 영역에서 중요하다.

광흡수 효율은 태양광 스펙트럼 하에서 실리콘 태양전지의 이론 최대 단락전류밀도를 통해 모니터하게 된다. 실리콘의 두께가 무한하고, 광생성 캐리어들이 모두 수집된다고 가정했을 때의 최대전류는 약 47 mA/cm^{2}이다. 마찬가지로 최대 단락전류는 박막 실리콘과 그 두께로부터 추출할 수 있으며 [그림 3.1]이 그 결과이다. 두께 2 μm의 두꺼운 박막에서도 반사체의 역할이 좋고 빛 확산이 있으면 30 mA/cm^2

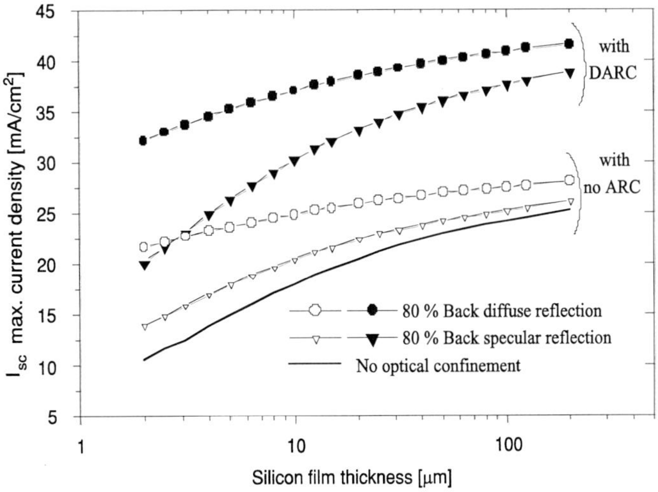

그림 3.1 각기 다른 구조를 가진 태양전지의 Si 막 두께에 따른 최대 전류밀도 I_{max}, MgF_2/ZnS의 이중 반사방지 코팅(double ARC).

정도의 전류밀도를 얻을 수 있다. 후면 반사율(back reflectance) 80%는 유리나 세라믹(보통 반사율 90% 이상) 같은 굴절률이 낮은 소재 위에 만든 실리콘으로부터 얻을 수 있는 값보다 적어서 잠재적인 전류는 실제로 더 클 수 있다.

이러한 계산은 광생성 캐리어들의 100%가 수집된다는 가정 하에서이다. 물론 실제의 경우 수집된 캐리어들의 수는 더 적고, 일차적으로는 소수 캐리어 특성에 따라 달라진다.

3.2.2 확산길이

소수 캐리어 수송은 간편하게 확산길이로 설명할 수 있다. pc-Si에서 확산길이(diffusion length)는 소재의 기존 특성이 아니고, 소자의 각 영역에서 확산길이와 재결합 공정의 결과물이다. 총괄하여 유효 확산길이(effective diffusion length : L_{eff})에 대한 정의가 필요하다. 기존의 여러 가지 모델 중[6, 7], 'Shockley's filament theory'에 기반을 둔 것이 상당히 정확하고 간단하기 때문에 가장 유용한 것으로 보고 있다. 여기서는 소재들을 정사각형의 단면을 가진 동일한 결정립들이 어레이 형태로 구성된 것으로 간주한다. L_{eff}는 다음 식으로 주어진다.

$$\frac{1}{L_{eff}^2} = \frac{1}{L_n^2} + 2b_0^2$$

여기서 L_n : intragrain 확산길이

b_0 : 다음 식의 1차 해

$$\left(4\frac{D_n}{S_{gb}a}\right)b\frac{a}{2} = \cot\left(b\frac{a}{2}\right)$$

여기서 a : grain size(결정립 크기)

S_{gb} : 결정입계에서의 재결합 속도

D_n : intragrain 전자 확산 계수

결정립 크기가 작고 재결합 속도가 보통이며, intragrain 수명이 비교적 높은 경우는 다음 식이 된다.

$$L_{eff} = \sqrt{\frac{D_n a}{2S_{gb}}}$$

효율적인 태양전지에서 유효 확산길이는 활성층의 두께 보다 훨씬 커야 하고, 동시에 후면 재결합 속도는 보통이어야 한다. 활성층의 두께가 불과 수 마이크론이므로 유효 확산길이에 대한 구비조건은 벌크 태양전지에 비해 훨씬 더 부담이 적어, 10 μm 정도면 고효율을 달성하기에 충분하다.

3.2.3 모델링

지금까지 pc-Si 박막 태양전지의 모델링을 주제로 한 여러 논문이 발표되었는데, 주로 결정립 크기의 영향, 결정입계 재결합속도, 어긋나기(dislocation) 밀도 등에 관한 것이다[8~12]. 최근 몇몇 논문들이 에미터 형성 중에 결정입계를 따라 도펀트들이 우선적으로 확산함으로 인해 나타나는 도핑 spike들을 고려한 pc-Si 기반 태양전지의 시뮬레이션에 대해 발표한 바 있다(3.5.2절 참조). 주상(columnar) 구조에서 도펀트 spikes들은 결정입계를 따라 활성층의 일부분이나 혹은 전 깊이에 걸쳐 깊숙이 펼쳐 들어가 존재한다. 이런 구조를 TREBLE(ThRee-dimensional Emitter Based on Locally Enhanced diffusion) 태양전지라 한다[13]. [그림 3.2a]가 TREBLE 태양전지이다. 선택적인 확산에 의해 형성된 수직방향의 접합은 소수 캐리어 확산길이가 짧은 소재의 수집을 증대시켜 효율을 증가시킨다. 이 결과는 [그림 3.2b]로, 계산된 효율을 결정입계(X_{gb})를 따라 도펀트의 확산깊이의 함수로 나타낸 것이다. 대상 시료는 평균 결정립 크기 3 μm, 두께 10 μm의 실리콘 기반 태양전지이다. 분석은 상업용의 2차원 반도체 소자 시뮬레이션 소프트웨어인 ISE-DESSIS를

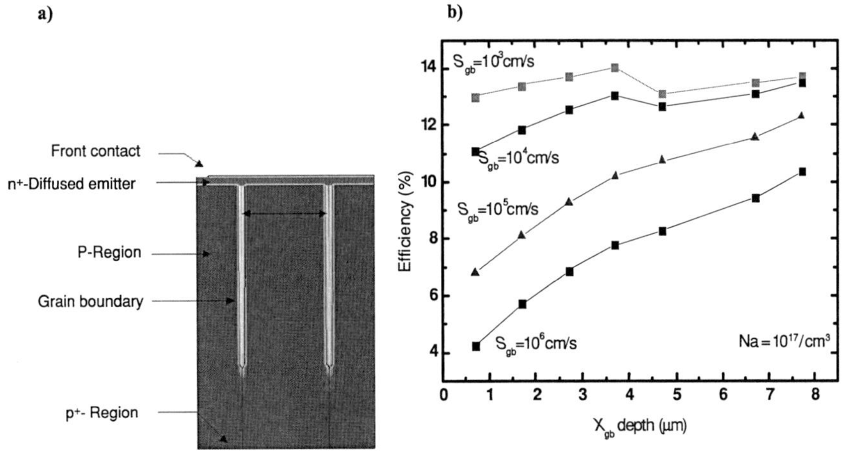

그림 3.2 (a) TREBLE cell의 개략도; (b) 결정입계(X_{gb})를 따른 확산깊이와 결정입계에서의 서로 다른 표면 재결합속도(S_{gb}) 대비 계산된 효율. Si 기반 태양전지의 두께 8 μm, 도핑 농도 $N_a=10^{17}$ cm^{-3}, 결정립 크기 3 μm, 수명 0.5 μsec, Si-BSF의 두께 2 μm, 도핑 농도 10^{19} cm^{-3}.

이용하였다. $S_{gb}=10^4$ cm/s, $X_{gb}=2.5\ \mu$m에서는 평균 효율 12%를 기대할 수 있다. 부동태화(패시베이션)가 잘된 결정입계($S_{gb}=10^3$ cm/s)인 경우 선택적인 도핑의 효과는 크지 않고, X_{gb} 값에 무관하게 효율 13% 이상을 달성할 수 있다.

3.3 다결정실리콘 박막 태양전지용 기판

벌크 실리콘 태양전지에 대비하여 박막 실리콘 태양전지는 기계적인 강도를 이종기판에 의지한다. 이 소재가 절연체이고 대면적의 시트 형태로 생산되면 모놀리식하게 상호연결 구조로 만들 수 있어 공정비용을 낮출 수 있다.

기판의 선택은 여러 기준에 따라 달라진다. 박막 태양전지는 가격 절감을 목표로 하기 때문에 첫 번째 기준은 가격이다. 두 번째 중요한 기준은 기판이 지탱할 수 있는 온도로, 그 온도는 태양전지 공정온도보다 높아야 한다. 다른 중요한 매개변수는 기판의 열팽창계수(TEC)로, 결정질실리콘의 계수($\sim 4\times10^{-6}\ K^{-1}$)와 가까워야 한다. 온도를 높이고 내리는 동안 팽창하고 수축하는 정도가 서로 다르기 때문에 스트레스가 과도하게 되어 깨어지거나 균열이 간다. 이 요건은 최대 공정온도에 따라 중요도가 다소 달라질 수 있다. 상판(superstrate : 빛이 기판을 통해 소자에 유입) 구조를 선택하면 기판의 투명도도 또한 요구된다.

〈표 3.1〉은 다결정실리콘 박막 태양전지용 기판소재 후보들이다. 소다석회 유리는 대량생산으로 매우 값싸게 공급할 수 있는 장점이 있는데, 이미 태양광 모듈 제작 시 전면 커버용의 표준 소재로 자리 잡고 있고, glass-to-glass 구조에서는 백시트(back sheet) 소재로 사용되고 있다. 전면 커버유리는 보통 금속 불순물의 함량이 매우 적고(extra white 유리), 경화상태이다. 표준 소다석회 유리는 연화점(softening point)이 약 580℃이고, 그 이상 온도에서는 긴 시간 견딜 수 없다. 이 유리의 TEC는 Si 보다 훨씬 크므로 대면적 다결정 소자의 경우에는 사용하기 어렵다.

원칙적으로 금속 기판은 가격 경쟁력이 있다. 확실한 선택은 스틸 기판 또는 포일로, 이미 일부 비정질실리콘 모듈에서 사용되고 있다. 금속의 TEC는 보통 실리콘보다 매우 크므로 균열이나 깨지는 문제가 발생할 수 있다. 기판이 전도성을 가지는 것은 하나의 장점(양쪽에 접촉 전극이 있어 공정이 더 쉬움)이나 모놀리식 모듈의 개념을 적용할 수 없어 모듈 제조 시 가격절감에 한계가 있다. 이 문제를 회피하는

표 3.1 다결정실리콘 박막 태양전지용 기판 소재의 특성

Material	Soda-lime glass	Borosilicate glass	High temperature glass	Stainless steel	Mullite ceramic
Price of substrate (€ /m²)	3–7	20–40	Unknown for large volumes	4–10	30–40 (estimate for large volumes)
Softening point (°C)	~580	~820	~1000	>1000	>1460
Coefficient of thermal expansion ($10^{-6}K^{-1}$)	80	3	3.8	12	3.5
Transparent	yes	yes	yes	no	no

방법의 하나는 절연 물질로 기판을 코팅하는 것이다. 비정질과 미결정실리콘 태양전지[14]에 제안된 바가 있으나 아직 다결정실리콘에는 적용된 바가 없다.

붕규산(borosilicate) 유리가 여러 경우에 매우 적합한 기판인데, 그 TEC가 실리콘과 비슷하고 800℃의 온도까지 견딜 수 있다. 짧은 시간 동안은 900℃ 이상도 견디기 때문에, 예를 들어 CSG Solar 사에서 결함 어닐링 단계에 사용한 바가 있다[15]. 1,000℃ 까지 더 고온을 요구하는 경우에는 소위 고온 유리를 사용할 수 있다[16, 17]. 고온 유리의 TEC는 실리콘의 TEC와 가깝고, 대량생산하면 저가격에 가능할 것으로 예상된다. 1,000℃ 이상의 온도는 세라믹 기판만이 가능하다. 여러 종류의 세라믹 기판이 고려되었는데, 알루미나(미결정 aluminium oxide)는 전자 패키징 산업에서 널리 사용된 소재이다. 일부 알루미나의 특성은 박막 실리콘 태양전지용으로 우수하다. 기계적 특성이 좋고 확산 반사가 매우 크다. 그러나 TEC는 실리콘의 약 2배이다. Mullite는 세라믹 소재로 Al_2O_3와 SiO_2의 고용체로부터 생성된다. 알루미나와 유사한 광학 특성이 있으나 TEC는 실리콘에 매치가 더 잘된다[18]. 가격 추산에 의하면 저가격의 태양전지용으로 충분할 것으로 보고 있다. 여타 질화물 기반의 소재, 그 중에서 SiAlON 세라믹[19]은 Si_3N_4, AlN, Al_2O_3 분말로 만든다. 이 소재의 TEC 역시 실리콘에 가깝고, 기계적 특성이 우수하나, 광학특성은 최적에 미치지 못한다.

기판 요구조건에 관한 논의를 마치기 전에 〈표 3.1〉에서 알 수 있는 점을 한 번 더 명확히 하고자 하는데, 여러 논문에서 잘못 제기된 것에 대한 반박이기도 하다. 유리는 매우 낮은 온도에서만 사용가능한 것이 아니고, 고온에서도 충분히 적용

가능하다. 공정 최고온도에 따라 붕규산 유리, 알루미늄규산 유리 등이 거론되는데, 600℃가 사용가능한 한계온도는 아니다.

흡수도의 한계와 관련한 특성은 동일하지만 다결정실리콘의 활성층 두께는 벌크 실리콘에 비해 매우 얇기 때문에 빛 가두기를 반드시 채택하여야 한다. 내부반사를 최대화하고 빛은 경사진 각도로 태양전지 내에 들어오게 설계하여야 한다. 표면의 거칠기를 통해 빛을 산란시키는 것도 좋은 방법이다. 일본 Kaneka 사의 STAR 태양전지의 개념에서는 전면과 후면 둘 다 텍스처링하고[20], CSG Solar에서는 평판 유리의 표면을 작은 구슬(bead)로 코팅하여 텍스처링한다[15]. 이밖에 유리를 텍스처링할 수 있는 방안으로는 샌드블라스트[21], 플라즈마 텍스처링[22], Al과의 화학반응[23] 등이 있다.

3.4 박막 형성

결정질실리콘 박막은 특정 반도체 소자에 적합한 다양한 기술로 성장시킬 수 있다. 태양전지용으로서의 기술적, 경제적인 요구조건이 있기 때문에 적정 두께는 10 μm 내지 그 이하라야 한다. 이종기판 위에 이런 얇은 두께의 다결정실리콘 박막을 증착할 수 있는 공정은: chemical vapor deposition(CVD), plasma enhanced CVD(PECVD), ion assisted deposition(IAD), liquid phase epitaxy(LPE), 그리고 비정질실리콘의 solid phase crystallization(SPC) 등이다.

3.4.1 결정립 크기 증대를 위한 초기 단계

다결정실리콘 박막 태양전지의 고효율화 잠재성을 극대화하기 위해서는 이상적인 박막층, 즉 가능하면 크기가 큰 결정립을 형성하는 데 연구를 집중하여야 한다. 실리콘이 직접 이종기판 위에 증착되면, 그 결과로 얻어지는 박막층은 결정립의 크기가 작아 결정성이 비교적 좋지 않다. 이 점이 증착의 시작 단계부터 크기가 큰(>10 μm) 결정립을 얻을 수 있도록 해야 하는 이유이다. 2가지 접근 방법이 있다.

3.4.1.1 핵생성 제어

이종기판 위에 다결정 박막의 형성은 핵생성(nucleation) 단계로부터 시작하고, 이어서 그 핵이 완전한 층으로 자리 잡을 때까지 계속 성장하게 된다. 일반적으로 생성된 핵의 밀도(nucleus density)가 많을수록 최종 층에서의 결정립 크기는 작아진다. 반면에 핵의 밀도가 너무 낮으면, 그 간격이 너무 멀게 되어 완전한 박막층을 형성하기까지 엄청난 시간이 걸리거나 아니면 아예 서로 뭉쳐지지도 않는다. 적정한 크기의 결정립으로 구성된 최적 층을 얻기 위해서는 결정화나 증착 시작단계에서 핵생성을 제어하여야 한다. 핵생성 제어는 사용한 박막증착 공정에 따라 서로 다른 형태를 갖게 될 것이다.

3.4.1.2 시드 층 접근방식

핵생성 제어 접근방식에 비해 시드 층 접근방식은 핵생성 시작단계를 활성층의 실제 성장 단계와 완전히 분리시키는 것이다. 첫 번째는 큰 결정립으로 구성된 박막층, 즉 시드 층을 먼저 형성하는 것이다. 이 시드 층은 결정성이 매우 우수하나 아직은 너무 얇거나 도핑 농도가 너무 높거나, 아니면 2가지 모두 해당되어 태양전지 활성층으로 사용할 수가 없다. 두 번째 단계는 에피택셜 증착으로 그 아래에 있는 결정구조를 재현하는 증착 공정으로 광흡수층을 형성하게 된다. 2개의 완전히 다른 박막공정 기술을 시드 층과 활성층 형성을 목적으로 사용할 수 있다.

시드 층 접근방식은 한편으로는 결정성이 좋은 박막 제조라는 이슈와 다른 한편으로는 필요로 하는 도핑 프로파일과 적절한 성장속도라는 이슈를 완전히 분리하여 대응할 수 있도록 한다. 다결정실리콘 박막 제조용 기법으로 2가지 우수한 것이 있는데, 레이저 결정화(laser crystallization)와 알루미늄 유도 결정화(aluminium induced crystallization : AIC)이다. 레이저 결정화는 실리콘을 국부적으로 녹이고 결정화를 유도하기 위해 레이저광의 펄스를 이용한다. 실리콘의 극히 일부분만이 매우 짧은 시간 동안만 녹기 때문에 기판 자체는 저온에 유지된다. 대면적의 균일성이 보통의 유리 기판에서도 매우 뛰어나는 등 전기적 특성이 매우 우수한 막을 얻을 수 있다. 레이저 결정화 실리콘은 평판 디스플레이용의 박막 트랜지스터(TFT) 제조에 사용되는 기술이다. 대면적을 가진 재료의 레이저 결정화에 사용되는 기법은 여러 가지가 있다. 현재 TFT 용의 표준 기법은 엑시머 레이저 어닐링(excimer laser annealing : ELA)인데, 여기서는 얇은 비정질실리콘 막을 폭이 넓은 엑시머 레이저 펄스를 반복 조사하여 결정화시키게 된다. 이 기법으로는 비교적 결정립이 작은 (0.1~0.5 μm) 막이 얻어진다. 결정립이 더 크고 결정구조가 좋은 다결정실리콘 박막을 형성할 수 있는 새로운 기법이 있는데, 가장 유망한 것이 sequential lateral solidification(SLS) 공정이다[24, 25]. 개념은 시드 층으로 사용할 수 있는 결정립들을 형성하는 것이고, 이를 lateral 결정화시키게 된다. 국부적 용융과 결정화가 공간적으로, 시간적으로 직전의 결정화 작업과 별개로 이루어진다. 결정립의 폭은 비정질실리콘의 두께, 레이저 출력, 펄스 주파수에 따라 달라진다. 박막 두께가 얇고, 레이저 출력과 펄스 주파수가 낮을수록 급냉(quenching) 속도는 빨라진다[26]. 급냉 속도가 빠르다는 것은 결정화가 빨라 결정립의 크기가 작아진다는 의미이다. SLS 공정으로 평균 결정립 크기 2~4 μm[27], 특정 조건 하에서는 최고 7 mm [28]까지 다결정실리콘을 성공적으로 형성할 수 있었다.

원칙적으로, 비정질실리콘의 도핑 농도가 보통 수준이라면 태양전지 활성층은 레이저 결정화로 직접 형성이 가능하다. 일본 Tsukuba에 있는 Electrotechnical Laboratories의 연구팀이 실제로 세라믹 기판 위에 소면적 소자를 만들어 최고효율 6.5%를 보고한 바 있다[29, 30]. 하지만 이 방법으로 대면적 소자를 만드는 것은 도펀트의 프로파일 제어가 되지 않기 때문에 어려워 보인다. Si 부피 전체가 액상을 거치면서 도핑 수준이 전체 두께에 걸쳐 고르게 된다. 그러므로 다수(majority) 캐리어의 측면 방향 수송에 필요한 고농도로 도핑된 영역을 태양전지 후면 쪽에 만들어 주는 것이 불가능하다. 레이저 결정화는 이후의 에피택셜 증착에 필요한 시드 층을 만들기 위해 고농도로 도핑된 층에만 적용이 된다[31]. 레이저 공정의 주요 장점은 저가격의 유리나 유연성 기판을 사용할 수 있다는 점이다. 잠재적으로 산업화 적용에 필수적인 핵심 이슈는 처리량(폭이 좁은 빔으로 전체 면적을 스캔하는 것은 속도가 느림)과 정비 및 보수비용이다. 그러나 레이저 기술이 꾸준히 발전함에 따라 이 문제들도 잘 해결될 것이다.

기판온도를 낮게 하면서도 크기가 큰 결정립을 얻기 위한 또 다른 방법은 금속 유도 결정화(metal induced crystallization)이다. Al, Ni, Pd [32-34] 같은 일부 금속들이 결정화 온도를 낮춘다든지, 큰 결정립을 형성한다든지 하는 방법으로 비정질실리콘의 결정화에 영향을 미치는 것으로 알려져 있다. Ni의 경우 규화물(silicide) 침전물이 열 어닐링 초기 단계에 형성되고 이것이 결정화 사이트로서의 역할을 한다. 마구잡이(random) 핵생성이 시작되기 이전에 비정질실리콘은 충분히 재결정화 된다. 이때 각각의 니켈 입자는 각 결정립의 시드 역할을 하며 결정립 크기가 100 μm 이상 되기도 한다. 하지만 이들 결정립들은 low angle subgrain boundary를 갖고 있고, 금속으로 심하게 오염되어 있다. 오염을 피하기 위해서는 실리콘에서 억셉터 도펀트로 작용하고 실리콘 내로 비교적 느리게 확산하는 알루미늄이 더 좋다. AIC 기법으로 Al 농도가 매우 높은 얇은 두께의 결정 층을 형성할 수 있다. 태양전지에서 이와 같은 p^+ 층은 문제가 되지 않는다. 이는 실제로 대부분의 실리콘 태양전지에 존재하는 특징이다. AIC(혹은 ALILE : Al induced layer exchange) 기법은 이웃하는 Si 원자와 Al 막들이 전체적으로 층 교환을 하고 열 어닐링 동안 비정질이

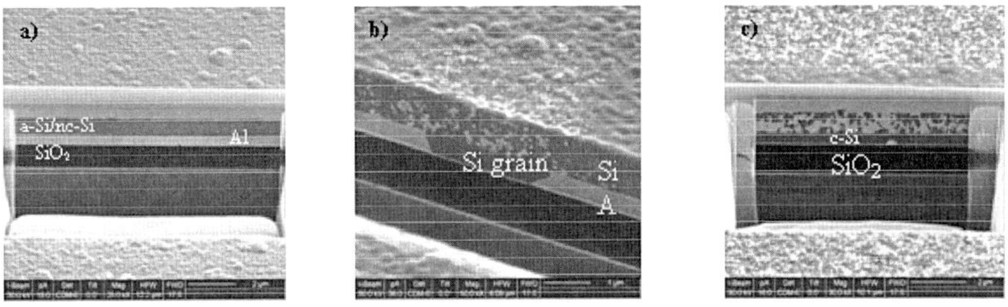

그림 3.3 산화시킨 실리콘 기판 위에서의 결정화 공정을 보여주는 FIB 사진 (a) 증착 직후의 Al/a-Si 박막; (b) 500℃에서 10분간 어닐링 후의 알루미늄 층에서의 실리콘 결정립 성장; (c) 500℃에서 2시간 어닐링 후에 층의 교환이 완료된 상태.

다결정 Si으로 변환하는 것을 기반으로 한다[35, 36]. Si과 Al 층들은 두께가 각각 수 백 nm로 보통 진공증착, 마그네트론 스퍼터링, PECVD 등으로 증착한다. 중요한 것은 두께 수 nm의 얇은 Al_2O_3 멤브레인이 두 층 사이에 형성되어야 한다. 이는 보통 Si 증착 전에 Al의 산화에 의해 이루어진다. [그림 3.3]은 단면 focused ion beam(FIB)을 통해 산화규소 기판 위에 AIC 공정을 묘사한 것이다. [그림 3.3a]는 어닐링 전의 Al과 a-Si 층을 보여준다. Al과 Si의 교환은 온도 450~ 550℃ 범위, 시간 30분에서 20시간 동안의 어닐링 중에 이루어진다. 열처리 중에 용해된 Si 원자들은 Al 내에서 재결정화된다. Si 결정립은 우선 기판과 a-Si/Al의 계면에 도달할 때까지 3차원 방향으로 성장한다. 이후 결정립들은 결정화 공정이 끝날 때까지 측면 방향으로 성장한다. 적절한 매개변수들이 선택되면 다결정실리콘 층이 연속적으로 자라게 된다. Islands 라고 부르는 2차 결정립들이 약간씩 꼭대기 층에 형성되기도 한다. [그림 3.3c]는 500℃에서 2시간 어닐링 후에 얻어지는 잔존 Al+Si 구조와 함께 다결정실리콘 층을 나타내고 있다. 이 그림은 층 교환이 성공적으로 완료되었음을 알려준다.

Al은 AIC 공정이 끝난 후에 인산 처리와 같은 선택적 에칭으로 제거한다. 기판과 공정에 따라 결정립 크기는 수 μm에서 큰 것은 50 μm 정도 된다. 증착된 Al 층의 두께에 따라 결정립의 두께가 겨우 100~500 nm이기 때문에 결정립의 종횡비(aspect ratio)가 극히 작다. AIC의 정확한 메커니즘에 대한 해석은, 핵생성 이론과 diffusion limited kinetics(반응속도가 확산에 의해 제한을 받음)에 바탕을 둔 전반적인 원리는 확립되어 있지만 아직 불명확하다[37]. 어닐링 온도와 시간을 포함하여 Al 결정립의 크기[38, 39], 사용한 증착기법[40, 41], 기판의 거칠기 등 많은 매개변수들이 공정에 작용을 한다. 일반적으로 급속 결정화를 위한 공정매개변수들이 선택되면 더 많은 핵들이 생성되고 결정립의 크기는 작아진다. 결정립의 구조는 허용 가능한 공정시간과 최상의 결정구조 사이에서 절충된다. AIC에 관한 대부분의 연구 대상은 편평도(flatness) 측면에서는 완벽한 유리 기판 위에 형성된 것이다. 공정은 세라믹[42, 43] 같은 여타 다른 기판에도 적용이 가능하나, 기판 거칠기에 기인하여 핵생성이 과도하게 되는 문제가 있다. 이 문제는 AIC 하기 전에 flowable oxide (고유동 산화물)와 같이 편평도를 확보할 수 있는 별도의 층을 증착하여 해결한다 [44, 45]. AIC 시드 층은 〈100〉 우선방향을 나타내는데[36, 46, 47], 이는 이후의 에피택시 증착에 매우 유리하다. 우선방향은 어느 정도 공정 매개변수들을 통해 제어할 수 있다. 시드 층 위에 생기는 2차 islands들은 에피택시 성장을 방해하고 결정입계를 더 많이 생성하기 때문에 바람직하지 않다. 이들은 chemical mechanical polishing(CMP)[48]이나 고온($T > 130$℃)에서 초음파 인산 처리로 제거할 수 있다. 초음파 인산 처리를 하면 잔존하는 알루미늄 산화물 층이 리프트 오프(박리)(lift-off) 된다[49, 50]. 다른 방안으로는 2차 결정립들이 공정의 끝 부분에서 완전하게 Al 층 안으로 박혀 들어가서 이후 Al이 에칭되는 동안에 쉽게 제거되는 것이다[51].

3.4.2 활성층 형성기법

3.4.2.1 CVD

CVD에서는 가스 반응물들의 화학반응에 의해 고체상태의 물질이 증착된다. 이 방법은 도펀트 농도와 층의 두께 제어가 우수하기 때문에 마이크로 전자산업에서 얇은 에피택시 층을 형성하는 데 널리 이용되고 있다. Si 증착용 출발물질, 즉 전구체는 대부분 실란(silane : SiH_4), 이염화실란(SiH_2Cl_2), 삼염화실란($SiHCl_3$)과 같은 염화 화합물들이다. Si 증착은 가스상의 반응(전구체 가스들이 작은 분자 단위로 분해), 가스상의 확산 그리고 표면 반응을 포함하는 연쇄 반응의 결과물이다. 공정이 전구체의 열분해를 기본으로 한 것이면 열 CVD, 그냥 단순히 CVD라고 부른다. 전구체에 따라 증착은 온도 800~1,200℃ 범위에서 이루어진다. CVD는 다결정실리콘 박막 태양전지의 연구용으로 사용된 주요 기법이다. 상세한 리뷰는 문헌에 잘 나와 있다[52].

CVD는 시드 층의 접근방식의 2번째 단계(시드 층에 에피택시)에 적용되기도 하고, 전체 Si 구조를 만드는 유일한 증착기법이기도 한다.

시드 층 접근방식의 한 부분으로 CVD 사용은 비교적 간단하다. 여타 에피택시 기법과 비교하여 결정 방향이나 에피택시 전의 H-coverage에 무관하게 양질의 에피택시 성장이 된다. 에피택셜 템플릿이 매끈하고 연속적이면 원칙적으로 결함밀도가 낮다. 이는 에피택셜 태양전지용[53], 고온 다결정실리콘 박막 태양전지용[54]으로 여러 차례 증명된 바가 있다. 시드 층 접근방식의 다결정실리콘 박막 태양전지에 대한 결과는 그리 많지 않고, 그것도 아주 최근이다. 하지만 이는 시드 층의 품질이 좋으면 여러 결정 방향 위에 양질의 에피택시가 가능하다는 것을 의미한다[44].

그러나 최근까지 다결정실리콘 박막 태양전지용의 열 CVD에 대한 대부분의 연구는 이종기판 위에 직접 증착도 포함한다. 대면적 위에 균일한 층들을 산화시킨 실리콘 웨이퍼 기판[55~57]과 여타 이종기판, 예를 들어 흑연(graphite)[58], 고온 유리[59], 알루미나[60~65], SiAlON, Si-SiAlON[66], 그리고 mullite[67, 64] 기판으로부터도 얻을 수 있었다. Si이 이종기판 위에 직접 증착되면 결정립 크기가 증착 초기 단계에서의 핵생성 현상에 의해 좌우된다(그림 3.4). 핵생성 단계 중에 핵들이 형성되고, 기판 표면 위에 있는 free Si 원자들을 포획하기 시작한다. 이들 기존 결정립들이 성장하는 동안에 새로운 결정립들이 그 사이의 공간에서 형성될 수도 있다. 그러나 서로 뭉쳐진(coalescence) 후에는 결정립들이 그 아래층의 결정구조를 유지하면서 에피택셜 구조로 계속 성장한다. 결정립들이 서로 다른 방향을 가지면, 그들은 서로 만나서 결정입계를 형성한다.

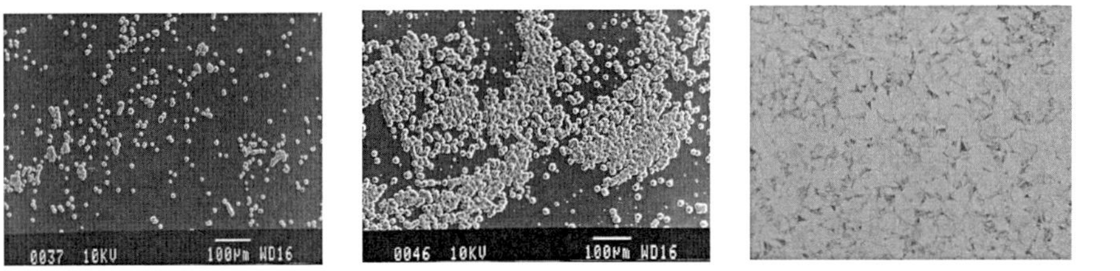

그림 3.4 비정질 thermal SiO_2 기판 위에 1,150℃, APCVD 공정 각각 5 s, 15 s, 120 s 후의 Si 핵 성장 SEM 사진.

확실히 coalescence 직전의 핵의 개수는 뭉쳐진 층에서의 결정립의 크기를 좌우한다. 핵의 밀도가 낮으면 결정립은 커진다. 핵의 밀도 n_x와 최종 층에서의 결정립의 크기 L_g 사이의 관계식은 대략 $n_x \approx L_g^{-2}$과 같이 된다.

결정립의 평균 크기가 10 μm이면 핵의 밀도는 10^6cm^{-2} 정도가 된다. 결정립 크기에 영향을 미치는 두 번째 인자는 상호 경쟁적인 성장(competitive growth)이다. 증착의 초기 단계 이후에 추가 성장이 이루어질 동안 일부 결정립들은 다른 결정립들을 희생시키면서 자라서 V-형태의 결정립 모양으로, 그리고 기판과 층 사이의 계면에서 보다는 표면에서 훨씬 더 큰 결정립들로 자란다. 이는 증착속도가 방향에 따라 달라지는 점과 관련이 된다. 끝으로 결정입계의 이동도 역시 잠재적으로 매우 중요한 인자이다. 증착공정 중에 결정입계의 이동도가 매우 높으면 최종 결정립의 크기는 증착 초기단계에서 핵 밀도로부터 기대되는 것보다 더 크게 된다. 결정입계의 이동도는 근본적으로 온도에 의존한다. 전통적인 CVD의 공정조건 하에서는 결정입계 이동도가 매우 낮아서[68], 이 효과가 증착 공정시간에 미치는 영향은 미미하다. 그러나 일부 인자들은 결정입계 이동도를 크게 증가시켜 주는데, 도핑 농도가 매우 높고[69], 산화와 같은 점(point) 결함 제공 메커니즘이 존재하는 경우[70], Al 합금화의 경우가 그러하다. 산화시킨 Si 웨이퍼(흔히 이종기판의 이상적인 모델로 사용) 위에서의 핵생성과 성장에 대한 연구의 결과는 결정립 크기가 실제로 핵의 밀도에 좌우된다는 것을 보여주었다[57, 72, 73]. 성장이 끝난 층에서의 결정립 크기는 1분 이하의 증착 후의 핵생성 밀도를 토대로 상당히 정확하게 예측할 수 있다. 결정립 크기 10 μm인 경우 핵생성 밀도 $10^6 cm^{-2}$ 정도를 예상한다. 이종기판에 대한 많은 실험에서도 핵생성 과정이 최종 층의 구조를 결정하는 것으로 나타났다. 표면은 핵생성이 매우 잘 일어날 수 있는 site 이므로, 핵이 밀도가 매우 높아서 결정립 크기 1 μm 이하의 층이 된다. 핵의 밀도를 제어하기 위한 방안으로 출발 가스에 HCl을 첨가하는 것[55], 전구체 가스들을 연속 공급방식이 아닌 간헐적으로 공급하는 방식[57, 65], 그리고 핵생성 거동에 영향을 주기 위해 기판 위에 중간층으로 유전체 층을 도입하는 방식[74] 등이 시도되었다.

이종기판 위에 직접 CVD로 증착하는 경우 〈110〉 우선방향이 매우 강하게 나타난다[75~78]. 그러나 관찰된 〈110〉 우선방향은 고온 CVD 공정에만 국한된 것이 아니고 고속증착이 이루어지는 많은 기법에서 나타나는 현상이다[79~82]. 이 우선방향의 출현은 결정립이 작은 층들에서 지배적으로 일어난다. 이는 〈110〉 결정립의 일부 특성과 연관이 되는데, 그 특성으로 인하여 경쟁적인 성장에서 {110} 면의 성장속도가 높아지고 성장속도가 늦은 {111} facet의 출현 가능성은 낮아지게 된다[83, 84]. 〈110〉 우선방향이 강한 박막은 보통 twinning이 넓게 분포된 많은 결정립들로 이루어진다. 그렇기 때문에, CVD 층에서의 우선방향은 재료의 품질이 좋다는 의미가 아니다. 경쟁적인 성장이 훨씬 더 적은 역할을 하는, 큰 결정립들로 된 층들은 〈110〉 우선방향을 보이지 않고, 결정립의 방향이 완전히 마구잡이로 자리잡는 경향이 있다[85].

CVD의 대체 기법으로 iodine vapor(요오드 증기) transport(IVT) 증착이 있다. 요오드 증기가 Si 소스와 반응하여 transport agent로 SiI_4를 형성한다. 이것이 이후 기판에서 분해되어 다결정실리콘 박막을 형성한다[86, 87]. 공정이 매우 빠르고 약 900℃의 온도에서 크기가 큰 결정립들을 가진 박막을 형성하는 것으로 보고되어 있다.

결정립 크기를 키우는 매우 기본적인 접근방식은 점도가 낮은 층 위에 Si 층을 증착하는 것이다. 점도가 낮은 층의 표면 위에서 Si adatoms의 이동도가 증대되고, 이 표면에서 Si의 핵이 회전할 수 있는 능력 때문에 크기가 크고 에너지 준위가 낮은 결정입계를 가진 큰 Si 결정립들이 형성된다. 이렇게 되면 크고 평평한 결정립들의 출현이 더 쉬워진다. CVDOLL(CVD on liquid layer)라는 이름은 Sn층을 이용하여 크기 100 μm이나 되는 결정립들을 가진 층을 얻은 바 있는 Graef, Gilling 그리고 Bloem들이 처음 사용하였다[88]. 하지만 그 개념은 1960년대에 Rasmanis에 의해 rheotaxy라는 이름으로 제안된 바 있다[89]. Si CVD의 온도에서 액체가 되는 유리 층을 이용하여 알루미나 기판 위에 매우 큰 결정립들을 지닌 층을 형성하고, 이를 이용하여 특성이 좋은 bipolar 소자를 만들었다. 이 방식의 퍼텐셜은 지금 연구 중에 있는데, 비록 고온에서 점도가 제어된 층을 형성하는 것이 간단히지는 않지만, 또 다른 장점으로 오염 측면에서도 해가 없기 때문에 잠재성이 상당히 클 것으로 보고 있다.

3.4.2.2 PECVD

PECVD(Plasma enhanced CVD)는 가스상의 전구체를 필요로 하는 기법이지만 화학결합을 깨는 데 필요한 에너지는 플라즈마가 공급한다. 그러므로 주어진 성장속도를 얻기 위해 필요한 온도는 열 CVD 보다 낮다. 플라즈마 내에 있는 고에너지의 전자들이 가스분자들과 충돌하고, 분해시키면서 화학반응을 시작한다. 게다가 플라즈마로부터의 양이온에 의한 기판 표면에의 충격(bombardment)이 표면 화학을 변화시킬 수 있다. 반응로(reactor)의 구조상 시료가 플라즈마에 직접 노출되는지, 플라즈마 글로방전(glow) 이후에 위치하는지에 따라 직접(direct)과 원격(remote) CVD로 구분할 수 있다. 반응가스 여기(excitation)의 유형도 주파수 범위에 따라 달라지는데, 보통 수 kHz에서 수 GHz 범위이다. 가장 전형적인 PECVD 반응기들은 RF 주파수를 이용한 평판형(parallel plate) 구조이다. 이온 충격의 예방과 고속 증착이 가능한 유망한 기법이 열선 CVD(hot-wire CVD : HWCVD)[90]와 electron cyclotron resonance CVD(ECR-CVD)[91]이다. 열선 CVD에서는 실란과 수소 같은 소스 가스들이 1,300~2,000℃로 가열된 필라멘트 catalyzer(기판으로부터 수 센티미터 거리)에 의해 열분해 된다. ECR-CVD는 사이클로트론 공명을 이용하는데, 이는 교류 전기장의 주파수가 자기장 역선(force line)을 궤도로 하고 있는 전자들의 주파수와 일치할 때 일어난다. 이렇게 되면 플라즈마 밀도가 매우 높아진다.

PECVD는 비정질이나 미결정실리콘을 증착하기 위해 저온(100~300℃)에서 가장 널리 사용된다. 다결정실리콘 박막 태양전지에 필요한 충분히 결정화된 층을 증착하기 위해서는 고온이 필요하다. 여기서 다시 한 번 시드 층 접근방식과 직접 증착 방식을 구분하게 된다.

시드 층을 두껍게 하기 위한 에피택셜 기법으로서의 핵심은 충분한 특성과 두께를 가진 에피택시 층을 만드는 것이다. 저온 에피택시는 일반적으로 매우 어렵다. 특히 결함이 많은 시드 층 위에서는 더욱 더 그러하다. 일반적으로 〈100〉 방향에서 크게 벗어나는 결정립들 위에서는 에피택셜 급의 막을 얻는 것이 매우 어려운데, 에피택시는 수백 nm 이후에 망가져 버리기 쉽다. 그럼에도 불구하고 AlC 시드 층 위에 ECR-CVD 공정으로 온도 585℃에서 면적의 70% 이상에 걸쳐서 2 μm의 두께로 에피택셜 층이 달성되었다[48].

PECVD는 고속성장과 저온기판 사용이라는 간단한 공정의 장점을 갖고 있기는 하지만 CVD 보다 다결정실리콘의 직접 증착에 대한 연구는 훨씬 더 적었다. Fuyuki 등은 산화 Si 웨이퍼 기판에서 우선방향과 성장속도에 미치는 증착 조건들에 대해 연구하였다[82]. Reehal 등은 흑연 기판 위에 온도 800℃에서 Si PECVD 공정으로 완전한 태양전지 구조를 실현하였다[92]. 일본 Kaneka에서도 우수한 결과의 STAR 셀을 만드는 데 특정의 고온 PECVD를 사용한 것으로 짐작된다.

3.4.2.3 이온 보조 증착

이온 보조 증착(ion assisted deposition : IAD)은 전자총 증착에 이어서 실리콘이 부분적으로 이온화하는 것에 기반을 두고 있다[93, 94]. 인가된 전압이 Si 이온들을 기판 쪽으로 가속시킨다. 가속전압은 보통 20 V 정도이다. 가속된 이온들에 의해 공급된 에너지 때문에 표면의 adatom 이동도는 증대된다. 그 결과 IAD 기법으로 435℃의 낮은 온도에서도 증착속도 0.5 μm/min까지의 에피택셜 성장이 가능하다. 저온이지만 단결정 Si 위에서도 매우 양호한 품질의 에피택셜 층을 얻을 수 있었다. 소수(minority) 캐리어 확산길이 40 μm, 어긋나기(dislocation) 밀도 10^3 cm^{-2} 이하의 〈100〉 웨이퍼 위에 650℃ 온도에서, 성장속도 0.8 μm/min으로 에피택셜 박막을 증착하였다[95]. 그러나 대부분의 저온 에피택셜 증착 기법에서 에피택셜 층의 특성은 기판 방향에 크게 의존하는 것으로 밝혀졌다[96]. 이때 〈111〉 방향 웨이퍼에서의 어긋나기 밀도는 적어도 10^2 이상 더 높다.

다결정실리콘 박막 태양전지 측면에서 IAD 기법이 온도 600℃에서 붕규산 유리 위에 AIC 시드 층을 두껍게 하는 데 적용되었다[97]. 저온 에피택시에서 매우 중요한 표면 오염을 피하고 표면에서의 수소 termination을 만들어 주기 위해서는 특별히 주의하여야 한다. 초기단계에서 바람직하지 않은 방향으로 배열된 결정립들 위에 에피택시를 하기 위해서는 낮은 증착속도가 필요하다. 이 시료로 소자를 만들었는데, RTA와 수소화 공정 이후에 소자의 최고 V_{oc}는 420 mV이었다.

3.4.2.4 액상 에피택시

액상 에피택시((Liquid phase epitaxy : LPE) 혹은 용액성장(solution growth)이라 부르는 것으로 기판을 Si으로 포화된 금속 용매 bath에 노출시키고, 이후 온도를 낮춘다. 과포화(supersaturation)의 결과로 Si이 용액으로부터 빠져나오면서 기판 위에 증착된다. 여러 가지 금속 용매들(indium, gallium, aluminium 등)이 사용되었는데, 공정은 700~950℃ 온도 범위에서 이루어진다. 용액성장에 있어 열역학적 구동력은 비교적 적기 때문에 증착 장치의 벽 등에 원하지 않는 증착이 발생하지는 않는다.

Si 웨이퍼 위에 LPE 방법으로 결함밀도가 낮고, 소수 캐리어 수명이 높은 에피택셜 층을 만들 수 있다[98]. 하지만 이종기판 위에서는 소자에 사용가능한 막의 품질을 얻기 어렵다. 구동력이 적어 비실리콘 기판 위에 충분한 핵생성이 일어나지 않는 점은 해결하기 어려운 과제이다. 핵생성이 불충분하면 서로 간에 빈 공간이 많은 고립된 Si 결정립들이 만들어진다. 박막층이 연속적으로 만들어지지 않기 때문에 소자를 제조할 수 없다. 이런 측면에서 용액성장 이전에 연속적인 막을 만들어 주는 시드 층 접근방식이 LPE에는 더 적합할 것으로 생각할 수 있다. 시드 층 증착 후에 LPE 증착을 결합하는 여러 시도가 있었는데[99~101], 아직 소자 제조가 가능한 수준에는 도달치 못하고 있다. 여러 경우에 Si은 기판을 완전히 커버하지 못한다. 비록 커버리지가 완전하더라도 Si 증착 층은 치밀하지 않고 독립된 큰 결정립들이 연결되지는 않고 서로 가까이에 위치하고 있는 것으로 보인다. Kuhnle 등은 LPE의 과포화도가 낮은 경우의 관찰결과를 자세히 설명하면서 과포화도가 임계(critical) 결정립 크기에 대해 미치는 영향에 대해 보고하였다[102]. 과포화도가 낮다는 것은 임계 결정립 크기가 크다는 것을 의미한다. 시드 층에서 작은 결정립들 모두는 임계 크기보다 작아 용액성장 공정 중에 용해된다. 이는 결정립의 평균크기에는 도움이 되지만 박막층은 불연속적으로 형성된다.

3.4.2.5 고상 결정화

다결정실리콘을 형성하는 데 가장 광범위하게 연구된 방법으로, 태양전지 수준에서 가장 성공적인 것이 비정질실리콘의 고상 결정화(solid phase crystallization : SPC)이다[15, 103, 104]. 비정질실리콘은 PECVD, 스퍼터링이나 간단히 진공증착 방법으로 증착한다.

보통 비정질실리콘 박막은 두께가 1~3 μm이고, 진성으로, 그리고 도핑 농도를 낮게, 높게 할 수도 있고, 도핑 정도가 다른 막을 여러 층 쌓을 수도 있다. 증착 후에 박막은 550~700℃ 범위에서, 여러 시간 동안 어닐링한다. 온도가 높을수록 결정화가 빨라지나 결정립 크기는 작아진다. 온도가 너무 낮으면 충분한 시간이 지나도 완전한 결정화가 이루어지지 않는다. 절충점은 600℃이다. [그림 3.5]는 진공증착한 비정질실리콘을 SPC한 시료의 TEM 사진이다. 태양전지급의 SPC 박막은 결정립 크기가 보통 1~2 μm이다[105, 106]. SPC의 어닐링 온도에 있어서 일반적으로 결정립 크기에 대한 로그 정규 분포가 있는데[107~109], 어떤 경우에도 작은 결정립들이 큰 비율을 차지한다. 평균 결정립 크기는 최대 크기보다 3~5배 더 적다. 게다가 intra-grain quality가 완전성과는 거리가 너무 멀어 쌍정(twin), 어긋나기 같은 결함들이 많이 있다. 증착 직후에 막의 전기적 특성은 오히려 나쁘다. 만약 이것으로 소자를 만든다면 200 mV 정도의 V_{oc}가 얻어질 것이다[104~105]. 그러나 이 다결정실리콘의 전자특성은 뒤에서 설명할 defect annealing, 수소 부동태화(패시베이션) 등의 후 처리공정에 의해 크게 개선되어 V_{oc}가 500 mV 이상 된다. 통상의 도펀트(P, B, Al)의 확산은 600℃에서는 매우 느리다. 결정화 후에 열 공급이 적으면 비정질실리콘 증착 중에 만들어진 도핑 프로파일이 그대로 결정 상태에서도 남게 된다.

그림 3.5 평평한 SiN 코팅유리 위에 만든 SPC 다결정실리콘 막의 단면 TEM 사진.

여타 다른 다결정실리콘에 비해 SPC 재료는 〈111〉 우선방향을 나타내는 경향이 있다[110, 105]. 이는 결정화의 속도가 이방성이기 때문인데, 그 결과 기판에 수직한 〈111〉 방향으로 결정립들이 성장토록 해준다[110].

SPC Si의 재료 품질을 더 개선하기 위해 여러 기법들이 시도되었다. 첫 번째 시도는 비정질실리콘의 첫 번째 층을 증착하면서 핵생성을 제어하는 것이다. 그 조건에서는 핵생성이 먼저 되고 이후 전체 stack의 결정화에 영향을 미치는 것이다. 고농도 도핑은, 특히 n-형 Si의 경우에 결정화에 이르는 문턱을 낮추어 주는 것으로 알려져 있다. 또 다른 인자는 비정질실리콘 내에서의 작은 결정립들의 존재이다. 일본 Sanyo에서는 고농도 도핑한 〈110〉 우선방향을 가진 n-형 초기 층을 이용하여 최상의 품질을 가진 SPC를 만들었다[103]. 진정한 의미의 시드 층 접근방식도 역시 사용되었는데, 여기서는 우선 큰 결정립들의 시드 층을 먼저 만들고, 비정질실리콘은 이 시드 층위에 증착하고, 이를 SPC하는 것이다. 이는 실제로 다결정실리콘 박막에 적용된 고상에피택시(solid phase epitaxy : SPE) 기법이다. 이 기법을 다양한 시드 층들, 특히 AIC 시드 층들[111]에 적용하였는데, 표준 SPC 보다 성공적이지 못했다.

여타 박막 형성법에 비해 SPC는 여러 가지 장점이 있다. 비교적 단순하고, 가격 경쟁력이 있고, 공정온도가 낮고, 비교적 좋은 품질의 활성층이 가능하고, scale-up이 용이하고, 그리고 *in situ* 접합형성이 가능하다는 것이다. 단점은 사이클 시간이 매우 길고, 효율 12% 이상의 다결정실리콘 박막 태양전지 제조에 필요한 요건인 구조적으로 매우 우수한 재료 품질을 얻기 어렵다는 것이다.

3.4.3 결함밀도와 활성도

여기서는 우선 다결정실리콘 박막의 연구에 도움이 되는 몇 가지 개념에 대해 소개하고 이런 유형의 소재에서 결정입계의 전기적 활성도에 대한 논의 이슈에 대해 기술하고자 한다.

첫 번째 중요한 개념은 결정립 크기이다. 실제 다결정 층에서의 결정립들은 그 크기가 균일하지 않고, 다양한 분포를 나타낸다. 간단하게 표현하여 층에서의 평균 결정립 크기를 인용한다. 이것이 비록 간단한 개념으로 보이겠지만 그리 명백한 것은 아니다. 문헌에서 언급된 바와 같이[112], 각 결정립들의 직경을 평균하여 구한 평균 결정립 크기는 면적의 가중치를 고려한 평균은 아니다. 그 값이 2배 정도는 차이가 날 수 있다. 실제로 광학 및 전자현미경 사진에서 결정립 크기를 결정하는 편리한 방법은 'grain boundary crossing technique'을 이용하는 것이다[68, Chapter

2]. TEM 사진의 경우는 가급적 많은 결정립들을 대상으로 각 결정립마다 2개의 결정입계 사이의 거리를 평균하여 결정립 크기로 정한다. SEM 표면사진에서는 층의 위에 위치한 결정립들의 크기가 유사한 방법으로 결정되는데, 사진에 일직선을 그은 후 직선의 길이를 직선이 통과한 결정입계의 개수로 나누는 것이다. 이 과정을 여러 번 반복하여 극단적인 평균값에 이른다. 이런 방법으로 유도한 평균크기는 extensive counting method로 구한 면적 가중치를 고려한 것보다 약간 더 높은 것으로 보고되었다,

반도체 내에서의 extended 결함(defect)인 결정입계는 밴드갭 내에서 에너지 상태를 만든다. 이들 결함밀도들을 가장 적절히 기술하는 것은 밴드갭 내에서 억셉터와 도너의 상태 분포를 정의하는 것으로, deep과 tail state 사이의 구분, 그리고 각 결정입계에 대한 차이 등이 포함될 수 있다. 실제적인 분석을 위해서는 이들 상태들을 하나의 characteristic value, 즉 결정입계 결함밀도로 묶는 것이 유용한데, 재료에 존재하는 서로 다른 결정입계들의 평균을 고려하여야 한다. 결정입계들의 평균 결함밀도는 수소로 부동태화하지 않은 소재의 경우 10^{12} cm^{-2}, 효과적으로 부동태화 된 경우는 10^{11} cm^{-2} 이하이다.

이들 결함들은 다수 캐리어들을 포획하고 결정입계 쪽에 결핍영역(depletion region)들을 만든다. 대부분의 다결정실리콘 박막 층에서 결정립들은 매우 커서 재료는 단지 일부분만이 결핍되고, 대부분의 결정립들은 결핍되지 않는다. 결정입계에서의 결함밀도는 저항 vs. 온도 측정으로부터 간단하게 구할 수 있다. 실제 활성화 에너지는 결정입계에서의 퍼텐셜 장벽에 해당하는데, Seto theory를 통해 결정입계 결함밀도와 관련지을 수 있다[113].

$$\phi_b = \frac{qN_t^2}{8\epsilon_s N}$$

여기서 ϕ_b : 결정입계에서의 퍼텐셜 장벽의 높이

q : 전하

N_t : 결정입계에서의 결함밀도

ϵ_s : Si의 유전율(permittivity)

N : 도핑 농도

도핑농도가 낮고, 결정입계 결함밀도가 높고, 결정립 크기의 분포가 더 작은 쪽으로 되면, 완전한 결핍이 일어날 수 있다.

도핑이 결함밀도를 급격하게 증가시키는 미결정실리콘[114]에 비하여 다결정실리콘 박막의 전자 품질은 도핑농도가 10^{17} cm^{-3}까지 증가하여도 비교적 서서히 감소한다[44, 115]. 많은 보고서에서 결정입계 결함밀도와 재결합 속도는 매우 크다. 소자 파라미터로부터 유도한 S_{gb} 값은 흔히 10^{5} cm/s 보다 크다[11]. 특히 증착 직후의 S_{gb} 값이 1,000 cm/s 이하인 미결정 재료에 비해, 다결정실리콘은 극히 활성이 높은 결정입계를 가진다. 미결정 Si에서 전형적으로 나타나는 〈110〉 우선방향의 경우 결정입계에서의 재결합속도가 낮게 나타난다는 의견이 제시되었는데, 왜냐하면 수직의 〈110〉 축을 가진 2개의 이웃하는 결정립들은 원칙적으로 낮은 에너지의 결정입계([110]-tilt type)를 형성하기 때문이다[12, 116]. 하지만 실험적으로는 〈110〉 우선방향이 강한 층들의 V_{oc} 값이 작기 때문에 성능을 높이는데 좋다고 볼 수 없다. 게다가 몇몇 최상의 다결정실리콘 박막 태양전지들은 SPC 기반이다. 그러나 SPC 층은 일반적으로 〈110〉 우선방향을 나타내지 않는다(주 : Sanyo의 SPC 층이 〈110〉 텍스처를 가진다는 문헌[12, 116]에서의 주장은 Sanyo의 논문[103, 117]에서는 입증되지 않았고, 실제로 사실일 가능성이 없다. 핵생성 층과 활성층 사이에 혼동이 있었다). 그것은 충분하지도 필요하지도 않기 때문에 〈110〉 우선방향의 좋은 특성에 바탕을 둔 설명은 만족스럽지 못하다.

결정입계가 비록 보통 수준의 재결합 속도를 가지더라도 매우 작은 결정립들(결정립 크기 분포의 꼬리에 있는)의 존재는 개방전압에 불균형적으로 부정적인 영향을 미친다. 확실히 매우 작은 결정립들은 잠재적으로 완전히 결핍될 수 있는데, 이 경우에 Fermi level은 midgap에서 pinning 된다[118]. 이들 영역들은 베이스 쪽으로 깊이 확대되기 때문에, 그리고 전자와 정공의 농도가 비슷한 수준이기 때문에 Shockley-Read-Hall 메커니즘이 가장 효율적이고, 그리고 실제로 그들이 성능에 치명적인 영향을 미친다고 예상할 수 있다. 비록 이 효과가 진정으로 어떤 역할을 하더라도 그 하나만으로 결정입계의 재결합 측면에서 미결정과 다결정의 차이를 설명할 수는 없다. 실제로 훨씬 더 큰 결핍 부피를 가진 미결정 소자는, 이 제안된 메커니즘에 따라 재결합의 증대로 인해 더 큰 영향을 받아야 하는데, 그렇지 않다.

미결정과 다결정실리콘 사이의 차이는 결정입계에서의 불순물 편석(segregation)의 수준일 수도 있다. 결정입계에서의 편석은 다결정 반도체 재료의 전자 특성을 상당히 극적으로 바꿀 수 있고, 그리고 결정입계의 전기적 활성도는 전적으로 불순물 편석의 결과라는 제안도 있었다[119]. 다결정실리콘의 형성온도가 높을수록 편석에 유리할 수 있다. 산소는 600℃ 이상의 어닐링 처리 중에 결정입계로 확산된다고 알려져 있다[120, 121]. 어닐링 시간과 온도가 증가하면서 결정입계에서의 산소농도가 증가하는 것은 결정입계의 퍼텐셜 장벽이 더 큰 것에 연관되어 있다.

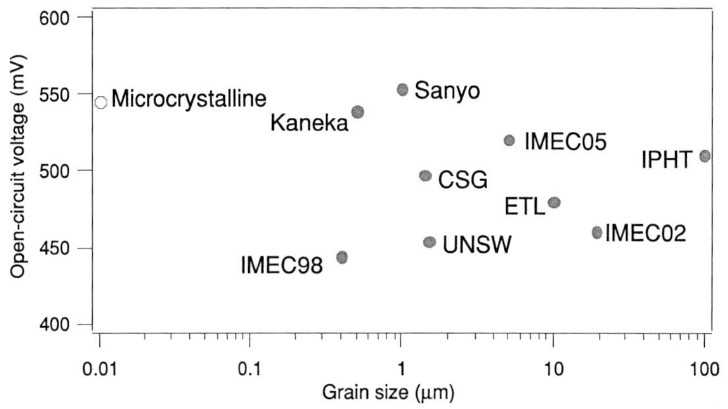

그림 3.6 다결정실리콘 박막 태양전지의 결정립 크기 대비 최상의 개방전압 비교.

이런 설명들이 일부 다결정실리콘 재료의 전기적 활성도(activity)가 높은 것을 확실하게 설명해 줄 수도 있지만, 과거에 얻은 결과들에 대한 분석과 보다 최근의 결과들은 이 문제가 근본적인 것은 아니고 다결정실리콘에 있는 결정입계는 상당한 정도로 부동태화 할 수 있다고 암시하는 것이다. [그림 3.6]은 다결정실리콘 박막 태양전지에서 얻은 가장 좋은 V_{oc} 값을 결정립 크기의 함수로 나타낸 것이다. 참고로 최근에 발표된 미결정 Si의 값이 주어져 있다. 인용한 문헌은 미결정 : [122]; Kaneka: [20]; Sanyo: [103]; CSG: [89]; IMEC98: [123]; UNSW: [124]; IMEC05: [125]; ETL: [30]; IMEC02: [115]; IPHT: [126]이다. V_{oc}가 결정립 크기 감소와 함께 크게 감소한다는 지적은 없다. 실제로 Sanyo가 얻은 최상의 V_{oc}는 1 μm 정도의 결정립 크기에서이다. [그림 3.7]은 소자의 매개변수들로부터 유효 확산길이를 구할 수 있는 Taretto의 방법을 이용하여 같은 소자의 확산길이를 계산한 결과이다[12]. 주어진 결정입계의 재결합 속도에서 기대되는 확산길이를 가진 이론적인 선들이 주어져 있고, 이로부터 결정입계의 활성도를 가늠할 수 있다.

[그림 3.7]의 데이터 중 3개는 결정입계 재결합속도를 10,000 cm/s 이하로, 어떤 것은 1,000 cm/s에 가깝다고 추정한 것이다. 참고문헌[12]에 대비하여 2개의 확연히 구분되는 그룹들을 찾을 수 없었다. 데이터 점들은 1,000에서 10^7 cm/s에 이르는 전체 재결합 속도 범위에 걸쳐 있다. 다결정실리콘의 좋고 나쁨에 있어 주 차이점은 결함 부동태화의 정도이다. 미결정 Si에서 결정입계들은 증착 중 *in situ*로 수소에 의해 부동태화 되어 있다. 다결정실리콘에서의 결함 부동태화는 나중에 해야 한다. 비록 장벽이 높기는 하지만 우수한 품질의 다결정실리콘에서 보듯이 매우 효과적인 결정입계 부동태화가 가능하다는 것이다.

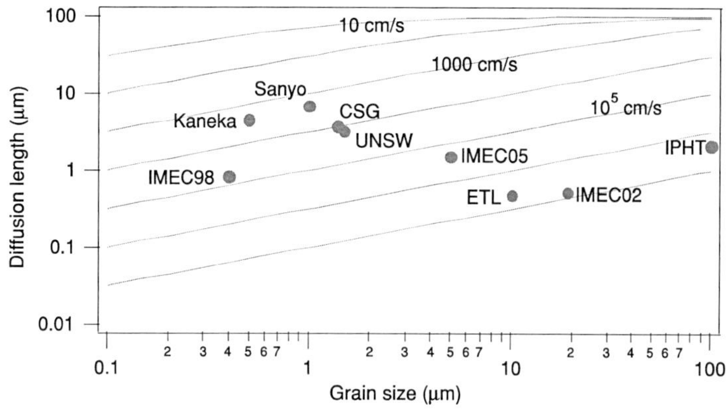

그림 3.7 문헌에 보고된 다결정실리콘 박막 태양전지의 확산길이(Taretto 공식[12]을 이용하여 I-V 매개변수로부터 계산한 결과). 연속선은 주어진 결정입계 재결합 속도별로 결정립 크기에 따른 이론적인 확산길이를 나타냄.

3.5 태양전지와 모듈 공정

3.5.1 소자 구조

활성층의 두께가 매우 얇다는 점이 다르긴 하지만 실제로 다결정실리콘 박막 태양전지의 구조는 벌크 실리콘 태양전지와 유사하다. 전류 수집(collection)은 p-n 접합에 의해 이루어지는데, 에미터는 고농도로 도핑하고 베이스는 보통 또는 그 보다 낮게 도핑한다. 여러 가지 다결정실리콘 기술에서 베이스 도핑은 10^{15} cm^{-3} 정도로 매우 낮게 한다.

O-관련 도너 형성이나 도펀트 확산을 통해 도핑 농도가 높은 경우도 있으나, 보통 베이스는 의도적으로 도핑하지 않는다. 그래도 공간전하영역은 베이스의 전체 두께에 걸쳐 연장되지는 않는다. 표류(drift)가 주요 메커니즘이 되는 비정질실리콘과 달리 이 소자 구조에서의 전류 수집은 확산에 의존한다. 모든 소자들은 후면에 고농도 도핑 영역이 있는데, 이는 접촉전극이 쉽게 형성되도록 하기 위함이다. 이 층은 또한 소수 캐리어들을 후면의 표면으로부터 쫓아버리는('back surface field') 전계효과(field effect)를 유도하는데, 이는 확산길이가 베이스의 두께에 버금가거나 더 긴 경우에 매우 중요하다.

여타 박막 태양전지 기술과 같이 기본 구조로 2가지 형태가 있는데, 상판(superstrate) 혹은 기판(substrate) 구조이다(그림 3.8 참조). 상판 구조에서는 빛이 활성층이

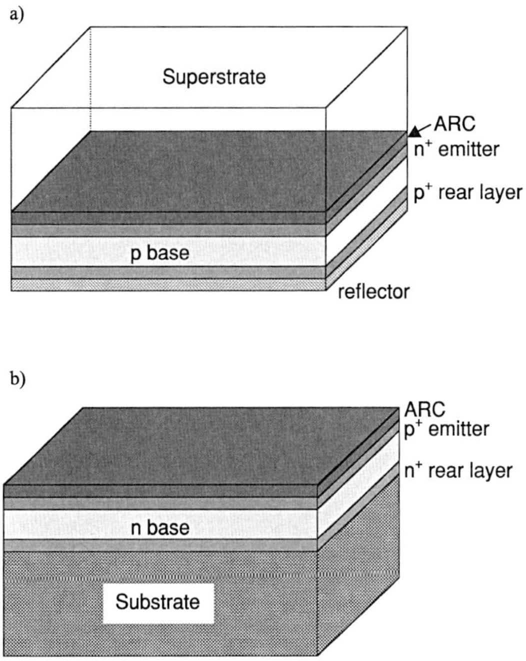

그림 3.8 다결정실리콘 박막 태양전지의 구조 : a) 상판(superstrate) 구조(예 : CSG Solar 사 채택), b) 기판(substrate) 구조(Sanyo 사 채택)

증착되는 지지대를 통해 태양전지 안으로 들어가고, 기판 구조에서는 반대 쪽으로 빛이 들어간다. 상판 구조는 보통 p-형 베이스이나 n-형 베이스도 물론 가능하다. 반대로 p-형 베이스는 여러 가지 기판 구조형 다결정실리콘 태양전지에 많이 사용된 바 있다. 상판 구조는 몇 가지 고유한 장점이 있다. 면적이 충분히 넓으면 기판은 기계적인 강도를 가져야 함은 물론이고 모듈 전면 커버의 역할을 할 수도 있다. 추가로 전면 커버 유리가 필요하지 않기 때문에 이는 모듈 제조공정 단가를 크게 낮춰줄 수 있는 요인이기도 하다. 접촉전극이 층을 커버하지 않으므로 무시할 수는 없지만 shadow 손실이 매우 적다. 끝으로 shading 손실에 의해 단락전류가 떨어지지 않게 금속전극 패턴을 직렬저항이 낮도록 설계할 수 있다.

대부분의 박막 태양전지에서는 기판과 접촉하고 있는 sublayer로부터 전류를 추출해 내는 것이 문제이다. 유일한 예외는 기판이 전도성이어서(예를 들어 코팅하지 않는 스테인리스 스틸), 기판 자체가 실리콘 층과 오믹 접촉하여 후면전극의 역할을 하는 경우이다. 그러나 대부분의 다결정실리콘 박막 태양전지는 절연기판을 사용한다. 원칙적으로 활성층의 증착 전에 전도층으로 기판을 덮으면 되는데, 이는 대부분의 박막 태양전지에 이미 활용되고 있는 기술로 비정질 p-i-n 모듈용의 TCO 층,

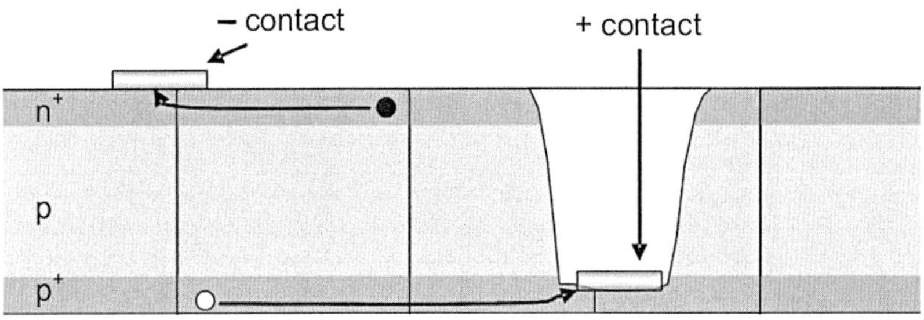

그림 3.9 도핑된 다결정실리콘 층의 고전도도를 활용한 접촉 방식 개요. 여기서는 후면 p^+ 층의 정공과 전면 n^+ 에미터 층의 전자 모두가 접촉에 도달하기 전에 실리콘 층 내에서 긴 거리를 측면 방향으로 이동하게 된다.

CIGS 용의 Mo 층 등이 그러하다. 다결정실리콘의 제조는 통상 높은 온도를 필요로 하기 때문에 이와 같은 중간층의 사용 가능성을 크게 제한할 수 있다. 가능한 후보는 TiB_2 층으로, 요구되는 열적 안정성과 전도성을 가진 것으로 보고되었다[127]. 그러나 더 매력적인 것은 다결정실리콘 원래의 전도성을 이용하는 것이다. 비정질, 미결정실리콘과 대비하여 다결정실리콘은 비저항이 낮은데, 결정립의 구조와 도핑 수준에 따라 다르다. 고농도 도핑된 다결정실리콘의 얇은 층은 수백 μm에 걸쳐 상당한 정도의 전압 강하를 방지하기에 충분한 전도성을 제공한다. 이렇게 하여 국부적으로 접촉이 형성되는데, 접근은 다른 sublayer를 통해 후면의 sublayer 쪽으로 이루어진다. 하나의 로컬 접촉전극은 그 주위를 둘러싸고 있는 넓은 면적으로부터 전류를 수집한다(그림 3.9 참조). 최적의 접촉전극 밀도는 직렬저항 손실과 dead area 손실, 그리고 로컬 접촉전극 형성에 있어서의 기술적 한계 등을 절충하여 결정한다.

3.5.2 접합 형성

다결정실리콘 박막에서 접합을 형성(junction formation)하는 간편한 방법은 벌크 실리콘 태양전지에 사용되는 것과 동일한 표준 기법을 적용하는 것으로, 이는 고온(700~900℃)에서 p-형 실리콘 내부로 P를 확산시키는 것이다. 그러나 확산 프로파일은 표준 단결정이나 다결정실리콘 소재를 사용하는 경우처럼 추정하기가 용이하지 않다. 일반적으로 확산이 결정입계와 어긋나기와 같은 결정상의 광범위한(extended) 결함을 따라 증대되기 때문에 빠른 속도의 확산이 관찰된다. 도핑이 결정입계를 따라 우선적으로 되면 도펀트 spike를 형성하게 되고, n 도핑 영역이 수직 방향으로 베이스 쪽으로 침투해 간다. 현미경 기법이 향상되면서 그에 대한 증거는 많이 확보할 수 있다. 그 사례의 하나가 [그림 3.10]이다[128]. 캐리어 수집에 이들

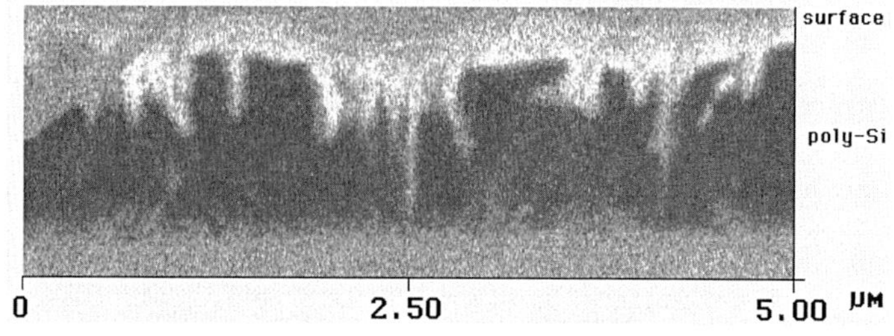

그림 3.10 p-n$^+$ 다결정실리콘 다이오드의 scanning capacitance microscopy, 선택적으로 도핑된 여러 피크들이 관찰됨.

피크들이 미치는 영향이 상당한데, 특히 전기적으로 활성도가 높은 결정입계를 가진 다결정실리콘이 특히 더 그러하다[129]. 성능을 향상시키기 위해서 이 현상을 적극적으로 이용토록 제안이 된 바 있다(3.2.3절)[13, 115, 130]). 그러나 접합의 면적이 증가하면 잠재적으로 공간 전하영역의 재결합 전류를 악화시키고 태양전지의 V_{oc}에 악영향을 미칠 수 있다. 결정립과 결정입계 내에서 증대되는 확산의 크기는 우선방향, 증착 시의 성장속도와 같은 다결정실리콘의 여러 매개변수에 따라 달라진다[131].

에미터 형성용으로 도펀트를 고온 확산시키는 것의 대안으로 에미터를 베이스 층과 같은 증착 단계에서 *in situ* 성장시키는 것이다. 고온 PECVD[92]와 SPC[15, 105] 공정에서 성공적으로 이루어진 바 있다. 성장을 통해 생성된 접합은 그 자체로 추가적인 접합형성 공정을 불필요로 하기 때문에 공정을 매우 단순화 시킬 수도 있다. 하지만 도핑 프로파일의 제어가 제한되고, 특히 증착이 고온에서 이루어지는 경우에 더 그러하기 때문에 기술적으로 큰 문제가 될 수도 있다.

다결정실리콘 박막 태양전지에 사용할 수 있는 접합형성 기술로 가능한 마지막 기법은 얇은 비정질실리콘 층을 증착하여 이종접합(heterojunction)을 형성하는 것이다. 일본 Sanyo 사가 이 방법의 선구자로 'heterojunction with intrinsic thin layer(HIT)' 구조를 개발하였고, 1990년대 초에 다결정실리콘의 HIT 태양전지를 보고하였다[132]. 여기서는 우선 5 nm 정도의 얇은 진성 층을 다결정실리콘 위에 증착하고, 이어서 도핑된 p$^+$ 층을 만든다. 비정질실리콘은 측면으로의 전도가 되지 않기 때문에 이런 형태의 에미터는 TCO와 함께 사용하여야 한다. Sanyo 사가 n-형 베이스 소자에 대해서만 보고하였지만 이종접합 에미터는 p-형 베이스 소자에도 적용할 수 있는데, 이때 얇은 비정질 에미터는 n$^+$로 고농도 도핑한다. 최근 세라믹 기판 위에 CVD로 증착한 p형 다결정실리콘으로부터 최고 530 mV의 V_{oc}가 보고되었다[125].

3.5.3 결함 부동태화

표준 태양전지급 결정질실리콘 소재와 비교하여 다결정실리콘 박막 층은 결정립 내부와 결정입계에 10^{16} cm^{-3} 정도의 많은 결함을 포함하고 있다. 소자의 고성능화를 위해서는 이들 결함들을 부동태화(passivation)하는 것이 매우 중요하다. 일부 결함들은 짧은 시간동안의 고온 처리를 통해 제거할 수 있다. 이는 유리 위의 SPC 다결정실리콘에 매우 유익한 것으로 밝혀졌는데, 급속 어닐링을 통해 V_{oc}가 30 mV 이상 증가하였다[105, 133]. 그러나 소위 도핑 프로파일이 불분명하게 되는 'smearing' 현상이 고온 어닐링 과정에 일어나는데, 이로 인해 영역 간의 구분이 덜 선명해지고, 도핑 농도가 가장 낮은 영역의 도핑 레벨이 증가하게 된다. 만약 외부로부터의 열공급이 지나치면 도핑 농도가 높고 극성이 다른 두 개의 영역이 서로 접촉하게 되어 shunt의 요인이 된다.

결함 부동태화는 보통 소재 내에 수소 원자를 집어넣어 한다. 그 효과는 엄청나게 복잡하여 여전히 많은 연구의 주제가 되고 있다. 가장 간단한 상황은 extended 또는 점 결함의 자리에서 수소 원자가 불포화결합(dangling bond)과 결합하여 밴드갭 내에서의 에너지 상태를 제거하는 것이다. 다결정(multicrystalline) 실리콘의 수소화에 대해서는 많은 연구가 있었다[134~136]. 이 소재에서 PECVD 공정으로 증착한 Si 과잉(rich) 질화물을 짧은 시간 어닐링을 통해 수소 부동태화하는 것이 간단한 공정 시퀀스(실리콘 질화물은 반사방지 코팅으로 이용하기 때문에 어떤 식으로든 증착이 필요함)에 적합하기 때문에 매우 효과적이고 또한 편리한 것으로 보이고 [137, 138], 그리고 지금은 대부분의 태양전지 산업공정에서 적용되고 있다. pc-Si의 V_{oc}는 수십 mV 정도 향상시킬 수 있을 것으로 기대되지만, 다결정실리콘 박막 태양전지에서는 훨씬 더 파급효과가 크다. 수소화의 결과로 V_{oc}를 200 mV 이상 증가시킨 사례가 드문 일이 아니다[97, 106, 133, 139].

플라즈마 수소화 공정은 비록 일부 연구에서는 온도가 더 높을수록 보다 효과적인 부동태화가 가능하다고 보고하였으나, 통상은 온도 400℃ 정도에서 이루어진다(그림 3.11 참조)[97]. CSG Solar에서는 610℃나 되는 고온에서 하는데, 플라즈마는 냉각 과정 중에도 지속적으로 켜져 있다[106].

전형적인 수소화 시간은 30분이다. 더 긴 시간 동안의 수소화는 결정립 내부에서 새로운 결함들을 만들 수도 있어 부동태 효과를 상쇄하게 된다[140]. 최근 실리콘 질화물(표준 태양전지 공정에서 사용되는 것과 동일한)의 급속 가열 어닐링을 통한 수소화 역시 다결정실리콘 박막에 효과적으로 적용할 수 있음이 밝혀졌다[141].

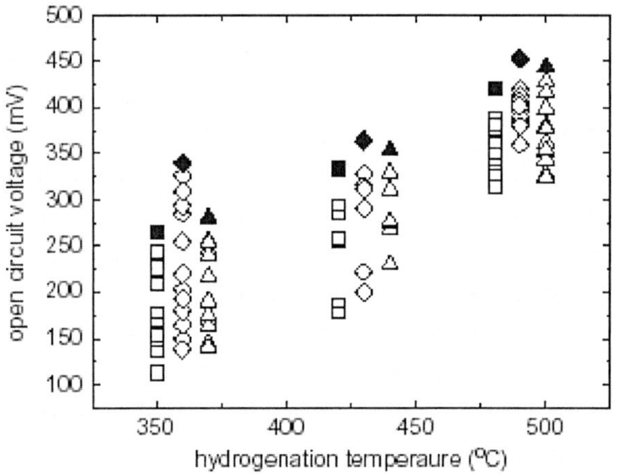

그림 3.11 AIC 결정화와 IAD에 의해 제조된 다결정실리콘 pn 접합의 개방전압 V_{oc}에 미치는 수소화 온도의 영향. 4각형은 V_{oc} 값이고, 다이아몬드와 삼각형은 각각 첫 번째와 두 번째 다이오드에 대한 영향을 나타낸다.

3.5.4 절연 분리와 인터커넥션

다결정실리콘 박막 태양전지의 생산공정은 대면적 기판 위에 요구되는 구조와 특성을 지닌 박막의 형성으로 시작한다. 그 후 대면적 박막은 islands나 segments로 절연 분리(isolation)하여야 한다. 이것이 분리 독립된 셀이 된다. 연구 목적을 위해서는 shallow 에칭으로 형성한 mesa 구조가 유용하다[52]. 셀들을 직렬연결하기 위해서는 절연 분리가 기판 아래에까지 이루어져야 하다. 이는 건식이나 습식 에칭, 또는 레이저 grooving으로 할 수 있다. 후자가 선택되면, 국부적으로 실리콘 재용융에 의해, shunting의 경로가 되기 쉬운 p^+ n^+ 접합이 형성되지 않도록 특별히 주의하여야 한다.

개별 셀들이 분리되면, 그들을 서로 직렬연결(interconnection)하여야 한다. 이는 셀의 금속전극 공정과 동시에 아주 간편하게 할 수 있다. 한쪽 셀의 플러스 접촉전극은 다른 셀의 마이너스 접촉전극과 연결되는데, 양쪽은 실제로 isolation groove를 연결해 주는 금속의 단일 strip으로 구성된다. [그림 3.12]는 하나의 사례로 CSG 모듈의 금속전극과 상호연결 구조를 보여준다[15]. 모놀리식 다결정실리콘 모듈에서는 집전(collecting)용의 부스바(busbar) 전극은 필요 없다. 전류는 한쪽 셀로부터 이웃 셀로 segment 길이 전체에 걸쳐 분산되어 흐른다. 다만 큰 집전 전극만 모듈의 양단(첫 번째 셀의 왼쪽과 마지막 셀의 오른쪽)에 부착한다. 이는 모듈 공정을 매우 단순하게 만드는데, 이것이 기존 태양전지 모듈에 비해 큰 장점이다. 기존 태양전지

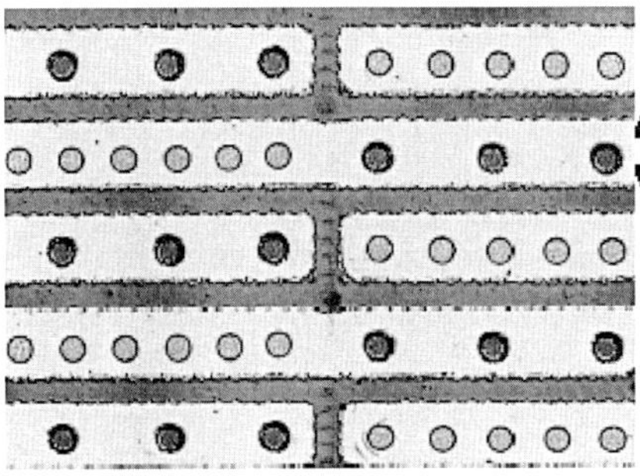

그림 3.12 CSG 태양전지 모듈의 전극 배선과 상호연결 개요도. 플러스 접촉전극(옅은 색의 점)은 옆의 태양전지의 마이너스 접촉전극(검은 색의 점)과 연결되어 있다. 절연 목적의 홈은 그림의 중간에서 수직방향으로 나 있고, 그 홈은 레진으로 채워져 있다.

모듈에서는 직렬저항에 의한 과도한 손실 없이 대규모 전류를 한쪽 셀로부터 이웃 셀로 흐르게 하는 것이 주요 이슈이다.

Edge isolation 공정의 결과 셀의 양쪽 극이 isolation groove의 가까이에서 마주하게 된다. 셀과 상호 연결용 금속과의 단락회로를 피하기 위해서는 groove를 연결하는 브리지 같은 것이 필요한데, 이는 isolation groove의 모서리를 커버하는 절연 소재를 코팅하여 해결할 수 있다. CSG 모듈에서는 groove를 레진으로 완전하게 메운다[15].

3.6 다결정실리콘 박막 태양전지 기술

벌크 실리콘 태양전지의 개발에 비하여 박막 태양전지의 개발은 단계적으로 지속적으로 추진되지 못했지만, 많은 연구기관과 회사들에 의해 꾸준히 개선되어 왔다. 다결정실리콘 박막 태양전지에 대한 첫 번째 연구는 1970년대 미국에서였다. 기법은 고온에서의 가스 상을 이용한 증착이었다. 그 당시 달성한 효율은 불과 1~3% 범위에 불과하였지만 이해도가 많이 높아지게 되었다. 이것이 성공적인 개발의 시발이었다. 그러나 개발 프로그램은 1970년대 말에 중단되었다. 이 당시의 연구에 대한 설명은 문헌[52]에 잘 수록되어 있다. 태양전지용 다결정실리콘 박막 연구는 1990년대 일본에서 재개되었다.

3.6.1 고상 결정화-HIT 태양전지

일본 Sanyo 사는 태양전지용의 고상 결정화(solid phase crystallization : SPC) 실리콘에 대해 광범위한 연구를 하였고, 첫 번째 결과가 1990년에 발표되었다[132].

비정질실리콘은 석영이나 금속 기판 위에 PECVD 방법으로 증착하였다. 그 층은 인위적으로 도핑하지 않았으나 결정화 후에는 뚜렷한 n-형이 된다[117].

Sanyo에서는 에미터로 HIT 구조(thin intrinsic a-Si/thin p^+ a-Si)를 사용하였다. 1995년 최상의 태양전지가 발표되었는데, 면적 1 cm^2에 효율 9.2%이었다[103]. 그 당시 결과로는 괄목할만한 것으로 그때까지 미결정실리콘으로 달성한 것보다 더 좋았다. 그렇기 때문에 이 연구가 1996년에 중단된 것은 상당히 의문이다. Sanyo는 HIT 에미터 연구를 계속했는데, 하지만 소수 캐리어 수명이 높은 벌크 웨이퍼를 사용하였고, 그 이후 실험실 효율 21.5%[142]라는 놀랄만한 결과를 보여주었다. 이 기술은 현재 고효율 상업용 태양전지로 시장에 진출해 있다.

3.6.2 표면 텍스처링과 후면 반사체를 이용하여 흡수를 증대시킨 STAR 태양전지

일본 Kaneka 사는 이미 시장에 진출해 있는 비정질 Si/미결정 Si의 하이브리드 태양전지로 유명하다. 이 태양전지 모듈은 TCO 코팅된 유리에 비정질 Si의 상층(top) cell을, 그 위에 미결정 Si의 하층(bottom) 셀을 PECVD 방법으로 증착한다. 비정질 Si이 온도에 민감하기 때문에 두 번째 층도 저온에서 증착하여야 하므로 결정립의 크기가 매우 작고 비정질 특성이 많을 수밖에 없다. 하지만 Kaneka 사는 1990년대에 다결정(polycrystalline)실리콘에 대해 많은 연구를 하였다. 보고 내용의 하나는 결정립 크기가 매우 크고(구체적으로 언급이 없었으나 적어도 0.1 μm 정도), 활성층의 유효 도핑농도가 10^{16} cm^{-3} 정도인 다결정실리콘을 생산하였다는 것이다[143, 144]. 증착의 상세 내용은 공개되지 않았고, 다만 PECVD 공정에 온도는 550℃ 미만으로 알려져 있다. 이들 실험실적 매개변수는 결정립 크기 수십 nm, 진성, 증착온도 200℃인 미결정실리콘과는 크게 다르다. 그러므로 이 결과로부터 surface texture and enhanced absorption with back reflector(STAR)라고 부르는 이 태양전지가 실제로 고온(550℃ 이하) PECVD 공정에 의한 다결정(결정립 크기 0.1 μm 이상, 완전한 결정성)으로 추측할 수 있다. 이 구조로 효율 10.1%라는 훌륭한 결과가 도출되었다[145]. 이것이 가장 좋은 효율의 다결정실리콘 태양전지이다. 초점은 전면 텍스처링과 후면에 성능 좋은 거친 면의 반사체를 사용한 효과적인 빛 가두기에 두고 있다. 혼란스런 점은 STAR 태양전지가 흔히 하이브리드 태양전지와 함께 발표되는 점인데(예 : [143]), 여기서 bottom 태양전지는 미결정이어야 한다. 어느 지점에서인가 Kaneka 사는 완전히 미결정실리콘으로 전환하였고, 그들이 연구하던 다결정을 포기하였다. 최근 논문에서 동사는 하이브리드 모듈에 사용한 소재를 다결정이라 부르고 이를 미결정과 동일시한다[146].

3.6.3 CSG 기술

산업화 단계에 가장 가까운 다결정실리콘 박막 기술이 예전에 Pacific Solar(현재는 CSG Solar) 사가 개발한 것으로 유리 기판 위에 결정질실리콘(crystalline silicon on glass : CSG)을 증착하는 기술이다. Pacific Solar 사가 설립된 것은 1995년이지만 2002년에 처음으로 최고 효율 7.3%라는 첫 번째 발표를 하였다[147]. 이후 발표가 계속되면서 기술의 상세에 대해 부분적으로 공개를 하였다[15, 106, 148~150]. 지금까지 최고 효율은 면적 96 cm^2 미니모듈에서 8.8%인데, 개별적인 셀의 V_{oc}는 500 mV에 가깝다. 2004년 동 회사는 Pacific Solar라는 이름 하의 모든 활동을 중지하였고, 이후 새로운 투자자를 맞아 CSG Solar가 되었고, 동독에 생산라인을 구축하였다. 생산은 2006년 예정이다. 이 태양전지는 p-n^+ 접합으로 결정질실리콘 태양전지의 표준 구조와 같다. 이 기술은 PECVD로 증착한 비정질실리콘을 SPC 하는 것에 기반을 두고 있다. 모든 층은 붕규산 유리 기판 위에 직접 증착하는데, 기판은 미리 작은 실리콘 비드를 포함하고 있는 출발물질을 sol-gel 코팅으로 텍스처링한다. 다결정실리콘 층은 두께 1.5 μm으로 결정질실리콘으로는 매우 얇다. 그럼에도 불구하고 무난한 수준의 전류(최고 28 mA/cm^2)를 얻을 수 있었는데, 이는 매우 효과적인 빛 가두기 기술의 덕택이다. 결함을 제거하기 위한 어닐링과 수소화 같은 다결정실리콘의 증착 후 처리(post deposition treatment)는 생산 모듈의 고성능화에 매우 중요하다. 결함 어닐링은 기판의 strain point와 연화점 이상인 900℃에서 짧게 RTA 처리하여 한다. CSG Solar 사의 플라즈마 수소화 기술은 상당히 뛰어나다. SPC 소재에 적용하면 매우 효과적으로 V_{oc}(+260 mV)와 효율(4.6배)이 크게 증가한다. 현재 처리량이 매우 높은 프로토타입의 설비가 구축되었고, 조만간 산업용의 풀사이즈 시스템이 구축될 계획이다.

지금까지 달성한 효율이 벌써 단일접합 미결정태양전지의 효율에 버금간다는 점을 지적하고자 한다. 게다가 생산 규모 확대가 비교적 용이하고, 내성이 우수하다[149].

3.6.4 여타 연구

여러 태양전지 연구그룹들이 다결정 박막 기술을 연구하고 있다. 연구의 대부분은 빠른 증착속도와 함께 SPC 보다 훨씬 더 뛰어난 결정성을 가진 소재 생산에 초점이 주어져 있다. 결정성이 향상(결정립 크기 증대)되면 고효율의 가능성이 높아지고, 최고 효율 14~15%가 기대된다. 여기서는 이미 소자로서의 성능이 확인된 연구에 대해 소개하고자 한다.

호주 New South Wales 대학에서는 모두 중간 정도의 온도에 가능한 기판, 초고진공은 배제한 증착에 기반을 두고 있는데, 이는 궁극적으로 저가격을 염두에 둔 것이다[151]. EVA 개념은 CSG Solar의 기법과 유사하지만 PECVD 대신 진공증착으로 비정질실리콘을 형성한다. 다른 2개의 공정은 에피택시와 함께 유리 위에 AIC 시드 층을 이용한다. ALICIA 태양전지는 에피택셜 흡수층을 형성하기 위해 IAD를 사용한다. 반면에 ALICE 개념은 AIC 층 위에 증착한 비정질실리콘 층에 고상 에피택시를 적용한다. 3가지 방법으로 얻은 V_{oc} 값은 모두 400 mV 이상이었는데, 최고는 EVA로 얻은 454 mV이었다. 효율은 1~2% 범위로 여전히 낮은데, 이는 태양전지 공정이 아직 최적화되지 않았기 때문이다.

독일 Hahn-Meitner Institute(HMI)는 유사한 기법이긴 하지만 유리 위의 AIC와 ECR-CVD로 형성한 저온 에피택셜 증착에 초점을 두었다[152]. 소자는 이종접합 에미터 구조를 채택하였는데, V_{oc}는 378 mV, 최고 효율은 1%이었다 [153].

독일 Jena 소재의 Institute for Physical High Technology(IPHT)는 layered laser crystallisation(LLC)로 칭하는 기술을 개발하였다[126]. 레이저 결정화 방법으로 시드 층을 먼저 p^+ 층으로 만들고, 이 시드 층 위에 pulsed KrF excimer laser가 장착된 PECVD 방법으로 에피택셜 층을 만든다. 보통의 레이저 펄스가 증착된 비정질실리콘을 직접 결정화하여 고품질의 에피택시 층을 형성한다. 소면적 소자에서 최고 V_{oc} 510 mV, 효율 3.6%가 달성되었다.

위 그룹들이 언급한 내용들은 중간 온도 사용 기판(짧은 시간 동안만 600℃ 이상에 견딤)에 관한 것들이고, 다른 그룹들은 세라믹 기판과 같은 고온 기판을 연구하고 있다. 1990년대 중반에 벨기에의 Interuniversity Microelectronics Centre(IMEC)는 열 CVD 방법으로 다결정실리콘 연구에 착수하였다. 초점은 최적 결정립 크기를 위해 증착 초기단계에서 핵생성(nucleation)을 제어하는 것이다. 모델용의 산화시킨 실리콘 기판에서 효율 5.5%를 얻었다[115]. 이후에는 세라믹 기판에 AIC 시드 층과 열 CVD로 그 위에 에피택셜 성장을 하는 방향으로 전환하였다[154]. 이종접합 에미터 구조에 interdigitated 접촉전극 방식으로 최고 효율 5.9%를 달성하였다 [155]. (현재의 InESS).

프랑스 Strasbourg의 PHASE Laboratory는 다양한 세라믹 기판(알루미나, mullite, SiN 등) 위에 다결정실리콘의 결정립 크기를 제어하는 다양한 기법을 연구하고 있는데, 공정으로 AIC, CVDOGL(CVD on glassy layers) 등을 적용하고 있다. 실리콘 증착은 대기압에서 작동하는 rapid thermal CVD(RT-CVD) 시스템을 사용한다. 최고 효율은 약 3.3%이다.

일본 NAIST에서는 열 CVD 방법으로 이종기판 위에 직접 다결정실리콘을 증착하는 데 초점을 두고 있는데, 간헐적인 supply method로 결정립 크기를 제어한다[57, 65]. 약 10 μm의 결정립 크기를 재현할 수 있는데, 최고 V_{oc} 410 mV, 효율 2~3%를 달성하였다[156].

미국 NREL에서는 이종기판 위에 박막 태양전지를 형성하는데, iodine vapour transport(IVT) 기법을 시도하고 있다. 이종접합 에미터 구조로 V_{oc} 460 mV, 효율 3.5%의 태양전지 성능을 얻었다[87].

3.7 결 론

다결정실리콘 박막 태양전지는 새로운 박막 태양전지 기술로 대폭적인 가격절감과 고효율화 잠재성이 결합된 점이 특징이다. 최신의 다결정실리콘 태양전지는 SPC로 만든다. 현재 효율은 미니모듈 크기에서 약 9%에 이른다. 효율을 더 높이기 위해 결정의 품질을 높이는 데 많은 연구를 집중하고 있다. 성공을 위해서는 다결정실리콘 박막 태양전지 소자를 개선하여야 하고 산업화 가능한 공정기술로 만든 단일 접합의 대면적 모듈의 효율이 12% 수준에 도달하여야 한다. 지난 수년간의 빠른 기술개발 속도를 감안할 때, 다결정실리콘 박막 태양전지가 벌크 실리콘을 뛰어 넘는 주류 기술이 될 것이다.

참고문헌

[1] P. A. Basore, Defining terms for crystalline silicon solar cells, *Prog. Phot. Res. Appl.*, **2**, 177–179 (1994).

[2] A. V. Shah, J. Meier, E. Vallat-Sauvain, N. Wyrsch, U. Kroll, C. Droz, U. Graf, Material and solar cell research in microcrystalline silicon, *Sol. En. Mat. Sol. Cel.*, **78**, 469–491 (2003).

[3] R. B. Bergmann, J. H. Werner, The future of crystalline silicon films on foreign substrates, *Thin Solid Films*, **403–404**, 162–169 (2002).

[4] R. Brendel, *Thin-film crystalline silicon solar cells*, Wiley-VCH (2003).

[5] T. Tiedje, E. Yablonovitch, G. D. Cody, B. G. Brooks, Limiting efficiency of silicon solar cells, IEEE Trans. Electr. Dev., **ED-31**, 711–716 (1984).

[6] C. Donolato, Effective diffusion length of multicrystalline solar cells, *Semicond. Sci. Technol.*, 13, 781–787 (1998).

[7] J. Dugas, J. Oualid, Modeling of base doping concentration influence in polycrystalline silicon solar cells, *Solar Cells*, **20**, 145–154 (1987).

[8] T. I. M. Imaizumi, M. Yamaguchi, K. Kaneko, Effect of grain size and dislocation density on the performance of thin film polycrystalline silicon solar cells, *J. Appl. Phys.*, **81**, 7635–7640 (1997).

[9] K. Kurobe, Y. Ishikawa, Y. Yamamoto, T. Fuyuki, H. Matsunami, Effects of grain boundaries in polycrystalline silicon thin-film solar cells based on the two-dimensional model, *Solar Energy Materials and Solar Cells*, 65, 201–209 (2001).

[10] A. B. Arab, Analytical solutions for the photocurrent and dark diffusion current of preferentially doped polysilicon solar cells, *Solar Energy Materials and Solar Cells*, **37**, 239–258 (1995).

[11] P. P. Altermatt, G. Heiser, Development of a three-dimensional model of grain boundaries in highly doped polycrystalline silicon and applications to solar cells, *J. Appl. Phys.*, **91**, 4271–4274 (2002).

[12] K. Taretto, U. Rau, J. H. Werner, Method to extract diffusion length from solar cell parameters – application to polycrystalline silicon, *J. Appl Phys.*, **93**, 5447–5455 (2003).

[13] S. Bourdais, A. Slaoui, G. Beaucarne, J. Poortmans, E. Christoffel, A. Zerga, The ThRee-dimensional Emitter Based on Locally Enhanced diffusion (TREBLE) structure: modeling and formation, *Solid State Phenomena*, **82—84**, 713–18 (2002).

[14] P. van der Vleuten, Thin film silicon solar cells on insulated metal substrates, *Proceedings 19th European Photovoltaic Solar Energy Conversion Conference*, 1352–1354 (2004).

[15] P. A. Basore, Simplified processing and improved efficiency of crystalline silicon on glass modules, *Proceedings 19th European Photovoltaic Solar Energy Conference*, 455–458 (2004).

[16] *British patent application No. GB9603028.3* filing date 14.02.96, publication No. GB2310314 dated 20.08.1997.

[17] L. R. Pinckney, Transparent, high strain point spinel glass-ceramics, *Journal of Non-Crystalline Solids*, **255**, 171–177 (1999).

[18] S. Bourdais, F. Mazel, G. Fantozzi, A. Slaoui: Silicon deposition on mullite ceramic substrates for thin-film solar cells, *Prog. Photovolt: Res. Appl.*, **7**, 437–447 (1999).

[19] A. von Keitz, J. A. M. van Roosmalen, C. J. J. Tool, S. E. A. Schiermeier, A. J. M. M. van Zutphen, F. Fung, G.M. Christie: Improvement of low cost ceramic substrates for use in thin film silicon solar cells, *Proceedings 2nd WCPVSEC*, 1829–1832 (1998).

[20] K. Yamamoto, Very thin film crystalline silicon solar cells on glass substrate fabricated at low temperature, *IEEE Trans. Electr. Dev.*, **46**, 2041–2047 (1999).

[21] K. Roth, J. C. Goldschmidt, T. Puzzer, N. Chuangsuwanich, B. Vogl, A. G. Aberle, Structural properties of polycrystalline silicon seed layers made on glass by solid-phase crystallisation, *Proceedings 3rd World Conference on Photovoltaic Energy Conversion*, 1202–1205 (2003).

[22] N.-P. Harder, U. Blieske, D. Le Bellac, E. Royer, B. Rech, G. Schöpe, J. Müller, Light-trapping in a-Si:H and μc-Si solar cells via nano-textured glass superstrates made by plasma etching, *Proceedings 19th EPVSEC*, 1355–1358 (2004).

[23] N. Chuangsuwanich, P. I. Widenborg, P. Campbell, A. G. Aberle, Light trapping properties of thin silicon films on AIT-textured glass, *Proceedings 14th International Photovoltaic Science and Engineering Conference*, 325–326 (2004).

[24] J. S. Im, H. J. Kim, On the super lateral growth phenomenon observed in excimer laser-induced crystallization of thin Si films, *Appl. Phys. Lett.*, **64**, 2303–2305 (1994).

[25] Y. Helen, R. Dassow, M. Nerding, K. Mourges, F. Raoult, J. R. Köhler, T. Mohammed-Brahim, R. Rogel, O. Bonnaud, J. H. Werner, and H. P. Strunk, *Thin Solid Films*, **383**, 143 (2001).

[26] M. Nerding, S. Christiansen, J. Krinke, R. Dassow, J. R. Köhler, J. H. Werner, H. P. Strunk, *Thin Solid Films*, **383**, 112 (2001).

[27] M. Nerding, R. Dassow, S. Christiansen, J. R. Köhler, J. Krinke, J. H. Werner, H.-P. Strunk, Microstructure of laser-crystallized silicon thin films on glass substrate, *J. Appl. Phys.*, **91**, 4125 (2002).

[28] A. Bonfiglietti, A. Valletta, P. Gaucci, L. Mariucci, G. Fortunato, S. D. Brotherton, Electrical characterization of directionally solidified polycrystalline silicon, *J. Appl. Phys*, **98**, 033702 (2005).

[29] K. Ishii, H. Nishikawa, T. Takahashi, Y. Hayashi, Sub- 5 μm thin film crystalline silicon solar cell on alumina ceramic substrate, *Jpn. J. Appl. Phys.*, **32**, L770-L773 (1993).

[30] R. Shimokawa, K. Ishii, H. Nishikawa, T. Takahashi, Y. Hayashi, I. Saito, F. Nagamine, S. Igari, Sub-5 μm thin film c-Si cell and optical confinement by diffuse reflective-substrate, *Sol. En. Mat. Sol. Cells*, **34**, 277–283 (1994).

[31] G. Andra, J. Bergmann, F. Falk, Laser crystallized multicrystalline silicon thin films on glass, *Thin Solid Films*, **487 (1–2)**, 77 (2005).

[32] M. S. Haque, H. A. Nasseem, W. D. Brown, Interaction of aluminium with hydrogenated amorphous silicon at low temperatures, *J. Appl. Phys.*, **75**, 3928–3935 (1994).

[33] G. Liu, S. Fonash, Polycrystalline silicon thin film transistors on Corning 7059 glass substrates using short time, low-temperature processing, *Appl. Phys. Lett.*, **62**, 2554–2556 (1992).

[34] S. Y. Yoon, K. H. Kim, J. Y. Oh, Y. J. Choi, W. S. Shon, C. O. Kim, J. Jang, A high-performance polycrystalline silicon thin-film transistor using metal-induced crystallization with Ni solution, *Jpn. J. Appl. Phys.*, **37**, 7193–7197 (1998).

[35] O. Nast, T. Puzzer, L. M. Koschier, A.B. Sproul and S.R. Wenham, Aluminum-induced crystallization of amorphous silicon on glass substrates above and below the eutectic temperature, *Appl. Phys. Lett.*, **73**, 3214–3216 (1998).

[36] O. Nast, S. Wenham, Elucidation of the layer exchange mechanism in the formation of polycrystalline silicon by aluminium-induced crystallization, *J. Appl. Phys.*, **88**, 124–132 (2000).

[37] J. Schneider, J. Klein, A. Sarikov, M. Muske, S. Gall, W. Fuhs, Suppression of nucleation during the aluminum-induced layer exchange process, *Proceedings MRS spring meeting 2005*, A2.2.1–A2.2.6 (2005).

[38] O. Nast, S. Brehme, S. Pritchard, A. Aberle and S.R. Wenham, in *Technical Digest of the Intern. PVSEC-11*,.727 (1999).

[39] O. Nast, A. J. Hartmann, Influence of interface and Al structure on layer exchange during aluminium-induced crystallisation of amorphous silicon, *J. Appl. Phys.*, **88**, 716–724 (2000).

[40] C. Ornaghi, G. Beaucarne, J. Poortmans, J. Nijs, R. Mertens, Aluminium induced crystallization of amorphous silicon: Influence of materials characteristics on the reaction, *Thin Solid Films*, **451–452**, 476–480 (2004).

[41] P. I. Widenborg, S. Von Chan, D. Inns, A. G. Aberle, Fabrication of poly-Si seed layer by Aluminium-induced crystallisation of a-Si deposited by PECVD or sputtering, *Technical Digest 15th Photovoltaic Science and Engineering Conference* 814–815 (2005).

[42] A. Slaoui, E. Pihan, M. Rusu, Formation of polycrystalline silicon on foreign substrates by combination of CVD and Aluminium-induced crystallisation techniques, *Proceedings 17th European*

Photovoltaic Solar Energy Conference, 1462–1465 (2001).

[43] C. Ornaghi, M. Stöger-Pollach, G. Beaucarne, J. Poortmans, P. Schattschneider, Thin film polycrystalline silicon solar cell on ceramics with a seeding layer formed via aluminium-induced crystallisation of amorphous silicon, *IEE Proc.-Circuits Devices Syst.*, **150**, 287–293 (2003).

[44] G. Beaucarne, D. V. Gestel, I. Gordon, L. Carnel, K. Van Nieuwenhuysen, C. Ornaghi, J. Poortmans, M. Stöger-Pollach, P. Schattschneider, Aluminium-induced crystallization of silicon on high temperature substrates for thin-film crystalline silicon solar cells, *Proceedings 19th European Photovoltaic Solar Energy Conference*, 467–470 (2004).

[45] D. Van Gestel, I. Gordon, L. Carnel, K. Van Nieuwenhuysen, G. Beaucarne, J. Poortmans, Influence of substrate roughness on the quality of thin-film polycrystalline-silicon solar cells made by aluminium-induced crystallization, *Proceedings 15th Photovoltaic Science and Engineering Conference*, 853–854 (2005).

[46] S. Gall, J. Schneider, M. Muske, I. Sieber, O. Nast, W. Fuhs, Poly-Si seeding layers by aluminium-induced crystallization, *Proceedings PV in Europe*, 87–90 (2002).

[47] E. Pihan, A. Focsa, A. Slaoui, C. Maurice, Crystallographic analysis of polysilicon films formed on foreign substrates by aluminium induced crystallization and epitaxy, to be published in *Thin Solid Films* (2006).

[48] B. Rau, J. Schneider, M. Muske, I. Sieber, S. Gall, M. Stoger-Pollach, P. Schattschneider and W. Fuhs, *Proceedings 19th European Photovoltaic Solar Energy Conference*, 1131–1134 (2004).

[49] A. Aberle, P. Widenborg, A. Straub, D. Neuhaus, O. Hartley, World Intellectual Property Organization, WO 2004/033769 A1.

[50] D. Van Gestel, I. Gordon, L. Carnel, K. Van Nieuwenhuysen, J. D'Haen, J. Irigoyen, G. Beaucarne, J. Poortmans, Influence of seed layer morphology on the epitaxial growth of polycrystalline silicon solar cells, *Thin Solid Films*, 511–512, 35–40, (2006).

[51] E. Pihan, A. Slaoui, P. Roca i Cabarrocas, A. Focsa, Polycrystalline silicon films by aluminium-induced crystallisation: growth process vs. silicon deposition method, *Thin Solid Films*, **451–452**, 328–333 (2004).

[52] G. Beaucarne, S. Bourdais, A. Slaoui, J. Poortmans, Thin-film film polycrystalline Si solar cells on foreign substrates: Film formation at intermediate temperatures (700–1300 °C), *Appl. Phys. A*, **79**, 469–480 (2004).

[53] G. Beaucarne, F. Duerinckx, I. Kuzma, K. Van Nieuwenhuysen, H. J. Kim, J. Poortmans, Epitaxial thin-film Si solar cells, *Thin Solid Films*, 511–512, 533–542 (2006).

[54] S. Reber, W. Wettling, High-temperature processing of crystalline silicon thin-film solar cells, *Appl. Phys. A*, **69**, 215–220 (1999).

[55] G. Beaucarne, J. Poortmans, M. Caymax, J. Nijs, R. Mertens, Tailored Si-layers on silicon oxide obtained by thermal CVD, *Proceedings Material Research Symposium 'Thin-Film Structures for Photovoltaics'*, **485**, 89–94 (1998).

[56] Y. Ishikawa, Y. Yamamoto, T. Hatayama, Y. Uraoka, T. Fuyuki: Crystallographic analysis of high quality poly-Si thin films deposited by atmospheric pressure chemical vapor deposition *Technical digest 12th PVSEC*, 437–438 (2001).

[57] Y. Ishikawa, Y. Uraoka, T. Fuyuki: Nucleation control towards the poly-Si thin films with large grain size utilizing intermittent supply of dichlorosilane, *Proceedings 3rd World Conference on Photovoltaic Energy Conversion*, 1503–1506 (2003).

[58] R. Monna, D. Angermeier, A. Slaoui, J. C. Muller, G. Beaucarne, J. Poortmans, C. Hebling, Poly-Si films on graphite substrates by rapid thermal chemical vapor deposition for photovoltaic application, *Proceedings of the 14th EPVSEC*, 1456–1459 (1997).

[59] R. B. Bergmann, R. Brendel, M. Wolf, P. Lšlgen, J. Krinke, H. P. Strunk, J. Werner, Growth of polycrystalline silicon films on glass by high-temperature chemical vapour deposition, *Semicond. Sci. Technol.*, **12**, 224–227 (1997).

[60] G. Beaucarne, J. Poortmans, M. Caymax, J. Nijs, R. Mertens, D. Angermeier, S. Bourdais, R. Monna, A. Slaoui, CVD-growth of crystalline Si on amorphous or microcrystalline substrates, *Proceedings of the 14th European Photovoltaic Solar Energy Conference*, 1007–1010 (1997).

[61] A. Slaoui, R. Monna, D. Angermeir, S. Bourdais, J.C. Muller, Polycrystalline silicon films formation on foreign substrates by a rapid thermal-CVD technique, *Proceedings 26th IEEE-PVSEC*, 627–630 (1997).

[62] C. Schmidt, B.v. Ehrenwall, A. Braun, A. Püschel, S. Ruckmich, B. Tierock, M. Nell, H.-G. Wagemann, Silicon deposition on structured ceramic substrates for thin film solar cells, *Proceedings 14th EPVSEC*, 2694–2697 (1997).

[63] M. E. Nell, A. Braun, B. von Ehrenwell, C. Schmidt, L. Elstner: Solar cells from thin silicon layers on Al2O3, *Technical digest 11th Int. PVSEC-11*, 749–750 (1999).

[64] A. J. M. M. van Zutphen, A. von Keitz, M. Zeman, J. W. Metselaar: Film-silicon deposition followed by phosphorus diffusion for photovoltaic application *Proceedings 2nd WCPVSEC*, 1762–1765 (1998).

[65] A. Ogane, T. Yamazaki, T. Yamazaki, Y. Uraoka, T. Fuyuki, Large grain poly-Si thin films deposited on ceramic substrate by intermittent source gas supply, *Proceedings 20th European Photovoltaic Solar Energy Conference*, 1028–1031 (2005).

[66] A. J. M. M. van Zutphen, M. Zeman, J. W. Metselaar, A. von Keitz, C. J. J. Tool, G. Beaucarne, J. Poortmans: Film silicon on ceramic substrates for solar cells *Proceedings 16th EPVSEC*, 1412–1415 (2000).

[67] S. Bourdais, F. Mazel G. Fantozzi, A. Slaoui, Silicon deposition on mullite ceramic substrates for thin-film solar cells, *Prog. Photovolt: Res. Appl.*, **7**, 437–447 (1999).

[68] T. I. Kamins: *Polycrystalline silicon for integrated circuit applications*, Norwell, MA: Kluwer (1988).

[69] D. A. Smith, T. Y. Tan, Effect of doping and oxidation on grain growth in polysilicon, *Mat. Res. Soc. Symp. Proc.*, **5**, 65–70 (1982).

[70] R. E. Proano, D. G. Ast, Effects of the presence/absence of HCl during gate oxidation on the electrical and structural properties of polycrystalline silicon thin-film transistors, *J. Appl. Phys.*, **66**, 2189–2199 (1989).

[71] B. L. Sopori, J. Alleman, W. Chen, T. Y. Tan, N. M. Ravindra, Grain enhancement of thin silicon layers using optical processing, *Mat. Res. Soc. Symp. Proc.*, **470**, 419–424 (1997).

[72] G. Beaucarne, *Crystalline Si solar cells in thin layers deposited on foreign substrates using high-temperature chemical vapour deposition* Ph.D. Thesis, K. U. Leuven (2000).

[73] S. Bourdais: *Etude du dépôt et des propriétés physiques du silicium polycristallin obtenu par le procédé RTCVD sur substrats de mullite. Application aux cellules photovoltaïques en couches minces* Ph.D. thesis, Université Louis Pasteur de Strasbourg (2000).

[74] A. Focsa, A. Slaoui, E. Pihan, M. Rusu, F. Snijkers, P. Leempoel, G. Beaucarne, J. Poortmans, E. Alvarez, Silicon thin films on spin-on intermediate layer coated mullite ceramics for photovoltaic application, *Proceedings 19th EPVSEC*, 1281–1284 (2004).

[75] G. Beaucarne, J. Poortmans, M. Caymax, J. Nijs, R. Mertens, R. Monna, D. Angermeier, A. Slaoui, CVD-growth of crystalline Si on amorphous or microcrystalline substrates, *Proceedings 14th European Photovoltaic Solar Energy Conference*, 1007–1010 (1997).

[76] Y. Ishikawa, K. Nishioka, Y. Yamamoto, T. Hatayama, Y. Uraoko, T. Fuyuki, Effect of hydrogen lasma assivation for columnar poly-Si thin film deposited, *Proceedings 17th European Photovoltaic Solar Energy Conference*, 1682–1685 (2001).

[77] A. Slaoui, R. Monna, D. Angermeier, S. Bourdais, J.C. Muller, Polycrystalline silicon films formation on foreign substrates by a rapid thermal-CVD technique, *Proceedings of the 26th IEEE Photovoltaic Specialists Conference*, 627–630 (1997).

[78] Shen Hui, Ai Bin, Study on growth behavior of polycrystalline silicon thin films on the foreign substrates, *Technical Digest 15th Photovoltaic Science and Engineering Conference*, 810–811 (2005).

[79] T. Suzuki, A. Mimura, T. Ogawa, The formation of polycrystalline-silicon deposited on oxide-covered single crystal silicon substrates, *J. Electrochem. Soc.*, **124**, 17(1977).

[80] T. I. Kamins, J. Manoliu, R. N. Tucker, Diffusion of impurities in polycrystalline silicon, *J. Appl.*

Phys., **43**, 83–91 (1972).
[81] J. C. Liao, J. L. Crowley, T. I. Kamins, *Mat. Res. Soc. Symp. Proc.* **146**, 97 (1989).
[82] T. Fuyuki, H. Yoshida, H. Matsunami, Preferentially-oriented polycrystalline Si growth for thin-film solar cells using SiH_2Cl_2 decomposed in plasma, *Proceedings First World Conference on Photovoltaic Energy Conversion*, 1383–1386 (1994).
[83] D. Meakin, J. Stoemenos, P. Migliorato, N. A. Economou: Structural studies of low-temperature low-pressure chemical deposited polycrystalline silicon, *J. Appl. Phys.*, 61, 5031–5037 (1987).
[84] R. Bisaro, J. Magarino N. Proust, K. Zellama, Structure and crystal growth of atmospheric and low-pressure chemical-vapor-deposited silicon films, *J. Appl. Phys.*, **59**, 1167–1178 (1986).
[85] A. Ogane, Y. Takahashi, Y. Uraoka, T. Fuyuki, Crystallographic properties of large grain poly-Si thin films deposited by intermittent source gas supply, *Technical Digest of the 15th Photovoltaic Science and Engineering Conference*, 806–807 (2005).
[86] T. H. Wang, T. F. Ciszek, M. Page, Y. Yan, R. Bauer, Q. Wang, J. Casey, R. Reedy, R. Matson, R. Ahrenkiel, M. M. Al-Jassim: Material properties of polysilicon layers deposited by atmospheric pressure iodine vapor transport, *Proceedings 28th IEEE Photovoltaic Specialists Conference*, 138–141 (2000).
[87] T. H. Wang, M. R. Wang, R. E. Bauer, M. D. Landry, Q. Wang, T. F. Ciszek, Material improvements and device processing on APIVT-grown poly-Si thin layers, *Proceedings NCPV and Solar Program Review Meeting*, 1–3 (2003).
[88] M. W. M. Graef, L. J. Gilling, J. Bloem, Enhanced crystallinity of silicon films deposited by CVD on liquid layers (CVDOLL process): silicon on tin layers in the presence of hydrogen chloride, *J. Appl. Phys.*, **48**, 3937–3940 (1977).
[89] E. Rasmanis: Thin film p-n junction silicon devices, *Semiconductor Products*, **June 1963**, 30–33 (1963).
[90] J. K. Rath, H. Meiling, R. E. I. Schropp, Purely intrinsic poly-silicon films for n-i-p solar cells, *Jap. J. Appl. Phys.*, **36**, 5436 (1997).
[91] P. Muller, I. Beckers, E. Conrad, L. Elstner, W. Fuhs, Application of low-temperature electron cyclotron resonance CVD to silicon thin-film solar cell preparation, *Proceedings 25th Photovoltaic Specialists Conference*, 673–676 (1996).
[92] H. S. Reehal, M. J. Thwaites, T. M. Bruton: Thin film polycrystalline silicon solar cells prepared by plasma CVD *Phys. Stat. Sol. A*, **154**, 623–633 (1996).
[93] S. Oelting, D. Martini, D. Bonnet, Crystalline thin film silicon solar cells by ion-assisted deposition, *Proceedings 12th European Photovoltaic Solar Energy Conference*, 1815–1818 (1994).
[94] L. Oberbeck, R. B. Bergmann, N. Jensen, S. Oelting, J. H. Werner, *Diffus. Defect Data B, Solid State Phenom.*, **67–68**, 459 (1999).
[95] L. Oberbeck, J. Schmidt, T. Wagner, R. B. Bergmann, High-rate deposition of epitaxial layers for efficient low-temperature thin film epitaxial silicon solar cells, *Prog. Photovolt: Res. Appl.*, **9**, 333–340 (2001).
[96] T. A. Wagner, L. Oberbeck, R. B. Bergmann, Low temperature epitaxial silicon films deposited by ion-assisted deposition, *Mat. Sci. Eng. B*, **89**, 319 (2002).
[97] A. Straub, D. Inns, M. L. Terry, Y. Huang, P. I. Widenborg, A. G. Aberle, Optimisation of low-temperature silicon epitaxy on seeded glass substrates by ion-assisted deposition, *J. Cryst. Growth*, **280**, 385–400 (2005).
[98] M. Albrecht, B. Steiner, Th.Bergmann, A. Voigt, W. Dorsch, H. P. Strunk and G. Wagner, The crystalline quality of epitaxial Si layers solution grown on polycrystalline Si substrates, *Mat. Res. Soc. Symp. Proc.*, **358**, 889–894 (1995).
[99] A. Gutjahr, I. Silier, G. Cristiani, M. Konuma, F. Banhart, V. Schöllkopf, H. Frey, Silicon solar cell structure grown by liquid phase epitaxy on glassy carbon, *Proceedings of the 14th EPVSEC*, 1460–1462 (1997).
[100] S. Bourdais, R. Monna, D. Angermeier, A. Slaoui, N. Rauf, A. Laugier, F. Mazel, Y. Jorand, G. Fantozzi, Combination of RT-CVD and LPE for thin silicon-film formation on alumina substrates,

Proceedings 2nd WCPVSEC, (Vienna), 1774–1777 (1998).

[101] S. E. A. Schiermeier, C. J. J. Tool, J. A. M. van Roosmalen, L. J. Laas, A. von Keitz, W. C. Sinke, LPE-growth of crystalline silicon layers on ceramic substrates, *Proceedings 2nd WCPVSEC*, 1673–1676 (1998).

[102] J. Kühnle, R. B. Bergmann, J. Krinke, J. H. Werner, Comparison of vapor phase and liquid phase epitaxy for deposition of crystalline Si on glass, *Mat. Res. Soc. Symp. Proc.*, **426**, 111–116 (1996).

[103] T. Baba, M. Shima, T. Matsuyama, S. Tsuge, K. Wakisaka, S. Tsuda, 9.2% efficiency thin-film polycrystalline silicon solar cell by a novel solid phase crystallization method, *Proceedings 13th European Photovoltaic Solar Energy Conference*, 1708–1711 (1995).

[104] D. Song, A. Straub, P. Widenborg, B. Vogl, P. Campbell, and Y. Huang, A. G. Aberle, *Proceedings 19th European Photovoltaic Solar Energy Conference*, 1193 (2004).

[105] M. L. Terry, A. Straub, D. Inns, D. Song, A. G. Aberle, Large open-circuit voltage improvement by rapid thermal annealing of evaporated solid-phase-crystallized thin-film silicon solar cells on glass, *Appl. Phys. Lett.*, **86**, 172108 (2005).

[106] M. J. Keevers, A. Turner, U. Schubert, P. A. Basore, M. A. Green, Remarkably effective hydrogenation of crystalline silicon on glass modules, *Proceedings 20th European Photovoltaic Solar Energy Conference*, 1305–1308 (2005).

[107] P. Kwizera and R. Reif, Solid phase epitaxial recrystallization of thin polysilicon films amorphized by silicon ion implantation, *Appl. Phys. Lett.*, **41**, 379–381 (1982).

[108] R. B. Bergmann, F. G. Shi, H. J. Queisser and J. Krinke, *Appl. Surf. Sci.* **123–124**, 376 (1998).

[109] H. Kumoni, F. G. Shi, Phys. Rev. Lett. 82, 2717 (1999).

[110] L. Haji, P. Joubert, J. Stoemenos, N. A. Economou, Mode of growth and microstructure of polycrystalline silicon obtained by solid-phase crystallization of an amorphous silicon film, *J. Appl. Phys.*, **75**, 3944–3952 (1994).

[111] P. I. Widenborg, A. Straub, A. G. Aberle, Epitaxial thickening of AIC poly-Si seed layers on glass by solid phase epitaxy, J. Cryst. Growth, **276**, 19–28 (2005).

[112] R. B. Bergmann, R. Brendel M. Wolf, P. Lolgen, J. H. Werner, J. Krinke, H.P. Strunk, Crystalline silicon films by chemical vapor deposition on glass for thin film solar cells, *Proceedings 25th IEEE Photovoltaic Specialists Conference*, 365–370 (1996).

[113] J. Y. Seto, The electrical properties of polycrystalline silicon films, *J. Appl. Phys.*, **46 (12)**, 5247–5254 (1975).

[114] V. L. Dalal, P. Sharma, Defect density and diffusion length of holes in nanocrystalline silicon devices, *Appl. Phys. Lett.*, **86**, 103510 (2005).

[115] G. Beaucarne, S. Bourdais, A. Slaoui, J. Poortmans, Thin-film polysilicon solar cells on foreign substrates using direct thermal CVD: material and solar cell design, *Thin Solid Films*, **403–404**, 229–237 (2002).

[116] J.H. Werner, K. Taretto and U. Rau, Grain boundary recombination in thin-film silicon solar cells', *Sol. State Phenom.*, **80–81**, 209–304 (2001).

[117] T. Matsuyama, N. Terada, T. Baba, T. Sawada, S. Tsuge, K. Wakisaka, S. Tsuda, High-quality polycrystalline silicon thin film prepared by a solid phase crystallization method, *J. Non-Cryst. Sol.*, 198–200, 940–944 (1996).

[118] G. Beaucarne, J. Poortmans, M. Caymax, J. Nijs, R. Mertens, On the behavior of p-n junction solar cells made in fine-grained silicon layers, *IEEE Trans. Electr. Dev.*, **47**, 1118–1120 (2000).

[119] C. R. M. Grovenor, Grain boundaries in semiconductors, *J. Phys. C*, **18**, 4079–4120 (1985).

[120] L. L. Kazmerski, Chemistry of hydrogen and arsenic interactions at silicon grain boundaries, *J. Vac Sci. & Technol.*, **A 4**, 1638 (1986).

[121] G. Harbeke, *Polycrystalline Semiconductors*, Berlin: Springer-Verlag, (1985).

[122] Y. Mai, S. Klein, R. Carius, J. Wolff, A. Lambertz, F. Finger, X. Geng, Microcrystalline silicon solar cells deposited at high rates, *J. Appl. Phys.*, **97**, 114913 (2005).

[123] G. Beaucarne, J. Poortmans, M. Caymax, J. Nijs, S. Bourdais, D. Angermeier, R. Monna, A. Slaoui, Recrystallization-free thin-film crystalline silicon solar cells on foreign substrates, *Proceedings*

2nd World Conference on Photovoltaic Energy Conversion, 1814–1817 (1998).

[124] A. G. Aberle, P. I. Widenborg, D. Song, A. Straub, M.L. Terry, T. Walsh, A. Sproul, P. Campbell, D. Inns, B. Beilby, M. Griffin, J. Weber, Y. Huang, O. Kunz, R. Gebs, F. Martin-Brune, V. Barroux, S.R. Wenham, Recent advances in polycrystalline silicon thin-film solar cells on glass at USNW, *Proceedings 31st IEEE Photovoltaic Specialist Conference*, 877–882 (2005).

[125] L. Carnel, I. Gordon, D. Van Gestel, K. Van Nieuwenhuysen, G. Agostinelli, G. Beaucarne, J. Poortmans, Thin-film polycrystalline silicon solar cells on ceramic substrates with a V_{oc} above 500 mV, *Thin Solid Films*, 511–512, 21–25 (2005).

[126] G. Andrä, J. Bergmann, F. Falk, E. Ose, Multicrystalline silicon thin film solar cells on glass, *Proceedings 19th European Photovoltaics Solar Energy Conference*, 872–875 (2004); G. Andrä, A. Bochmann, F. Falk, A. Gawlik, E. Ose, J. Plentz, Diode laser crystallized multicrystalline silicon thin film solar cells on glass, *Proceedings 21st European Photovoltaic Solar Energy Conference*, (2006).

[127] C. Feldman, N. A. Blum, F. G. Satkiewicz, Vacuum deposited polycrystalline silicon solar cells for terrestrial use, *Proceedings 14th IEEE Photovoltaic Specialists Conference*, 391–396 (1980).

[128] G. Beaucarne, J. Poortmans, M. Caymax, J. Nijs, R. Mertens, Properties of p-n diodes made in polysilicon layers with intermediate grain size, *Sol. State Phenom.*, **67–68**, 577–582 (1999).

[129] G. Beaucarne, S. Bourdais, A. Slaoui, J. Poortmans, Carrier collection in fine-grained p-n junction polysilicon solar cells, *Proceedings 28th IEEE PVSC*, 128–133 (2000).

[130] T. H. DiStefano, J. J. Cuomo, Reduction of grain boundary recombination in polycrystalline silicon solar cells, *Appl. Phys. Lett.*, **30**, 351–353 (1977).

[131] G. Beaucarne, M. Caymax, I. Peytier and J. Poortmans, Polysilicon thin-film solar cells: influence of the deposition rate on enhanced diffusion and on cell performance, *Sol. State Phenom.*, 80–81, 269–274 (2001).

[132] T. Matsuyama, K. Wakisaka, M. Kameda, M. Tanaka, T. Matsuoka, S. Tsuda, S. Nakano, Y. Kishi, Y. Kuwano, Preparation of high-quality n-type poly-Si films by the solid phase crystallization (SPC) method, *Jpn. J. Appl. Phys.*, **11**, 2327–2331 (1990).

[133] M. L. Terry, A. Straub, D. Inns, D. Song, A. G. Aberle, V_{oc} improvement of evaporated SPC thin-film Si solar cells on glass by rapid thermal annealing, *Proceedings 31st Photovoltaic Specialists Conference*, 971–974 (2005).

[134] M. Spiegel, G. Hahn, W. Jooss, S.Keller, P. Fath, G.Willeke and E. Bucher, Investigation of hydrogen diffusion, effusion and passivation in solar cells using different multicrystalline silicon base materials, *Proceedings 2nd WCPVSEC, Vienna*, 1685–1688 (1998).

[135] R. Plieninger, H. N. Wanka, J. Kuhnle, J. H. Werner, Efficient defect passivation by hot-wire hydrogenation, *Appl. Phys. Lett.*, **71**, 2169–2171 (1997).

[136] H. E. A. Elgamel, J. Nijs, R. Mertens, M. G. Mauk, A. M. Barnett, Hydrogen in polycrystalline silicon solar cell material: its role and characteristics, *Sol. En. Mat. Sol. Cel.*, **53**, 277–284 (1998).

[137] F. Duerinckx, J. Szlufcik, Defect passivation of industrial multicrystalline solar cells based on PECVD silicon nitride, *Sol. En. Mat. Sol. Cel.*, **72**, 231–246 (2002).

[138] J. H. W. J. Soppe, W. M. M. Kessels, M. C. M. van den Sanden, W. M. Arnoldbik, H. Schlemm, C. Devilee, H. Rieffe, S. E. A. Schiermeier, J. H. Bultman, A. W. Weeber, On combining surface and bulk passivation of SiNx:H layers for mc-Si solar cells, *Proceedings 29th IEEE PVSC*, 158–161 (2002).

[139] L. Carnel, I. Gordon, K. Van Nieuwenhuysen, D. Van Gestel, G. Beaucarne, J. Poortmans, Defect passivation in chemical vapour deposited fine-grained polycrystalline silicon by plasma hydrogenation, *Thin Solid Films*, **487**, 147–151 (2005).

[140] S. Honda, T. Mates, M. Ledinsky, J. Oswald, A. Fejfar, J. Kocka, T. Yamazaki, Y. Uraoka, T. Fuyuki, Effect of hydrogen passivation on polycrystalline silicon thin films, *Thin Solid Films*, **487**, 152–156 (2005).

[141] L. Carnel, I. Gordon, H.F.W. Dekkers, D. Van Gestel, K. Van Nieuwenhuysen, G. Beaucarne, J. Poortmans, Direct plasma hydrogenation and SiN:H hydrogenation of thin-film polycrystalline-

silicon solar cells, *Technical Digest 15th Photovoltaic Science and Engineering Conference*, 907–908 (2005).

[142] M. Taguchi, H. Sakata, Y. Yoshimine, E. Maruyama, A. Terakawa, M. Tanaka, An approach for the higher efficiency in the HIT cells, *Proceedings 31st IEEE Photovoltaic Specialists Conference*, 866–817 (2005).

[143] K. Yamamoto, T. Suzuki, M. Yoshimi, A. Nakajima, Optical confinement effect for below 5 μm thin film poly-Si solar cell on glass substrate, *Jpn. J. Appl. Phys.*, **36**, L569–L572 (1997).

[144] K. Yamamoto, M. Yoshimi, Y. Tawada, Y. Okamoto, A. Nakajima, S. Igari, Thin-film poly-Si solar cells on glass substrate fabricated at low temperature, *Appl. Phys. A*, **69**, 179–185 (1999).

[145] K. Yamamoto, M. Yoshimi, T. Suzuki, Y. Tawada, Y. Okamoto, A. Nakajima, Below 5 μm thin film poly-Si solar cell on glass substrate fabricated at low temperature, *Proceedings 2nd WCPVSEC, Vienna*, 1284–1289 (1998).

[146] K. Yamamoto, A. Nakajima, M. Yoshimi, T. Sawada, S. Fukuda, T. Suezaki, M. Ichikawa, Y. Koi, M. Goto, H. Takata, T. Sasaki, Y. Tawada, Novel hybrid thin-film silicon solar cell and module, *Proceedings 3rd World Conference on Photovoltaic Energy Conversion*, 2789–2792 (2003).

[147] P. A. Basore, Pilot production of thin-film crystalline silicon on glass modules, *Proceedings 29th IEEE Photovoltaic Specialists Conference*, 49–52 (2002).

[148] P. A. Basore, Pilot production of thin-film crystalline silicon on glass modules, *Proceedings From PV Technology to Energy Solutions*, 236–239 (2002).

[149] P. A. Basore, Large-area deposition for crystalline silicon on glass modules, *Proceedings 3rd World Conference on Pphotovoltaic Energy Conversion*, 935–938 (2003).

[150] M. A. Green, P. A. Basore, N. Chang, D. Clugston, R. Egan, R. Evans, J. Ho, D. Hogg, S. Jarnason, M. Keevers, P. Lasswell, J. O'Sullivan, U. Schubert, A. Turner, S.R. Wenham, T. Young, Crystalline silicon on glass (CSG) thin-film solar cell modules, *Journal of Solar Energy*, **77**, 857–863 (2004); P. A. Basore, CSG-2: Expanding the production of a new polycrystalline silicon PV technology, *Proceedings 21st European Photovoltaic Solar Energy Conference*, (2006).

[151] A. G. Aberle, Crystalline silicon thin-film solar cells: where are we? Where to go from here?, *Proceedings 20th European Photovoltaic Solar Energy Conference*, 1108–1111 (2005).

[152] S. Gall, J. Schneider, J. Klein, K. Hübener, M. Muske, B. Rau, E. Conrad, I. Seiber, K. Petter, K. Lips, M. Stöger-Pollach, P. Schattschneider, W. Fuhs, Large-grained polycrystalline silicon on glass for thin-film solar cells, *Thin Solid Films*, 511–512, 7–14 (2006).

[153] S. Gall, J. Berghold, E. Conrad, P. Dogan, F. Fenske, B. Gorka, K. Lips, M. Muske, K. Petter, B. Rau, J. Schneider, I. Sieber, Large-grained polycrystalline silicon on glass for thin-film solar cells, *Proceedings 21st European Photovoltaic Solar Energy Conference*, (2006).

[154] I. Gordon, D. Van Gestel, K. Van Nieuwenhuysen, L. Carnel, G. Beaucarne, J. Poortmans, Thin-film polycrystalline silicon solar cells on ceramic substrates by Aluminium-Induced Crystallization, *Thin Solid Films*, **487**, 113–117 (2005).

[155] I. Gordon, D. Van Gestel, L. Carnel, G. Beaucarne, J. Poortmans, L. Pinckney, A. Mayolet, Thin-film polycrystalline silicon solar cells on high-temperature substrates by aluminium-induced crystallization, *Proceedings 21st European Photovoltaic Solar Energy Conference*, (2006).

[156] T. Yamazaki, Y. Matsumura, Y. Urakoka, T. Fuyuki, Analysis of electronic properties at grain boundary of poly-Si thin film solar cells deposited with nucleation control using intermittent supply method, *Proceedings 19th European Photovoltaic Solar Energy Conference*, 742–745 (2004).

04 미결정실리콘 박막 태양전지 기술

Advances in Microcrystalline Silicon Solar Cell Technologies

Evelyne Vallat-Sauvain, Arvind Shah and Julien Bailat
Institute of Microtechnology, University of Neuchâtel, Switzerland

4.1 서 론

실리콘 박막은 아래에 열거한 여러 가지 측면에서 값싸게 대면적의 모듈을 대량 생산하기에 가장 적합한 태양전지 소재이다.

- 희귀하거나 독성이 있는 원소재를 대량으로 사용하지 않아 재료 측면에서의 요구조건을 잘 만족시킴.
- 에너지 회수기간(energy payback time)이 웨이퍼 기반의 태양전지 기술보다 훨씬 짧음.
- 1 m^2 이상의 대면적 모듈 제조에 필요한 기술이 실증되었음(연산 25 MW 이상).
- 직렬연결 방식의 일체형으로 대면적 모듈 구성이 가능함.
- 사용되는 전형적인 공정들은 저온 공정으로, 저가격의 플렉시블 플라스틱 등을 포함한 다양한 기판의 사용이 가능함.

처음 20년간(1970~1990) 실리콘 박막 태양전지의 개발은 주로 수소화된 비정질 실리콘(a-Si:H)과 게르마늄(a-SiGe : H)과 카본(a-SiC : H)을 포함하는 비정질실리콘 합금으로 국한되었었는데, 여기에 대해서는 다음 장에서 다룰 것이다. 비정질실리콘 박막 태양전지 기술은 이미 상업화 개발된 기술이나, 아직까지 태양전지 시장 전체에 대한 점유율은 크지 않다. 초기의 수소화 비정질실리콘 태양전지는 주로 시계나 라디오 등 소규모 전자 제품의 전원공급용으로 사용되었고, 대규모 발전용으로 거의 사용되지 않았다. 그 주된 이유 중 하나는 상업용 비정질실리콘 모듈의 효율이 상대적으로 낮기(5~7%) 때문이었다. 이와 같이 낮은 효율의 요인 중 하나는 광열화 현상 또는 Staebler-Wronski 효과로 부르는 것으로 빛에 의해 효율이 떨어지는 현상이다. 이와 같은 한계에도 불구하고, 비정질실리콘 박막 태양전지 모듈은 최근 점차로 발전용으로 사용되고 있고, 특히 구조적, 외관 측면에서의 장점을 살려 건물일체형 태양광시스템(building integrated PV(BIPV)) 영역에서 관심을 끌고 있다.

1990년대 초, 수소화된 미결정실리콘(microcrystalline:μc-Si:H)이 스위스 Neuchâtel 대학의 IMT (Institute of Microtechnology) 그룹에서 처음 개발되어 새로운 박막 태양전지 소재로 떠오르게 되었다. 미결정실리콘과 이를 사용한 태양전지는 비정질실리콘과 동일한 방법과 장비로 생산할 수 있는데, 다만 재료의 특성이 다르다.

- 재료의 미세구조가 증착조건들에 따라 복잡, 다단하게 변한다.
- 단위 박막층의 오염에 따른 특성 변화가 매우 민감하다.
- 비정질실리콘에 비해 밴드갭이 더 낮기(a-Si:H의 1.7~1.8 eV 대신에 1.1 eV) 때문에, 태양광 스펙트럼의 근적외선 영역의 빛을 효과적으로 흡수, 전환할 수 있다.
- 간접천이형 밴드갭을 가져 비정질실리콘에 비해 가시광 영역에서의 흡수계수가 낮다. 따라서 비정질실리콘에 비해 더 두꺼운 흡수층이 필요하며, 또한 보다 효과적인 광포획(light trapping)이 필요하다.
- 빛에 의해 야기되는 효율 저하가 훨씬 적다.

미결정실리콘 태양전지는 아직도 많은 연구가 필요한데, 다양한 소재 특성과 소자 물리 등이 지속적으로 연구되고 있다. 여기에서는 이들 주요 이슈에 대해 포괄적으로 기술하고자 한다.

태양전지 효율 관점에서, 실험실에서 만든 단일접합 미결정실리콘 태양전지의 최고 효율은 9~10% 범위이고, 일부에서는 10% 약간 넘는 수준에 도달해 있다. 미결정실리콘은 아직 개발의 초기단계이기 때문에 앞으로 수년 내에 큰 진전이 있을 것으로 기대되고 있는데, 특히 효과적인 빛 가두기 방법이 중요한 역할을 할 것으로 판단된다.

하지만 미결정실리콘 태양전지를 활용하는 가장 좋은 방법은 'micromorph' 형태의 탠덤구조 적층형 태양전지로, 이는 비정질실리콘 상층 셀에 미결정실리콘 하부 셀을 결합한 것이다. 소면적의 경우 11~12% 범위의 안정화 효율이 달성되었는데,

초기 상태에서 세계 최고 효율은 일본 Kaneka 사가 달성한 14.7%이다. 동 회사는 이 기술을 이용하여 안정화 효율 8% 대의 상업용 모듈을 시장에 내놓았다. 여기에서는 micromorph 탠덤 태양전지의 한계와 전망에 대해 기술하고자 한다.

4.2 미결정실리콘 : 소재 제조와 특성 평가

4.2.1 미결정실리콘 증착기술

4.2.1.1 서론

일반적으로 사용되는 미결정실리콘(μc-Si:H) 혹은 '나노 결정(nanocrystalline) 실리콘' 이라 칭하는 것은 순수한 실란(SiH_4), 더 정확하게는 실란과 수소의 혼합물을 플라즈마 화학기상 증착법(plasma enhanced chemical vapor deposition : PECVD) 또는 이와 유사한 방식으로 400℃ 이하의 저온에서 증착한 박막층을 말하는 것이다. '다결정(polycrystalline) 실리콘'은 일반적으로 600℃ 이상의 높은 온도에서 화학기상 증착법으로 형성된 것을 말한다. 미결정실리콘 제조에 플라즈마 공정과 같이 저온 공정을 선택하는 것은 다음 두 가지 장점이 있기 때문이다.

- 다양한 기판의 선택이 가능하고 오염 문제를 최소화할 수 있다.
- 수소가 박막층 내에 침투해 들어가서 전자결함과 결정입계를 부동태화(passivation) 한다.

미결정실리콘의 저온 합성에 대한 가능성은 1968년 Veprek과 Marecek에 의해 발견되었는데, 이때 사용한 방법은 케미컬 수송(chemical transport)이었다[1]. 이 방식은 지금 널리 사용되는 PECVD 공정과 두 가지 측면에서 매우 유사한데, 하나는 양쪽 모두 증착 전구체로 실란계의 라디칼을 사용한다는 것이고, 다른 하나는 박막층 성장에 수소원자가 중대한 역할을 한다는 것이다. 실란의 PECVD 방식에 의한 μc-Si:H의 제작은 1979~1980년대에 도입되었다[2,3]. 태양전지에의 첫 적용은 먼저 p-i-n 비정질실리콘 태양전지의 p-형 윈도 층에 한정되었다[4]. 이 미결정실리콘 층의 높은 전기전도도와 가시광 영역에서의 낮은 흡수계수는 매우 유용한 것이었다[5]. 광흡수층으로 i-형 μc-Si:H를 사용한 완전한 형태의 미결정실리콘 박막 태양전지는 처음에는 i-형 μc-Si:H층의 품질이 불량하고 또한 n-형의 특성을 나타내었기 때문에 가능치 않은 것으로 간주하였다.

하지만 1994년 스위스 Neuchâtel 그룹은 초고주파(very high frequency : VHF) 플라즈마 기술을 이용하여 변환 효율 7% 이상을 가지는 완전한 단일접합 미결정실리콘 박막 태양전지를 발표하였다[6, 7]. 현재 미결정실리콘의 성장속도가 미결정실리콘 태양전지 모듈의 산업화의 걸림돌인데, 성장속도 5 Å/초 이상 달성에 많은 노력을 하고 있다. 아래에서는 μc-Si:H 증착에 사용되는 VHF 플라즈마 공정의 장점을 자세하게 기술하고, 또한 더 높은 압력에서의 플라즈마 공정(high pressure depletion regime으로 명명)[8, 9], 마이크로웨이브(microwave) 플라즈마에 대해서도 언급하고자 한다[10, 11]. 그리고 플라즈마 공정의 대안으로 열선(hot wire : HW) CVD를 소개하고자 한다[12, 13]. 이들 방식들은 현재 연구단계이지만 일부 방식은 실험실에서 성장속도 10 Å/초까지 달성된 바 있는데, 대면적 대량생산에서는 일본 Kaneka 사가 유일한 것으로 보고되었다.

4.2.1.2 VHF 글로 방전 증착

1987년 스위스 IMT 그룹은 비정질실리콘과 이후에는 미결정실리콘의 증착속도를 대폭 개선한 초고주파 글로 방전(very high frequency glow discharge : VHF-GD) 증착기법을 도입하였다. 통상 표준화된 PECVD 공정으로 μc-Si:H을 증착할 때는 다이오드 형태의 반응로를 사용하는데, VHF-GD 방식에서는 기존의 여기 주파수 13.56 MHz를 30~300 MHz 범위로 대폭 증가시킨 파워 소스를 사용한다. 플라즈마 내에서 전자들은 양이온들 보다 훨씬 더 빠른 열적 속도(thermal velocity)를 가지기 때문에, 전하 중립(charge neutrality)을 유지하기 위해서는 벌크 플라즈마가 양(positive)의 퍼텐셜을 가져야 한다. 기판 근처의 플라즈마 sheath는 양이온을 가속시켜 주고 또한 전자를 플라즈마 내에 가두어둔다. 여기 주파수가 더 높은 플라즈마를 사용함에 따라 플라즈마 sheath의 두께는 줄어들고, 그 결과 고주파수에서 플라즈마 임피던스가 낮아지고, 실란의 분해는 촉진되며, 그리고 성장 표면에 부딪히는 이온의 에너지는 낮아지게 된다. 성장 표면에서의 이온충격이 더 부드러워져서(하지만 intensity는 증가) VHF 공정이 기존 13.56 MHz에서의 전통적인 플라즈마 증착에 비해 미결정실리콘의 형성을 돕는 것으로 보인다. 게다가 VHF 플라즈마는 고속 증착의 가능성도 큰 것으로 보고되고 있다. 여러 그룹들은 플라즈마 여기 주파수가 13.56 MHz에서부터 VHF 범위까지 증가함에 따라 비정질실리콘의 경우 증착속도가 4~10배 증가한 결과를 보고하였다. 유사한 경향이 미결정실리콘의 경우에도 관찰되었다. [그림 4.1]의 주어진 반응로에서 여기 주파수에 따른 증착속도의 곡선은 항상 최댓값을 보여주고 있다. 주파수가 더 증가함에 따라 증착속도가 감소한 것은

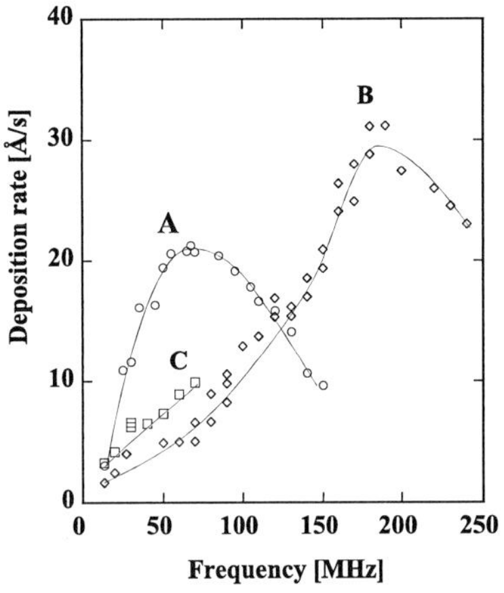

그림 4.1 여러 연구 그룹들이 서로 다른 반응장치들을 사용하여 제조한 수소화 비정질실리콘의 증착속도 대 플라즈마 여기 주파수.

반응로 설계와 같은 엔지니어링 측면의 요인 때문으로 반응로 내에서 누설 capacitance가 증가하기 때문으로 해석하고 있다. 반면에 여기 주파수 증가에 따라 증착속도가 증가하는 것에 대해서는 그 요인을 축전결합(capacitively coupled) 글로 방전 플라즈마에서의 근본적인 물리적인 변화가 플라즈마 임피던스의 변경, sheath 두께의 감소와 연계되었기 때문으로 해석하고 있다. Heintze[14] 등은 고 주파수에서 이온 flux가 증가된 것을 관찰하였는데, 이온 flux의 증가와 이온 충격 에너지의 감소로 인해 이온 충격은 더 부드러워졌지만 그 강도는 세진 것으로 해석을 하였다. 이와 같은 물리적 조건이 바뀐 주된 요인으로 고주파수에서는 RF 출력이 sheath보다는 벌크 플라즈마와 훨씬 잘 결합(coupling)하기 때문으로, 그 결과 벌크 플라즈마 내에서 전자의 농도가 더 높고, 실란의 분해가 더 잘 되고, 그리고 성장 표면위에 라디칼과 이온 flux가 더 많아진다는 것이다[15, 16]. 이러한 이유로 증착속도가 올라가면서도 미결정실리콘의 성장이 촉진된다는 것이다.

4.2.1.3 기타 증착 방법

High pressure depletion regime(HPD)의 범위 내에서 플라즈마 반응로의 압력을 종전의 0.3 Torr에서 대폭 올린 7~10 Torr에서 증착을 하는 것이다. 압력이 높기 때문에 표면에 충돌하는 이온들은 플라즈마 내에서의 충돌로 대부분의 에너지를 잃어버린다. 이렇게 하여 플라즈마에 공급되는 출력이 크게 증가하고, 그 결과 소재의 품질에 악영향을 미치지 않고도 증착속도가 증가하게 된다. 그러나 a-Si:H 대신 μc-Si:H 박막을 얻기 위해서는 실란이 고갈(deplete)되고, 비교적 수소 함량이 많은 플라즈마 조건이 구비되어야 한다. 수소 소비량의 증가, 분말의 형성, 박막의 비균질성은 HPD 증착공정의 최적화에 문제가 되는 요소들이다. 독일 Juelich 그룹이 우수한 성능의 μc-Si:H 태양전지 소자를 만들었는데, 주파수 13.56 MHz에서 HPD 방식으로 증착속도 5 Å/s, 그리고 HPD와 VHF(주파수 95 MHz) 방식을 결합하여 증착속도 11 Å/s에서 단일접합 소자의 변환효율 9.8%를 달성하였다[17, 18]. 일본의 일부 연구 그룹은 효율은 약간 낮지만 증착속도 20~40 Å/s 범위에서 우수한 소자를 얻었다[19, 20]. 현재 추진 작업 중 중요한 것은 HPD와 VHF를 결합한 대면적 박막 제조장치의 설계이다[21].

마이크로파 플라즈마 방식에서도 여기 주파수 13.56 MHz의 기존 방식에 비해 이온 충격이 대폭 감소하였고, 증착속도가 높았으나 아직 단일접합 소자에 대한 결과는 없다[22].

열선 CVD 방식은 플라즈마 방식의 대안으로 볼 수 있는데, 실란 가스를 1,600~2,000℃로 가열된 텅스텐 등의 금속 필라멘트로 가열 분해하는 것이다. 여기에서는 플라즈마가 없기 때문에 박막의 품질에 저해 요인인 이온충돌이 없다. 이 방법으로 μc-Si:H 박막의 증착속도를 높일 수 있었고, 증착속도를 낮추면 양질의 단일접합 소자도 얻을 수 있었으나[13, 23], 증착속도가 높아지면 소자의 성능이 만족스럽지 못하였다. 이 방식에서 이온충돌이 전혀 없다는 점이 오히려 단점이 될 수도 있다. 즉, 이온충돌이 낮은 에너지에서 이루어 질 경우 어느 정도의 이온충돌은 오히려 μc-Si:H 성장에 도움이 될 수 있다. 실제로, 열선과 VHF 방식을 결합한 경우 가장 고무적인 결과가 얻어졌다[24]. 이 밖에 열선 방식의 개선을 위해서는 대면적에서의 균질성 확보, 필라멘트의 주기적 교체, 필라멘트로부터의 방사열에 의한 성장 표면의 과열 등의 문제점이 우선 해결되어야 한다. 일부 장비 업체들이 현재 문제점 해결에 나서고 있다.

4.2.2 미결정실리콘 박막층

미결정실리콘은 1968년 발견된 이래, 성장표면에서의 고농도 수소원자가 미결정실리콘 성장에 필요조건으로 알려져 왔다[25,26]. 플라즈마 optical emission spectra(OES)[27]로부터 관찰되는 바와 같이 수소의 농도는 플라즈마에 수소를 넣어주거나 플라즈마 파워를 증가시키고, 여기 주파수를 증가시킴으로써 높일 수 있다. 흔히 실란의 농도, $SC=[SiH_4]/([SiH_4]+H_2])$에 따른 μc-Si:H 층들의 성능에 대한 연구가 많이 실시된 바 있다. μc-Si:H 박막 내부에 다량으로 존재하는 기계적 스트레스에 기인하는 유리 기판과 마이크로미터 두께의 미결정실리콘 층의 부착(adhesion) 문제는 또 다른 숙제이다.

아래에서는 태양전지 소자 측면에서 도핑하지 않은 순수 및 도핑된 미결정실리콘의 주요 물리적인 특성에 대해 기술하고자 한다.

4.2.2.1 진성 (도핑하지 않은) 미결정실리콘 박막층

서로 다른 기판 위에 증착된 진성의 미결정실리콘 층에 대한 연구는 주로 태양전지 소자에 사용을 전제로 소재의 물리화학적인 기본특성을 모니터하기 위한 목적이다. 위에서 언급한 바와 같이 μc-Si:H층은 실란과 수소의 혼합물을 출발물질로 하여 PECVD 방식으로 만든다. [그림 4.2]의 X-선 회절 그래프와 라만 스펙트럼에서 보는 바와 같이 플라즈마 내에서의 실란의 농도 변화에 따라 박박층은 수소화 비정질실리콘으로부터 미결정실리콘으로 전이된다.[29]. 실란 농도 7.5%의 조건에서 증착된 μc-Si:H층의 XRD는 비정질실리콘의 특성을 보여주고, 이에 비해 7%의 조건에서는 결정질실리콘의 회절피크를 나타낸다. 실란 농도를 약간 변화시켰는데에도 불구하고 결정성의 발생이 급격히 일어난 점을 주목할 수가 있는데, 마치 전이(transition)와 같이 보인다. 하지만 전이라는 표현은 엄밀한 의미에서 정확치 않은 것으로 다음에서 설명하고자 한다[30].

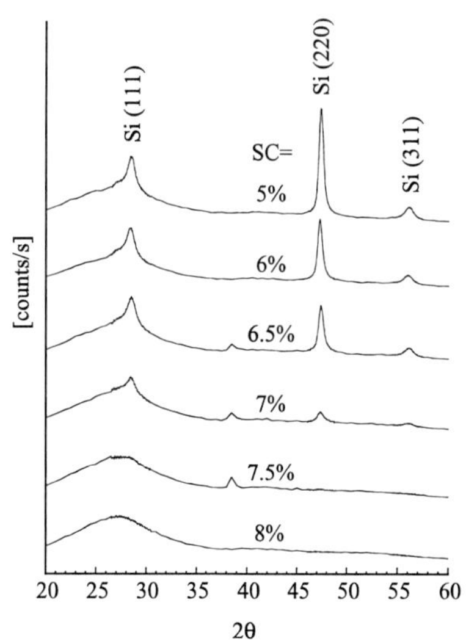

그림 4.2 각기 다른 실란 농도(SC)에 따른 유리 기판 위에 증착된 μc-Si:H 층들의 X-선 회절 스펙트럼. (111), (220) 그리고 (311) 방향의 피크들이 관찰됨. 일부 시료에서 38.5° 근처에서 작은 피크들이 관찰되었는데, 이것은 그 위에 있는 접촉전극용의 알루미늄 존재 때문이다. SC 7~7.5% 범위에서 비정질로부터 미결정으로 변환이 일어난다.

여기에서는 실란 농도의 변화에 따른 박막층의 미세구조를 관찰하고자 하는데, 주로 비정질/미결정 계면에 가까운 층의 미세구조 변화에 집중하고자 한다. 서로 다른 기판 위에 증착된 층들의 핵생성과 성장, 그리고 간단한 성장 모델에 대해 소개하고, 이어서 태양전지 소자용 소재의 광학 및 전자 수송 특성에 대해 기술하고자 한다.

4.2.2.2 미세구조 특성

미결정실리콘은 [그림 4.3]에서 보는 바와 같이 복잡한 물질이다. 그 미세구조는 미결정상으로 이루어져 있는데, 나노결정의 실리콘이 덩어리를 형성하고 있고, 그 주위에 비정질실리콘이 혼재한 복잡한 구조이다. [그림 4.3]은 지름 10~20 nm의 실리콘 나노결정으로 이루어진 미결정실리콘 덩어리(conglomerate)들이 비정질실리콘에 파묻힌 모습이다. 덩어리들은 서로 다른 크기의 비정질실리콘이나 결정입계 및 크랙들에 의해 갈라져 있다. 재료에서 실리콘 결정은 나노미터 크기인데, 이 때문에 μc Si:H을 가끔은 '나노결정 실리콘'으로 부르기도 한다[31]. '미결정'이라는 용어는 덩어리의 크기가 마이크로미터 수준이기 때문으로, 이와 같은 크기로 인해 소재의 coplanar 전자 수송 특성이 제한을 받게 된다[32].

일반적으로 미결정실리콘의 미세구조는 제조조건에 의존하고 궁극적으로는 핵생성과 성장이 일어나는 바로 밑의 기판에 따라 달라진다. 실란 농도 변화에 따른

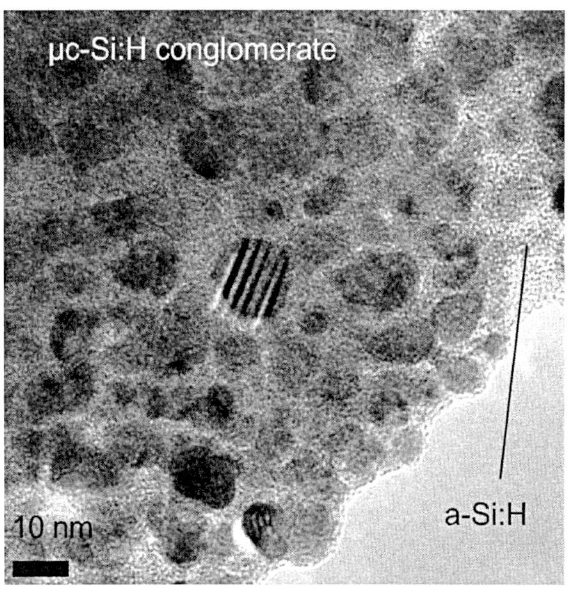

그림 4.3 미결정 응집체(덩어리)의 고해상도 투과전자현미경, 구형의 나노결정이 비정질 상에 박혀 있음.

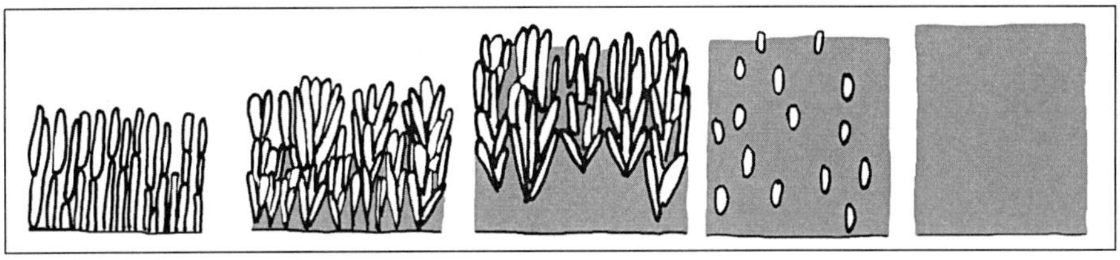

그림 4.4 결정성에 따른 미결정실리콘의 미세구조 변화, 나노결정 실리콘은 흰색, 비정질 상은 회색, 두께 증가는 결정성이 떨어지는 미결정실리콘의 성장속도 증가를 나타낸다.

미결정실리콘의 미세구조 변화는 [그림 4.4]와 같다. 실란 농도가 낮을 때, 미결정 실리콘은 박막층 전체에 걸쳐있는 크랙에 의해 구분되는 길게 뻗은 형태의 나노결정으로 구성되어 있다. 이와 같이 결정입계의 밀도가 높고, 주상(columnar) 구조를 가진 층은 층 생성 후에 산화가 잘 된다[33]. 이로 인하여 암전도도의 활성화 에너지(페르미 에너지 준위의 변화)가 달라지고, 그 결과로 수 시간에서 수 일 간의 기간 범위 내에서 전자의 수송 특성에 변화를 가져온다. 실란 농도가 증가하면 박막층의 밀도는 증가하고 결정성은 낮아지는데, 생성 후 산화의 영향도 적게 받는다. 비정질/미결정 전이 영역 가까이에서는, 미결정이, [그림 4.4, 4.7]과 같이 비정질실리콘에 서로 분리된, 원뿔형의 덩어리들로 이루어져 있다. 이와 같은 층들의 미세구조를 수직 단면도에서 보면, 첫 번째, 기판 바로 위 부분은, 생성된 핵(incubation layer) 바로 아래에 완전한 비정질 층이 연속되어 있고, 그 위에 비정질과 미결정으로 이루어진 혼합상이 존재한다. 혼합상의 시작점은 생성된 핵의 자리이고, 이들은 뭉치기 전 단계까지 동일한 형태로 측면으로 뻗어 있다. 여기서부터 원뿔형의 덩어리들이 주상형태의 미결정으로 자란다. 보통 원뿔 형상의 개구 각도는 15~20°이다[34,35]. 실리콘 나노결정의 지름은 보통 수 나노미터이고(그림 4.3 참조), 증착조건에는 비교적 영향을 받지 않는다. 실란 농도가 증가할 때, 나노결정들이(220) 방향으로 우선 성장한다. 보통, 분말의 실리콘을 X-선 회절 분석하면 (111), (220), (311) 면의 피크비가 1:0.55:0.3으로 관측된다. 나노결정에서는 그런 경향이 명백하지 않아 (220) 피크가 상대적으로 (111) 피크에 비해 그 세기가 훨씬 더 큰 (220) 우선방향으로 성장되어 있다. 이와 같은 (220) 우선방향은 소자 급의 실리콘 박막에서 자주 관측되는데[36], 일부에서는 (400) 우선방향이 보고된 바도 있다[37].

두께를 달리한 박막층[38], 마이크로미터 수준의 층들[39]의 성장 표면을 AFM(atomic force microscopy)으로 관찰하면 마이크로미터 이내의 지름을 가진 큰 덩어리가 보이고, 이들 덩어리들은 훨씬 더 작은 나노결정으로 구성된 것을 볼 수 있다(그림 4.5 참조). 이와 같은 μc-Si:H 미세구조의 일반적인 특징과 i-층의 증착 조건에

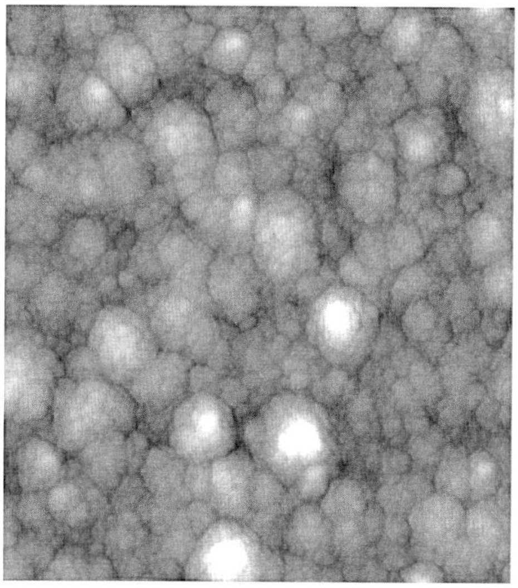

그림 4.5 유리 기판 위 두께 2 μm μc-Si:H 층의 표면 미세구조, 증착조건은 비정질/미결정 전이영역에 근접, 스캔 면적 3×3 μm, 표면 거칠기의 rms는 16 nm.

따른 변화는 i-층의 두께가 비슷하면 본질적으로 p-i-n형과 n-i-p형에 들어가는 i-층에서도 관찰된다[34]. 박막층의 결정성은 태양전지 소자 적용 시 가장 중요한 소재 특성의 하나이다. 위에서 설명한 바와 같이 미결정실리콘의 성장은 깊이에 따라 결정성이 달라지는데, 일반적으로 기판 위에는 결정성이 낮은 물질이 증착된다. i-층의 결정성을 평가하는 실험방법이 μc-Si:H의 특성을 분석하는 데 매우 중요하다. 투과전자현미경(transmission electron microscopy : TEM)은 비정질과 미결정상의 존재를 직접적으로 관찰할 수 있는 매우 탁월한 기법이다. TEM 사진을 수치적으로 해석하면 결정상의 체적분율을 구할 수 있다[40]. 이 기법의 단점은 시료 준비에 긴 시간이 필요하고 시료를 파괴할 수밖에 없다는 것이다. XRD 기법은 i-층의 평균적인 결정성을 평가하는 데 사용할 수 있는데, 결정의 체적분율을 실험실적으로 구하는 경우는 그 오차가 매우 크다. 라만 분광법(raman spectroscopy)은 미결정실리콘의 결정성을 측정할 수 있는 가장 빠르고도 쉬운 방법이다. 라만 분광법에서 비정질실리콘은 약 480 cm^{-1}에서 폭이 넓은 피크를 나타낸다. 이 피크의 적분 강도 I_a는 여기된 체적 중에서 비정질 체적분율에 비례한다. 미결정실리콘의 징후는 520 cm^{-1}에서의 비대칭 피크인데, 이는 단결정실리콘에서의 transverse optic mode의 위치이다. 이 피크의 비대칭성은 약 510 cm^{-1}의 낮은 파동상수(wave number) 쪽으로의 꼬리 형태로 일어나는데, 이 꼬리는 결정상 중에서 결함이 있는 부분으로 해석하였다. 예를 들면 결정의 크기가 10 nm 이하이거나[41], 쌍정(twinning)에서 기인한 wurtzite 상의 실리콘 등이다[42, 43]. 따라서 520 cm^{-1}과 510 cm^{-1}에서의 2개의 미결정실리콘 피크의 적분 강도 I_c는 결정상의 체적분율에 비례하는 것으로 간주하고 있다. 라만 라인들을 deconvolution, 적분한 결과로부터 얻어진 $I_c/(I_c + I_a)$의 값은 박막 단독이든 태양전지 소자 내에서든 미결정실리콘의 정성적인 특성 분석에 매우 유용한 인자인 'raman crystallinity'를 명확히 구할 수 있게 해 준다. 좀 더 정확하게 미결정실리콘의 결정성을 정량적으로 분석하기 위해서는 raman crystallinity를 교정 인자로 보정하여 결정상의 체적분율을 구하여야 한다[44].

4.2.2.3 핵생성과 성장

개방전압이 높은 미결정실리콘 태양전지를 만드는 데 있어, 엄밀하게 제어할 필요가 있는 미세구조 측면에서의 중요한 매개변수는 i-층의 결성성을 높이는 것이다. 앞에서 설명한 바와 같이 덩어리로 이루어진 미결정실리콘 층의 결정성은 깊이에 따라 달라지는데, 이 덩어리들은 기판 위에 핵생성되거나 전체가 비정질실리콘인 incubation층 위에 형성되는 전이영역에 가까운 조건에서 증착된 것들이다. 미결정실리콘 상의 핵생성 밀도는 미결정실리콘의 성장을 제어하는 데 매우 중요한 매개변수이다. 평평하거나 거친 표면을 지닌 다양한 기판 위에 전이영역 가까운 조건에서 증착된 미결정실리콘의 핵생성 밀도를 측정한 결과 그 밀도는 주로 기판의 화학적 성질에 좌우되는 것으로 나타났다(그림 4.6 참조). 미결정실리콘의 핵생성에서 또 다른 중요 요소는 국부적으로 나타나는 에피택셜 성장의 역할이다. 국부적인 에피택셜 성장은 도핑된 미결정실리콘 층 위에 i-층을 형성할 때 일어나는데[45], 도핑된 층이 핵생성 층의 역할을 하는 p-i-n형과 n-i-p형의 소자에서 항상 마주한다. 이와 같이 결정성이 뛰어난 도핑된 미결정 실리콘 박막층이 i-층의 성장에 필요한 높은 밀도의 핵을 얻는 데 매우 유리하다.

미결정상의 성장은 초기 수십 나노미터 이후부터 기판과 수직한 방향으로 뻗어나가는 특징이 있다. 이런 점은 평평한 기판 위에 성장한 박막층의 연구에는 부적절하지만, 태양전지의 광포획 효과를 목적으로 전극용으로 흔히 사용되는 거친(rough) 표면의 투명전도산화물(transparent conductive oxide : TCO) 층에서는 중요한 역할을 한다. 이런 경우에 기판의 거칠기의 rms는 수십 나노미터 수준이다. 이런 기하학적인 요인 때문에 비정질 물질은 기판 홈의 바닥에 쌓이며, 이때 결정입계는 기판의 바닥으로부터 소자의 상단까지 뻗어 나간다. 이와 같이 기판의 형태는 박막층의 평균적인 결정성과 결정입계 밀도에 큰 영향을 미친다[46]. 미결정실리콘 성장에서 가장 주목할 점은 실리콘의 융점보다 훨씬 더 낮은 온도에서 결정이 자란다는

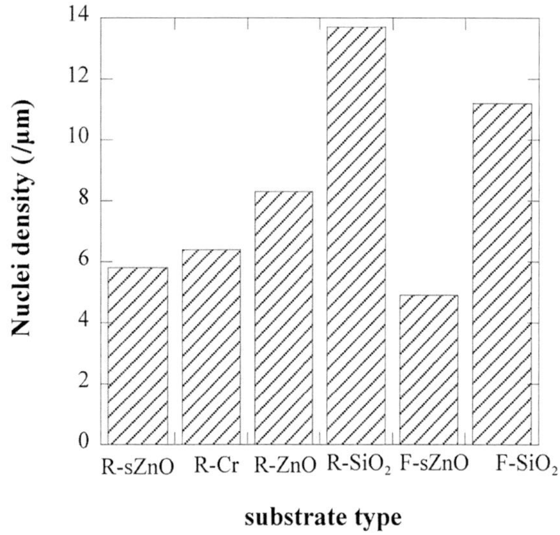

그림 4.6 6개의 서로 다른 기판 위에 증착된 미결정실리콘의 핵생성 밀도, 이때 실란 농도는 비정실/미결정 전이영역 근접에 필요한 수준. (R은 rough 표면, F는 평평한 표면, 표면 거칠기의 rms 값은 60 nm로 일반적인 TCO에서 볼 수 있는 값.) 평평하거나 거친 표면 모두에서 PECVD로 증착한 SiO_2가 핵생성에 가장 적합한 층임, 반면에 스퍼터 증착한 ZnO 층이 핵생성에 가장 불리함.

것이다. 낮은 온도에서의 결정상의 생성은 평형상태와는 아주 먼 조건이므로 시간과 주어진 조건에 따라 그 양상이 달라질 수 있다. 미결정실리콘 성장에 대한 현재의 물리화학적 모델은 실란과 수소 사이의 가스 상에서의 반응(예 : $H + SiH_4 \rightarrow SiH_3 + H_2$)을 기술하고 있는데, 그 반응의 균형에 따라 수소원자의 농도가 결정된다는 것이다. 고농도의 수소원자와 결정 성장의 양상과의 상관관계는 넓은 범위의 증착 조건 실험에서 관찰된 것이다[25]. 수소원자의 미시적인 역할에 대해 광범위한 논의가 있었는데, 수소원자가 비정질실리콘을 선택적으로 에칭한다는(그러나 결정구조를 생성하지는 않음)[47] 것과, 다른 하나는 표면 확산 모델[48]로 수소원자의 발열성 재결합이 표면에서 발생한다는 것인데, 이것이 결정화에 필요한 충분한 에너지를 제공한다는 것[49], 그리고 화학적 어닐링 모델[50]로 수소원자의 침투가 매개가 되어 표면 아래 부분이 구조적으로 이완(relaxation)되어 결정화가 일어난다는 것이다. 이런 모델들이 비록 결정화를 설명하는 데 필요한 물리화학적 조건을 예측할 수 있다 하더라도, 결정성장이 위에서 언급된 특이한 원뿔 모양의 미세구조를 갖고 일어난다는 사실을 설명하기에는 부족하다.

결정 도메인의 성장을 시뮬레이션 할 수 있는 모델은 일반적으로 통계역학적인 관점에서 성장을 다룬다. 하지만 아직까지 어떤 통계학적 모델로도 특이한 원뿔 모양의 성장을 설명할 수 없었다. 또한 성장이 기판 면과 수직 방향으로 이루어지고, 층의 거칠기는 박막의 두께가 증가할수록 더 심해진다는 사실도 증명하지 못했다.

저온의 비평형상태인 성장 조건에서 기인한 미결정실리콘 미세구조의 특징을 재현하기 위해 스위스 IMT 그룹은 Potts 모델로부터 아이디어를 얻은, 간단하고도 독립된 dynamical 결정성장 모델을 제시한 바 있다. 미결정실리콘의 미세구조와 성장 중에 표면 거칠기 변화를 시뮬레이션하기 위한 이 수치모델에서[51, 52], 각각의 정육면체 입자(cubic particle)는 성장하는 표면 쪽으로, 임의로 선택된 격자 기둥을 따라 내려간다. 여기서 언급한 입자는 박막 성장에 기여하는 여러 개의 라디칼들이나 원자 상태의 물질들의 통계학적인 움직임을 묘사한다. 입자들이 표면에 도달하면 주변 위치 중에서 높이가 가장 낮은 기둥에 자리를 잡게 된다. 이렇게 새로이 도착한 성장 단위체의 상태는 다음과 같은 선택규칙에 따라 결정된다. 즉, 유사한 상태에 있는 이웃들의 개수가 어떤 특정 수치(crystalline threshold value) 보다 많으면 그 새로운 상태는 주변을 가장 잘 대표할 수 있는 상태가 되고, 그렇지 않으면 그 입자의 상태는 모든 가능한 상태 중에서 임의로 선택된다. 이처럼 각 성장 단위체에 할당된 상태는 바로 결정학적인 방향(orientation)이 된다. 하나의 결정 도메인은 이렇게 동일한 상태(동일한 grey level)에 있는 입자들로 채워지고, 반면에 비정질 도메인은 서로 다른 상태에 있는 입자들로 채워진다. 이 모델에서 매개변수들의 개수는 3개로 줄어드는데, 가능한 상태의 총 개수(예를 들면 결정 방향), crystalline threshold value, 그리고 에칭 확률이다. [그림 4.7]이 시뮬레이션의 결과와 TEM 사진과 직접 비교한 박막층의 개별 미세구조들이다. 더욱이 이 모델을 이용하면 성장하는 박막층의 미세구조를 시간에 따라 시뮬레이션하는 것이 가능하다. 이 모델은 간단한 선택 규칙에서 출발하여 미세구조와 표면 거칠기의 변화 등 미결정실리콘 층

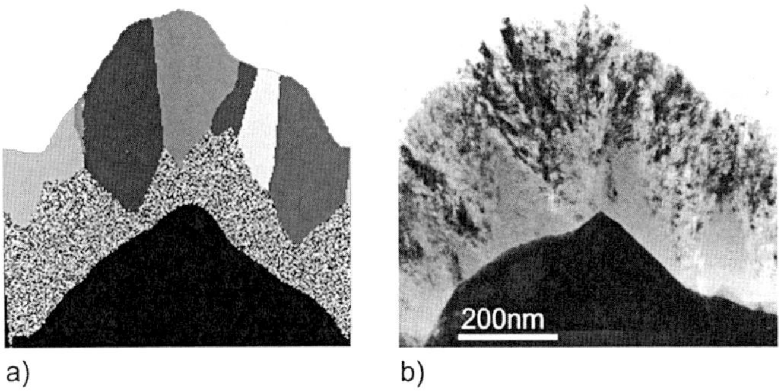

그림 4.7 a) μc-Si:H의 모사한 단면 미세구조 b) VHF-PECVD로 증착한 μc-Si:H 층의 TEM 단면 미세구조. TEM 사진뿐만 아니라 시뮬레이션 결과로 관찰될 수 있는 μc-Si:H 미세구조의 주요 특징은 비정질 incubation layer, heterophase layer와 원뿔모양으로 형성된 미결정 도메인이다.

성장의 주요 특징을 시뮬레이션한 첫 번째 경우이다. 'First neighbor'의 영향에 지배를 받는 입자들의 국부적인 자기 조립(local self assembly)의 조건으로 성장을 설명할 수 있음을 보여주었고, 이처럼 극히 간단한 형태여서, 이 시뮬레이션 모델은 덩어리 내에서의 크랙과 하부구조(나노결정)의 모습에 대해서는 설명하지 못하지만, 현재 모델의 확장 작업이 진행 중이다.

4.2.2.4 광학적 특성

i-층이 태양전지에서 주된 역할인 광전(photovoltaically active : 광흡수와 광전류 생성 층)기능을 하기 위해서는, 태양광 유효 스펙트럼 영역에서의 광흡수계수가 높아야 한다. AM1.5 스펙트럼에서 총 입사 에너지의 약 85%에 이르는 에너지가 1~4 eV 범위에 있다. [그림 4.8]은 빛 에너지의 크기에 따른 3개의 서로 다른 실리콘 기반 소재의 광흡수계수 α를 나타낸 것으로, 단결정실리콘(c-Si), 수소화 비정질실리콘(a-Si:H), 수소화 미결정실리콘(μc-Si:H)이 그것이다. 이 그림에서 미결정실리콘의 데이터는 실제 측정에서의 광 산란 효과를 억제하기 위해 보정한 것이다[53]. 이 보정을 하지 않으면 미결정실리콘의 겉보기 광흡수계수는 단결정실리콘보다 높아진다. 그 결과 미결정실리콘의 밴드갭 에너지(≈1.1 eV)는 실질적으로 단결정실리콘의 밴드갭 에너지와 동일하다. 광 에너지 1.1 eV 이하의 낮은 에너지 영역에서는 보정하지 않은 겉보기 측정값이 [그림 4.8]에 나타낸 값보다 5~10배나 높은데, 그 이유는 나노 사이즈인 박막층의 거칠기 때문이다. 이와 같이 큰 폭의 변화를 나타내는 흡수 스펙트럼은 다음 2가지 방법을 동원하여 유리 기판 위에 증착된 박막층으로부터 쉽게 측정할 수 있는데, 흡수율이 높은 영역에서는 광 투과/반사도를, 흡수율이 낮은 영역에서는 photothermal deflection spectroscopy(PDS), constant photocurrent spectroscopy(CPM)[54,55]와 같은 좀 더 정밀한 기법이나 최근에는 여기에 Fourier transform photocurrent spectroscopy(FTPS)[56, 57] 기법을 연계하고 있다. 후자에 대해서는 4.3절에서 자세히 설명할 것이다.

흡수 스펙트럼은 세 부분으로 나뉘는데, 고 흡수율(high absorption) 영역은 밴드-밴드간의 전자 여기가 일어나는 영역이다. 밴드-밴드 간의 흡수영역에서 에너지가 낮은 쪽으로 가면 흡수율이 꼬리(tail) 모양으로, 지수 함수적으로 급격히 떨어지게 된다. 이와 같은 꼬리 모양의 흡수율 변화는, 결정질실리콘에서 온도변화에 따른 실험에서도 관찰되는데, 이를 단지 열적인 무질서(thermal disorder)[58]에 기인한 것으로 간주하였다. 반면에 a-Si:H와 같은 무질서한 반도체에서 더 뚜렷한 형태의 지수함수적인 absorption tail이 관찰되었는데, 이는 구조적인 무질서(strained

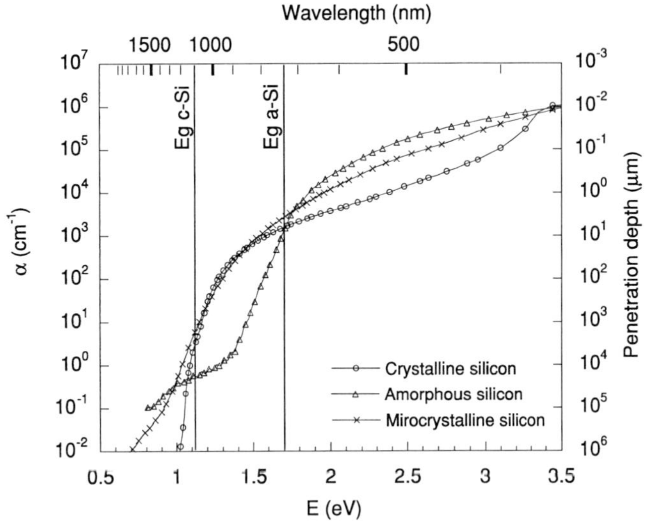

그림 4.8 비정질, 단결정 실리콘 대비 미결정실리콘의 광흡수 스펙트럼 [105].

bonds의 존재) 때문으로 이들을 Urbach tail이라 부른다. 구조적인 무질서에 기인한 Urbach tail은 미결정실리콘에서도 관찰된다. Urbach tail은 전자 상태밀도에서 bandtail 상태를 포함하는 전자 전이(electronic transition)로부터 발생하는 것이다. Urbach tail의 측정 기울기는 decreasing 지수 함수(이 함수의 지수를 Urbach parameter로 부름)를 가진 미결정실리콘에서 1.1 eV 이하의 데이터를 피팅하여 구한다. 미결정실리콘 태양전지 소자에서 Urbach parameter의 값은 보통 35~40 meV 인데, a-Si:H에서 측정된 값에 비해 낮다. Bandtail states에 저장된 전하는 도핑하지 않은 진성 층 영역에서의 전기장을 낮춰주게 되는데, Urbach tail의 값이 더 낮을수록 태양전지에 적용하기 더 좋고, 이것이 미결정실리콘의 두께를 2 μm 이상 비교적 두껍게 할 수 있는 이유이기도 하다.

광에너지 0.8 eV 부근의 낮은 에너지 영역에서 흡수계수의 값은, 재결합 중심으로 작용하는 밴드갭 중심부(center)에서의 결함밀도와 관련이 있다. 따라서 이 흡수율은 소자에 사용하는 소재의 품질을 가늠하는 특성이 되는데, i-층에서의 재결합이 태양전지의 성능을 좌우하는 가장 중요한 인자의 하나이다. 보통 소자에 사용하는 미결정실리콘은 광에너지 0.8 eV에서 흡수계수가 0.1~0.3 cm^{-1}(광 산란 보정 후) 또는 보정 전의 측정값이 1~3 cm^{-1}로 매우 낮다. 이 값은 광열화 후에 광에너지 1.2 eV에서 소자급의 a-Si:H로부터 측정한 결함 관련 흡수계수보다 낮다. 따라서 진성 미결정실리콘의 경우 결함밀도도 더 낮은 것으로 볼 수 있다. 이 점이 미결정실리콘의 p-i-n 다이오드가 더 두꺼워도 되는 또 다른 이유이다.

FTPS 흡수 스펙트럼의 절댓값을 구하는 가장 중요한 과정은 교정이다. 교정 절차가 비정질실리콘의 경우에는 잘 알려져 있지만 미결정실리콘의 경우 아직 문제의 소지가 있다. 박막 성장에서 자연스럽게 발생하는 성장 후의 표면 거칠기에 기인한 광산란 때문에 겉보기(보정 전의 측정값) 흡수계수는 값이 더 크게 나타난다. 교정 절차에 무관한 스펙트럼의 변수는 Urbach slope인데, 그 반면에 결함과 연관된 흡수계수는 결정적으로 교정 절차에 의존한다. 스펙트럼을 교정하는 간편한 방법은 미결정실리콘의 측정 흡수계수를 1.35 eV에서 이미 알고 있는 결정질실리콘의 흡수계수에 맞추는 것이다. 이와 같은 교정을 하더라도 결함 관련 흡수계수의 절댓값을 광산란 조건이 변하는 경우와 비교할 때에는 유의하여야 한다. 거칠기와 흡수계수가 서로 다른 TCO 위에 증착하는 경우, 광산란은 박막층의 두께에 따라 달라질 수 있다.

4.2.2.5 전자수송 특성

전자수송 특성은 간편하게 전자와 정공의 이동도와 수명을 곱한 값($\mu\tau$-product)으로 나타낸다. 이는 $\mu\tau$의 값이 표류(drift)와 확산(diffusion) 과정에서의 물질의 물리적 특성을 나타내기 때문인데, 이들 표류와 확산은 태양전지 소자 내에서의 수집 전하에 대한 물리적 현상을 설명하는 데 관계한다. μc-Si:H에서 다수 캐리어의 $\mu\tau$ 값은 광전도도 측정으로부터 알아낼 수 있고, 소수 캐리어의 $\mu\tau$값은 정류상태에서 광전하의 grating 실험으로부터 구할 수 있다[33,59]. 그렇기 때문에 증착 후 산화의 영향을 배제하기 위해서는 증착 후 즉시 실험을 하도록 해야 한다. 이들 2가지 기법은 전자수송이 기판과 평행한 방향으로 일어나는 coplanar geometry 조건에서 시행하는데, 이때 p-i-n 또는 n-i-p 태양전지 내에서의 수송은 기판과 수직한 방향으로 일어난다. 위에서 설명한 바와 같이 μc-Si:H의 미세구조는 주상형태(columnar)이고, 주상구조의 성장 패턴이 뚜렷하고 크랙이 있는 미결정도가 매우 높은 박막층에서는 전자수송 특성의 이방성이 확연하게 관찰되었다. 이와 같은 결과는 Surface photovoltage 기법으로 성장 방향의 $\mu\tau$값을 coplanar 시험에서 얻은 $\mu\tau$값과 비교하여 확인되었다[60]. 미결정/비정질 경계 부근에서 얻은 태양전지 소자급 μc-Si:H의 경우에는 이런 이방성이 매우 적을 것으로 가정할 수 있다. 〈표 4.1〉은 표류에 의한 캐리어 수집이 주된 역할을 하는 실리콘 박막 태양전지의 $\mu\tau$값으로 모두 기판과 평행한 방향에서 측정한 것이다.

이 표에서 μc-Si:H의 $\mu\tau$값은 어닐링한 비정질실리콘의 값과 비슷하고, 열화된(degraded) 비정질실리콘에 비해서는 열배 큰 값이다. 이들 박막의 $\mu\tau$값들은 태양전지급 다결정실리콘 웨이퍼의 값보다는 매우 작다. 그러므로 확산에 의해 제어되는

표 4.1 유리 기판 위에 두께 1~2 μm의 비정질과 미결정실리콘의 광전도도(σ_{photo})와 ambipolar 확산길이 (L_{amb}) 측정값으로부터 계산한 이동도와 캐리어 수명의 곱($\mu^\circ\tau^\circ$)

	Measured $\mu^\circ\tau^\circ$ –value [32, 61–63]	Corresponding L_{drift} if E = 1 V/μm
a-Si:H (initial state)	2×10^{-7}	20
a-Si:H (degraded state)	2×10^{-8}	2
μc-Si:H	1×10^{-7}	10
Units	cm^2/Vs	μm

p-n 다이오드 구조로는 a-Si:H나 μc-Si:H에서의 전하 수집을 효과적으로 할 수가 없다. 이러한 이유로 p-i-n이나 n-i-p와 같은 표류를 동반한 소자 구조가 a-Si:H 소자에 이용된 것과 같이 μc-Si:H 태양전지에도 널리 이용되고 있다. 그렇게 해서 i-층에 존재하는 내부 전기장이 전하 캐리어의 수집을 돕는다. 크기 1 V/μm의 전기장에서의 표류 길이는 〈표 4.1〉과 같다. μc-Si:H 태양전지는 i-층 두께 수 마이크로미터까지는 수집 효율이 만족할만한 수준으로, 실제 실험결과로 입증된 바 있다[64]. 이는 p-i-n 구조 μc-Si:H 태양전지에서 전기장은 두께 수 μm의 i-층 내에서는 균일한 것으로 볼 수 있다는 관찰[65]과 관련되는 것으로 전기장의 균일성은 비교적 결함밀도가 낮기 때문으로 본다. Coplanar 수송 특성에 미치는 미세구조의 영향에 대한 깊이 있는 연구결과, $\mu\tau$값은 나노결정의 크기에는 무관하고, 반면에 응집체(conglomerate)의 크기가 작아질수록 감소한다[32](그림 4.9 참조). 이런 시료들에서는 이극성(ambipolar) 확산길이의 값이 응집체 직경의 약 1/2에 해당한다. 이런 결과는 이극성의 확산길이가 응집체의 경계에서의 재결합에 의해 제한을 받는 경우에 얻어질 수 있다. 미결정실리콘이 콘 모양의 응집체가 아니고 미결정/비정질 경계 영역에서와 같이 대부분이 비정질실리콘 바탕에 박혀있는 나노결정으로 이루어진 경우 암전도도(dark conductivity)의 활성화에너지(activation energy : E_{act})는 0.5 eV 보다 크고, 그리고 전자수송 특성은 나노결정의 크기에 의해 제한을 받고, 더 이상 응집체의 크기와는 무관하다[66].

4.2.3 도핑된 박막층

초기 μc-Si:H 박막은 비정질실리콘 태양전지에서 고품질의 도핑층으로 사용되었다. 실제 μc-Si:H의 도핑은 비정질실리콘보다 쉬워서 페르미 준위를 μc-Si:H의 전도대나 가전자대 부근으로 이동시킬 수 있다. 암전도도의 활성화 에너지를 페르미 준위와 전도대/가전자대 사이의 이격도를 나타내는 대략의 척도로 볼 수 있는데, 도핑된 비정질실리콘에서의 E_{act} 값은 200 meV 이하로 내려가지 않지만 μc-Si:H에서는

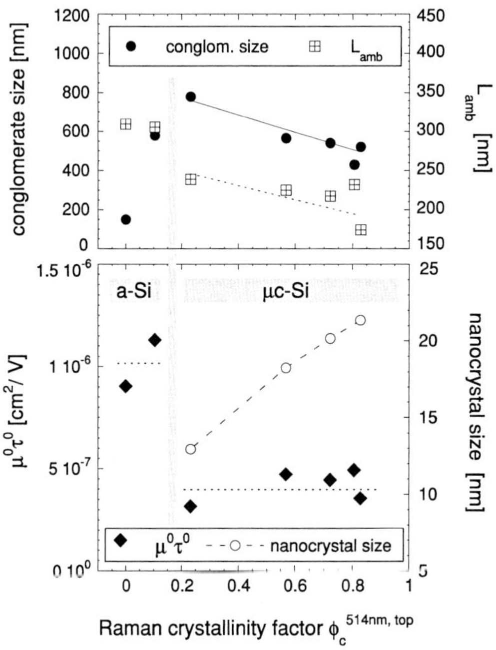

그림 4.9 Raman crystallinity에 따른 미세구조와 수송 특성 (위) : AFM으로 평가한 응집체의 토포그래피와 ambipolar 확산길이(L_{amb})와 선형 피팅, (아래) 이동도와 수명의 곱($\mu^o\tau^o$), (220) X-선 회절 피크로부터 평가한 나노결정의 크기(δ). 직선은 단순히 시각적인 면을 고려하여 편의상 그은 것임[32].

쉽게 50 meV 이하로 내려간다. 이는 도핑층의 전도도가 훨씬 더 큰 것을 의미한다. 이런 박막에서도 역시 결정성이 매우 중요한 요소인데, 고전도도를 얻기 위해서는 결정성이 높아야 한다. 이 점은 특히 p-도핑층에 매우 중요한데, B(boron) 도핑과 낮은 증착온도가 매우 민감한 실험 변수로 미결정도가 높은 층의 성장에 반대 작용을 하기 때문이다. 특히, 온도의 경우 B_2H_6 도핑 μc-Si:H 박막의 결정성을 최대화할 수 있는 최적 온도 구간이 180℃ 부근에서 매우 좁게 나타났다[31]. p-층의 두께는 결정성을 높이는 데 2번째로 중요한 매개변수이다. 실제 결정성이 높은 얇은 두께의 p-층을 형성하는 것이 매우 어렵다. 일반적으로 전도도의 최댓값은 p-층 두께 20 nm 이상에서 얻어진다[31]. i-층과 마찬가지로 도핑층의 성장 역시 기판의 거칠기와 화학적 특징의 영향을 받는데, 예를 들어 거친 표면의 LPCVD 형성 ZnO의 경우 p-층 결정의 성장은 기판 돌기의 top 부분에서 시작한다[67]. 다양한 투명전도성 산화물 위에 증착된 n-도핑층의 결정성도 기판의 유형에 의존하는 것으로 관찰되었다[34]. 이는 실제적으로 도핑층을 증착할 때는 그 아래에 있는 기판의 성질이 바뀔 때마다 최적화 실험을 다시 하여야 한다는 의미이다.

4.3 미결정실리콘 박막 태양전지

수소화 미결정실리콘은 약 10여 년 전부터 매우 유망한 박막 광흡수 재료로 확인되었고[6], 박막 태양전지용으로 수소화 비정질실리콘을 보완할 수 있게 되었다. 태양전지 소재로 μc-Si:H와 a-Si:H 사이의 큰 차이는 다음과 같다.

- μc-Si:H의 밴드갭은 상온에서 단결정실리콘의 값 1.1 eV와 비슷한 반면, a-Si:H의 밴드갭은 1.75 eV로 훨씬 더 높다.
- μc-Si:H의 결정질적인 특성으로 가시광 영역에서 간접천이형 밴드갭을 갖게 되어 a-Si:H 보다 흡수계수가 더 낮다. 따라서 더 두꺼운 진성 층(1 μm 이상)이 요구되는데, a-Si:H의 일반적인 두께 0.3 μm와 비교가 된다.
- a-Si:H 태양전지의 초기효율 감소원인인 광열화 효과(또는 Staebler-Wronski effect)[68]는 μc-Si:H에서는 나타나지 않는다(혹시 나타나더라도 그 정도가 극히 작다).

지금까지, 실험실에서 만든 소면적의 단일접합 μc-Si:H 태양전지의 최고 효율은 10%를 약간 상회하고 있다[18,69]. 이 수치는 열화 후 안정화된 a-Si:H 태양전지에서 얻을 수 있는 값이다[70]. 따라서 현 시점에서 μc-Si:H 단일접합 모듈의 생산은 상업적인 측면에서 고려의 대상이 아니다. a-Si:H 태양전지보다 진성층이 두꺼워야 하기 때문에 증착 시간이 더 길고 따라서 더 비싸다. 그러나 μc-Si:H 단일접합 태양전지가 더 높은 변환효율을 얻을 수 있으면 상황이 바뀔 수 있다. 현재 μc-Si:H 태양전지를 사용할 수 있는 가장 좋은 방법은 a-Si:H 상층 셀과 함께 하층 셀로 사용하는 'micromorph' 적층(tandem) 구조 태양전지이다. 이미 확인된 바와 같이 [71,72], 1.1 eV와 1.75 eV의 밴드갭은 AM1.5 태양광 스펙트럼 하에서 최고 효율을 얻을 수 있는, 이론적으로 매우 이상적인 밴드갭 조합에 가깝다. 물론 이때 밴드갭보다 큰 에너지를 가진 모든 광자가 태양전지에 효과적으로 흡수되고, 개방전압과 충진율이 이론적인 값과 그리 큰 차이가 없다는 전제 하에서이다. 밴드갭 이상의 에너지를 가진 모든 광자를 흡수하는 조건은 마이크로미터 두께의 μc-Si:H 진성 층에서는 만족시키기 어렵고, 따라서 광포획/빛 제어(light trapping/light management)가 매우 중요한 이슈이다. 여기에 대해서는 4.3.1절에서 다룰 것이다. 4.3.2절에서는 단일접합 μc-Si:H 태양전지의 구조, 전기적 특성들과 태양전지 성능 향상 기법에 대해, 그리고 4.3.3절에서는 micromorph 적층 태양전지에 대해 설명(광학적 특성 포함)하고자 한다.

4.3.1.2 투명전도산화물

TCO 층은 상판과 기판 구조 모두에 사용되는데, 일반적으로, 빛이 태양전지로 들어오는 전면 쪽에 위치하여 투명전극으로 작용하고, 또한 앞에서 언급한 바와 같이 후면 반사체로서 굴절률 매칭을 통해 광학적 특성을 개선하기 위한 목적, 그리고 확산 방지층으로서의 역할을 한다. 미결정실리콘 태양전지용 TCO 층에 요구되는 사항은 〈표 4.2〉와 같다. 특히 상판 구조에서의 전면 TCO 층은 가장 엄정한 관리가 요구된다.

모든 전면 TCO 층은 다음과 같은 두 가지 요구조건을 만족해야 한다.

(1) 유효 파장 범위에서 광학적 손실(흡수, 반사)을 최소화하기 위한 고투과율 (보통 400~1,100 nm 범위에서 평균 흡수율을 6~7% 미만으로)

(2) 태양전지 직렬저항을 최소화하기 위한 고전도도 (보통 표면저항을 10 Ω/sq 미만으로)

또한, 상판 구조에서의 전면 TCO 층은 다음 두 가지의 추가적인 조건을 만족해야 한다.

- 표면 거칠기를 통한 우수한 빛의 산란능력
- PECVD 공정으로 실리콘 층을 증착할 때의 화학적 안정성
  기본적으로 태양전지 TCO 층으로 세 가지 소재가 고려 대상이다: Indium tin oxide(ITO), tin oxide(SnO_2), zinc oxide(ZnO).

ITO는 위 TCO의 조건 (1)과 (2)를 아주 잘 만족시키고, 실제 n-i-p형 μc-Si:H 태양전지에 사용된 바 있다[10]. 그러나 ITO는 실란 플라즈마 내에서 안정성이 유지되지 않아, p-i-n형의 유리 기판 구조 μc-Si:H 태양전지에서는 사용할 수 없다. 실제 ITO 층 위에 실리콘 증착 시 실리콘 층으로의 인듐 확산과 실리콘 층의 수명을 감소시키는 심각한 문제가 발생한다.

Tin oxide는 그 다음으로 널리 사용되는 TCO이다. 플로린(F)이 도핑된 SnO_2는 이미 상업화되어 있고, a-Si:H 태양전지와 모듈의 전면 전극용으로 사용되고 있다. SnO_2:F 층의 표면 거칠기는 광산란/광포획의 성능을 높이는 데 매우 중요하다. 하지만 SnO_2:F는 상판 구조의 μc-Si:H 태양전지의 전면 전극용으로는 사용할 수 없다. 왜냐하면 그 위에 증착할 미결정실리콘은 수소 함량이 높은 플라즈마를 필요

표 4-2 미결정실리콘 태양전지 전면(상판 구조), 후면(기판 구조) 전극용 TCO에 요구되는 물리적 특성

	Front TCO	Back TCO
p-i-n type (superstrate)	Low sheet resistance (< 10 Ω_{sq})	Low sheet resistance if the reflector is nonconductive.
	High optical transmission in the range 350–1100 nm.	Sheet resistance not limiting if conductive back reflector conducting.
	High surface roughness, while fulfilling above requirements (typically rms 50–200 nm).	High optical transmission (>80 %) in the range 650–1100 nm for single junction μc-Si:H solar cell, range 650–1100 nm for tandem micromorph solar cell.
n-i-p-type (substrate)	Low sheet resistance (<10 Ω_{sq})	Low sheet resistance (< 10 Ω_{sq}) if non.conductive reflector. Not a limiting factor if conductive reflector.
	High optical transmission (>80 %) in the range 350–1100 nm	High optical transmission (>80 %) in the range 650–1100 nm for single junction μc-Si:H solar cells, in the range 650–1100 nm for micromorph tandems.
	Surface nanoroughness: not a limiting factor (roughness partly given by the μc-Si:H layers)	Surface roughness not limiting: use back reflector texture or substrate texture.

로 하는데, 이로 인해 산화물 층이 환원되고, 그 결과 투명도가 떨어지기 때문이다. 일부 실험실에서는 SnO_2:F 층 위에 얇은 ZnO 층이나 TiO_2 층을 입혀 μc-Si:H 태양전지의 전면 전극으로 사용한 예가 있다[77, 78].

IMF 연구실에서는 a-Si:H와 μc-Si:H 태양전지용 TCO 층에 ZnO를 사용하고 있다. 실제로, ZnO는 자원이 풍부하고 독성이 없는 물질로 저온에서 쉽게 증착할 수 있고, 확산 방지층으로서의 기능도 훌륭하고, 수소가 풍부한 플라즈마 분위기에 노출되어도 환원되지 않는다. ZnO 박막은 스퍼트링이나 저압 CVD(low pressure chemical vapor deposition : LPCVD) 방식으로 쉽게 얻을 수 있다. 스퍼터 공정으로 만든 Al이 도핑된 ZnO 박막은 기본적으로 표면이 평탄(flat)하여 태양전지 TCO에 필요한 광산란 기능이 없다. 보통 습식의 화학적인 방법으로 에칭하여 필요한 광산란 특성을 살린다[79].

한편, LPCVD로 증착한 ZnO 박막은 확실히 구분되는 몇 가지 장점이 있다[80, 81]. 기본적으로 매우 간단한 공정이고, 증착속도 2 nm/s 이상을 유지하면서 1 m^2까지 대면적화가 용이하다. 이 기술에 의해 성장한 ZnO는 주상(columnar) 형태로 (110) 우선방향을 갖고 있어, 그 결과 우수한 텍스처링 효과를 나타낸다. LPCVD로

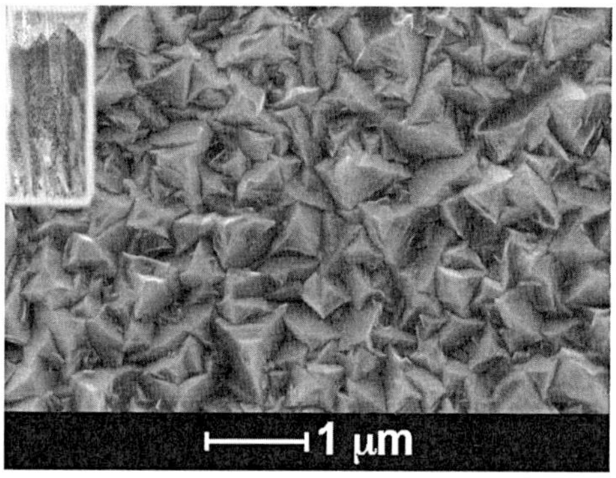

그림 4.11 LPCVD로 증착한 ZnO 막의 SEM 표면사진. 좌측상단 삽입도는 TEM 단면구조, 두 사진은 동일 배율이고, 표면에 나타난 각 피라미드는 ZnO 단결정으로 구성됨.

증착한 ZnO의 표면은 [그림 4.11]과 같이 1 μm 두께의 주상형태의 미세구조를 보여주고 있다. ZnO 박박의 일반적인 광투과 스펙트럼은 [그림 4.12]와 같다. 단파장 영역에서의 투과는 ZnO 밴드갭(3.2 eV)의 제한을 받는다. 근적외선 영역에서는, 자유 캐리어의 흡수 때문에 투과도가 감소한다. ZnO를 전면 전극에 사용하기 위해서는, ZnO의 표면저항 값과 광 투과도 간에 적절한 절충이 필요하다. 표면저항 값은 비저항을 박막 두께로 나눈 것이다. 막의 두께가 증가하면, 저항 값이 감소하지만 이때 광흡수가 증가한다. 저항 값을 최소화하기 위해서는 막의 비저항이 낮아야 한다. 그러기 위해서는 TCO의 캐리어 농도를 올리기 보다는 캐리어 이동도를 높여야만 한다. 캐리어 농도는 근적외선 영역에서 광흡수를 증가시키기 때문이다. 현재 높은 이동도를 갖는 TCO 연구개발이 주요 이슈이다. 특히, 근적외선 영역의 빛을 필요로 하는 μc-Si:H 태양전지에서 중요하다. 높은 이동도의 TCO를 얻기 위해서는, ZnO 막의 개선은 물론 새로운 소재와 조합의 TCO 개발이 필요하다[82].

p-i-n형 상판 구조에서 빛 제어는 2가지 측면에서 TCO/p-층 계면의 거칠기에 의존한다. 광학적으로, 낮은 굴절률($n_{ZnO} \approx 2$)의 소재와 높은 굴절률($n_{Si} \approx 3.7$) 재료 사이의 거친 계면은 굴절률의 점진적인 매칭(유효 굴절률은 계면에 걸쳐 있는 소재의 체적분율로 구함)으로 인하여 반사율을 줄여준다. 이 효과는 태양전지가 분광응답하는 전 파장에 걸쳐 적용된다. 이 효과를 증가시키려면, 보다 높은 rms를 가진 표면 거칠기가 필요하다. 거친 TCO/p-층 계면의 두 번째 효과는 실리콘 층에서의 광포획이다. 들어오는 빛을 전반사가 일어나는 각도보다 낮은 각도로 실리콘 층으로 산란 투과시켜서 가두게 되면, 실리콘 내에서 빛의 경로가 길어진다. 이런 효과는 흡수도가 낮은 800~1,100 nm 범위의 빛에 더 유용한데, 빛을 후면전극에서 다시 잘 반사되도록 할 수 있기 때문이다. 이 경우, 계면에서 전, 후면으로의 산란은

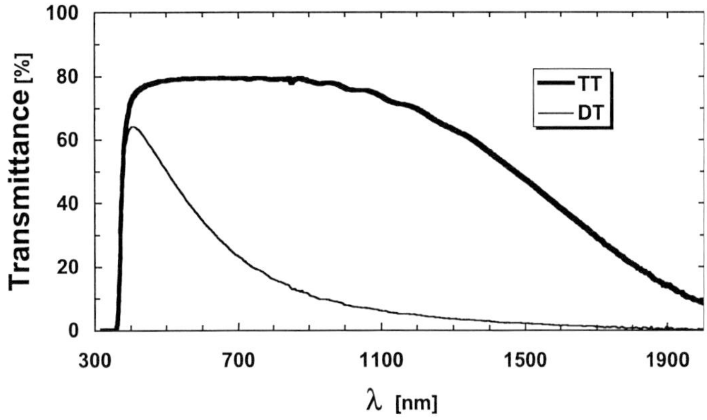

그림 4.12 태양전지용 LP-CVD ZnO 박막의 전체 투과율(TT) 및 산란 투과율(DT).

실리콘 층 안에서의 빛의 경로를 대략 4~5배 증가시킨다. μc-Si:H에서 보다 효율적으로 빛을 제어하기 위해서는 TCO 거칠기의 최적 rms와 기하학적인 모양(TCO 표면에서 최적의 모양과 크기)에 대한 정확한 지식이 더 필요하다. 하지만 수치 해석으로는 μc-Si:H 태양전지에서 주어진 TCO를 포함시킴에 따라 분광응답 곡선에 미치는 영향이나 단락전류 밀도에 미치는 영향을 예측하는 정도를 할 수 있다[83]. 일반적으로 표면 거칠기가 크면 높은 단락전류 값을 얻을 수 있다. 반면에 거칠기가 매우 심하고 깊은 굴곡이 있으면 오히려 개방전압과 충진율이 떨어진다는 보고도 있다[46]. 따라서 단일접합 μc-Si:H 태양전지용 TCO의 최적화에는 더 많은 연구가 필요하다.

4.3.2 단일접합 미결정실리콘 태양전지

최초의 단일접합 미결정실리콘 태양전지 제조는 스위스 IMT에서 시작되었고, 이 후 다수의 실험실에서 p-i-n형과 n-i-p형으로 8~10% 변환효율이 달성되었다[18, 69, 84]. [그림 4.13]은 AM1.5에서 8.5%의 효율을 나타내는 p-i-n형의 단일접합 μc-Si:H 태양전지의 I-V 곡선(a)과 외부 양자효율 곡선(b)으로[84], 여기서 TCO는 LPCVD 공정에 의한 ZnO를 사용하였다.

최고 효율을 나타낸 태양전지의 i-층은 a-Si:H와 μc-Si:H의 전이영역 조건에서 만든 것으로, 비정질의 체적분율이 많지만 여전히 미결정상의 특징을 나타낸다[23, 85]. 이러한 증착 영역에서는 실란농도 증가에 따라 개방전압이 증가한다[8, 84]. 이런 효과는 i-층 박막의 결정성의 변화에 기인한 것으로, 개방전압과 p-i-n과 n-i-p형 태양전지의 평균 라만 결정성(Raman crystallinity) 사이에 직선 관계가 실제로

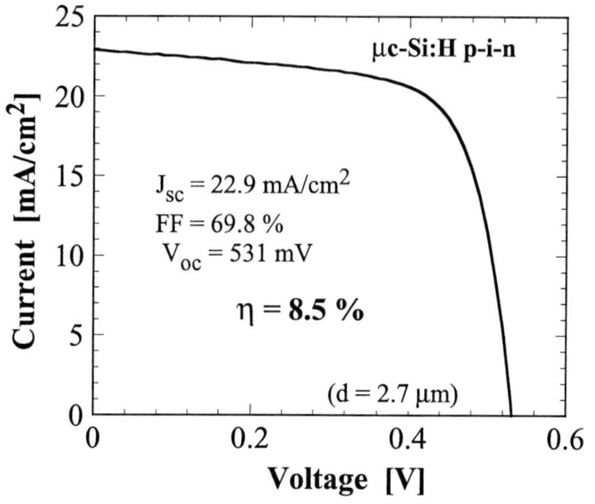

a)

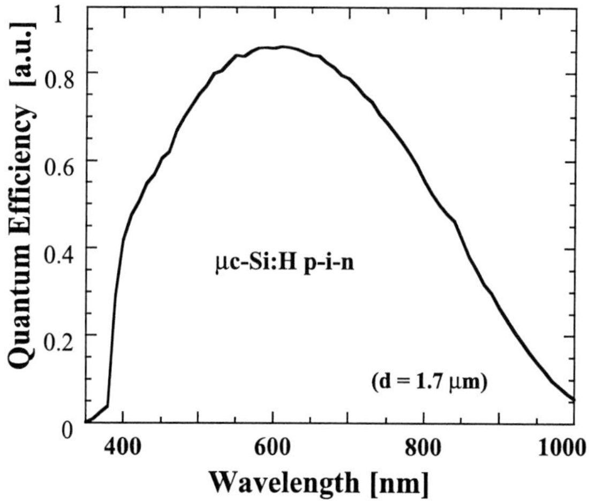

b)

그림 4.13 LPCVD로 증착한 ZnO 위에 만든 단일접합 미결정실리콘 태양전지의 a) : 전류전압 곡선, b) : 외부 양자효율. i-층의 두께는 동일하지 않다[105].

관찰된 바 있다[44]. 양자효율 곡선에서 미결정상의 특징을 나타내는 태양전지에서 최고 600 mV의 개방전압이 보고된 바 있으나[23], 최고 효율의 μc-Si:H 태양전지의 개방전압은 530~550 mV 범위이다. 개방전압을 좌우하는 결정적인 프로세스는 i-층 내에서의 재결합이다. 실제 작동 중에 있는 태양전지 내에서 i-층의 품질(재결합 중심 밀도)을 측정하는 것은 매우 어렵다. 최근에 개발된 FTPS 기술로 p-i-n과 n-i-p형의 태양전지에 포함되어 있는 i-층의 결함 관련 흡수를 측정할 수 있게 되었다. 이 실험에서는 [그림 4.14]와 같이 태양전지가 외부 광검출기(photodetector)로 사용되고, 그 흡수 스펙트럼은 FT-IR 분광계의 내부 검출기로 교정하여 얻는다

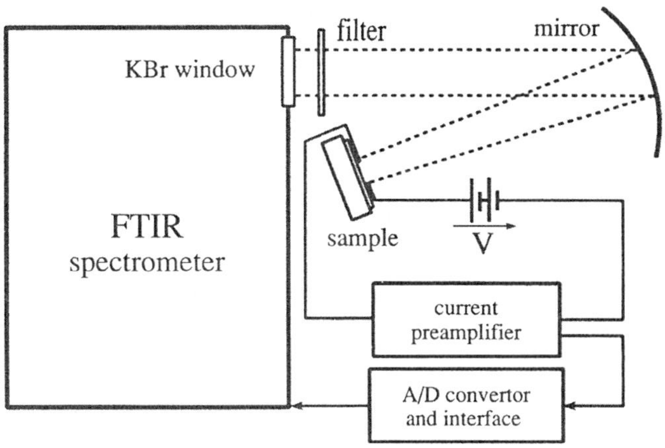

그림 4.14 Fourier transform photocurrent spectroscopy(FTPS) 장치 개략도.

[56, 57]. 이렇게 하여 밴드갭 이하의 광자 에너지에 대해서도 i-층 내에서의 흡수계수를 측정할 수 있다. μc-Si:H에서는 재결합 중심(dangling bond)의 밀도를 추정하기 위해 광에너지 0.8 eV에서의 흡수계수를 취한다[57]. μc-Si:H와 a:Si:H 경계 영역에서 개방전압이 높은 값을 나타내는 주된 이유는 비정질 물질이 결정입계와 내부 표면을 부동태화(passivating)하기 때문으로 보인다. 이는 [그림 4.15]에 나타낸 바와 같이 FTPS 기법으로 0.8 eV에서 얻은 i-층의 결함 관련 흡수계수(재결합 중심 밀도 : recombination center density)의 감소로 확인된다[86]. 원칙상으로는 μc-Si:H 태양전지에서 결정질실리콘의 개방전압과 동일한 수준인 약 700 mV를 얻어야 하나, 실제로 μc-Si:H 태양전지는 결함밀도가 높고, 결정입계(부동태화가 잘 된 경우라도)에 기인한 재결합 손실이 매우 크고, 개방전압 조건에 근접하면 p-i-n(또는 n-i-p) 형에서 표류(drift)에 의한 캐리어 수집을 좌우하는 내부 전기장이 심각하게 손상을 받아 개방전압의 제한 인자인 재결합을 더 조장하기 때문에 실현 가능성이 없다.

최고 효율을 가진 μc-Si:H 태양전지의 충진율은 일반적으로 약 70%이다. 77%에 근접하는 값이 보고된 바도 있고[69], 매우 얇은 i-층의 태양전지에서도 70%가 보고되었다[23]. 한편, 누설전류와 여타 기술적 문제로 충진율이 쉽게 60% 이하로 내려가는데, 이 점은 전체 제조공정에서 중요한 문제로 자리 잡을 수밖에 없을 것이라는 신호로 해석된다.

태양전지의 전기적 특성 중에서 가장 변화폭이 크고 불확도가 높은 것이 단락전류밀도(J_{sc})이다. 일반적으로 i-층의 두께를 일정하게 유지하고 실란의 농도를 변화

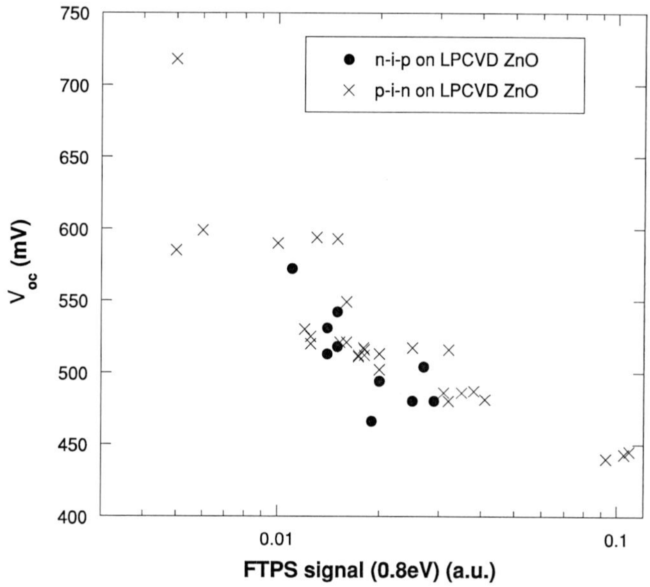

그림 4.15 FTPS로 측정한 0.8 eV에서의 결함 관련 흡수계수에 따른 단일접합 p-i-n, n-i-p형의 μc-Si:H 태양전지 개방전압.

시키면서 증착하면 단락전류는 μc-Si:H 영역에서는 거의 일정하게 유지되지만 비정질 영역으로 넘어가면서 급격히 감소한다[23, 87]. 단락전류밀도 30 mA/cm^{2}의 값도 보고된 바 있고[88, 89], 한편 대부분의 문헌에서는 20~25 mA/cm^{2}의 범위에 있다[23, 69, 90]. 보다 신뢰할 수 있는 단락전류 값을 얻기 위해서는, μc-Si:H 태양전지의 구조를 잘 설계하여 측면으로의 수집(lateral collection)을 배제할 수 있어야 하고, AM1.5 스펙트럼을 최고 수준으로 교정한 다음 I-V 곡선과 단락전류 값을 측정, 평가하여야 한다. 이 외에도 단락전류 값은 i-층의 두께에 따라 크게 변하고[23], 또한 빛 제어에 의해서도 크게 달라진다. 하지만 소자 전체의 빛 제어 기법의 최적화가 체계적으로 이루어지면 단락전류 값은 앞으로도 태양전지의 변환효율을 올리는 데 가장 큰 기여를 할 것이다.

초기 개발단계에서, 단일접합 μc-Si:H 태양전지는 결정도가 매우 높았다. 이는 증착조건이 a-Si:H/μc-Si:H 전이영역으로부터 크게 벗어나 있었고, 이 조건이 광열화 현상을 최소화할 수 있었기 때문이다[6, 91]. 결정도가 서로 다른 i-층을 가진 태양전지에 대한 최근 연구결과에 의하면 a-Si:H/μc-Si:H 전이영역 근처에서 증착된 태양전지도 AM1.5 전체 태양광 스펙트럼에 노출되면 그 수준은 약하지만 광열화 현상을 나타낸다는 것이다[92, 93]. 한편, μc-Si:H 태양전지는 적색 빛에만 노출될 경우 안정한 것으로 나타났다[94]. 이 결과는 결정성이 낮은 태양전지는 광열화 현상이 더 심하게 나타난다는 것을 의미하는데, 결과적으로 광열화 현상은 μc-Si:H 내에서의 비정질 상의 열화에 기인한 것으로 해석할 수 있다[92, 94]. 보통, 전이영역 조건에서 증착한 2 μm 두께의 태양전지는 온도 50℃, AM1.5, 100 mW/cm^{2}의 조건에서 100시간 광 조사 후에 약 5~10%의 효율 감소가 나타난다[93]. 이러한 감소는 주로 충진율에 기인한 것이고 일부는 단락전류 값에 의한 것이다. 태양전지 성능이 떨어지면 그에 대응하여 결함과 관련한 흡수가 크게(2배) 증가하는데, 이는 FTPS 기법으로 측정한 결과이다. 비록 결정성이 좋은 i-층의 태양전지가 실질적으로 안정하다 하더라도 그들의 결함 관련 흡수는 a-Si:H/μc-Si:H 전이영역에서 증착한 열화된 태양전지 보다 더 높다(그림 4.16 참조). μc-Si:H 태양전지에서 광열화 현상을 관찰한 것은 광열화 현상의 실제 메커니즘은 무엇인가 라는 향후 연구에 매우 중요한 문제점을 시사한다. 하지만 a-Si:H/μc-Si:H 텐덤 셀에서 하층 셀인 μc-Si:H의 광열화 현상은 그리 크지 않다는 점은 확실한데, 왜냐하면 높은 에너지를 가진 광자는 비정질의 상층 셀에서 다 흡수되기 때문이다.

장파장 영역에서 μc-Si:H 태양전지의 양자효율을 올리기 위해서는 i-층 내에서 도펀트로 작용하는 오염물질을 최소화하는 것이 필요하다. 어떤 오염물질이든 내부 전기장을 약하게 만들고 전 파장 영역에서 양자효율의 손실을 일으키는데, 내부 전기장은 전체 i-층에서 캐리어 수집을 좌우한다[95]. 산소는 공급되는 가스의 오염, 반응로 벽으로부터 발생하여 쉽게 플라즈마 증착 층 내로 들어간다[96]. 산소는

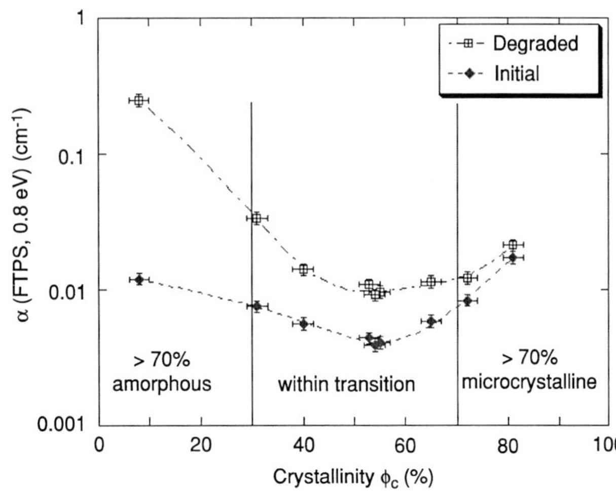

그림 4.16 i-층의 Raman crystallinity Φ_c에 따른 단일접합 p-i-n형 μc-Si:H 태양전지의 초기와 열화 후 결함 관련 흡수(AM1.5-like spectrum, 100 mW/cm^2, 1,000 h at 50℃[93].

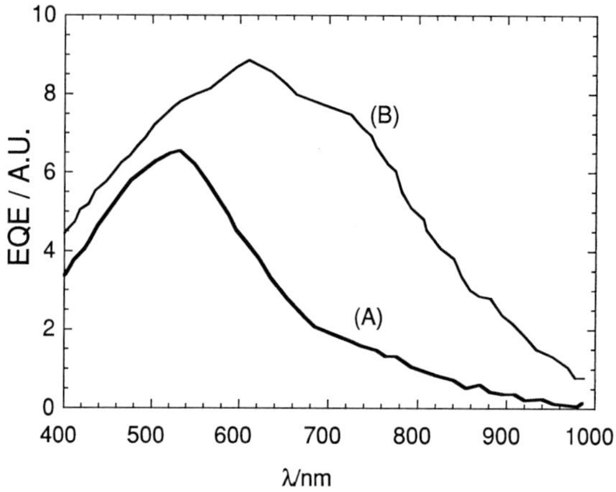

그림 4.17 i-층의 산소 오염에 따른 단일접합 μc-Si:H 태양전지의 외부 양자효율 곡선. (A) : 가스 정제기 사용 않음, (B) : 가스 정제기 사용.

실리콘 내에서 도너로 작용하고 따라서 전체 i-층 내에서 전기장의 약화를 가져온다. 이는 특히 장파장 영역에서 외부 양자효율 곡선에도 영향을 미친다(그림 4.17 참조). 붕소(Boron)는 p-i-n 구조 태양전지에서 첫 번째 p-층 증착에 사용되는데, 이것이 i-층의 초기 부분을 오염시킬 수 있는데, 특히 증착 온도가 200℃ 이상인 경우, 단일 반응로에서 특별한 주의를 기울이지 않고 직접 증착한 경우에 더 심하다[97]. 붕소의 오염은 단파장 영역의 양자효율 곡선에 영향을 미치고, 또한 개방전압과 충진율도 낮춘다.

4.3.3 a-Si:H/μc-Si:H 탠덤 실리콘 태양전지 : 'micromorph'

낮은 온도에서 증착한 실리콘 박막 태양전지의 효율을 대폭 증가시키기 위해서는 서로 다른 밴드갭을 가진 여러 개의 셀을 적층하는 이중접합, 삼중접합 구조를 사용하는 것이 기본적으로 가장 매력적인 접근방법이다. 개념적으로 이 방법의 장점은 (1) 입사되는 빛을 보다 효율적으로 이용할 수 있도록 서로 다른 밴드갭을 가진 물질을 결합하는 것이 가능하고, (2) 보다 높은 개방전압을 얻을 수 있고, 상대적으로 전류밀도를 낮게 유지할 수 있어 직렬저항에 따른 문제가 비교적 경감될 수 있으며, (3) 비정질 층의 두께를 더 얇게 하여 광열화 현상을 감소시킬 수 있다.

a-Si:H과 a-Si:Ge:H 합금을 기반으로 한 광흡수층을 가진 탠덤 및 다중접합 태양전지는 1980년대부터 연구가 되었고, 현재 다수의 회사들이 상업용 모듈을 판매하고 있다. 여기에 대해서는 제5장에 상세히 설명이 되어 있다. 현재 2가지 문제점에 부딪혀 있는데, (1) 안정성이 뛰어나고 밴드갭이 1.5 eV 이하인 진성 a-Si:Ge:H 층을

이용한 태양전지 제조의 어려움[98, 99], (2) germane (GeH_2) 가스가 매우 고가인 점이다. 따라서 1.1 eV의 낮은 밴드갭을 가진 μc-Si:H을 광흡수층으로 사용할 수 있다는 것은 "micromorph"라고 부르는 a-Si:H/μc-Si:H 탠덤 태양전지라는 새로운 가능성을 보여준 것이다[100]. 일본에서는 이를 '하이브리드(hybrid)' 구조 태양전지라고 부른다[69]. 이 새로운 탠덤 구조는 연구개발의 새로운 장을 연 것으로, 이를 통해 보다 높은 변환효율과 생산단가의 절감을 꾀할 수 있게 된 것이다.

매우 기초적인 이론에 의해서도 밴드갭 1.1 eV와 1.75 eV를 조합하는 것이 탠덤 구조로 이상적인 결합에 가깝다[71]. 밴드갭보다 큰 에너지를 가진 빛이 모두 상층과 하층 셀에 유용하게 흡수되고, p-i-n 형태에서 특정 밴드갭에 맞는 적절한 개방전압과 충진율 값이 얻어진다고 가정하면 [그림 4.18]에서와 같이 거의 이론값에 가까운 변환효율을 달성할 수 있을 것이다[72].

[그림 4.18]에서 볼 때 이상적인 밴드갭 조합은 하층 셀 1.1 eV, 상층 셀 1.75 eV이다. 실제로 상층 및 하층 셀의 광흡수층인 i-층의 두께를 잘 조절하여, 각 셀의 광전류 값이 같아야만 전류 매칭이 이루어진다. μc-Si:H은 간접천이형 반도체로 밴드갭 바로 위에 위치한 광에너지에 대해서는 광학적 흡수계수가 비교적 낮다. 이는 탠덤구조에서 하층의 미결정 셀이 상층의 비정질 셀보다 더 두꺼워야 전류 매칭이 이루어진다는 의미이다. [그림 4.19]는 micromorph 탠덤구조 태양전지의 개략도이다. 이런 구조에서 실제적으로 밴드갭보다 큰 광자를 모두 효과적으로 흡수할 수 있다는 이상적인 기대와는 거리가 있다. 이는 광열화 현상 때문에 0.25 μm 정도로 비교적

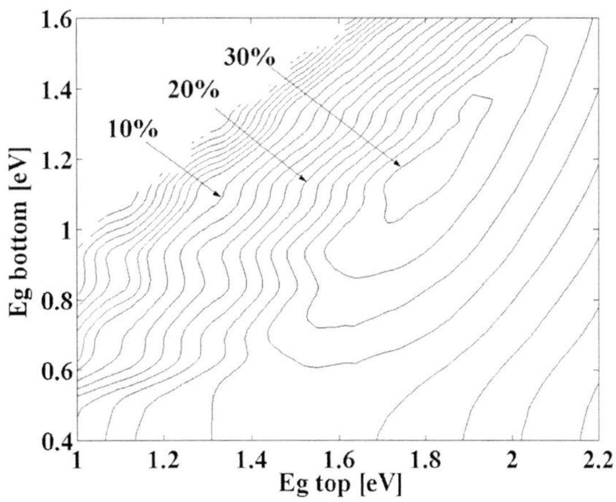

그림 4.18 탠덤구조 태양전지의 상층과 하층 셀의 밴드갭에 따른 변환효율 한계, p-i-n형에서 역방향 포화 전류를 최저로 가정, 밴드갭 이상의 에너지가 전부 흡수되어 전류 생성이 된다고 가정[72].

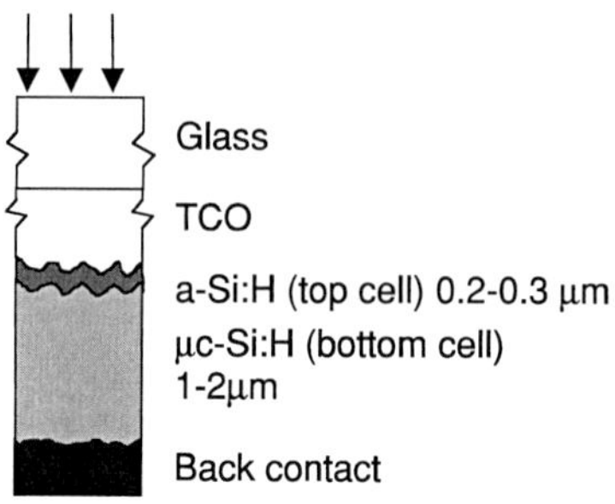

그림 4.19 glass/TCO/p-i-n a-Si:H/p-i-n μc-Si:H micromorph 탠덤구조 태양전지의 개략도.

얇게 흡수층 두께를 유지할 수밖에 없는 비정질실리콘, 그리고 미결정실리콘의 경우는 증착 시간과 그에 따른 제조단가의 부담 때문에 두께를 1~2 μm로 할 수밖에 없기 때문이다. 이러한 제약 때문에 현재 탠덤구조 태양전지로부터 얻을 수 있는 최고 효율은 면적 1 cm^2에서 11~12%이다. [그림 4.20, 21]은 탠덤구조 태양전지의 전류전압(I-V) 곡선[105]과 양자효율 곡선이다.

일본의 Kaneka 사가 최초로 'micromorph' 또는 'hybrid' 탠덤구조 실리콘 박막 모듈을 상업화하였는데, 현재 8% 이상의 안정화 효율을 보이고 있다. 한편, 동사는 실험실적으로 면적 0.41 m^2에서 초기 효율 약 11%, 그리고 최고 효율로 12.5%를 달성한 바 있다.

[그림 4.20]은 micromorph 탠덤 태양전지의 광열화 효과를 나타낸 것으로, 초기 효율이 비교적 높은 12% 이상에 개방전압 1.4 V인데, 광 조사 후 안정화 효율은 10.8%이다. 탠덤구조에서 광열화 현상은 상층 셀인 비정질실리콘에서 일어난 것이고, 하층 셀인 미결정실리콘에서는 열화가 전혀 없었다(i-층을 미결정/비정질 전이 영역 부근에서 증착한 경우 포함). 현재까지 어떤 경우에도 미결정 셀에서는 광열화가 관찰된 바가 없다. 그 이유는 하층 셀은 AM1.5 전체 태양광 스펙트럼에 노출되지 않고, 상층 비정질 셀을 통과한 적색 및 적외선 영역에만 노출되기 때문으로 보고 있다.

그럼에도 불구하고 현재 탠덤 태양전지의 초기 효율(14% 이상)과 안정화 효율(11~12%) 사이에는 큰 차이가 존재하는데, 열화를 감소시키기 위해서는 아래 2가지 선택이 가능하다.

(1) 전류가 하층의 미결정 셀에 의해 제한을 받게 하는 방식으로, 이때 탠덤 태양전지의 특성은 하층 셀에 의해 좌우되므로 탠덤 태양전지 전체가 보다 안정성이

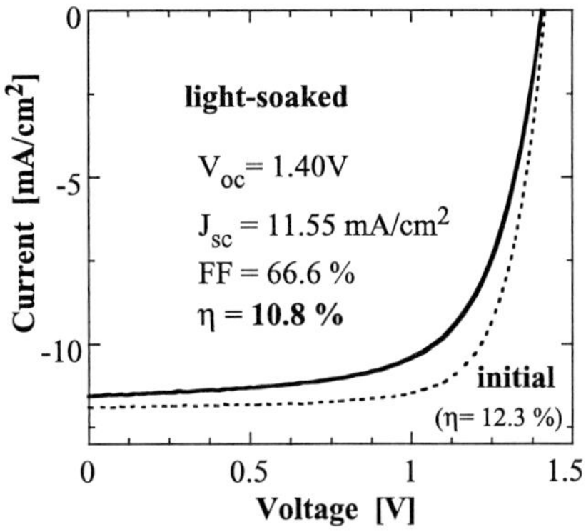

그림 4.20 a-Si:H/μc-Si:H 탠덤 태양전지의 전류전압 곡선 : 광 조사 전, 후(광 조사 336 시간, AM1.5, 100 mW/cm^2, 50℃)[105]

향상되고 또한 온도계수가 비교적 높아진다. 이 경우 고온에서는 효율의 손실이 더 많아진다.

(2) 비정질실리콘의 i-층 두께를 0.2 μm 이하로 하는 것이다. 매우 얇아서 광열화가 잘 일어나지 않고, 온도계수가 낮기 때문에 고온에서 효율 손실이 적다[27]. 그러나 [그림 4.19]에서와 같이 단순한 탠덤구조인 경우, 비정질 층의 두께가 얇으면 단락전류가 매우 낮아지는데, 이것이 탠덤 태양전지를 심하게 제한한다. 왜냐하면 단순 구조에서는 비정질 층 내에서의 광포획 효과가 없기 때문이다. 이러한 이유로 상층과 하층 셀 중간에 ZnO로 만든 'intermediate optical reflector'를 삽입하는 방식이 제시되었다[102]. 그 결과에 대해서는 다시 설명하고자 한다.

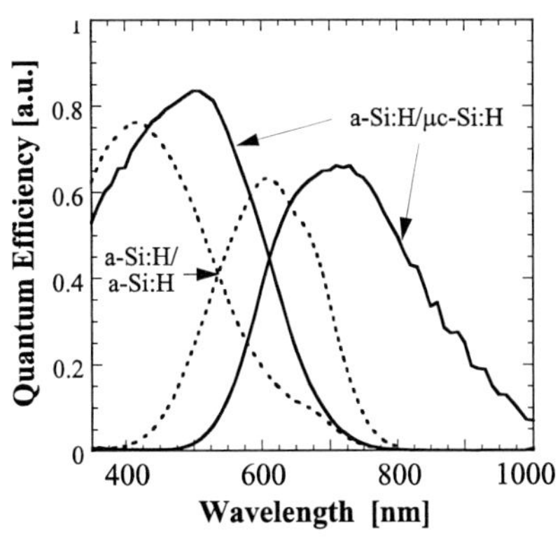

그림 4.21 p-i-n 탠덤 구조 태양전지의 외부 양자효율 곡선, micromorph 셀의 분광응답이 장파장 쪽으로 확장[105].

[그림 4.22]는 intermediate reflector(중간 반사체)가 있는 탠덤구조 태양전지이다. 이 형태는 실험실에서도 산업적으로도 만들 수 있지만, 기술적으로 더 복잡하다. 하지만 향후 안정화 효율을 더 올릴 수 있는 가장 유망한 방안으로 부각되고 있다. 여기서, 두께 증가 없이 상층 비정질 셀의 전류를 증가시키면 전체 셀의 전류 증가가 가능해 지고(a-Si:H/ZnO 계면에서의 빛반사 덕분), 그렇게 하여 상층 셀의 안정도를 허용 범위 내에서 유지할 수 있다. 이런 방식으로 IMT에서는 안정화 효율 10.8%의 태양전지를 만들었다[101]. 동일한 구조에서 일본 Kaneak는 실험실 초기효율 14.7%를 얻었다[69]. ZnO 중간 반사체를 가진 이 탠덤구조 태양전지의 광학적 거동과 광전류에 대한 수치 시뮬레이션이 몬테카를로 방식으로 시도된 바 있는데, 비정질과 미결정실리콘 층에 대해 실제로 측정한 흡수 데이터가 기본으로 이용되었다. 이상적인 중간 반사체와 흡수가 대폭 감소한 TCO, 도핑층을 가정하고 시뮬레이션한 결과 안정화 효율 15%가 예측된 바 있다[103]. ZnO와 도핑층의 실제 흡수 데이터를 기본으로 한 최근의 시뮬레이션에서는 안정화 단락전류 값 14 mA/cm^{2}가 얻어졌는데, 이는 13~14%의 안정화 효율에 해당한다[76].

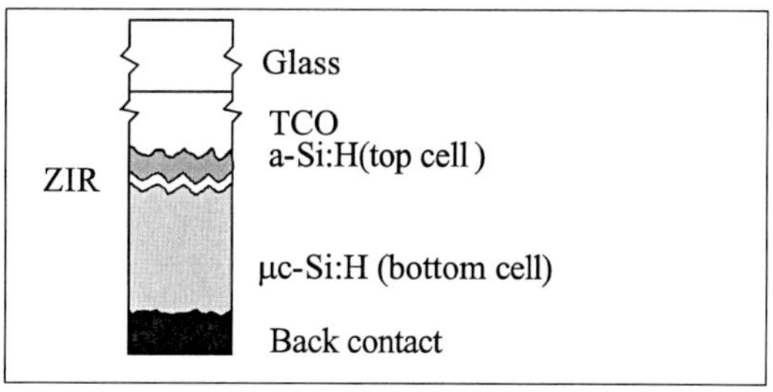

그림 4.22 glass/TCO/p-i-n a-Si:H/ZnO/p-i-n μc-Si:H 탠덤 태양전지 구조, ZIR은 ZnO 중간반사체.

4.4 결 론

최근에 들어서서 미결정실리콘이 p-i-n과 n-i-p형 실리콘 박막 태양전지의 광흡수층(진성 i-층)으로 사용되기 시작하였다.

μc-Si:H을 사용한 고효율의 태양전지 제조는 여전히 연구 주제로 유효하다. 보통 실란과 수소 혼합물을 PECVD 공정으로 증착하여 박막을 형성하는데, 실란 대비 수소의 농도를 증가하면 미결정 성장이 이루어진다. 이 방식은 비 독성 물질을 사용하고, 저온 공정이라는 점, 그리고 대면적 증착이 가능한 점이 장점이다. 따라서 향후 태양광 모듈의 저가화를 위한 잠재성이 매우 높다.

미결정은 비정질실리콘에 박혀 있는 실리콘 나노결정의 응집체로 구성된 매우 복잡한 물질이다. 반면에 a-Si:H보다 쉽게 도핑할 수 있는 오염물질에 더 민감하다. μc-Si:H의 핵생성과 성장은 소자의 품질에 결정적인 역할을 하는데, 나노결정의 부동태화 및 결함과 관련된 흡수를 줄이기 위해서는 어느 정도의 비정질 물질이 필요하다. 이는 미결정/비정질 전이영역에 근접하도록 수소 희석을 줄이면 된다. p-i-n와 n-i-p형 태양전지에서 비정질 체적분율이 큰 i-층일수록 개방전압이 더 크다.

μc-Si:H의 광학적 특성은 a-Si:H와 큰 차이가 있다. μc-Si:H은 1.1 eV의 간접천이 광학 밴드갭을 가져 1.1 eV 이상의 빛에 대한 흡수계수가 상대적으로 낮다. 반면에 a-Si:H는 약 1.75 eV의 밴드갭을 가져 1.75 eV 이상의 빛에 대한 광 흡수계수가 매우 높다. 한편, μc-Si:H은 밴드갭 이하 광에너지에서도 흡수 스펙트럼을 갖는데, 이는 물질 내에 어느 정도의 불규칙성(disorder)이 있다는 것을 시사하는 것이다. Urbach tail과 0.8 eV 부근에서 결함과 관련한 흡수 등이 그것이다. 이러한 스펙트럼은 단결정실리콘 웨이퍼에서는 찾아볼 수 없다. 광학적 특징은 FTPS와 같은 특수한 기법으로 측정할 수 있고, 그 결과는 태양전지 소재의 품질을 평가하는 데 사용된다.

μc-Si:H의 coplanar 전자수송 특성은 a-Si:H와 매우 흡사한데, 이 유사성은 전자수송이 μc-Si:H 내에서의 비정질/무질서하게 배열된 물질에 의해 제한을 받는다고 가정하면 이해될 수 있다. 전자수송 특성의 한계, 그에 따른 확산길이의 한계 때문에 μc-Si:H 태양전지에서는 p-i-n와 n-i-p의 구조를 채택한다. 캐리어 수집은 표류(drift), 즉 i-층 내에서의 내부 전기장에 의해 증진된다. 현재 단일접합 μc-Si:H 태양전지의 최고 효율은 약 10%이다. 단일접합 μc-Si:H 태양전지에서는 아주 미약한 정도의 광열화가 발생하는데, 그 크기는 비정질상의 체적분율과 열화에 사용한 빛의 스펙트럼에 의존한다. 단일접합 μc-Si:H 태양전지 효율은 광포획을 보다 효율적으로 하여 단락전류를 증가시킴으로써 향상시킬 수 있다. 광포획의 개선은 새로운 소재의 TCO 개발, 기판 구조(periodic gratings 또는 rough random 기판)의 설계로 가능하다. 이 분야가 현재 가장 중요한 연구 주제로 자리 잡고 있다.

실리콘 박막 태양전지의 개발은 현재 상층 비정질실리콘과 하층 미결정실리콘을 조합한 탠덤 구조에 초점이 맞추어져 있다. 이는 AM1.5 태양광 스펙트럼 하에서 가장 이상적인 조합으로 보고 있다. 현재 이 구조에서 얻은 최고의 효율은 초기 효율로 14.7%이다. 최고 효율에 도달하기 위해서는 중간 반사체가 필요하다. 이 탠덤구조는 상부 비정질 층에서의 광열화 현상도 훨씬 덜하다. 일반적으로 탠덤 내의 미결정 하층 셀은 태양광 스펙트럼 중 장파장에만 노출되기 때문에 안정하다. 변환효율의 향상과 안정성을 동시에 확보하기 위해서는 비정질 층의 두께를 줄이고 광포획을 최적화하여야 하는데, 희망적으로는 안정화 효율 13~14%가 가능할 것으로 본다. 탠덤 구조 태양광 모듈의 생산은 현재 일본의 Kaneka 사에서만 착수되었다. 그리고 여타 회사에서도 이 분야 연구개발을 추진하고 있는데, 일부 기업에서는 파이롯 모듈이 개발된 바 있다.

실리콘 박막 태양전지는 우수한 외관과 기판 선택의 다양성으로 건축일체형 태양광(BIPV : building-integrated photovoltaics)에 매우 적합하다. 한편, 'micromorph' 탠덤구조는 안정화 효율 10% 이상의 모듈 제조를 가능케 할 수 있을 것이다. 이러한 이유로 앞으로도 탠덤구조 태양전지 연구 및 산업화가 더 강화될 것이다.

참고문헌

[1] S. Veprek and V. Marecek, The preparation of thin layers of Ge and Si by chemical hydrogen plasma transport, *Solid State Electronics*, **11**, 683–684 (1968).

[2] R. Tsu, M. Izu, S. R. Ovshinsky and F. H. Pollack, Electroreflectance and Raman scattering investigation of glow-discharge amorphous Si:F:H, *Solid State Communications*, **36**, 817–822 (1980).

[3] T. Hamasaki, H. Kurata, M. Hirose and Y. Osaka, Low temperature crystallization of doped a-Si:H alloys, *Applied Physics Letters*, **37**, 1084–1086 (1980).

[4] Y. Hattori, T. Kruangam, T. Toyama, H. Okamoto and Y. Hamakawa, High efficiency amorphous heterojunction solar cell employing ECR-CVD produced p-type microcrystalline SiC film, *Technical Digest of the International PVSEC-3*, 171 Tokyo, Japan (1987).

[5] Y. Uchida, T. Ichimura, M. Ueno and H. Haruki, Microcrystalline Si: H film and its application to solar cells, *Japanese Journal of Applied Physics*, **21**, L586–L588 (1982).

[6] J. Meier, R. Fluckiger, H. Keppner and A. Shah, Complete microcrystalline p-i-n solar cell – crystalline or amorphous cell behavior, *Applied Physics Letters*, **65**, 860–862 (1994).

[7] H. Curtins, N. Wyrsch and A. Shah, High-rate deposition of amorphous hydrogenated silicon: effect of plasma excitation frequency, *Electronic Letters*, **23**, 228–230 (1987).

[8] T. Roschek, T. Repmann, J. Müller, B. Rech and H. Wagner, Comprehensive study of microcrystalline silicon solar cells deposited at high rate using 13.56 MHz plasma-enhanced chemical vapor deposition, *Journal of Vacuum Science and Technology A*, **20**, 492–498 (2002).

[9] C. Niikura, M. Kondo and A. Matsuda, High rate growth of microcrystalline silicon films assisted by high density plasma, *Proceedings of the 3rd World Conference on PVSEC, Osaka*, 1710–1713 (2003).

[10] B. Yan, G. Yue, J. Yang, K. Lord, A. Banerjee and S. Guha, Microcrystalline silicon solar cells made using RF, MVHF and microwave at various deposition rates, *Proceedings of the 3rd World Conference on PVSEC, Osaka*, 2773–2778 (2003).

[11] H. Shirai, Y. Sakuma, K. Yoshino and H. Uemaya, Fast deposition of microcrystalline silicon films using the high density microwave plasma utilizing a spoke wise antenna, *Proceedings of the Materials Research Society Symposium*, **609**, A.4.4.1–6 (2001).

[12] M. Mastumoto, M. Shima, S. Okamoto, K. Murata, M. Tanaka, S. Kiyama, H. Kakiuchi, K. Yasutake, K. Yoshii, K. Endo and Y. Mori, Extremely high rate deposition of silicon thin-film prepared by atmospheric plasma CVD method with a rotary electrode, *Proceedings of the 3rd World Conference on PVSEC, Osaka*, 1552–1555 (2003).

[13] Y. Ide, Y. Saito, A. Yamada and M. Konagai, Microcrystalline silicon thin film solar cells prepared by the hot wire method, *Proceedings of the 3rd World Conference on PVSEC, Osaka*, 1772–1775 (2003).

[14] M. Heintze, R. Zedlitz and G. H. Bauer, Analysis of high-rate a-Si:H deposition in a VHF plasma, *Journal of Physics D: Applied Physics*, **26**, 1781–1786 (1993).

[15] J. Perrin and J. P. M. Schmitt, Emission cross-sections from fragments produced by electron impact on silane, *Chemical Physics*, **67**, 167–176 (1982).

[16] A. A. Howling, J.-L. Dorier, C. Hollenstein, U. Kroll and F. Finger, Frequency effects in silane plasma for plasma enhanced chemical vapor deposition, *Journal of Vacuum Science &Technology A*, **10**, 1080–1085 (1992).

[17] T. Repmann, W. Appenzeller, B. Sehrbrock, H. Stiebig and B. Rech, Advanced PECVD processes for thin film silicon solar cells on glass, *Proceedings of the European Photovoltaic Specialist Conference, Paris, France, June 2004*, 1334–1351 (2004).

[18] Y. Mai, S. Klein, J. Wolff, A. Lambertz, X. Geng and F. Finger, Microcrystalline silicon solar cells deposited at high rates by combination of VHF-PECVD and high working pressure, *Proceedings of*

the 19th EU Photovoltaic Solar Energy Conference, Paris, France, June 2004, 1399–1402 (2004).

[19] S. Goya, I. Nakano, T. Watanabe, N. Yamashita and Y. Yonekura, The effect of narrow gap length on the high-rate deposition of microcrystalline silicon, *Proceedings of the 19th EU Photovoltaic Solar Energy Conference, Paris, France, June 2004*, 1625–1628 (2004).

[20] M. Kondo, Critical processing steps for microcrystalline silicon bottom cells, *Proceedings of the 31st IEEE Photovoltaic Specialist Conference, Lake Buena Vista, FL, USA, January 2005*, 1377–1382(2005).

[21] H. Takatsuda, M. Noda, Y. Yonekura, Y. Takeuchi and Y. Yamauchi, Development of high efficiency large area silicon thin film modules using VHF-PECVD, *Solar Energy*, **77**, 951–960 (2004).

[22] H. Shirai, G. Ohkawara and M. Nakajima, High-density microwave plasma-enhanced chemical vapor deposition of crystalline silicon films for solar cell devices, *Solid State Phenomena (Diffusion and Defect Data Part B)*, **93**, 109–114 (2003).

[23] S. Klein, F. Finger, R. Carius, B. Rech, L. Houben, M. Luysberg and M. Stutzmann, High efficiency thin film solar cells with intrinsic microcrystalline silicon prepared by hot wire CVD, *Material Research Society Symposium Proceedings*, **715**, A26.22.21–26 (2002).

[24] H. Hakuma, K. Niira, H. Senta, T. Nishimura, M. Komoda, H. Okui, K. Aramaki, Y. Okada, K. Tomita, H. Higuchi and H. Arimune, Microcrystalline-Si solar cells by newly developed novel PECVD method at high deposition rate, *Proceedings of the 3rd World Conference on Photovoltaic Energy Conversion, Osaka, 2003*, 1796–1799 (2003).

[25] A. Matsuda, Formation kinetics and control of microcrystallite in μc-Si:H from glow discharge plasma, *Journal of Non-Crystalline Solids*, 59&60, 767–774 (1983).

[26] A. Matsuda, Growth mechanism of microcrystalline silicon obtained from reactive plasmas, *Thin Solid Films*, **337**(1–6) 1–2 (1999).

[27] H. Keppner, J. Meier, P. Torres, D. Fischer and A. Shah, Microcrystalline silicon and micromorph tandem solar cells, *Applied Physics A*, **69**, 169–177 (1999).

[28] U. Kroll, J. Meier, A. Shah, S. Mikhailov and J. Weber, Hydrogen in amorphous and microcrystalline silicon films prepared by hydrogen dilution, *Journal of Applied Physics*, **80**, 4971–4975 (1996).

[29] L. Houben, M. Luysberg, P. Hapke, R. Carius, F. Finger and H. Wagner, Structural properties of microcrystalline silicon in the transition from highly crystalline to amorphous, *Philosophical Magazine A*, **77**, 1447–1460 (1998).

[30] P. M. Voyles, J. E. Gerbi, M. M. J. Treacy, J. M. Gibson and J. R. Abelson, Absence of an abrupt change from polycrystalline to amorphous in silicon with deposition temperature, *Physical Review Letters*, **86**, 5514–5517 (2001).

[31] M. Kondo and A. Matsuda, **title**in *Thin Film Solar Cells*, ed. Y. Hamakawa (Springer Verlag, Berlin Heidelberg, 2004), p. 139–149.

[32] C. Droz, E. Vallat-Sauvain, J. Bailat, L. Feitknecht, J. Meier, X. Niquille and A. Shah, Electrical and microstructural characterisation of microcrystalline silicon layers and solar cells, *Proceedings of the 3rd World Conference on Photovoltaic Energy Conversion, Osaka, 2003*, 1544–1547 (2003).

[33] M. Goerlitzer, P. Torres, N. Beck, N. Wyrsch, H. Keppner, J. Pohl and A. Shah, Structural properties and electronic transport in intrinsic microcrystalline silicon deposited by the VHF-GD technique, *Journal of Non-Crystalline Solids*, **227–230**, 996–1000 (1998).

[34] J. Bailat, E. Vallat-Sauvain, L. Feitknecht, C. Droz and A. Shah, Microstructure and open circuit voltage of n-i-p microcrystalline silicon solar cells, *Journal of Applied Physics*, **93**, 5727–5732 (2003).

[35] R. W. Collins, A. S. Ferlauto, G. M. Ferreira, C. Chen, Joohyun Koh, R. J. Koval, Yeeheng Lee, J. M. Pearce and C. R. Wronski, Evolution of microstructure and phase in amorphous, protocrystalline, and microcrystalline silicon studied by real time spectroscopic ellipsometry, *Solar Energy Materials and Solar Cells*, **78**, 143–180 (2003).

[36] E. Vallat-Sauvain, U. Kroll, J. Meier, A. Shah and J. Pohl, Evolution of the microstructure in microcrystalline silicon prepared by very high frequency glow-discharge using hydrogen dilution,

Journal of Applied Physics, **87**, 3137–3142 (2000).

[37] T. Kamiya, K. Nakahata, K. Ro, C. Fortmann and I. Shimizu, Comparison of microstructure and crystal structure of polycrystalline silicon exhibiting varied textures fabricated by microwave and very high frequency plasma enhanced chemical vapor deposition and their transport properties, *Japanese Journal of Applied Physics*, **38**, 5750–5756 (1999).

[38] A. Fejfar, B. Rezek, P. Knapek, J. Stuchlik and J. Kocka, Local electronic transport in microcrystalline silicon observed by combined atomic force microscopy, *Journal of Non-Crystalline Solids*, **266–269**, 309–314 (2000).

[39] E. Vallat-Sauvain, U. Kroll, J. Meier, N. Wyrsch and A. Shah, Microstructure and surface roughness of microcrystalline silicon prepared by very high frequency-glow discharge using hydrogen dilution, *Journal of Non-Crystalline Solids*, **266–269**, 125–130 (2000).

[40] E. Vallat-Sauvain, J. Bailat, J. Meier, X. Niquille, U. Kroll and A. Shah, Influence of the substrate morphology and chemical nature on the nucleation and growth of microcrystalline silicon, *Thin Solid Films*, to be published, (2005).

[41] M. N. Islam and S. Kumar, Influence of crystallite size distribution on the micro Raman analysis of porous Si, *Applied Physics Letters*, **78**, 715–717 (2001).

[42] R. J. Kobliska and S. A. Solin, Raman spectrum of wurtzite silicon, *Physical Review B*, **8**, 3799–3802 (1973).

[43] M. Luysberg, P. Hapke, R. Carius and F. Finger, Structure and growth of hydrogenated microcrystalline silicon: investigation by transmission electron microscopy and Raman spectroscopy of films grown at different plasma excitation frequencies, *Philosophical Magazine A*, **75**, 31–47 (1997).

[44] C. Droz, E. Vallat-Sauvain, J. Bailat, L. Feitknecht, J. Meier and A. Shah, Relationship between Raman crystallinity and open-circuit voltage in microcrystalline silicon solar cells, *Solar Energy Materials and Solar Cells*, **81**, 61–71 (2004).

[45] M. Luysberg, C. Scholten, L. Houben, R. Carius, F. Finger and O. Vetterl, Structural properties of microcrystalline silicon solar cells, *Material Research Society Symposium Proceedings*, **664**, A15.12.11–16 (2001).

[46] Y. Nasuno, M. Kondo and A. Matsuda, Microcrystalline silicon thin-film solar cells prepared at low temperature using PECVD, *Solar Energy Materials and Solar Cells*, **74**, 497–503 (2002).

[47] C. C. Tsai, G. B. Anderson and R. Thompson, Growth of amorphous, microcrystalline and epitaxial silicon in low temperature plasma deposition, *Material Research Society Symposium Proceedings*, **192**, 475 (1990).

[48] A. Matsuda, Formation kinetics and control of microcrystallite in μc-Si:H from glow discharge plasma, *Journal of Non-Crystalline Solids*, **59/60**, 767–774 (1983).

[49] S. Veprek, Z. Iqbal and F. A. Sarott, A thermodynamic criterion of the crystalline-to-amorphous transition in silicon, *Philosophical Magazine B*, **45**, 137–145 (1982).

[50] T. Akasaka and I. Shimizu, *In situ* real time studies of the formation of polycrystalline silicon film on glass grown by a layer-by-layer technique, *Applied Physics Letters*, **66**, 3441–3443 (1995).

[51] J. Bailat, E. Vallat-Sauvain, A. Vallat and A. Shah, Simulation of the growth dynamics of amorphous and microcrystalline silicon, *Journal of Non-Crystalline Solids*, **338–340**, 32–36 (2004).

[52] J. Bailat, E. Vallat-Sauvain, A. Vallat and A. Shah, Phase diagrams and microstructure of microcrystalline and amorphous silicon studied by dynamical simulation of the growth of microcrystalline silicon, *Material Research Society Symposium Proceedings*, **808**, 221–226 (2004).

[53] A. Poruba, A. Fejfar, Z. Remes, J. Springer, M. Vanecek, J. Kocka, J. Meier, P. Torres and A. Shah, Optical absorption and light scattering in microcrystalline silicon thin films and solar cells, *Journal of Applied Physics*, **88**, 148–160 1 (2001).

[54] M. Vanecek, J. Kocka, A. Poruba and A. Fejfar, Direct measurement of the deep defect density in thin amorphous silicon films with the 'absolute' constant photocurrent method, *Journal of Applied Physics*, **78**, 6203–6210 (1995).

[55] M. Vanecek, J. Kocka, J. Stuchlik and A. Triska, Direct measurement of the gap states and band tail

absorption by constant photocurrent method in amorphous silicon, *Solid State Communications*, **39**, 1199–1202 (1981).
[56] M. Vanecek and A. Poruba, Fourier-transform photocurrent spectroscopy of microcrystalline silicon for solar cells, *Applied Physics Letters*, **80**, 719–721 (2002).
[57] A. Poruba, M. Vanecek, J. Meier, and A. Shah, Fourier transform infrared photocurrent spectroscopy in microcrystalline silicon, *Journal of Non-Crystalline Solids*, **299–302**, 536–540 (2002).
[58] J. D. Cody, Urbach edge of crystalline and amorphous silicon: a personal review, *Journal of Non-Crystalline Solids*, **141**, 3–15 (1992).
[59] M. Goerlitzer, N. Beck, P. Torres, J. Meier, N. Wyrsch and A. Shah, Ambipolar diffusion length and photoconductivity measurements on 'midgap' hydrogenated microcrystalline silicon, *Journal of Applied Physics*, **80**, 5111–5115 (1996).
[60] J. Kocka, A. Fejfar, H. Stuchlikova, J. Stuchlik, P. Fojtik, T. Mates, B. Rezek, K. Luterova, V. Svrcek and I. Pelant, Basic features of transport in microcrystalline silicon, *Solar Energy Materials and Solar Cells*, **78**, 493–512 (2003).
[61] N. Beck, N. Wyrsch, C. Hof, and A. Shah, Mobility-lifetime product – a tool for correlating a-Si:H film properties and solar cell performances, *Journal of Applied Physics*, **79**, 9361–9368 (1996).
[62] V. Daudrix, C. Droz, N. Wyrsch, Y. Ziegler, X. Niquille and A. Shah, Development of more stable amorphous silicon thin film solar cells deposited at 'moderately high' temperature, *Proceedings of the 16th European Photovoltaic Solar Energy Conference, Glasgow*, 385–388 (2000).
[63] C. Droz, M. Goerlitzer, N. Wyrsch and A. Shah, Electronic transport in hydrogenated microcrystalline silicon: similarities with amorphous silicon, *Journal of Non-Crystalline Solids*, **266–269**, 319–324 (2000).
[64] J. Meier, P. Torres, R. Platz, S. Dubail, U. Kroll, J. A. Anna Selvan, N. Pellaton-Vaucher, C. Hof, D. Fischer, H. Keppner, and A. Shah, On the way towards high efficiency thin film silicon solar cells by the 'micromorph' concept, *Proceedings of the Materials Research Society Symposium*, **420**, 3–14 (1996).
[65] N. Wyrsch, N. Beck, J. Meier, P. Torres and A. Shah, Electric field profile in μc-Si:H p-i-n devices, *Proceedings of the Materials Research Society Symposium*, **507**, 181–186 (1998).
[66] J. Kocka, H. Stuchlikova, J. Stuchlik, B. Rezek, T. Mates, V. Svrcek, P. Fojtik, I. Pelant and A. Fejfar, Model of transport in microcrystalline silicon, *Journal of Non-Crystalline Solids*, **299–302**, 355–359 (2002).
[67] E. Vallat-Sauvain, S. Dubail, U. Kroll, J. Meier and A. Shah, Improved Interface Between Front TCO and Microcrystalline Silicon p-i-n Cells, *Proceedings of the Materials Research Society Symposium*, **664**, A15.13.11– 16. (2001).
[68] D. L. Staebler and C. R. Wronski, Reversible conductivity changes in discharge-produced amorphous silicon, *Applied Physics Letters*, **31**, 292–294 (1977).
[69] K. Yamamoto, A. Nakajima, M. Yoshimi, T. Sawada, S. Fukuda, T. Suezaki, M. Ichikawa, Y. Koi, M. Goto, T. Meguro, T. Matsuda, M. Kondo, T. Sasaki and Y. Tawada, A high efficiency thin-film silicon solar cell and module, *Solar Energy Materials and Solar Cells*, **77**, 939–949 (2004).
[70] J. Meier, High efficiency amorphous and micromorph silicon solar cells, *Proceedings of the 3rd World Conference on Photovoltaic Energy Conversion, Osaka, 2003*, 2801–2805 (2003).
[71] H. Takakura, Optimum design of thin-film-based tandem-type solar cells, *Japanese Journal of Applied Physics*, **31**, 2394–2399 (1992).
[72] A. Shah, M. Vanecek, J. Meier, F. Meillaud, J. Guillet, D. Fischer, C. Droz, X. Niquille, S. Faÿ, E. Vallat-Sauvain, V. Terrazzoni-Daudrix and J. Bailat, Basic efficiency limits, recent experimental results and novel light trapping schemes in a-Si:H, μc-Si:H and micromorph tandem solar cells, *Journal of Non-Crystalline Solids*, **338–340**, 639–645 (2004).
[73] H. Mase, M. Kondo and A. Matsuda, Microcrystalline silicon solar cells fabricated on polymer substrate, *Solar Energy Materials and Solar Cells*, **74**, 547–552–(2002).
[74] A. Takano, T. Wada and M. Shimosawa, Working pressure effects on deposition of large area

microcrystalline silicon films on flexible plastic substrate at 130°C, *Japanese Journal of Applied Physics*, **41**, L978–980 (2002).
[75] V. Terrazzoni-Daudrix, J. Guillet, X. Niquille, L. Feitknecht, F. Freitas, P. Winkler, A. Shah, R. Morf, P. Parriaux and D. Fischer, Enhanced light trapping in thin film silicon solar cells deposited on PET and glass, *Proceedings of the 3rd World Conference on Photovoltaic Energy Conversion, Osaka, May 2003*, 1596–1600 (2003).
[76] A. Shah, J. Bailat, E. Vallat-Sauvain, M. Vanecek, J. Meier, S. Faÿ, I. Pola, V. Terrazzoni-Daudrix and C. Ballif, Microcrystalline and micromorph solar cells and modules: status and potential, to be published in the *Proceedings of the 31st IEEE Specialists conference, Orlando USA*, (2005).
[77] T. Ikeda, K. Sato, Y. Hayashi, Y. Wakayama, K. Adachi and H. Nishimura, Surface microstructures of ZnO coated SnO_2: F films, *Solar Energy Materials and Solar Cells*, **34**, 379 (1994).
[78] H. Natsuhara, N. Ohashi, S. Ogawa, N. Y. Oshida, T. Itoh, S. Nonomura, M. Fukawa and K. Sato, Hydrogen-radical durability of TiO_2 thin films for protecting transparentconducting oxide for Si thin film solar cells, *Thin Solid Films*, **430**, 253–257 (2003).
[79] J. Müller, B. Rech, J. Springer and M. Vanecek, TCO and light trapping in silicon thin film solar cells, *Solar Energy*, **77**, 917–930 (2004).
[80] R. G. Gordon, Deposition of transparent conducting oxides for solar cells, NREL/SNL Photovoltaics Program Review, *14th Conference – A Joint Meeting, 18–22 Nov. 1996, Lakewood, CO, USA*, 39–48, (1997) (AIP Press New-York).
[81] S. Faÿ, U. Kroll, C. Bucher, E. Vallat-Sauvain and A. Shah, Low pressure chemical vapour deposition of ZnO layers for thin-film solar cells: temperature induced morphological changes, *Solar Energy Materials and solar cells*, **86**, 385–397 (2004).
[82] J. A. Anna Selvan, Y.-M. Li, S. Guo, and A.-E. Delahoy, Development of μc-Si:H solar cells on novel transparent conducting light trapping oxide (TCLO) superstrate with IMO, ITiO or surface textured i-ZnO/IMO & i-ZnO/ITiO bilayer, *Proceedings of the 19th EU Photovoltaic Solar Energy Conference, Paris, France, June 2004*, 1346–1351 (2004).
[83] J. Springer, A. Poruba and M. Vanecek, Improved three-dimensional optical model for thin-film silicon solar cells, *Journal of Applied Physics*, **96**, 5329–5337 (2004).
[84] J. Meier, H. Keppner, J. Dubail, U. Kroll, P. Torres, P. Pernet, Y. Ziegler, J. A. Anna Selvan, J. Cuperus, D. Fischer and A. Shah, Microcrystalline single junction and micromorph tandem thin film silicon solar cells, *Material Research Society Symposium Proceedings*, **507**, 139–144 (1998).
[85] O. Vetterl, F. Finger, R. Carius, P. Hapke, L. Houben, O. Kluth, A. Lambertz, A. Mück, B. Rech and H. Wagner, Intrinsic microcrystalline silicon: a new material for photovoltaics, *Solar Energy Materials and Solar Cells*, **62**, 97–103 (2000).
[86] J. Bailat, E. Vallat-Sauvain, M. Dubey, F. Meillaud, X. Niquille, J. Guillet, A. Shah, A. Poruba, L. Mullerova, J. Springer and M. Vanecek, Quality of i layer investigated within the complete solar cells by absorption spectroscopy, *Proceedings of the 19th EU Photovoltaic Solar Energy Conference, Paris, France, June 2004*, 1541–1544 (2004).
[87] O. Vetterl, F. Finger, R. Carius, P. Hapke, L. Houben, O. Kluth, A. Lambertz, A. Muck, B. Rech and H. Wagner, Intrinsic microcrystalline silicon: a new material for photovoltaics, *Solar Energy Materials and Solar Cells*, **62**, 97–108 (2000).
[88] K. Saito, M. Sano, A. Sakai, R. Hayashi and K. Ogawa, High efficiency microcrystalline silicon solar cells deposited at high deposition rates, *Technical Digest of the 12th International PVSEC, Jeju, Korea, 2001*, 429 (2001).
[89] K. Saito, M. Sano, K. Matzuda, T. Kondo, M. Higasikawa and T. Karyia, High efficiency microcrystalline silicon solar cells by the low temperature plasma CVD method, *Proceedings of the International PVSEC-11, Sapporo, Japan*, 229–230 (1999).
[90] Y. Mai, S. Klein, X. Geng and F. Finger, Structure adjustment during high-deposition-rate growth of microcrystalline silicon solar cells, *Applied Physics Letters*, **85**, 2839–2841 (2004).
[91] K. Yamamoto, Very thin film crystalline silicon solar cells on glass substrate fabricated at low

temperature, *IEEE Transactions on Electron Devices*, **46**, 2041–2047 (1999).

[92] S. Klein, F. Finger, R. Carius and H. Stiebig, Light-induced degradation of microcrystalline silicon thin-film solar cells prepared by hot-wire CVD, *Proceedings of the 19th EU Photovoltaic Solar Energy Conference, Paris, France, June 2004*, 1579–1582 (2004).

[93] F. Meillaud, E. Vallat-Sauvain, X. Niquille, M. Dubey, J. Bailat, A. Shah and C. Ballif, Light-induced degradation of thin-film microcrystalline silicon solar cells, *Proceedings of the 31st IEEE Photovoltaic Specialist Conference, Lake Buena Vista, FL, USA, January 2005*, to be published (2005).

[94] B. Yan, G. Yue, J. Owens, J. Yang and S. Guha, Light-induced metastability in hydrogenated nanocrystalline silicon solar cells, *Applied Physics Letters*, **85**, 1925–1927 (2004).

[95] Y.-M. Li, J. A. Anna Selvan, L. Li, R. A. Levy and A.-E. Delahoy, A study of single chamber RF-PECVD μc-Si:H solar cells, *Proceedings of the 3rd World Conference on Photovoltaic Energy Conversion, Osaka, 2003*, 1788–1791 (2003).

[96] P. Torres, J. Meier, R. Flückiger, U. Kroll, J. A. Anna Selvan, H. Keppner, A. Shah, S. D. Littlewood, I. E. Kelly and P. Giannoulès, Device grade microcrystalline silicon owing to reduced oxygen contamination, *Applied Physics Letters*, **69**, 1373–1375 (1996).

[97] M. Kondo, Critical processing steps for microcrystalline silicon bottom cells, *Proceedings of the 31st IEEE Photovoltaic Specialist Conference, Lake Buena Vista, FL, USA, January 2005*, 1377–1382(2005).

[98] J. Fölsch, F. Finger, T. Kulessa, F. Siebke, W. Beyer and H. Wagner, Improved ambipolar diffusion length in a-$Si_{1-x}Ge_x$:H alloys for multijunction solar cells, *Proceedings of the Materials Research Society Symposium*, **377**, 517–522 (1995).

[99] S. Guha and J. Yang, Amorphous silicon alloy materials, cells and modules, *Proceedings of the 29th IEEE PVSEC, New Orleans*, 1070–1075 (2002).

[100] J. Meier, S. Dubail, R. Fluckiger, D. Fischer, H. Keppner and A. Shah, Intrinsic microcrystalline silicon (μc-Si:H)– a promising new thin film solar cell material, *1st World Conference on Photovoltaic energy conversion*, **1**, 409–412 (1994).

[101] J. Meier, J. Spitznagel, S. Faÿ, C. Bucher, U. Graf, U. Kroll, S. Dubail and A. Shah, Enhanced light trapping for micromorph tandem solar cells by LP-CVD ZnO, *Proceedings of the 29th IEEE Photovoltaic Specialists Conference, New Orleans*, 1118–1121 (2002).

[102] D. Fischer, S. Dubail, J. A. Anna Selvan, N. Pellaton-Vaucher, R. Platz, C. Hof, U. Kroll, J. Meier, P. Torres, H. Keppner, N. Wyrsch, M. Goetz, A. Shah and K.-D. Ufert, The micromorph solar cell: extending a-Si:H technology towards thin film crystalline silicon, *Proceedings of the 25th IEEE Photovoltaic Energy Conference*, 1053–1056 (1996).

[103] M. Vanecek, Light trapping and optical losses in microcrystalline silicon and micromorph silicon solar cells, *Proceedings of the 3rd World Conference on Photovoltaic Energy Conversion, Osaka, 2003*, 1527–1532 (2003).

[104] R. Zedlitz, M. Heintze and G. H. Bauer, Analysis of VHF glow discharge of a-Si:H over a wide frequency range, *Proceedings of the Materials Research Society Symposium*, **258**, 147–151 (1992).

[105] A. Shah, H. Schade, M. Vanecek, J. Meier, E. Vallat-Sauvain, N. Wyrsch, U. Kroll, C. Droz and J. Bailat, Thin film silicon and solar cell technology, *Progress in Photovoltaics: Research and Applications*, **12**, 1–30 (2004).

05 비정질실리콘 박막 태양전지 기술

Advanced Amorphous Silicon Solar Cell Technologies

Miro Zeman
Delft University of Technology

5.1 서 론

첫 번째 비정질실리콘 층은 1965년 rf 글로 방전(radio frequency glow discharge) 방식으로 실란(SiH_4)으로부터 만든 박막이었다[1]. 10년이 지난 후, Dundee 대학의 Walter Spear와 Peter LeComber는 비정질실리콘이 반도체 특성을 가진다는 것을 보고하였는데, 방전 가스 혼합물에 포스핀(PH_3)이나 다이보레인(B_2H_6) 가스를 첨가하여 비정질실리콘의 전도성을 큰 범위에서 조절할 수 있음을 보여 주었다[2]. 그때까지 비정질실리콘은 치환 도핑(substitutional doping)으로 n-type(n-형) 또는 p-type(p-형)이 가능하지 않다는 게 일반적인 견해이었기 때문에 이는 획기적인 발견이었다. 새로운 방법으로 만든 도핑된 비정질실리콘 박막에서 수소가 중요한 역할을 한다는 사실은 바로 알려지지 않았다. 전자소자용에 적합한, 도핑을 필요로 하는 비정질실리콘은 실제로 실리콘과 수소의 합금이다. 따라서 전자소자용 비정질실리콘을 수소화된 비정질실리콘(a-Si:H)이라 부른다.

도핑이 성공적으로 이루어진 비정질실리콘 소재에 엄청난 관심을 갖게 된 것은 두 가지 이유이다. 첫 번째는 이 소재가 반도체 소자에 응용될 수 있는 매우 유용하고도 다양한 특성을 가진 점이다. 예를 들어, 태양광 스펙트럼 중의 가시광 영역에서 a-Si:H는 높은 흡수계수를 가지고 있어서 1 μm 두께의 a-Si:H 박막층으로 태양광의 90%를 흡수할 수 있다. 둘째, 글로 방전 증착 또는 동일한 뜻으로 플라즈마 화학 기상증착(plasma enhanced chemical vapour deposition : PECVD) 방법으로 a-Si:H 박막을 1 m^2 이상의 대면적으로, 저온(100~400℃)에서 생산이 가능하다. 저온 공정이므로 저가의 유리, 금속, 폴리머 같은 다양한 기판을 사용할 수 있다. a-Si:H은 실란 가스에 적절한 도핑 가스를 첨가하여 쉽게 도핑하고 합금화할 수 있다. 이러한 특징으로

a-Si:H가 매우 유망한 저가 박막 태양전지로 꼽히고 있다. 현재 이 재료는 태양전지 외에도 평면 디스플레이용의 박막 트랜지스터와 전자사진의 광전도층에도 사용되고 있다.

1976년에 Carlson과 Wronski에 의해 최초로 에너지 변환효율이 2.4%인 a-Si:H 태양전지가 만들어지고, a-Si:H 태양전지 기술은 눈부시게 발전하여 오늘날은 초기 효율이 15%나 되는 태양전지의 제조가 가능하게 되었다[4]. 비정질실리콘 박막 태양전지 기술은 성숙기에 접어들어 2003년에 이미 25.8 MW의 모듈이 생산되었다[5].

5.2 비정질실리콘 태양전지 기술의 개발과 이슈

5.2.1 1970년대

1976년에 RCA 연구소의 Carlson와 Wronski가 처음으로 비정질실리콘 태양전지를 제작하여 발표하였다[3]. 이 단일접합 p-i-n형 a-Si:H 태양전지는 TCO 코팅된 유리 기판 위에 증착하고 알루미늄 후면전극을 사용하여 2.4%의 변환효율을 달성하였다. a-Si:H 태양전지의 출력 전압의 증가를 위해, 태양전지 적층구조(탠덤구조라고도 불림)의 개념이 소개되었다[6]. 산업생산의 핵심 요소는 a-Si:H 태양전지 모듈을 모놀리식(monolithic) 방식으로 직렬연결한 기술의 개발에 있었다[7]. a-Si:H 태양전지의 각 요소 셀을 모놀리식하게 직렬연결하는 인라인 방식의 모듈 생산공정을 채택하면 원하는 용량의 출력 전압을 가진 모듈을 단일 기판을 이용하여 만들 수 있다. 1980년에 일본 Sanyo 및 Fuji 전기는 계산기나 시계와 같은 가전제품에 적용된 a-Si:H 태양전지 제품을 출시하였다.

5.2.2 1980년대

1980년대 a-Si:H 태양전지의 연구는 a-Si:H를 기반으로 하는 합금의 개발과 최적화에 집중되었다. p-형의 수소화된 비정질실리콘 카바이드(a-SiC:H)는 흡수계수가 낮기 때문에 일반적으로 태양전지의 윈도(window) 층으로 쓰인다[8]. 수소화된 비정질실리콘 게르마늄(a-SiGe:H)은 좁은 밴드갭을 가진 소재이기 때문에 탠덤구조 태양전지의 하층 셀로 사용하기에 매우 적합하다[9]. 표면을 텍스처링한 기판은 빛의 흡수율을 향상시키기 위해 도입되었다[10]. 실험실 태양전지는 초기 효율이 11~12% 범위이다. 1980년대 후반에 독립형 태양광발전 시장을 겨냥한 차세대 a-Si:H 모듈이 시장에 출시되었다. 이 모듈은 주로 단일 챔버에서 일관 공정으로 제작한 단일접합 p-i-n형의 a-Si:H 태양전지이다. 0.1~0.3 m^2 면적을 가진 모듈은 약 14 W의 출력을 가진다(안정화 효율 최대 5%). 그러나 유망한 것으로 보였던 이 기술은 몇 가지 문제점으로 인해 기대에 부응하지 못했는데, 빛에 의한 열화 현상, 수분에 의한 전극의 부식 등을 방지할 수 있는 모듈 봉지재 및 프레임(frame)의 미비 등이 그러하다.

5.2.3 1990년대

1990년대 주요 연구는 10%의 안정화 모듈 효율(stabilized module efficiency)달성에, 제조기술 측면에서는 고수율의 공정개발에 집중되었다. 여러 회사들이 a-SiGe:H 합금을 최적화하고 이를 적층형 태양전지(BP Solar[11], Sanyo[12], Fuji Electric [13])나 삼중접합 태양전지(United Solar[14])에 도입하였다. 1990년대에 개발된 a-Si:H 모듈의 대표적인 특징으로는 다중접합 구조를 가지는 태양전지의 사용, 봉지(encapsulation) 및 프레임 기술의 향상 등이다. 알루미늄 프레임보다 부식 방지능력이 뛰어난 유기 소재의 가벼운 프레임들이 알루미늄 프레임을 대체하였으며, 모듈 면적은 1 m^2, 전체 면적(total area) 기준으로 모듈의 안정화 효율은 6~7%에 이르게 되었다. 또한, 모듈 보호기술이 향상됨에 따라 생산자들은 20년 이상의 전력생산을 보증할 수 있게 되었으며, 20세기 끝 무렵에는 비정질실리콘 모듈의 연간 생산용량이 대략 30 MW에 이르게 되었다. 그리고 태양전지 모듈의 주요 응용 분야는 비계통연계(off-grid) 방식에서 건물 일체형(building integrated)으로 옮겨가게 되었다.

저온 PECVD 기술을 이용하여 증착시킨 수소화된 미결정실리콘(hydrogenated microcrystalline silicon; μc-Si:H)이 a-Si:H 기반의 다중접합 태양전지의 하층 셀에 적용할 수 있는 좁은 밴드갭(low bandgap)을 가진 새로운 후보로 떠오른 것도 이 시기였다. 1994년 스위스 Neuchâtel 대학은 a-Si:H 상층 셀과 μc-Si:H 하층 셀로 구성된 혼합 탠덤 태양전지(micromorph tandem solar cell)를 개발하였다. 이 혼합 적층 방식의 유망성은 안정화 효율 11~12% 정도의 탠덤 및 삼중접합 태양전지들이 만들어지면서 곧바로 입증되었고[16, 17], 일본의 Kaneka는 하이브리드 탠덤 태양전지 생산기술을 개발하기 시작했다[18]. 박막형 태양전지 제조에 μc-Si:H이 도입되면서 사람들의 관심은 증착속도 향상 쪽으로 옮겨갔으며, 높은 증착속도(10~20 Å/s)로 광흡수층(absorber layer)을 제작하기 위하여 VHF(very high frequency) 및 마이크로파(microwave) PECVD, 열선 CVD, 확장형 열 플라즈마(expanding thermal plasma; ETP) CVD 등 몇 가지 새로운 증착기술이 연구 개발되기 시작하였다[18].

5.2.4 2000년 이후

광포획(light trapping) 기술을 이해하고 향상시키는 데 연구가 집중되었다. 이를 위해 태양전지 표면 텍스처링이나 투명 전도성 산화물(TCO)의 물성에 관해 많은 연구가 이루어졌으며, 이러한 연구들을 바탕으로 ZnO(SnO_2의 대안이 되는 새로운 TCO 물질)를 증착할 수 있는 독창적인 증착기술이 상용화되었다[19, 20]. 아울러 몇몇 증착장비 회사에서는 상용 박막 태양전지 제조장비 개발에 착수하였다[21, 22]. 가장 최신의 a-Si:H 생산 라인들은 완전 자동화된 설비에서 1 m^2 이상의 대면적 증착을 하며, 연간 약 10 MW에서 30 MW 정도의 생산능력을 갖추고 있다(Mitsubishi 중공업 10 MW, Kaneka 주식회사 20 MW, United Solar 30 MW).

5.2.5 현재의 기술 이슈

시장에서 a-Si:H 모듈의 경쟁력을 높이기 위해서는 a-Si:H 태양전지 기술의 '가격 대비 성능'이라는 관점이 중요하며, 이것은 다음과 같은 몇 가지 성능 및 생산 관련 이슈들과 연관되어 있다.

(1) a-Si:H 태양전지의 변환효율 향상. 기본적으로, 가까운 미래에는 박막 태양전지의 전류 증가가 성능향상의 주요 요인이 될 것으로 기대되고 있다[23]. 이러한 전류 증가는 광포획이나 빛의 흡수에 의한 손실 저감 등 빛 관리 방안의 개선으로 실현 가능하다. 상판 구조로 유리 기판에 적층된 태양전지의 경우, 빛의 산란 특성을 개선할 수 있는 TCO 전면 전극의 물성 및 최적의 표면 모폴로지 개발이 가장 본질적인 문제이다. 한편, 기판 구조로 불투명 기판(휘어지는 유연성 기판 포함)위에 적층된 태양전지의 경우, 텍스처링 구조 및 후면 전극(back contact)의 반사도 개선이 가장 본질적인 문제이다. 물론, a-Si:H 및 a-SiGe:H 흡수층, 도핑층, 그리고 도핑층과 내부 흡수층의 계면 등의 광전 특성 향상에도 지속적인 관심을 기울여야 한다.

(2) Staebler-Wronski 효과라고 알려져 있는 빛에 의한 열화(degradation) 현상의 제거[24]. 이 효과는 a-Si:H 태양전지 모듈의 초기 성능을 대략 15~30%까지 감소시킬 수 있다. 따라서 태양광 노출에 대해 높은 안정성을 가진 a-Si:H 모듈을 제조하기 위해서는 여러 가지 a-Si:H 기반 물질에서의 Staebler-Wronski 효과를 완벽히 이해할 필요가 있다. 일반적으로 빛에 의한 모듈의 열화 현상은 광흡수층의 두께를 줄임으로써 감소시킬 수 있다. 그러나 두께

가 얇은 광흡수층을 사용하려면 이 얇은 층에서도 충분한 빛 흡수가 일어날 수 있도록 할 수 있는 효율적인 광포획 기술이 확보되어야 한다.

(3) 모듈가격에 큰 영향을 끼치는 a-Si:H 증착장비에 대한 추가투자를 줄이기 위해서는 광흡수층의 증착속도가 대략 10~20 Å/s 정도가 되어야 한다. 광흡수층의 증착속도와 관련한 가장 핵심 현안은 어떻게 하면 박막의 증착속도는 증가시키면서도 빛에 의한 열화 현상의 증가는 막을 것인가 하는 것이다[25]. 이에 따라 높은 증착속도로 양질의 광흡수층을 제조하기 위하여 RF PECVD 기술 이외에 VHF(very high frequency) PECVD, 열선 CVD, 확장형 열플라즈마 CVD 등 여러 가지 증착기술들이 집중적으로 연구되고 있다.

(4) 양산기술의 선택. 태양전지 제조에 있어 a-Si:H 기반의 박막층들을 증착하는 것이 가장 중요한 부분이긴 하지만, 여타 제조 공정 역시 태양전지 모듈 가격에 영향을 미친다. 이러한 것들로는 TCO 전면전극 증착공정, 다층 후면전극 증착공정, 요소 셀의 직렬연결을 위한 레이저 스크라이빙(laser scribing) 공정, 봉지 및 프레임 공정 등이 있다. 각 제조단계들의 진행 순서 및 세부공정은 태양전지의 구조 및 모듈 디자인에 의해 결정된다. 현재 a-Si:H 기반의 박막들을 증착하는 방법은 크게 3가지로 나눌 수 있으며, 단일 챔버 배치 공정(one chamber batch process), 다중 챔버 공정, 롤투롤(roll-to-roll) 공정이 그것이다. 각각의 a-Si:H 생산 시스템이 가진 장단점은 문헌[18]에 기술되어 있다. 오늘날 양산기술의 전반적인 경향은 기판의 크기를 키우는 것이며(기판 가장자리의 상대적 점유율을 줄여 단위 면적당 제조단가를 낮출 수 있다), 이에 따라 디스플레이 산업에서 대면적 기판에 a-Si:H을 증착하던 기술적 경험이 태양전지 생산으로 이전되었다. 태양전지 양산장비가 갖추어야 할 조건으로는 증착공정의 충분한 신뢰성, 높은 가동시간(production uptime), 높은 수율(yield) 그리고 공정 챔버의 적절한 세정 등이 있다.

(5) 원재료 비용 절감. 원재료 비용 역시 a-Si:H 모듈 가격에 중요한 부분이다. 원재료 비용의 상당 부분은 기판 캐리어(carrier) 및 유리판 혹은 고온용 폴리머 포일과 같은 기판이 차지한다. 따라서 연속적인 롤투롤 기술이 적용 가능한 값싼 금속 박판 또한 바람직한 선택이 될 수 있다. 유연성 모듈의 경우 20년 이상의 수명을 보장하기 위하여 상대적으로 두꺼운 불소 중합체(fluoropolymer) 형태의 봉지재를 사용한다. 이러한 봉지재는 유연기판 모듈의 가격을 좌우하기 때문에 값싼 봉지재의 개발은 매우 중요하다. 기판의 선택에 있어 또 다른 중요한 점은 기판에 따라 공정온도 및 공정순서가 결정된다는 것이다. 추가적

으로 증착용 가스 사용 시, 순도나 가스의 사용효율 등도 경제성에 영향을 미친다. 예를 들어, a-SiGe:H 광흡수층이 포함된 다중접합 태양전지를 만들기 위해 게르마늄 수소화물(germane; GeH_4)을 사용할 경우 원재료 비용이 상당히 증가한다.

5.3 수소화 비정질실리콘

결정질 태양전지와는 다른 a-Si:H 기반 박막 태양전지의 설계와 동작원리를 이해하기 위하여 a-Si:H의 구조와 물성을 정리하고, 이를 단결정실리콘과 비교하고자 한다. a-Si:H의 특성을 측정하는 데 광범위하게 사용되는 몇 가지 기법들도 여기에서 다루고자 한다.

5.3.1 원자 구조

[그림 5.1]은 단결정실리콘과 a-Si:H의 원자간 결합구조 차이를 그려놓은 것이다. [그림 5.1a]는 단결정실리콘의 구조를 개략적으로 보여준다. 각각의 실리콘 원자는 주변에 있는 4개의 다른 실리콘 원자들과 공유결합을 하고 있으며, 결합의 길이나 각 결합간의 각도는 모두 같다. 하나의 원자가 주변의 가장 가까운 원자들과 형성한 결합의 개수를 배위수(coordination number) 혹은 배위(coordination)라 한다. 따라서 단결정실리콘의 배위수는 4가 된다(단결정실리콘 원자들은 4중 배위 결합을 하고 있다고도 표현한다). 단위 셀(unit cell)이란 결정격자(crystal lattice) 내에서 규칙적으로 반복되는 결합구조의 최소단위를 의미하며, 이러한 규칙적인 원자배열 구조를 가리켜 장거리 정렬성(long-range order)을 가진 구조라 한다.

[그림 5.1b]는 긴 거리에 걸친 구조적인 정렬성이 없는 a-Si:H의 결합구조를 보여준다. 장거리 정렬성은 없지만 대부분의 실리콘 원자들이 4개의 주변 원자들과 공유결합을 하고 있기 때문에 미세구간(short range)에서의 원자배열은 유사성이 있다. 즉, a-Si:H은 장거리 정렬성은 없지만, 단결정실리콘과 동일한 미세구간 정렬성을 가지고 있다. a-Si:H의 결합구조에 대한 이러한 결론은 X-선 회절 측정결과로부터 얻은 것이다[26].

a-Si:H 내에서 이웃한 원자들 간의 작은 결합각 차이나 결합의 길이 차이 때문에 원자 몇 개의 거리만 지나면 정렬성이 사라지는데, 이러한 a-Si:H의 결합구조를

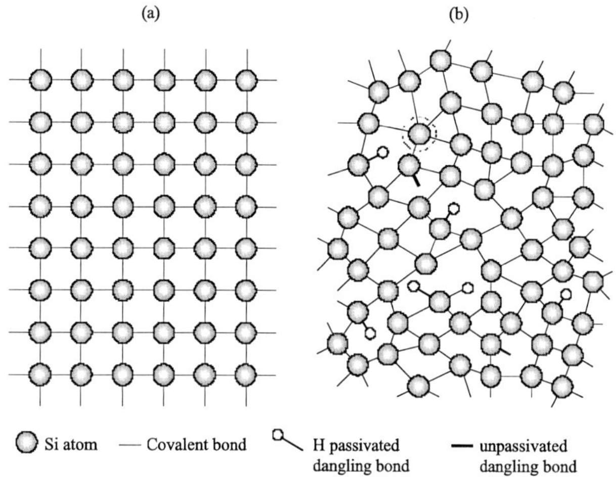

그림 5.1 a) 단결정실리콘과 b) 수소화된 비정질실리콘의 결정구조.

연속적 무작위 네트워크(continuous random network) 구조라 한다. 아울러 a-Si:H가 미세구간 정렬성을 가지고 있기 때문에 가전자대(valence band)와 전도대(conduction band)로 표현되는 통상적인 반도체 에너지 밴드(energy state band) 개념을 사용할 수 있다.

이웃한 원자들 간의 결합각도나 결합길이의 편차는 약한 결합(weak bond)이나 뒤틀린 결합(strained bond)을 형성한다. 충분한 에너지가 있을 경우(예를 들어 열의 형태로) 이러한 약한 결합은 쉽게 끊어지며, 이에 따라 원자들간의 연결구조(atomic network)에 결함(defect)이 생성된다. 여기서 주의할 점은 이러한 연속적 무작위 네트워크 구조에서의 결함이 결정구조에서의 결함과는 다르다는 것이다. 결정구조에서는 어떠한 원자가 일정한 격자 구조 밖에 존재할 때, 이것을 결함이라 한다. 그러나 연속적 무작위 네트워크 구조에서는 (일정한 격자 구조 자체가 존재하지 않기 때문에) 격자 구조 밖에 존재하는 원자란 있을 수 없다. 연속적 무작위 네트워크 구조에서 원자가 가지는 뚜렷한 구조적 특징은, 오직 주변 원자들과 결합의 배위 밖에 없기 때문에, 결국 a-Si:H에서의 결함이란 이 배위의 결함(coordination defect)을 의미한다[26]. 이것은 어떠한 원자가 주변의 원자들과 너무 많거나 혹은 너무 적은 배위수로 결합하고 있을 때 나타난다. a-Si:H에서의 결함은 주로 하나의 실리콘 원자가 주변의 3개의 실리콘 원자와 공유결합을 하고 있으며(3중 배위), 결합을 이루지 못한 전자 하나를 가지고 있는, 소위 불포화 결합(dangling bond)의 형태로 나타난다. 이 형태가 a-Si:H에서 나타나는 결함의 가장 주요한 형태이기 때문에 가끔 a-Si:H의 결함이라 하면 이 불포화 결합을 의미하기도 한다. 이러한 불포화 결합에 의한 결함들이 [그림 5.1b]에 표시되어 있다. 또 하나의 결합 형태로 하나의 실리콘 원자가 주변의 5개 실리콘 원자들과 결합해 있는 것이 있으며(5중 배위), 이 형태를 부유 결합(floating bond)이라고 부른다. 이 부유 결합을 가진 실리콘 원자는 [그림 5.1b]에서 점선으로 표시되어 있다.

순수 a-Si(다른 원자가 포함되지 않은 비정질실리콘)에서 비정질 구조 안에 포함된 결함의 농도는 대략 10^{21} cm^{-3} 정도 된다. 이와 같이 높은 결함밀도를 가진 물질은 기능성 소자(functional device)로 사용될 수 없다. 비정질실리콘 증착 시 수소원자를 원자결합 네트워크에 침투시키는 방식으로 증착을 하면(SiH_4 가스를 이용한 글로 방전 증착과 같이), 수소원자는 비정질실리콘이 가진 다수의 불포화 결합들과 결합하여, [그림 5.1b]에서 보여주는 것과 같이 강한 실리콘-수소 결합을 형성한다. 수소를 이용한 불포화 결합 점의 부동태화(passivation)는 비정질실리콘의 결함 농도를 10^{21} cm^{-3} 정도에서 10^{15}~10^{16} cm^{-3} 정도로 대폭 낮추어 준다. 이는 실리콘 원자 백만 개당 하나 이하의 불포화 결합에 해당한다. 이 실리콘과 수소의 합금이 실제로 도핑이 가능하며 전기적 응용이 가능한 물질이다.

5.3.1.1 전자스핀 공명

전자스핀 공명(electron spin resonance; ESR)이란 반도체(비정질 포함) 내부에 존재하는 결함의 미세구조에 관한 정보들을 얻을 수 있는 실험실적 기법이다[27]. 전자스핀 공명 측정을 이용하여 a-Si:H 내부에 존재하는 중성 불포화 결합(neutral dangling bond)으로 인한 결함을 식별해 낼 수 있었다[26, 28]. ESR은 a-Si:H의 결함들을 결정하는 실험실적 기준으로 간주되고 있으며, ESR 실험의 결과는 논란의 여지가 없다고 생각되고 있다. 그러나 이 방법은 스핀 밀도가 낮은 박막에서는 민감도에 한계가 있고, 하나의 unpaired 전자를 가진 상자성 결함(paramagnetic defect)에 대한 정보만 제공한다. 결국 ESR은 실제보다 결함농도를 과소평가 할 수 있는데, 이것은 대전된 불포화 결합(charged dangling bond : 쌍을 이룬 두 개의 전자들로 이루어진 결함, 전체 전자스핀=0)은 전자스핀 신호를 가지고 있지 않기 때문이다. 그러므로 ESR을 통해 측정된 결과는 전자에 의한 결함들의 점유를 결정하는 페르미 준위(Fermi level)의 위치에 크게 의존한다.

5.3.1.2 수소화된 비정질실리콘 안에 있는 수소의 특성 규명

a-Si:H에서 수소가 결함의 부동태화(defect passivation)에 중요한 역할을 하기 때문에 수소 혼합 및 수소의 안정성은 그동안 집중적으로 연구가 되어왔다. 적외선 흡수 분광학(infrared absorption spectroscopy)은 a-Si:H 내부의 Si-H_x 결합에 관한 정보를 얻는 데 광범위하게 사용되고 있다[26]. 3개의 특징적인 적외선 흡수대가 발견되었는데, 640 cm^{-1}의 단일 흡수대, 840~890 cm^{-1} 사이의 2중 흡수대, 그리고 2,000~2,200 cm^{-1} 영역에 있는 흡수대들이 그것이다. 640 cm^{-1}의 흡수대는 a-Si:H 내에서 형성 가능한 모든 형태의 실리콘-수소 공유결합, 즉 실리콘의 모노(x=1), 이중(x=2), 그리고 삼중 수소화물(x=3) 및 중합체$(Si\text{-}H_2)_n$ 결합에 대한 좌우 진동 모드(rocking mode)를 나타내는데, 따라서 이 흡수대는 a-Si:H 내의 수소 함유량을 판난할 때 사용한다. 840~890 cm^{-1} 사이의 2중 흡수대(doublet)는 이중 수소화 실리콘의 앞뒤 흔들림 모드(wagging mode)를 나타낸다. 2,000 cm^{-1} 부근의 흡수대는 고립된 Si-H 결합의 신축 모드(stretching mode)에 해당한다(문헌에서는 낮은 신축 모드(low stretching mode; LSM)로 언급되기도 한다). 그리고 2,060~2,160 cm^{-1}의 흡수대들은 공극(void)이나 이중 혹은 삼중수소 결합에 의해 내부에 형성된 공간의 표면, 즉 내부 표면(internal surface) 상에 있는 Si-H 결합들의 신축 모드를 나타낸다(문헌에서는 높은 신축 모드(high stretching mode(HSM))로 표현된다). R^*로 표시되는 '미세구조 변수'(microstructure parameter)는 LSM과 HSM의 흡수강도에 의해 결정된다. R^*은 a-Si:H 원자결합 네트워크 내부의 미세구조의 특성을 밝히는 데 광범위하게 사용되는데, 이는 그 값이 원자결합 네트워크가 얼마나 치밀한지, 그리고 결합 네트워크 내부에 얼마나 많은 공극이 있는지의 2가지의 서로 다른 phase를 대략적으로 알려주기 때문이다. 미세구조 변수는 다음과 같이 정의된다:

$$R^* = \frac{I_{\mathrm{HSM}}}{I_{\mathrm{LSM}} + I_{\mathrm{HSM}}} \tag{5.1}$$

여기서 I_{HSM}과 I_{LSM}은 각각 적분된 HSM과 LSM의 흡수강도이다. 일반적으로 소자에 사용될 수 있는 양질의 a-Si:H 박막은 원자함량 비율로 10% 미만의 수소를 포함하고, 그때 $R^* < 0.1$이 된다.

수소의 확산 및 전개 과정을 측정하는 것은 a-Si:H 내부에 있는 수소의 운동(motion), 수소 가둠(trapping), 수소의 전개(evolution) 특성을 이해하는 데 도움이 된다[29]. 핵자기 공명(nuclear magnetic resonance; NMR) 측정은 수소원자가 존재하는 곳

주변의 원자 환경에 관한 정보를 주며[30], 최근 NMR 실험을 통해 a-Si:H 내부에 존재하는 수소의 최대 40% 정도는 분자 형태로 존재한다는 것이 보고되었다[31].

5.3.2 상태 밀도

반도체 물질 내에서 전하 캐리어(charge carrier, 전하 반송자)의 분포 및 농도를 판단하는 가장 기본적인 요소는 에너지 상태(energy state)의 분포에 관한 정보이며, 이것을 '상태 밀도(density of state)'라 부른다. 이상적인 진성 실리콘 결정의 경우, 가전자대와 전도대가 특정의 에너지 밴드갭 E_g 만큼 떨어져 있으며, 이 밴드갭 안에는 별도의 에너지 상태가 존재하지 않는다. 반면 a-Si:H의 경우 원자결합구조의 장거리 비정렬성(long-range disorder) 때문에 가전자대와 전도대가 밴드갭 안으로 좀 더 확장되어 있다(이 확장된 구간을 밴드 꼬리(band tail)라 부른다). 또한, a-Si:H 내부의 결함들은 가전자대와 전도대 사이의 중간 영역에 에너지 상태들을 형성시킨다. 이것은 a-Si:H의 상태 밀도 분포가 연속적이라 특정 밴드갭이 존재하지 않는다는 것을 의미한다.

어떠한 에너지 상태에 있는 전하 캐리어를 자유 캐리어(free carrier)로 간주할 수 있을 경우, 그 에너지 상태는 결정구조 전체로 펼쳐져 있는 파동함수로 표현이 가능하다. 이러한 상태들의 파동함수는 특정 공간에 갇혀있지 않으며, 이를 펼쳐진 상태(extended state)라 한다. 한편, a-Si:H의 비정렬성(disorder)은 꼬리 및 결함 상태들의 파동함수가 원자 결합구조 내부의 특정 영역에 갇혀 있도록 한다. 이렇게 갇혀 있는 에너지 상태들을 편재화된 상태(localized state)라 하며, 이 에너지 상태에 있는 캐리어들의 경우 이동도(mobility, 이동도; 전하 캐리어가 전기장에 의해 수송되는 정도를 나타낸다)가 급격히 감소한다. 펼쳐진 상태와 비교하여 편재화된 상태에 있는 캐리어들의 이동도가 급격히 감소하는 특징이 a-Si:H의 밴드갭을 정의하는데 사용된다. 이 밴드갭은 이동도갭(mobility gap; E_{mob})이라고도 불리며, 허용된 에너지 상태가 하나도 없는 고전적인 밴드갭의 개념과는 다르다. a-Si:H에서 가전자대나 전도대와 같은 펼쳐진 상태들과 편재화된 상태들의 경계가 되는 에너지 준위를 이동도 가장자리(mobility edge)라 하며, E_c 및 E_v로 표현한다. a-Si:H의 이동도갭은 일반적인 결정질실리콘의 밴드갭보다 크고 통상 1.7~1.8 eV 정도의 값을 가진다.

5.3.3 상태 밀도 모델과 재결합-생성 통계학

일반적으로 a-Si:H에서 상태 밀도의 에너지 분포는 3가지 영역으로 구분할 수 있다. 1) 전도대의 이동도 가장자리(E_c) 위쪽으로 존재하는 펼쳐진 상태들, 2) 가전자대의 이동도 가장자리(E_v) 아래쪽에 존재하는 펼쳐진 상태들, 3) 이동도 가장자리 사이의 편재화된 상태들이 그것이다. 이때 편재화된 상태들은 가전자대와 전도대의 꼬리 상태들 및 결함 상태들이 중첩되어 형성되며, 연속적인 상태 밀도 분포를 가지고 있다.

[그림 5.2]는 a-Si:H의 상태 밀도 분포에 대한 표준 모델을 나타낸 것이다. 이 모델에서는 가전자대와 전도대의 상태 밀도가 에너지에 대해 포물선 형태의 의존성을 가지고 있으며, 이동도 가장자리(E_v, E_c)에서 꼬리 상태들의 밀도와 겹친다. 그리고 꼬리 상태들의 밀도는 이동도갭(mobility gap) 내에서 에너지에 대해 지수 함수적으로 감소(exponential decay)하는 모습을 띈다. 결함 상태들은 서로 상관성 에너지(correlation energy) U 만큼 떨어져 있는 2개의 동일한 가우스 분포(Gaussian distribution)로 표현이 되며, 상관성 에너지는 플러스의 상수로 가정된다. 앞에서 언급했듯이, a-Si:H의 결함 상태들은 대부분 불포화 결합에 의한 것이다. 이 불포화 결합은 3가지 전하 상태에 있을 수 있는데, 양성(D^+), 중성(D^0) 그리고 음성(D^-)이 그것이다. 불포화 결합처럼 3가지 전하 상태가 가능한 결함은 에너지 밴드그림(band diagram)에서 결함의 전하특성을 기술하는 2개의 에너지 준위로 표현되며($E^{+/0}$, $E^{0/-}$), 페르미 준위의 위치에 의존하는 이 2준위를 전이 에너지 준위(transition energy

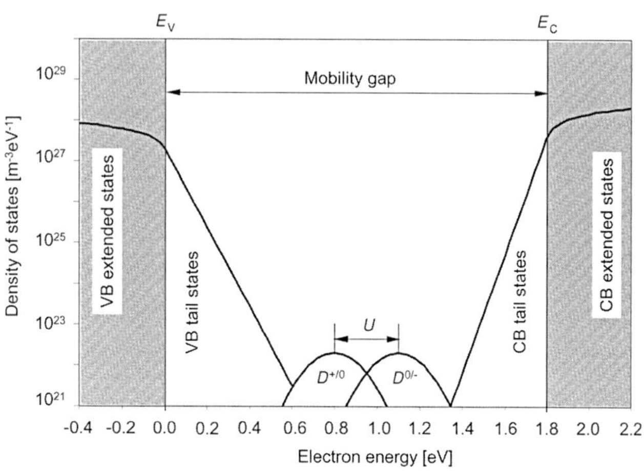

그림 5.2 a-Si:H의 표준 상태 밀도 모델.

level)라 한다. [그림 5.2]에 있는 2개의 가우스 분포 $D^{+/0}$와 $D^{0/-}$는 각각 불포화 결합의 +/0 및 0/- 전하 전이(charge transition)에 대응하는 상태 밀도의 에너지 분포를 나타낸다. 이러한 불포화 결합들은 도너 성(+/0; donor like)과 억셉터 성(0/- ; acceptor like) 상태 양쪽 모두로 표시되기 때문에 이들을 이중성 결함(amphoteric defect)이라 한다.

a-Si:H의 결함 상태들을 나타내기 위해 사용한 가우스 분포는 원자 결합구조의 비정렬성이 어떠한 에너지 상태 분포를 유발한다는 개념을 반영한 것이며, 에너지 상태들이 특정 에너지에 있다는 것을 의미하지는 않는다. 가우스 분포를 이용한 결함 상태들의 표현은 결함 상태들이 생긴 원인에 대해 어떠한 정보도 포함하고 있지 않다. 약한 결합-불포화 결합 전환 모델(weak bond-dangling bond conversion model)에 기초한 결함 우물 이론(defect pool theory)[32]은 a-Si:H 내부의 결함 상태 분포를 성공적으로 기술할 수 있었기 때문에 큰 관심을 끌었다[33~35]. 이 이론은 비정질 구조가 가진 고유의 비정렬성 때문에 결함 상태들의 에너지는 단일 값이 아닌 어떠한 영역값을 가질 수 있다는 것과, 결함들이 서로 다른 전하 상태를 형성할 수 있다는 것을 가정하였다. 그 결과 전체 결함 상태 밀도는 양성(D_h), 중성(D_z), 음성(D_e) 결함에 대응하는 3가지 에너지 분포들의 합으로 주어진다. 결함 우물 모델은 페르미 준위가 이동도갭 중앙에서 가장자리 쪽으로 치우칠 때 진성 a-Si:H 내부의 불포화 결합 수가 증가한다는 것을 예측하였다. 페르미 준위의 위치는 결함 상태 분포의 에너지 의존성도 결정한다.

이동도갭 사이의 에너지 상태들은 전하 포획(trapping) 및 재결합(recombination)의 중심지 역할을 하며, 따라서 a-Si:H 자체의 다양한 전기적 특성 및 a-Si:H 소자의 성능에 큰 영향을 끼친다. 전하의 재결합이 주로 밴드갭 내부에 존재하는 단일 에너지 준위를 통해 이루어지는 결정질 반도체들과 반대로, a-Si:H의 경우 전자 정공 쌍의 재결합-생성 비율(recombination-generation rate; R-G rate)은 이동도갭 내에 있는 모든 상태들이 영향을 미친다. 단일 에너지를 가진 상태들(예를 들어 편재화된 꼬리 상태들)을 통한 재결합 과정을 모델화하기 위하여, Shockley-Read-Hall의 재결합-생성 통계학(statistics)[36]이 사용되었으며, Sah와 Shockley의 다준위(multilevel) 재결합-생성 통계학[37]이 이중성 결함 상태들에 적용되었다. a-Si:H에서의 재결합-생성 비율에 관한 모델들의 자세한 비교 및 분석은 참고문헌[18]에 설명되어 있다.

a-Si:H의 상태 밀도에 관한 정보를 얻기 위해 다양한 실험 기법들도 사용이 되었으며[26], 특히 편재화된 꼬리 상태 및 결함 상태의 분포에 대해 관심이 집중되었다.

이러한 실험 기법들 중 a-Si:H에서의 상태 밀도의 에너지 분포를 직접적으로 측정할 수 있는 방법은 없으며, 주로 a-Si:H 박막에 대한 광학적, 전기적 측정이나 a-Si:H의 경계면에 형성되는 공간전하 영역(space charge region)의 특성 분석을 통해 간접적으로 상태 밀도의 에너지 분포를 판별하였다. 상태 밀도의 측정에 대한 이해를 돕기 위해 우선 a-Si:H의 광학적 특성과 전기적 특성에 대해 설명하고자 한다.

5.3.4 광학적 특성

a-Si:H의 광학적 특성은 주로 흡수계수(absorption coefficient), 굴절률(refractive index), 그리고 광학적 밴드갭(optical bandgap)을 통해 기술된다. [그림 5.3a]는 빛 에너지에 대한 a-Si:H의 흡수계수를 보여준다. [그림 5.3b]에서는 a-Si:H의 흡수계수와 a-SiGe:H, p-형 a-SiC:H, 그리고 결정질실리콘의 흡수계수를 비교해서 나타내었다. 가시광 영역에서 a-Si:H의 흡수계수는 결정질실리콘보다 대략 100배 정도 크며, 1 μm 두께의 a-Si:H 층은 태양광의 90% 이상을 흡수할 수 있다. 실제로 a-Si:H 태양전지의 두께는 대략 0.3 μm 정도이며, 이것은 보통의 결정질실리콘 태양전지보다 대략 1,000배 이상 얇은 두께이다.

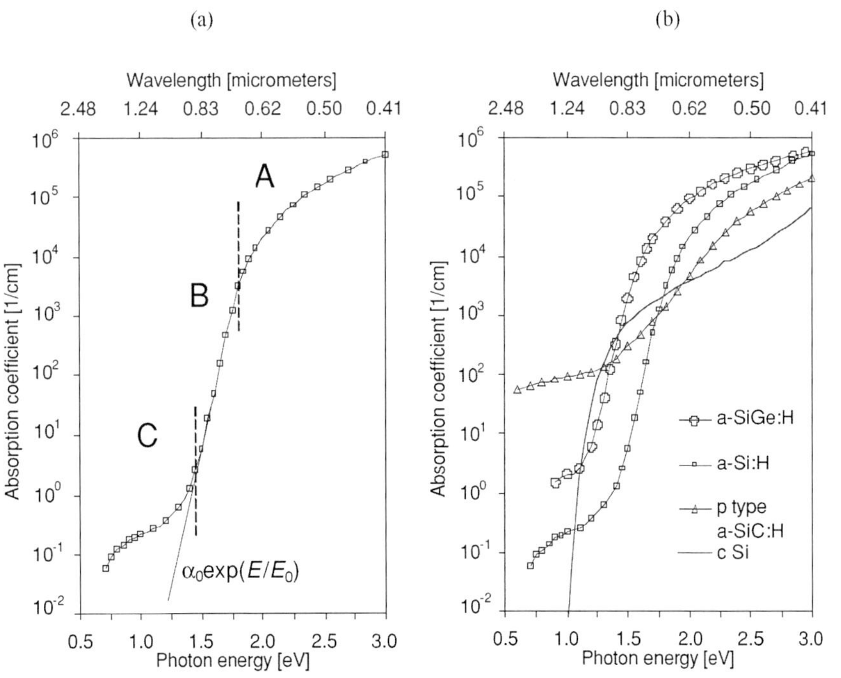

그림 5.3 a) 빛 에너지에 따른 a-Si:H의 흡수계수, b) c-Si의 흡수계수 대비 Delft 대학에서 제조된 a-Si:H, p-형 a-SiC:H, a-SiGe:H의 흡수계수.

a-Si:H의 원자 결합구조에는 병렬 대칭성(translational symmetry)이 없기 때문에 결정 운동량 보존 법칙(law of crystal momentum conservation)이 엄격히 적용되지 않으며, a-Si:H은 직접천이형 반도체(direct semiconductor)처럼 행동한다. 따라서 광 흡수계수 $\alpha(E)$는 광자 에너지 E 만큼 떨어져 있는 모든 채워진 전자상태와 채워지지 않은 전자상태 쌍(pair of occupied and unoccupied electronic states) 간의 전이에 의해 결정되며, 이러한 이유 때문에 광흡수 측정법이 a-Si:H의 상태 밀도 측정을 위해 널리 사용되고 있다. [그림 5.3]에 나타낸 흡수계수 곡선들은 비정질 및 미결정실리콘 박막의 질을 평가하는 데 매우 중요하다.

[그림 5.3a]에 나타낸 것과 같이 a-Si:H의 흡수 스펙트럼에는 3개의 영역이 존재한다. 영역 A에서는 주된 광흡수가 가전자대와 전도대에 있는 펼쳐진 상태(extended state)들 사이의 전이에 의해 일어난다. 이 영역에서 흡수계수는 10^3~ 10^4 cm^{-1} 이상이며, 일반적으로 반사-투과 분광법으로 흡수계수를 측정한다. 영역 B의 경우 흡수계수 α가 빛 에너지에 대해 지수 함수적 의존성(exponential dependence)을 가지고 있는데, 이 영역에서 α의 값은 대략 $1\sim10^3$ cm^{-1} 정도이며, 이 영역을 Urbach 가장자리(Urbach edge)라 한다. 실험에서 관측되었듯이[38], 이 구간에서 광학 행렬 요소(optical matrix element)들이 에너지 독립적이라면, Urbach 가장자리는 가전자대와 전도대 꼬리 상태들 사이의 전이를 반영한다. 이 구간에서 흡수계수는 다음과 같이 근사될 수 있다.

$$\alpha = \alpha_0 \exp(E/E_0) \tag{5.2}$$

여기서 α_0는 상수이며, E_0를 Urbach 에너지라 한다(α가 가지는 에너지 의존성의 지수 함수적 기울기(exponential slope)). 일반적으로 전도대 꼬리의 상태 분포가 가전자대 꼬리의 상태 분포보다 폭이 좁기 때문에 Urbach 에너지는 가전자대 꼬리 영역의 지수적 기울기를 대변하며(그림 5.2 참조), 소자 수준의 a-Si:H 박막들의 경우 그 값이 $E_0 \leq 50\times10^{-3}$ eV 정도 된다. 영역 C는 결함 상태들 사이의 전이와 연관되어 있으며, 이 영역에서 흡수계수는 1 cm^{-1} 이하이다. 영역 B와 C를 서브-밴드갭 흡수(subbandgap absorption)라고 표시하기도 하는데, 이는 이 영역에서의 광흡수가 밴드갭 안에 존재하는 상태들 사이의 전이에 의한 것이기 때문이다.

a-Si:H 기반 물질의 흡수계수로부터 소위 광학적 밴드갭(optical bandagp)이 결정된다. 광학적 밴드갭은 a-Si:H 기반 물질의 광흡수 특성을 비교하는 데 유용하며, 일반적으로 높은 광학적 밴드갭을 가지는 물질일 경우 빛의 흡수율이 떨어진다.

광학적 밴드갭 E_{opt}는 다음과 같은 함수 $[\alpha(E)\times n(E)\times E]^{1/(1+p+q)}$의 선형 영역을 광자 에너지에 대해 $\alpha(E)=0$까지 외삽(extrapolating)하여 구한다. $\alpha \geq 10^3$ cm^{-1}인 영역에서:

$$(\alpha(E)\times n(E)\times E)^{1/(1+p+q)} = B(E-E_{\text{opt}}) \tag{5.3}$$

여기서 $\alpha(E)$는 흡수계수, $n(E)$는 굴절률, p와 q는 각각 가전자대와 전도대에 있는 펼쳐진 상태(extended state)들의 상태 밀도의 분포 모양을 기술하는 상수이며, B는 보조인자(prefactor)이다. 밴드 가장자리의 상태 밀도 분포가 에너지에 대해 제곱근 형태의 의존성을 가진다면($p=q=1/2$: 일반적인 결정질실리콘이 이 경우에 해당한다), 식 (5.3)은 소위 Tauc 곡선(plot)[26]을 나타내는 식이 되며, 이에 대응하는 광학적 밴드갭을 Tauc 광학 밴드갭이라 한다. 한편, 밴드 가장자리의 상태 분포가 에너지에 대해 선형적 의존성을 가질 경우($p=q=1$), 이때의 광학적 밴드갭을 입방형 광학 밴드갭(cubic optical bandgap)이라 한다. 소자수준의 진성 a-Si:H의 경우 Tauc 광학 밴드갭이 대략 1.70~1.80 eV 정도 된다(광학적 밴드갭의 크기는 수소 농도 증가에 따라 커진다[39]).

a-Si:H의 굴절률은 425 nm 근처에서 5.0 정도로 최대가 되며, 그 외의 관심영역(350~900 nm)에서는 파장에 따라 굴절률이 감소한다. 900 nm 이상에서는 굴절률의 감소가 점차 둔화되며, 소자 수준 a-Si:H의 경우 900 nm에서의 굴절률이 3.6 이상의 값을 가진다.

5.3.5 전기적 특성

a-Si:H의 전기적 특성은 주로 암전도도(dark conductivity), 광전도도(photo conductivity), 전하 캐리어의 이동도와 수명의 곱 등을 통해 기술된다. 태양전지에 사용하기 위해 a-Si:H의 품질을 평가할 때는 위와 같은 전기적 특성들을 측정해 보는 것이 가장 일반적인 접근방법이다.

5.3.5.1 암전도도

소자 수준의 a-Si:H의 암전도도 σ_d는 일반적으로 1×10^{-10} Ω^{-1}cm^{-1} 이하이다. σ_d 혹은 σ_d의 활성화 에너지(activation energy)를 측정하기 위해서는 피코암페어(pA) 대역의 매우 작은 전류를 계측해야 한다. 암전도도의 측정은 보통 Corning 1737과 같은 고저항 유리 기판 위에 증착된 a-Si:H 막에서 이루어지는데, a-Si:H 막 위로 길이 1~2 cm 정도 되는 금속 전극 2개를 1 mm 이하의 간격으로 증착시킨 후 이 전극을 통해 측정한다. 측정 시에는 습기나 불순물이 전류에 영향을 주지 않도록 세심한 주의가 필요하다. 따라서 시편 표면의 수분 증발을 위해 측정 전에 150℃로 약 30분간 가열하고, 이후 진공 혹은 불활성 가스를 채운 곳에서 측정을 한다. 안정된 측정이 되려면 수십 pA 정도의 전류가 계측되어야 하는데, 이를 위해 1 μm 두께의 a-Si:H 막을 가진 시편에 대략 100 V 정도의 전압이 인가된다.

암전도도는 다음과 같은 식에 의해 결정된다.

$$\sigma_{\mathrm{d}} = \frac{I}{U}\frac{w}{ld} \tag{5.4}$$

여기서 U는 인가된 전압, I는 측정된 전류, l은 전극의 길이(대략 1~2 cm), w는 전극들 간의 거리(0.5~1 mm), 그리고 d는 a-Si:H 막의 두께를 나타낸다.

5.3.5.2 암전도도의 활성화 에너지

암전도도의 온도 의존성을 측정함으로써 활성화 에너지 E_{A}를 산정할 수 있는데, 그 값은 a-Si:H 막이 가진 페르미 준위의 위치를 근사치 수준으로 파악할 수 있게 해 준다. 암전도도의 온도의존성은 다음과 같이 표현된다.

$$\sigma_{\mathrm{d}}(T) = \sigma_0 \exp(-E_{\mathrm{A}}/kT) \tag{5.5}$$

여기서 σ_0는 전도도 보조인자(prefactor), T는 절대온도, k는 볼츠만 상수이다. 아레니우스 곡선(Arrehenius plot)의 기울기를 이용하면(즉, $\log(\sigma_{\mathrm{d}}(T))$와 $1/T$의 비례계수를 이용하면) 활성화 에너지를 결정할 수 있다. 활성화 에너지는 광학적 밴드갭과 함께 a-Si:H 막 내에 있는 불순물의 존재를 가늠하는 좋은 지표이다. 불순물들은 주로 도펀트의 역할을 하며, 작은 농도의 불순불이라 할지라도(예를 들어 1×10^{17} cm^{-3}의 O나 N) 페르미 준위를 이동시킬 수 있다. 도핑하지 않은 진성 a-Si:H일 경우 활성화 에너지는 0.80 eV 이상의 값을 가진다.

도핑하지 않은 a-Si:H의 암전도도가 낮은 것은 a-Si:H 전하 캐리어의 이동도는 낮고, 이동도갭(mobility gap)은 넓기 때문이다. 또한, 암전도도의 활성화 에너지가 높은 영향도 있다. a-Si:H의 펼쳐진 상태(extended state)에 존재하는 전하 캐리어들의 이동도는 결정질실리콘에서보다 대략 100배 정도 작다. 일반적으로 진성 a-Si:H의 경우 대략 10~20 $cm^2 V^{-1}s^{-1}$ 정도의 전자 이동도를 가지며, 홀의 경우 1~5 $cm^2V^{-1}s^{-1}$ 정도 된다.

5.3.5.3 광전도도

광전도도는 암전도도를 측정했던 시편에 적절한 빛을 조사함으로서 측정이 가능하다. 측정용 광원으로는 AM1.5 스펙트럼과 100 $mWcm^{-2}$의 조사강도를 가지는 빛이 주로 사용된다. 이러한 광조건 하에서 소자 수준의 도핑하지 않은 진성 a-Si:H은 $1\times10^{-5}\Omega^{-1}cm^{-1}$ 이상의 광전도도를 가진다(암전도도와 마찬가지로 식 (5.4)를 이용하여 계산된다). 광전도도와 암전도도의 비를 광응답(photoresponse)이라 한다. 그 값은 어떠한 물질이 태양전지의 광활성층(photoactive layer)으로 사용하기에 적합한기를 니다내는 지표가 된다. 양질의 a-Si:H의 경우 광응답 값이 10^5 이상이다.

광전도는 광생성 과잉 캐리어(excess photogenerated carrier)의 생성, 수송 그리고 재결합이 복합적으로 얽혀있는 과정이다. 캐리어의 광생성률(optical generation rate) G는 흡수계수 α와 캐리어 생성의 양자효율 η_g에 의존한다. η_g는 흡수된 광자 하나당 생성되는 전자-정공 쌍의 개수를 나타낸다. a-Si:H 내부의 전류흐름이 주로 전자에 의한 것이라 가정할 때, 광생성 캐리어의 수송과 재결합은 펼쳐진 상태에 있는 전자의 이동도 μ와 수명 τ로 표현할 수 있는데, 광전도도는 다음과 같이 된다.

$$\sigma_{ph} = q\mu\Delta n = q\mu\tau G \tag{5.6}$$

여기서 q는 단위 전하, Δn은 광생성 전자의 농도이다. 박막의 전체 두께 d에 걸쳐 평균 광생성률은 흡광도(absorbance) A와 연관되어 있으며, 흡광도는 Lambert-Beer 흡수 공식으로부터 계산할 수 있다.

$$A = \Phi^0(1-R)(1-\exp(-\alpha d)) \tag{5.7}$$

식에서 Φ^0는 입사하는 광자의 다발밀도(photon flux density)이며, R은 공기와 a-Si:H 계면에서의 반사율이다. 반사율의 스펙트럼 의존성을 무시한다면, 평균 광생성률은 다음과 같이 근사될 수 있다.

$$G = \eta_g \frac{A}{d} = \eta_g \frac{\Phi^0(1-R)(1-\exp(-\alpha d))}{d} \tag{5.8}$$

식 (5.6), (5.7), (5.8)을 결합하면, 광전도도는 다음과 같이 표현된다.

$$\sigma_{\mathrm{ph}} = q\mu\tau\eta_{\mathrm{g}} \frac{\Phi^0(1-R)(1-\exp(-\alpha d))}{d} \tag{5.9}$$

양자 효율, 이동도, 그리고 수명의 곱 $\eta_{\mathrm{g}}\mu\tau$는 a-Si:H 박막의 광흡수, 수송, 재결합 등을 종합적으로 평가할 때 자주 사용되는 유용한 성능 지표(figure of merit)이다. 그 크기는 장파장의 단색광을 시편에 비춘 상태에서 광전류를 측정하여 얻을 수 있다. 흡수계수가 작은 장파장의 빛은 a-Si:H 박막의 전 영역에 걸쳐 균일한 캐리어 생성을 유발하며, 일반적으로 600 nm의 빛이 주로 이용된다. 식 (5.9)에다 식 (5.4)와 같이 시편의 기하 인자(geometry factor) 효과를 첨가하면, $\eta_{\mathrm{g}}\mu\tau$는 다음과 같이 표현된다.

$$(\mu\tau\eta_{\mathrm{g}})_{600} = \frac{I_{\mathrm{ph}}w}{qUl\Phi^0(1-R)(1-\exp(-\alpha d))} \tag{5.10}$$

비정질실리콘에서 $\eta_{\mathrm{g}}=1$ 이라 가정할 때, 이것은 광자 하나가 입사하면 하나의 전자-정공 쌍이 생성된다는 말이며, 이 경우 600 nm 입사광에 대한 소자 수준 a-Si:H의 이동도-수명 곱은 대략 $\mu\tau \geq 1\times10^{-7}\mathrm{cm}^2\mathrm{V}^{-1}$이 된다.

5.3.5.4 양극성 확산 길이

광전도도 측정을 통해 얻어진 $\mu\tau$ 곱은 수송을 지배하는 전하 캐리어(예를 들어, 비정질실리콘에서의 전자)의 특성을 기술한다. 그러나 태양전지의 성능은 주로 소수 캐리어(minority carrier)의 수송특성에 의해 결정되는데, 비정질실리콘에서는 정공이 소수 캐리어이다. 일반적으로 비정질실리콘의 양극성 확산길이(ambipolar diffusion length) 측정을 위해 정상상태 광캐리어 격자(steady state photocarrier grating; SSPG) 측정법이 사용되며, 이것으로부터 정공의 이동도-수명 곱이 계산된다.

반도체 내부에서 과잉(excess)의 광생성 캐리어들이 균일하게 분포하지 않는다면, 과잉 캐리어의 확산이 일어난다. 과잉 캐리어들은 재결합을 하기 전까지 반도체 내부로 확산될 것이다. 전기장이 없는 경우 광생성된 전자와 정공은 같은 방향으로 확산되며, 이 과정을 양극성 확산이라 부른다. 과잉 캐리어들이 소멸되기 전까지 양극성 확산에 의해 평균적으로 이동하는 거리를 양극성 확산길이라 하며, 이것은 어떠한 반도체 물질을 태양전지의 광활성층(photoactive layer)으로 사용하기에 적합한가를 가늠하는 좋은 성능 지표가 된다. 진성 비정질실리콘에서의 양극성 확산은 이동성이 나쁜 캐리어(즉, 정공)의 이동도에 의해 결정된다.

전도도 측정에서 사용하는 것과 동일한 시편을 SSPG 측정법에서도 사용할 수 있다. SSPG 측정의 기본 원리는 a-Si:H 박막 내부의 광캐리어 생성영역에 빛에 의한 간섭무늬를 만들어 주는 것이다(간섭무늬를 만들 때 광캐리어 생성은 정상 상태에 있어야 한다). 이 간섭무늬는 하나의 레이저에서 나온 빛을 두 갈래로 분리시킨 후, 시편의 같은 곳에 조사하여 서로 간섭시킴으로써 만들어진다. 이때 간섭무늬의 주름(fringe)은 시편에 증착된 전극들과 평행하다. 광캐리어들은 밀집 영역에서 농도가 낮은 영역으로 확산되는데, 이와 같은 확산과정은 광캐리어 밀집도의 폭을 감소시킨다. 이러한 밀집도의 감소는 격자무늬의 간격과 밀접한 관계가 있으며, 격자무늬의 주름에 수직한 방향으로 광전도도를 변화시킨다.

언급한 바와 같이 SSPG 실험에서는 하나의 레이저 광선을 두 갈래로 나누는데, 이때 한쪽 광선의 세기(I_1)가 다른 광선의 세기(I_2)보다 강하도록 한다. 실험 과정은 다음과 같다. 우선, 두 광선 I_1과 I_2를 시편위의 같은 곳에 조사하여 서로 간섭시킨다. 이때 약한 광선은 초핑(chopping; 잘게 썰어주기)을 해주어야 하며, 발생되는 광전류는 락인(lock-in) 증폭기를 이용하여 측정한다. 이렇게 측정된 신호는 두 광선이 간섭할 때의 광전도도 σ_g와 광선 I_1만 조사될 때의 광전도도 $\sigma(I_1)$의 차이, 즉 $\sigma_g - \sigma(I_1)$에 비례한다. 다음으로, 광선 I_1과 I_2의 결맞음(coherency)을 제거하고 앞의 측정과정을 반복한다(광선 I_1과 I_2가 같은 곳에 조사되지만 간섭이 없다). 이렇게 측정된 신호는 간섭 없이 두 광선이 조사될 때의 광전도도 $\sigma(I_1+I_2)$와 광선 I_1만 조사될 때의 광전도도 $\sigma(I_1)$의 차이, 즉 $\sigma(I_1+I_2)-\sigma(I_1)$에 비례한다. 위와 같은 두 번의 측정을 통해 획득된 신호들 간의 비를 변수 β로 정의하는데, 다음과 같이 주어진다.

$$\beta = \frac{\sigma_g - \sigma(I_1)}{\sigma(I_1+I_2)-\sigma(I_1)} \tag{5.11}$$

변수 β는 양극성 확산길이 L_{amb}와 격자무늬의 간격 Λ에 대해 다음과 같은 관계식을 만족한다(식의 유도는 참고문헌 [40] 참조):

$$\beta = 1 - \frac{2\gamma\gamma_0^2}{[1+(2\pi L_{amb}/\Lambda)^2]^2} \tag{5.12}$$

식 (5.12)에서 γ는 광전도도와 생성률의 비례관계를 나타내는 지수에 해당하며 ($\sigma_{ph} \propto G^{\gamma}$), γ_0는 간섭무늬의 뚜렷함을 나타내는 지수로서 0~1 사이의 값을 가진다

(두 광선 간의 결맞음이 완벽하지 않거나 혹은 빛의 산란이 있는 경우 간섭무늬의 뚜렷함이 떨어진다). 양극성 확산길이 L_{amb}는 변수 β와 격자무늬 간격 Λ의 관계식에서 피팅 매개변수의 역할을 하며, Λ^{-2} 대 $(1-\beta)^{-1/2}$ 곡선의 기울기 혹은 Λ^{-2} 축과 곡선의 교차점을 이용하여 계산한다. 지수 γ는 빛 세기의 함수로 나타낸 광전도도 곡선으로부터 계산한다(빛의 세기는 중성농도 필터(neutral density filter)를 이용하여 조절 가능하다).

5.3.6 상태 밀도의 결정

본 절에서는 비정질 및 미결정실리콘 박막층의 상태 밀도를 구하는 일반적인 방법을 소개한다.

5.3.6.1 광학적 방법

a-Si:H 박막 및 소자의 광학적 흡수와 상태 밀도 분포의 상관관계를 기반으로 하는 일련의 측정법을 말하며, 서브-밴드갭 흡수(subbandgap absorption)가 주된 관심사이다. 서브-밴드갭 흡수는 밴드갭 내부의 편재화된 상태와 관련된 전이들을 대변하는데, 매우 약하기 때문에 주로 간접적인 방법(2차적인 효과들을 측정하는 방법)을 통해 흡수계수를 측정한다. 광열 편향 분광법(photothermal deflection spectroscopy)[42]에서 샘플에 조사한 탐사용 레이저 광선의 편향은 a-Si:H 박막과 접촉하고 있는 매질의 굴절률 변화를 나타낸다. 이러한 굴절률의 변화는 레이저 광선을 흡수함으로써 a-Si:H 박막에 생성된 열과 a-Si:H 박막으로부터 매질로 전달되어 소모된 열의 양에 의존한다. 여타의 방법들, 즉 균일 광전류 방법(constant photocurrent method)[43], 듀얼 빔 광전도도 측정법(dual beam photoconductivity)[44], 그리고 최근 소개된 푸리에 변환 광전류 분광법(Fourier transform photocurrent spectroscopy)[45] 등은 광전도도의 스펙트럼 의존성을 기반으로 하고 있다.

5.3.6.2 광열 편향 분광법

광열 편향 분광법(Photothermal Deflection Spectroscopy; PDS)은 박막에 흡수되는 광자 에너지의 일부가 열에너지로 변환되어, 박막의 표면과 접촉하고 있는 매질의 굴절률을 변화시킨다는 것에서 착안된 방법이다. 레이저 광선을 이용해서 매질의 굴절률 변화를 관찰함으로써 탐사용 레이저 광선의 편향(deflection)과 매질과 접촉하고 있는 박막의 광흡수를 연관시켜 설명할 수 있다. a-Si:H 박막 시편을 광학적으로 투명하고, 전기 전도성이 있는 액체에 담근 후, 펌프 광선(pump beam)이라 불리는 초핑한 단색광선(chopped monochromatic beam)을 시편에 조사한다. 편향된 신호는 락인 증폭기에 연결되어 있는 위치감지 광 검출기(position sensitive detector)를 이용하여 측정한다.

이 방법이 매력적인 것은 높은 민감도를 가지고 있다는 점이다. 얇은 박막에서 흡광도 값으로 대략 $\alpha d \approx 10^{-5}$까지 측정이 가능하며, 1 μm 두께 a-Si:H 박막의 경우, 10^{-1} cm^{-1} 정도 되는 낮은 흡수계수도 측정할 수 있다. 그러나 PDS 방법은 박막의 표면 상태에 민감하기 때문에, 실제 벌크 상태 밀도보다 다소 높게 측정될 수도 있다.

5.3.6.3 균일 광전류 방법

균일 광전류 방법(Constant Photocurrent Method; CPM)은 앞에서 기술했던 광전도도 측정을 기본으로 한다. CPM에서는 정상상태 광전류가 광자 에너지(서브-밴드갭 영역에서 흡수 가능한)에 대한 함수로 측정된다. 서브-밴드갭 영역에서는 흡수가 약하기 때문에(즉, $\alpha d \ll 1$이기 때문에), 지수 함수가 멱급수로 전개 가능해지며 $\exp(-\alpha d) \approx 1 - \alpha d$가 된다. 이 근사를 식 (5.9)에 적용시키면, 광전도도는 다음과 같이 표현된다.

$$\sigma_{\mathrm{ph}} = q\mu\tau\eta_{\mathrm{g}}\Phi^0(1-R)\alpha \tag{5.13}$$

한편, 식 (5.4)는 광전류 I_{ph}와 광전도도 σ_{ph} 사이의 관계를 기술하므로 식 (5.4)와 (5.13)을 결합하면 광전류를 다음과 같은 식으로 표시할 수 있다.

$$I_{\mathrm{ph}} \propto \Phi^0 \alpha \eta_{\mathrm{g}}\mu\tau \tag{5.14}$$

CPM 측정의 기본 개념은 측정이 이루어지는 동안 $\eta_{\mathrm{g}}\mu\tau$ 항을 일정한 상수로 고정시킨다는 것이며, 이것은 광자의 다발 밀도(flux density) 변화와 관계없이 광전류를 일정하게 유지시켜 줄 때 가능하다. 광전류를 일정하게 유지한다는 것은 측정이 이루어지는 동안 밴드갭 내에 있는 전자와 정공의 준-페르미 준위(quasi-Fermi level) 위치(재결합 중심의 수를 결정한다)가 바뀌지 않도록 한다는 의미이다. 이러한 방법을 사용하면 전체 측정시간 동안 캐리어의 수명이 변하지 않는다. 만약 캐리어의 이동도와 광전류 생성의 양자효율이 스펙트럼에 의존하지 않는다면, 흡수계수는 오직 입사하는 광자의 다발에만 의존하게 된다.

$$\alpha_{\mathrm{CPM}}(E) \approx \frac{C_{\mathrm{CPM}}}{\Phi^{0}(E)} \tag{5.15}$$

여기서 C_{CPM}은 에너지와 무관한 상수이고, $\Phi^{0}(E)$는 광전류를 일정하게 유지하기 위해 필요한 광자의 개수이다. 상대 흡수계수 α_{CPM}은 반사-투과 측정을 통해 결정된 절대 흡수계수를 기준으로 교정한다. 이 CPM 방법은 추후 추가적 교정 없이 직접 절대값의 단위로 광흡수 스펙트럼을 측정할 수 있도록, 그리고 간섭무늬에 의한 영향도 받지 않도록 개선되었다[46].

5.3.6.4 듀얼 빔 광전도도 측정법

듀얼 빔(겹살) 광전도도(Dual Beam Photoconductivity; DBP) 측정법의 기본은 단색의 초핑한 탐사광선과 더불어 제2의 광원을 시편에 조사하여 주는 것이다. 이 추가적인 '바이어스(bias)' 광원은 측정이 이루어지는 동안 준-페르미 준위들 사이의 간격을 일정하게 유지시켜 주는 역할을 한다. DBP 측정법에서는 광전류의 교류성분(즉, 초핑한 탐사광선에 의한 신호)이 락인 증폭기를 통해 측정되며, 이것의 값은 단색을 띄는 광자들의 다발 및 a-Si:H 박막의 흡수계수에 의존한다[44]. 측정된 광전류와 광자 다발 밀도를 이용하면 다음과 같이 흡수계수를 계산할 수 있다.

$$\alpha_{\mathrm{DBP}}(E) \approx C_{\mathrm{DBP}} \frac{I_{\mathrm{ph}}(E)}{\Phi^{0}(E)} \tag{5.16}$$

여기서 C_{DBP}는 에너지와 무관한 상수이며, $\Phi^{0}(E)$는 광자 다발 밀도이다. CPM 측정법에서와 마찬가지로 상대 흡수계수 α_{DBP} 또한 절대 흡수계수에 대해 정규화(normalized)시켜야 한다. CPM 측정법과 비교했을 때 DBP 측정법이 가지는 장점은 광전류를 일정하게 유지하기 위한 단색광의 광자 다발 밀도 조정이 필요 없기 때문에 측정시간이 짧다는 것이다.

5.3.6.5 푸리에 변환 광전류 분광법

최근에 서브-밴드갭 흡수를 측정하기 위한 방법으로 푸리에 변환 광전류 분광법(Fourier transform photocurrent spectroscopy: FTPS)이 소개되었다[45]. 푸리에 변환 적외선 분광계(Fourier transform infrared spectrometer: FTIR)가 a-Si:H 시편에 대한 외부 검출기 및 간섭계로 사용되며, 분광계에는 0.4~0.8 eV의 스펙트럼 영역을 측정하기 위해 글로벌 광원(global light source) 혹은 백색 광원이 장착될 수도 있다. 시편(기판에 증착된 박막 또는 완벽한 태양전지)은 저잡음 전압원(low noise voltage source)과 전류 전치증폭기(preamplifier)가 포함된 회로에 연결된다. 시편의 광전류는 전치증폭기를 통해 증폭되며, 증폭기에서 나온 신호는 A/D 변환기를 통해 디지털화된다. 이 디지털화된 신호는 최종적으로 컴퓨터를 통해 시간 영역에서 주파수 영역(frequency domain)으로 변환된다. 시편에서 얻은 FTIR 신호는 분광학적으로 독립된(spectrally independent) 검출기로부터 얻은 FTIR 신호에 정규화시킨다. 이 방법의 장점은 낮은 광자 에너지에서 민감도가 좋다는 것이다. 이 방법을 사용할 경우 서브-밴드갭 흡수에 대한 측정영역이 0.8 eV 정도(CPM이나 DBP 방법의 주 영역)에서 0.4 eV까지 낮아진다. 측정시간 또한 수분 정도로 대폭 줄어든다.

5.3.6.6 흡수계수를 이용한 결함 농도 결정

흡수계수 곡선에서 서브-밴드갭 영역을 이용하면(그림 5.3 참조), a-Si:H의 결함 농도를 쉽게 결정할 수 있다. 우선, 결함 상태에 의한 광흡수는 다음과 같이 결정된다.

$$\alpha_{\mathrm{def}} = \alpha - \alpha_0 \exp(E/E_0) \tag{5.17}$$

여기서 α_0와 E_0는 영역 B에서의 흡수를 지수 근사(exponential fitting)하여 구한다. 그 다음, 서브-밴드갭 영역에서 광학 행렬 요소(optical matrix element)가 일정하다고 가정하면, 결함농도 N_{d}는 α_{def}와 다음 관계를 만족한다.

$$N_{\mathrm{d}} = K_{\mathrm{d}} \int \alpha_{\mathrm{def}} \cdot dE \tag{5.18}$$

이때 K_{d}는 영역 B와 C의 흡수계수를 측정한 방법에 의존하는 상관인자(correlation factor)이다. 가장 널리 쓰이는 두 가지 방법, 즉 광열 편향 분광법과 광전도도 측정법의 경우 상관인자의 값이 각각 $K_{\mathrm{d}} = 7.9 \times 10^{15}\,\mathrm{cm}^{-2}\mathrm{eV}^{-1}$[42]과 $K_{\mathrm{d}} = 1.6 \times 10^{16}\,\mathrm{cm}^{-2}\mathrm{eV}^{-1}$[47] 정도로 알려져 있다. 문헌에 자주 언급되는 또 다른 방법으로는 1.2 eV에서의 흡수계수 값과 상태 밀도를 다음과 같이 연관시키는 것이다.

$$N_{\mathrm{d}} = 2.4 \sim 5.0 \times 10^{16} \alpha_{\mathrm{CPM}} (1.2\,\mathrm{eV})$$
$$\text{또는} \tag{5.19}$$
$$N_{\mathrm{d}} = 1.2 \sim 2.5 \times 10^{16} \alpha_{\mathrm{PDS}} (1.2\,\mathrm{eV})$$

이동도갭 내에 있는 상태 밀도의 에너지 의존성에 관한 정보 또한 흡수계수에 디콘볼루션(deconvolution) 방법을 적용하여 도출할 수 있다[43]. 이 방법에서는 전산모사한 흡수계수와 실험을 통해 얻은 흡수계수를 정합(matching)시켜 상태 밀도의 에너지 분포를 추출한다.

5.3.6.7 공간 전하 방법

몇몇의 방법들은 a-Si:H의 접촉면에 형성되는 공간 전하 영역(space charge region)을 이용한다. 전계 효과 방법(field effect technique)[49], DLTS(deep level transient spectroscopy) 방법[50], 그리고 공간 전하 제한 전류(space charge limited current) 방법[51, 52] 등이 대표적인 예이다.

5.3.6.8 DLTS

DLTS 측정법은 매우 민감한 기법이며, 상자성이 아닌 결함(nonparamagnetic defect)도 측정 가능하다는 점에서 ESR과 다르다. 이 측정법은 반도체의 에너지 준위나 결함농도를 측정하기 위해 일상적으로 사용되고 있으며, 결정질 반도체 내의 깊은 준위(deep level)를 측정하는 데 가장 널리 쓰이는 기법이다. DLTS 측정법이 a-Si:H 내의 전기적 상태 밀도를 가늠하는 데 유용한 방법이라는 것 또한 입증 되었으며[50, 53], 초기에는 축전형(capacitive version) DLTS를 이용하여 낮은 농도로 도핑된 a-Si:H 박막의 특성이 기술된 바 있다. 도핑하지 않은 a-Si:H 박막의 경우 전하형(charge version) DLTS(Q-DLTS)를 사용하여 특성 분석이 가능하다[54].

Q-DLTS 측정용 시편은 주로 금속/산화물/반도체(MOS) 구조를 가지고 있는데, n^+ 형으로 고농도로 도핑된 결정질실리콘 기판(후면전극의 역할을 한다)위에 두께 1 μm 정도로 증착시킨 a-Si:H 층으로 구성되어 있다. 도핑하지 않은 a-Si:H의 성공적인 Q-DLTS 실험을 수행하기 위해서는 a-Si:H의 표면에 매우 얇은 절연막이 형성되어야 한다. 이 얇은 절연막은 누설 전류를 대폭 줄여주며(시편의 순간적 전하 흐름에 영향을 주지 않을 만큼), 또한 인가되는 바이어스 전압에 따라 a-Si:H 박막의 페르미 준위가 바뀔 수 있도록 한다. 표면 전극에는 일반적으로 반투명의 알루미늄이 사용된다. 펄스 형태의 바이어스 전압을 MOS 시편에 인가하면, 페르미 준위가

전도대의 이동도 가장자리 쪽으로 이동하고 a-Si:H의 갭 사이에 있는 상태들은 전하 캐리어들로 채워진다. 매번 이렇게 '채워주기' 목적의 펄스 인가 후, 외부 회로에 흐르는 순간 전류(transient current; 펄스에 의해 갭 사이 상태들을 채웠다가 재 방출되는 캐리어에 의한 전류)가 온도의 함수로 측정되며, 이에 해당하는 전하량은 측정된 전류를 적분해서 구한다. 특정 온도에서의 방출 전하량은 a-Si:H 재료의 이동도갭 내에 위치한 특정 에너지에서의 상태의 농도에 비례한다. 이 기법은 빛이나 입자에 의해 유발되는 열화 현상(degradation)에 의한 갭 상태들의 분포 변화를 연구하기에 적합하며, 빛이나 입자가 조사되는 환경에서 a-Si:H의 복잡한 거동들을 이해할 수 있는 새로운 아이디어들을 제공하고 있다[55].

〈표 5.1〉은 소자 수준의 도핑하지 않은 진성 비정질실리콘의 기준을 요약한 것이다.

5.3.7 준안정성

a-Si:H은 빛이 조사되었을 때 전기적 특성이 바뀌는 고유한 성질을 가지고 있다. 이것은 오늘날 Staebler-Wronski 효과[24]로 알려져 있으며, 이 효과가 발견된 이후 빛에 의해 유발되는 a-Si:H의 구조적, 광전기적 변화를 이해하기 위해 많은 노력들이 있어왔다[56~59]. a-Si:H 박막이나 태양전지에 대한 빛 조사 효과의 본질적인

표 5.1 태양전지 소자용 a-Si:H 및 a-SiGe:H의 구비 요건

Property	a-Si:H	a-SiGe:H
Dark conductivity [Ω^{-1} cm^{-1}]	$<5 \times 10^{-10}$	$<5 \times 10^{-9}$
AM1.5 conductivity [Ω^{-1} cm^{-1}]	$>1 \times 10^{-5}$	$>5 \times 10^{-6}$
Urbach energy [meV]	<47	<55
Activation energy [eV]	≈ 0.8	≈ 0.7
Bandgap, Tauc [eV]	<1.8	~1.45
Bandgap, cubic [eV]	<1.6	1.32
Absorption coefficient (600 nm) [cm^{-1}]	$\geq 3.5 \times 10^4$	$\geq 1 \times 10^5$
Absorption coefficient (400 nm) [cm^{-1}]	$\geq 5 \times 10^5$	$\geq 6 \times 10^5$
Density of defect states		
(CPM, DBP) methods [cm^{-3}]	$\leq 1 \times 10^{16}$	$\leq 1 \times 10^{17}$
ESR method [cm^{-3}]	$\leq 8 \times 10^{15}$	
Mobility-lifetime product (600 nm) [cm^2/V]	$\geq 1 \times 10^{-7}$	
H content [at.%]	9–11	10–15
Microstructure parameter	<0.1	<0.2
Ge content [at.%]		40

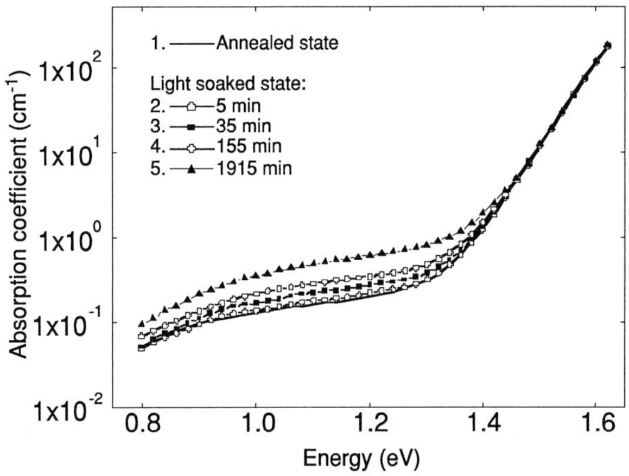

그림 5.4 빛 조사 시간에 따른 a-Si:H의 서브-밴드갭 흡수계수 변화.

특징 중 하나는 이러한 효과들의 대부분이 '준안정(metastable)' 하다는 것이다. 즉, 이 효과들은 역으로 되돌릴 수 있으며(reversible), 150℃ 이상 온도에서의 열처리(annealing)를 통해 제거할 수도 있다.

광조사(light soaking; 빛 조사를 통한 열화)는 불포화 결합형 결함(dangling bond defect)의 추가적 생성을 유발한다고 여겨지며, 이것이 Staebler-Wronski 효과의 주된 원인이라고 간주되고 있다. [그림 5.4]는 광조사에 따른 a-Si:H 내 결함 밀도 증가를 입증하는 것으로서, DBP 기법을 통해 측정된 흡수계수의 변화를 보여준다. 시편에는 약 40 $mWcm^{-2}$ 세기의 He-Ne 적색 레이저($\lambda = 633$ nm)가 조사되었다. 그림에서 보여주듯이 0.8부터 1.4 eV 사이의 광자 에너지에 대한 서브-밴드갭 흡수는 조사시간에 따라 증가하는데, 이것은 결함밀도가 증가한다는 것을 나타낸다. 여기서 중요한 점은 빛 조사에 따른 a-Si:H 내부의 결함생성이 포화(saturation) 된다는 것이다. 상온에서 결함밀도의 포화 값은 $\sim 2 \times 10^{17} cm^{-3}$ 정도라는 것이 확인되었으며, 이 값은 조사강도에 거의 의존하지 않고 70℃까지는 시편의 온도에도 거의 의존하지 않는다[60].

[그림 5.5]는 광조사 후 측정한 Q-DLTS 신호(결함 상태의 에너지 분포에 관한 정보를 준다)의 변화를 보여준다. 광조사는 약 250 $mWcm^{-2}$ 세기의 He-Ne 적색 레이저($\lambda = 633$ nm)를 사용하였다. 시간에 따른 Q-DLTS 스펙트럼의 변화는 복잡한 양상을 보여준다. 낮은 온도에서는 신호가 사라지는 반면 370 K에서는 조사 시간이 증가함에 따라 피크가 형성된다. 450 K 근방에서는 통상적인 광조사가 Q-DLTS 신호에 거의 영향을 주지 못하는 것처럼 보인다. 결함 우물 모델(defect pool model)

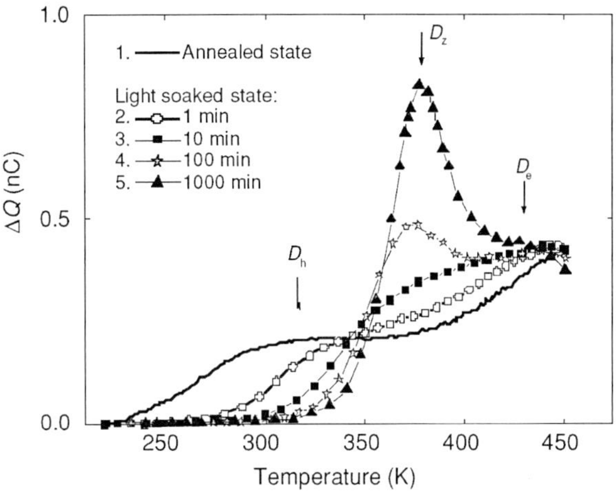

그림 5.5 빛 조사 시간 변화에 따른 a-Si:H의 Q-DLTS 신호.

[34]에 의해 예측되었듯이 Q-DLTS 신호의 이 3가지 성분은 양으로 대전된(D_h), 중성의(D_z), 그리고 음으로 대전된(D_e) 결함상태 분포를 각각 나타낸다. [그림 5.5]에 있는 화살표들은 갭 내에 있는 D_h, D_z, 그리고 D_e 상태 분포에 대한 Q-DLTS 스펙트럼상의 피크 위치이다. 이러한 Q-DLTS 측정결과는 빛 조사 시간이 증가함에 따라 양으로 대전된 상당량의 결함이 없어지고, 음으로 대전된 결함의 농도는 변하지 않으며, 추가적인 중성 결함(불포화 결합에 의한[61])이 생성된다는 것을 보여준다. 최근에는 Q-DLTS 기법을 이용하여 a-Si:H 내에 있는 다양한 결함들의 본질과 그들의 거동에 대한 새로운 이해를 하게 되었다[55]. 이 연구에서는 불포화 결합 이외에도 Staebler-Wronski 효과에 중요한 역할을 하는 또 다른 형태의 결함들이 a-Si:H 내에 존재한다는 것이 제시되었다. 미드갭(midgap) 위쪽에 있는 플러스로 대전된 상태들은 Si 불포화 결합과 수소 분자로 형성된 복합체(complex)와 연관되어 있으며, 미드갭 아래쪽에 있는 마이너스로 대전된 상태들은 부유 결합(floating bond)으로부터 기인한 것이다. 이러한 진전에도 불구하고, a-Si:H에서의 Staebler-Wronski 효과는 여전이 복잡한 현상으로, 해결되지 않은 많은 논제들을 남겨두고 있다. 수소의 정확한 역할이나, 약한 Si-Si 결합 및 Si-H 결합의 역할, 그리고 준안정 결함 형성의 복잡한 과정들은 아직까지 연구 중인 주제들이며, a-Si:H의 원자 결합구조에 대한 컴퓨터 시뮬레이션이 이런 해석을 뒷받침하고 있다[62, 63]. 아직까지 a-Si:H 내의 준안정 결함 생성에 관한 실험 결과들을 모두 다 설명할 수 있는 일반화된 모델은 없다[58].

5.3.8 수소 희석 실란으로 제조한 수소화 비정질실리콘

지금까지 PECVD 기술을 이용하여 좀 더 안정적인 a-Si:H을 제조하고자 노력해 온 결과, 재료 가스를 수소로 희석시킬 경우 a-Si:H 박막의 품질 향상에 이로운 점이 많다는 것을 알게 되었다. 예를 들어, 수소 희석 실란(hydrogen dilution silane)으로 제조된 a-Si:H 흡수층이 있는 태양전지의 경우 수소 희석 없이 제조된 것들보다 빛에 노출된 이후의 성능이 좋았다[64, 65]. 이후 수소 희석 a-Si:H은 큰 관심을 끌었으며, 몇 가지 독특한 특성 때문에 현재 문헌에서는 이 물질을 원(原)결정실리콘(protocrystalline silicon)이라고 칭하고 있다[66]. 수소-실란 희석률($R=H_2/SiH_4$)은 소위 말하는 '원결정 Si:H 성장 영역'이 생기는 증착 환경을 어느 정도 규정지어 준다. 원결정 Si:H 성장영역에서는 독특한 진화적 성장(evolutionary growth) 양상이 관찰된다. 즉, 초기에는 박막의 상(phase)이 비정질에서 비정질/미결정 혼합상으로 바뀌며, 그 후에 단일 미결정상으로 바뀐다. 이러한 성장 양상은 [그림 5.6]에 잘 나타나 있다. [그림 5.6]은 $R=30$인 조건에서 유리 기판 위에 두께 1 μm 정도로 성장시킨 박막의 투과 전자현미경(TEM) 사진이다. 여기서 주의해야 할 점은 원결정 Si:H 물질은 완전히 비정질이며, 일단 비정질상에서 혼합상으로 전이가 일어나면 그 박막은 더 이상 원결정이 아니라는 것이다. 실시간 분광 타원편광법(spectroscopic ellipsometry)을 이용한 연구들에 의해 비정질-미결정질 실리콘 상태도(phase diagram)가 만들어졌으며, 이 상태도를 이용하면 주어진 R 값에서 비정질로부터 미결정 물질로의 전이가 일어나는 두께를 예측할 수 있다[67]. 낮은 희석률에서는($R<10$) 박막이 비정질로 유지된다. 즉, 원결정 성장 영역($R>10$)의 특징인 진화적 성장이 없다. 또한, $R<10$인 조건에서는 어떠한 임계 두께를 넘어서면 성장하는 비정질 실리콘의 표면이 거칠어진다는 것도 밝혀졌다. 원결정 Si:H 층이 순수한 실란 혹은 낮은 희석률로 증착시킨 a-Si:H에 비해 향상된 안정성과 품질을 가지고 있는 것은 구조적 정렬성(structural order)이 개선되기 때문이다. 매질의 정렬성 향상 여부는 a-Si:H에 대한 X-선 회절 실험을 통해 알 수 있으며, 산란각 $2\theta \sim 28.5°$에 있는 첫 번째 피크의 반치폭(full width at half the maximum; FWHM, $2\Delta\theta$)을 측정하여 판단한다. a-Si:H의 일반적인 $2\Delta\theta$ 값은 약 6°이며, 원결정 Si:H의 경우 $2\Delta\theta$가 대략 5° 정도 된다[68]. 원결정 성장 영역에서 실제 소자를 제조하는 데 있어 중요한 점 중 하나는 성장하는 박막의 상이 기판에 크게 의존한다는 것이다[66]. 원결정 성장 조건하에서 결정질실리콘 기판을 사용할 경우 국부적인 에피텍셜 성장이 잘 일어난다. 따라서 태양전지 제조 시, 도핑된 미결정실리콘 층 위에 진성 원결정 Si:H 층을 바로 성장시키기는 어려우며, 두 층 사이에는 일반적인 a-Si:H 층을 삽입해 주어야

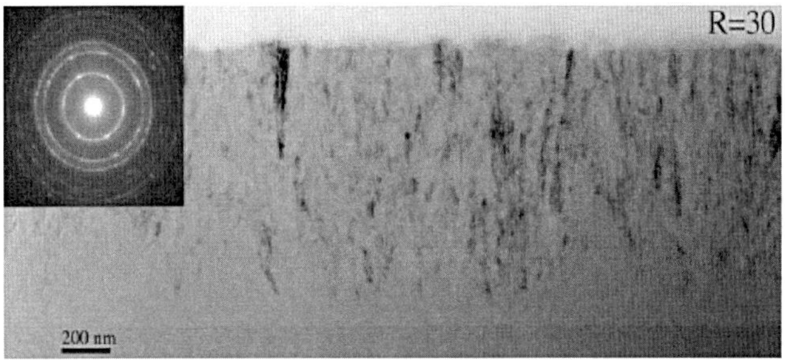

그림 5.6 원결정 영역에서 성장한 1 μm 두께 실리콘 층의 TEM 사진.

한다. 비정질실리콘 위에서는 결정의 응집이 억제된다. 앞에서 언급한 상태도는 원하는 상으로 박막을 성장시킬 수 있도록 도와주기 때문에 비정질 및 미결정실리콘 태양전지를 최적화하는데 매우 중요하다.

높은 수소-실란 희석비의 가스를 사용하여 증착시킨 물질들 중에 폴리모퍼스(polymorphous; 다형질) 실리콘(pm-Si:H)은 a-Si:H를 대체할 수 있는 매우 흥미로운 물질이다. 이 물질은 a-Si:H 보다 좀 더 느슨한 비정질 네트워크를 가지며, 네트워크 내부에 플라즈마에서 형성된 나노결정들이 분산되어 묻혀 있다. 나노결정의 농도는 대략 2% 정도 된다. pm-Si:H 박막의 경우(원결정 실리콘 박막과 반대로) 내부 구조가 막의 두께나 기판의 물성에 영향을 받지 않기 때문에 두꺼운 막의 제작이 가능하다. 아울러 수소 함량이 15~20% 정도로 높음에도 불구하고 막의 밀도는 통상의 a-Si:H 보다 높다는 것이 분광 타원편광법 측정을 통해 확인되었다. pm-Si:H의 특이한 구조는, a-Si:H에 비해 결함밀도를 낮추어 주고($\sim5\times10^{14}cm^{-3}$), 광조사에 대한 내성을 높여주는 등 다양한 장점으로 나타난다. 특히, pm-Si:H이 가지는 정공 수송능력의 개선은 이 물질을 태양전지용으로 활용하는 데 있어 핵심요소로 떠오르고 있다.

5.3.9 수소화 비정질실리콘의 도핑

도핑의 목적은 특정 불순물 원자를 일정량 첨가하여 전기 전도도의 유형이나 그 크기를 조절하기 위한 것이다. a-Si:H의 경우 p형으로 도핑하기 위해 붕소(boron)가 사용되고, n형으로 도핑하기 위해 인(phosphorus)이 사용된다(결정질실리콘에서도 동일하다). 비정질실리콘에 붕소나 인을 첨가함으로써 도핑할 수 있다는 것은 1975년에 Dundee 대학의 Spear와 LeComber에 의해 최초로 보고되었다[2]. 그들은 글로 방전을 이용한 증착 시 재료 가스인 실란(SiH_4)에 포스핀(Phosphine, PH_3)이나 다이보레인(diborane, B_2H_6)을 섞어 줌으로써 증착된 a-Si:H의 전도도를 변화시킬 수 있었다. [그림 5.7]은 실란 가스 혼합물 내 도핑 가스 비율에 따른 a-Si:H의 상온 전도도(σ_{RT})[70]를 보여준다. a-Si:H의 상온 전도도는 10^8 이상의 변화폭을 가지며, 활성화 에너지의 경우 진성 물질에서 0.7~0.8 eV 정도의 값을 가지지만 인(P) 도핑 시 0.15 eV, 붕소 도핑 시 0.3 eV 정도로 감소한다.

오랜 시간 동안 비정질실리콘은 도핑이 불가능하다고 믿어져 왔기 때문에 a-Si:H의 효과적인 도핑은 대단히 중요한 발견이었다. 연속적 무작위 네트워크(continuous random network) 구조는 인이나 붕소와 같은 불순물 원자들이 바닥상태(최소 에너지 상태)의 고유 배위수를 유지한 채로 쉽게 삽입된다고 가정할 수 있다. 연속적 무작위 네트워크의 이러한 특성은, 장거리 정렬성 때문에 불순물 원자의 배위수가 주변 원자들의 배위수와 같아지도록 강요받는 결정성 구조의 특성과 상반된 것이다. N개의 가전자(valence electron)를 가지는 연속적 무작위 네트워크에서 최적의 공유결합 숫자(배위수) Z는 다음과 같다.

$$\begin{aligned} Z &= 8 - N \quad \text{for } N \geq 4 \\ Z &= N \quad \text{for } N < 4 \end{aligned} \tag{5.19}$$

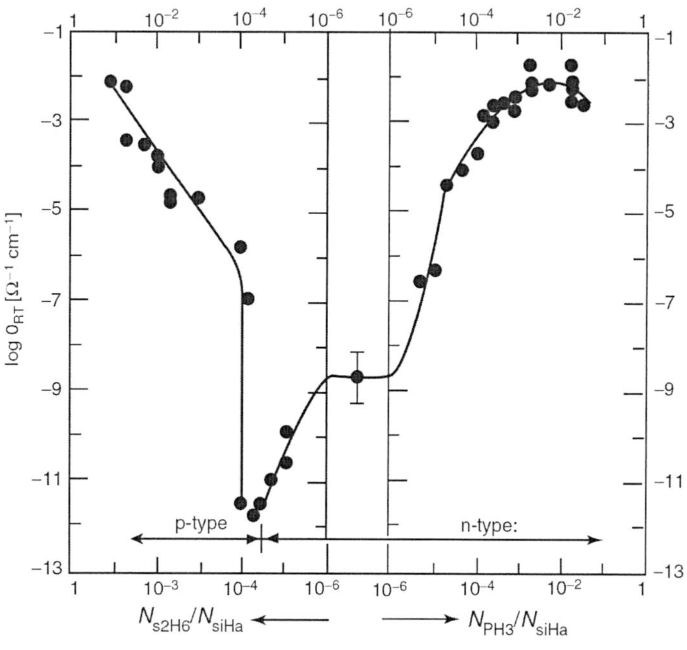

그림 5.7 실란 가스 혼합물 내 도핑 가스 비율에 따른 n형 및 p형 a-Si:H의 상온 전도도(σ_{RT})[70].

이러한 연속적 무작위 네트워크에서의 원자 배위수 예측은 '8-N 법칙(rule)'으로 알려져 있으며, 1969년 Mott에 의해 소개되었다[71].

예를 들어, 5개의 가전자를 가지고 있는 인 원자가 연속적 무작위 네트워크에 삽입될 경우 8-N 법칙에 따라 주변 원자들과 3개의 공유결합을 형성하게 될 것이다. 이러한 상황은 [그림 5.8a]에 나타나 있다. 원자들 간의 결합구조 네트워크 안에 있는 원자들의 배열을 표시하기 위해 T_z^q 라는 표기법이 사용된다. 이때 T는 원자, z는 배위수, 그리고 q는 원자의 전하상태를 나타낸다. 가령, P_3^0는 주변 원자와 3개의 공유 결합을 형성하고 있으며 중성 상태인 인 원자를 의미한다. a-Si:H에 인 원자가 삽입될 경우, 대부분의 인 원자는 8-N 법칙을 따라 최적의 3중 배위(도핑이 되지 않은, 즉 전기적으로 비활성인 상태)를 형성한다. a-Si:H에서 도핑이란 불순물 원자가 4중 배위결합을 형성하고 있는 상태를 말하며, 첨가된 불순물 원자가 4중 배위결합을 형성하는 비율(도핑 효율)은 상당히 낮다. 상온에서의 도핑 효율이 1에 가까운 단결정실리콘과 대비하여 a-Si:H은 도핑효율이 10^{-2}~10^{-3} 범위에 있다. 이것은 높은 전도도를 가지는 a-Si:H을 얻기 위해서는 상대적으로 많은 수의 인 원자가 삽입되어야 한다는 것을 의미하는 것이다. 연속적 무작위 네트워크에 삽입되는 인 원자가 단결정실리콘에서처럼 중성 도너 P_4^0를 형성하는 경우도 있으나, 이 상태는 P_3^0를 형성할 때보다 훨씬 많은 에너지를 필요로 하며, 따라서 불안정하다. 도핑에 참여하는 인 원자의 대부분은 중성 도너인 P_4^0가 아니라 대전된 P_4^+이다. a-Si:H에 삽입된 인 원자가 대전 상태 P_4^+를 형성할 경우 이에 대응하여 결합 망에서는 대전된 불포화 결합 Si_3^-가 동반 형성된다(그림 5.8b). 이러한 $P_4^+ + Si_3^-$의 형태는 에너지학적으로 P_4^0 도너보다 형성이 훨씬 쉬우며, 이것을 결함 보상 도너(defect compensated donor)라 한다.

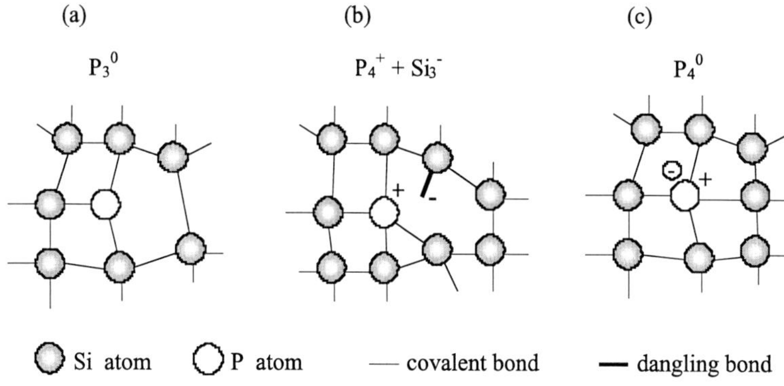

그림 5.8 a-Si:H 망 내에서 인 원자가 취할 수 있는 결합 형태:
(a) 비 도핑 상태 P_3^0, (b) 결함 보상 도너 상태 $P_4^+ + Si_3^-$, (c) 중성 도너 P_4^0.

인 원자를 이용한 결함 보상 도너 형성 혹은 붕소 원자를 이용한 결함 보상 억셉터 형성은 a-Si:H의 주된 도핑 메커니즘이다. 이 메커니즘은 Street가 설명한 것으로, 자발적 보상 모델(autocompensation model)로 알려져 있다[72]. 이 모델의 가장 중요한 결과는 a-Si:H의 도핑이 필연적으로 불포화 결합을 생성시킨다는 것이다. 일반적으로 도핑된 a-Si:H은 진성 a-Si:H보다 수백에서 수천 배 높은 결함농도를 가지며, 도핑된 a-Si:H의 전하 캐리어 확산길이는 단결정실리콘에서의 확산길이에 비해 매우 작다. 이러한 이유 때문에 a-Si:H 태양전지는 p-n 접합으로서의 기능을 제대로 수행하지 못하며, 상대적으로 결함이 적은 진성 층을 p층과 n층 사이에 삽입해주어야만 한다.

a-Si:H과 결정질실리콘 사이의 또 하나 중요한 차이점은, a-Si:H의 경우 붕소나 인의 함유량이 증가함에 따라 페르미 준위의 위치 이동이 가전자대의 이동도 가장자리(mobility edge)로부터 0.3 eV, 전도대 이동도 가장자리로부터 0.15 eV까지만 일어난다는 것이다. 이것은 밴드갭 내에 있는 꼬리 상태 및 결함 상태들이 페르미 준위가 밴드 가장자리 끝까지 치우치는 것을 막기 때문이다. 페르미 준위가 밴드 가장자리로 위치가 이동하는 것은 지수적으로 증가하는 꼬리 상태에 다량의 공간 전하가 축적될 때 발생하며, 이 축적된 공간 전하는 이온화된 도핑 원자들이 만드는 전하를 보상하는 역할을 한다. 이렇게 페르미 준위의 위치가 치우치게 되면 삽입된 도핑 원자들이 도핑 상태로 배치가 되는 확률도 낮아진다. 도핑층에서의 페르미 준위의 위치가 제한됨으로써 a-Si:H 태양전지의 접합부위에서 내부 퍼텐셜(built-in potential)의 형성이 억제되고, 따라서 개방전압 V_{oc}가 밴드갭 에너지로부터 예상되는 값보다 작아진다.

5.3.10 수소화 비정질실리콘의 합금화

태양전지 소자 목적으로 a-Si:H을 합금화하는 것은 광흡수 스펙트럼을 빛 에너지가 높은 쪽이나 혹은 낮은 쪽으로 맞추기 위한 것이며, 이러한 방식으로 a-Si:H의 광학적 민감도를 기존 스펙트럼과 다른 영역으로 조정할 수 있다. a-Si:H의 광흡수는 박막의 수소함량 변화에 따라 약간씩 바뀌며[39], 수소함량은 기판의 온도, 수소-실란 희석비와 같은 조건들을 변화시킴으로써 조절 가능하다. 탄소, 산소, 질소 및 게르마늄 등이 a-Si:H과 합금화되면 흡수계수가 크게 달라진다. 합금화는 도핑처럼 CVD 공정 중에 실란 가스에 적절한 가스들을 섞어 줌으로써 이루어진다. 실란에 메탄(methane; CH_4)이나 게르마늄 수소화물(germane; Ge_xH_{2x+2})을 섞어주면 수소화 비정질실리콘카바이드(a-SiC:H)나 수소화 비정질실리콘 게르마늄(a-SiGe:H)을 얻을 수 있다. a-SiC:H의 경우 광흡수 가장자리가 광자 에너지가 높은 쪽으로 치우치며, 반대로 a-SiGe:H의 경우 a-Si:H와 비교하여 낮은 광자 에너지 쪽으로 치우친다. p형 a-SiC:H와 a-SiGe:H의 흡수계수가 [그림 5.3b]에 나타나 있다. a-Si:H을 손쉽게 합금화 할 수 있기 때문에 이들을 광흡수층으로 사용한 태양전지의 설계가 가능하다.

현재, 다중접합 a-Si:H 태양전지에서 광흡수층으로 사용하기에 적절하다고 입증되어있는 것은 a-SiGe:H 합금 하나이다. 이 물질에 대한 초기 연구들은 실란과 게르마늄 수소화물 가스의 혼합비를 조절함으로써 a-$Si_{1-x}Ge_x$:H 층을 만들 수 있으며, 이 층의 밴드갭은 1.7 eV($x=0$)부터 1.0 eV($x=1$)까지 변한다는 것을 보여주었다. 그러나 박막의 게르마늄 함량이 늘어남에 따라 태양전지 소자용으로서 a-SiGe:H 합금의 광전기적 특성이 소자 수준의 a-Si:H보다 나빠진다는 점도 밝혀졌다[73]. 소자 수준의 a-Si:H 제조에 사용되었던 전통적인 증착 변수들로는 $x>0.3$인 조성에서 고품질의 a-$Si_{1-x}Ge_x$:H 물질을 만들 수 없었다. 이에 따라 향상된 a-SiGe:H 물질을 얻기 위해 증착 공정에 관한 연구가 집중적으로 이루어졌으며, 그 결과 실란과 게르마늄 수소화물의 혼합 가스를 수소로 희석시키는 방법이 개발 되었다[74]. 실란-게르마늄 수소화물 혼합 가스를 수소로 강하게 희석시킬 경우 증착되는 a-SiGe:H의 품질은 높게 유지하면서도 증착온도를 250℃에서 180℃로 낮출 수 있었다[75]. a-SiGe:H 광흡수층을 낮은 온도에서 증착함으로써 태양전지의 성능을 향상시켰으며, 이는 하부에 있는 층들이 열에 의해 손상되는 것을 줄일 수 있기 때문으로 보고 있다.

비정질실리콘 기반 물질의 태양전지 특성에 결정적 영향을 미치는 변수는 갭 상태들의 밀도와 분포이다. 서브-밴드갭 흡수 측정을 통해, a-SiGe:H 합금의 Urbach 에너지가 소자 수준의 a-Si:H와 유사한 값(약 50 meV)을 가지며, 밴드갭이 1.25 eV까지 낮아져도 그 값이 거의 변하지 않는다는 것이 확인되었다. 이러한 서브-밴드갭 흡수 측정의 결과들은 a-SiGe:H 합금의 Ge 함량이 높아짐에 따라 결함 상태 밀도가 증가하는 경향이 있다는 것 또한 보여주었다. 현재 a-SiGe:H 층은 탠덤 태양전지의 하층 셀 및 3중 접합 태양전지의 중간이나 하층 셀에 삽입되어 파장이 긴 광자를 효율적으로 수집하는 데 사용되고 있다. a-SiGe:H을 원결정 영역(물질 상전이의 경계 영역)에서 성장시키기 위하여 혼합 재료 가스와 수소의 희석비율에 대한 최적화 작업을 하고 있다[77]. V_{oc}의 크기가 비정질과 결정질 사이의 상전이를 가늠하는 척도가 된다. 탠덤 태양전지에 사용되는 소자 수준 a-SiGe:H 합금의 Tauc 광학 밴드갭은 대략 1.45 eV 정도가 되어야 한다(〈표 5.1〉 참조).

붕소로 도핑된 a-SiC:H 층은 a-Si:H 태양전지 제조를 위한 표준형 p층 물질이 되었다[8]. 붕소의 첨가는 a-SiC:H의 밴드갭을 낮추기 때문에 p층의 최적화는 전도도와 광흡수의 절충점에서 이루어져야 한다. 추가로, 결함농도가 낮은 a-SiC:H의 경우 고효율 태양전지의 p/i 경계면에 버퍼 층(buffer layer)으로 삽입되기도 한다. 이 버퍼 층은 p층의 붕소가 진성 층으로 확산되는 것을 방지하며, 광생성된 전자가 진성 층에서 p층으로 역으로 확산되는 것을 막아주는 역할을 한다.

5.4 수소화 비정질실리콘 박막 증착

최초의 비정질실리콘 박막은 실란 가스의 고주파 방전으로 증착하였다[1]. 이를 시작으로 고품질의 수소화 비정질실리콘 박막 증착과 증착속도를 증가시키기 위해 다른 많은 증착방법들이 제안되었다. 수소화 비정질실리콘 박막의 증착방법들은 크게 두 가지로 나누어진다. 첫 번째로는 실리콘 원소를 가스 상태의 원재료 물질에서 분리해서 얻어내는 방식인데, 통상적으로 CVD(chemical vapor deposition)법으로 알려져 있다. 두 번째 방식은 실리콘 원소를 고체의 실리콘 타깃으로 만들어 이를 스퍼터링하여 직접 물리적으로 증착하는 방식이다. 스퍼터링을 이용한 증착방식은 통상적으로 많이 사용되지는 않아 여기에서는 상세히 언급하지 않는다. radio frequency (rf) PECVD로 알려진 고주파를 활용한 글로 방전 증착은 현재 연구실과 산업계에서 가장 많이 활용되는 방식이다. rf PECVD 증착법의 가장 큰 한계점은 낮은 증착속도($R_d \approx 1$~2 Ås^{-1})이다. 비정질실리콘 박막 태양전지를 산업계에서 대량 생산하는 경우 증착속도는 아주 중요한 요소이며, 일반적으로 10~20 Ås^{-1} 수준의 증착속도가 요구된다.

5.4.1 고주파 플라즈마 화학기상 증착

소자 수준의 a-Si:H 박막 증착에 가장 많이 사용되는 방식은 여기 주파수 13.56 MHz를 사용하는 rf PECVD이다. 플라즈마의 주된 역할은 실란과 같은 실리콘을 가진 가스들을 분해하는 데 필요한 에너지를 제공하는 것이다. 이와 같은 원료가스 분해 반응은 전자와의 충돌로 이루어지는데, 이들 전자들은 플라즈마 내에서의 2차(secondary) 전자로 생성된 것으로 전기장 내에서 가속되면서 에너지를 축적한다. 수소화 비정질실리콘 박막의 증착은 라디칼(radical)이라 불리는 실란 분자들로부터 분해된 반응성의 입자들이 박막 성장 표면에 달라붙으며 일어난다.

실제로 소자를 제작하기 위해 증착하는 수소화 비정질실리콘 박막의 두께는 불과 0.5 μm에 불과하므로 적절한 기판 표면에 증착하여야 한다. 전자와의 충돌 중에 실란 분자들에 전달된 에너지의 일부는 가시광 대역의 빛으로 방출되는데, 이러한 이유로 이 기법을 글로 방전(glow discharge)이라 부르기도 한다. PECVD 증착법의 중요한 장점 중 하나는 수소화 비정질실리콘 박막의 증착온도가 200~250℃ 사이의 낮은 온도라는 점이다. 낮은 공정온도는 여러 종류의 저렴한 기판을 공정에 적용할 수 있다는 장점을 제공하는데, 유리, 스테인리스 스틸, 플라스틱 유연필름 등을 사용할 수 있다.

PECVD 시스템은 비교적 간단한 구조를 가지고 있는데 크게 5개의 부분으로 구성된다(그림 5.9).

- CCP(capacitatively coupled parallel) 구조의 플라즈마 전극, rf 전력 입력부, 기판 지지대 및 기판 가열부를 가진 스테인리스 스틸로 만든 고진공 반응 챔버
- 유량조절기와 진성 층과 도핑 층의 증착에 요구되는 가스유량을 조절하기 위한 여러 개의 밸브와 챔버 내의 압력조절을 포함한 가스 처리 시스템
- 일반적으로 터보분자 펌프와 기계적 로터리 펌프로 구성된 반응가스 처리용 펌핑 시스템

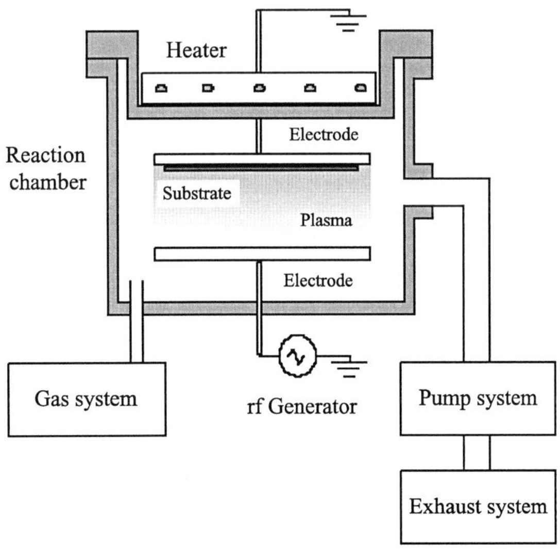

그림 5.9 rf PECVD 증착시스템 개략도.

- 스크러버를 포함하는 가스 배출 시스템 또는 배기가스 처리용 연소 박스
- 직류 혹은 rf 전력 공급기와 매칭박스, 진공, 압력, 온도 게이지 제어 등의 전자 부품

실란 플라즈마로부터 a-Si:H 박막을 증착하는 공정은 크게 4단계로 나누어 질 수 있다[18].

(1) 실란 분자가 전자와의 충돌에 의해 여러 가지 중성의 라디칼과 분자 및 양이온, 음이온들과 전자로 분해되는 반응

(2) 플라즈마 내의 분자, 이온, 라디칼들 간의 반응에 의한 반응성 입자 형성 및 분진이나 분말 입자로 불리는 비교적 큰 실리콘-수소 클러스터들의 형성. 전기적으로 중성의 물질들은 기판 표면을 향해 확산해 나아가고, 양이온은 가속되어 증착표면에 충돌하고, 음이온은 플라즈마 내부에 포집된다.

(3) 라디칼의 확산, 화학결합, 수소 원자가 표면에 달라붙기, 표면으로부터 떨어져 나오기 등과 같은 성장 표면과 라디칼의 상호작용

(4) 표면 층 아래에서 수소의 방출과 실리콘 원자 구조의 이완(relaxation)

SiH_3 라디칼은 a-Si:H 증착에서 가장 주된 라디칼로 알려져 있다[78, 79]. 박막이 성장하는 기판표면의 대부분은 수소원자와 결합되어 있으므로[80], SiH_3 라디칼은 성장하는 표면과 즉시 결합하지 않고 불포화 결합을 만날 때까지 표면에서 확산해 나아간다. 불포화 결합에 결합되면서 SiH_3 라디칼이 박막성장에 기여한다. SiH_3 라디칼이 기판표면과 반응하기 위해서는 지속적으로 불포화 결합이 필요한데, 이는 수소가 표면에서 떨어져 나가면서 생성된다. 수소는 열에너지에 의한 여기나 SiH_3 라디칼에 의한 추출에 의해 제거되는데, 여기에서 SiH_3 라디칼과 SiH_4 분자들이 생성된다[78]. 다른 라디칼들은 박막성장에의 기여도가 낮지만 증착된 박막의 특성을 결정하는 데 중요한 역할을 한다. SiH_2 라디칼은 SiH_3 라디칼보다 높은 끈적계수(sticking coefficient)를 가지고 있어 표면의 수소와 직접 결합을 형성한다[26]. 하지만 이와 같은 라디칼들은 박막의 특성을 저해하는 것으로 알려져 있어 플라즈마 내에서의 생성이 억제되어야 한다. 이온들은 a-Si:H 박막성장에 10% 정도의 기여를 하는 것으로 추측되고 있다[81].

박막 증착공정은 반응가스와 기판표면 간의 복잡한 반응들에 의해 이루어지는데, 여기에는 가스의 조성, 가스유량 및 압력, 플라즈마 전력밀도와 주파수, 기판온도

및 전극 형상 등의 증착 매개변수들로 제어할 수 있다. Luft와 Tsuo가 a-Si:H 박막 증착조건 등에 대해 상세하게 기술한 바 있다[82]. 추가 정보는 문헌[79]을 통해서도 확인할 수 있다. 실험실에서 rf PECVD 방식으로 균일한 품질의 실리콘 박막 제조에 필요한 전형적인 증착 변수들은: 실란 가스 유량 20~50 sccm, 공정압력 0.5~0.7 mbar, 기판온도 200~250℃, rf 전력밀도 20~50 $mWcm^{-2}$, 전극간 거리 1~3 cm 등이다. 일반적인 증착속도는 1~2 $Ås^{-1}$ 수준이다. 이와 같은 일반적인 공정변수들을 적용할 경우 태양전지용 광흡수층 형성에 필요한 두께 300 nm 수준의 a-Si:H 박막 증착에는 25~50분 정도 소요되는 것으로 계산된다. 대규모 생산을 위해서는 10~20 $Ås^{-1}$ 정도의 증착속도가 요망된다. 실리콘 박막의 증착속도를 증가시키면서도 박막 특성을 유지할 수 있는 방안이 다각도로 연구되고 있다.

박막 증착속도를 좌우하는 가장 중요한 변수는 플라즈마에 흡수된 출력(power)이다. 출력을 높이면 전자밀도와 전자온도가 올라가고[79], 따라서 실란 분해반응이 촉진된다. 그 결과 SiH_3와 다른 라디칼의 농도가 높아지고 증착속도가 향상된다. 하지만 출력을 더 높이면 고차수(higher)의 실란 라디칼 생성을 촉진하여 그 결과 분말 입자를 생성시킬 수 있는 증착조건이 된다. 이런 조건에서 증착된 박막은 H와 SiH_2 결합 농도가 증가되어 막 특성이 떨어진다[83]. 빠른 증착속도를 유지하면서 양질의 실리콘 원자구조를 얻기 위해서는 SiH_2 결합의 생성을 억제시켜야 한다[84]. 이는 플라즈마 내의 전자온도를 낮추거나 증착온도를 높이는 방법으로 구현이 가능하다. 플라즈마 여기 주파수를 높이는 방법으로 플라즈마 내의 전자온도를 낮추어 줄 수 있다. 높은 증착속도를 유지하면서, 증착되고 있는 박막의 표면에서 수소의 제거와 고차수 실란들의 확산을 증진시키기 위해서는 350℃까지의 고온 증착이 필요하다. 하지만 광흡수층 형성시의 높은 증착온도는 태양전지의 하부 층에 열적 손상을 줄 수도 있다[75].

고차수의 실란 라디칼과 수명이 짧은 라디칼들의 생성을 억제시키는 것이 빠른 증착속도를 유지하면서 양질의 a-Si:H 박막을 증착하기 위한 일반적인 접근법이 되었다. 빠른 속도로 박막을 증착하기 위한 두 가지의 방법이 있다. 첫 번째 방안은 PECVD 공정조건의 엄밀한 조절로 가능한데, 대표적인 예로 고압, 고전력의 조건에서 증착을 하는 rf PECVD[85], 플라즈마 여기 주파수를 대폭 높인 vhf(very high frequency) PECVD[86], microwave PECVD[87] 등이 있다. 두 번째 방안은 완전히 새로운 방식으로 catalytic CVD라고도 알려져 있는 열선 CVD[88] 방식이나 확장 열 플라즈마 CVD(ETPCVD) 등이 그것이다[89].

5.4.2 직접 플라즈마 화학기상 증착법

5.4.2.1 고압 고출력 고주파 플라즈마 화학기상 증착법

고압(5~10 mbar)과 고출력(270~530 mWcm^{-2})의 조건 하에서 증착속도 12 Ås^{-1} 정도로 소자에 적용이 가능한 수준의 양질의 a-Si:H 박막이 증착되었다[85]. 투입 가스 중 수소 대비 실란 가스의 비율을 조절해 주거나 비율은 고정하고 증착 압력을 조절해주는 방식으로 비정질실리콘부터 미결정(microcrystalline)실리콘의 박막까지 증착이 가능한 것으로 알려져 있다. 참고문헌 [85]에 의하면 190℃에서 12 Ås^{-1}의 증착속도로 제작된 a-Si:H 흡수층을 가진 단일접합 a-Si:H 태양전지 소자로부터 6.5%의 안정화 효율이 얻어진 바 있다. 190℃, 수소농도가 낮은 조건에서 증착속도 1.5 Ås^{-1}로 만든 표준 수준의 진성 a-Si:H 층에 비해 보다 고속으로 증착한 경우는 밴드갭이 50 meV 정도 증가한 것으로 확인하였다. 이와 같이 높은 증착속도로 제작한 태양전지가 높은 밴드갭과 이에 따른 높은 개방전압(보통 0.88~0.9 V)을 나타내는 점은 a-Si:H/a-Si:H 혹은 a-Si:H/a-SiGe:H 구조의 탠덤 태양전지의 상층 셀로 사용하기에 매우 적합한 것임을 보여준다.

이와 유사한 밴드갭 확장이 높은 수소 함량을 특징으로 하는 pm-Si:H 박막에서도 보고되었다[69]. 이 소재는 분말입자가 형성되는 조건과 근접한 증착조건에서 증착되었다. 분말의 형성은 이차반응에 유리한 플라즈마 조건에서 잘되는데, 압력, 출력, 전극 간의 간격 증가나 기판온도의 감소와 같은 조건 등이 그러하다. pm-Si:H 박막을 증착하는 핵심 조건은 플라즈마의 상태를 전이영역에 가까운 상태로 유지하는 것이다. 이와 같은 상태에서는 3~5 nm 크기의 작은 결정 입자들이 플라즈마 내부에서 형성될 수 있고, 이 입자들이 비정질실리콘 박막에 박히게 된다. 플라즈마를 전이영역에 유지하기 위해서는 실란을 수소로 충분히($R > 30$) 희석해야 한다. a-Si:H 박막에 비해 밴드갭이 크고, 안정성이 향상된 pm-Si:H 박막은 탠덤 혹은 삼중 접합 태양전지의 상층 셀로서 높은 개방전압을 가능하게 하는 매우 이상적인 소재이다.

5.4.2.2. 초고주파 플라즈마 화학기상 증착법

스위스 Neuchâtel 대학의 연구진들은 PECVD의 플라즈마 여기 주파수를 13.56 MHz에서 150 MHz까지 증가시킨 효과에 대해 연구하였다[86]. 이 주파수는 오늘날 초고주파(vhf) 영역(30~300 MHz)으로 알려져 있다. 연구진들의 보고에 의하면 여기 주파수를 13.56 MHz에서 70 MHz로 증가시키는 경우 양질의 a-Si:H 박막 특성을 유지하면서 증착속도는 3 Ås^{-1} 에서 10 Ås^{-1}으로 증가시킬 수 있었다[90]. 여기 주파수가 높아지면 플라즈마 내부의 전자에너지 분포함수가 바뀌면서 이에 따라 원료가스의 분해가 더 빨리 일어나고 결과적으로 증착속도가 높아진다. 증착 주파수를 높이면 분말입자가 생성되지 않는 증착조건을 유지하면서도 플라즈마의 출력밀도를 더 크게 할 수 있다[91].

vhf PECVD 공정으로 Neuchâtel 연구진은 최근에 p-i-n형의 a-Si:H 태양전지를 제작하여 9.5%의 안정화 효율을 보고하였으며[92], 이는 p-i-n형의 a-Si:H 태양전지 구조에서 보고된 가장 높은 안정화 효율이다. 진성 a-Si:H 박막의 증착속도는 5 $Ås^{-1}$를 유지하였다. 이 태양전지는 두께 0.25 μm 정도의 얇은 광흡수층을 가지고 있으며, 17.5 $mAcm^{-2}$(초기 기준 18 $mAcm^{-2}$)의 매우 높고 안정한 단락전류밀도를 보여주었다. 태양전지 기판으로는 LPCVD로 ZnO 박막을 증착한 유리 기판이 사용되었다. 또한, 반사방지막을 적용하여 광포획 특성을 개선하였다.

최근에 Unaxis 사의 KAI PECVD 상용 증착 시스템으로 40 MHz의 여기 주파수에서 a-Si:H 과 μc-Si:H 박막을 증착한 결과가 보고되었다[21]. KAI-M 시스템으로 1.1×1.4 m 크기의 유리기판 위에 형성한 단일접합 a-Si:H 태양전지에서 초기 효율 10%가 보고되었다.

일본 미쓰비시 중공업은 대면적 vhf PECVD 장비를 개발하였는데, 이 장비는 1.1×1.4 m^2 크기의 기판까지 가능하고, 사다리 형태의 전극과 phase modulation 기법을 적용하였다[93]. 이 공정의 기본적인 주파수는 60 MHz이며 증착되는 박막의 균일도에 따라 다른 주파수 대역으로 변경하여 사용이 가능하다. 평균 증착속도는 11 $Ås^{-1}$ 수준이며 두께의 균일도는 ±18% 정도를 유지하였다. 안정적인 8% 수준의 효율을 나타내는 p-i-n형 비정질실리콘 태양전지 모듈이 개발되었고, 이 공정으로 상용제품 생산이 2002년 10월부터 시작되었다.

vhf PECVD 기술을 대규모 상용제품 생산에 적용하는 데 필요한 근본적인 해결과제는 2가지이다. (1) 60 MHz 이상 고주파수에서, 정상 전기파(standing electrical wave)의 영향 때문에 고주파수 사용이 제한되는 경우의 대면적 기판 위에서의 박막의 균일도 (2) 플라즈마에 인가되는 출력의 커플링

5.4.3 원격 플라즈마 화학기상 증착법

5.4.3.1 확장 열 플라즈마 화학기상 증착법 (ETPCVD)

ETPCVD(expanding thermal plasma CVD)[89] 증착방식의 중요한 특징은 원격 플라즈마 방식의 증착법이라는 점이다. [그림 5.10]은 ETPCVD의 개략도이다. 그림에서 확인할 수 있듯이 플라즈마의 발생과 박막증착이 공간적으로 떨어져 있다.

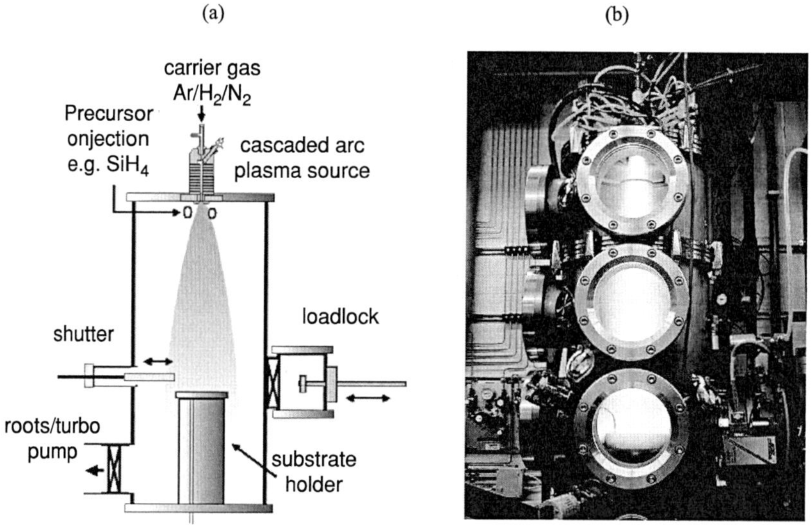

그림 5.10 a) ETPCVD 증착 시스템 모식도, b) Delft 기술 대학의 Cadcade 방식의 ETPCVD 시스템.

장비는 고압 플라즈마 소스와 저압 증착 챔버로 이루어져 있다. 플라즈마는, 아르곤이나 수소와 같은 증착에 직접적 연관이 없는 가스 혼합물을 cascade 형의 아크 플라즈마 소스에 주입시키고 직류 방전시켜 발생시킨다. 생성된 플라즈마를 지속시키기 위해 보통 2 kW에서 8 kW의 출력을 유지한다. 플라즈마 소스에서의 압력은 200에서 700 mbar로 유지시키고, 여기서부터 압력 0.1~0.3 mbar로 유지되고 있는 증착 챔버로 플라즈마가 초음속으로 확장(expand)된다. 고순도 실란 가스는 주입 노즐에서 수 센티미터 떨어져 위치하고 있는 주입링을 통해 챔버로 주입된다. 주입된 실란 가스는 플라즈마에서 방출되는 반응 종(species)들에 의해 분해된다. 양질의 비정질실리콘 박막을 성장시키는 데 있어서는 수소 유량이 중요한 역할을 하는데, 이는 주입된 수소 유량이 SiH_3 라디칼을 형성하는 데 필요한 원자상태의 수소를 결정하기 때문이다. 비정질실리콘 박막의 증착속도는 여러 가지 인자들에 의해 결정되는데, 가스 유량, 아크 전류 등이 주요 항목이고, 그 속도는 800 Ås^{-1}까지 달할 수 있다[89]. 소자에 적용할 수 있는 수준의 양질의 a-Si:H 박막을 높은 속도(> 70 Ås^{-1})로 증착하기 위해서는 증착온도가 400℃ 이상의 고온으로 유지되어야 한다[94]. 고속 증착에 고온이 요구되는 것은 박막 증착속도와 성장 중 표면에서의 확산 공정이 상호 경쟁하는 관계에 있기 때문이다[95]. ETPCVD 증착 시 기판에 추가로 rf 바이어스를 걸어주는 것은 성장 중 박막표면에서의 약간의 이온 충돌을 통해 표면에 여분의 에너지를 공급하기 때문으로 밝혀졌다. 이와 같은 이온 충돌에 의해 박막 표면에 전달된 에너지는 양질의 박막특성을 유지하면서도 증착 시 기판온도를 100℃ 정도 낮출 수 있는 것으로 알려졌다[94]. ETPCVD 방식은 a-Si:H 박막의 성장을 연구하는 데 매우 탁월한 기회를 제공하였고, 표면에서의 공정과 성장 중 서로 다른 반응 종들의 역할에 대한 이해를 높이는데 기여하였다[96].

ETPCVD 방식으로 a-Si:H 박막 태양전지를 제조하기 위해 CASCADE라 불리는 3-챔버 시스템이 구축된 바 있다[97]. 세 개의 챔버는 로드락, 도핑 박막층 제조용 rf PECVD 그리고 진성 박막용 ETPCVD로 구성되어 있다(그림 5.10b). 증착 공정 중 rf 바이어스 전압을 걸어주어 300℃ 이하의 기판온도를 유지한 상태에서 증착속도는 10 $Ås^{-1}$ 이상을 실현하였다. 또한, 250℃ 기판온도에서 11 $Ås^{-1}$ 증착속도로 형성한 광흡수층 박막을 사용한 태양전지에서 초기효율 8.0%가 보고되었다[98].

5.4.4 열선 화학기상 증착법

열선(Hot Wire) CVD(HWCVD) 혹은 catalytic CVD 방식은 고온의 필라멘트 위에서 촉매 분해 반응에 의해 가스 분자들이 분해하는 것에 바탕을 두고 있다. 실험실 수준의 간단한 열선 CVD 장비는 통상의 PECVD 구조(그림 5.9)에서 rf 전극부분을 열선으로 교체만 하면 된다. 열선은 그 소재로 텅스텐(W)이나 탄탈(Ta)을 주로 사용하고, 기판 홀더에 가까이 위치한다. 실란 가스가 단원자의 실리콘과 수소 라디칼로 분해되는 것은 열선온도 1,600℃ 이상에서 일어난다. 열선 CVD에서는 박막 증착에 관여하는 종(species)들의 생성이 PECVD에서와는 다르고, 그 결과 a-Si:H 박막의 특성도 달라진다. PECVD에서는 가속된 전자와 가스 분자들 사이의 충돌에 의해 증착 종들이 생성된다. 미국 NREL에서는 HWCVD 방식으로 기존의 rf PECVD 방식보다 높은 온도에서 박막증착을 하였음에도 박막 내의 수소 함량이 원자비율로 적정치인 10%보다 낮은 a-Si:H 박막을 얻었다고 보고하였다. 이렇게 형성된 박막의 특성은 Urbach 에너지나 결함 밀도 등에서는 PECVD 공정으로 만든 것과 품질이 유사하였다[99]. 수소 함량을 원자 기준 1% 이하로 낮게 할 수 있다는 것은 열선 CVD를 통해 증착된 박막이 광조사에 의한 열화에 상대적으로 안정한 특성을 보일 것이라는 점을 예측케 한다. 이 결과로 HWCVD에 대한 관심이 증대되었는데, 많은 연구 그룹이 HWCVD 기반의 태양전지[100]나 박막 트랜지스터[101]를 연구하는 계기가 되었다.

ETPCVD 방식과 같이, 우수한 품질의 a-Si:H 박막을 제조하는 데 있어 초기에는 HWCVD에서의 기판온도가 항상 PECVD보다 높았다[102]. 380℃의 온도에서 30 $Ås^{-1}$의 속도로 증착된 박막은 10^{16} cm^{-3} 수준의 낮은 결함밀도를 나타내었고, 또한 5 at.% 정도의 낮은 수소 함량을 나타내었다. 최근에는 250℃ 정도로 비교적 낮은 온도에서 증착된 프로토(원) 결정질실리콘도 보고되었다[103]. 통상의 PECVD 방식에서와 같이 수소 희석비율을 높이면 원결정질은 낮은 증착속도(~3 Ås^{-1})에서만 제조 가능한데, Utrecht 대학에서는 HWCVD 공정으로 순수한 실란만을 사용한 고속증착(~10 Ås^{-1})에서도 원결정질실리콘 증착을 보고하였다. 250℃에서 HWCVD로 증착한 원결정질 박막을 이용한 n-i-p형 태양전지는 광조사에 대해 탁월한 안정성을 보였는데, 1,500시간의 연속된 광조사 이후에도 충진율의 감소율이 10% 이내였다. 이 박막의 내열화 안정성은 박막내부에 존재하는 공극(void)의 특별한 성질과 medium 정열성이 향상되었기 때문으로 보고 있다[103]. 16 Ås^{-1} 속도로 증착된 HWCVD 박막을 광흡수층으로 사용한 n-i-p 단일접합 a-Si:H 태양전지의 초기효율로 최고 9.8%가 보고되었다[104]. 최근에는 유리/SnO_2:F 기판에 p-i-n 구조로 형성한 단일접합 태양전지에서 7.5 및 8.5%의 초기효율 결과가 각각 보고되었는데, 이때 증착속도는 32 Ås^{-1}과 16 Ås^{-1}이었다[105].

이와 같은 HWCVD의 주목할 만한 특징으로 산업체 적용 가능성을 높게 보고 있는데, 열거하면 : 높은 증착속도, 높은 가스 사용 효율, 낮은 공정압력에 따른 분진 생성 억제 및 그에 따른 챔버 클리닝 횟수 감소, 여러 개의 필라멘트를 사용한 대면적 증착의 가능성[106], 가스분해 공정과 박막 증착공정이 분리되어 있는 점[107] 등이다. HWCVD를 양산공정에 적용시키기 위해 해결해야 할 과제는 : 대면적에서의 박막 균일도, 필라멘트의 수명과 열화, 그리고 필라멘트에 의한 박막층의 오염 등이다. 최근 결과에 의하면, 이와 같은 이슈들은 해결 가능한 것으로 보고 있는데, 일본의 Anelva 사에는 대면적용 HWCVD 시스템을 선보인 바 있다.

5.5 비정질실리콘 태양전지

5.5.1 수소화 비정질실리콘 태양전지 구조

a-Si:H 박막에서는 결정질실리콘에서와 비교하여 캐리어들의 확산길이가 훨씬 짧다. 소자 수준의 진성 a-Si:H 박막에서 확산길이는 0.1~0.3 μm 수준이다. 진성 박막에 비해 백배 혹은 천배 정도 높은 결함밀도를 가지고 있는 도핑된 a-Si:H 박막의 경우 확산길이는 더욱 짧다. 결정질실리콘 태양전지와 같이 p-n 접합의 quasineutral 영역부근에 존재하는 소수 캐리어들의 이동에 의해 작동하는 태양전지 구조는 a-Si:H 태양전지에서는 적용할 수 없다. 확산길이가 극히 짧기 때문에 빛에 의해 생성된

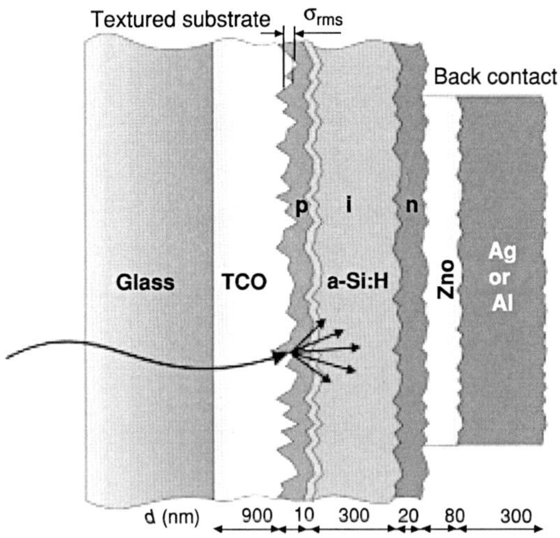

그림 5.11 p-i-n형 단일접합 a-Si:H 태양전지 구조.

의해 생성된 캐리어들은 p-n 접합의 공핍영역에 도달하기 전 도핑된 a-Si:H 층에서 대부분 재결합되어 버린다. 따라서 a-Si:H 태양전지는 결정질실리콘 태양전지와 다른 구조로 설계된다.

[그림 5.11]은 a-Si:H 태양전지의 단면구조를 나타낸 것이다. 소자의 활성영역은 3개의 주요 층들로 이루어지는데, p 타입의 a-SiC:H 층, 진성 a-Si:H 층, n 타입의 a-Si:H 층으로 이들이 p-i-n형 구조를 이룬다. 이와 같은 구조를 단일접합 a-Si:H 태양전지라고 한다. 도핑된 박막층은 매우 얇은데 p-형의 a-SiC:H 층은 10 nm 정도의 두께를, n-형의 a-Si:H 박막은 20 nm 정도의 두께를 가진다. 도핑된 박막은 a-Si:H 태양전지 내에서 두 가지 역할을 한다. 첫 번째는 a-Si:H 층을 가로질러 내부 전기장을 형성시킨다. 이 전기장은 진성의 a-Si:H 박막 내부에서 생성된 캐리어들을 접합 양쪽으로 이끌기에 충분한 크기를 가져야 한다. 전기장의 크기는 도핑 정도와 진성 박막의 두께에 따라 결정된다. 두 번째는 도핑된 층이 진성 a-Si:H 층과 외부 전극사이에서 손실이 적은 ohmic 접합을 형성해 주는 것이다. 따라서 p-i-n 접합면을 가로지르는 충분히 높은 내부 전계를 형성하기 위해서는 p, n층 모두 전기 전도도가 높아야하고 동시에 외부전극들과 저항이 낮은 접촉을 형성해야 한다. 약 1.75 eV 정도의 밴드갭을 가지는 진성 박막층은 광흡수층의 역할을 한다. 광흡수층에서 생성된 전자와 정공쌍은 내부 전기장에 의해 쉽게 분리되어 각각 다른 방향으로 이동하게 된다. 진성 박막층 재료의 특성, 내부 전기장의 세기 및 분포가 생성된 캐리어들의 수집을 결정하고, 그 결과 태양전지 성능을 좌우하게 된다. 광흡수층 내의 전

기장 분포는 주로 불순물 농도와 진성 박막 및 도핑된 층과의 계면에 존재하는 불순물 분포에 좌우된다. 광생성된 캐리어는 도핑된 층을 향하여 이동하면서(전자는 n층을 향해, 정공은 p층을 향해), 각각의 전극에 도달하게 된다. 광생성된 캐리어의 가장 주된 수송 메커니즘은 내부 전기장 내에서의 표류(drift)인데, 그러한 이유로 a-Si:H 태양전지는 표류 소자라고 불리기도 한다.

a-Si:H 박막층의 최적 두께를 결정하는 것은 태양전지 설계에 있어 매우 중요한 요소이다. 진성 박막층의 두께는 흡수와 수집간의 미묘한 절충을 통해 정한다. 광흡수는 두꺼울수록 증가하나 수집은 얇을수록 향상된다. 수집 양은 내부 전기장에서의 표류에 의해 좌우되는데, 상세하게는 진성 박막 양단에 걸리는 전기장의 크기와 캐리어의 이동도 및 수명이 포집 정도를 결정하게 된다. 도핑된 층의 페르미 에너지 위치는 소자 양단에 걸리는 내부 전압을 좌우하게 된다. 진성 박막층의 두께와 더불어 내부 전압은 전기장의 세기를 결정한다. 하지만 이렇게 형성된 전기장은 진성 박막 내부에서 균일하게 분포하는 것은 아니며 그 내부에 존재하는 공간전하의 분포에 영향을 받게 된다. 밴드갭 내에 위치한 상태에 포획된 캐리어로부터 기인하는 진성 a-Si:H 박막 내에서의 공간전하는 결정질실리콘 태양전지에서도 흔하기 때문에 무시되어서는 안 된다. 밴드갭 내에 있는 편재화된(localized) 상태의 밀도가 높기 때문에 이 상태에 포획된 전하들은 소자 내의 전체 전하에 큰 영향을 미치고, 전기장의 분포를 좌우하게 된다. 도핑된 층과의 계면에 존재하는 높은 밀도의 결함들은 계면 부근에 강한 전기장을 야기하고, 상대적으로 박막 내부에는 전기장이 비교적 약해진다. 이와 같은 상황이 [그림 5.12]에 나타나 있는데, 320 nm 두께의 진성 박막층 내부에 있는 서로 다른 두 개의 결함 상태 분포가 내부 인자, 태양전지의 암상태 및 광조사 J-V 특성에 미치는 영향을 보여주고 있다. 밴드 다이어그램, 전기장 분포, 퍼텐셜 분포, 그리고 전류-전압 곡선과 같은 태양전지의 내부 인자들을 ASA 프로그램으로 계산한 것이다[108]. 'Standard Model(표준 모델)'로 지칭된 첫 번째의 경우에는 진성 박막 전체에 걸쳐 결함밀도 분포가 균일한, 상태 밀도 표준 모델이 시뮬레이션에 사용되었다. 두 번째의 경우에는 Defect Pool Model(DPM)에 따라 계산한 결함밀도의 분포 상태와 결함밀도의 에너지 분포를 사용하였다. 시뮬레이션에서는 결함상태들의 서술만 달리하였고, 다른 내부 변수들은 모두 동일하게 적용되었다. a-Si:H의 상태밀도 모델은 5.3.3절에 소개되어 있다.

태양전지에 빛을 조사하는 경우 생성되는 높은 밀도의 광생성 캐리어들 역시 공간전하에 영향을 미친다. 이처럼 생성된 광캐리어의 밀도가 너무 높은 경우에는 낮은 이동도를 가지는 정공이 높은 공간 전하를 형성하게 되고 결과적으로 태양전지

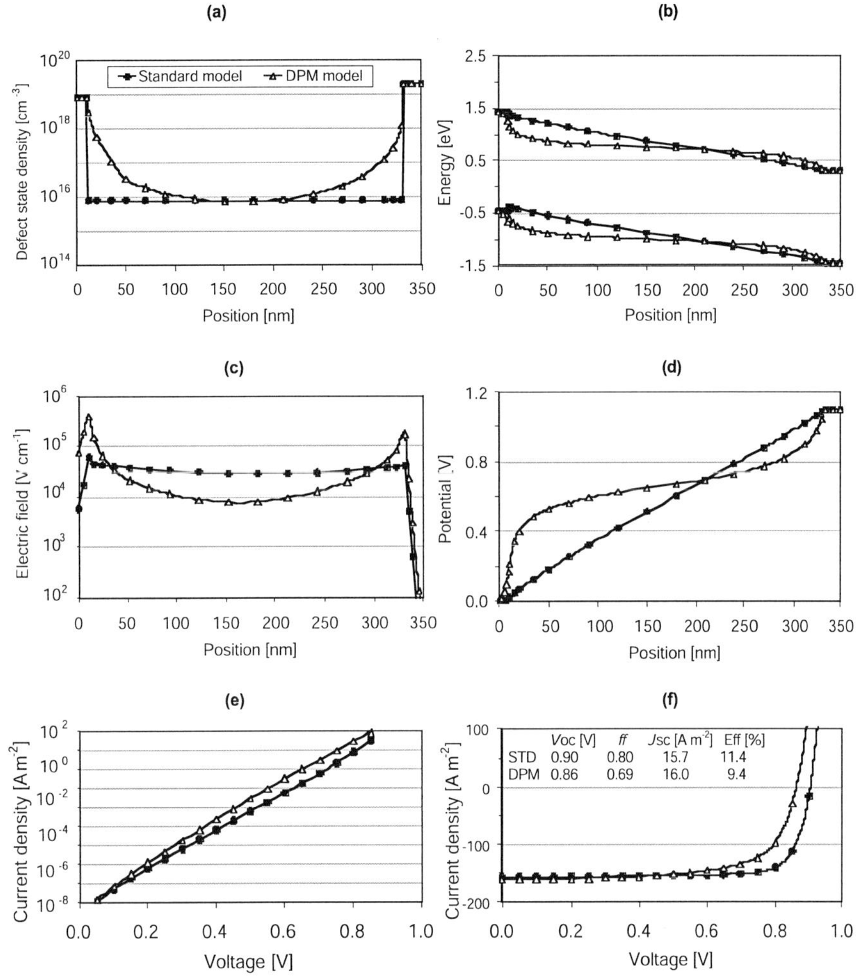

그림 5.12 320 nm의 진성 박막층 두께를 가진 p-i-n형의 a-Si:H 태양전지 특성 시뮬레이션 결과. 태양전지의 구조는 [그림 5.11]에 나타내었음. (a) 결함 농도 분포, (b) 에너지 밴드 그래프 (c) 전기장 분포 (d) 퍼텐셜 분포 (e) 암상태 J-V 특성 (f) 광조사 J-V 특성. 시뮬레이션은 네덜란드 Delft 기술 대학의 ASA 프로그램을 활용하여 계산되었음[108].

후면에서의 전기장이 깨어지는 현상이 발생하게 되는데, 여기에 대해서는 Deng과 Schiff가 기술한 바 있다[109]. 컴퓨터 시뮬레이션을 통해 그들은 진성 박막의 두께가 증가할수록 발생된 전력은 포화되는 결과를 발표하였다. 이와 같은 전력의 포화 현상은 흡수되는 빛 에너지에 의존하게 된다. 2.3 eV 이상의 강한 빛을 흡수한 경우에는 100 nm 이상의 두께에서 전력의 포화가 발생하는데, 이 정도의 두께에서는 대부분의 광자가 흡수된다. 1.8 eV 정도의 약한 빛의 경우 300 nm 이상에서 포화가 나타난다. 이들 두께는 캐리어가 수집되는 길이를 나타내는데, 전기장의 붕괴에 의해 결정된다. 따라서 수집길이는 전기장과 캐리어 이동도 및 캐리어 수명의 곱에 의해 결정된다. 이 시뮬레이션의 결과는 a-Si:H 박막 소자의 구조에서 p 도핑층을 통해 광조사 되도록 하는 것이 왜 더 높은 효율을 나타내는지를 전자와 정공의 비대칭적인 표류(drift)로 설명해 줄 수 있다는 것을 보여준다. Steabler-Wronski 효과에 의해 진성 박막층 내에 추가로 발생된 결함들이 캐리어들의 수명을 감소시켜 캐리어의 수집에 악영향을 미치고 또한 전기장을 왜곡시킨다. 단일접합의 a-Si:H 태양전지에서 진성 박막층으로 가장 적절한 두께는 250 nm에서 320 nm 수준이다[92, 110].

5.5.2 수소화 비정질실리콘 태양전지의 배열 형태

a-Si:H 태양전지에는 크게 p-i-n형과 n-i-p형의 두 가지 배열 형태가 있는데, 이는 실리콘 층을 증착하는 순서에 따라 정해진다. p-i-n형에서는 p층 박막이 가장 먼저 증착되며 이후에 진성 박막과 n층 박막이 형성된다. n-i-p형에서는 이와 반대의 순서로 소자가 형성된다.

상판(superstrate) 구조 배열로 p-i-n 박막의 증착을 위해서는 기판 담체에 반드시 투명한 재료가 요구된다. 대부분의 경우 TCO 박막이 코팅된 유리 기판을 사용하게 된다. TCO 층은 상부 전극역할을 하게 된다. 이를 위해서는 몇 가지 중요한 특성을 만족시켜야 하는데, 사용하는 빛의 스펙트럼 영역(a-Si:H 광흡수층은 350 nm에서 800 nm까지, a-SiGe:H 흡수층의 경우 350 nm에서 1,000 nm까지)에서 투과도가 높아야 하고 낮은 면저항 특성과 온도 안정성 및 화학적 안정성 등이 확보되어야 한다. 이와 더불어 TCO 층은, 입사된 광이 거친 계면에서 산란에 의해 태양전지 내에 잘 흡수되도록 표면을 텍스처링하여야 한다. 유리 기판을 적용하는 경우 TCO 증착공정의 온도를 600℃까지 올릴 수 있어 대기압 CVD 공정의 적용이 가능하다. 이 방식을 통해 고품질의 SnO_2:F 박막형성이 가능하다. TCO 층 위에 비정질실리콘 기반의 p-i-n 박막이 형성된다. 후면전극은 금속 층으로 보통 TCO 중간층(interlayer) 위에 증착한다. TCO 중간층은 n형 실리콘 박막과 금속 층간의 반사계수를 조절함으로써 후면 반사를 개선하고 실리콘과 금속 간의 상호혼합을 방지해 주는 역할을 한다. 상판 구조 배열 p-i-n 형태의 태양전지 후면은 보통 봉지재나 여타 유리 층으로 마감한다.

기판(substrate) 구조 배열 n-i-p형의 경우, 기판이 전지의 후면에 위치한다. 따라서 스테인리스 스틸과 같은 불투명한 기판 적용이 가능하다. 그 밖에 고분자 막 형태의 기판도 가능하다. 이 경우 고분자 재료가 투명할 필요는 없으므로 polyimid와 같이 높은 온도에서도 내성이 좋은 폴리머도 적용 가능하다. 기판으로 사용되는 박판은 유연성을 가질 수 있을 만큼 얇게 할 수 있고, 따라서 롤투롤 공정의 적용 가능성이 생긴다. 매우 높은 반사도를 가지는 후면전극은 은이나 알루미늄 등의 금속과 TCO 층을 기판 캐리어 위에 증착하여 형성한다. 반사된 광이 특정 각도를 통해 다시 내부로 산란되어 흡수될 수 있도록 표면 텍스처링이 필요하다. 스테인리스 스틸을 기판으로 사용한 경우의 텍스처링은 은과 산화아연의 2중 박막을 200~350℃ 사이의 온도에서 증착하여 구현할 수 있다[14]. n-i-p 형태의 층을 순서대로 형성한 후 금속 전극이 포함된 TCO 층을 상부전극으로 형성한다. 전지의 최 상층부는 추가로 유리판을 붙이거나 아니면 투명한 봉지재로 처리한다.

통상적으로는 p-i-n 상판 구조 배열에서는 유리판을 캐리어로 사용하고, n-i-p 기판 구조 배열에서는 유연성을 가진 금속 호일이나 고분자 호일이 사용된다. 따라서 비정질실리콘 태양전지 공정기술도 크게 유리 기판 기반 기술과 유연 기판 기반 기술의 두 가지로 나눌 수 있다.

5.5.3 고효율 태양전지를 위한 설계 접근 방법

진성 a-Si:H 박막층 내에서의 흡수만이 전류 생성에 기여하므로 태양전지 구조에 대한 최적의 광학적 설계를 통해 진성층에서의 흡수를 최대화하고, 다른 층에서의 불필요한 흡수를 최소화할 수 있다. 문헌상에서 이와 같은 설계를 "빛 가두기(optical confinement)"라 한다. 진성 박막층에서의 빛 가두기를 구현하기 위한 접근 방식이 광포획(light trapping)이다. 광포획 외에 광생성 캐리어들의 수집을 용이하게 하는 몇 가지 설계상의 규칙이 있다.

다음에 기술된 사항들은 고효율의 a-Si:H 태양전지를 제작하는 데 필요한 실질적인 설계상의 접근방식으로 그 개요는 [그림 5.11]과 같다.

- 실제 a-Si:H 태양전지에 조사된 광은 p층을 통해 입사된다. 전자보다 정공의 이동도가 낮기 때문에 이런 구조를 취한다. 대부분의 광생성 캐리어들은 태양전지의 전면부에서 발생하므로, 전자와 비교해서 집전 전극까지 정공의 평균 이동경로가 상대적으로 짧아야 한다. 이렇게 하여 정공의 수집효율이 향상된다.
- 빛이 p층의 박막을 통하여 전지 내부로 유입되므로, p 박막층에서 상당량의 흡수가 일어난다. p층에서 생성된 광캐리어들은 광전류 형성에 기여를 하지 못하는데, 이는 p층에서 생성된 소수 캐리어인 전자가 즉시 재결합하기 때문이다. 따라서 p층에서 흡수되는 빛을 최소화하기 위해 박막 두께를 최소화하고 탄소

를 함유한 a-SiC:H로 p층을 만들어 준다. a-SiC:H 층은 2 eV 정도의 광학적 밴드갭을 가지는데, 이를 창 층(window layer)이라 한다.

- 태양전지의 성능은 p층과 i층의 계면 특성에 민감하다. p-i 계면은 밴드갭에너지가 큰 p층과 i층의 에너지밴드 사이에 밴드 옵셋(band offset)을 가진 이종접합(heterojunction)이다. 가전자대(valence band)에서의 밴드 옵셋은 광생성된 정공이 도핑층으로 이동하는 데 있어 장벽이 된다. 광 캐리어들은 p 영역 부근의 i에서 가장 활발하게 생성된다는 점을 반드시 숙지하여야 한다. 위의 밴드 옵셋을 적절히 조정하든가, 그 영역에서의 전기장 분포를 최적화하든가, 그리고 광생성 전자가 p층으로 역 확산되는 것을 방지하기 위해서는 p-i 계면 영역에 특별히 주의를 기울여야 한다[111]. 보통, 넓은 밴드갭에 두께가 얇은 고품질의 진성 혹은 낮은 농도로 도핑된 a-Si:H 혹은 a-SiC:H를 p-i 계면에 도입한다. 이 계면층은 동시에 붕소 원소가 p층에서 진성층으로 확산되는 것을 차단하는 확산 방지층의 역할도 한다. 이와 같은 층을 buffer층이라 부른다.
- a-Si:H 박막 태양전지용 기판은 통상 그 표면이 텍스처링되어 있다. 상판 구조 배열 형태에서는 최상층 TCO의 텍스처링을 통해서, 그리고 기판 구조 형태에서는 TCO와 후면전극 금속의 텍스처링을 통해 태양전지에 거친 계면을 형성한다. 입사된 빛이 거친 표면에 도달하면 일부는 계속 직진하지 않고 여러 방향으로 산란을 일으키게 된다. 이렇게 하여 광흡수층에서의 입사광의 평균 경로가 길어지고 광흡수가 향상된다.

통상적으로 태양전지의 후면은 ZnO 층과 은과 같은 금속층으로 이루어져 있다. 이와 같은 조합은 태양전지 후면에서의 반사율을 크게 향상시키는데, 특히 장파장 영역(600 nm 이상의 파장)의 광흡수를 증진시킨다.

5.5.4 광포획과 투명전도산화물

현재 a-Si:H 태양전지의 개발에서 가장 중요하게 인식되는 분야는 효율적인 광포획 기술이다. 이 기술은 광흡수층에서의 빛 포집을 증가시키고 다른 곳으로 빠져나가는 것을 억제한다. a-Si:H 태양전지에서 효율적인 광포획은 거친 표면에서의 광산란과 높은 반사율을 가지는 후면전극, 그리고 굴절률 매칭을 통한 반사되는 빛의 조작을 통해 이루어진다. 거친 표면에서의 산란은 광흡수층 내에서 빛의 이동경로를 늘려준다. 태양전지의 전면과 후면에서 반복적으로 일어나는 반사는 빛이 광흡수층을 통과하는 횟수를 증가시켜 준다. 이와 같은 구조들은 태양전지 내에서 광흡수를 개선시키고, 결과적으로 태양전지의 광전류를 증가시킨다. Schropp과 Zeman은 a-Si:H 기반의 태양전지에 적용되는 광학적 설계에 대해 상세히 보고하였다[18]. TCO 층은 광포획에 아주 중요한 역할을 담당하며 최고 수준에 있는 태양전지의 효율을 좌우한다. 박막 태양전지에 있어 우수한 성능의 광학적, 전기적, 표면 텍스처 특성을 가진 TCO 박막을 개발하는 것은 가장 중요한 기술적 이슈이다.

상판 구조에서 태양전지의 거친 표면은 TCO 박막을 통해서 형성된다. 동시에 이 TCO 박막은 상부 전면전극의 역할도 수행해야 하기 때문에 여러 가지 재료적 특성을 동시에 만족시켜야 한다. 〈표 5.2〉에 이와 같은 특성들이 나열되어 있고 a-Si:H 태양전지에 적용되는 TCO의 특성이 제시되어 있다. 통상적으로 APCVD 기법을 통해 500℃에서 증착된 SnO_2:F 박막이 TCO로 사용된다. 요즘에는 일본 Asahi 사의 U 타입 SnO_2 박막이 코팅된 유리 기판이 박막 태양전지의 표준 기판재료로 사용된다[112]. 하지만 이렇게 최적화된 유리 기판 제품은 대량생산이 이루어지지 못하고 있다. 최근에는 SnO_2 박막을 ZnO로 대체하는 기술이 주목을 받고 있는데, 이는 ZnO가 낮은 온도(300℃ 미만)에서 증착이 가능하고 수소 플라즈마나 고온 공정에 대해서도 안정하기 때문이다. 또한, ZnO 박막은 기판재료로부터 불순물이 확산되어 들어오는 것을 방지해주는 역할도 한다. 우수한 광학적 전기적 특성을 가지고 있으면서도 ZnO 박막은 다른 TCO 재료들 보다 경제적이다. ZnO 박막은 여러 가지 방식으로 증착할 수 있는데, LPCVD[19], ETP CVD[113], 스퍼터[20] 등이 있다. ZnO 박막의 표면 텍스처링은 박막 증착과정에서 자연적으로 얻어질 수도 있고 [19,113], 화학적 식각 등의 후처리를 통해 형성할 수도 있다[20]. 수소 플라즈마에

표 5.2 TCO 전면전극 박막의 특성

Property	Requirement	ITO	SnO_2:F APCVD	ZnO:B LPCVD	ZnO:Al sputtering
Transmission (350–1000 nm)	>90 %	95 %	90 %	90 %	90–95 %
Bandgap [eV]	>3.5	3.7	4.3	3.4	≈3.45[a]
Sheet resistance [Ω/]	<10	3–5	6–15	6–15	4–15
Contact resistance to amorphous p^+ layer	low ohmic	low ohmic	low ohmic	forms barrier	forms barrier
Roughness	textured	negligible	excellent	excellent	excellent (after treatment)
Plasma durability	resistant	low	good	excellent	excellent

[a] depends on electrical properties (mobility, carrier density, Burstein—Moss shift).

대한 ZnO 박막의 안정성으로 인하여 수소 농도가 높은 플라즈마 분위기에서 비정질 혹은 미결정실리콘 박막을 증착할 수 있는 이점도 있다.

TCO 층과 p층 간의 계면은 태양전지 특성에 중대한 영향을 미친다[114]. a-SiC:H 층의 증착 시 발생하는 SnO_2의 환원으로 단락전류밀도가 낮아진다. 이와 같은 환원은 증착온도가 높거나 높은 수소 유량의 조건에서 현저해진다. 이와 같은 이유로, SnO_2 박막 위에 ZnO 박막을 얇게 증착하여 높은 수소 농도의 플라즈마 분위기에서의 SnO_2 환원을 최소화시키기도 한다. SnO_2 박막 위에 ZnO 박막을 얇게 증착하면 단락전류밀도는 향상되지만 개방전압과 충진율은 감소한다. 이는 축퇴된(degenerated) n형의 ZnO 박막과 계면을 형성하고 있는 얇은 두께의 p층에서 공핍(depletion) 현상이 현저해 지기 때문인데, 이렇게 되어 ZnO 층과의 접촉저항이 높아지고 태양전지의 내부 전압이 낮아진다. 이와 같은 ZnO 박막과 얇은 p층간의 접촉 문제는 높은 전도도를 가지는 미결정실리콘 층을 중간층(interlayer)으로 사용하여 해소할 수 있다.

기판 구조의 태양전지에서는 후면 반사판을 텍스처링하여 거친 표면을 형성한다. 하지만 후면 반사판의 텍스처링을 증진시켜도 광전류의 개선이 나타나지는 않았다[115]. 더욱 더 거칠어진 표면에서 흡수가 증가하여 전류의 증가는 제한적이었는데, 이를 표면 플라즈몬 흡수로 설명하였다[116]. 스테인리스 스틸 기판을 사용하는 경우 최적의 표면 텍스처링은 은과 ZnO 이중층을 200~350℃ 사이에서 증착하여 형성한다[14].

전면 TCO 층은 흡수율과 반사율이 최소화가 되게 설계를 하여야 한다. 이와 같은 조건은 TCO 층의 두께가 반사율이 최소가 되는, 아래 수식을 만족시킬 때이다.

$$d_{\mathrm{TCO}} \times n_{\mathrm{TCO}} = \lambda/4 \tag{5.20}$$

TCO 층의 굴절률은 주로 2에 가까운데 이는 최소 반사율을 가지는 TCO 층의 두께가 대략 80 nm에 해당하는 것을 의미한다. 하지만 이 정도의 TCO 두께로는 충분히 낮은 저항을 구현할 수 없고 따라서 TCO 위에 추가로 금속 그리드를 만들거나, 박막에 구멍(aperture)을 형성하는 SCAF[13] 구조 등으로 직렬 연결하는 등의 추가적인 전류 포집 기술이 요구된다.

TCO 층의 표면 텍스처링은 증착조건과 증착 후처리에 의해 좌우되는데 [그림 5.13]에서 나타낸 바와 같이 다양한 결과가 나타난다. 표면 텍스처링된 기판을 사용하여 광전류의 개선현상이 보고된 이후로[10], TCO 층 표면 모폴로지가 태양전지

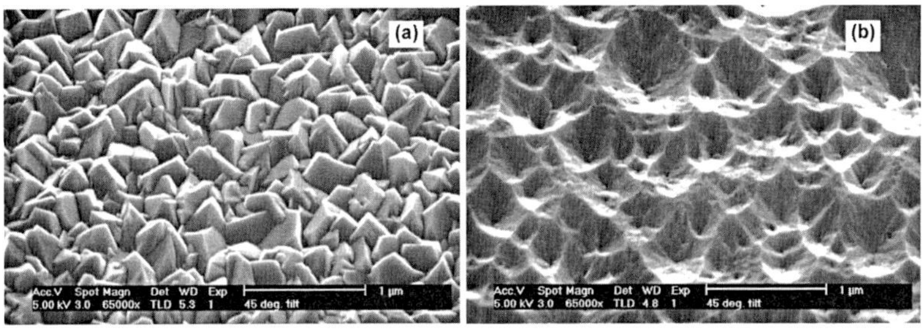

그림 5.13 표면 텍스처링 처리된 TCO 기판의 SEM 분석
(a) SnO_2:F Asahi U, (b) 10초간 식각된 ZnO:Al TCO 표면.

특성에 미치는 영향에 대한 수많은 연구가 진행되었다. 텍스처링된 표면에서 발생하는 산란에 대해 폭넓은 연구가 신행되어, 텍스처링 형상과 광신란 시이의 관계가 연구되었다[117~119]. 거친 표면에서 발생하는 산란에 대한 이해는 컴퓨터 모델링에서 고려해야 하는 핵심요소 중 하나이다. 태양전지 내부의 거친 계면에서 발생하는 복잡한 산란현상에 대한 광학 모델을 통한 분석과 최적화는 매우 효과적인 연구수단을 제공한다[118, 120]. 시뮬레이션 결과는 전면 및 후면 접촉전극 표면의 텍스처링이 태양전지 특성에 기여하는 정도를 이해할 수 있게 해주고 태양전지 전류를 향상시킬 수 있는 후면전극 물질 선정에 기준을 제공한다. 동시에 컴퓨터 모델링은, 태양전지 내에 있는 광활성층이 아닌 층에서 발생하는 광학적 손실도 분석한다. 통상적으로 450 nm에서 600 nm 부근의 파장영역에 대한 태양전지 성능의 개선은 전면에서 발생하는 산란을 통해 이루어지고 600 nm 이상의 영역은 주로 후면전극을 통해 개선될 수 있다. 따라서 전체 태양광 스펙트럼을 충분히 활용하기 위해서는 태양전지의 전면과 후면은 모두 충분히 거친 상태를 유지해야 한다. 반사방지막이 사용되지 않은 경우에도 거친 계면에서 굴절률 분포를 잘 조절함에 따라 나타나는 반사방지 특성 덕분에 전체 반사율이 크게 줄어드는 효과가 있다[120].

5.5.5 수소화 비정질실리콘 태양전지의 열화

단일접합 a-Si:H 태양전지는 운전 시작 후 초기 단계에 성능이 큰 폭으로 떨어지는데, 이는 빛에 의해 야기된 광열화현상(light induced degradation) 때문이다. 초기 열화기간을 거치고난 후 태양전지 특성은 안정화된다. 비교적 우수한 성능의 a-Si:H 태양전지는 안정화된 이후에 초기 성능의 70~85%를 나타낸다.

이와 같은 열화현상은 후열처리를 통해 복구가 가능하다. 따라서 a-Si:H 태양전지의 경우 표기된 효율이 초기효율(공정 직후)인지 안정화 효율(열화 테스트 이후)

인지 확인하여야 한다. 대부분의 국가들은 열화 테스트 혹은 광 조사 테스트를 위한 기준을 가지고 있다. 일본의 경우 '간이 안정화 효율'은 다음의 조건으로 310시간을 조사한 후의 성능을 나타낸다 : 광조사 강도 1.25 sun, 온도 48℃, 개방회로 조건. 미국의 경우 600시간동안 1 sun의 조사강도를, 50℃ 온도에서 개방회로조건으로 유지한 결과를 안정화 효율로 정의한다. 태양전지 분야에서 1 sun 강도란 1,000 Wm^{-2}의 광조사 강도를 의미한다.

광조사에 따른 태양전지의 열화현상은 Staebler-Wronski 효과에 기인한다. 성능상의 저하는 광흡수층에 또 다른 준평형상태의 결함들이 발생한 것으로 설명하는데, 이 결함들은 추가적으로 포획 및 재결합의 중심으로 작용하게 된다. 포획의 결과로 진성 a-Si:H 박막 내부에서의 공간전하 분포가 바뀌게 되고 따라서 진성층에 걸쳐서 내부 전기장도 뒤틀어진다. 이렇게 되어 표류(drift)현상은 약해지고, 그 결과 캐리어 포집도 떨어진다. 그러므로 a-Si:H 태양전지의 구조와 a-Si:H의 각 박막층의 특성은 광조사 상태를 감안하여 최적화하여야 한다.

빛에 의한 a-Si:H 태양전지 열화현상 중 일부는 광흡수층의 두께를 줄이면 개선할 수 있다. 하지만 광흡수층이 얇으면 광흡수가 적어지고, 결과적으로 낮은 단락전류밀도를 나타내게 된다. 캐리어 생성과 캐리어 수집 간의 절충을 할 수밖에 없는 것을 극복하는 한 가지 방안은 효율적인 광포획을 구현하는 것이다. 다른 방안으로는 적층형의 다층구조 태양전지를 사용하는 것이다. 하나 혹은 그 이상의 태양전지를 적층함으로써 단일접합 태양전지에 비해 유사하거나 더 높은 광흡수 특성을 얻을 수 있다. 적층형 태양전지의 경우 상대적으로 얇은 박막을 사용하므로 광조사에 의해 발생되는 추가적인 결함에 덜 민감하다.

최근 가장 높은 안정화 효율을 나타내는 단일접합 a-Si:H 태양전지는 광흡수층으로 250 nm에서 320 nm 두께의 a-Si:H 박막을 사용한다. 최적의 두께는 우선적으로 광포획의 효율성에 따라 결정된다. [그림 5.14]는 스위스 IMT에서 발표한 세계 최고수준의 안정화 효율인 9.47%를 나타내는 단일접합 a-Si:H 태양전지의 광조사 J-V특성과 양자효율 특성이다[92].

5.5.6 다중접합 수소화 비정질실리콘 태양전지

다중접합 태양전지의 개념은 a-Si:H 태양전지의 출력전압을 높이기 위해 도입한 것이다[6]. 얼마 지나지 않아 적층한 태양전지가 a-Si:H 태양전지의 안정화 특성을

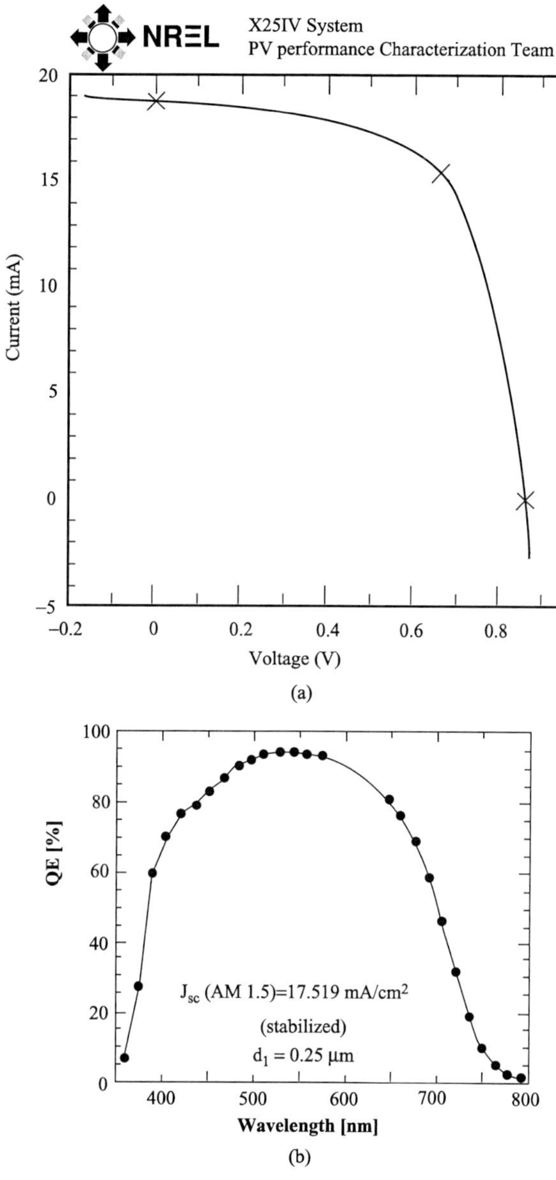

그림 5.14 스위스 IMT에서 만든 단일접합 a-Si:H 태양전지 특성 : (a) 광조사 I-V 특성, (b) 양자효율 특성.

개선시킬 수 있는 실질적인 해결책이 될 수 있다는 것이 알려지게 되었다[121]. 셀 위에 다른 셀이 적층된 구조를 표기하는 데 있어 탠덤 혹은 듀얼 접합이나 이중접합 태양전지 등의 용어들이 사용되었다. 3개의 태양전지를 적층한 경우 삼중접합 태양전지라고 한다. 다층구조의 태양전지는 단일접합 태양전지에 비해 훨씬 더 복잡성을 가지는데, 그 예를 [그림 5.15]에 나타내었다. 다중접합 태양전지가 원활히 동작하기

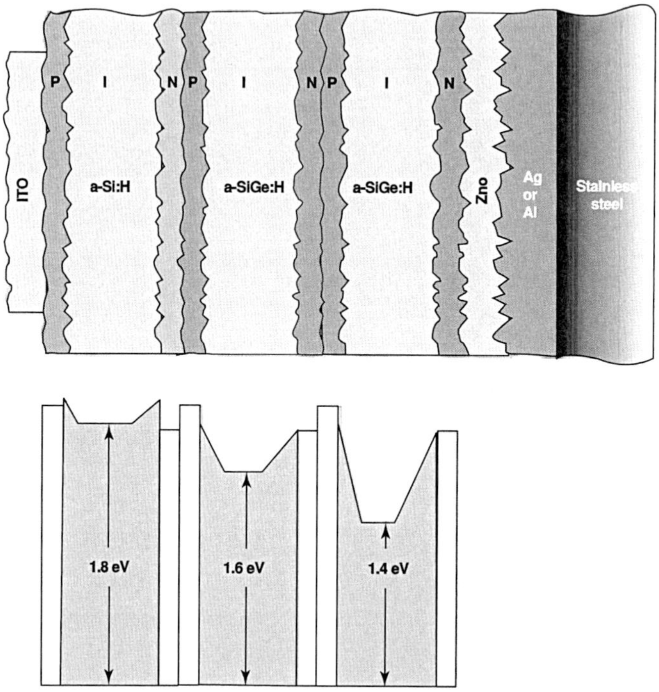

그림 5.15 a-Si:H/a-SiGe:H/a-SiGe:H 삼중접합 태양전지의 구조 및 밴드 구조 모식도.

위한 두 가지 중요한 구비조건이 있다: (i) 최대 전력점(maximum power point)에서의 전류는 동일해야 하며(전류 정합), (ii) 태양전지 요소 셀 간의 내부 직렬연결은 전기적, 광학적 손실이 최소화되도록 구현해야 한다. 내부 직렬연결은 인근 요소 셀로부터 도착한 반대 극성을 가진 캐리어들의 재결합이 이루어지는 n-p 접합에서 이루어진다. 도핑된 층을 통하여 일어나는 캐리어들의 터널링 현상이 재결합을 용이하게 하는데, 이 층을 터널 재결합 접합(tunnel recombination junction : TRJ)이라고 한다.

5.5.6.1 전류 정합

다중접합 태양전지를 구성하는 각각의 태양전지는 직렬연결된 전류 소스로서의 기능을 하기 때문에 반드시 전류 정합이 필요하다. 각 태양전지들 중에 가장 낮은 전류를 생성하는 요소 셀이 전체 태양전지의 전류를 결정하게 된다. 전류 손실을 방지하기 위해서는 각각의 태양전지가 동일한 양의 전류를 생성해야 한다. 각각의 태양전지가 생성하는 전류는 주로 광흡수층에 흡수되는 빛의 양에 의해 결정되는데, 이는 다시 각 광흡수층의 두께와 직접적인 연관이 있다. 따라서 각 태양전지의 광흡수층 두께 조절을 통해 전류 정합을 구현한다. 다중접합 태양전지의 전류 정합을 분석하고 최적의 광흡수층 두께를 예측하기 위해 컴퓨터 모델링 기법이 사용된다[108].

5.5.6.2 터널 재결합 접합

TRJ는 적층된 요소 태양전지 사이의 계면을 다룬다. 이 계면은 실제 요소 태양전지들이 순방향 바이어스 조건에서 작동할 때 역 방향으로 연결된 n-p 다이오드 형태로 형성된다. 적층된 요소 태양전지들이 정상적인 동작을 하기 위해서는 요소 셀 간에 rectifying 접촉이 아니라 오믹(ohmic) 접촉이 이루어져야 한다. 이와 같은 오믹 접촉은 소자들 간에 TRJ를 형성하여 구현한다. TRJ에서는 상층 셀의 n층에 도달한 전자들과 하층 셀의 p층에 도달한 정공들 간에 완전히 재결합이 일어나게 한다. 이 계면에서 광생성 캐리어들 간의 재결합으로 인해 적층된 태양전지들 사이에 지속적으로 전류가 흐르게 된다. 이 역방향 n-p 바이어스에 걸리는 매우 높은 전기장은 캐리어들의 터널링이 접합의 중심부에 위치한 결함 상태들 쪽으로 잘 일어나게 한다. 캐리어들 간의 효과적인 재결합은 이 결함 상태들을 통해 보다 잘 일어난다. 양호한 오믹 접촉을 구현하기 위해 TRJ는 최소한 두 개의 도핑층 중 한쪽의 박막을 미결정 실리콘으로 만든다[121, 122]. TRJ를 형성하기 위한 다른 방안으로는 두 요소 셀 사이에 얇은 산화물 박막을 형성하는 것인데, 이 층이 효율적인 재결함 층의 역할을 한다[123]. n-p 접합이 양질의 오믹 접촉을 형성하는 경우 다중접합 태양전지의 개방전압은 각 적층된 태양전지의 개별 개방전압의 합으로 나타난다. 따라서 적층되는 개별 태양전지의 특성을 최적화시켜 전체 다중접합 태양전지의 최적 특성을 얻을 수 있다[4].

5.5.6.3 파장대역 분리의 개념

a-Si:H 태양전지가 가지는 또 다른 장점은 적층 태양전지의 각 요소 셀들을 태양광 스펙트럼의 특정 영역에 맞추어 설계할 수 있다는 것이다. 단일접합 a-Si:H 태양전지에 비해 더 좁거나 넓은 밴드갭을 가지는 광흡수층들을 사용하여 태양광 전 파장 영역을 더 효율적으로 활용할 수 있게 된다. 넓은 밴드갭을 가지는 광흡수층의 태양전지는 높은 에너지를 가진 광자를 전환시켜 높은 개방전압을 형성하며, 좁은 밴드갭을 가지는 태양전지는 붉은색이나 적외선 영역의 빛을 주로 흡수하게 된다. 이와 같이 다른 흡수 대역을 가지는 태양전지를 적층하는 방식을 파장대역 분리(스펙트럼 분리)라고 하며 이를 통해 단일접합 태양전지에 비해 변환 효율을 더 향상시킬 수 있는데, 이를 'Multi bandgap' 접근방식이라 부른다.

5.5.6.4 수소화 비정질실리콘 기반의 탠덤 태양전지

여러 가지 조합의 광흡수층 재료들이 적층형 a-Si:H 태양전지에 적용되었다. 초기의 탠덤 태양전지는 요소 셀에 동일한 a-Si:H 재료를 광흡수층으로 사용하였다. a-Si:H/a-Si:H 탠덤 태양전지는 동일 대역 탠덤 태양전지이다. 이 탠덤 태양전지는 제조공정이 단순하고, 다른 물질들을 광흡수층으로 사용하는 태양전지에 비해 저렴한 제조비용이 장점이다. 단점으로는 상대적으로 효율이 낮다는 것이다. 안정화 이후 기준으로 상판 구조와[124], 기판 구조[14] 두 가지 배열 형태에서 최고 10.1%의 효율이 보고된 바 있다.

탠덤 태양전지에서 가장 높은 효율은 상층 셀이 1.7 eV, 하층 셀이 1.1 eV의 밴드갭을 가지는 조합으로 구성된 경우에 가능할 것으로 보고 있다[125,23]. 광학적 밴드갭을 넓힐수록 결함밀도가 증가하는 진성의 넓은 밴드갭을 가진 a-SiC:H 태양전지에 비해, 비교적 낮은 증착온도와 높은 수소 유량의 조건하에서 만든 넓은 밴드갭의 a-Si:H 박막($E_{opt} \approx 1.8$ eV)이 상층 셀의 광흡수층용으로 가장 유망한 것으로 밝혀졌다[85, 77]. 최근에는 a-SiGe:H과 μc-Si:H 소재를 좁은 밴드갭 광흡수층으로 사용하고 있다. μc-Si:H 박막을 적용한 예는 제4장에 상세히 설명되어 있다. a-SiGe:H 박막을 광흡수층으로 사용하는 데 있어 단점은 Ge 함량이 늘어날수록 박막의 전기적 특성이 나빠진다는 점인데, 현재까지 광전기적 특성이 양호하면서도 밴드갭이 1.4 eV 이하인 a-SiGe:H 박막이 제조된 바가 없다. 서로 다른 밴드갭을 가진 a-SiGe:H 박막을 광흡수층으로 사용한 경우에 있어 a-SiGe:H 박막은 합금과 함께 내부 결함밀도가 증가하고, 그 결과 태양전지의 충진율이 더 낮아진다. 이와 같은 특성은 전류정합 시 반드시 고려되어야 하는데, 그 이유는 광조사 조건하에서 적층된 태양전지들이 최대 전력점을 추종토록 정합시켜야 하기 때문이다. 따라서 단락전류 값은 적층 태양전지의 정합을 하는 데 있어 대략적인 판단기준이 된다.

게다가 도핑된 층과 a-SiGe:H 층 사이의 계면에는 매우 큰 밴드 옵셋이 발생한다. 예를 들어, 밴드갭 1.95 eV의 p형 a-SiC:H 층과 1.45 eV의 a-SiGe:H 층 사이에는 0.5 eV의 차이가 생긴다. 이와 같은 밴드갭의 차이는 광생성된 캐리어들을 포집하는 데 있어 장벽이 된다. 캐리어 이동상의 장벽을 극복하기 위해 계면부근에 게르마늄의 농도 분포를 매우 복잡하게 조절한 예가 있다[126, 127]. 이와 같이 농도의 분포가 변화하는 영역을 가리키기 위해 구배층(graded layer)이라는 용어를 사용한다.

a-Si:H/a-SiGe:H 탠덤 태양전지에서 전류 정합은, 상층 셀의 a-Si:H 광흡수층 두께가 100~150 nm 부근이고, 하층 셀이 120~150 nm의 두께를 가질 때 가장 효율적

표 5.3 a-Si:H 기반 태양전지의 안정화 효율 특성

Absorber layers	Area [cm^2]	J_{sc} [mA cm^{-2}]	V_{oc}[V]	FF	η_{stab}[%]	η_{in}[%]	Institution
Superstrate configuration (p-i-n)							
a-Si	1.0	17.5	0.86	0.63	9.47	11.2	IMT-Neuchatel [92]
a-Si/a-Si	1.0	~8.6	~1.73	~0.68	10.1		Fuji [124]
a-Si/a-SiGe	1.0	10.9	1.49	0.65	10.6	11.6	Sanyo [130]
Substrate configuration (n-i-p)							
a-Si	0.25	14.36	0.96	0.67	9.3		USSC [14]
a-Si/a-Si	0.25	7.9	1.83	0.70	10.1		USSC [14]
a-Si/a-SiGe	0.25	10.68	1.71	0.67	12.4		USSC [14]
a-Si/a-SiGe/a-SiGe	0.25	8.27	2.29	0.68	13.0	14.6	USSC [14]

이다. a-Si:H과 a-SiGe:H 박막을 함께 사용할 때의 장점은 전체 광흡수층의 두께가 300 nm 미만이라는 점이다. 상판과 기판 구조 배열 형태에서 가장 우수한 a-Si:H/a-SiGe:H 탠덤 태양전지의 성능은 〈표 5.3〉과 같다. 더욱 효율적인 입사광 조절과 광흡수층의 밴드갭 조절, a-SiGe:H 박막의 조성 조절 및 TCO층과 도핑된 박막에서 발생하는 손실을 개선함으로써 태양전지의 성능이 더 개선될 것으로 예상하고 있다. 이와 같은 접근 방법으로 광흡수층의 두께는 줄이면서도 단락전류 밀도를 향상시킨 예가 보고되었다[12].

5.5.6.5 수소화 비정질실리콘 기반의 삼중접합 태양전지

탠덤 태양전지에 세 번째의 태양전지를 적층함으로 추가의 효율 개선을 기대할 수 있다. 현재까지 a-Si:H 박막 기반으로 제작된 태양전지 중 최고의 안정화 효율을 기록한 것은 미국의 United Solar 사가 기판 구조 형태로 구현한 a-Si:H/a-SiGe:H/a-SiGe:H 삼중접합 태양전지이다. [그림 5.15]가 그 구조를 나타낸 것이다. 최상층 박막은 대략 70 nm 두께의 ITO 박막으로 상부전극과 반사방지막 역할을 동시에 수행한다. 이 ITO 층의 두께는 낮은 저항을 유지하기에는 너무 얇다. 접촉저항을 줄여주기 위해 ITO 층 위에 추가로 금속 그리드전극을 형성하였다. 삼중접합이 가지는 구배층과 층별로 다른 물질로 구성되는 데 따른 복잡한 구조를 설명하기 위해 [그림 5.15]에서는 각층별 밴드갭을 비교하여 나타내었다. 삼중접합 태양전지에서 얻은 최고의 효율은 13% 수준인데, 이때 초기효율은 14.6%이었다[128]. [그림 5.16]은 초기 J-V 특성과 양자효율 특성을 나타낸 것이다. [그림 5.14]의 단일접합 태양전지 특성과 비교해 보았을 때 삼중접합 태양전지가 양자효율 특성에서 훨씬 더 넓은 스펙트럼 영역을 활용하는 것을 확인할 수 있다. United Solar 사에 의해 초기

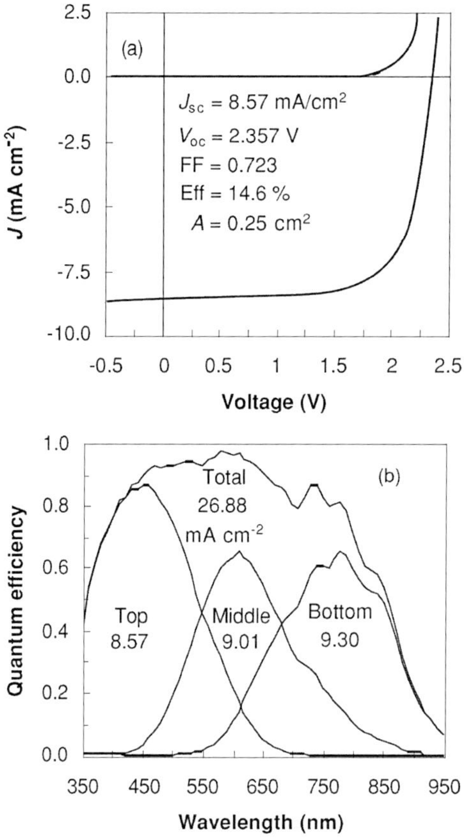

그림 5.16 (a) a-Si:H/a-SiGe:H/a-SiGe:H 삼중접합 태양전지의 특성, (a) 초기 AM1.5 J-V 특성, (b) 양자효율 특성.

효율 기준으로 15.2%도 보고되었는데, 차후 더욱 개선된 수준의 안정화 효율도 가능할 것으로 예상할 수 있다[4].

기판 구조 배열이 가지는 장점으로는 a-Si:H 기반 다중접합 태양전지용 박막 증착 시 최적의 증착온도에 더 적합하다는 점이다. 상판 구조 형태의 태양전지는 광흡수층 증착 시 p-i 계면에 가해지는 열 손상을 방지하기 위해 공정온도를 200℃ 미만으로 제한하는 반면[75], n-i-p 배열에서는 높은 증착온도에서 낮은 밴드갭의 광흡수층 제작이 가능하다.

a-Si:H/a-SiGe:H 탠덤 태양전지에 적용된 것과 유사한 접근방식을 적용하면 삼중접합 태양전지의 추가적인 성능 개선이 기대된다. 태양전지 제조업체들은 이와 같은 삼중접합 태양전지가 가지는 추가적인 성능개선과 기술의 복잡성이 증가함에 따른 비용의 증가를 감안한 기술을 개발해 나가고 있다.

5.5.6.6 고효율 실리콘 박막 태양전지의 외부적인 변수

〈표 5.3〉은 실험실에서 만든 상판 구조와 기판 구조 형태의 a-Si:H 기반 태양전지의 최고 특성을 요약한 것이다. 단일접합 태양전지는 다중접합 태양전지에 비해 광흡수층의 두께가 두꺼운 구조라 열화가 더 심하다. 열화가 가장 심한 경우 20% 이상 효율이 감소한다. 다중접합 태양전지의 경우 성능저하가 10% 미만이다. 개방전압은 적층되는 태양전지 수가 많아질수록 높아진다. 이와 같이 전반적인 태양전지 성능요소들을 고려해 보았을 때 다중접합 태양전지가 단일접합 태양전지에 비해 더 유리한 것으로 보인다. 다중접합은 전류값이 낮으므로 전극에서, 특히 TCO 전극에서의 저항 손실을 줄일 수 있고, 출력 전압이 높기 때문에 모듈설계 시 좀 더 다양한 구조가 가능하다.

5.5.6.7 수소화 비정질실리콘 태양전지 모델링

a-Si:H 기반 태양전지 연구에 있어 컴퓨터 시뮬레이션은 태양전지의 성능을 좀 더 자세히 이해하고 사용된 재료의 특성을 최적화하고 태양전지의 효율적인 구조를 도출하는 데 필수적인 요소로 부각되고 있다. 현재 몇 가지의 컴퓨터 시뮬레이션 프로그램이 비정질실리콘 및 미결정실리콘 태양전지 연구에 활용 가능하다. 이들 프로그램들은 복잡한 형태의 비정질실리콘의 전기적 특성을 표현하는 모델을 포함하고 있지만 일차원적 수준의 모델링에 한정되어 있다. 가장 폭넓게 사용되고 있는 프로그램의 예로는, 비정질실리콘 연구 분야에 주로 사용되는 미국 펜실베니아 주립대학의 AMPS 프로그램[108]과 네덜란드 Delft 기술 대학의 ASA 프로그램을 들 수 있다. 비정질실리콘의 모델링과 관련된 여러 주요 이슈들은 문헌[18]에 상세히 기술되어 있다.

활용이 가능한 모델들이 아직까지는 일부 변수들의 불명확성으로 인해 한계를 가지고 있지만, 그럼에도 불구하고 이 같은 모델들은 기술개발에 확실한 기여를 하고 있다. 시뮬레이션을 통해서 모델 변수들의 영향을 개별적으로 확인할 수 있는데, 이들을 실험적으로 하나하나 확인하기에는 한계가 있다. 또한, 각각의 매개변수들을 독립적으로 설정하고 이해하여 소자에서 작은 변화가 가져올 특성변화를 빠르고 더욱 신뢰성 있게 예측해 낼 수 있다. 결과적으로 컴퓨터 프로그래밍을 통해 간접적으로나 혹은 아예 측정이 불가능한 특성을 해석하여 소자성능을 예상해 볼 수 있다. [그림 5.12]에 나타낸 바와 같이 태양전지의 내부 요소들을 시뮬레이션한 결과들이 그 좋은 예가 될 수 있다. 더불어 컴퓨터 하드웨어 가격이 낮아지면서 성능 개선이 이루어지고 있어, 실제 실험 비용이 엄청나게 높아지는 것과 상반되게 시뮬레이션에 소요되는 경비는 적어지고 있다.

5.6 수소화 비정질실리콘 태양전지 모듈의 성능 및 제조

소면적 태양전지로부터 생산되는 전력은 실제 사용하기에는 충분치 않다. 따라서 요구되는 전력 및 전압을 만족시키기 위해 태양전지들은 직렬 또는 병렬형태로 연결한 모듈의 형태로 만든다. 실제 산업적인 측면에서 수소화 비정질실리콘 태양전지의 핵심 공정은 모놀리식하게 집적화된(monolithically integrated type) 태양전지 기술의 개발이다[7]. 제조공정 중에 셀들을 모놀리식하게 직렬연결하여 모듈로 만들기 용이하다는 점은 수소화 비정질실리콘 태양전지의 가장 큰 장점이라 할 수 있다. 셀들의 단일 직렬연결 방식은 [그림 5.17]과 같다.

실험실 수준에서 최적화된 셀 면적 1~100 cm^2에서의 성능을 0.3 m^2 이상의 면적을 갖는 모듈에서 얻는 것은 매우 어렵다. 실험실 수준의 태양전지에 비하여 모듈의 성능이 떨어지는 것은 고유의, 그리고 공정에 관련된 여러 가지 인자들이 영향을 미치기 때문이다[130]. 고유한 손실은 개개의 셀을 서로 연결시켜 대면적 모듈로 제조하는 과정에서 발생한다. 셀들을 모놀리식하게 직렬연결하면 투명전도막의 면저항과 접촉저항에 의한 joule 열 손실이 발생하고, 상호연결과 접촉전극 때문에 유효면적이 감소한다. 공정 관련된 손실들은 비용을 고려한 생산 공정과 비용 및 공정의 복잡성을 고려하지 않는 실험실 수준의 공정 사이의 경제적인 문제의 차이로부터 발생한다. 최적화되지 않은 상업용 투명전도막의 사용, 각 층의 두께를 포함하여 제조 과정 중의 불균일성을 초래하는 대면적 증착기술의 사용 등이 공정 관련 손실 요인들이다. 이러한 것들이 각 셀들의 성능을 평준화시키고, 통계상으로 모듈 수준에서 효율을 떨어트리는 요인이 된다. 이들 요인들은 일반적으로 약 30%가 넘는 누적 손실을 가져온다. 따라서 모듈 제조업체들은 이러한 손실들을 최소화하기 위하여 많은 노력을 하고 있다. 예를 들어 삼중접합 모듈을 생산하는 United Solar의 경우는

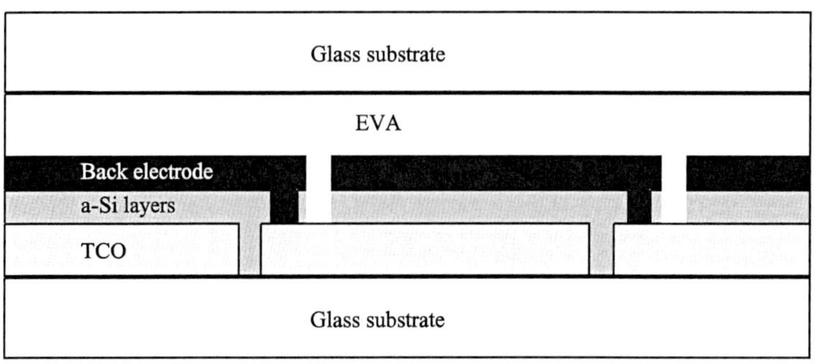

그림 5.17 모듈 내의 a-Si:H 셀의 모놀리식 직렬연결 개략도.

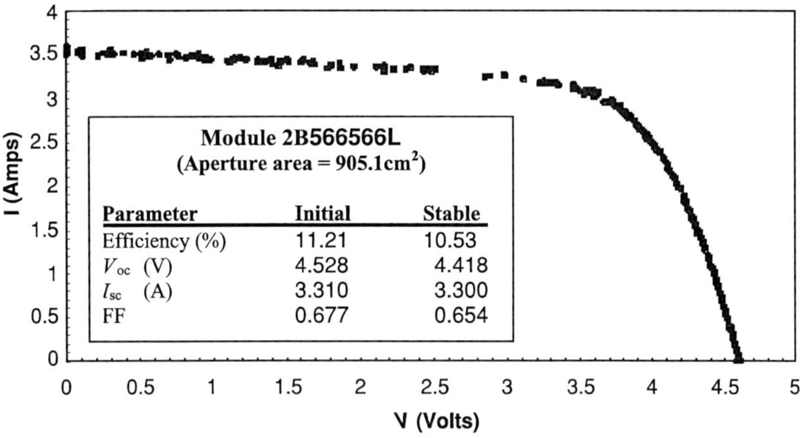

그림 5.18 United Solar 사 모듈의 초기 및 안정화 효율.

금속 그리드 선과 봉지에 의한 면적 손실, 그리고 불균일성에 따른 모듈 수준의 손실이 약 16% 정도이다[14]. 초기효율 11.2%와 안정화 효율 10.5%를 갖는 스테인리스 스틸 기판 a-Si:H/a-SiGe:H/a-SiGe:H 기판 구조의 완전 봉지된 모듈(905 cm^2)의 I-V 특성을 [그림 5.18]에 나타내었다. 유리 기판(3,917 cm^2)을 사용한 단일접합의 상판 구조 형태의 모듈로, 일본 Kaneka 사가 제조한 10.7%의 초기 효율을 갖는, 최고 성능의 태양전지의 전류-전압 곡선이 [그림 5.19]이다.

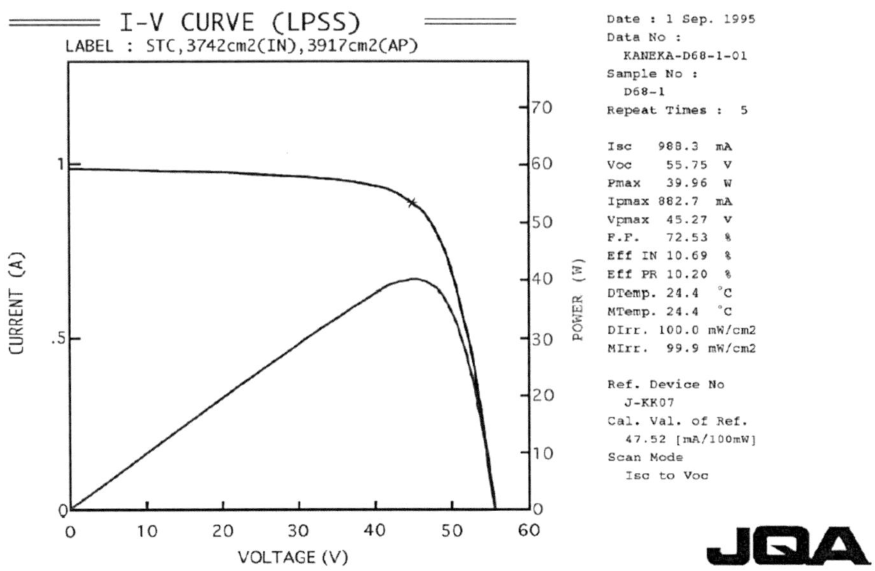

그림 5.19 Kaneka 사의 단일접합 a-Si:H 모듈의 광조사 I-V 특성.

변환효율의 값들은 주의 깊게 살펴보아야 하는데, 소자의 면적에 따라 상당한 차이가 있기 때문이다.

- 실험실 수준의 미니 셀(크기 1 cm^2 이하, 패터닝 없음)
- R&D 모듈, 봉지되지 않았으며 대량생산품이 아님(크기 0.1 m^2)
- 상업용 모듈

조사강도 1 kWm^{-2}, AM1.5 스펙트럼 그리고 25℃의 표준 시험조건(standard test conditions : STC)하에서 변환효율을 측정하여야 한다. 그러나 통상 옥외에 설치된 모듈들은 표준 시험조건에서 작동하지 않는다. 따라서 서로 다른 태양전지로 만든 모듈의 실제 성능을 비교하기 위하여 동일한 광 조사 조건하에서 모듈 면적당의 에너지 수율(Energy yield)을 구한다. 다른 태양전지에 비해 비정질실리콘을 사용한 모듈의 에너지 수율이 높다는 결과들이 최근 Shah 등[132]에 의하여 발표되었다.

5.6.1 에너지 수율

에너지 수율(energy yield) 개념을 사용함으로써, 사용자는 좀 더 실용적으로 모듈의 성능을, 비용 대비 실제로 생산한 전기의 판매비용으로 비교 판단할 수 있다. 〈표 5.4〉는 지역적으로 멀리 떨어져 연간 태양광의 일조량이 서로 다른 두 곳에 여러 종류의 태양전지 모듈을 설치하고 측정한 에너지 수율(모듈 단위 면적당 연간 발전량 : $kWh\ m^{-2}\ yr^{-1}$)을 상호 비교한 것이다. 여기에 모듈의 상대적인 성능(모듈발전용량 대비 연간 발전량 : $kWh\ kW^{-1}\ yr^{-1}$)과 유효효율(effective efficiency)도 함께 나타내었다. 표준 시험조건에서의 효율과는 달리 유효효율은 에너지 수율과 연간 평균 일조량의 비로서, 여기에는 태양전지 효율에 영향을 줄 수 있는 온도, 조사강도 그리고 빛의 파장분포 등의 모든 변화를 감안한 것이다.

〈표 5.4〉의 데이터들은 동일 기후조건 하에서 상업용 모듈의 성능을 비교한 자료이나, 모든 태양전지와 제조업체에 대한 일반적인 비교 목적은 아니다. 예상하는 바와 같이 에너지 수율은 대략 제조업체에서 제공하는 STC 효율 값을 따르는 경향을 보인다. 그러나 주목할 만한 데이터들도 함께 존재한다. 이러한 것들 중 일부는 제공된 사양과 일치하지 않는 실제 STC 효율에 기인한다. 흥미로운 것은 다음과 같이 모듈출력에 영향을 미치는 다양한 요소들이 개별적으로 또는 복합적으로 존재한다는 것이다.

표 5.4 태양전지 종류별로 스페인 Mallorca와 영국 Oxford에 설치된 모듈의 STC 효율, 에너지 수율, 유효효율 등의 비교(Mallorca의 연간 일조량 1,700 kWh m^{-2} yr^{-1}, Oxford 1,022 kWh $m^{-2}yr^{-1}$, 유효효율은 인버터 손실을 보정한 값임).
(데이터 제공 : Dr Christian N. Jardine, ECI, University of Oxford)

제 품	태양전지 유형	모듈효율 (%) STC	Energy yield (kWh m^{-2} yr^{-1})		Relative performance (kWh kWp^{-1} yr^{-1})		Effective efficiency (%)	
			Mallorca	Oxford	Mallorca	Oxford	Mallorca	Oxford
Unisolar US 64	a-Si triple	6.3	87.3	54.3	1380.4	858.6	5.67	5.87
ASE 30 DG-UT[a]	a-Si tandem	5.4	88.3	52.9	1655.3	991.8	5.63	5.64
Solarex Millenia	a-Si tandem	5.4	79.8	48.8	1515.5	926.2	5.05	5.22
Intersolar	a-Si single	4.4	38.9	22.3	887.4	557.3	2.45	2.40
Siemens ST 40	CIGS	9.4	150.3	99.2	1553.3	1025.3	9.47	10.53
BP 585	sc-Si	13.6	187.9	117.2	1389.2	871.8	11.6	12.41
ASE 300 DG-UT	mc-Si (EFG)	12.4	155.9	101.8	1340.4	875.1	9.29	10.75
Solarex MSX 64	mc-Si	11.5	143.1	96.2	1368.0	842.0	8.83	10.41
Astropower APX-80	mc-Si (APEX)	8.2	88.1	61.2	1352.9	821.8	5.46	6.47

[a] Now RWE SCHOTT Solar.
[b] data sheet values.

- 일일 또는 계절적인 일조량 대비 분광응답(spectral response)
- 온도
- 태양광 조사강도
- 적층 셀의 경우 스펙트럼 분포에 따른 전류 정합의 변화(Unisolar US 64 삼중접합은 전류 정합의 민감성이 높아 ASE 30 이중접합 모듈에 비하여 적은 에너지를 발생시킴).

결론적으로 STC 효율은 모듈의 품질에 대한 척도로 사용할 수 있다. 그러나 모듈 성능을 비교하는 데 있어 결정적인 수치는 에너지 수율이다. 연간 에너지 수율을 모듈의 출력으로 나눈 값으로 정의되는 상대적인 성능(relative performance)도 사용되고 있다. 이 값은 기본적으로 모듈에 명시된 출력(kW)에 대비해서 얼마나 많은 전기량을 생산하는지를 보여준다. 기본적으로 이 값은 모듈의 명목상의 출력을 낼 수 있는 기간(h/yr)에 해당한다. 위에서 언급한 다양한 의존성 때문에 실리콘 박막 모듈은 결정질실리콘 모듈보다 우수한 성능을 나타내기도 한다(〈표 5.4〉에서 비정질실리콘 이중접합 모듈 ASE 30와 결정질실리콘 모듈 BP 585를 비교).

5.6.2 수소화 비정질실리콘 모듈의 제조

2004년도 비정질실리콘 모듈의 총 생산용량은 약 75 MW였으며 실제 생산량은 25 MW를 초과하였다. 비정질실리콘 모듈 생산의 선두주자들은 30 MW의 생산용량을 가진 미국 United Solar, 20 MW의 일본 Kaneka, 그리고 10 MW의 일본 Mitsubishi 중공업 등이다. United Solar 사는 플렉시블 기판에 삼중접합 비정질실리콘 박막 기술을 사용한 새로운 ECO 시리즈 모듈을 시장에 공급하고 있다. 이러한 모듈들은 Tefzel fluoropolymer로 봉지되어 있고, 유리 기판을 사용하지 않고 알루미늄 프레임으로 고정되어 있다. 모듈은 7.4%의 변환효율을 보이고 있다. Kaneka 사와 Mitsubishi 중공업은 유리 기판을 이용한 단일접합 비정질실리콘 박막 모듈을 생산하고 있다. 이러한 모듈들은 보호층으로 유리 기판을 사용하며 알루미늄 프레임으로 고정되어 있다. 0.95 m^2 면적의 Kaneka 사 모듈의 변환효율은 6.3%이며 Mitsubishi 중공업의 모듈은 1.5 m^2의 면적에서 6.4%의 변환효율을 나타내고 있다.

비정질실리콘 태양전지 생산은 크게 두 가지 나눌 수 있다. 즉, 유리 기판을 사용하는 것과 플렉시블 기판을 사용하는 것이다. 두 생산방식 모두 다음과 같은 주요한 공정을 포함하고 있다.

(1) 기판 준비(substrate conditioning)

(2) 대면적 전극 증착, 즉 투명전도막의 전면전극과 금속 및 투명전도막의 이중층으로 이루어진 후면전극

(3) 대면적 비정질실리콘 박막층의 증착

(4) 전극과 실리콘 박막층을 레이저 스크라이빙하여 요소 셀들을 모놀리식 직렬연결(현재 유리 기판 사용시에만 적용되고 있음)

(5) 봉지, 커넥터 연결 및 프레임을 포함한 최종 모듈 조립

태양전지 사업에서 경쟁성을 유지하기 위해서는 독자적인 기술 확보가 필수적이다. 생산용량은 경제적인 면에서 매우 중요하다. 온도를 올리고 내리는 공정들은 공정

전체 에너지 사용에 비해 큰 비율을 차지하지 않기 때문에 생산용량이 많을수록 에너지 사용 측면에서 더 효율적이다. 얇은 플렉시블 기판을 사용하면 필요한 온도까지 올리는 데 소요되는 에너지가 유리 기판에 비해 더 적기 때문에 상대적으로 에너지 회수기간(energy payback time)이 더 짧다.

5.6.3 플라즈마 화학기상증착 시스템

모듈 생산에 있어 가장 중요한 역할을 하는 것은 비정질실리콘 박막 증착 시스템이다. 최근 모든 모듈 생산업체들은 PECVD 방식을 사용하고 있으며 생산량, 셀 디자인의 다양성, 각 박막층의 품질과 균질성을 결정하는 것은 PECVD 증착 장비의 설계에 있다. 소위 플라즈마 박스 반응기(plasma box reactor)로 칭하는 설계방식이 양산장비에서 널리 사용되고 있다. 플라즈마 박스 반응기는 증착장비 내에 벽들로 둘러싸인 분리된 공간에 펌핑이 가능한 형태로 구성되어 있는데, 그 안에는 플라즈마가 전극과 기판사이에서만 한정되어 발생하고, 기판온도는 균일하며 증착영역은 플라즈마 반응기 외부로부터 오는 불순물로부터 격리되어 있다. 또한, 플라즈마에 노출되어 있는 기판 이외의 부분에 증착된 실리콘 박막은 플라즈마 에칭을 이용한 *in situ* 방식의 클리닝 공정으로 제거한다.

여러 층으로 구성된 비정질실리콘 박막들이 증착되기 때문에 막을 증착하기 위한 몇 가지 방법이 있는데, 일반적으로 인라인 방식과 배치방식으로 구별한다. 배치방식에서는 다수의 기판을 한꺼번에 장착하고 증착한다. Unixis KAI 장비[21]와 같이 모든 박막층을 단일 챔버 내에서 증착할 수도 있으며 각각의 막을 서로 다른 챔버에서 증착하는 다실 챔버로 구성된 소위 클러스터 형태로 증착할 수도 있다. 인라인 공정도 다실 챔버로 구성되어 있으며 기판이 이송되면서 박막 증착이 이루어진다. 각 층에 따라 요구되는 증착두께에 따라 각 반응 챔버의 길이를 맞추어 설계하여야 한다. 연속적인 롤투롤 공정의 경우는 플렉시블 기판이 감겨있던 롤이 풀리면서 PECVD 증착구간으로 이송되며, 이때 각 박막은 이송되는 기판 위에 증착되고, 증착완료 후 다시 감기는 형태로 구성된다. 현재 롤투롤 공정은 United Solar 사에서 사용하고 있다[77]. 다양한 형태의 PECVD 장비들에 대해서는 문헌[18]에 상세히 설명되어 있다.

증착 챔버의 클리닝은 양산공정에 있어 매우 중요한 부분이다. 증착 중에 실리콘 박막은 기판 위에 뿐만 아니라 전극과 같은 증착 챔버 내부의 여러 부분에 함께 증착된다. 연속 모듈생산의 경우 이 박막의 두께는 임계값에 도달될 때까지 지속적으로 증가하게 되는데, 임계 두께 이상에서는 실리콘으로 구성된 분말 입자가 형성되어 태양전지 박막 내에 들어갈 수 있으며 이것이 결함으로 작용할 수 있다. 이를 방지하기 위하여 PECVD 챔버의 내부와 표면에 붙어있는 증착물들을 주기적으로 클리닝하는 것이 필요하다. 일반적으로 증착 챔버를 열고 내부 구성품들을 화학적인 클리닝이나 샷 블러스트(shot blasting) 방식으로 클리닝한다. 유지보수 기간 동안에 챔버 내벽에 붙는 공기 중 오염물들을 제거하기 위하여 베이킹(baking) 공정이 요구된다. 이러한 클리닝 공정방식은 PECVD 장비의 가동시간을 상당히 감소시킬 수 있다. 따라서 클리닝 공정을 빠르게 진행하기 위한 새로운 접근방식들이 제안되고 있으며 그 중 플라즈마 클리닝 방법이 대표적이다. 그러나 SF_6, NF_3, CF_4와 같은 폭발성이 강한 불화물(fluoride) 가스들이 이용되기 때문에 대용량의 스크러버(extensive scrubber)를 사용하여야 한다. 이러한 가스들은, 또한 펌프, 가스라인, 스크러버 등에 대한 부식성이 강하기 때문에 각 구성부품의 사용주기를 짧게 만든다. 또한, 환경오염의 문제도 고려하여야 한다. PECVD 양산장비들은 상당히 고 비용을 요구하기 때문에 작동시간을 길게 하는 것이 바람직하다. 따라서 장비의 작동시간을 최대화하는 가장 효과적인 방법은 오염된 구성부품들을 클리닝된 부품으로 교체하고 클리닝 공정을 장비 밖에서 수행하는 것이다.

5.6.3.1 투명전도막 증착

유리 기판을 사용하는 모듈에 있어 TCO는 전체 성능을 좌우하고 생산비용을 낮출 수 있는 중요한 부분이다. 따라서 모듈생산업체는 외부공급을 받는 대신 자체적으로 TCO 증착장비를 확보하여 품질을 제어하려 한다. 증착에 있어 어려운 점은 대면적($>1\,m^2$) 증착이다. 최근 APCVD 방식이 대면적 유리 기판 위에 SnO_2:F TCO를 증착하는 기본공정으로 되어있다[112]. LPCVD[19]와 스퍼터링[20] 공정도 대면적 ZnO 증착용으로 사용되고 있다. 전면전극으로 사용되는 TCO의 전기전도도는 모듈의 설계 및 비용에 영향을 미친다. TCO 층을 통하여 흐르는 전류에 의한 열 손실(joule loss)을 최소화하여야 하는데, 이는 모듈에서 단위 셀의 폭을 최적화함으로써 달성될 수 있다. TCO의 전도도가 매우 우수하면 셀 폭을 증가시킬 수 있으며 따라서 레이저 스크라이빙의 횟수를 최소화 할 수 있다.

스테인리스 스틸 기판에서는 모놀리식 직렬연결을 할 수 없으며 이러한 기판 위에 제조된 모듈은 고 전류를 발생하는 대면적 태양전지 형태로 제조된다. 전면 투명전극에서의 저항 손실을 줄이기 위해 United Solar 사는 삼중접합 태양전지 구조를 채택하여 개방전압을 증가시키고, 단락전류는 줄이는 방식을 취한다.

5.6.3.2 요소 셀의 모놀리식 집적화

직렬연결은 태양전지 제조공정 중에 이루어진다. 일반적으로 TCO, 비정질실리콘 층 그리고 후면전극 층을 각기 순서대로 증착한 후에 두 번 또는 그 이상의 레이저 스크라이빙 공정을 거친다. 면적 손실(area loss)을 최소로 하기 위해 레이저 절단(laser cutting)으로 좁은 선(폭 50~150 μm) 모양으로 재료들을 선택적으로 제거한다. 스크라이빙을 통해 요소 셀들의 폭이 결정된다. 레이저 스크라이빙은 모듈 생산 공정에서 가장 시간이 많이 소요되는, 일종의 병목 공정이다. 일반적으로 펄스 Nd:YAG 레이저를 스크라이빙 공정에 사용한다. 각 셀의 직렬연결을 수행한 후에는 모듈제조를 위해 첫 번째와 마지막 셀을 두개의 부스바(Bus bar)를 이용하여 각각 외부의 단자함(junction box)에 연결한다.

5.6.3.3 누설회로 복구

누설 전류(shunt)는 전체 생산 공정의 수율에 큰 영향을 미친다. 소자 내에서 생긴 누설 회로의 요인은 여러 가지가 있는데, 주로 증착 시에 기판 위에 내려앉는 분말 입자나 비정질실리콘 막 내의 부분적인 결함 등이다. 누설회로는, 특히 TCO, 실리콘 박막 증착, 스크라이빙 공정 후에 클리닝을 잘하면 상당부분 방지될 수 있다. 필요한 경우, 수율을 높이기 위한 방안으로 모듈의 누설회로 복구 작업을 하기도 하는데, 온도 민감성 에칭(temperature sensitive etching)이나 역방향 바이어스 큐어링(reverse bias curing) 등의 방법이 사용된다.

5.6.3.4 봉지 및 프레임

최종 모듈제품의 수명을 늘리기 위해서는 외부환경의 영향으로부터 잘 보호할 수 있어야 한다. 몇 가지 봉지(encapsulation)기술들이 그런 목적으로 사용된다. 유리기판을 사용하는 모듈생산에서 가장 일반적으로 사용되는 기술은 고분자 EVA 필름으로 모듈을 덮고, 그 위에 유리판을 올리는 방식이다. 그러나 TCO 코팅된 유리기판 위에 제조된 모듈은 다양한 형태의 전기화학적 부식에 노출된다[135]. 모듈은 습도와 온도가 높은 조건에서 고전압이 인가되면 성능이 저하될 수도 있다. SnO_2 전극은 계면 근처에서의 나트륨 축적과 모서리로부터의 수분 침투로 인하여 유리기판으로부터 박리될 수 있다. 이러한 부식 현상은 수분침투를 방지하고, 모듈 또는 어레이 전압을 낮추고, 저 알칼리 또는 고저항 유리 기판 사용, TCO와 유리 기판 표면의 접착력 향상 그리고 SnO_2보다는 ZnO를 이용한 투명전극 사용 등의 방식으로 최소화 할 수 있다.

플렉시블 기판 모듈의 경우 EVA/Tefzel을 보호용으로 사용한다. 경우에 따라서는 모듈의 양쪽 면에 사용되는 Tefzel 플루오르 고분자는 그 두께가 충분히 두꺼워야 보호기능이 가능하다. 봉지재는 모듈의 재료비 단가를 상당히 증가시킬 수 있다.

비정질실리콘 박막 모듈은 건축물에 적용(BIPV)하면 매우 매력적일 수 있는데, 외벽 일체형이나 미적인 면을 고려한 프레임에 대해서도 관심이 필요하다.

5.6.3.5 롤투롤 생산을 위한 임시 상판 공정

비정질실리콘 박막 모듈을 제조하기 위한 새로운 방식이 네덜란드의 다국적 기업인 Akzo Nobel 사가 주도하는 Helianthos 프로젝트로 개발되고 있다[136]. 이 프로젝트의 목적은 자동화된 롤투롤 공정으로 제조한 가볍고 효용성이 다양한 플렉시블 실리콘 박막 태양전지 모듈이 여러 가지 응용 분야에서 경쟁 가능한 발전단가(kWh당 비용)를 제공할 수 있는지를 보여주는 것이다[137]. 생산기술은 잠정적으로 상판 구조 개념에 기초한 것인데, 상판 구조와 기판 구조 형태의 장점을 결합한 것이다. APCVD를 이용한 고품질의 전면 TCO 증착과 상판 기술에 사용되는 모놀리식 직렬연결 기술을 기판 기술에 사용되는 롤투롤 기술과 결합한 것이다. 제조공정은 다음과 같은 단계로 이루어진다[137].

(1) 알루미늄 호일을 세척한 후 500℃에서 가열하고, 이어서 APCVD 공정으로 700 nm 두께의 SnO_2:F TCO 층을 고속(속도 : 0.1 $\mu m\ s^{-1}$)으로 증착한다(TCO 층은 광포획 효과를 최대화 할 수 있도록 자연적인 텍스처링이 되도록 함).

(2) 유리/TCO 상판 구조 배열에서 사용되는 것과 동일한 소자 구조를 갖도록 rf PECVD 공정으로 실리콘 광흡수층 박막 증착. 최근까지는 p-i-n 단일접합 비정질실리콘 소자에 개발이 집중되어 있다.

(3) 반사성의 후면전극 증착

(4) 고분자 호일인 PET(polyethylene terephthalate)로 라미네이션

(5) 습식 에칭으로 임시 상판 제거

(6) 증착 공정사이의 패터닝 단계를 통한 모놀리식 직렬연결 집적화

(7) 전극 및 보호용 봉지 층 공정

충분한 생산수율 및 가동시간을 갖는 생산성을 보여주기 위하여 35 cm 폭의 기판을 사용하는 롤투롤 파일럿 라인이 건설 중에 있다. 파일럿 라인은 TCO용 APCVD 장비, 비정질실리콘용의 다수의 rf 플라즈마 존을 갖춘 PECVD 장비, ZnO:Al 및 Ag, Al 증착을 위한 스퍼터링 장비, 라미네이션을 위한 압착 및 큐어링 장비, 그리고 에칭, 중화 및 린스가 가능한 에칭장비, 롤투롤 직렬 집적화 및 봉지 장비로 구성되어 있다. 모듈 직렬 집적화를 위한 레이저 스크라이빙과 프린팅 단계가 현재 파일럿 라인에서의 병목 공정이다. 파일럿 라인에는 몇 가지 진단장비들이 설치되어 있다. 일례로 PECVD 장비에는 웹(web) 조정(장력, 스피드, 길이)과 증착 공정(압력, 가스 유량, rf 파워, 기판용 필름 롤의 온도)과 관련된 입력변수를 모니터하는 것 이외에도 박막 증착 공정을 직접 확인할 수 있도록 출력 변수의 모니터도 가능하게 구성되어 있다.

현재 공정의 적합성 검증을 위해 단일접합 p-i-n 비정질실리콘 박막 소자가 사용되고 있다. 두 가지 형태의 모듈이 제작되고 있는데, 실험실 수준의 모듈은 전체 면적 $10\times10\ cm^2$에 8개의 셀로 구성되어 있으며 파일럿 모듈은 $30\times30\ cm^2$ 면적에 26개의 셀로 구성되어 있다. 일반적으로 파일럿 라인에서 생산된 모듈은 $6.3\pm0.2\%$의 aperture area 효율을 나타내고 있다. 다음 단계의 계획은 광열화에 대한 안정성을 증가시키기 위하여 a-Si:H/a-Si:H 구조의 탠덤형 셀을 제조하는 것과 단위 셀의 폭을 더 넓혀 상호연결(interconnection) 개수를 줄이는 것이다. 안정화 효율 7%를 갖는 실험실 수준의 탠덤 모듈이 현재 제조되고 있다. [그림 5.20]에 실험실 수준의 탠덤 모듈에 대한 초기 상태와 719시간 광 노출 이후의 J-V 특성을 나타내었다. [그림 5.21]은 Akzo Nobel 사의 플렉시블 파일럿 모듈이다.

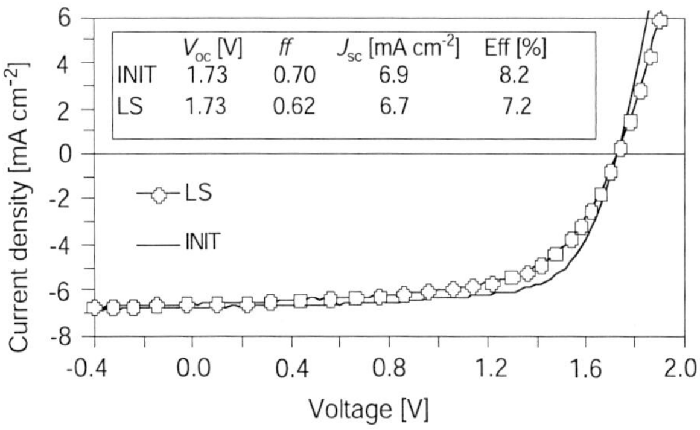

그림 5.20 Akzo Nobel 사 XS0490 실험용 탠덤 모듈의 초기 및 719시간 light soaking후의 J-V 특성.

그림 5.21 Akzo Noble 사의 모놀리식 직렬연결 플렉시블 파일럿 모듈.

5.7 활용

비정질실리콘 박막 기술은 연성(flexible)과 경성(rigid) 기판 모듈에 쉽게 적용될 수 있을 뿐만 아니라 높은 에너지 수율을 갖기 때문에 다양한 분야에 응용될 수 있다. 비정질실리콘 박막을 이용하여 제조된 모듈은 결정질실리콘 모듈에 비하여 변환효율 온도계수(conversion efficiency temperature coefficient : 작동 온도가 올라감에 따라 효율이 감소하는 비율)가 상당히 낮으며[130], 이로 인하여 작동 온도가 높아도 우수한 성능을 나타낸다.

다음과 같은 분야에서 활용이 가능하다.

- 계산기나 시계 등 소형 전자제품의 전원 공급용, 이동식 배터리 충전기, 자동차 선루프 및 다양한 레저용품 등 3~50 W 정도의 출력을 요하는 제품의 전원 공급용 소형 모듈.

그림 5.22 뮌헨 외곽의 Buttenwiesen에 실치된 세계최대 규모의 1MW 비정질실리콘 태양광발전소.

- 주택용과 상업용 BIPV(건축일체형 태양광 모듈)시스템. 모듈은 통상 20년 이상 사용을 보장하며 지붕이나 벽면에 적용하고, 구조적으로 또는 심미적으로 일체감을 가짐. 비정질실리콘 박막 모듈의 공정 중 레이저 기술을 활용하여 부분적으로 투명한 모듈의 제조가 가능함.
- 비정질실리콘 박막 모듈을 사용한 대용량의 계통연계 시스템들이 현실화 되고 있다. United Solar 사의 대면적 플렉시블 비정질실리콘 박막 모듈 어레이들이 2003년에 오일 채취를 위한 전력공급을 목적으로 캘리포니아에 설치되었다(설치용량 500 kW). 미쓰비시 중공업 모듈을 사용한 세계에서 가장 큰 비정질실리콘 태양광 발전소(설치용량 1 MW)가 2005년에 독일 뮌헨의 교외지역인 Buttenwiesen 시에 완성되었다. 태양광 발전소는 대략 10,000여개의 상판형 단일접합 비정질실리콘 박막 모듈로 구성되어 있다. [그림 5.22]에 나타난 태양광 발전소는 매년 1백만 kWh의 발전량을 예상하고 있음.
- 30~50 W의 정격 출력을 갖는 독립형 태양광 시스템으로, 전력선의 접근이 어려운 고립지역이나 건설현장의 조명을 위하여 주로 고안되었다. 더 큰 용량의 시스템은 마을, 원격지의 집, 관개, 통신, 교통신호등 등의 전력공급용으로 채택.
- 특별한 응용예로 우수한 방사선 내구성(radiation hardness) 및 고온 작동성능을 갖는 가볍고 유연한 비정질실리콘 박막 모듈은 우주용으로서 활용이 기대됨.

5.8 향후 전망

다양한 분야에 활용 가능한 점이 비정질실리콘 박막 기술의 가장 큰 장점이다. 비정질실리콘 박막 기술은 상용전원과 견줄만한 가격 경쟁력을 갖는 저 비용의 모듈을 생산할 수 있는 잠재력을 갖고 있다. 비정질실리콘 박막 모듈의 제조단가 하락은 생산용량의 규모에 따라 결정되는데, 결정질실리콘 태양전지 기술의 경우에서는 하락 정도가 그리 크지 않다. 현재 비정질실리콘 박막 태양전지 기술 개발은 완전히 성숙된 기술을 목표로 5.2.5절에서 논의되었던 몇 가지 이슈들을 해결하는 데 집중하고 있다.

실리콘 박막 태양전지 기술의 향상을 위해서는 일반적으로 비정질실리콘 박막 태양전지의 성능이 더 증가되어야 한다. 향후 유망한 기술로 기대하고 있는 탠덤형(a-Si:H/μc-Si:H) 태양전지에서 나오는 출력의 약 2/3를 상층 셀인 비정질실리콘 박막 태양전지로부터 나오게 하여야 한다. 가까운 장래에 TCO 재료의 품질 향상 및 표면 텍스처링의 최적화를 통한 태양전지 내부에서의 광포획을 증가시킬 수 있어야 한다. 동시에, 비정질실리콘 네트워크 내에 결정성 도메인이 박힌 미세구조를 갖는, 완전히 새로운 종류의 나노구조 실리콘 박막으로 밝혀진 a-Si:H 기반 재료에 대한 연구도 지속되어야 한다.

참고문헌

[1] H.F. Sterling and R.C.G. Swann, Chemical vapour deposition promoted by r.f. discharge, *Solid-State Electron.*, **8 (8)**, 653 (1965).

[2] W. Spear and P. LeComber, Substitutional doping of amorphous silicon, *Solid State Comm.*, **17 (9)**, 1193 (1975).

[3] D.E. Carlson and C.R. Wronski, Amorphous silicon solar cell, *Appl. Phys. Lett.*, **28 (11)**, 671 (1976).

[4] J. Yang, A. Banerjee, K. Lord, and S. Guha, Correlation of component cells with high efficiency amorphous silicon alloy triple-junction solar cells and modules, in *Proceedings of the 2nd World Conference and Exhibition on Photovoltaic Solar Energy Conversion, Vienna* (1998), 387–390.

[5] P. Maycock, PV market update, *Renewable Energy World*, **7 (4)**, 86 (2004).

[6] Y. Hamakawa, H. Okamoto, Y. Nitta, A new type of amorphous silicon photovoltaic cell generating more than 2.0 V, *Appl. Phys. Lett.*, **35 (2)**, 187 (1979).

[7] Y. Kuwano, T. Imai, M. Ohnishi, and S. Nakano, A horizontal cascade type amorphous Si photovoltaic cell module, in *Proceedings of the 14th IEEE Photovoltaic Specialist Conference* (1980), 1408.

[8] Y. Tawada, H. Okamoto, Y. Hamakawa, a-SiC:H/a-Si:H heterojunction solar cell having more than 7.1 % conversion efficiency, *Appl. Phys. Lett.*, **39 (3)**, 237 (1981).

[9] G. Nakamura, K. Sato, Y. Yukimoto, K. Shirahata, in *Proceedings of the 3rd E.C. Photovoltaic Solar Energy Conference* (1980), p. 835.

[10] H.W. Deckman, C.R. Wronski, H. Witzke, and E. Yablonovitch, Optically enhanced amorphous silicon solar cells, *Appl. Phys. Lett.*, **42 (11)**, 968 (1983).

[11] R.R. Arya and D.E. Carlson, Amorphous silicon PV module manufacturing at BP Solar, *Progr.Photovolt.: Res. Appl.*, **10**, 69–76 (2002).

[12] E. Maruyama, S. Okamoto, A. Terakawa, W. Shinohara, M. Tanaka and S. Kiyama, Toward stabilized 10 % efficiency of large-area (5000 cm^2) a-Si/a-SiGe tandem solar cells using high-rate deposition, *Sol. En. Mat. Sol. Cells*, **74**, 339–349 (2002).

[13] Y. Ichikawa, T. Yoshida, T. Hama, H. Sakai and K. Harashima, Production technology for amorphous silicon-based flexible solar cells, *Sol. En. Mat. Sol.* Cells, **66**, 107–115 (2001).

[14] S. Guha, J. Yang and A. Banerjee, Amorphous silicon alloy photovoltaic research – present and future, *Progr.Photovolt.: Res. Appl.*, **8**, 141–150 (2000).

[15] J. Meier, S. Dubail, R. Flückiger, D. Fischer, H. Keppner, A. Shah, Intrinsic microcrystalline silicon – a promising new thin film solar cell material, in *Proceedings of the 1st World Conference on Photovoltaic Energy Conversion, Hawai* (1994), 409–412.

[16] J. Meier, S. Dubail, J. Cuperus, U. Kroll, R. Platz, P. Torres, J.A. Anna Selvan, P. Pernet, N. Beck, N. Pellaton Vaucher, Ch. Hof, D. Fischer, H. Keppner, A. Shah, Recent progress in micromorph solar cells, *J. Non-Cryst. Solids*, **227–230**, 1250–1256 (1998).

[17] K. Yamamoto, M. Yoshimi, Y. Tawada, Y. Okamoto, A. Nakajima, Thin film Si solar cell fabricated at low temperature, *J. Non-Cryst. Solids*, **266–269**, 1082–1087 (2000).

[18] R.E.I. Schropp and M. Zeman, *Amorphous and Microcrystalline Solar Cells: Modeling, Materials, and Device Technology*, Kluwer Academic Publishers, 1998.

[19] J. Meier, U. Kroll, S. Dubail, S. Golay, S. Fay, J. Dubail, A. Shah, Efficiency enhancement of amorphous silicon p-i-n- solar cells by LP-CVD ZnO, in *Proceedings of the 28th IEEE Photovoltaic Specialist Conference*, (2000), 746–749.

[20] J. Müller, G. Schöpe, O. Kluth, B. Rech, B. Syszka, T. Höing, V. Sittinger, X. Jiang, G. Bräuer, R. Geyer, P. Lechner, H. Schade, M. Ruske, Large area mid-frequency magnetron sputtered ZnO films as substrates for silicon, in *Proceedings of the 17th European Photovoltaic Solar Energy Conference, Munich* (2001), 2876–2879.

[21] J. Meier, U. Kroll, J. Spitznagel, S. Bengagli, T. Roschek, G. Pfanner, Ch. Ellert, G. Androutsopoulos, A. Hügli, G. Büchel, D. Plesa, A. Büchel, A. Shah, Thin film silicon solar cell up-scaling by large-area PECVD KAI systems, in *Proceedings of the 19th European Photovoltaic Solar Energy Conference and Exhibition, Paris* (2004), 3BP1.2.

[22] S. Wieder, J. Liu, T. Repmann, R. Carius, J. Kuske, and U. Stephan, Large area deposition of amorphous and microcrystalline silicon – new tools for industrial applicable mass production, in *Proceedings of the 19th European Photovoltaic Solar Energy Conference and Exhibition, Paris* (2004), 3AO.8.3.

[23] A.V. Shah, M. Vaneček, J. Meier, F. Meillaud, J. Guillet, D. Fischer, C. Droz, X. Niquille, S. Faÿ, E. Vallat-Sauvain, V. Terrazzoni-Daudrix and J. Bailat, Basic efficiency limits, recent experimental results and novel light-trapping schemes in a-Si:H, μc-Si:H and 'micromorph tandem' solar cells, *J. Non-Cryst. Solids*, **338–340**, 639–645 (2004).

[24] D.L. Staebler and C.R. Wronski, Reversible conductivity changes in discharge-produced amorphous Si, *Appl. Phys. Lett.* **31 (4)**, 292–294 (1977).

[25] B. Rech, H. Wagner, Potential of amorphous silicon for solar cells, *Appl. Phys. A*, **69**, 155–167 (199).

[26] R. Street, *Hydrogenated Amorphous Silicon*, Cambridge University Press, Cambridge (1991).

[27] M.H. Brodsky and R.S. Title, Electron spin resonance in amorphous silicon, germanium, and silicon carbide, *Phys. Rev. Lett.*, **23**, 581 (1969).

[28] M. Stutzmann and D.K. Biegelsen, The microscopic structure of defects in a-Si:H and related materials, in *Amorphous Silicon and Related Materials*, H. Fritzsche (Ed.), World Scientific, Singapore (1988).

[29] W. Beyer, Diffusion and evolution of hydrogen in hydrogenated amorphous and microcrystalline silicon, *Sol. En. Mat, Sol. Cells*, **78**, 235–267 (2003).

[30] J.A. Reimer, M.A. Peterich, Structural heterogeneities in device-quality amorphous hydrogenated semiconductors, in *Amorphous Silicon and Related Materials*, H. Fritzsche (Ed.), World Scientific, Singapore (1988).

[31] P.A. Fedders, D.J. Leopold, P.H. Chan, R. Borzi, and R.E. Norberg, Molecular hydrogen in a-Si:H, *Phys. Rev. Lett.*, **85 (2)**, 401 (2000).

[32] M. Stutzmann, Weak bond dangling bond conversion in amorphous silicon, *Phil. Mag. B*, **56 (1)**, 63 (1987).

[33] K. Winer, Defect formation in a-Si:H, *Phys. Rev. B*, **41 (17)**, 12150 (1990).

[34] M.J. Powell and S.C. Deane, Improved defect-pool model for charged defects in amorphous silicon, *Phys. Rev. B*, **48 (15)**, 10815 (1993).

[35] G. Schumm. Chemical equilibrium description of stable and metastable defect structures in a-Si:H, *Phys. Rev. B*, **49 (4)**, 2427 (1994).

[36] W. Shockley and W.T. Read, Statistics of the recombinations of holes and electrons, *Phys. Rev.*, **87 (5)**, 835–842 (1952).

[37] C.T. Sah and W. Shockley, Electron-hole recombination statistics in semiconductors through flaws with many charge conditions, *Phys. Rev.*, **109 (4)**, 1103–1115 (1958).

[38] W.B. Jackson, S.M. Kelso, C. C. Tsai, J. W. Allen, and S.-J. Oh, Energy dependence of the optical matrix element in hydrogenated amorphous and crystalline silicon, *Phys. Rev. Lett.*, **31**, 5187 (1985).

[39] T. Hama, H. Okamoto, Y. Hamakawa and T. Matsubara, Hydrogen content dependence of the optical energy gap in a-Si:H, *J. Non-Cryst. Solids*, **59–60**, 333 (1983).

[40] D. Ritter, E. Zeldov, and K.Weiser, Diffusion length measurements in a-Si:H using the steady state photocarrier grating technique, *J. Non-Cryst. Solids*, **97–98**, 619 (1987); D. Ritter, E. Zeldov, and K.Weiser, Steady state photocarrier grating technique for diffusion length measurement in photoconductive insulators, *Appl. Phys. Lett.*, **49 (13)**, 791 (1986).

[41] I. Balberg and S.Z. Weisz, Accurate determination of the two carriers steady-state mobility-lifetime products in hydrogenated amorphous silicon, *J. Appl. Phys.*, **70**, 2204 (1991). I Balberg, Theory

of the small photocarrier grating under the application of an electric field, *Phys. Rev. B*, **44 (4)**, 1628 (1990).
[42] W.B. Jackson and N.M. Amer, Direct measurement of gap-states in hydrogenated amorphous silicon by photothermal deflection spectroscopy, *Phys. Rev. B*, **25 (8)**, 5559 (1982).
[43] M. Vaneček, J. Kočka, J. Stuchlík, Z. Kožíšek, O. Štika, and A. Tříska, Density of the gap states in undoped and doped glow discharge a-Si:H, *Sol. En. Mater.* **8**, 411–423 (1983).
[44] C.R. Wronski, B. Abeles, T. Tiedje, and G.D. Cody, Recombination centers in phosphorous doped hydrogenated amorphous silicon, *Solid State Commun.*, 1423 (1982).
[45] M. Vaneček and A. Poruba, Fourier-transform photocurrent spectroscopy of microcrystalline silicon for solar cells. *Appl. Phys. Lett.*, **80 (5)**, 719 (2002).
[46] M. Vaneček, J. Kočka, A. Poruba, A. Fejfar, Direct measurement of the deep defect density in thin amorphous silicon films with the absolute constant photocurrent method, *J. Appl. Phys.*, **78 (10)**, 6203 (1995).
[47] Z.E. Smith, V. Chu, K. Shephard, S. Aljishi, D. Slobodin, J. Kolodzey, S. Wagner, T.L. Chu, Phototermal and photoconductive determination of surface and bulk defect densities in amorphous silicon films, *Appl. Phys. Lett.*, **50 (21)**, 1521–1523 (1987).
[48] N. Wyrsch, F. Finger, T.J. McMahon, M. Vanecek, How to reach more precise interpretation of subgap absorption spectra in terms of deep defect density in a-Si:H, *J. Non-Cryst. Solids*, **137–138**, 347–350 (1991).
[49] A. Madan, P.G. LeComber and W.E. Spear, Investigation of the density of localized states in a-Si using the field effect technique, *J. Non-Cryst. Solids*, **20**, 239 (1976).
[50] D.V. Lang, J.D. Cohen, and J.P. Harbison, Measurement of the density of gap states in hydrogenated amorphous silicon by space charge spectroscopy, *Phys. Rev. B*, **25**, 5285 (1982).
[51] W. den Boer, Determination of the midgap density of states in a-Si:H using space-charged limited current measurements, *J. de Physique*, **42 (C4)**, 451–454 (1981).
[52] K.D. Mackenzie, P.G. LeComber and W.E. Spear, The density of states in amorphous silicon determined by space-charged limited current measurements, *Phil. Mag. B*, **46**, 377 (1982).
[53] J.D. Cohen and D.V. Lang, Calculation of the dynamic response of Schottky barriers with a continuous distribution of gap states, *Phys. Rev. B*, **25**, 5321 (1982).
[54] V. Nádaždy, R. Durný, and E. Pinčík, Evidence for the improved defect-pool model for gap states in amorphous silicon from charge DLTS experiments on undoped a-Si:H, *Phys. Rev. Lett.*, **78**, 1102 (1997).
[55] V. Nádaždy and M. Zeman, Origin of charged gap states in a-Si:H and their evolution during light soaking, *Phys. Rev. B*, **69**, 165213 (2004).
[56] M. Stutzman, W.B. Jackson, and C.C. Tsai, Light-induced metastable defects in hydrogenated amorphous silicon: A systematic study, *Phys. Rev. B*, **32**, 23 (1985).
[57] H.M. Branz, Hydrogen collision model: quantitative description of metastability in amorphous silicon, *Phys. Rev. B*, **59**, 5498 (1999).
[58] H. Fritzsche, Development in understanding and controlling the Staebler–Wronski effect in a-Si:H, *Annu. Rev. Mater. Res.*, **31**, 47 (2001).
[59] T. Shimizu, Steabler–Wronski effect in hydrogenated amorphous silicon and related alloys, *Jpn. J. Appl. Phys.*, **43 (6A)**, 3257–3268 (2004).
[60] H.R. Park, J.Z. Liu, and S. Wagner, Saturation of the light-induced defect density in hydrogenated amorphous silicon, *Appl. Phys. Lett.*, **55 (25)**, 2658–2661 (1989).
[61] V. Nádaždy, R. Durný, I. Thurzo, E. Pinčík, A. Nishida, J. Shimizu, M. Kumeda, T.Shimizu, Correlation between the results of charge deep-level transient spectroscopy and ESR techniques for undoped hydrogenated amorphous silicon, *Phys. Rev. B*, **66**, 195211 (2002).
[62] R. Biswas, B.C. Pan, and Y.Y. Ye, Metastability of amorphous silicon from silicon network rebonding, *Phys. Rev. Lett.*, **88**, 205502 (2002).
[63] B.R. Tuttle, Theory of hydrogen-related metastability in disordered silicon, *Phys. Rev. Lett.*, **93 (21)**, 215504 (2004).

[64] L. Yang and L.F. Chen, The effect of H_2 dilution on the stability of a-Si:H based solar cells, in *Amorphous Silicon Technology – 1994, Mater. Res. Soc. Proc.*, **336**, 669–674 (1994).

[65] J. Yang, X. Xu, and S. Guha, Stability studies of hydrogenated amorphous silicon alloy solar cells prepared with hydrogen dilution, in *Amorphous Silicon Technology – 1994, Mater. Res. Soc. Proc.*, **336**, 687–692 (1994).

[66] C.R. Wronski, J.M. Pearce, R.J. Koval, X. Niu, A.S. Ferluato, J. Koh, and R.W. Collins, Light induced defect creation kinetics in thin film protocrystalline silicon materials and their solar cells, in *Amorphous and Heterogeneous Silicon-Based Films – 2002, Mater. Res. Soc. Proc.*, **715**, A13.4 (2002).

[67] R.W. Collins, A.S. Ferluato, Advances in plasma-enhanced chemical vapour deposition of silicon films at low temperatures, *Curr. Opin. Solid State Mat. Sci.*, **6**, 425–437 (2002).

[68] A.H. Mahan, R. Biswas, L.M. Gedvilas, D.L. Williamson, and B.C. Pan, On the influence of short and medium range order on the material bandgap in hydrogenated amorphous silicon, *J. Appl. Phys.*, **96 (7)**, 3818–3826 (2004).

[69] P. Roca i Cabarrocas, A. Fontcuberta i Morral, Y. Poissant, Growth and optoelectronic properties of polymorphous silicon thin films, *Thin Solid Films*, **403–404**, 39–46 (2002).

[70] W. Spear and P. LeComber, Electronic properties of substitutionally doped Si and Ge, *Philos. Mag.*, **33 (6)**, 935 (1976).

[71] N.F. Mott, Conduction in non-crystalline materials. 3. Localized states in a pseudogap and near extremities of conduction and valence bands, *Philos. Mag.*, **19**, 835 (1969).

[72] R.A. Street, Doping and the Fermi energy in amorphous silicon, *Phys. Rev. Lett.*, **49**, 1187–1190 (1982).

[73] M. Stutzmann, R. Street, C. Tsai, J. Boyce, S. Ready, Structural, optical, and spin properties of hydrogenated amorphous silicon-germanium alloys, *J. Appl. Phys.*, **66 (2)**, 569 (1989).

[74] A. Matsuda and K. Tanaka, Guiding principle for preparing highly photosensitive Si-based amorphous alloys, *J. Non-Cryst. Solids*, **97–98**, 1367–1374 (1987).

[75] M. Shima, M. Isomura, E. Maruyama, S. Okamoto, H. Haku, K. Wakisaka, S. Kiyama and S. Tsuda, Investigation of hydrogenated amorphous silicon germanium fabricated under high hydrogen dilution and low deposition temperature conditions for stable solar cells, *Jpn. J. Appl. Phys.*, **37**, 6322–6327 (1998).

[76] S. Guha, Materials considerations for high efficiency and stable amorphous silicon alloy solar cells, in *Proceedings of the International Workshop on Amorphous Semiconductors*, H. Fritsche, D.X. Han, and C.C. Tsai (Eds.), World Scientific Publishing Co., 1987.

[77] S. Guha, Thin film silicon solar cells grown near the edge of amorphous to microcrystalline transition, *So. En.*, **77**, 887–892 (2004).

[78] A. Matsuda, K. Nomoto, Y. Takeuchi, A. Suzuki, A. Yuuki, and J. Perrin, Temperature dependence of the sticking and loss probabilities of silyl radicals on hydrogenated amorphous silicon, *Surf. Sci.*, **227**, 50 (1990).

[79] G. Bruno, P. Capezzuto, and A. Madan, *Plasma deposition of amorphous silicon-based materials*, Academic Press, 1995.

[80] Y. Toyoshima, K. Arai, A. Matsuda and K. Tanaka, In situ characterization of the growing a-Si:H surface by IR spectroscopy, *J. Non-Cryst. Solids*, **137–138**, 765–770 (1991).

[81] E.A.G. Hamers, J. Bezemer, and W. F. van der Weg, Positive ions as growth precursors in plasma enhanced chemical vapor deposition of hydrogenated amorphous silicon, *Appl. Phys. Lett.*, **75 (5)**, 609–611 (1999).

[82] W. Luft, and Y. Simon Tsuo, *Hydrogenated amorphous silicon alloy deposition processes*, Applied Physics Series 1, Marcel Dekker, New York, Basel, Hong Kong, 1993.

[83] T. Takagi, R. Hayashi, G. Ganguly, M. Kondo, A. Matsuda, Gas-phase diagnosis and high-rate growth of stable a-Si:H, *Thin Solid Films*, **345**, 75–79 (1999).

[84] M. Kondo, A. Matsuda, An approach to device grade amorphous and microcrystalline silicon thin films fabricated at high deposition rates, *Curr. Opin. Solid State Mat. Sci.*, **6**, 445–453 (2002).

[85] B. Rech, T. Roschek, J. Müller, S. Wieder, H. Wagner, Amorphous and microcrystalline silicon solar cells prepared at high deposition rates using RF (13.56MHz) plasma excitation frequencies, *Sol. En. Mat. Sol. Cells*, **66**, 267–273 (2001).

[86] H. Curtins, N. Wyrsch, A.V. Shah, High-rate deposition of amorphous hydrogenated silicon – effect of plasma excitation-frequency, *Electron. Lett.*, **23 (5)**, 228–230 (1987).

[87] K. Saito, M. Sano, K. Ogawa and I. Kajita, High efficiency a-Si:H alloy cell deposited at high deposition rate, *J. Non-Cryst. Solids*, **164–166**, 689–692 (1993).

[88] H. Matsumura, Catalytic chemical vapor deposition (CTL-CVD) method producing high quality hydrogenated amorphous silicon, *Jpn. J. Appl. Phys.*, **25**, L949–L951 (1986).

[89] W.M.M. Kessels, R.J. Severens, A.H.M. Smets, B.A. Korevaar, G.J. Adriaenssens, D.C. Schram and M.C.M. van de Sanden, Hydrogenated amorphous silicon deposited at very high growth rates by an expanding Ar-H2-SiH4 plasma, *J. Appl. Phys.*, **89**, 2404 (2001).

[90] A. Shah, J. Dutta, N. Wyrsch, K. Prasad, H. Curtins, F. Finger, A. Howling and Ch. Hollenstein, VHF plasma deposition: A comparative overview, in *Amorphous Silicon Technology – 1992, Mater. Res. Soc. Proc.*, **258**, 15–26 (1992).

[91] J.L. Dorier, C. Hollenstein, A.A. Howling, U. Kroll, Powder dynamics in very-high-frequency silane plasmas, *J. Vac. Sci. Technol. A*, **10 (4)**, 1048–1052 (1992).

[92] J. Meier, J. Spitznagel, U. Kroll, C. Bucher, S. Faÿ, T. Moriarty, A. Shah, High-efficiency amorphous and 'micromorph' silicon solar cells, in *CD Proceedings of the 3rd World Conference on Photovoltaic Energy Conversion, Osaka*, (2003), S20-B9-06.

[93] H. Takatsuka, M. Noda, Y. Yonekura, Y. Takeuchi, Y. Yamauchi, Development of high efficiency large area silicon thin modules using VHF-PECVD, *Sol. En.*, **77**, 951–960 (2004).

[94] A. H. M. Smets, W. M. M. Kessels and M. C. M. van de Sanden, External rf substrate biasing during a-Si:H film growth using the expanding thermal plasma technique, in *Amorphous and Nanocrystalline Science and Technology – 2004, Mater. Res. Soc. Proc.*, **808**, 383 (2004).

[95] A.H.M. Smets, W.M.M. Kessels, M.C.M. van de Sanden, Temperature dependence of the surface roughness evolution during hydrogenated amorphous silicon film growth, *Appl. Phys. Lett.*, **82 (6)**, 865–867 (2003).

[96] W.M.M. Kessels, A.H.M. Smets, D.C. Marra, E.S. Aydil, D.C. Schram, M.C.M. van de Sanden, On the growth mechanism of a-Si:H, *Thin Solid Films*, **383**, 154–160 (2001).

[97] B.A. Korevaar, C. Smit, R.A.C.M.M. van Swaaij, A.H.M. Smets, W.M.M. Kessels, J.W. Metselaar, D.C. Schram, and M.C.M. van de Sanden, Solar cells with intrinsic a-Si:H deposited at rates larger than 5 Å/s by the expanding thermal plasma, in *Proceedings of the 16th European Photovoltaic Solar Energy Conference and Exhibition, Glasgow* (2000), B119.

[98] A. M. H. N. Petit, V. Nádaždy, M. Zeman, R. A. C. M. M. van Swaaij,. H. M. Smets and M. C. M. van de Sanden, Significant improvement of amorphous silicon solar cell by means of rf-biased expanding thermal plasma deposition, submitted to *Appl. Phys. Letts.*

[99] A. H. Mahan, B. P. Nelson, S. Salamon, R.S. Crandall, Deposition of device quality, low H content a-Si:H by hot wire technique, *J. Non-Cryst. Solids*, **137–138 (2)**, 657–660 (1991).

[100] B. Schroeder, Status report: solar cell related research and development using amorphous and microcrystalline silicon deposited by HW(Cat)CVD, *Thin Solid Films*, **430**, 1–6 (2003).

[101] H. Meiling and R.E.I. Schropp, Stable amorphous silicon thin film transistors, *Appl. Phys. Lett.*, **70 (20)**, 2681–2683 (1997).

[102] H. Matsumura, H. Umenoto, A. Masuda, Cat-CVD (hot wire CVD): how different from PECVD in preparing amorphous silicon, *J. Non-Cryst. Solids*, **338–340**, 19–26 (2004).

[103] R.E.I. Schropp, M.K. van Veen, C.H.M. van der Werf, D.L. Williamson, A.H. Mahan, Protocrystalline silicon at high rate from undiluted silane, in *Amorphous and Nanocrystalline Silicon Science and Technology – 2004, Mater. Res. Soc. Proc.*, **808**, A8.4. (2004).

[104] A.H. Mahan, Solar cell research and development using the hot wire CVD process, *Sol. En.*, **77**, 931–938 (2004).

[105] R. H. Franken, C. H. M. van der Werf, J. Löffler, J. K. Rath and R. E. I. Schropp, Beneficial effects of sputtered ZnO:Al protection layer on SnO_2:F for high-deposition rate hot-wire CVD p-i-n solar cells, in *Proceedings of the 3rd International Conference on Hot-Wire CVD Process, Utrecht* (2004) 377, to be published in *Thin Solid Films*.

[106] K. Ishibashi, M. Karasawa, G. Xu, N. Yokokawa, M. Ikemoto, A. Masuda, H. Matsumura, Development of Cat-CVD apparatus for 1-m-size large-area deposition, *Thin Solid Films*, **430**, 58–62 (2003).

[107] R.E.I. Schropp, Present status of micro- and polycrystalline silicon solar cells made by hot-wire chemical vapor deposition, *Thin Solid Films*, **451–452**, 455–465 (2004).

[108] M. Zeman, J.A. Willemen, L.L.A. Vosteen, G. Tao and J.W. Metselaar. Computer modeling of current matching in a-Si:H/a-Si:H tandem solar cells on textured substrates. *Sol. En. Mat. Sol. Cells*, **46**, 81–99 (1997).

[109] X. Deng and E.A. Schiff, Amorphous silicon-based solar cells, in *Handbook of Photovoltaic Science and Engineering*, A. Luque and S. Hegedus (Eds.), John Wiley & Sons, Ltd (2003).

[110] M. Kondo, K. Hayashi, H. Nishio, S. Kurata, A. Ishikawa, A. Takenaka, K. Nishimura, A. Nakajima, H. Yamagishi and Y. Tawada, Development of high efficient large area a-Si solar modules, in *Proceedings of the 13th European Photovoltaic Solar Energy Conference, Nice* (1995), 311–314.

[111] B. Rech, C. Beneking, H. Wagner, Improvement in stabilized efficiency of a-Si:H solar cells through optimized p/i interface layers, *Sol. En. Mat. Sol. Cells*, **41(42)**, 475–483 (1996).

[112] K. Sato, Y. Gotoh, Y. Wakayama, Y. Hayashi, K. Adachi, H. Nishimura, Highly textured SnO_2:F TCO films for a-Si solar cells, *Rep. Res. Lab. Asahi Glass Co. Ltd.*, **42**, 129–137 (1992).

[113] R. Groenen, J. Loffler, P.M. Sommeling, J.L. Linden, E.A.G. Hamers, R.E.I. Schropp, M.C.M. van de Sanden, Surface textured ZnO films for thin film solar cell applications by expanding thermal plasma CVD, *Thin Solid Films*, **392 (2)**, 226–230 (2001).

[114] H. Stiebig, F. Siebke, W. Beyer, C. Beneking, B. Rech and H. Wagner, Interfaces in a-Si: H solar cell structures, *Sol. En. Mat. Sol. Cells*, **48**, 351–363 (1997).

[115] A. Banerjee, J. Yang, K. Hoffman, and S. Guha, Characteristics of hydrogenated amorphous silicon alloy solar cells on a Lambertian back reflector, *Appl. Phys. Lett.*, **65 (4)**, 472–474 (1996).

[116] J. Springer, A. Poruba, L. Mullerova, M. Vanecek, O. Kluth, B. Rech, Absorption loss at nanorough silver back reflector of thin-film silicon solar cells, *J. Appl. Phys.*, **95 (3)**, 1427–1429 (2004).

[117] M. Zeman, R.A.C.M.M. van Swaaij, J.W. Metselaar and R.E.I. Schropp, Optical modeling of a-Si:H solar cells with rough interfaces: Effect of back contact and interface roughness, *J. Appl. Phys.*, **88 (11)**, 6436–6443 (2000).

[118] J. Krč, M. Zeman, F. Smole, and M. Topič, Optical modeling of a-Si:H solar cells deposited on textured glass/SnO_2 substrates, *J. Appl. Phys.*, **92 (2)**, 749–755 (2002).

[119] J. Krč, M. Zeman, O. Kluth, F. Smole, and M. Topič, Light scattering properties of SnO_2 and ZnO surface-textured substrates, in *CD Proceedings of the 3rd World Conference on Photovoltaic Energy Conversion, Osaka* (2003), 5P-D4-27.

[120] J. Springer, A. Poruba, and M. Vanecek, Improved three-dimensional optical model for thin-film silicon solar cells, *J. Appl. Phys.*, **96 (9)**, 5329–5337 (2004).

[121] T. Yoshida, K. Maruyama, O. Nabeta, Y. Ichikawa, H. Sakai and Y. Uchida, High efficiency a-Si:H two-stacked tandem solar cell, in *Proceedings of the 19th IEEE Photovoltaic Specialists Conference* (1987), 1095–1100.

[122] A. Banerjee, J. Yang, T. Glatfelter, K. Hoffman, and S. Guha, Experimental study of players in 'tunnel' junctions for high efficiency amorphous silicon alloy multijunction solar cells and modules, *Appl. Phys. Lett.*, **64 (12)**, 1517–1519 (1994).

[123] D. S. Shen, R. E. I. Schropp, H. Chatham, R. E. Hollingsworth, P. K. Bhat, and J. Xi, Improving tunneling junction in amorphous silicon tandem solar cells, *Appl. Phys. Lett.*, **56 (19)**, 1871–1873 (1990).

[124] Y. Ichikawa, S. Fujikake, T. Takayama, S.Saito, H. Ota, T. Yoshida, T. Ihara and H. Sakai, Large-area amorphous silicon solar cells with high stabilized efficiency and their fabrication technology, in *Proceedings of the 23rd IEEE Photovoltaic Specialists Conference* (1993), 27–33.

[125] T.J. Coutts, J.S. Ward, D.L. Young, K.A. Emery, T.A. Gessert, and R. Noufi, Critical issues in the design of polycrystalline, thin-film tandem solar cells, *Progr. Photovolt.: Res. Appl.*, **11 (6)**, 359–375 (2003).

[126] S. Guha, J. Yang, A. Pawlikiewicz, T. Glatfelter, R. Ross, and S. R. Ovshinsky, Band-gap profiling for improving the efficiency of amorphous silicon alloy solar cells, *Appl. Phys. Lett.*, **54 (23)**, 2330–2332 (1989).

[127] R. A. C. M. M. van Swaaij, M. Zeman, S. Arnoult, and J. W. Metselaar, Performance dependence on grading width of a-SiGe:H component solar cells, in *Proceedings of the 28th IEEE Photovoltaic Specialist Conference* (2000), 869–872.

[128] J. Yang, A. Banerjee, and S. Guha, Triple-junction amorphous silicon alloy solar cell with 14.6 % initial and 13.0 % stable conversion efficiencies, *Appl. Phys. Lett.*, **70 (22)**, 2975–2977 (1997).

[129] P. J. McElheny, J. Arch, H. Liu, and S. J. Fonash, Range of validity of the surface-photovoltage diffusion length measurement: A computer simulation, *J. Appl. Phys.*, **64**, 1254–1265 (1998).

[130] P. Lechner and H. Schade, Photovoltaic thin-film technology based on hydrogenated amorphous silicon, Progr.Photovolt.: *Res. Appl.*, **10**, 85–97 (2002).

[131] A. Banerjee, J. Yang, and S. Guha, Optimization of high efficiency amorphous silicon alloy based triple-junction modules, in *Amorphous and Heterogeneous Silicon Thin Films: Fundamentals to Devices – 1999, Mater. Res. Soc. Proc.*, **557**, 743–748 (1999).

[132] A.V. Shah, H. Schade, M. Vaneček, J. Meier, E. Vallat-Sauvain, N. Wyrsch, U. Kroll, C. Droz and J. Bailat, Thin-film silicon solar cell technology, *Progr. Photovolt.: Res. Appl.*, **12**, 113–142 (2004).

[133] C.N. Jardine and K. Lane, PV-COMPARE: relative performance of photovoltaic technologies in northern and southern Europe, *Proceedings of the PV in Europe Conference and Exhibition, Rome* (2002), V8-5.

[134] Market survey on solar modules, *Photon International*, February 2005, 48–67.

[135] D. E. Carlson, R. Romero, F. Willing, D. Meakin, L. Gonzalez, R. Murphy, H. R. Moutinho and M. Al-Jassim, Corrosion effects in thin-film photovoltaic modules, *Progr. Photovolt.: Res. Appl.*, **11**, 377–386 (2003).

[136] E. Middelman, E. van Andel, R.E.I. Schropp, L.V. de Jonge-Meschaninova, P.M.G.M. Peters, R.J. Severens, H. Meiling, M. Zeman, M.C.M. van de Sanden, A. Kuijpers, C.I.M.A. Spee, and G.J. Jongerden, New temporary superstrate process for roll-to-roll production of thin-film solar cells, in *Proceedings of the 2nd World Conference and Exhibition on Photovoltaic Solar Energy Conversion*, **Vol. I**, 816–819 (1998).

[137] G.J. Jongerden, Monolithically series integrated flexible PV modules manufactured on commodity polymer substrates, in *Proceedings of the 3rd World Conference and Exhibition on Photovoltaic Solar Energy Conversion, Osaka* (2003), 6LN-C-05.

[138] Y. Hishikawa, K. Ninomiya, E. Maruyama, S. Kuroda, A. Terakawa, K. Sayama, H. Tarui, M. Sasaki, S. Tsuda and S. Nakano, Approaches for stable multi-junction a-Si solar cells, in *Proceedings of the 1st World Conference on Photovoltaic Energy Conversion, Hawai* (1994), 386–393.

06 찰코파이라이트 기반 태양전지

Chalcopyrite Based Solar Cells

Reiner Klenk, Martha Ch. Lux-Steiner
Hahn-Meitner-Institut, Berlin, Germany

6.1 서 론

찰코파이라이트(chalcopyrite) 기반 태양전지 기술은 박막 기술의 일반적 장점에 기존 결정질실리콘 태양전지의 안정성과 높은 효율을 접목시킨 기술이다. 그러므로 일단 대량생산이 가능해 지면 태양전지 시장에서 그 점유율이 크게 증가할 것으로 기대된다.

태양전지 소재로서 가장 중요한 찰코파이라이트 화합물들은 $CuInSe_2$, $CuInS_2$, $CuGaSe_2$로 그 밴드갭은 각각 1.0, 1.5, 1.7 eV이다. 몇몇 연관 소재들을 포함하여, 이들은 광학적인 흡수율이 매우 높고, 격자 상수와 밴드갭이 광범위하게 분포되어 있다(그림 6.1 참조). 또한, 이들 화합물 반도체들은 중간 밴드갭을 갖도록 합금이 가능하다. 찰코파이라이트 기반 태양전지는 단결정[2] 소재로부터 출발하여 1974년부터 연구되어 왔다. 최초의 태양전지는 $CuInSe_2$ 광흡수층을 기반으로 제작되었기 때문에, 조성이 $CuInSe_2$에 가까운 좁은 밴드갭 물질계에 대한 기술적 진전이 가장 두드러지게 나타났다. 현재 실험실에서 만든 박막 태양전지 소자의 최고 효율은 20%에 가깝다[3]. 이 효율은 mc-Si(다결정실리콘) 태양전지의 최고 효율에 육박한다. 모듈 면적의 증대, 생산 규모의 확대 및 제조측면에서의 많은 이슈들이 해결되어 가고 있다. 파일럿 생산이 가동 중이고, 상업용 모듈이 시장에 나와 있다. 2005년 현재 이 기술의 시장 점유율은 아직 미미하고, 더 큰 규모의 대량생산에 장애가 되는 주요 문제들이 아직 규명되지 않고 있다.

6.2 찰코파이라이트 기반 태양전지의 잠재력

이 태양전지의 매력적인 잠재력은 아래 핵심 키워드로 요약할 수 있다.

- 고효율 High efficiency
- 안정성 Stability
- 저가격 Low cost
- 원재료의 효율적 사용 Effective use of raw materials
- 짧은 에너지 회수기간 Short energy payback time
- 다양한 용도에 적합 Adaptable to various applications
- 대폭적인 R&D 지원 Large supporting research and development community

찰코파이라이트는 모든 박막 태양전지 기술 중에서 최고 효율을 얻을 수 있는 잠재력이 가장 크다. 소면적 실험실 태양전지의 최고 효율은 20%에 가까운데, 이는 단일층 반사방지막과 표준 금속 그리드 전극을 사용하여 얻은 효율로, 여기에는 최고 효율의 결정질실리콘 태양전지를 만드는 데 사용된 복잡한 기술이 전혀 적용되지 않았다. 서브모듈의 효율은 거의 17%에 달하며[4], 평방피트 이상의 대면적 모듈의 효율은 12~14% 정도인데[5~7], 최고 효율은 더 향상될 것으로 예상된다. 또한, 다중접합의 구현을 통해, 실리콘 태양전지의 이론효율을 능가할 수 있는 큰 폭의 효율 증가도 가능할 것으로 기대된다. 이러한 뛰어난 성능은 표준 시험조건에는 물론이고 옥외에서의 모니터링 데이터로부터도 검증되어 있다.

비정질실리콘 태양전지에 비해 찰코파이라이트 태양전지는 빛 조사 시에 어떤 열화현상도 보이지 않는다. 옥외 시험결과 제품의 수명이 기존 결정질실리콘 태양전지의 수명과 대등할 것으로 보고 있다.

저가격 잠재성은 여타 박막 기술과 유사한데, 이는 값싼 기판의 사용, 원소재 사용의 효율성, 높은 처리량, 모놀리식 직렬연결에 의한 모듈 구성 및 저온 대면적 증착 등에 그 근거를 두고 있다. 기판 외의 모든 박막을 포함한 이 태양전지의 총 두께는 2~4 μm로, 이는 원재료의 소요량이 실리콘 태양전지에 비해 아주 적은 부분에 불과하다는 것을 의미한다. 대량생산이 원료의 가용량에 제한을 받지 않을 것이다.

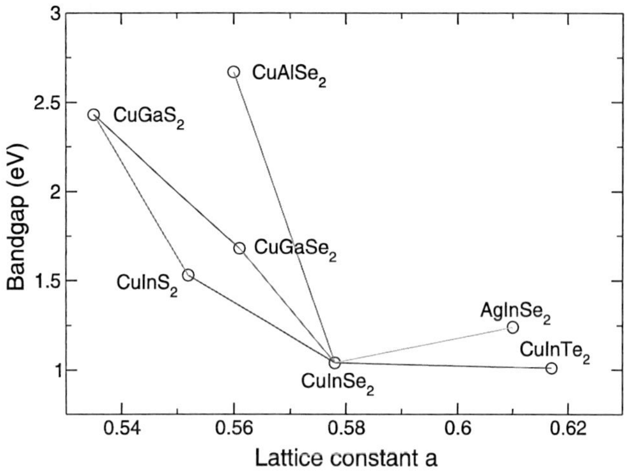

그림 6.1 문헌[1]에 따른 몇몇 찰코파이라이트 화합물의 밴드갭과 격자상수(연결선은 가이드로서의 역할).

에너지 회수기간(energy payback time : EPBT)은 태양전지 기술이 미래 에너지 공급에 어느 정도 기여하는지를 고려할 때 매우 중요한 인자이다. 박막을 제조할 때 소요되는 에너지가 적으면(짧은 공정 시간, 낮은 공정 온도) 더 유리하다.

후에 좀 더 자세히 언급하겠지만, 이 태양전지와 모듈의 구성 요소를 선택하거나 이들의 제조방법을 선정하는 데 있어서 그 선택의 폭이 넓다. 그러므로 다양한 용도별로, 최적의 효율 대비 가격을 절충한 제품을 설계할 수가 있으며, 이때 제품의 수요 전력은 mW에서 MW까지, 옥내용은 물론 집광방식의 모듈까지 빛의 세기에 폭넓게 대응할 수 있다. 찰코파이라이트 태양전지는 유연성 기판은 물론 유리 같은 견고한 기판도 사용할 수 있다. 기계적 강도가 우수하고, 다양한 온도 범위에서 작동이 가능하며, 높은 에너지의 방사선이 많은 가혹한 환경에서도 훌륭하게 작동한다.

찰코파이라이트 기술은 장기간의 경험과 연구 실적을 갖고 있는 대학, 연구소, 회사들이 포함된 국제적인 네트워크에 의해 뒷받침되고 있다. 이는 산업화 추진과정에서 어떤 문제가 발생했을 때 전문성을 가지고 대응할 수 있고, 또 향후 제품화를 위한 새로운 개발의 공급원이 될 수 있다는 의미이다. 대량생산에 필요한 설비 투자비가 매우 높다는 점이 대량생산을 제한하고 있지만 증착장비와 제조 인프라를 개발하고 있는 회사들이 늘고 있어 향후 상업화의 튼튼한 토대가 될 것이다.

6.3 찰코파이라이트 태양전지와 모듈 제조 기술

태양전지는 유연성 기판 혹은 단단한 기판 위에 증착된 여러 층의 막으로 이루어진다(그림 6.2 참조). 첫 번째 막은 보통 Mo으로 불투명한 후면전극 역할을 한다. 그 위를 찰코파이라이트 막이 덮게 된다. 이 p-형 막은 광흡수층(absorber)으로 대부분의 빛을 흡수하고 광전류를 생성한다. 이종 접합은 매우 얇은 n-형 버퍼층(보통 CdS)과 이어서 n-형의 wide gap 전면 투명전극(보통은 고농도 도핑 ZnO)을 올려 형성한다.

태양전지 목적에 적합한 특성을 지닌 박막은 여러 가지 공정으로 제조할 수 있다. 파일럿 라인에서는 광흡수층을 multisource 진공증발이나 시퀀스(sequential) 방식(금속 합금 박막의 reactive 어닐링)으로 형성한다. 그 사례로 [그림 6.3]은 후자의 방법으로 $CuInS_2$ 기반 모듈 생산 시 필요한 공정 시퀀스를 보여주고 있다. 다음 절에서 각 단위막별로 생산 공정에 바탕이 되는 최신의 제조방법을 설명하고자 한다. 지금 개발 중이거나 향후 추가적인 가격 절감을 목적으로 한 방법에 대해서는 6.6절에서 설명하고자 한다.

6.3.1 광흡수층

가장 많이 연구된 광흡수 재료는 $CuInSe_2$(CISe)를 기반으로 한 것이다. 밴드갭이 비교적 낮기(1.0 eV) 때문에 일반적으로는 Ga을 추가하여 밴드갭이 1.15 eV인 $Cu(In,Ga)Se_2$를 만든다. 다음에 설명할 바와 같이 $Cu(In,Ga)(Se,S)_2$ (CIGSSe) 제조용

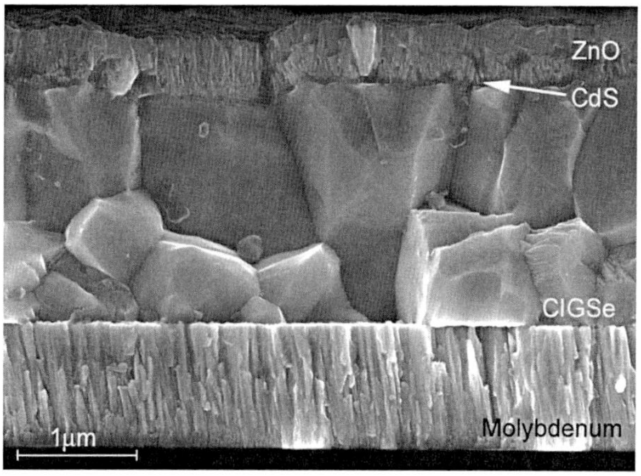

그림 6.2 $Cu(In,Ga)Se_2$ (CIGSe) 광흡수층을 가진 찰코파이라이트 태양전지의 단면 SEM 사진.

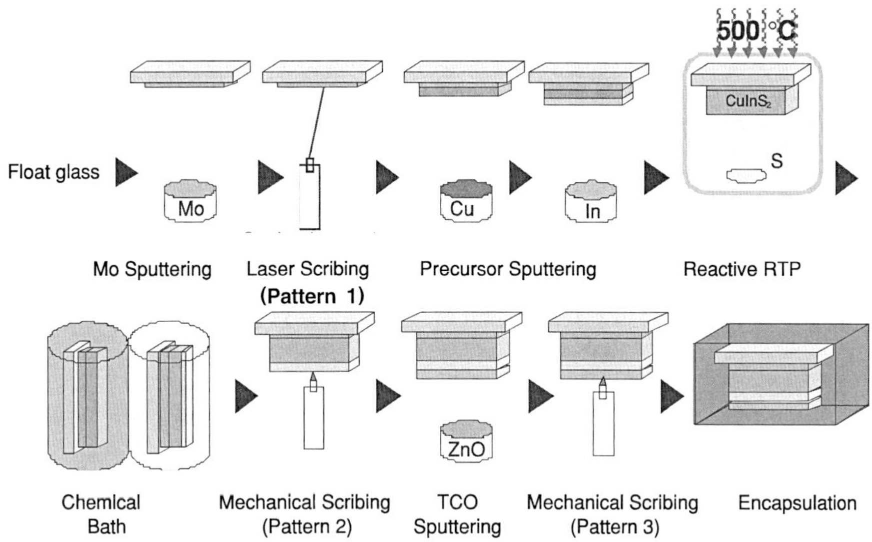

그림 6.3 찰코파이라이트 태양전지 모듈 제조용 공정 절차[8]. 여기서의 공정은 RTP를 이용한 시퀀스 접근 방식을 토대로 한 것이다.

시퀀스 공정에서는 sulfur(S)가 추가로 들어간다. 이들 모든 광흡수층 재료들은 최적 박막 특성을 위해 적정량의 Na(sodium) 농도를 필요로 한다(6.3.1.3절 참조). 또 다른 개발 방향은 $CuInS_2$(CIS)로부터 출발한다. 여타 화합물에 비해 이 기본 물질은 Cu 과잉 조건에서 성장하고, 역시 밴드갭(E_g =1.5 eV)이 높다. 따라서 Na이나 Ga 같은 원소의 추가는 꼭 필요하지 않다. 가장 널리 이용되는 제조 방법은 멀티소스(multisource) 진공증발과 시퀀스 공정이다. 진공증발공정은 박막 형성을 훨씬 더 직접적으로 제어할 수 있는데, Cu(S,Se) 상의 fluxing 효과 최적화, 깊이에 따른 밴드갭 프로파일 조작 등이 그러하다. 진공증발로 최고의 효율을 얻을 수 있는 이유는 이 때문으로 사료된다. 특히, 시퀀스 공정에서는 진공증발 공정과 달리 Ga이 후면전극 쪽에 편석되어 활성층 영역에서는 Ga 함량이 낮아지고 그 결과 밴드갭이 최적치 이하가 된다. 어닐링 분위기에서 H_2S 가스를 넣으면 밴드갭 문제를 어느 정도 해결하는 데 도움이 되나 전체 공정과 소자 제조가 복잡하게 되는 문제가 있다. 진공증발로 제조된 박막에서의 표준 밴드갭은 약 1.15 eV 정도로 이는 충분한 양의 Ga을 집어넣어 간단히 달성할 수 있다.

6.3.1.1 멀티소스 진공증발법

박막은 가열된 기판 위에 구성 원소들을 동시에 진공증발시켜 간단하게 성장시킬 수 있다. 화학량론(stoichiometry)은 금속원소들 대비 VI 원소의 비로서 기판의 냉각 단계에서 유지되어야 하는 VI 그룹의 overpressure로 조정할 수 있다. 반면에 분자도(molecularity)는 III 족 원소 대비 I 족 원소의 비로서 이는 금속 소스의 증발 온도를 정확하게 제어하여 조정할 수 있다. 적절한 격자상수와 표면 termination을 가진 단결정 기판들도 사용할 수 있는데, 이 경우 박막의 에피택셜 성장이 일어난다.

최종 박막의 모폴로지(morphology)와 여타 특성은 분자도에 따라 크게 달라진다. Cu 과잉 박막은 결정립(입경)이 크다. 이 경우는 이상적인 조성에 가까운 찰코파이라이트와 Cu-VI 이원화합물이 혼합되어 있는데, 이원화합물은 주로 냉각 후 박막 표면에서 발견된다. 이런 조건에서 성장한 찰코파이라이트는 Cu 과잉 없이 성장한 재료에 비해 결함밀도가 더 낮고, 보상성(compensational) 도핑이 적다(그림 6.4 참조). 이런 관찰 결과들은 성장 메커니즘과 VI 원소의 편입에 있어서 이원화합물들이 적극적인 역할을 한다는 것을 의미한다[9]. 전체 분자도가 1에 가까운 막은 Cu-VI 이원화합물의 국부적인 편석 때문에 수 μm 스케일에서는 흔히 불균일하게 나타난다.

결정립 크기가 작아도 단순한 진공증발 공정으로 Cu가 약간 부족한 Cu(In,Ga)Se_2 박막을 만들면 효율 14% 정도를 얻을 수 있다. 반면에 과잉 Cu 조건에 맞는 growth assistance를 찾아내기 위한 여러 가지 방안들이 개발되었다. Bilayer 접근 방식에서는[10], 결정립이 굵고 큰 Cu 과잉 시드 막을 먼저 증착한다. 이후 Cu의 비율을 줄여서 시드 층의 Cu 과잉 조성이 점진적으로 2단계에서 소모되어 최종적으로 Cu가 약간 부족한 막이 되게 한다. 이 아이디어는 Cu 과잉 막의 경우 막질이 우수하다는 장점과 Cu 부족 막의 경우 2차상이 없다는 장점을 결합한 것이다. 일단

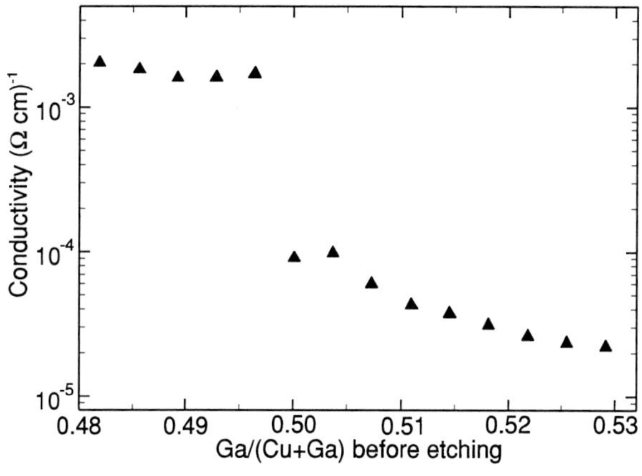

그림 6.4 $CuGaSe_2$ 박막의 측면 방향 전도도. Cu 과잉 조건에서 만든 막은 Cu 부족 조건에서 만든 것에 비해 도핑이 더 효과적임. Cu_xSe 편석(segregation)은 측정 전에 화학 에칭으로 제거하였음.

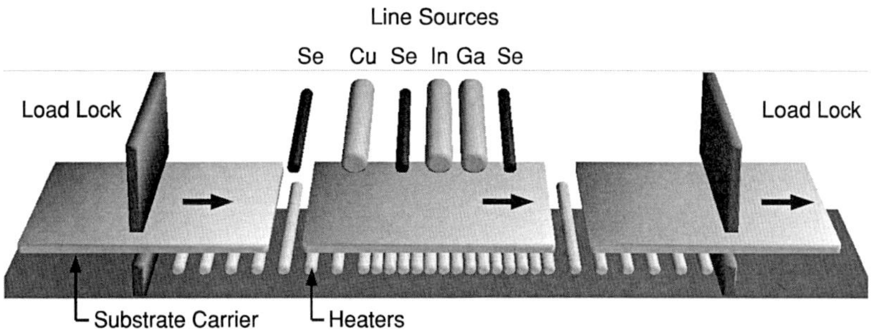

그림 6.5 인라인 진공증발 시스템의 개략도. 기판은 캐리어로 지지하고 load lock 챔버를 통해 진공증착실로 이송된다. 기판은 히터 어레이로 가열하고, 최대 온도 지점을 통과하기 전에 Cu 소스를 통과하고, 최대 온도 도달한 후에는 In과 Ga 소스를 통과한다. 기판은 서서히 냉각시킨 후에 오른쪽에 있는 load lock을 통해 반응실을 벗어난다.

Cu-VI 상이 소모되어 성장이 불연속적으로 되고 새로운 핵생성이 되면 성장 메커니즘은 더 이상 유지될 수 없다. 이 접근법의 장점은 기판이 우선 Cu, 이어서 In, Ga 소스를 차례로 통과하는 양산용 인라인 공정으로 바로 적용 가능하다는 점이다(그림 6.5 참조). 다른 방법은 시작을 Cu 부족으로 아니면 Cu가 아예 전혀 없는 막으로 시작하여 2단계에서 Cu를 더 많이 공급하는 것이다(inverted bilayer). 만약 이 단계에서 충분한 Cu가 공급되면 막은 Cu 과잉 조성으로 재결정화된다. 이 경우 Cu 함량을 다시 줄이고 단일상의 재료를 얻을 수 있는 세 번째 단계가 필요하다. 이것이 3단계 공정(three stage process)으로 알려진 것인데[11], 실험실에서 가장 높은 효율이 얻어진 것은 이 방법에 의해서이다. 원칙적으로 세 번째 단계에서 과잉 Cu가 소모된 후의 성장 메커니즘을 유지해야 하는 문제가 있다. 그러나 3단계 공정의 경우 매우 정확한 조성제어가 가능한데, 이는 박막이 Cu 과잉 영역으로 들어갔거나 나가는 전이점들을 기판온도의 변화(또는 일정 온도를 유지하기 위해 공급되는 전력의 변화)로서 관찰할 수 있기 때문이다[12]. 이 방법은 종종 *in situ* 공정제어 기술로 이용된다. 기판 축으로부터 반사되어 나오는 빛의 세기를 모니터하는 것도 공정제어의 대안이 된다(레이저 빛 산란[13]). 3단계 공정은 Ga/(Ga+In) 비가 깊이에 따라 다른데(밴드갭 엔지니어링), 이는 3단계 공정에 의해 제조한 광흡수층 박막 및 이를 이용한 태양전지의 특성이 매우 우수한 이유 중의 하나로 여겨지고 있다.

6.3.1.2 시퀀스 공정 (Sequential processes)

시퀀스(two step) 공정은 광흡수층 형성의 대안 공정으로 개발되었다[14, 15]. 여기서는 일반적으로 금속 전구체를 스퍼터링 증착한다. 순수한 Ga의 스퍼터링은 융점이 낮아 문제가 되기 때문에, 보통 Cu/Ga 합금 타깃을 사용한다. 찰코파이라이트는 전구체를 고온의 chalcogen 포함 분위기에 노출(selenisation/sulfurisation)시키는 2번째 단계에서 형성된다. 이 방법은 생산 측면에서 매우 매력적이다. 산업용으로 이미 잘 구축된 공정이 DC 스퍼터링이고, 관련 장비를 쉽게 구할 수 있다. 재현성이 좋고 대면적에서 개별 박막의 두께 균일성이 우수하다. 따라서 첫 번째 단계에서 중요한 변수인 Cu/III의 비를 엄밀하게 제어할 수 있다. 장비의 열화와 관련하여 문제의 소지가 있는 고온, 부식성 분위기는 2번째 단계에 제한되어 있다. 여기서 2번째 단계는 주로 chalcogen의 화학량론에 영향을 미치는데, 이는 상당부분 자체 조정이 되기 때문에 그리 심각한 문제는 아니다.

두 번째 단계는 튜브로(furnace)나 혹은 RTP(rapid thermal processing) 공정으로 이행된다. 튜브로에서의 어닐링(불활성 가스와 H_2S 혹은 H_2Se 반응가스의 혼합물)은 보통 배치 형태의 공정으로 이루어지는데, 여러 기판을 동시에 장착한다. 기판의 크기는 튜브로의 직경에 따라 정해진다. 최근에는 RTP 로가 도입되었다[16, 17]. 고온 어닐링 전 어느 하나의 공정 단계에서 Se이 금속 전구체(stacked elemental layers) 위에 증착되고, 반면에 S는 여전히 RTP 도중에 H_2S의 형태로 공급된다(그림 6.6 참조). 2단계 공정에서의 찰코파이라이트 형성은 주로 재료 시스템의 열역학과 phase 형성의 반응속도에 의해 좌우된다. 따라서 이들 기본적인 특성들이 공정 최적화 측면에서 세세하게 연구되었다.[18, 19].

좁은 밴드갭의 $Cu(In,Ga)(S,Se)_2$ 광흡수층을 제작하는 것 외에 2단계 공정은 $CuInS_2$(E_g =1.5 eV)를 제작하는 데도 특별히 적합한 것으로 밝혀졌다[17]. 이 경우 S의 조각이나 분말을 단순히 RTP로 내부의 기판 부근에 두는 것만으로 공정 수행이 가능한데, 이에 따라 독성가스의 사용뿐만 아니라 별도의 공정에서 chalcogen을 증발시켜야 할 필요가 없어진다. Cu 과잉(Cu/In=1.2~1.8) 전구체를 사용할 때 생성되는 Cu_xS에 의한 성장 촉진으로 매우 짧은 시간 동안의(매우 높은 온도에서는 몇 분) 어닐링이 가능해진다. 이 조건에서 성장된 막들은 매우 높은 p-형 전도도를 나타내기 때문에 Na 농도(6.3.1.3절)는 그리 중요하지 않다[20]. 확산 방지층(blocking)들과 Na 전구체 막들은 사용되지 않는다. 이미 언급한 바와 같이 밴드갭 조정을 위해 추가로 원소들을 집어넣는 것 역시 필요하지 않다.

6.3.1.3 Na

Na이 소자 성능에 중요한 영향을 미친다는 것을 인식함으로써, 개발에 주요 돌파구를 마련하게 되었다. Na은 성장 메커니즘에 영향을 미쳐 매우 효과적인 p-형 도핑뿐만 아니라 우수한 막의 형상을 얻는 데에도 기여한다. 태양전지의 성능면에서는

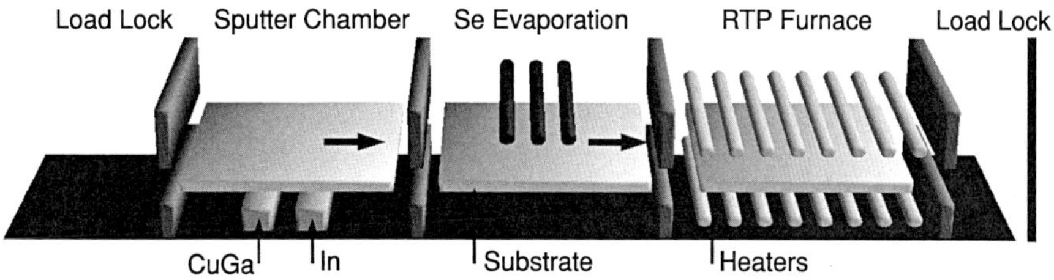

그림 6.6 인라인 시퀀스 공정 시스템. Cu, Ga은 합금 타깃으로부터 스퍼터한다. In 스퍼터 후에 기판은 진공증착 챔버로 이동하여 Se으로 코팅한다. 완료된 스택은 RTP 로에서 어닐링한다. 금속과 Se 증착 중에 기판 가열은 필요하지 않다.

p 도핑이 더 중요한 인자로 여겨진다. 공간전하영역에서의 재결합이 지배적인 고효율 소자에서는 실제로 개방전압의 증가와 net 도핑농도 증가간의 정량적인 일치가 관칠되었다.[21]. 이미 형성된 막 내부로 Na을 확산시키는 것 또한 소자의 성능을 증가시킨다는 사실은 전기적 특성에 대한 영향들이 박막의 모폴로지보다도 더 중요하다는 것을 의미한다[22].

특히, 증발속도가 낮은 공정에서는 소다석회 유리 기판으로부터 Na이 후면전극을 통해 확산되면 광흡수층 내에서 요구되는 Na 농도를 확보할 수 있게 된다. 만약 Na이 없는 기판을 사용할 경우, Na 염(예 : NaF)을 동시에 증발시키거나 광흡수층을 형성하기 이전에 후면전극 위에 전구체로 증착하면 된다. 때로는 소다석회 유리 기판을 사용하는 경우에도 후면전극 하부의 확산방지층 형성 및 상부의 Na 염 증착 기법이 사용되는데, 이 경우 특히 급속 시퀀스 공정에서 Na의 농도를 보다 엄밀하게 제어할 수 있다.

과잉 Cu로 만든 막들은 전도도가 높을 뿐만 아니라 결정립들의 크기도 크다. 따라서 Na 도핑을 필요로 하지 않는다. 현 시점에서 이는 기술적으로 $CuInS_2$ 기반 모듈에서만 적합하다.

6.3.2 전극

6.3.2.1 확산 방지막과 후면전극

가장 널리 사용되는 후면전극은 스퍼터 공정으로 증착한 Mo이다. 박막 내에 존재하는 응력은 스퍼터 공정 중의 가스 압력을 제어하여 넓은 범위에서 조정할 수 있다[23]. 최적화된 박막은 유리나 여타 기판에 대한 접착력이 우수하고, 레이저나 포토리소그래피(photolithographic) 패터닝이 간단하다. 스퍼터를 대체할 수 있는 기법은 전자선(e-gun) 증착으로 지금까지는 실험실에서만 사용되었는데, 산업용의 대량생산에서도 가격측면에서의 장점이 있을 것으로 보고 있다.

전극과 찰코파이라이트 간의 실제 접합은 매우 복잡한데, 흡수층 제작 과정 중에 형성되는 Mo-chalcogenide 중간층(intermediate layer)을 필요로 한다. 저온에서는 I-V 곡선이 순방향 바이어스 조건하에서의 이상적인 다이오드 곡선으로부터 벗어나는 현상이 종종 관찰되는데, 곡선이 이렇게 휘어지는 것은 태양전지 후면전극에서의 blocking 때문으로 여겨져 왔다. 하지만 Mo/$CuInSe_2$ 계면의 전기적 특성을 독립적으로 측정할 수 있게 설계한 실험에서는, 후면전극을 가로질러 일어나는 전압 강하가 관찰되지 않았다[24]. I-V 곡선의 휘어짐을 blocking 전극 개념 없이 설명하는 다른 모델들도 있다[25]. 광학적인 반사를 개선하기 위한 대체 전극 물질과 새로운 소자 구조들이 연구 중에 있다(6.6절).

이미 언급한 바와 같이 Mo 증착 전에 유리 기판 위에 증착하는 확산방지(silicon oxide, silicon nitride) 층은 꼭 필요한 것은 아니나, Na 도핑을 엄밀하게 제어하는데 사용할 수 있다. 반면에 금속 포일 기판들은 흔히 Mo 아래에 추가 코팅이 필요한데, 이는 기판의 평탄화와 전기절연, 그리고 불순물의 확산을 억제하기 위한 것이다[26].

6.3.2.2 버퍼

보통 50 nm 두께의 매우 얇은 버퍼층은 화학석출(chemical bath deposition : CBD)법으로 만든다[27]. 일반적으로는 Cd 염과 S의 소스로 thiourea, 그리고 암모니아를 포함하는 수용액이 사용된다. 기판을 차가운 용액에 담근 후, 약 60~80℃까지 가열한다. Thiourea는 가수분해(hydrolyze)되고, 카드뮴과 황 이온들은 재결합하여 CdS를 형성한다. 박막은 기판에서 직접 성장하거나 혹은 용액 내에서 나노입자들이 형성되고 이것이 기판 위에 부착된다. 증착조건에 따라, 또한 수용액 환경에 의해 박막은 상당한 양의 산소와 수소를 함유한다. CdS의 CBD 공정은 재현성이 매우 높고 다양한 찰코파이라이트 광흡수층에 사용되며, 소자의 효율도 매우 높다.

6.3.2.3 창 층

가장 우선시되는 창(window) 혹은 투명전도산화물(TCO : transparent conductive oxide) 박막은 스퍼터링이나 metal organic chemical vapor deposition(MOCVD) 공정으로 증착하는 ZnO이다. 이 박막은 모듈 내에서의 오믹 손실을 피하기 위해서 측면방향으로의 높은 전도성을 가져야 한다. 그러므로 보통 스퍼터 공정에서는 Al

또는 Ga으로, MOCVD 공정에서는 붕소(B)로 고농도 도핑한다. 하지만 버퍼층위에 측면 저항이 낮은 박막을 직접 증착하면, 광흡수층 내에 존재하는 국부적인 결함(pin hole 발생 [28])이나, 국부적인 특성 변동(예를 들어 밴드갭[29])에 의한 부정적인 영향이 더욱 크게 나타난다. 이는 우선 저항이 높은 순수 ZnO 박막을 두께 100 nm 정도로 얇게 증착하면 피할 수 있다. 이때 ZnO 박막은 도핑하지 않은 순수 ZnO 타깃을 이용한 스퍼터링이나 혹은 플라즈마 발생 가스에 산소를 첨가하여 형성한다.

창층의 제조가격은 전체 모듈가격에 큰 영향을 미친다. 박막 두께를 얇게 하기 위해서는 저항을 낮추어야 한다. 대면적 ZnO 박막의 비저항은 보통 $5\times10^{-4}\,\Omega\,\mathrm{cm}$ 정도로 더 이상은 개선하기 어려운데, 왜냐하면 도핑농도가 높으면 전자의 이동도가 낮아지고 자유 캐리어의 흡수로 인해 투과율이 나빠지기 때문이다. 이러한 박막 특성은 물리적인 한계에 거의 가까운 것으로 보고 있어[30], 추후에는 결국 이동도가 높은(유효 전자질량이 적은) 소재로 대체되어야 할 것이다. ZnO의 제조 가격을 낮추기 위한 기법에는 세라믹 타깃을 제조하는 새로운 기법이나 금속 타깃으로 reactive 스퍼터하는 것이 포함된다.

IEC 61646 표준 시험규격의 하나인 damp heat 조건 하에서의 가속수명 시험은 모듈의 안정성을 결정하는 주요 실험인데, ZnO 박막이 이러한 안정성에 중요한 역할을 한다. 측면 방향의 저항은 증가하는 경향이 있고, 충진율(fill factor)이 감소하게 된다. 따라서 ZnO 박막은 증착 직후의 특성 측면뿐만 아니라 damp heat 시험에서의 열화를 고려한 최적화가 이루어져야 한다.

6.3.2.4 모놀리식 집적화와 봉지 (Monolithic integration and encapsulation)

모듈의 제조에는 위에서 언급한 셀의 제조공정에 몇 개의 추가 공정이 필요하다. 모듈은 모놀리식 집적화로 직렬 연결된 셀들로 나누어진다. 전기적 연결은 TCO 증착 중에 Mo 후면전극으로부터 TCO로 이루어진다(그림 6.7). 앞면을 금속배선(metallization) 하는 방안이 제안되었으나 일반적으로는 적용되지 않는다. 통상적인 방안은 3번의 패터닝으로 이루어지는데, 첫 번째는 Mo에서의 isolation scribe(P1)이고, 두 번째 틈(gap, P2)은 흡수층을 스크라이빙하여 만드는데, 이 틈은 TCO 증착 중에 채워진다. 그리고 세 번째는 전체 셀 구조를 Mo 전극아래에까지 isolation scribe(P3)하는 것이다. P1 패터닝 방법으로 pulsed Nd-YAG Laser(그림 6.8)가 가장 널리 이용되고, 포토 리소그래피 패터닝도 가능하다. 레이저 패터닝 후에 기판은 떨어진 입자들을 제거하기 위해 회전하는 솔로 습식 클리닝하게 된다. P2와 P3

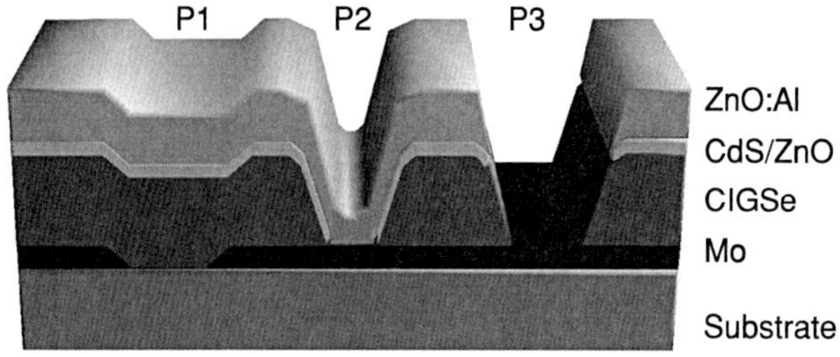

그림 6.7 유리 위에 증착한 Mo 박막의 레이저 스크라이빙 현미경 사진. 펄스 중복이 최적화되도록 레이저의 펄스 주파수와 스크라이빙 속도를 조정.

패터닝은 기계적(mechanical) 스크라이빙을 한다. P2 패터닝은 도핑하지 않은 ZnO의 증착 전이나 혹은 후에 할 수 있는데, 후에 하는 것이 접촉이 더 좋다.

인터커넥션(interconnection) 부분은 활성 면적에서 손실이 되어 광전류의 손실로 이어진다. 원칙적으로 스크라이브 선폭은 최대한 좁아야 하고, P1, P2, P3 사이의 간격은 최소화하여야 한다. 반면에 두 개의 인터커넥션 사이의 거리는 최대화하여야 한다. 실제적으로 충분한 전기적 절연(P1, P3)과 접촉저항(P2)을 유지하기 위해서는 스크라이브 선의 특정 선 폭이 지켜져야 한다. 그 결과 상호 연결되는 부분의 전체 폭은 0.5~1 mm 정도가 된다. 게다가 상호 연결되는 부분 사이의 허용 거리는 ZnO 박막의 측면 저항 값에 의해 제한을 받게 된다. ZnO 박막이 두꺼우면 그 거리를 증가할 수 있다. 하지만 두꺼우면 가격 문제는 차치하고서라도 투과율이 낮아져 광전류가 낮아진다. 일반적인 인터커넥션 사이의 거리는 보통 5~10 mm 정도인데, 상호 연결되는 부분에 의해 10% 정도가 손실이 된다. 밴드갭이 넓은 흡수

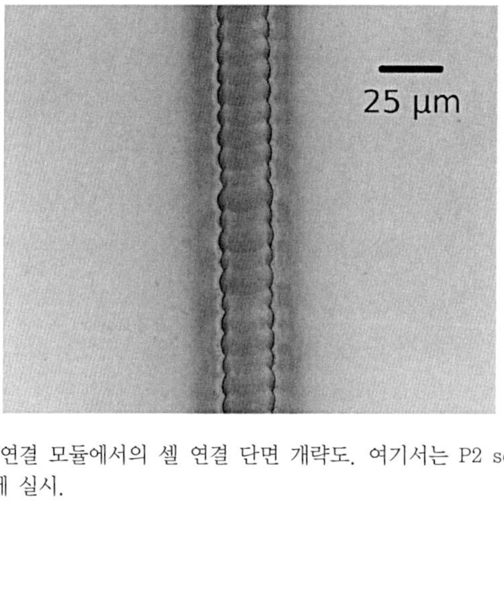

그림 6.8 모놀리식 직렬연결 모듈에서의 셀 연결 단면 개략도. 여기서는 P2 scribing을 도핑하지 않은 ZnO 증착 후에 실시.

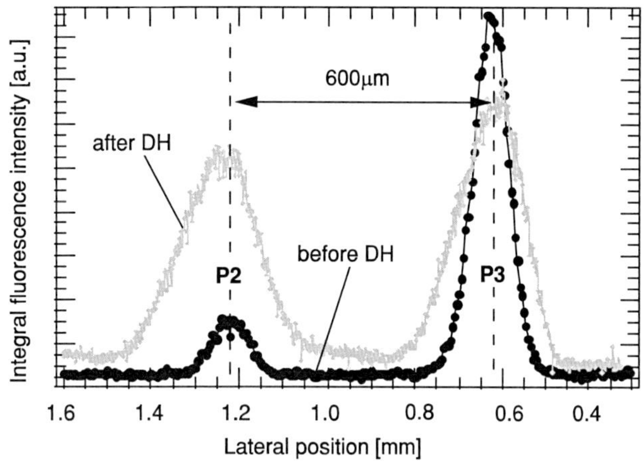

그림 6.9 고습고온(damp heat : DH) 시험으로 가속열화 전과 후에 스크라이빙 영역에서의 locally resolved sulfur fluorescence(XES) 강도[31].

층을 사용하면 광전류가 줄어들기 때문에 모듈 설계에 있어 유연성이 있다. 보통 광전류 값은 밴드갭 1 eV(CISe)에서 42 mA/cm^2, 1.5 eV(CIS)에서 22 mA/cm^{2}이다. 박막 특성에 따라 모듈 패터닝을 최적화할 수 있는 시뮬레이션이 나와 있다[32].

상호연결 부분은 가속열화(damp heat) 시험에서 모듈의 열화에 영향을 주는 것으로 알려져 있다. 스크라이브 선 간격을 넓게 하고 ZnO 두께를 줄인 특별하게 만든 셀 구조에 대한 Locally resolved X-ray emission spectroscopy(XES) 스캔(그림 6.9)결과로부터, 접촉 부분의 열화에 대한 기초적인 모델을 제시할 수 있다. 고습고온 시험 전에 P3 스크라이브 선에 관찰된 큰 S(황) 시그널은 Mo 표면의 sulfurisation(광흡수층 형성 중에 발생) 때문이다. P2 라인 내에서 작은 S 시그널이 관찰되는 것은 ZnO 박막에 의해 신호가 약해졌기 때문인데, 이 시그널은 고습고온 처리와 함께 크게 증가한 것을 볼 수 있다. 이 스펙트럼은 $ZnSO_4$의 형성 때문으로, 즉 고습고온 시험으로 인해 MoS_2와 ZnO 사이에 화학반응이 일어나 P2 스크라이브 선에서의 접촉이 나빠진 것을 시사한다.

설명한 표준공정은 여전히 개선의 여지가 많은데, 패터닝이 인라인 진공공정을 깬 후에 이루어지기 때문이다. 패터닝은 또 전체 생산 처리량(throughput)이나 공정 cycle time에 큰 영향을 미친다. 최종적으로 전면과 후면을 유리로 처리한 glass-glass laminate는 실리콘 태양전지 모듈에서와 같이 EVA 포일과 표준 라미네이터를 사용하여 만든다. 봉지 과정은 가속열화 시험 통과에 있어 매우 큰 영향을 미친다.

6.4 특성 분석과 모델링

모델링 측면에서 찰코파이라이트 기반 태양전지는 매우 복잡한 소자인데, 이는 많은 수의 다결정 반도체 화합물과 이종계면들이 존재하기 때문이다. 그럼에도 불구하고 소자의 측정, 모델링 및 여러 특성들을 이해하는 데 많은 진전이 있었다. 이런 문제에 접근이 가능한 새로운 특성분석 기법들도 도입이 되었다. 그 예로 Kelvin probe force microscopy(KPFM)는 측면방향으로 서브마이크론 수준의 해상도를 가지며, 이를 통해 일함수(work functions)를 측정할 수 있고(그림 6.10 참조), inverse photoemission spectroscopy(IPES)로는 전도대 정렬 상태(line ups)를 직접 측정할 수 있으며, X-ray emission spectroscopy(XES)로 buried 계면 분석을 할 수 있다. 일반적으로, 측정으로부터 소재와 소자의 특성변수들을 정량적으로 추출하기 위해서는, 측정값과 보다 근본적인 물리적 인자 사이의 상관관계를 설명하는 모델이 필요하다. 다결정 화합물반도체 박막의 모델링은 그 복잡성으로 인해 흔히 근사법을 사용한다. 따라서 추출된 매개변수들을 특정 모델에 결부된 유효 변수로 해석하여야 한다. 이들은 서로 다른 시료들을 정량적으로 비교하는 데 도움이 되나, 상이한 모델에서의 계산 목적으로 사용하면 오류를 불러올 수 있다. 수치 모델링은 소자의 이해에 대한 깊이를 더하는 데 유용한 도구로 부상하였는데, 다른 태양전지용으로 잘 만들어진 분석 근사법들이 찰코파이라이트 태양전지에는 잘 맞지 않는다는 사실이 그 중요성을 반증하고 있다. 결론적으로 찰코파이라이트와 관련한 재료과학 및 그것을 기반으로 하는 태양전지는 현재 활발하게 개발 중으로 매우 광범위한 영역을 포함하고

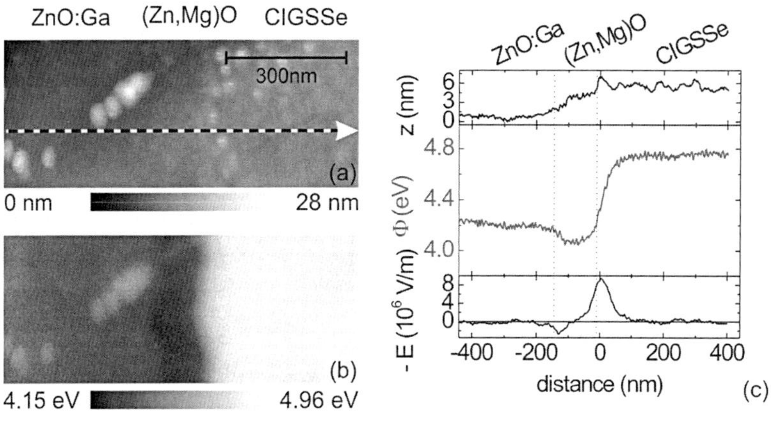

그림 6.10 기계적으로 연마한 ZnO:Ga/(Zn,Mg)O/CIGSSe 단면의 KPFM 측정 결과[34] : a) topography, b) topography와 함께 측정한 일함수. 밝은 색은 일함수가 더 높다. c) 높이, 일함수, 그리고 그림 a)에 나타난 경로를 따른 전기장.

있는 분야이다. 여기서는 몇 개로 선정된 주제에 한정하여 논의를 제한하고, 보다 자세한 정보는 문헌[33]을 추천하고자 한다.

6.4.1 셀의 개념

직접천이 반도체인 찰코파이라이트는 광흡수계수가 매우 높아 광흡수층의 두께가 매우 얇아도 된다. 그러나 이는 입사되는 빛이 표면 가까이에서 흡수된다는 것을 의미한다. 따라서 찰코파이라이트의 도핑을 정밀하게 제어할 수 있다 하더라도, 고효율의 동종접합 태양전지를 만드는 것은 여전히 어려운 문제이다. 표면 부동태화에 따라 표면과 pn 접합 사이에서 생성된 캐리어들의 대부분은 표면 재결합 때문에 손실될 것이다. 이 문제는 창층/광흡수층(window/absorber) 이종접합(heterojunction) 개념을 도입하면 해결할 수 있다. 창층의 밴드갭이 넓기 때문에 빛의 흡수가 표면으로부터 내부계면 쪽으로 위치가 바뀐다. 비록 표면 부동태화가 되어 있지 않고 표면 재결합속도가 매우 빠르다고 가정하더라도 빛의 아주 일부분만 창층에 흡수되기 때문에 손실이 매우 적다.

반면에 내부 이종계면(heterointerface)들이 그 자체로 재결합의 원인이 되어 광전류의 손실이 일어날 뿐만 아니라 bucking 전류가 높아지고 따라서 개방전압이 낮아진다. 하지만 계산에 의하면 계면 재결합이 반드시 셀의 성능에 큰 영향을 미치지는 않는다는 것이다[35]. 계면 재결합의 정도는 아래 여건에 따라 달라진다.

- 계면에서의 재결합 중심(centers)의 밀도
- 광흡수층과 창층의 도핑
- 하전된 계면 상태(charged interface states)의 유형과 밀도
- 전도대 line-up

계면 상태 밀도가 낮으면 더 좋으나 실제로는 이를 만족시키기 어려운데, 왜냐하면 대면적 증착 공정에서는 결함이 없는 에피택셜 성장에 필요한 초청정 환경 조건을 구비하기 어렵기 때문이다. 재결합을 줄일 수 있는 보다 가능성 있는 방안은 계면에서 전자나 정공의 밀도를 최소화하는 것인데, 그렇게 되기 위해서는 도핑 농도, 밴드 line-up, 계면 전하들이 적절하여야 한다. Bucking 전류(개방전압) 측면에서도 어떤 종류이든 캐리어의 밀도를 최소화하는 것이 유사한 결과를 낳는다. 하지만 광생성 전류를 고려할 때 광흡수층으로부터 수집된 전자들은 inverted 계면에서 다수

캐리어가 되는 것은 필연적이다. 결론적으로, 이상적인 구조는 n^+ 창층/p 광흡수층의 이종접합으로서, 여기서 계면에서의 Fermi level(E_F)은 전도대에 가깝고, 광흡수층에 있는 계면으로부터 얼마 되지 않는 거리에서 midgap energy를 가로지르도록 구성되어야 한다. 이런 구조를 구축하는 데 도움이 되기 위해서는 계면 전하가 positive(도너 같은 결함)가 되어야 한다. 마찬가지로 광흡수층의 전도대 edge(E_C)의 에너지 위치는 창층의 것보다 약간 낮아야 한다. 왜냐하면 반대가 되는 상황(cliff)이 되면 광흡수층의 전도대를 Fermi level로부터 멀어지게 하기 때문이다. 게다가 cliff 형태의 밴드 정렬에서는 계면의 창층 쪽의 전자들이 광흡수층쪽의 정공들과 재결합하여 장벽을 낮추는 결과를 가져온다.

실제 찰코파이라이트 태양전지에서 이런 구조의 설계는 버퍼층과 그 제조기법에 의해 실현할 수 있다. 계면에서의 밴드 line-up과 Fermi level 위치의 측정[37]은 간단하지 않고, 그 결과들의 차이가 매우 크다[38~41]. [그림 6.11]의 밴드 그림은 상당히 합리적인 근사를 보여주는 것으로 생각되는데, 위에서 고려한 바와 같이 계면의 inversion을 보여준다. 광흡수층 밴드갭이 표면 방향으로 넓어지는 것을 시사하는 이론들과 이를 뒷받침하는 측정 결과들이 있다[39, 42, 43]. 이 효과는 Cu 부족 ordered vacancy compound(OVC) phase의 편석(segregation) 때문으로 추측되었는데, 실제 구조와 관련한 결정적인 증거는 없다. 만약 밴드갭 확대가 주로 [그림 6.11]에서와 같이 가전자대 edge의 이동 때문이라면, 이 역시 계면에서의 정공 농도를 낮추어서 계면 재결합을 더 감소시킨다. 벌크 내부로부터 표면 방향으로 밴드갭이

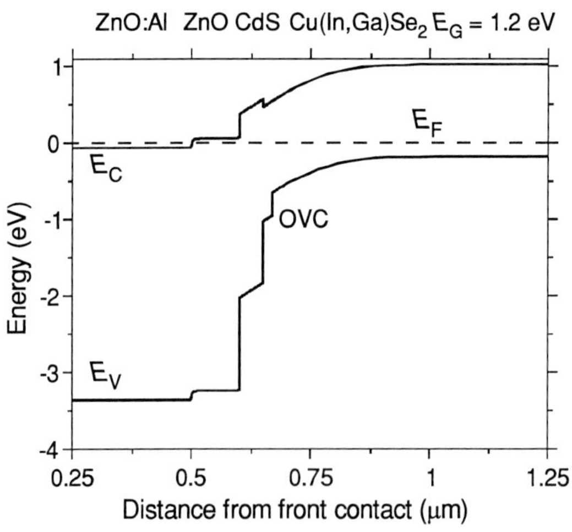

그림 6.11 OVC 때문에 광흡수층 표면에서의 밴드갭이 확대되는 것을 감안한 $ZnO/CdS/Cu(In,Ga)Se_2$ 이종접합 태양전지의 밴드 다이어그램 계산 결과[36].

넓어지는 현상은 결함 밀도의 증가를 동반하지 않은 상태에서 이루어져야만 소자의 성능 향상에 도움이 된다. 그러나 (밴드갭이 넓은 찰코파이라이트에서는) 벌크 내부와 표면에 존재하는 phase 사이의 격자 정합이 없을 수도 있다[44].

6.4.2 캐리어 밀도와 수송

의도적인 도핑을 하지 않으면 찰코파이라이트 박막에서 다수 캐리어(정공)의 농도는 보통 10^{14}~10^{17} cm^{-3} 범위로서 용도에 적합하다. 산소와 Na이 캐리어 농도에 영향을 미치는 가장 흔한 불순물이다. 도너의 농도는 거의 억셉터 농도(compensation, self-compensation[45])와 동등한 수준이다. 실온에서 다결정 박막의 유효 이동도는 1~100 cm^2/Vs 범위이다. 단결정 및 다결정을 포함하는 시료들의 온도 의존성 전도도와 Hall 효과 데이터는 특정 유형(Cu 과잉으로 제작)의 $CuGaSe_2$의 경우에만 존재한다. 문헌[46]에 요약과 논의가 되어 있다.

결정입계에서 포획된 전하는 공간전하영역을 결정립에까지 확장시킨다. 그 결과 밴드 휨(bending)은 퍼텐셜 장벽이 된다. Hall 효과의 측정결과는 그 장벽이 50~150 meV 정도로, 이는 CGSe 결정입계에서의 전하 밀도가 10^{12} cm^{-2} 정도인 것으로 설명이 된다[47]. 초고진공에서의 KPFM 측정은 결정입계 모델을 더 명확하게 설명해 줄 수 있는 새로운 특성분석 도구이다. 이 현미경은 측면 방향으로의 해상도가 매우 높아 개별 결정입계를 가로질러 일함수를 측정할 수 있다. 결정입계를 가로질러 측정된 일함수의 하락치 평균은 110 meV 로, 이는 Hall 데이터와 잘 일치한다[48]. 결정입계 부근에서의 전기장은 소수 캐리어들을 결정입계 쪽으로 몰아간다. 그러나 결정입계에서의 과도한 재결합은 미세한 결정립으로 구성된 박막에서도 관찰된 바 있는 높은 광전류와는 상호 대치된다. 밴드 구조 계산(band structure calculation)에 기반한 새로운 결정입계 모델이 제안되었다[49]. 소자의 성능에 미치는 이들 2개의 결정입계 모델의 영향을 2차원 수치 계산으로 상호 비교하였다[50]. 빛 조사 조건에서, 위치에 따른 일함수의 변동의 차이에 대한 KPFM 결과(surface photovoltage)는 밴드 구조뿐만 아니라 포획된 전하 역시 결정입계의 특성에 대한 정의를 내리는 데 영향을 미친다는 것을 암시한다[51].

정류상태에서의 PL(photoluminescence)과 PL decay 결과로부터 추론한 것과 같이 복사성(radiative) 재결합의 시정수(time constant)와 경로(pathway)에 대해 많은 연구가 있었다. 양질의 다결정 박막의 경우, 저온(8.5 K)에서는 복사성 재결합이 지배적인 것으로 보인다[52]. 자유 캐리어 수명 값으로 수 나노 초 정도의 값이 측정되었다. 결함 관련 수명은 훨씬 더 높았는데, 이는 캐리어들의 포획 때문으로 여겨진다. 최근 PL 결과로부터 CIGS 화합물에서 한 개의 shallow 도너(D)와 2개의 shallow 억셉터 준위(A1, A2)가 관찰되었다[53]. $CuInSe_2$(D=10 meV, A1=40 meV, A2=60 meV)로부터 $CuGaSe_2$(D=13 meV, A1=60 meV, A2=100 meV)로 갈수록 그 준위가 약간씩 더 깊은 곳에서 발견된다. 억셉터 준위의 상대적인 농도는 박막 제조에서 사용한 Cu/(In+Ga) 비와 관련이 있다. $CuGaSe_2$의 경우 위에서 언급된 shallow 결함들이 Hall 측정 결과와 PL 결과들을 설명해 준다[54]. 이들 준위들을 생성에너지와 깊이가 이론적으로 계산된 바 있는[55] 3원계 시스템의 점(point) 결함들과 일치시키고자 할 수도 있으나, 지배적인 역할을 하는 결함들과 불순물들이 매우 복잡하여 그렇게 지정하는 것은 아직 확실한 근거가 없다.

비복사성(nonradiative) 재결합 때문에 실온에서 PL decays는 시정수가 수십 나노 초 정도이다. 문헌상에서 기술된 대부분의 측정과 소수 캐리어의 수송과 관련한 것들은 소수 캐리어의 확산길이를 평가하는 것에 기본을 두고 있다. 후자는 electron beam induced current(EBIC)[56]와 양자효율[57] 측정으로부터 추출해 낼 수 있다. 양질의 박막인 경우 통상 1~2 μm의 값이 나온다. 이는 확산길이와 공간전하영역의 확장폭이 비슷하다는 것을 의미하는데, 따라서 단일 측정으로부터 상기 2가지 값을 동시에 추출하는 데는 어려움이 있다. 이는 field zone이 바이어스의 함수라는 가정 하에 바이어스 전압에 따른 측정을 통해 해결이 가능하다[58].

6.4.3 손실 메커니즘

광흡수층 소재와 밴드갭에 따라, 찰코파이라이트 기반 태양전지의 최고효율은 10에서 20%까지의 분포를 갖는다. 적어도 전면에 그리드 전극이 있는 소면적 태양전지에서는 광학적 손실[59]과 접촉 관련 손실은 적다. 그리드 전극이 없는 모듈[4, 60]과 광흡수층이 얇은[57] 경우에는 상기 손실 요인들을 신중히 고려하여야 한다. 일반적으로 광전류 수집은 거의 이상적으로 잘 되지만, 개방전압과 충진율은 더 개선의 여지가 많다. [그림 6.12]는 $Cu(In,Ga)S_2$(밴드갭 ≈ 1.53 eV)의 외부 양자효율 곡선으로 단일 층의 반사방지막을 채택한 경우 최댓값은 거의 1에 가깝다[61]. 곡선은 단파장과 장파장 영역에서 각각 ZnO와 광흡수층의 밴드갭에 의해 제한을 받는다. CdS 버퍼층에서 생성된 정공은 수집이 되지 않고, 이것이 CdS의 밴드갭보다 큰 빛에너지를 지닌 광자의 양자효율을 저하시키게 된다(여기서 CdS 양단의 계면은 n-형 CdS에 대해 inverted 되지 않는데, 이로 인해 정공의 재결합 확률이 높아진다. 그럼에도 불구하고 일부 전류 수집이 되는 것으로 보고되었다[62]).

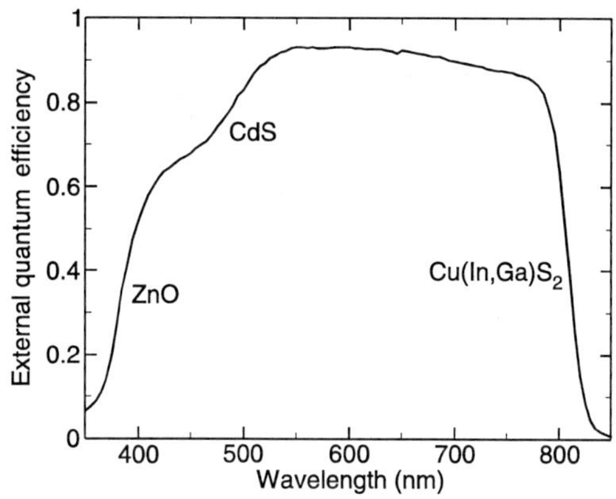

그림 6.12 MgF_2/ZnO/CdS/Cu(In,Ga)S_2 태양전지의 외부 양자효율. 단파장에서의 응답(blue response)은 각각 ZnO와 CdS의 밴드갭에 의해 제한된다. 장파장 응답(red response)은 흡수층의 밴드갭에 의해 제한된다.

Bucking 전류가 개방전압 손실의 요인이다. 이는 또한 충진율의 손실에도 기여하는데, 왜냐하면 diode ideality factor A가 1 보다 크기 때문이다. 고효율 CIGS 태양전지에서 bucking 전류는 광흡수층의 공간전하영역에서 벌크 재결합에 의한 것이다. Diode ideality factor(1과 2 사이)와 이의 온도 의존성은 지수함수적으로 감쇠하는 상태 밀도에 관한 재결합을 설명하는 분석 모델과 잘 일치한다[63, 64]. 이런 결함의 분포는 band tails에 기인한 것일 수 있고, 이는 optical, admittance spectroscopy에서도 관찰되었다[65, 66]. 보통 Urbach 에너지의 값은 50~100 meV 범위이다.

넓게 분포한 결함 외에 가전자대 위 250~300 meV 위치에 좁은 분포의 결함도 있다[67]. 이들은 단결정을 비롯한 여러 가지 공정으로 만든 시료에서[25], 또한 여러 가지 측정방법으로 확인되었다. 이들 결함은 전체 CIGSe 시스템(Ga/(Ga+In) 비가 폭넓게 변화) 내에서 가전자대 대비 상대적인 에너지 준위를 유지한다. 그러나 그 농도는 Ga 농도와 상관관계가 있고, 최소 농도는 Ga/(Ga+In) ≈ 0.3 정도에서 얻어진다. 개방전압의 손실은 이 결함의 농도와 상관이 있는 것으로 나타났는데, 이는 재결합 경로로서의 그 중요성을 시사한다[68]. 그 농도는 에너지를 지닌 입자에 쬐이면 증가하고, 적절한 온도에서 어닐링하면 감소한다[69]. 여타 연구자들은 가전자대 edge 상단 0.8 eV 정도에 깊숙하게 위치한 결함을 발견하였다[70]. 이 결함은 Ga 농도가 높은 경우 midgap 위치에 근접하게 되고, 이는 밴드갭이 넓은 CIGSe 광흡수층에서 효과적인 재결합 중심이 될 수 있을 것으로 예상된다.

가장 잘 만든 좁은 밴드갭의 태양전지에서 포화전류(saturation current)는 대부분 열적으로 활성화되는데, 그 활성화에너지가 광흡수층의 밴드갭에 해당한다. Diode ideality factor는 온도 의존성이 약하다. 개방전압의 측정은 온도의 함수로 하여 외삽하면, $V_{oc}(T=0\ \mathrm{K})=E_g/q$가 된다. 효율이 낮은 태양전지는 터널링의 영향이 매우 큰 것으로 나타난다. 시료와 온도에 따라 diode ideality factors의 온도 의존성이 더 크게 나타나는 경우도 있다. 터널링의 영향이 심하지 않으면 bucking 전류 메커니즘을 광흡수층의 공간전하영역에서 trap state를 통한 tunneling assisted 재결합으로 설명할 수 있다[71]. 이 경우 포화전류의 활성화 에너지는 온도의존성 diode factor를 고려한 후의 밴드갭에 해당한다. 측정 결과에 대한 평가에 있어서의 일반적인 실수로 인해 이 모델을 터널링의 영향이 실제로 훨씬 더 큰 소자에 적용한 경우도 있었다 [72].

밴드갭과 광전류 값으로부터 추론할 수 있는 양질의 벌크 특성에도 불구하고 밴드갭이 넓은 Cu(In,Ga)S_2 광흡수층 태양전지는 예상보다 낮은 개방전압을 나타낸다. 수송특성 분석 결과는 지배적인 bucking 전류 메커니즘이 빛 조사와 함께 변화하는 것을 밝혀냈다[73]. 이상적인 border cases는 빛 조사 조건에서 터널링의

표 6.1 소면적으로 실험실에서 제조한 찰코파이라이트 기반 태양전지의 효율(일부는 반사방지막 코팅 있음)

Lab [Ref]	Substrate	Absorber	Buffer	Efficiency	Remarks
NREL [79]		CISe		15%	E_g = 1.04 eV
NREL [80]		CIGSe		19.5%	E_g = 1.15 eV
NREL [79]		CIGSe		10.2%	E_g = 1.64 eV
NREL [79]	glass	CGSe	CdS	9.5%	E_g = 1.68 eV
HMI [17]		CIS		11.4%	E_g = 1.5 eV
HMI [61]		CIGS		12.3%	E_g = 1.53 eV
HMI [61]		CIGS		10.1%	E_g = 1.65 eV
NREL [81]	steel			17.5%	flexible
HMI [82]	titanium	CIGSe	CdS	16.2%	flexible
ETHZ [83]	polyimide			14.1%	flexible
NREL/Aoyama Gakuin Univ. [84]	glass	CIGSe	Zn(S,O,OH)	18.6%	Cd free[a] buffer by CBD
Shell Solar/HMI [85]		CIGSSe	In_2S_3	14.7%	Cd free buffer by ILGAR
Shell Solar/HMI [86]		CIGSSe	(Zn,Mg)O	12.5%	Cd free buffer by sputtering (dry process)
ZSW/CNRS [87]		CIGSe	In_2S_3	16.4%	Cd-free buffer by ALCVD (dry process)
Stuttgart Univ. [88]		CIGSe	In_xS	14.8%	Cd-free buffer by evaporation (dry process)

[a] see [89] for a more complete list of Cd free devices.

도움이 별로 없이 계면에서의 장벽이 낮아지므로 해서 발생하는 재결합과 암상태에서 터널링의 영향이 큰 공간전하영역에서의 재결합이다. 이런 재결합 메커니즘의 변화가 $Cu(Ga,In)S_2$ 기반 태양전지의 특징인 반면[74], 열 장벽의 감소와 터널링 전류는 보다 일반적인 문제인데, 이 역시 넓은 밴드갭 C(I)GSe 태양전지에서 관찰되었다[75, 76]. 지금까지 개발 현황은 〈표 6.1〉에 요약되어 있다. 고효율 태양전지에 대한 분석에 따르면, 벌크의 결함밀도를 줄임으로써 20%를 넘어서는 고효율 달성이 가능할 것으로 보인다. 그러나 많은 시행착오를 통해 이룬 소자 최적화가 이미 밴드 edge 변동에 관련된 최적값에 도달한 것이 아니냐는 주장도 있다[77, 78]. 이런 변동(PL에서도 관찰)이 전하분리, 즉 광전류수집에 도움이 될 수 있으나 bucking 전류 측면에서는 치명적이다. 반면에 좁은 밴드갭의 단일접합 태양전지 효율이 실제적인 한계에 가까워지고 있지만, 넓은 밴드갭과 탠덤 태양전지는 초고효율 달성 잠재성이 매우 크다(6.6.7절).

6.5 면적 증대와 생산

어느 정도 효율이 높은 찰코파이라이트 기반의 태양전지 모듈은 이미 여러 해 전에 나온 바 있다[90]. 이렇듯 그 가능성은 일찍 확인되었음에도 불구하고 아직은 파일럿 라인에 머물러 있다(그림 6.13, 6.14 참조). 따라서 아직 시장에서의 기여는 미미하다. 그럼에도 불구하고 여러 기업 연구소에서 많은 진전이 있었고, 더 많은 회사들이 틈새시장은 물론 전력용의 상업용 제품 개발에 참여하고 있다. 1998년 Siemens Solar Industries가 선보인 첫 번째 제품은 출력 5~10 W 정도의 작은 것으로 미국 캘리포니아 Camarillo에 있는 파일럿 라인에서 만든 것이었다. 현재 가장 큰 생산업체는 Shell Solar와 Wuerth Solar이다. Shell Solar는 생산 용량과 크기를 한 단계 향상시킨 생산 라인을 Camarillo에서 가동하고 있다. Shell Solar 사의 가장 큰 모듈은 출력 40 W이고, Wuerth Solar 사의 모듈은 최고 80 W에 이르는데 이는 큰 모듈 면적($60 \times 120\ cm^2$)에 기인한다. 두 회사는 수율(yield)과 생산 제품의 효율 분포에 관한 데이터를 발간한 바 있는데, 대량생산의 가능성을 보여주었다. Wuerth Solar 사는 2007년부터 연산 15 MW 생산 규모 설비 구축을 발표하였다[91].

그럼에도 불구하고 실험실로부터 대규모 상업생산으로의 기술이전은 예상했던 것보다 느린데, 가장 어려운 장애는 다음과 같다[92].

그림 6.13 독일 Sulfurcell 사의 CIS 모듈(기판 크기 120×60 cm^2) 파일럿 생산 라인 전경. Sulfurcel l사는 [그림 6.3]의 시퀀스 공정 이용.

- 상업용 대면적 장비
- 품질 관리 및 *in situ* 모니터링
- 두께 균일성
- 낮은 개방전압
- 작업 처리량(Throughput)
- 안정성(Stability)

일부 공정에 있어서는, 고가이면서도 오류 발생률이 높은 실험실 규모의 장비를 통해 쌓은 경험을 바탕으로 대면적 장비를 커스터마이즈 해야 한다. 설치되는 장비의 수가 늘어나면서 장비 제조업체들도 경험을 쌓아가고 있다. 여타 박막 기술의 급속한 상업화도 시너지 효과를 내고 있다. 대면적 박막 코팅(저 방사 코팅)에 경험이 풍부한 유리 회사들은 확산방지층과 Mo 박막 코팅 유리 기판을 공급하는데 이런 경험을 활용하고 있다. TCO 스퍼터링 장비(그림 6.14)는 평판 디스플레이나 유기 디스플레이용 TCO 코팅 제조용으로 만든 장비를 이용할 수 있다. 장비 제조업체들은 파일럿 생산 라인의 구축에 활발하게 참여하고 있고, 특정 공정과 제품 스펙을 갖춘 턴키 장비가 멀지 않은 장래에 가능해 질 것이다.

각각의 개별 공정 후에 후속 공정으로 보낼 것인지 말 것인지에 대한 기준, *in situ* 모니터링에 의한 품질관리 기법 등은 오랫동안 기초연구에서 등한시되어 왔다. 하지만 최근 여러 연구 그룹들이 대면적화 연구에 참여하면서 많은 진전이 이루어

그림 6.14 독일 Marbach에 소재한 Wuerth Solar 사의 Mo과 ZnO 증착용의 대면적 인라인 스퍼터 장비 (독일 Von Ardenne Anlagentechnik, Dresden 공급).

지고 있다. 그 사례로 광흡수층의 품질을 평가하는 데 Raman 분광[93], PL decay[94] 기법을, 그리고 화학량론 측정에 X-선 형광[95] 등이 이용되었다. Laser light scattering과 기판 온도 모니터링은 이미 6.3.1절에서 설명한 바 있다.

균일성 혹은 낮은 개방전압 값은 〈표 6.2〉의 실제로 달성한 모듈 효율을 볼 때 더 이상 일반적인 문제는 아니다.

시퀀스 공정에서의 처리량은 급속 어닐링 공정을 개발하여 개선이 되었다. 진공 증발 기술에서 가능한 접근방법은 증착되는 폭을 증대시켜 줄 수 있는 증발원의 사이즈 확대가 될 것이다. 처리량을 보다 더 증가시키기 위해서는 대규모 생산이 바람직하다. 개별 박막층의 두께를 최소화하는 것[96], 패터닝의 대안 기술, 모듈 구조에서 버퍼층을 제거하는 방법[86], 그리고 고속 증착 reactive TCO 스퍼링 등이 잠재적인 개선 가능 공정들이다.

모듈의 옥외시험 결과 안정성이 매우 뛰어난 것으로 밝혀졌다[98, 99]. 생산량이 증가하면서 실제 설치되는 모듈의 수도 크게 늘어났는데(그림 6.15), 여기서 실제 성능[100]과 장기 안정성이 평가되었다(그림 6.16). 그러나 가속(accelerated) 수명 시험, 특히 EN/IEC 61646 인증시험의 일부인 고습고온(damp heat) 시험은 매우 복잡하고 번거로운 시험법이었다[101, 102]. 이는 부분적으로 stress 시험 중에 발생하는 transient 효과 때문이다. 이로 인해 외견상 열화가 일어나는데, 이 효과는 수 일 동안의 light soaking으로 회복된다. 열화의 정확한 원인은 현재 연구 중인데, 경험상의 최적화를 통해 이미 여러 상업용 모듈들이 인증을 받았다[6, 99].

표 6.2 미니 모듈과 대면적 CIGS 모듈의 효율

Company or Institute	Size	Efficiency	Remarks
Hahn-Meitner-Institut [17]	5 × 5 cm^2	9.7%	Se free CIS
Uppsala University [4]	5 × 5 cm^2	16.6%	With grid
Showa Shell [5]	30 × 30 cm^2	14.2%	Cd free
Shell Solar [6]	60 × 90 cm^2	13.1%	
Global Solar Energy [108]	7085 cm^2	10.1%	Not monolithically interconnected, cells on metal foil
Wuerth Solar [7]	60 × 120 cm^2	12.2%	

결론적으로 기술적인 문제들은 대부분 극복된 반면에, 재정적인 위험들은 여전히 존재하고 있다. 전문화된 증착장비가 소규모로만 생산되고 턴키장비가 확보되지 않는 한 기술개발은 한 단계씩 이루어져야 한다. 이는 대규모로 생산되고 있는 결정질 실리콘 모듈 대비 경쟁이 가능할 정도로 대량생산이 이루어지기 위해서는 상당한 기간의 리드 타임(lead time)이 필요하다는 것을 의미한다. 실리콘으로는 가능하지 않는 찰코파이라이트 박막 태양전지 고유의 장점을 살린 혁신적인 틈새시장용 제품이 출현하면 더 높은 가격에 판매될 수 있을 것이다. 이런 것이 소규모 회사들에게는 투자비를 조기에 회수하도록 해 줄 수도 있겠지만, 중장기적으로 전력시장을 위해서는 대량생산을 통하는 것이 가격경쟁에 뛰어들 수 있는 유일한 길이다.

그림 6.15 독일 Heilbronn 소재 건물에 설치된 독일 Wuerth Solar 사의 프레임 없는 CIS 파사드 모듈(정격 용량 8 kW, 2001년 4월 설치). 모듈의 크기는 60×120 cm 와 40×120 cm, 총 개수는 120개.

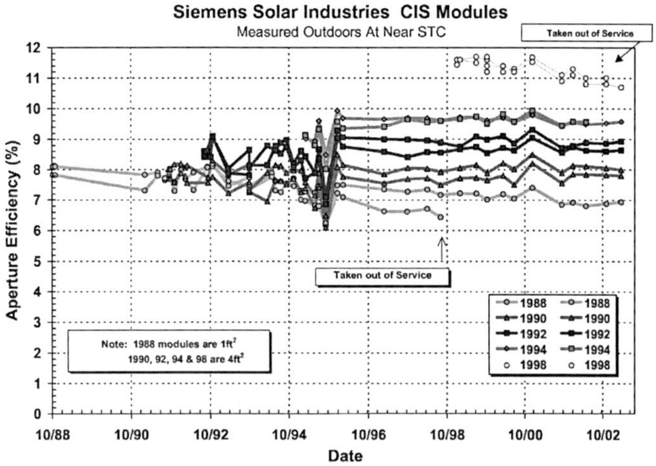

그림 6.16 CIGSSe 기반 모듈의 장기 옥외 시험 결과. 미국 NREL의 옥외 시험 장소(OTF)에 설치[97].

6.5.1 제조가 추산

초기 생산가 연구에 의하면[103], 찰코파이라이트 모듈의 생산규모가 연산 60 MW가 되면 생산가가 €0.6/W가 될 것이라는 추산인데, 다결정실리콘 태양전지라면 같은 수준의 생산가를 맞추기 위해 생산규모가 500 MW가 되어야 한다는 것이다[104, 105]. 또 단결정 및 다결정 Si, 박막 Si, CdTe, CIGS의 제조단가를 비교한 연구에 의하면[106], 찰코파이라이트는 연산 10 MW에서 $2.25/W로 보고하였다. 이는 $2.1/W인 다결정실리콘을 제외하고는 가장 낮은 것이다. 이 추산은 모듈 평균효율 9%, 생산 수율 65%를 가정한 것으로 이는 지금의 파일럿 라인에서 충분히 달성 가능한 것이다. 효율과 수율이 지금보다 더 높아지고, 생산규모가 100 MW가 되면 $1/W의 제조가가 가능할 것으로 보고 있는데, 이는 다결정실리콘보다 15% 낮은 가격이다. 일반적으로 이 연구는 1세대 베이스라인 공정을 토대로 한 것으로 현재 개선된 기술을 적용하면 가격이 추가로 하락할 것으로 기대된다. 최근 $CuInS_2$ 모듈 추산에 의하면[107], 5 MW 정도의 소규모 생산에서도 가격 €1.5/W가 가능하다는 것이다.

6.5.2 모듈 성능

찰코파이라이트 태양전지가 매우 높은 효율을 달성할 수 있다는 잠재성에 대해서는 이미 언급하였다. 모놀리식 집적화, 대면적 불균일성에 의한 손실은 미미하기 때문에, 미니 모듈과 대면적 모듈에서도 높은 효율이 보고되었다(표 6.2 참조).

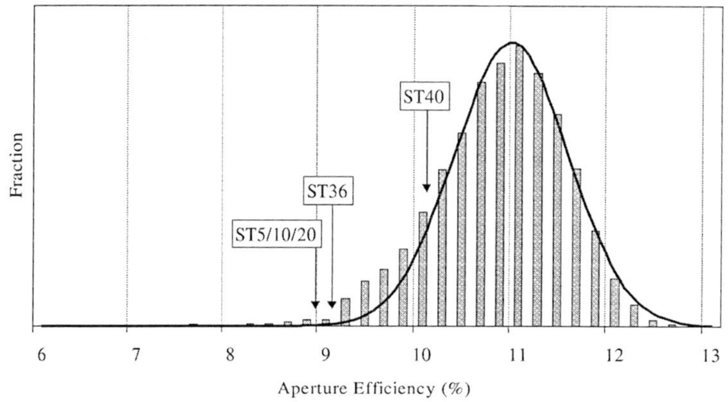

그림 6.17 2002년 미국 Shell Solar 사가 생산한 15,785개의 모듈의 효율 분포. 평균 효율 10.9 ± 0.6%. 제품군별로 더 낮은 효율을 비교[110].

대량생산을 고려할 때, 단일 모듈의 최고 효율보다는 효율의 분포(혹은 주어진 모듈크기에서 출력)가 더 유용한 정보이다. Wuerth Solar 사는 한 배치 306개의 모듈(면적 60×120 cm^2)에서 출력 79.9±2.2 W를 보고하였는데, 이는 분포 곡선이 폭이 매우 좁다는 것을 의미한다[99]. 2004년 동사의 생산 수율은 모듈 평균 효율 11%에서 80% 이상이었다[109]. 2002년 Shell Solar 사는 [그림 6.17]에서와 같이 Camarillo에서 생산한 16,000개의 모듈에서 평균 효율 10.9%를 보고하였다[110].

활용도를 고려할 때 출력은 매우 중요한 요소이다. 그러나 모듈은 표준 시험조건에서 뿐만 아니라 빛 조사강도가 낮거나, 분광 분포가 변동하는 경우, 부분적으로 빛이 가려진 경우와 고온 같은 실제 운전조건에서도 우수한 성능을 나타내어야 한다. 찰코파이라이트 모듈은 이런 조건하에서도 높은 출력을 나타내었다. 폭이 좁은 많은 수의 셀을 상호 연결함으로써 부분적으로 그림자가 짐에 따라 성능이 떨어지는 것을 크게 줄일 수 있다. Shunts가 크게 낮아져서 빛의 세기가 약한 조건에서도 좋은 성능을 유지한다. 흡수층의 밴드갭이 높아 모듈 온도의 상승에 따른 손실도 적다[100]. 따라서 찰코파이라이트 모듈은 설치된 모듈 출력 대비 연간 발전량 kWh/kWp 기준으로 결정질실리콘 모듈보다 성능이 더 좋은 것으로 관찰되었다[99, 109, 111].

6.5.3 지속가능성

지속가능성은 여러 측면이 있는데, 이 시점에서 아직 관련된 모든 이슈들이 명확히 규정되어 있지는 않지만 가능한 데이터로 볼 때 매우 유망하다. 고효율과 성능비, 장 수명, 적은 재료 소모량, 적은 열 공급량의 장점으로 찰코파이라이트 모듈은 에너지 수지 측면에서 매우 유리하다. 특히, 대량생산의 지속가능성에 대한 많은 연구가 있었다[112]. 여타 다른 기술의 대규모 보급에서와 동일하게, CIGS 모듈의 대량생산에는 폐기 재료, 에너지 소비, 원소재 고갈 등의 문제가 발생한다. 폐기된 재료와 수명이 다 한 후의 모듈의 재생은 지속가능 기술을 위해 반드시 행해져야 한다. 게다가 생산업체들은 이미 유럽에서 전자제품에 대해 시행 중인 것과 마찬가지로, 모듈을 반드시 회수토록 법적으로 요구받을 수도 있다[113].

6.5.3.1 원소재의 확보 가능성과 재생

박막 기술은 원재료를 매우 효과적으로 사용한다. 결정질실리콘 태양전지 모듈에는 보통 0.5~1 kg/m^2의 반도체급 실리콘이 필요한데, 평방미터당 CISe 모듈에 소요되는 재료는 7~20 g의 Mo, 1.5~4 g의 Cu, 3~9 g의 In, 7~20 g의 Se, 그리고 1~3 g의 Zn이다[114]. 이는 전체 재료 투입량이 결정질실리콘 모듈의 그리드 전극에 소요되는 재료 수준이라는 것을 의미한다.

그럼에도 불구하고 원소재의 희소성 때문에 In이 항상 장애라는 주장이 있었다. 2003년 In은 주로 코팅(65%), 솔더와 합금(15%), 그리고 전기부품(10%)용으로 사용되었다[115]. In 기반의 코팅은 평판 디스플레이의 ITO(indium tin oxide) 투명전극 생산에 이용된 것이다. 주로 Zn 광물으로부터 추출하는 In의 연간 생산량은 약 300톤 정도로 CIGS 모듈 약 15 GW에 해당한다. 반면에 In은 Ag 보다 지각에 3배 이상 더 많이 부존되어 있는데, Ag는 연간 생산량이 약 20,000톤이고, 부존량이 약 570,000톤이다[115]. 이는 In의 부존량이 궁극적으로 생산을 제한하는 요소가 아니라는 의미이다. 게다가 두께를 더 얇게 한 CIGS 모듈도 가능하다는 것을 보여준 바 있다[116]. 향후에는 평판 디스플레이 산업에서도 아마 ITO를 보다 값이 싼 ZnO로 대체하거나 In을 재생함으로써 원소재의 확보량을 더 높이고, 시장가격을 내리는 데 기여할 것이다. In을 사용하지 않는 광흡수층 개발도 추진 중이다(6.6.3절). 지난 삼십년 동안 In의 가격은 최소 $100/kg에서 최고 $500/kg 이상 크게 변동되어 왔다. 하지만 In은 가장 비쌌을 경우에도 CIGS 모듈 제조가의 단지 2%를 점유하는 데 불과하다.

건식 증착공정에서 낭비되는 것은 반응실 벽, 셔터, 기판 캐리어 등에 증착된 물질이다. 재생할 수 있으면 좋은데, 그 양이 너무 적어 대량생산이 이루어지기 전까지는 그리 매력적이지 못하다. 스퍼터 타깃들은 아마 남아있는 재료들을 재사용하기 위해 제조업체에 보내지게 될 것이다. 습식공정으로 이루어지고 있는 버퍼층 증착에서 발생하는 폐기물을 재생하는 데 중점적으로 연구가 진행되고 있다[117, 118]. 이는 생산 현장에서 직접 이루어질 수도 있는데, 용액으로부터 반응물을 제거한 후에 용액의 농도를 재조정하여 다음 공정에 공급하는 방식이다.

규격에 미치지 못하는 모듈이나 반제품을 완전히 분해 재생하는 공정 시퀀스가 성공적으로 시도된 바 있고, 이를 수명이 다한 모듈에도 적용가능하다는 것이 확인되었다[119]. 모듈을 250℃로 가열하면 EVA가 연해져 커버유리를 기계적으로 제거할 수 있다. 창층과 버퍼층은 약한 산성용액으로 에칭해 낸다. 찰코파이라이트 막은 후면전극으로부터 벗겨내고 질산에서 용해시킨다. 이 시험결과는 모듈을 한 층씩 분리하여 분해할 수 있음을 확인시켜 주었고, 상호 오염도도 낮은 것으로 나타났다. 찰코파이라이트 분말과 같은 비교적 깨끗한 재료들은 직접 제조공정에서 사용하는 방안도 제시되었다. 그리고 기판 유리는 간단하게 새로운 모듈을 만드는 데 재사용할 수 있다는 것이 확인되었다.

6.5.3.2 에너지회수기간

에너지회수기간(Energy payback time : EPBT)에 대한 비교 연구는 결정형 실리콘 및 찰코파이라이트 모듈을 모두 제작하는 한 회사에 의해서만 이루어졌다[120]. CIGS 모듈의 EPBT는 1.8년이고, 결정질실리콘 모듈은 3.3년이다. CIGS 모듈의 경우 에너지 소요의 대부분을 Al 프레임이 차지한다는 점을 고려하여야 한다. 이 연구는 초기의 1세대 CIGS 기술을 토대로 한 것으로 현재의 기술을 적용한다면 EPBT가 더 낮아질 것이다.

6.6 CIGS 미래 기술개발

CIGS 모듈의 기술개발은 아직도 활발히 이루어지고 있다. 재료와 소자에 대한 근본적인 이해도와 제조 기술개발에 진전이 있게 되면 시장에서의 잠재력, 모듈 성능, 지속가능성, 대량생산에 따른 환경영향이 최소화된 기술로 자리 잡게 될 것이다. 현재 추진 중인 주요 개발이슈에 대해 요약하고자 한다.

6.6.1 경량, 플렉시블 기판

CIGS 기반 태양전지의 기술을 딱딱한 유리 기판으로부터 유연하고 가벼운 기판에 적용하게 되면 새로운 활용 시장이 열리게 될 것이다[26]. 게다가 유연기판은 생산

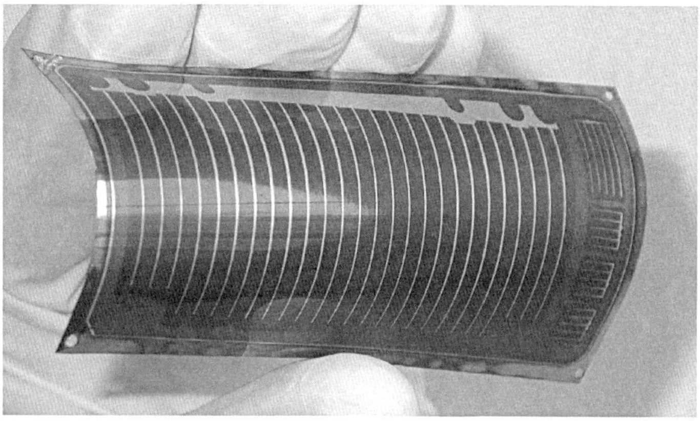

그림 6.18 얇은 티타늄 포일을 기판으로 한 우주용의 유연한 CIGSe 태양전지 원형[121].

단가를 크게 낮출 수 있는 롤투롤(roll-to-roll) 공정에 반드시 필요한 요건이다[108]. 그 소재는 플라스틱이나 금속 포일 등이다(그림 6.18 참조). 포일 기판, 경량, 방사선에 대한 우수한 내성, 비교적 높은 효율(여타 박막 태양전지 대비)이 결합되면 CIGS 기술은 우주용 태양전지 분야의 선도에 설 수 있다[121].

현재의 플라스틱 포일은 CIGS 태양전지 생산에 필요한 높은 기판 온도를 견디지 못한다. 고온에서의 공통적인 문제는 수축, 휘어짐, 기체 발산(outgassing), 그리고 유연성의 상실이다. 기판의 온도를 낮출 수는 있지만 효율이 낮아지게 된다. Polymide 포일 기판에서의 최고 효율은 여전히 15% 이하이다[83]. 반면에 금속 포일의 전도도는 핀홀이 없는 공정과 모놀리식 집적화와 관련하여 다른 문제를 야기한다. 일부 금속은 흡수층 내로 확산되어 들어가 특성을 저하시킨다. 이 문제를 회피하기 위해 절연층 혹은 확산 방지층 등이 개발되고 있다. 다른 한편으로는 아예 모놀리식 집적화를 포기한다. 중간 사이즈의 셀들을 직접 만든 다음에 이들을 상호 연결하는 방법이다.

Na 도핑은 포일 기판에서도 반드시 해야 하는데, 전구체 박막이나 동시 진공증발 혹은 박막 제조 후에 확산을 통해 이루어진다.

6.6.2 Cd-free 태양전지

CdS 버퍼층은 매우 얇고, 극한 조건에서도 모듈로부터 환경오염이 일어날 가능성이 매우 낮다. 그럼에도 불구하고 Cd은 위험한 물질로 모듈에서 이를 제거해야 모듈에 대한 거부감을 해소할 수 있고, 위험 물질을 취급하는 데 따른 비용도 절감할 수 있다. 유럽연합 지침(directives)[122]에 따르면 Cd을 포함하여 여러 중금속들은

2006년 7월부터 새로운 전기 및 전자 기기에 포함되어서는 아니 된다. 태양광 모듈은 현재 이 지침의 적용을 받지 않으나[113], 이는 전기제품 내의 Cd 양을 줄이기 위한 의지를 반영하는 것이다. Cd-free 버퍼층에 대한 집중적인 연구 덕택으로 여러 가지 대안이 도출되어 있다. 여기서 그 일부를 소개하고자 하는데, 보다 자세한 정보는 문헌[89]을 참고하면 된다.

6.6.2.1 습식 화학공정

Chemical bath deposition(CBD) 기법은 반드시 CdS 박막 형성에만 사용되는 것은 아니다. Cd을 대체할 수 있는 가장 널리 알려져 있는 재료는 In, Zn 기반의 황화물, 산화물, 수산화물 혹은 이들을 조합한 것이다. 매우 근접한 효율이 이들 화합물을 적용해서도 달성되었다[84]. 그러나 실험변수들의 제어가 더 까다롭고, 이 또한 특정 광흡수층에 맞도록 하여야 한다. 따라서 셀 성능의 재현성을 높이는 것이 매우 어렵다. Cd-free 태양전지는 흔히 준안정상태(metastability) 효과를 나타내는데, 이는 light soaking과 함께 효율이 크게 증가하는 현상이다[123]. 태양전지의 장기 안정성이 어떻게 대체 버퍼층에 의해 영향을 받는지는 아직 완전히 밝혀지지 않았다. 현재 파일럿 생산을 추진 중에 있는 유일한 것이 Zn 기반 버퍼층이다(표 6.2 참조).

ILGAR(ion layer gas reaction)와 같은 혁신적인 화학증착 기법이 개발되어 Cd-free 버퍼층 증착에 성공적으로 활용된 바 있다[124]. ILGAR 기법으로 증착한 ZnO가 버퍼층의 기능과 창층의 도핑하지 않은 부분(보통 스퍼터링 공정)의 기능을 동시에 한다는 연구도 있다[125].

6.6.2.2 건식공정

습식 화학공정은 여타 증착기법과 비교하여 흔히 매우 값싼 기법으로 여겨지고 있다. 그러나 전형적인 공정 시퀀스에서 버퍼층 증착만이 습식으로 이루어진다. 즉, 이 단일 공정단계 때문에 관련 장비와 시설이 별도로 구축되어야 한다는 것을 의미한다. 게다가 진정한 의미에서의 인라인 공정이 이루어지지 않는다. 현재로서는 일반적으로 증착 시스템이 단속적이고, 패턴 스크라이빙이 대기압에서 이루어지기 때문에 습식 공정이 큰 문제가 아닐지 모르지만, 향후 대량생산 측면에서는 약점이 될 수밖에 없다. 이런 배경에서 건식공정이 연구개발 중에 있다. 가장 성공적인 기법은 MOCVD[126]와 ALCVD(atomic layer chemical vapor deposition)[127]이다. 전자의 방법으로는 효율이 좋기는 하지만 아직까지 소면적 시료만 생산되었고, 후자의 방법으로는 중규모 크기($30 \times 30\ cm^2$)의 기판까지 가능하였다. 그러나 ALCVD 기법은 원래 속도가 느린 공정으로 많은 수의 기판을 동시에 처리할 수 있는 시스템이 가능해야만 가격 경쟁력이 어느 정도 확보된다. 이는 인라인 공정의 요구조건에 배치되는 것이다.

버퍼층은 진공증발 공정으로도 제조 가능한데, 이는 광흡수층을 진공증발법으로 제조하는 경우 매우 매력적이다[128]. 광흡수층 제조 후에 진공을 깨지 않고 버퍼층을 진공 증발법으로 제조한 경우 효율 15%가 달성되었다[88].

진공증발, MOCVD, ALCVD들은 CBD 공정과 유사하게 연성(soft)의 증착기법인 점이 큰 장점이다. 반면에 가능만 하다면 Cd-free 버퍼층을 스퍼터링으로 증착하는 것이 기술적으로는 매우 매력적이다. 하지만 스퍼터링은 연성 공정이 아니다. 버퍼층의 주요 역할 중 하나는 창층 제작 중에 스퍼터링에 의한 손상으로부터 광흡수층을 보호하는 것으로 추측되는데, 이는 버퍼층을 빼고 광흡수층 위에 창층만 증착한 경우 소자의 성능이 나쁘다는 일반적인 결과에 의해 뒷받침되고 있다. 하지만 원칙적으로는 화학적인 처리(partial electrolyte)만으로도 창층 제작 전에 광흡수층을 안정화시키는 데 충분하다[129]. 이런 화학처리 조건 하에서 매우 얇은 박막을 증착하였는데, 스퍼터링 손상을 막기에는 충분하지 않았다. 최근 연구에서는 화학처리 없이 스퍼터링 In_xS 버퍼층을 사용하여 효율 12% 이상을 달성하였다는 보고가 있었다[130].

창층을 개선함으로써 버퍼층이 더 이상 필요하지 않게 이종접합을 형성할 수 있을지에 대한 질문으로부터 다른 새로운 접근방법이 연구되고 있다. CIGS/TCO 직접 접합에서 밴드 line up이 성능의 저하를 가져온다는 가정에 토대를 두고, 밴드 정렬(band alignment)을 개선하기 위해 TCO 이중층 중에 첫 번째의 도핑하지 않은 진성 ZnO 대신에 (Zn,Mg)O를 사용한 실험이 추진되었다. KPFM으로 태양전지 단면에 대해 일함수를 측정한 결과는 이 모델을 뒷받침하고 있다[34]. 태양전지 효율(12.5%) 측면에서는 개념 정립이 이루어졌지만[131], 장기 안정성과 파일럿 장비에서의 재현성을 확보하기 위해서는 좀 더 개발이 되어야 한다. 미리 혼합된 단일 타깃을 이용하여 스퍼터링으로 합금을 제조할 수 있고, 그 전도도는 도핑하지 않은 ZnO와 대등한 것이 확인되었다. (Zn,Mg)O의 스퍼터링 공정은 간편한 대체 공정이 될 수 있고, 쉽게 기존 파일럿 라인에 포함시킬 수 있어, CBD 버퍼 공정이 있는 표준 모듈 제조에 이용할 수도 있고, 동일한 장치에서 버퍼층이 없는 모듈 연구에도 활용할 수 있다.

6.6.3 In-free 광흡수층

In이 풍부하지 않기 때문에 CIGS 태양전지의 장기적인 전망에 대해 때로 비판적인 논쟁이 있었다(6.5.3.1절). 이 점이 In-free 광흡수층에 대한 연구를 촉발시켰다. Kesterite 결정구조를 가지는 $Cu_2ZnSn(S,Se)_4$ 화합물은 찰코파이라이트 구조에서 In 원자의 반을 Zn으로, 나머지 반은 Sn으로 대체하면 된다. 찰코파이라이트에 사용되는 것과 동일한 공정으로 이 화합물의 결정과 박막을 합성하였다[132, 133]. 또한, 이미 확보되어 있는 단위 박막(Mo, CdS 층)을 적용하여 이종접합 태양전지도 제조하였다. 반면, 3원계 찰코파이라이트에 비해 이 4원계 화합물은 2차상이 큰 문제이다. 지금까지 최고 효율은 약 5%[134]인데, kesterite를 대안으로 사용하기 위해서는 더 많은 연구가 이루어져야 한다.

6.6.4 새로운 후면전극

Mo은 현재의 태양전지 구조와 제조 기법측면에서 거의 이상에 가까운 전극 재료이다. Mo의 부식[135]은 몇몇 알려진 이슈의 하나인데, 가속 수명시험 중에 모듈의 열화에 어느 정도 기여하는 것으로 알려져 있다. 순수 Mo 대신에 Mo 기반의 합금을 사용하면 안정성이 개선될 수 있다. Mo의 또 다른 단점은 광학 반사율이 나쁘다는 것인데, 광흡수층의 두께를 줄이고자 하는 노력 측면에서는 문제가 될 수도 있다. 광흡수층 제조조건 하에서의 불안정성 때문에 여타 재료의 선택에는 한계가 있다. 텅스텐이 오믹 접촉이 좋으나 그 광학적 특성은 나쁘다. 탄탈륨(Ta)과 니오븀(Nb)은 반사율이 약간 더 높고, 예비연구 결과 접촉전극의 성능 측면에서는 사용 가능하다[136]. TCO가 코팅된 금속 전극이 안정성, 전도도와 광학적 특성 측면에서 대안이 될 수도 있다. TCO/찰코파이라이트 사이의 오믹 접촉 특성은 양면(bifacial), (반)투명과 같은 새로운 구조의 태양전지에 반드시 필요하다.

6.6.5 양면 태양전지와 상판 구조 태양전지

다양한 태양전지 구조에서 불투명한 후면전극을 TCO 박막으로도 대체할 수 있다[137]. [그림 6.19]의 양면 태양전지는 특정 활용 분야에 적합하다. 현재로서는 뒷면을 통해 빛이 조사되는 경우의 효율은 매우 낮은데(특히, 단파장 분광 반응이 나쁨), 이는 캐리어들이 전기장 영역 바깥의 부동태화가 잘 되어있지 않은 곳에서 생성되기 때문이다. 광흡수층의 두께, 확산길이, 접촉 부동태화 등을 좀 더 최적화해야 할 것이다.

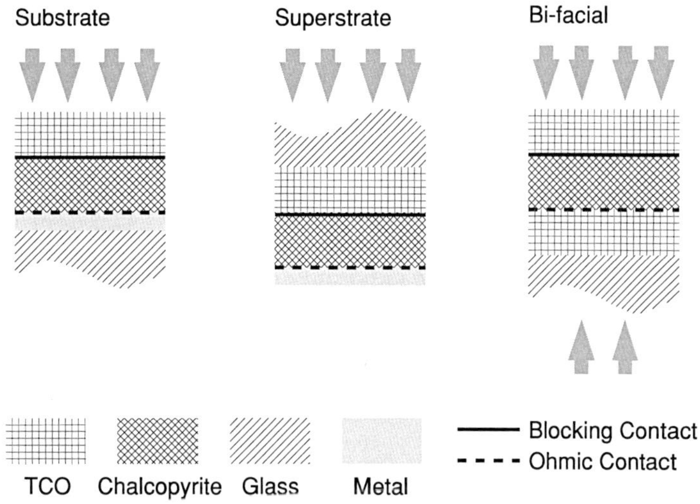

그림 6.19 찰코파이라이트 박막 태양전지의 여러 가지 배열 구조.

통상의 모듈 구조에서는 불투명한 후면전극을 먼저 유리 기판 위에 증착한다. 모듈은 투명한 봉지 재료(보통 2번째 유리판)를 통해 빛을 받게 된다. 원칙적으로 투명전극을 먼저 증착하면 [그림 6.19]와 같이 태양전지 구조가 반대로 된 상판 구조를 만들 수 있다. 이 경우 TCO/(버퍼)/찰코파이라이트 계면은 blocking 접합이 되어야 한다. 빛은 상판을 통해 태양전지로 들어오면, 모듈을 가볍고, 값이 싼 불투명한 재료로 봉지할 수 있는 장점이 있다. 이 구조에서는 고온에서의 광흡수층 제작 중에 접합 특성이 열화되거나 혹은 저온에서 제작된 광흡수층의 품질이 나쁘기 때문에 효율이 떨어진다. 이 구조를 채택한 태양전지는 현재 소면적 태양전지에 머물러 있다[138~140].

이종접합 구조는 TiO_2 박막 위에서도 만들 수 있다[141]. 염료감응 태양전지에서 사용하는 것과 같이 기공이 많은 나노구조로 성장시킬 수 있다. 다공성 TiO_2의 기공들을 찰코파이라이트 화합물로 채우는 아이디어가 ETA(extremely thin absorber)라는 개념으로 제안되었다[142]. 이 구조에서는 계면의 면적이 매우 넓기 때문에 TiO_2/찰코파이라이트 계면에서의 재결합 속도는 낮게 유지시켜야 한다. Blocking 혹은 버퍼층을 형성해 주는 것이 계면 특성을 향상시키는 데 유용한 것으로 밝혀졌다[143, 144].

6.6.6 비진공 공정

비진공(nonvacuum) 공정은 특정 공정단계를 구축하는 데 필요한 초기 투자비를 대폭 줄일 수 있다는 가능성에서 그 연구가 이루어지고 있다. 초기의 장벽과 재정적인 위험을 낮출 수 있으나 반드시 전체 생산단가를 낮출 수 있다는 의미는 아니다. 진공과 비진공 장비를 혼용, 그에 필요한 인프라 구축, 습식공정에서 발생하는 더 많은 양의 폐기물 때문에 운전비용이 실제로는 더 높을 수도 있다. Mo 후면전극 제조용의 비진공 공정 대안은 아직 없고, 미리 전극을 코팅한 유리를 유리생산업체로부터 도입하여 사용할 수 있다. 비진공의 버퍼층용 CBD 공정과 창층 제작용 MOCVD 공정은 이미 확립되어 있다. 비진공 광흡수층 제작 공정은 6.3.1.2절에서 설명한 것과 유사하게 시퀀스 공정에 기반을 둔 것이다. 실온에서 전구체를 증착하고 이를 고온에서 (반응성) 어닐링하는 것을 포함한다. 두 번째, H_2Se와 불활성 가스 분위기에서 셀렌화(selenization) 하는 것은 이미 확립된 비진공 공정이다. 초기 찰코파이라이트 역사에서는 전착(electrodeposition)한 금속 전구체를 많이 연구하였는데[145], 실험실에서의 셀 효율이 보통 수준임에도 불구하고 다시 관심을 모으고 있다[146]. 금속/Se 전구체의 전착은 산업계에서 적극적으로 개발을 추진한 공정의 기초가 되는데, 소면적에서 효율 10%가 달성되었다[147]. Se이 포함된 전구체를 이용하여 타 그룹에서는 더 높은 효율을 얻었는데, 이는 이후에 진공증발로 전구체의 조성을 다시 조절하여 얻은 결과이다[148].

또 하나 흥미로운 접근방식은 스프레이, 프린팅, dip 코팅, 닥터블레이드 등으로 코팅이 가능한 잉크나 슬러리를 만드는 것이다. 그 중 한 방식은 금속을 산에 용해시키고, 이 용액으로부터 수산화물 나노입자를 침전시킨다[149]. 나노입자를 건조시키면 몇 가지 산화물로 구성된 고운 분말이 된다. 이 분말을 수용액에 분산시켜 잉크를 만든다. 여기에서 박막의 조성은 입자 제조 시에 출발물질의 상대적인 양을 조절함으로써 비교적 정확하게 제어할 수 있다. 산화물 입자 전구체는 셀렌화 하기 전에 희석 수소 분위기에서 추가로 환원을 시켜주어야 한다. 셀렌화 과정 중에 부피가 증대되어 충분한 치밀화가 이루어지기 때문에, 전구체 막은 기공이 많더라도 문제가 되지 않는다[150]. 원칙적으로 전구체 입자 내에 Se(혹은 S)을 포함시켜 비반응성(nonreactive) 소성을 할 수도 있으나 아직 그 결과가 신빙성이 없다.

6.6.7 넓은 밴드갭의 광흡수층과 탠덤 구조 태양전지

넓은 밴드갭 태양전지는 2가지 측면에서 매우 흥미롭다. 하나는 더 좋은 성능의 단일접합 태양전지가 될 수 있다는 것이고, 다른 하나는 탠덤구조의 상층 셀로 사용할 수 있는 점이다. 단일접합 태양전지의 밴드갭을 약간 올려 1.4 eV가 되면 이론적으로 태양광 스펙트럼 하에서 높은 효율의 가장 이상적인 태양전지가 된다[151]. 전류밀도가 낮아지기 때문에 TCO의 저항이 다소 높아도 무방하다. 동시에 TCO의 도핑을 최대한도로 올릴 수도 있는데, 왜냐하면 광흡수층의 cut off 파장이 TCO에서의 자유 캐리어 흡수의 시작점 이하이기 때문이다. 결과적으로 TCO를 더 얇게 하여 가격절감을 꾀할 수도 있다. 밴드갭이 좁은 광흡수층에 비해 고온에서 모듈의 성능 손실이 훨씬 더 적어, 특히 더운 지역에서 성능비(performance ratio : kWh/kWp)를 높일 수 있다. 탠덤 구조 태양전지는 궁극적으로 실리콘 태양전지의 이론 효율을 능가하는 효율을 달성할 수도 있다. $E_g \approx 1.1$ eV로 밴드갭이 좁은 CIG(S)Se 광흡수층을 이용하여 미국 NREL은 효율 19.5%를 얻었는데, 이는 탠덤구조의 하층 셀로 이상적이다. 상층 셀의 광흡수층은 밴드갭이 대략 1.7 eV[152] 정도이어야 하고, 후면전극과 전면전극은 매우 투명하여야 한다.

이상적으로는 상층 셀은 [그림 6.20]과 같이 모놀리식 구조에서 하층 셀 바로 위에 증착할 수 있다. 하지만 이는 찰코파이라이트 기술에 혁신적인 변화를 요구한다. 창층을 증착한 후의 상층 셀은 200℃ 이상의 고온을 견디지 못한다. 허용 가능한 최대 온도가 훨씬 더 높아져야 하고, 상층 셀의 증착을 위해서는 저온공정이 가능하여야

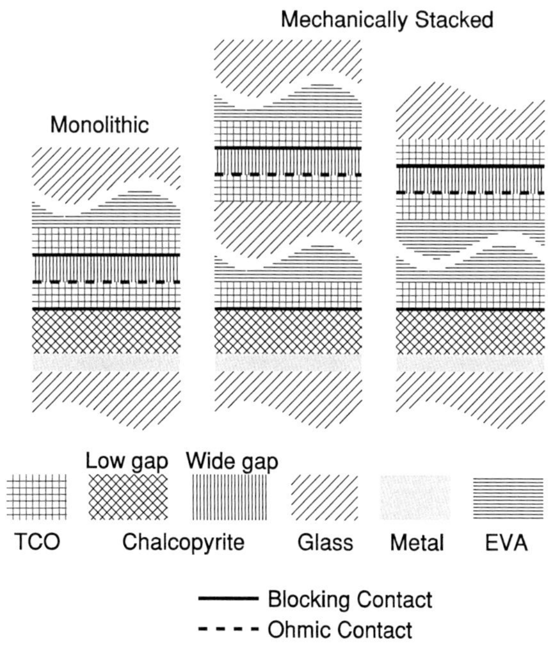

그림 6.20 탠덤구조 배열의 단면 개략도.

한다. 따라서 상층과 하층의 셀들을 각각 만든 후에 이들을 기계적으로 쌓는 탠덤기술이 더 가능성이 높아 보인다. 만약 상층 셀을 위에서 언급한 양면 셀과 비슷하게 만들 수 있으면, 총 3장의 유리로 된 라미네이트가 된다. 만약 상층 셀이 상판 구조이면 기존 단일접합 모듈에서처럼 상층과 하층 셀을 서로 마주보게 라미네이션하면 되고, 이때 2장의 유리만 있으면 봉지 모듈을 만들 수 있다(그림 6.20 우측 참조).

아직은 밴드갭이 넓은 광흡수층을 이용한 고효율 태양전지가 구현되지 않았다. 앞에서 지적한 바와 같이 여기에는 좀 역사적인 이유가 있다. 반면에 셀의 효율을 좌우하는 매개변수들의 큰 차이를 이론적으로 예측하였고[153], 이를 실험적으로 관찰하였다[154]. 이 중 어떤 것이 더 핵심이고, 이를 어떻게 해결할 수 있는지는 아직 명확하지 않다. 현재 넓은 밴드갭과 탠덤구조 태양전지가 국제적인 기초연구의 핵심 이슈의 하나로 자리 잡고 있어 변화의 가능성이 많다. 초기 모놀리식 탠덤 태양전지[155], 기계적으로 적층한 탠덤구조[156] 태양전지가 보고되어 있다. 넓은 밴드갭의 찰코파이라이트 태양전지로부터 고효율 달성이 어려워 비정질실리콘[157], CdTe[158] 등의 다른 물질을 상층 셀로 제안한 예도 있다.

참고문헌

[1] J. E. Jaffe, A. Zunger, Electronic structure of the ternary chalcopyrite semiconductors $CuAlS_2$, $CuGaS_2$, $CuGaSe_2$ and CuInSe2, *Phys. Rev. B*, **29** (1984) 1882.

[2] S. Wagner, J. L. Shay, P. Migliorato, H. M. Kasper, $CuInSe_2$/CdS heterojunction photovoltaic detectors, *Appl. Phys. Lett.* **25**, (1974) 434.

[3] K. Ramanathan, M. A. Contreras, C. L. Perkins, S. Asher, F. S. Hasoon, J. Keane, D. Young, M. Romero, W. Metzger, R. Noufi, J. Ward, A. Duda, Improved performance in ZnO/CdS/$CuGaSe_2$ Thin-film solar cells, *Prog. Photovolt: Res. Appl,*. **11** (2003) 225.

[4] J. Kessler, J. Wennerberg, M. Bodegård, L. Stolt, Highly efficient Cu(In,Ga)Se_2 mini-modules, *Sol. En. Mat. Sol. Cells*, **75** (2003) 35.

[5] K. Kushiya, Progress in large-area Cu(InGa)Se_2-based thin-film modules with the efficiency of over 13 %, *Proc. 3rd World Conf. Photovoltaic Energy Conversion, Osaka, Japan, 11–18 May 2003*, K. Kurokawa, L. L. Kazmerski, B. McNelis, M. Yamaguchi, C. Wronski, W. C. Sinke (Eds.) (2003) 319.

[6] J. Palm, V. Probst, W. Stetter, R. Toelle, S. Visbeck, H. Calwer, T. Niesen, H. Vogt, O. Hernandez, M. Wendl, F. H. Karg, CIGSSe thin film PV modules: from fundamental investigations to advanced performance and stability, *Thin Solid Films*, **451–452** (2004) 544.

[7] M. Powalla, B. Dimmler, New developments in CIGS thin-film solar cell technology, *Proc. 3rd World Conf. Photovoltaic Energy Conversion, Osaka, Japan, 11–18 May 2003*, K. Kurokawa, L. L. Kazmerski, B. McNelis, M. Yamaguchi, C. Wronski, W. C. Sinke (Eds.) (2003) 313.

[8] R. Klenk, J. Klaer, R. Scheer, M. Ch. Lux-Steiner, I. Luck, N. Meyer, U. Rühle, Solar cells based on $CuInS_2$ – an overview, *Thin Solid Films*, **481–482** (2005) 509.

[9] R. Klenk, T. Walter, H.-W. Schock, D. Cahen, Model for successful growth of polycrystalline films of $CuInSe_2$ by multisource physical vacuum evaporation, *Adv. Mat.*, **5** (1993) 114.

[10] R. A. Mickelsen, W. S. Chen, Apparatus for forming thin-film heterojunction solar cells employing materials selected from the class of I-III-VI_2 chalcopyrite compounds, US Patent 4 392 451 (1983).

[11] A. M. Gabor, J. R. Tuttle, D. S. Albin, M. A. Contreras, R. Noufi, A. M. Hermann, High-efficiency $CuIn_xGa_{1-x}Se_2$ solar cells made from $(In_x,Ga_{1-x})_2Se_3$ precursor films, *Appl. Phys. Lett.*, **65** (1994) 198.

[12] N. Kohara, T. Negami, M. Nishitani, T. Wada, Preparation of device-quality Cu(In,Ga)Se_2 thin films deposited by coevaporation with composition monitor, *Jpn. J. Appl. Phys.*, **34** (1995) L1141.

[13] K. Sakurai, R. Scheer, C. A. Kaufmann, A. Yamada, P. Fons, Y. Kimura, T. Baba, K. Matsubara, S. Niki, Process variants for $Cu(In_{1-x}Ga_x)Se_2$ deposition investigated by in situ spectroscopic light scattering, *Proc. 3rd World Conf. Photovoltaic Energy Conversion, Osaka, Japan, 11–18 May 2003*, K. Kurokawa, L. L. Kazmerski, B. McNelis, M. Yamaguchi, C. Wronski, W. C. Sinke (Eds.) (2003) 384.

[14] B. M. Basol, V. J. Kapur, $CuInSe_2$ thin films and high-efficiency solar cells obtained by selenization of metallic layers, *Conf. Rec. 21st IEEE Photovoltaic Specialists Conf., Kissimmee, USA, 21–25 May 1990*, IEEE, New York (1990) 546.

[15] J. Klaer, J. Bruns, R. Henninger, K. Siemer, R. Klenk, K. Ellmer, D. Bräunig, Efficient $CuInS_2$ thin-film solar cells prepared by a sequential process, *Semicond. Sci. Technol.*, **13** (1998) 1456.

[16] F. Karg, V. Probst, H. Harms, J. Rimmasch, W. Riedl, J. Kotschy, J. Holz, R. Treichler, O. Eibl, A. Mitwalsky, A. Kiendl, Novel rapid-thermal-processing for CIS thin-film solar cells, *Conf. Rec. 23rd IEEE Photovoltaic Specialists Conf., Louisville, USA, 10–14 May 1993*, IEEE, New York (1993) 441.

[17] K. Siemer, J. Klaer, I. Luck, J. Bruns, R. Klenk, D. Bräunig, Efficient $CuInS_2$ solar cells from a rapid thermal process (RTP), *Sol. En. Mat. Sol. Cells*, **67** (2001) 159.

[18] D. Wolf, G. Müller, Kinetics of CIS-formation studied in-situ by thin film calorimetry, *Thin Solid*

Films, **361–362** (2000) 155.

[19] R. Scheer, R. Klenk, J. Klaer, I. Luck, $CuInS_2$ based thin film photovoltaics, *Sol. En.*, **77** (2004) 777.

[20] I. Luck, J. Kneisel, K. Siemer, J. Bruns, R. Scheer, R. Klenk, N. Janke, D. Bräunig, Influence of Na on the properties of Cu-rich prepared $CuInS_2$ thin films and the performance of corresponding $CuInS_2$/CdS/ZnO solar cells, *Sol. En. Mat. Sol. Cells*, **67** (2001) 151.

[21] M. Ruckh, D. Schmid, M. Kaiser, R. Schäffler, T. Walter, H. W. Schock, Influence of substrates on the electrical properties of Cu(In,Ga)Se_2 thin films, *Sol. En. Mat. Sol.Cells*, **41/42** (1996) 335.

[22] D. Rudmann, M. Kaelin, F.-J. Haug, F. Kurdesau, H. Zogg, A. N. Tiwari, Impact of Na on structural properties and interdiffusion of $CuInSe_2$ and $CuGaSe_2$ thin films, *Proc. 3rd World Conf. Photovoltaic Energy Conversion, Osaka, Japan, 11–18 May 2003*, K. Kurokawa, L. L. Kazmerski, B. McNelis, M. Yamaguchi, C. Wronski, W. C. Sinke (Eds.) (2003) 376.

[23] J. H. Scofield, A. Duda, D. Albin, B. L. Ballard, P. K. Predecki, Sputtered molybdenum bilayer back contact for copper indium diselenide-based polycrystalline thin-film solar cells, *Thin Solid Films*, **260** (1995) 26.

[24] W. N. Shafarman, J. E. Phillips, Direct current-voltage measurements of the Mo/$CuInSe_2$ contact on operating solar cells, *Conf. Rec. 25th IEEE Photovoltaic Specialists Conf., Washington, USA, 13–17 May 1996*, IEEE, New York (1996) 917.

[25] M. Burgelman, F. Engelhardt, J. F. Guillemoles, R. Herberholz, M. Igalson, R. Klenk, M. Lampert, T. Meyer, V. Nadenau, A. Niemegeers, J. Parisi, U. Rau, H. W. Schock, M. Schmitt, O. Seifert, T. Walter and S. Zott, Defects in Cu(In,Ga)Se_2 semiconductors and their role in the device performance of thin-film solar cells, *Prog. Photovolt: Res. Appl.*, **5** (1997) 121.

[26] F. Kessler, D. Rudmann, Technological aspects of flexible CIGS solar cells and modules, *Sol. En.*, **77** (2004) 685.

[27] R. H. Mauch, J. Hedstrom, D. Lincot, M. Ruckh, J. Kessler, R. Klinger, L. Stolt, J. Vedel, H. W. Schock, Optimization of windows in ZnO-CdS-$CuInSe_2$ heterojunctions, *Conf. Rec. 22nd IEEE Photovoltaic Specialists Conf., Las Vegas, USA, 7–11 Oct 1991*, IEEE, New York (1991) 898.

[28] U. Rau, M. Schmidt, Electronic properties of ZnO/CdS/Cu(In,Ga)Se_2 solar cells – aspects of heterojunction formation, *Thin Solid Films*, **387** (2001) 141.

[29] U. Rau, P. O. Grabitz, J. H. Werner, Resistive limitations to spatially inhomogeneous losses in solar cells, *Appl. Phys. Lett.*, **85** (2004) 6010.

[30] K. Ellmer, Resistivity of polycrystalline zinc oxide films: current status and physical limit, *J. Phys. D: Appl. Phys.*, **34** (2001) 3097.

[31] Ch.-H. Fischer, M. Bär, A. Grimm, I. Kötschau, I. Lauermann, J. Reichardt, S. Sokoll, M. Aggour, H.-J. Lewerenz, M.C. Lux-Steiner, L. Weinhardt, O. Fuchs, C. Heske, C. Jung, W. Gudat, T. P. Niesen, S. Visbeck, F. Karg, X-rays shed light on the 'hidden' interfaces of solar cells, *BESSY-Highlights 2003* (2004) 14.

[32] M. Burgelman, A. Niemegeers, Calculation of CIS and CdTe module efficiencies, *Sol. En. Mat. Sol. Cells*, **51** (1998) 129.

[33] U. Rau, H. W. Schock, Electronic properties of Cu(In,Ga)Se_2 heterojunctions solar cells-recent achievements, current understanding, and future challenges, *Appl. Phys. A*, **69** (1999) 131.

[34] Th. Glatzel, H. Steigert, S. Sadewasser, R. Klenk, M.Ch. Lux-Steiner, Potential distribution of Cu(In,Ga)$(S,Se)_2$-solar cell cross-sections measured by Kelvin probe force microscopy, *Thin Solid Films*, **481–482** (2005) 177.

[35] R. Klenk, Characterisation and modelling of chalcopyrite solar cells, *Thin Solid Films*, **387** (2001) 135.

[36] M. Burgelman, P. Nollet, S. Degrave, Modelling polycrystalline semiconductor solar cells, *Thin Solid Films*, **361–362** (2000) 527.

[37] R. Scheer, Surface and interface properties of Cu-chalcopyrite semiconductors and devices, *Trends Vac. Sci. Technol.*, **2** (1997) 77.

[38] D. Schmid, M. Ruckh, H.-W. Schock, A comprehensive characterization of the interface in Mo/CIS/CdS/ZnO solar cell structures, *Sol. En. Mat. Sol. Cells*, **41/42** (1996) 281.

[39] M. Morkel, L. Weinhardt, B. Lohmüller, C. Heske, E. Umbach, W. Riedl, S. Zweigart, F. Karg, Flat conduction-band alignment at the CdS/$CuInSe_2$ thin-film solar-cell heterojunction, *Appl. Phys. Lett.* **79** (2001) 4482.

[40] T. Schulmeyer, R. Kniese, R. Hunger, W. Jägermann, M. Powalla, A. Klein, Influence of Cu(In,Ga)Se_2 band gap on the valence band offset with CdS, *Thin Solid Films*, **451–452** (2004) 420.

[41] L. Kronik, L. Burstein, M. Leibovitch, Y. Shapira, D. Gal, E. Moons, J. Beier, G. Hodes, D. Cahen, D. Hariskos, R. Klenk, H.-W. Schock, Band diagram of the polycrystalline CdS/Cu(In,Ga)Se_2 heterojunction, *Appl. Phys. Lett.*, **67** (1995) 1405.

[42] D. Schmid, M. Ruckh, F. Grunwald, H. W. Schock, Chalcopyrite/defect chalcopyrite heterojunctions on the basis of $CuInSe_2$, *J. Appl. Phys.*, **73** (1993) 2902.

[43] I. M. Kötschau, H. W. Schock, Depth profile of the lattice constant of the Cu-poor surface layer in $(Cu_2Se)_{1-x}(In_2Se_3)_x$ evidenced by grazing incidence X-ray diffraction, *J. Phys. Chem. Solids*, **64** (2003) 1559.

[44] M. Contreras, H. Wiesner, J. Tuttle, K. Ramanathan, R. Noufi, Issues on the Chalcopyrite/Defect-Chalcopyrite Junction Model for High-Efficiency Cu(In,Ga)Se_2 Solar Cells, *Sol. En. Mat. Sol. Cells*, **49** (1997) 239.

[45] S. Schuler, S. Siebentritt, S. Nishiwaki, N. Rega, J. Beckmann, S. Brehme, M.Ch. Lux-Steiner, Self-compensation of intrinsic defects in the ternary semiconductor $CuGaSe_2$, *Phys. Rev. B*, **69** (2004) 45210.

[46] S. Siebentritt, Hole transport mechanisms in $CuGaSe_2$, *Thin Solid Films*, **481–482** (2005) 312.

[47] S. Siebentritt, S. Schuler, Defects and transport in the wide gap chalcopyrite $CuGaSe_2$, *J. Phys. Chem. Solids*, **64** (2003) 1621.

[48] S. Sadewasser, Th. Glatzel, S. Schuler, S. Nishiwaki, R. Kaigawa, M.Ch. Lux-Steiner, Kelvin probe force microscopy for the nano scale characterization of chalcopyrite solar cell materials and devices, *Thin Solid Films*, **431–432** (2003) 257.

[49] C. Persson, A. Zunger, Anomalous grain boundary physics in polycrystalline $CuInSe_2$: the existence of a hole barrier, *Phys. Rev. Lett.*, **91** (2003) 266401.

[50] K. Taretto, U. Rau, J. H. Werner, Numerical simulation of grain boundary effects in Cu(In,Ga)Se_2 thin-film solar cells, *Thin Solid Films*, **481–482** (2005) 8.

[51] D. Fuertes Marrón, S. Sadewasser, A. Meeder, Th. Glatzel, M. Ch. Lux-Steiner, Electrical activity at grain boundaries of Cu(In,Ga)Se_2 thin films, *Phys. Rev. B*, **71** (2005) 033306.

[52] K. Puech, S. Zott, K. Leo, M. Ruckh, H.-W. Schock, Determination of minority carrier lifetimes in $CuInSe_2$ thin films, *Appl. Phys. Lett.*, **69** (1996) 3375.

[53] N. Rega, S. Siebentritt, A. Zajogin, S. Nishiwaki, M. Ch. Lux-Steiner, R. Kniese, M. J. Romero, Excitonic luminescence of Cu(In,Ga)Se_2, *Thin Solid Films*, **481–482** (2005) 286.

[54] S. Siebentritt, I. Beckers, T. Riemann, J. Christen, A. Hoffmann, M. Dworzak, Reconciliation of luminescence and Hall measurements on the ternary semiconductor $CuGaSe_2$, *Appl. Phys. Lett.*, in press.

[55] S. B. Zhang, Su-Huai Wei, A. Zunger, H. Katayama-Yoshida, Defect physics of the $CuInSe_2$ chalcopyrite semiconductor, *Phys. Rev. B*, **57** (1998) 9642.

[56] R. Scheer, M. Wilhelm, V. Nadenau, H. W. Schock, L. Stolt, Collection functions in chalcopyrite heterojunction solar cells: a comparison of Cu(In,Ga)$(S,Se)_2$ absorbers, *Proc. 14th European Photovoltaic Solar Energy Conf., Barcelona, Spain*, H. A. Ossenbrink, P. Helm, H. Ehmann (Eds.), H.S. Stephens, Bedford, UK (1997) 1299.

[57] R. Klenk, H. W. Schock, Photocurrent collection in thin film solar cells - calculation and characterization for $CuGaSe_2$/(Zn,Cd)S, *Proc. 12th European Photovoltaic Solar Energy Conf., Amsterdam, NL*, R. Hill, W. Palz, P. Helm (Eds.), Stephen & Associates, Bedford, UK (1994) 1588.

[58] N. Meyer, T. Dylla, D. Fischer, M. E. Beck, A. Jäger-Waldau, M. Ch. Lux-Steiner, Solar cells

based on HCVD grown $CuGaSe_2$ absorbers with high open-circuit voltages, *Proc. 16th European Photvoltaic Solar Energy Conf., Glasgow, UK, 1–5 May 2000*, H. Scheer, B. McNelis, W. Palz, H. A. Ossenbrinck, P. Helm (Eds.), James & James, Glasgow (2000) 429.

[59] K. Orgassa, U. Rau, Quang Nguyen, H. W. Schock, J. H. Werner, Role of the CdS buffer layer as an active optical element in $Cu(Ga,In)Se_2$ thin-film solar cells, *Prog. Photovolt. Res. Appl.*, **10** (2002) 457.

[60] J. Klaer, I. Luck, A. Boden, R. Klenk, I. Gavilanes Perez, R. Scheer, Mini-modules from a $CuInS_2$ baseline process, *Thin Solid Films*, **431–432** (2003) 534.

[61] R. Kaigawa, A. Neisser, R. Klenk, M. Ch. Lux-Steiner, Improved performance of thin film solar cells based on $Cu(In,Ga)S_2$, *Thin Solid Films*, **415** (2002) 266.

[62] J. Parisi, D. Hilburger, M. Schmitt, U. Rau, Quantum efficiency and admittance spectroscopy on $Cu(In,Ga)Se_2$ solar cells, *Sol. En. Mat. Sol. Cells*, **50** (1998) 79.

[63] T. Walter, R. Menner, Ch. Köble, H. W. Schock, Characterization and junction performance of highly efficient $Zno/CdS/CuInS_2$ thin film solar cells, *Proc. 12th European Photovoltaic Solar Energy Conf., Amsterdam, NL*, R. Hill, W. Palz, P. Helm (Eds.), Stephen & Associates, Bedford, UK (1994) 1755.

[64] J. E. Phillips, W. N. Shafarman, E. Shan, Evidence for amorphous like behavior in small grain thin film polycrystalline solar cells, *Proc. 1st World Conf. Photovoltaic Energy Conversion, Hawaii*, IEEE, New York (1994) 303.

[65] R. Herberholz, T. Walter, H. W. Schock, Density of states in $CuIn(S,Se)_2$ thin films from modulated photocurrent measurements, *J. Appl. Phys.*, **76** (1994) 2904.

[66] R. Schäffler, H. W. Schock, Composition dependent optical properties of polycrystalline $CuInSe_2$ thin films, *Solid State Phenomena*, **51–52**, Scitec Publications (1996) 347.

[67] T. Walter, R. Herberholz, C. Müller, H. W. Schock, Determination of defect distributions from admittance measurements and application to $Cu(In,Ga)Se_2$ based heterojunctions, *J. Appl. Phys.*, **80** (1996) 4411.

[68] G. Hanna, A. Jasenek, U. Rau, H. W. Schock, Influence of the Ga-content on the bulk defect densities of $Cu(In,Ga)Se_2$, *Thin Solid Films*, **387** (2001) 71.

[69] A. Jasenek, A. Boden, K. Weinert, M. R. Balboul, H. W. Schock, U. Rau, High-energy electron and proton irradiation of $Cu(In,Ga)Se_2$ heterojunction solar cells, *Mat. Res. Soc. Symp. Proc.*, **668**, Materials Research Society (2001) H3.2.1.

[70] J. T. Heath, J. D. Cohen, W. N. Shafarman, D. X. Liao, A. A. Rockett, Effect of Ga content on defect states in $CuIn_{1-x}Ga_xSe_2$ photovoltaic devices, *Appl. Phys. Lett.*, **80** (2002) 4540.

[71] U. Rau, Tunneling-enhanced recombination in $Cu(In,Ga)Se_2$ heterojunction solar cells, *J. Appl. Phys.*, **74** (1999) 111.

[72] U. Malm, J. Malmström, C. Platzer-Björkman, L. Stolt, Determination of dominant recombination paths in $Cu(In,Ga)Se_2$ thin-film solar cells with ALD-ZnO buffer layers, *Thin Solid Films*, **481–482** (2005) 208.

[73] I. Hengel, A. Neisser, R. Klenk, M. Ch. Lux-Steiner, Current transport in $CuInS_2$:Ga/CdS/ZnO Solar Cells, *Thin Solid Films*, **361–362** (2000) 458.

[74] J. Reiß, J. Malmström, A. Werner, I. Hengel, R. Klenk, M. Ch. Lux-Steiner, Current transport in $CuInS_2$ solar cells depending on absorber preparation, *Mat. Res. Soc. Symp. Proc.*, **668**, Materials Research Society (2001) H9.4.1.

[75] V. Nadenau, U. Rau, A. Jasenek, H. W. Schock, Electronic properties of $CuGaSe_2$-based heterojunction solar cells. Part I. Transport analysis, *J. Appl. Phys.*, **87** (2000) 584.

[76] M. Turcu, O. Pakma, U. Rau, Interdependence of absorber composition and recombination mechanism in $Cu(In,Ga)(S,Se)_2$ heterojunction solar cells, *J. Appl. Phys.*, **80** (2002) 2598.

[77] J. H. Werner, J. Mattheis, U. Rau, Efficiency limitations of polycrystalline thin film solar cells: case of $Cu(In,Ga)Se_2$, *Thin Solid Films*, **481–482** (2005) 399.

[78] U. Rau, J. H. Werner, Radiative efficiency limits of solar cells with lateral band-gap fluctuations, *Appl. Phys. Lett.*, **84** (2004) 3735.

[79] J. AbuShama, R. Noufi, S. Johnston, S. Ward, X. Wu, Improved performance in $CuInSe_2$ and surface-modified $CuGaSe_2$ solar cells, *Proc. 31st IEEE Photovoltaic Specialists Conf., Lake Buena Vista, USA, January 3–7, 2005*, IEEE, New York (2005) 299.
[80] M. A. Green, K. Emery, D. L. King, S. Igari, W. Warta, Solar cell efficiency tables, *Prog. Photovolt: Res. Appl.*, **13** (2005) 49.
[81] B. Egaas, M. A. Contreras, R. Noufi, unpublished result.
[82] C. A. Kaufmann, A. Neisser, R. Scheer, R. Klenk, M. A. Kroon, $Cu(In,Ga)Se_2$ thin film solar cells on flexible substrates, *Proc. 19th European Photovoltaic Solar Energy Conf., Paris, France, 7–11 June 2004*, W. Hoffman, J.-L. Bal, H. Ossenbrink, W. Palz, P. Helm (Eds.), WIP-Munich and ETA-Florence (2004) 3637.
[83] D. Brémaud, D, Rudmann, G. Bilger, H. Zogg, A. N. Tiwari, Towards the development of flexible CIGS solar cells on polymer films with efficiency exceeding 15 %, *Proc. 31st IEEE Photovoltaic Specialists Conf., Lake Buena Vista, USA, January 3–7, 2005*, IEEE, New York (2005) 223.
[84] M.A. Contreras, T. Nakada, M. Hongo, A.O. Pudov, J.R. Sites, $ZnO/ZnS(O,OH)/Cu(In,Ga)Se_2/Mo$ solar cell with 18.6 % efficiency, *Proc. 3rd World Conf. Photovoltaic Energy Conversion, Osaka, Japan, 11–18 May 2003*, K. Kurokawa, L. L. Kazmerski, B. McNelis, M. Yamaguchi, C. Wronski, W. C. Sinke (Eds.) (2003) 570.
[85] N.A. Allsop, A. Schönmann, H.J. Muffler, M. Bär, M.C. Lux-Steiner, Ch.H. Fischer, Spray-ILGAR indium sulfide buffers for $Cu(In, Ga)(S, Se)_2$ solar cells, *Prog. Photovolt. Res. Appl.*, submitted.
[86] T. Glatzel, H. Steigert, R. Klenk; M. Ch. Lux-Steiner, T. P. Niesen, S. Visbeck, $Zn_{1-x}Mg_xO$ as a window layer in completely Cd-free $Cu(In, Ga)(S, Se)_2$ based thin film solar cells, *Sol. En. Mat. Sol. Cells*, in press.
[87] N. Naghavi, S. Spiering, M. Powalla, B. Cavana, D. Lincot, High-efficiency copper indium gallium diselenide (CIGS) solar cells with indium sulfide buffer layers deposited by atomic layer chemical vapor deposition (ALCVD), *Prog. Photovolt. Res. Appl.*, **11** (2003) 437.
[88] A. Strohm, T. Schlötzer, Q. Nguyen, K. Orgassa, H. Wiesner, H.W. Schock, New approaches for the fabrication of Cd-free $Cu(In,Ga)Se_2$ heterojunctions, *Proc. 19th European Photovoltaic Solar Energy Conf., Paris, France, 7–11 June 2004*, W. Hoffman, J.-L. Bal, H. Ossenbrink, W. Palz, P. Helm (Eds.), WIP-Munich and ETA-Florence (2004) 1741.
[89] S. Siebentritt, Alternative buffers for chalcopyrite solar cells, *Sol. En.*, **77** (2004) 767.
[90] K. Mitchell, C. Eberspacher, J. Ermer, D. Pier, Single and tandem junction $CuInSe_2$ cell and module technology, *Conf. Rec. 20th IEEE Photovoltaic Specialists Conf., Las Vegas, USA, 26–30 Sept. 1988*, IEEE, New York (1988) 1384.
[91] M. Powalla, B. Dimmler, K.-H. Groß, CIS thin-film solar modules - an example of remarkable progress in PV, *Proc. 20th European Photovoltaic Solar Energy Conf., Barcelona, Spain, June 6–10 2005*, in press.
[92] R. W. Birkmire, Recent progress and critical issues in thin film polycrystalline solar cells and modules, *Conf. Rec. 26th IEEE Photovoltaic Specialists Conf., Anaheim, USA, 29 Sept-3 Oct 1997*, IEEE, New York (1997) 295.
[93] E. Rudigier, I. Luck, R. Scheer, Quality assessment of $CuInS_2$-based solar cells by Raman scattering, *Appl. Phys. Lett.*, **82** (2003) 4370.
[94] J. Palm, V. Probst, A. Brummer, W. Stetter, R. Tölle, T. P. Niesen, S. Visbeck, O. Hernandez, M. Wendl, H. Vogt, H. Calwer, B. Freienstein, F. Karg, CIS module pilot processing applying concurrent rapid selenization and sulfurization of large area thin film precursors, *Thin Solid Films*, **431–432** (2003). 514
[95] M. Powalla, D. Hariskos, E. Lotter, M. Oertel, J. Springer, D. Stellbogen, B. Dimmler, R. Schäffler, Large-area CIGS modules: processes and properties, *Thin Solid Films*, **431–432** (2003) 523.
[96] O. Lundberg, M. Bodegård, J. Malmström, L. Stolt, Influence of the $Cu(In,Ga)Se_2$ thickness and Ga grading on solar cell performance, *Prog. Photovolt: Res. Appl.*, **11** (2002) 77.
[97] D. E. Tarrant, R. R. Gay, Process R&D for CIS-based thin-film PV, *Annual Technical Report*

24 April 2002–23 April 2003, NREL(SR-520-35684, National Renewable Energy Lab, Golden (2004).

[98] L. Mrig, S. Rummel, Outdoor stability performance of CIS and CdTe photovoltaic modules at SERI, *Conf. Rec. 21st IEEE Photovoltaic Specialists Conf., Kissimmee, USA, 21–25 May 1990*, IEEE, New York (1990) 1038.

[99] M. Powalla, B. Dimmler, R. Schaeffler, G. Voorwinden, U. Stein, H.-D. Mohring, F. Kessler, D. Hariskos, CIGS solar modules: progress in pilot production, new developments and applications, *Proc. 19th European Photovoltaic Solar Energy Conf., Paris, France, 7–11 June 2004*, W. Hoffman, J.-L. Bal, H. Ossenbrink, W. Palz, P. Helm (Eds.), WIP-Munich and ETA-Florence (2004) 1663.

[100] H.-D. Mohring, D. Stellbogen, R. Schäffler, S. Oelting, R.Gegenwart, P. Konttinen, T. Carlsson, M. Cendagorta, W. Herrmann, Outdoor performance of polycrystalline thin film PV modules in different european climates, *Proc. 19th European Photovoltaic Solar Energy Conf., Paris, France, 7–11 June 2004*, W. Hoffman, J.-L. Bal, H. Ossenbrink, W. Palz, P. Helm (Eds.), WIP-Munich and ETA-Florence (2004) 2098.

[101] J. Malmström, J. Wennerberg, L. Stolt, A study of the influence of the Ga content on the long-term stability of Cu(In,Ga)Se_2 thin film solar cells, *Thin Solid Films*, **431–432** (2003) 436.

[102] J. Klaer, R. Scheer, R. Klenk, A. Boden, Ch. Köble, Stress behaviour of $CuInS_2$ and Cu(In,Ga)Se_2 thin film PV-modules studied by a specific test structure, *Proc. 19th European Photovoltaic Solar Energy Conf., Paris, France, 7–11 June 2004*, W. Hoffman, J.-L. Bal, H. Ossenbrink, W. Palz, P. Helm (Eds.), WIP-Munich and ETA-Florence (2004) 1847.

[103] J. M. Woodcock, H. Schade, H. Maurus, B. Dimmler, J. Springer, A. Ricaud, A study of the upscaling of thin film solar cell manufacture towards 500 MWp per annum, *Proc. 14th European Photovoltaic Solar Energy Conf., Barcelona, Spain, 30 June–4 July 1997*, H. A. Ossenbrink, P. Helm, H. Ehmann (Eds.), H.S. Stephens, Bedford, UK (1997) 857.

[104] U. Ugalde, J. Alonso, T. Bruton, J. M. Woodcock, K. Roy, K. De Clerq, A general procedure for cost evaluations: application to the MUSIC FM project, *Proc. 14th European Photovoltaic Solar Energy Conf., Barcelona, Spain, 30 June–4 July 1997*, H.A. Ossenbrink, P. Helm, H. Ehmann (Eds.), H.S. Stephens & Associates, Bedford, UK (1997) 897.

[105] T. M. Bruton, MUSIC FM - Five years on fantasy or reality, *Proc. PV in Europe – From PV Technology to Energy Solutions, Rome, Italy, 7–11 October 2002*, WIP Munich, Germany (2002) OA6.1.

[106] L. Frantzis, E. Jones, M. Wood, C. Lee, P. Wormser, Opportunities for Cost Reduction in Photovoltaic Modules, *Proc. 16th European Photvoltaic Solar Energy Conf., Glasgow, UK, 1–5 May 2000*, H. Scheer, B. McNelis, W. Palz, H. A. Ossenbrinck, P. Helm (Eds.), James & James, Glasgow (2000) 2069.

[107] N. Meyer, I. Luck, U. Rühle, J. Klaer, R. Klenk, M. Ch. Lux-Steiner, R. Scheer, Towards thin film module production using a simplified CIS process, *Proc. 19th European Photovoltaic Solar Energy Conf., Paris, France, 7–11 June 2004*, W. Hoffman, J.-L. Bal, H. Ossenbrink, W. Palz, P. Helm (Eds.), WIP-Munich and ETA-Florence (2004) 1698.

[108] M. E. Beck, S. Wiedemann, R. Huntington, J. VanAlsburg, E. Kanto, R. Butcher, J. S. Britt, Advancements in flexible CIGS module manufacturing, *Proc. 31st IEEE Photovoltaic Specialists Conf., Lake Buena Vista, USA, January 3–7, 2005*, IEEE, New York (2005) 211.

[109] B. Dimmler, M. Powalla, R. Schaeffler, CIS solar modules: pilot production at Wuerth Solar, *Proc. 31st IEEE Photovoltaic Specialists Conf., Lake Buena Vista, USA, January 3–7, 2005*, IEEE New York (2005) 189.

[110] D. E. Tarrant, R. R. Gay, V. Probst, F. H. Karg, CIS thin film development and production status at shell solar, *Proc. 3rd World Conf. Photovoltaic Energy Conversion, Osaka, Japan, 11–18 May 2003*, K. Kurokawa, L. L. Kazmerski, B. McNelis, M. Yamaguchi, C. Wronski, W. C. Sinke (Eds.) (2003). 325.

[111] F. H. Karg, D. Kohake, T. Nierhoff, B. Kühne, S. Grosser, M. Ch. Lux-Steiner, Performance of grid coupled pv-arrays based on CIS solar modules, *Proc. 17th European Photovoltaic Solar Energy*

Conf., Munich, Germany, 22–26 Oct. 2001, B. McNelis, W. Palz, H.A. Ossenbrink, P. Helm (Eds.), WIP Munich, Germany (2001) 391.

[112] *SENSE – Sustainability evaluation and recycling development for thin-film solar cells*, contract ENK5-CT-2002-00639 (http://www.sense-eu.net/).

[113] M.J de Wild-Scholten, K. Wambach, E.A. Alsema, A. Jäger-Waldau, Implications of European environmental legislation for photovoltaic systems, *Proc. 20th European Photovoltaic Solar Energy Conf., Barcelona, Spain, 6–10 June 2005* W. Palz *et al.* (Eds.), WIP-Munich (2005) 3143.

[114] F. H. Karg, Entwicklung und Fertigung von CIS-Solarmodulen bei Siemens Solar FVS Themen 2000, G. Stadermann (Eds.), Forschungsverbund Sonnenenergie, Berlin, Germany (2000) 145.

[115] US Geological Survey, *Mineral Commodity Summaries*, January 2004.

[116] K. Ramanathan, J.C. Keane, B. To, R.G. Dhere, and R. Noufi, The potential for high performance in CIGS solar cells: a laboratory perspective, *Proc. 20th European Photovoltaic Solar Energy Conf., Barcelona, Spain, June 6–10 2005*, in press.

[117] D. Hariskos, M. Powalla, N. Chevaldonnet, D. Lincot, A. Schindler, B. Dimmler, Chemical bath deposition of CdS buffer layer: prospects of increasing material yield and reducing waste, *Thin Solid Films*, **387** (2001) 179.

[118] B. Malinowska, M. Rakib, G. Durand, Re-use of chemicals in CBD of CdS thin film for CIS solar cells, *Proc. 19th European Photovoltaic Solar Energy Conf., Paris, France, 7–11 June 2004*, W. Hoffman, J.-L. Bal, H. Ossenbrink, W. Palz, P. Helm (Eds.), WIP-Munich and ETA-Florence (2004) 1820.

[119] K. Kushiya, M. Ohshita, M. Tanaka, Development of recycling and reuse technologies for large-area Cu(InGa)Se_2-based thin-film modules, *Proc. 3rd World Conf. Photovoltaic Energy Conversion, Osaka, Japan, 11–18 May 2003*, K. Kurokawa, L. L. Kazmerski, B. McNelis, M. Yamaguchi, C. Wronski, W. C. Sinke (Eds.) (2003) 1892.

[120] K. Knapp, T. Jester, Empirical investigation of the energy payback time for photovoltaic modules, *Sol. En.*, **71** (2001) 165.

[121] A. Neisser, C. A. Kaufmann, R. Klenk, R. Scheer, M. A. Kroon, G. Oomen, H.-W. Schock, Prototype development - flexible Cu(In,Ga)Se_2 thin film solar cells for space applications, *Conf. Rec. 31st IEEE Photovoltaic Specialists Conference and Exhibition, Lake Buena Vista, USA, January 3–7, 2005*, IEEE, New York (2005) 227.

[122] See http://europa.eu.int/comm/environment/waste/weee_index.htm.

[123] K. Kushiya, M. Tachiyuki, T. Kase, Y. Nagoya, T. Miura, D. Okumura, M. Satoh, I. Sugiyama, O. Yamase, Improved FF of CIGS thin-film mini-modules with Zn$(O,S,OH)_x$ buffer by post-deposition light soaking, *Conf. Rec. 26th IEEE Photovoltaic Specialists Conf., Anaheim, USA, 29 Sept–3 Oct 1997*, IEEE, New York (1997) 327.

[124] H. Muffler, M. Bär, C.-H. Fischer, R. Gay, F. Karg, M. C. Lux-Steiner, ILGAR technology, VIII sulfidic buffer layers for Cu(In Ga)$(S,Se)_2$ solar cells prepared by ion layer gas reaction (ILGAR), *Conf. Rec. 28th IEEE Photovoltaic Specialists Conf., Anchorage, USA, 15–22 Sept 2000*, IEEE, New York (2000) 610.

[125] M. Bär, C. H. Fischer, H. J. Muffler, B. Leupolt, T. P. Niesen, F. Kang, M. C. Lux-Steiner, High efficiency chalcopyrite solar cells with ILGAR-ZnO WEL-device characteristics subject to WEL composition, *Conf. Rec. 29th IEEE Photovoltaic Specialists Conf., New Orleans, USA, 19–24 May 2002*, IEEE, New York (2002) 636.

[126] S. Siebentritt, P. Walk, U. Fiedeler, I. Lauermann, K. Rahne, M.Ch. Lux-Steiner, Th.P. Niesen, F.Karg, MOCVD as a dry deposition method of ZnSe buffers for Cu(In,Ga)$(S,Se)_2$ solar cells, *Prog. Photovolt: Res. Appl.*, **12** (2004) 333.

[127] S. Spiering, A. Eicke, D. Hariskos, M. Powalla, N. Naghavi, D. Lincot, Large-area Cd-free CIGS solar modules with In_2S_3 buffer layer deposited by ALCVD, *Thin Solid Films*, **451–452** (2004) 562.

[128] S. Gall, N. Barreau, S. Harel, J. C. Bernède, J. Kessler, Material analysis of PVD-grown indium sulphide buffer layers for Cu(In,Ga)Se_2-based solar cells, *Thin Solid Films*, **481–482** (2005) 138.

[129] K. Ramanathan, F. S. Hasoon, S. Smith, A. Mascarenhas, H. Al-Thani, J. Alleman, H. S. Ullal, J. Keane, Properties of Cd and Zn partial electrolyte treated solar cells, *Conf. Rec. 29th IEEE Photovoltaic Specialists Conf., New Orleans, USA, 19–24 May 2002*, IEEE, New York (2002) 523.

[130] D. Hariskos, R. Menner, S. Spiering, A. Eicke, M. Powalla, K. Ellmer, M. Oertel, B. Dimmler, In_2S_3 buffer layer deposited by magnetron sputtering for Cu(inGa)Se_2 solar cells, *Proc. 19th European Photovoltaic Solar Energy Conf., Paris, France, 7–11 June 2004*, W. Hoffman, J.-L. Bal, H. Ossenbrink, W. Palz, P. Helm (Eds.), WIP-Munich and ETA-Florence (2004) 1894.

[131] Th. Glatzel, H. Steigert, R. Klenk, M. Ch. Lux-Steiner, T. P. Niesen, S. Visbeck, $Zn_{1-x}Mg_xO$ as a window layer in completely Cd-free Cu(In,Ga)(S,Se)$_2$ based thin film solar cells, *Technical Digest Int. PVSEC-14, 707*, accepted for publication in *Sol. En. Mat. Sol. Cells*.

[132] Th. Magorian Friedlmeier, N. Wieser, Th. Walter, H. Dittrich, H.-W. Schock, Heterojunctions based on Cu_2ZnSnS_4 and $Cu_2ZnSnSe_4$ thin films, *Proc. 14th European Photovoltaic Solar Energy Conf., Barcelona, Spain, 30 June–4 July 1997*, H.A. Ossenbrink, P. Helm, H. Ehmann (Eds.), H.S. Stephens & Associates, Bedford, UK (1997) 1242.

[133] H. Katagiri, N. Ishigaki, T. Ishida, K. Saito, Characterization of Cu_2ZnSnS_4 thin films prepared by vapor phase sulfurization, *Jpn. J. Appl. Phys.*, **40** (2001) 500.

[134] H. Katagiri, Cu_2ZnSnS_4 thin film solar cells, *Thin Solid Films*, **481–482** (2005) 426.

[135] J. Wennerberg, J. Kessler, M. Bodegård, L. Stolt, Damp heat testing of high performance CIGS thin film solar cells, *Proc. 2nd World Conf. Photovoltaic Solar Energy Conversion, Vienna, Austria, 6–10 July 1998*, J. Schmid, H. A. Ossenbrink, P. Helm, H. Ehmann, E. D. Dunlop (Eds.), Joint Research Center ISPRA (1998) 1161.

[136] K. Orgassa, H. W. Schock, J. H. Werner, Alternative back contact materials for thin film Cu(In,Ga)Se_2 solar cells, *Thin Solid Films*, **431/432** (2003) 387.

[137] T. Nakada, Y. Hirabayashi, T. Tokado, D. Ohmori, Cu(In_{1-x},Ga_x)Se_2 thin film solar cells using transparent conducting oxide back contacts for bifcial and tandem solar cells, *Proc. 3rd World Conf. Photovoltaic Energy Conversion, Osaka, Japan, 11–18 May 2003*, K. Kurokawa, L. L. Kazmerski, B. McNelis, M. Yamaguchi, C. Wronski, W. C. Sinke (Eds.) (2003) 2880.

[138] R. Klenk, R. Mauch, R. Schäffler, D. Schmid, Progress in $CuGaSe_2$ based thin film solar cells, *Conf. Rec. 22nd IEEE Photovoltaic Specialists Conf., Las Vegas, USA, 7–11 Oct 1991*, IEEE, Ney York (1991) 1071.

[139] T. Nakada, T. Kume, T. Mise, A. Kunioka, Superstrate-type Cu(In,Ga)Se_2 thin film solar cells with ZnO buffer layers, *Jpn. J. Appl. Phys.*, **37** (1998) L499.

[140] F.-J. Haug, D. Rudmann, H. Zogg, A. N. Tiwari, Light soaking effects in Cu(In,Ga)Se_2 superstrate solar cells, *Thin Solid Films*, **431–432** (2003) 431.

[141] M. Nanu, L. Reijnen, A. Goossens, J. Schoonman, $CuInS_2/TiO_2$ heterojunction solar cells obtained by atomic layer deposition, *Thin Solid Films*, **431–432** (2003) 492.

[142] I. Kaiser, K. Ernst, Ch.-H. Fischer, C. Rost, I. Sieber, M.-Ch. Lux-Steiner, R. Könenkamp, The EAT-solar cell with $CuInS_2$ a photovoltaic cell concept using an extremely thin absorber (ETA), *Sol. En. Mat. Sol. Cells*, **67** (2001) 89.

[143] F. Lenzmann, M. Nanu, O. Kijatkina, A. Belaidi, Substantial improvement of the photovoltaic characteristics of $TiO_2/CuInS_2$ interfaces by the use of recombination barrier coatings, *Thin Solid Films*, **451–452** (2004) 639.

[144] C. Grasso, M. Burgelman, Theoretical study on the effect of an intermediate layer in CIS-based ETA-solar cells, *Thin Solid Films*, **451–452** (2004) 156.

[145] V. K. Kapur, B. M. Basol, E. S. Tseng, Low cost thin film chalcopyrite solar cells, *Conf. Rec. 18th IEEE Photovoltaic Specialists Conf., Las Vegas, USA, 21–25 Oct 1985*, IEEE, New York (1985)

1429.

[146] J. Rechid, R. Thyen, A. Raitzig, S. Wulff, M. Mihhailova, K. Kalberlah, A. Kampmann, 9% efficiency: CIGS on Cu substrate, *Proc. 3rd World Conf. Photovoltaic Energy Conversion, Osaka, Japan, 11–18 May 2003*, K. Kurokawa, L. L. Kazmerski, B. McNelis, M. Yamaguchi, C. Wronski, W. C. Sinke (Eds.) (2003) 559.

[147] J.-F. Guillemoles, O. Roussel, O. Ramdani, M. Benosman, C. Hubert, J. P. Fauvarque, A. Chomont, N. Bodereau, P. Panheleux, P. Fanouillère, J. Kurdi, N. Naghavi, P. P. Grand, L. Parissi, M. Ben-Farah, J. Connolly, S. Taunier, P. Mogensen, D. Lincot, O. Kerrec, The CISEL project: recent achievements, *Proc. 19th European Photovoltaic Solar Energy Conf., Paris, France, 7–11 June 2004*, W. Hoffman, J.-L. Bal, H. Ossenbrink, W. Palz, P. Helm (Eds.), WIP-Munich and ETA-Florence (2004) 1669.

[148] R. N. Bhattacharya, W. Batchelor, K. Ramanathan, M. A. Contreras, T. Moriarty, The performance of $CuIn_{1-x}Ga_xSe_2$-based photovoltaic cells prepared from low-cost precursor films, *Sol. En. Mat. Sol. Cells*, **63** (2000) 367.

[149] Vijay K. Kapur, Ashish Bansal, Phucan Le, Omar I. Asensio, Non-vacuum processing of $CuIn_{1-x}Ga_xSe_2$ solar cells on rigid and flexible substrates using nanoparticle precursor inks, *Thin Solid Films*, **431/432** (2003) 53.

[150] C. Eberspacher, C. Fredric, K. Pauls, J. Serra, Thin-film CIS alloy PV materials fabricvated using non-vacuum, particles-based techniques, *Thin Solid Films*, **387** (2001) 18.

[151] R. Klenk, S. Bakehe, R. Kaigawa, A. Neisser, J. Reiß, M. Ch. Lux-Steiner, Optimising the open-circuit voltage of $Cu(In,Ga)S_2$ solar cells – design and analysis, *Thin Solid Films*, **451–452** (2004) 424.

[152] T. J. Coutts, K. A. Emery, J. S. Ward, Modeled performance of polycrystalline thin-film tandem solar cells, *Prog. Photovolt. Res. Appl.*, **10** (2002) 192.

[153] S.-H. Wei, S. B. Zhang, A. Zunger, Effects of Ga addition to $CuInSe_2$ on its electronic, structural, and defect properties, *Appl. Phys. Lett.*, **72** (1998) 3199.

[154] S. Siebentritt, Wide gap chalcopyrites: material properties and solar cells, *Thin Solid Films*, **403–404** (2002) 1.

[155] W. N. Shafarman, P. D. Paulson, Losses in $CuInSe_2$-based thin film monolithic tandem solar cells, *Proc. 31st IEEE Photovoltaic Specialists Conf., Lake Buena Vista, USA, January 3–7, 2005*, IEEE, New York (2005) 231.

[156] S. Nishiwaki, S. Siebentritt, P. Walk, M. Ch. Lux-Steiner, A stacked chalcopyrite thin-film tandem solar cell with 1.2 V open-circuit voltage, *Prog. Photovolt. Res. Appl.*, **11** (2003) 243.

[157] K. Mitchell, C. Eberspacher, J. Ermer, D. Pier, Single and tandem junction $CuInSe_2$ cell and module technology, *Conf. Rec. 20th IEEE Photovoltaic Specialists Conf., Las Vegas, USA, 26–30 Sept. 1988*, IEEE, New York (1988) 1387.

[158] M. Symko-Davies, Status of high performance PV: polycrystalline thin-film tandems, *Proc. 31st IEEE Photovoltaic Specialists Conf., Lake Buena Vista, USA, January 3–7, 2005*, IEEE, New York (2005) 410.

07 CdTe 박막 태양전지 : 특성분석, 제조, 모델링

CdTe Thin Film Solar Cells: Characterization, Fabrication and Modeling

Marc Burgelman
University of Gent

7.1 서 론

Cadmium telluride(CdTe) 기반 태양전지의 개발은 1972년 Bonnet and Rabenhorst [1]에 의해 6% 효율의 CdS/CdTe 태양전지가 개발된 이후, 2002년 미국 NREL 연구자들에[2]에 의해 현재 최고의 효율 16.5%에 이르기까지 성공적인 길을 걸어왔다. 삼십년 동안 태양전지의 물리적 현상과 작동원리에 대한 이해도가 증착 및 제조공정 기술의 향상과 함께 꾸준히 높아져 왔다. 현재 2개의 주요 업체가 CdTe 기반 태양전지를 상업 생산하고 있는데, 독일의 Antec Solar[3~5], 미국의 First Solar[6]이다. CdTe 태양전지와 모듈에 대한 리뷰[7~11]는 주기적으로 되어왔는데, 역사적인 발전 과정에 대해서도 그 개요가 최근에 소개된 바 있다[12]. 여기에서는 CdTe 박막 태양전지의 작동과 관련한 물리적인 해석과 모델링에 대해 기술하고자 한다.

현재의 태양전지 시장은 결정질실리콘 태양전지가 지배적이다. 현재로서는, 특히 성능 측면에서 지상용으로 단결정과 다결정실리콘 태양전지의 대안은 없다. 그러나 태양광발전이 중요한 에너지 공급원이 되려면 태양광 모듈의 생산량이 비약적으로 늘어나야 하고 가격도 크게 낮아져야 한다. 박막 태양전지는 재료 사용량, 대량생산 및 집적 모듈 제조가 가능하다는 기술 측면에서 결정질실리콘 태양전지에 비해 장점이 많은데, 이런 점이 바로 1960년대 이후 박막 태양전지 기술개발의 배경이 되고 있다. 여러 가지 재료와 구조 중에서 3개의 재료들이 부상하였고, 현재는 기술적으로 성숙되어 상업 생산이 되고 있는데, 그 하나가 CdTe 기반, 두 번째가 $Cu(In,Ga)Se_2$, 세 번째가 a-Si 또는 μc-Si, Si:Ge, Si:C 합금 기반 박막 태양전지이다. 여타 태양전지 소재와 기술들이 빠르게 발전하고 있어 제3의 태양전지 물결(third PV wave)을 이루고 있는데, 박막 실리콘, 여러 가지 나노구조 태양전지, 그 중에 광전기화학과 유기 태양전지가 자리하고 있다.

CdTe는 특히 박막 태양전지에 적합한 재료이다[10, 13]. 밴드갭 1.45 eV의 직접천이 반도체로 태양전지용으로는 최적의 밴드갭 영역인 1.2~1.5 eV 범위에 위치한다[14~18]). 결정질실리콘과 $CuInSe_2$의 밴드갭은 낮은 편이고, $Cu(In,Ga)Se_2$, CdTe, $CuInS_2$, GaAs들은 최적 밴드갭을 가지고 있다. $CuGaSe_2$와 비정질실리콘은 밴드갭이 너무 높다. 빛의 흡수계수가 매우 높기(비정질실리콘보다 높고, 결정질실리콘에 비해서는 훨씬 높음) 때문에 수 μm의 두께로도 입사되는 빛을 충분히 흡수할 수 있다. 그 결과 소수 캐리어 확산길이가 약 1 μm 정도만 되어도, 생성된 캐리어들이 접합부에 충분히 모아지게 된다. 이 점은 재료의 특성에 대한 요구조건을 크게 완화시켜 주는데, 1 μm 정도의 결정립 크기를 가진 다결정 막이면 이런 역할을 할 수 있다. 또한, 태생적으로 CdTe와 여타 II-VI, 그리고 $Cu(In,Ga)Se_2$와 같은 I-III-VI 화합물 재료는 부동태화(passivation) 공정을 적용하지 않아도 다결정 박막 상태에서 결정입계의 전기적 활성도가 그리 높지 않다.

CdTe는 Cd-Te 상태도에서 유일하게 안정한 Cd-Te 화합물이고, congruent 융점을 가지고 있다. 이런 장점 때문에 다양한 증착방법으로 거의 화학량론에 가까운 소자급 특성을 지닌 CdTe 박막을 만들 수 있다. 반면에 CdTe는 $Cu(In,Ga)Se_2$와 비정질실리콘 합금과는 달리 소자의 밴드갭을 바꿀 수가 없다. Cd-Te, Cd-S의 결합에너지가 높고, 물속에서 CdTe와 CdS의 용해도가 극히 낮으며, 이들 물질의 증기압이 낮은 점들은 환경 측면에서 유리하다.

여타 특성들은 그리 장점이 아니다. 2원 화합물이기 때문에 자연적으로 생기는 결함으로 인하여 도핑 농도를 엄밀히 제어하기가 어렵다. $Cu(In,Ga)Se_2$와 같은 3원, 4원 화합물과 비정질실리콘은 그렇지 않다. 이들 태생적인 결함들과 외부 요인 간의 상호작용이 self compensation 반응을 유발시켜 CdTe의 불순물 도핑을 어렵게 한다. 이런 효과들은 $Cu(In,Ga)Se_2$와 같은 소재 보다는 CdTe에서 현저해진다. 박막 CdTe에서 강한 p 도핑을 할 수 없는 점은 분명한 단점으로 지적된다. 이 문제는 특별한 $CdCl_2$ 분위기에서의 열처리와 같은 후공정과 CdTe 표면의 Cu 도핑 등으로 어느 정도 완화시켜야 하는데, 이 두 가지 이슈가 CdTe 태양전지 연구의 주요 테마이다.

여기에서는 CdTe 기반 태양전지의 재료와 소자 개념, CdTe 태양전지 연구현황과 추이, CdTe 태양전와 모듈에서의 기술적인 추진실적, 그리고 CdTe 태양전지의 특성분석과 모델링에 대해 기술하고자 한다.

7.2 CdTe 기반 태양전지의 재료와 소자 개념

모든 CdTe 제조공정에서 증착온도 혹은 어닐링 온도는 400℃ 이상으로 약간 높다. 그 결과 CdTe 광흡수층과 여타 박막층의 물질(기판, 창층, 버퍼, 접촉 전극) 사이에 여러 가지 상호작용이 가능할 수 있다. 이렇게 재료의 특성은 전체 태양전지 공정이 끝난 후에 나타나게 된다. 이는 2가지 중요한 결과를 수반하는데, 하나는 활성이 없는 기판 위에 증착된 CdTe로부터 측정한 재료 특성이 CdS/CdTe 태양전지에서는 같은 결과를 나타내지 않을 수 있다는 점이고, 다른 하나는 완전한 태양전지 구조 내에서의 CdTe 재료특성을 측정하기 어렵다는 점인데, 왜냐하면 다른 박막이 존재함으로써 표준 측정에 영향을 받기 때문이다. 경우에 따라서는 측정 자체가 불가능할 수도 있다. 여기에서 CdTe 태양전지에 사용된 재료들의 몇몇 특성에 대해 언급하고자 한다. 하지만 위와 같은 문제 등으로 인하여 현재 알려져 있는 수치의 정확성에 대해 의문이 있을 수밖에 없다.

7.2.1 CdTe의 광학적 특성

문헌에 보고된 실온(300 K)에서의 CdTe의 밴드갭 값은 약간씩 차이가 있는데, E_g =1.44 eV[16-19]; E_g =1.464 eV[20]; E_g =1.50 eV[17, 21, 22]; E_g =1.51 eV[20], 그리고 E_g =1.56 eV이다[14]. Mathew와 Enriquez[23]가 흡수 데이터를 세심하게 분석한 결과로는, 광학적인 흡수가 E_g^d =1.487 eV의 직접적인 밴드갭 천이와 E_g^i = 1.408 eV의 밴드와 shallow 국재화(localized) 준위 사이의 간접천이에 의한 것으로 보고 있다. 간접천이에서는 E_p =21 meV의 광자가 연관되어 있다. 직접천이만이 자유 전자-정공쌍을 생성하는데, 이것이 태양광에 적절한 것이다. 직접 밴드갭은 온도에 따라 거의 직선관계로 변하고, 0 K에서 $E_g^d(0\ K)$ =1.61 eV까지 외삽하면, $\partial E_g/\partial T \cong -0.41$ meV/K가 된다[23].

[그림 7.1]에서는 CdTe의 몇 가지 흡수곡선 $\alpha(\lambda)$가 표시되어 있다. Adachi[21]와 Palik[24]의 표준 데이터북으로부터 구한 곡선이 거의 일치한다. Adachi 곡선에서 λ=820 nm의 피크는 엑시톤의 생성에 기인한 것인데, 이 흡수가 실온에서 태양광 현상에 기여하는지는 아직 토론의 여지가 있다[25]. 태양전지 모델링에서 Adachi의 데이터에 기초한 $\alpha(\lambda)$ 곡선을 채택하였는데, 밴드 edge에서는 Albin[26]의 측정값과 Palik의 데이터에 기초하여 일부 수정하였다. Tousek 등[27]은 CBD(chemical bath deposition)로 제조한 CdTe 층의 subbandgap 흡수를

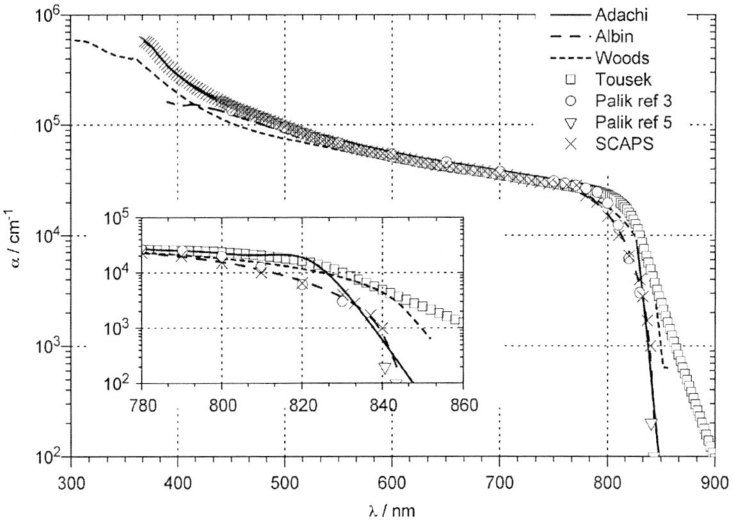

그림 7.1 문헌에서 얻은 CdTe의 광흡수계수 $\alpha(\lambda)$ CdTe. 삽입 그림은 cut-off 파장 λ_g 부분을 확대한 것임.

constant photocurrent method(CPM)로 측정하였다. 이 방법의 해상도는 매우 높으나, 그 결과가 그들이 연구한 특정시료에 대해서만 적용된다. Wood 등[28]은 파장 λ의 멱수(거듭제곱)로 complex refraction index $n^* = n + ik$를 급수전개하였다. [그림 7.1]의 곡선은 $k(\lambda)$에 대해 주어진 급수와 그리고 $\alpha(\lambda) = 4\pi k(\lambda)/\lambda$로부터 계산한 것이다.

이상적인 태양전지의 두께 d에서 흡수된 모든 광자는 광전류에 기여한다. 이는 각 파장마다 입사된 광자들의 분율 $1-\exp(-\alpha(\lambda)\cdot d)$에 해당한다. 밴드갭보다 큰 에너지를 가진 광자($h\nu > E_g$)나 혹은 파장 $\lambda < \lambda_g \cong 1{,}240\ \text{nm eV}/E_g$ 보다 작은 파장을 가진 광자만이 전류에 기여할 수 있다. 그러므로 태양전지는 유용한 광자들 중의 f 분율 만큼만 전류로 변환시킬 수 있다.

$$f(d) = \frac{\int_0^{\infty} [1-\exp(-\alpha(\lambda)\cdot d)] N_{\text{ph}}(\lambda)\, d\lambda}{\int_0^{\lambda_g} N_{\text{ph}}\, d\lambda} \tag{7.1}$$

여기서 $N_{\text{ph}}(\lambda)$는 대략 파장 λ를 가지는 입사 광자 다발(incoming photon flux)로 단위는 광자의 수/$\text{cm}^2\ \text{s}^{-1}\ \text{nm}^{-1}$이다. [그림 7.2]에서 AM1.5G 조사 조건에서 몇몇 태양전지 재료에 대해 계산한 분율 $f(d)$를 비교하였다. CdTe가 얇은 태양전지 흡수층으로 매우 적합한 것을 확인할 수 있는데, 불과 1 μm 정도의 두께이면 유용한

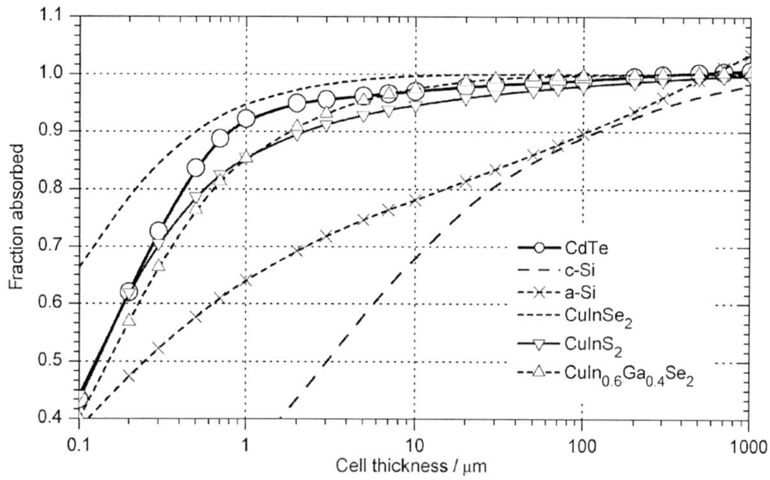

그림 7.2 전류로 변환되는 유용한 광자들의 분율 f.

빛의 92%를 변환할 수 있다. 동일한 빛을 흡수하는 데 결정질실리콘 태양전지는 두께 200 μm이 되어야 한다.

CdS와의 접합에서 CdTe-CdS 혼합 상이 형성될 수 있는데, CdTe 흡수층 내에서는 sulfur 과잉 CdTe 상으로 조성은 $CdTe_{1-x}S_x(x << 1)$, CdS 상 내에서는 Te 과잉 CdS 상으로 조성은 $CdS_{1-y}Te_y(y << 1)$이다. 혼합상의 밴드갭 $E_g(x)$은 조성 x, y에 따라 포물선을 그리며 변화하고, CdTe에서 CdS 25%의 조성에서 최소의 $E_g =$ 1.40 eV을 나타낸다[26, 29]. 이 효과로 CdTe/CdS 태양전지의 양자효율 곡선이 약 수십 nm 장파장 쪽으로 위치이동을 하여, λ=520 nm에서는 $CdS_{1-y}Te_y$ 혼합상이 창층의 흡수를 증대(이는 손실이 됨)시키고, λ=860 nm 부근에서는 $CdTe_{1-x}S_x$ 혼합상에 의한 흡수가 증대(이는 이득이 됨)된다. 정상적으로는 적외선 영역에서의 이득이 녹색 영역에서의 손실을 보상하지 못한다. ZnTe와 같은 여타 II-VI 화합물과의 합금에 대한 밴드갭 데이터는 문헌에서 찾을 수 있다[20, 28, 30].

7.2.2 CdTe의 전기적 특성

CdS/CdTe 태양전지의 작동과 모델링에 사용할 수 있는 적절한 CdTe의 물성이 〈표 7.1〉에 정리되어 있다. 거의 모든 전기적 특성값이 문헌에 따라 상당한 차이가 있어, 단지 참고자료만으로 보아야 한다. 도핑과 재결합에 관한 매개변수들은 실제 재료의 특성이 아니고, 각 증착 기술에 따라 특정 값을 가진다. CdTe 태양전지 동작에 관련되는 몇몇 일반적인 특성과 그 추이들에 대해 논의하고자 한다.

표 7.1 CdTe와 CdS의 재료 특성

Property	Symbol	Unit	Value CdTe	Ref.	Value	Ref.
Melting point	T_m	°C	1092		1750 (at 100 atm)	
Sublimation point	T_s	°C			980	
Density	ρ	g cm^{-3}	5.85		4.82	
Molecular mass	M	g mol^{-1}	240.01		144.47	
Crystal lattice			fcc (zincblende)		hexagonal (wurzite)	
	a	Å	6.480	[18]	4.136	[18]
	c	Å			6.713	[18]
Bandgap (300 K)	E_g	eV	1.45		2.42	
Electron affinity	χ	eV	4.28–4.5	[16]	4.5	[16]
Electron effective mass (relative)	m_e^*		0.09–0.11		0.165–0.25	
			0.14	[16]	0.15	[16]
					0.35	[18]
Hole effective mass (relative)	m_h^*		0.4–0.63		0.7 ∥, 2.45–253 ⊥	
			0.37	[16]	0.8	[16]
					0.07	[18]
Effective density of states	N_C	cm^{-3}	7.9 10^{17}	[17]	2.24 10^{18}	
	N_V	cm^{-3}	1.3 10^{19}	[17]	1.8 10^{19}	
Electron mobility	μ_n	cm^2 V^{-1} s^{-1}	1000–1200	[21]	400	[21]
Hole mobility	μ_p	cm^2 V^{-1} s^{-1}	50–80	[21]	50	
Static dielectric constant (relative)	ε_s		10.2–10.5	[21]	10.21 $E \parallel c$, 8.99 $E \perp c$	[21]
			10.36	[31]		
Optical dielectric constant (relative)	ε_∞		7.1–7.3	[21]	5.38$E \parallel$c, 5.31	
			7.18	[31]	$E \perp c$	[21]
Refractive index	n		3.106 (550 nm)	[21]	2.57 (550 nm)	[21]
			2.996 (850 nm)		2.38 (850 nm)	

Shallow 도펀트에 대한 눈대중 규칙(rule of thumb)은 〈표 7.2〉와 같이 CdTe에도 적용된다. Cd를 대체하는 III 족 원소, 혹은 Te을 대체하는 VII 족 원소들이 shallow 도너로 작용하고, Cd을 대체하는 I 족 원소와 Te을 대체하는 V 족 원소들은 shallow 억셉터가 된다[32~34]. Shallow 억셉터의 이온화 에너지는 원자수가 높아지면서 증가하는데, Li은 58 meV이고 Au는 263 eV, 그리고 N은 56 meV, As는 92 meV가 된다. 〈표 7.2〉의 도너들은 억셉터들보다 깊이가 더 얕아, 이온화 에너지가 약 13~15 meV이다[33]. 2가인 Cd와 Te 공공(vacancy)들은 각각 shallow 억셉터와 도너가 된다.

같은 족에 속한 원소, 즉 Cd 자리에 있는 Zn, Te 자리에 있는 S와 Se은 불순물 준위를 만들지 못한다[33]. 여타 불순물들은 deep 도너나 억셉터의 중심 역할을 하게 되는데, 일부 데이터는 문헌에서 찾을 수 있다[32, 33, 35].

표 7.2 CdTe에서의 shallow 도펀트

	Dopant	Site	Class
Donors	Al, Ga, In	Cd site	Group III elements
	F, Cl, Br, I	Te site	Group VII elements
	V_{Te}, Cd_i		Native defects
Acceptors	Li, Na, Cu, Ag, Au	Cd site	Group I and Ia elements
	N, P, As, Sb	Te site	Group V elements
	V_{Cd}		Native defects

CdTe에서의 도핑 상황은 자연적인 결함들이 복합결함(complex)들을 형성할 수 있어 더 복잡해진다. 복합결함들은 그 자체가 도핑 중심으로서의 역할을 하고, 경우에 따라서는 불순물 도핑을 상쇄(compensate)하기도 한다. CdTe 태양전지에서 가장 확실한 사례는 염소(chlorine)의 작용으로, 보통 $CdCl_2$ 처리 중에 CdTe에 유입된다. Te를 대체하는 Cl 원자는 shallow 도너가 되고, 따라서 플러스로 하전된다. 그러나 Cl 원자는 Cd^{2-}와 착물을 형성하고, 이렇게 마이너스로 하전된$(Cl_{Te}{}^{+}\text{-}V_{Cd}{}^{2-})^{-}$ 착물의 단일 억셉터로 작용한다. CdTe를 Cl 포함 분위기에서 처리할 때의 효과에 대해서는 다시 7.3.1절에서 논의하고자 한다. CdTe 태양전지에서 적절한 또 다른 예는 Cu이다. 작은 농도로 유입되면 Cu는 Cd의 자리를 차지하고, Cu_{Cd}가 shallow 억셉터로 작용한다. 그러나 많은 양이 유입되면 Cu의 일부가 interstitial 위치를 점하는데, 이 Cu_i가 도너로 작용하여 Cu_{Cd} 억셉터를 일부 상쇄하게 된다. Shallow 도너를 만들어 shallow 억셉터를 상쇄(반대의 경우도 동일)하면 거의 밴드갭 E_g에 해당하는 양의 에너지가 방출된다. CdTe는 $CuInSe_2$나 $Cu(In,Ga)Se_2$보다 밴드갭이 크기 때문에 self compensation 경향은 CdTe에서 더 현저해 진다. 문헌상으로 CdTe 단결정의 불순물 도핑에서 10^{17} cm^{-3} 이상의 도핑 농도가 보고되었으나 CdTe 박막 태양전지에서 실제적인 도핑 농도의 한계는 수 10^{15} cm^{-3}이다. CdTe의 self compensation과 불순물 도핑에 대해서는 여러 연구결과가 있다[36~40].

CdTe의 재결합 특성 역시 제조기법에 크게 의존하고, 시료마다 달라질 수 있다. 태양전지 동작에 있어서, 광흡수층에서의 소수 캐리어 재결합이 매우 중요한 인자이다. 따라서 CdTe 태양전지에서 전자의 수명 τ_n과 전자의 확산거리 L_n가 주요 변수가 된다. 수명 τ_n은 PL decay 측정과 빛 조사 중지 후의 개방전압 decay로부터 추정할 수 있다. 확산길이 L_n은 electron beam induced current(EBIC) 측정, 혹은 측정된 분광응답($QE(\lambda)$)으로부터[41] 추정할 수 있다. 하지만 문헌으로부터 수명과 확산길이 데이터를 해석하는 데는 어려움이 있다. 일부 측정에서의 excitation(여기)

조건(예를 들어 PL과 EBIC에서는 고농도 주입)들은 실제 태양전지의 정상적인 동작 조건(저농도 주입)과 크게 다르다. 또한, 태양전지 측정에 대한 해석도 어려운데, 이는 측정결과가 다결정 재료에 존재하는 결정립 내에서의 2차원적인 효과에 의해 영향을 받기 때문이다[42]. 이런 측면에서 겉보기(apparent) 확산길이 L_{napp}로 대체하는 것이 더 좋다. L_{napp}으로 0.2~4 μm 범위의 값이 보고되었는데, 이는 나노초나 그 이하의 수명 범위에 해당한다.

7.2.3 버퍼 재료 : CdS

CdTe 광흡수층에는 CdS가 접합 파트너이다. 초기의 CdS/CdTe 태양전지에서 CdS 층은 다만 투과층으로, 파장 520 nm 이상의 빛은 모두 통과시키는 창층으로 불렀다. 지금은 모든 CdS/CdTe 태양전지에서 창층은 SnO_x와 같은 TCO이고, CdS 층은 훨씬 더 얇게 만들어 이를 보통 버퍼층이라 한다.

버퍼층에 요구되는 조건은 다음과 같다.

(1) 결정학/구조 모폴로지 특성 : 버퍼층이나 창층/버퍼층 구조가 흡수층 성장의 기초가 된다. 결정립이 크고 두꺼운 버퍼층이 선호된다. 또한, 버퍼층은 치밀해야 하는데, 공극(void)들이 흡수층과 전면전극 사이에 shunt를 발생시키기 때문이다. 두께는 최소한 수십 nm 정도는 되어야 한다.

(2) 고온에서의 CdTe 증착 혹은 증착 후처리 과정에서 CdS와 CdTe 사이에 상호확산이 일어난다. 버퍼층이 전부 소진되지 않도록 충분히 두꺼워야 한다. $CdCl_2$ 처리로 상호확산이 촉진된다(7.3.1절). 이는 태양전지의 작동에 플러스와 마이너스의 2가지 효과를 함께 가져온다. 상호확산이 1 μm 이상 침투될 정도로 강하면 광전류는 감소한다(7.2.1절). 스크린 프린팅으로 제조한 CdTe 태양전지에서 상호확산으로 형성된 $CdTe_{1-x}S_x$는 치밀한 구조를 가지며, 그 위에 형성되는 다공질의 순수 CdTe 보다 결정학적 특성이 더 좋다[43]. 예상되는 또 다른 장점은 계면상태와 관련이 있다.

(3) 전기적/결정학적 특성(electrical/crystallography) : CdS 버퍼와 CdTe 흡수층 사이의 격자상수 불일치가 농도 $N_i \propto \frac{1}{d^2_{CdS}} - \frac{1}{d^2_{CdTe}} = \frac{1}{a^2_{CdS}} - \frac{2}{a^2_{CdTe}}$의 계면상태를 발생시키는데, 이것이 태양전지 성능에 악영향을 미칠 수 있다. 여기서 d는 계면과 동일한 면에 있는 이웃하는 2개의 원자사이의 거리이다.

육방정계(hexagonal) CdS에서 이는 (0,0,1)면이고, $d=a$이다. 정방정계(cubic) CdTe에서 이는 (1,1,1)면이고, $d=a/\sqrt{2}$이다. 〈표 7.1〉의 값을 인용하면, $N_i \cong 4\times10^{13}\ cm^{-2}$이다. 격자상수 불일치가 매우 큼에도 불구하고 CdS/CdTe 접합은 어떤 방식의 계면 부동태화 없이도 잘 작동된다. 그러므로 CdTe와 더 잘 일치가 되는 버퍼 재료의 발굴에 대한 노력은 거의 없었다. CdS와 CdTe 사이의 좁은 상호확산 영역(약 100 nm)이 양 격자 사이의 전이를 매끄럽게 이어준다는 주장이 있었는데, 이로 인해 표면 상태도 완화된다는 것이다. 그러나 이로인해 동일한 개수의 벌크 재결합 상태가 100 nm 전이 영역에 분포되어 나타나게 될 것이다. 최종적인 효과가 이득이 될지 아닐지는 계면 인근 영역에서의 재결합 프로파일의 세부 상황에 따라 달라진다.

(4) 전기적 특성 : 버퍼층과 흡수층의 에너지 밴드는 어느 정도 일치가 되어야 한다. 전도대의 정렬 불일치(misalignment)는 두 재료의 전자친화도(electron affinity) χ에 의해 결정된다(그림 7.3 참조) : $\Delta E_c = E_c^{CdTe} - E_c^{CdS} = \chi^{CdS} - \chi^{CdTe}$. 만약 ΔE_C가 크게 플러스이면 밴드 다이어그램에 'cliff'이 나타나는데, 접합에서 CdTe의 전도대(CB)는 CdS의 CB 위에 위치하고, 이것이 개방전압을 낮춘다. 만약 ΔE_C가 크게 마이너스이면, 밴드 다이어그램에 'spike'가 생기는데, 이 경우는 접합에서 CdS의 CB가 CdTe의 CB 보다 위에 있고, 이것이 단락전류를 낮춘다. 그러나 불일치가 그리 결정적인 것은 아니고, $|\Delta E_C| < 0.3$ eV 범위의 값은 허용될 수 있다[44]. 순수 재료의 전자친화도는 $\chi^{CdS}=4.5$ eV 그리고 $\chi^{CdTe}=4.28$ eV로 허용 가능한 범위인 0.22 eV 높이의 cliff이 만들어진다. 그러나 문헌에 보고된 χ값들은 차이가 많이 난다. Darmstadt University 그룹[45]은 실제 CdS/CdTe 구조에서 대략 0.03 eV의 ΔE_C 값을 보고하였다.

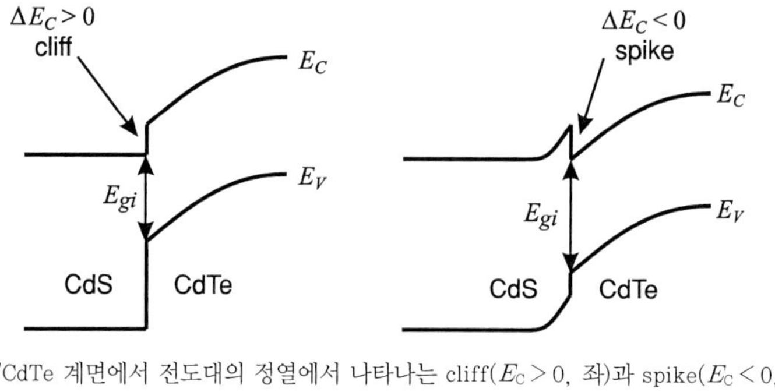

그림 7.3 CdS/CdTe 계면에서 전도대의 정열에서 나타나는 cliff($E_C > 0$, 좌)과 spike($E_C < 0$, 우)의 정의. 계면 밴드갭 E_{gi}도 나타나 있음(7.5.2절 참조).

(5) 전기적 특성 : CdS에서 정공의 확산길이 L_p가 버퍼층의 두께 정도이면 CdS에서 흡수된 빛은 광전류에 기여할 수 있다. 하지만 그런지 그렇지 않은지는 여전히 논쟁거리로 남아있다. 흔히 L_p가 매우 작다고 가정하는데, 그러면 CdS에서 흡수된 빛은 없어진다. CdS의 여타 전기적 특성은 〈표 7.1〉과 같다.

(6) 전기적 특성 : 예전에 일본의 마쯔시타 사가 스크린 프린팅 방법으로 만든 태양전지에서는[46], TCO 층이 사용되지 않았고, CdS 층이 유일한 창층이기 때문에 전류를 측면의 전극 쪽으로 보낼 수 있을 만큼 전도성이 충분하여야 했다. 이 경우, CdS의 표면저항은 수십 Ω을 넘지 않아야 한다. 이렇게 하기 위해서는 막이 두꺼워야 하고(스크린 프린팅하여 소결한 CdS 층은 두께가 보통 30 μm), In 혹은 Ga으로 CdS를 도핑한다. TCO 층이 있으면 CdS의 측면 전도성에 대한 요구조건은 완화시킬 수 있다. 그래서 현재의 TCO/CdS/CdTe 구조가 채택된 것이다.

(7) 광학적 특성(optical) : 버퍼층에서의 흡수는 배제되어야 한다. 버퍼층은 가능한 최소 두께로 하거나 밴드갭이 더 넓은 재료를 선택하여야 한다. 그러나 CdS를 CdZnS, ZnS, ZnSe, SnO_2 그리고 여타 넓은 밴드갭의 n-형 재료로 대체하는 것은 성공적이지 못했다. 그리고 CdZnS/CdS 이중 버퍼층이 연구된 바도 있다[47].

[그림 7.4]는 단파장 영역에서 CdTe 태양전지를 구성하는 재료들의 광학 흡수계수 $\alpha(\lambda)$를 나타낸 것인데, 이 그래프로부터 버퍼층에서의 손실은 다음 식으로 계산할 수 있다.

$$QE_{\text{ideal}}(\lambda) = \exp(-\alpha_{\text{TCO}} d_{\text{TCO}}) \cdot \exp(-\alpha_{\text{CdS}} d_{\text{CdS}}) \cdot \exp(1-\alpha_{\text{CdTe}} d_{\text{CdTe}})) \quad (7.2)$$

위 (7.2) 식은 TCO와 CdS 층에서 흡수된 빛이 완전히 소실되고, 그리고 CdTe에서 흡수된 빛은 완전히 전류로 변환된다는 것을 표현한다. 두께 20 nm 이하의 밀폐된 CdS 층은 chemical bath deposition(CBD) 공정으로 만든다. 이는 Cu(In, Ga)Se_2 태양전지 버퍼층에 사용되는 기법이다. 그러나 CdTe 태양전지는 위에서 설명한 바와 같이 더 두꺼운 CdS 층이 필요하다. 이는 태양전지 구조에 직접 영향을 받는다. CdTe 태양전지에서는 버퍼층이 흡수층 증착 중에 고온에 노출되는 반면에 Cu(In, Ga)Se_2 태양전지에서는 버퍼층이 저온에서 흡수층 위에 형성된다. CdTe 증착

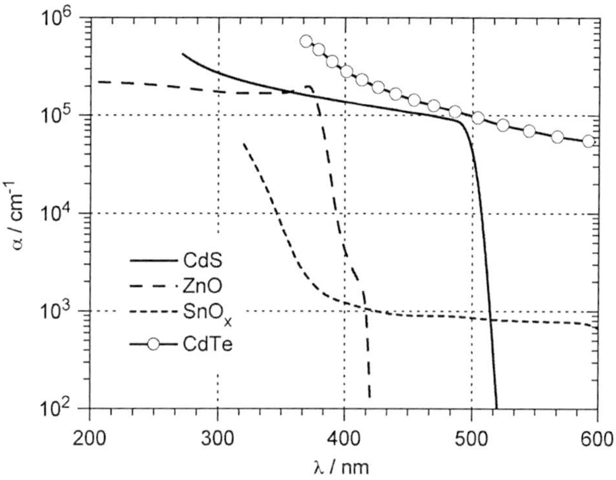

그림 7.4 CdTe 태양전지에서 흡수층, 버퍼층, 창층의 광흡수계수. CdTe, CdS, ZnO 데이터는 문헌[21], SnO_x 데이터는 문헌[48].

기법에 맞추기 위해 좀 더 두꺼운 CdS(100~300 nm) 층을 근접승화(close space sublimation : CSS)법으로 증착한다. [그림 7.5]는 이 기법으로 만든 경우 350~500 nm 범위에서 분광응답이 나빠진 것을 보여주는데, 이는 수 mA/cm^2 정도의 전류손실에 해당한다[49]. CdS 제조기법으로 CBD와 CSS를 비교한 결과가 Albin[50]에 의해 보고된 바 있는데, CBD CdS의 경우가 결정립이 더 작고, 흡수가 더 낮고, 결정성이 더 낮고, 밴드갭이 어느 정도 편차가 있고, 산소 함유량이 더 많으며, 동일 두께에서 상호확산이 잘 억제되는 것으로 나타났다.

7.2.4 CdTe 태양전지용 창층 재료

창의 역할은 빛을 투과시켜 CdTe 흡수층에 흡수되도록 하는 것이다. 그러므로 밴드갭이 넓고 빛 산란이 작은 재료가 좋다. 모든 TCO 재료들은 자유 캐리어 흡수 때문에 적외선에서의 투과율이 떨어진다. CdTe 태양전지에서는 $\lambda < 860$ nm의 빛만 변환되고 자유 캐리어 흡수는 문제시 되지 않는다. 그러나 이 문제는 $CuInSe_2$, $Cu(In,Ga)Se_2$와 같은 좁은 밴드갭의 경우에는 그렇지 않는데, 여기에서는 더 긴 파장들이 창을 통해 투과되어야 한다.

광전류를 측면을 통해 전극 쪽으로 포집하기 위해서는 TCO의 표면 저항이 10 Ω 이하가 되어야 한다. TCO의 두께는 이와 같이 고투과율과 저 저항의 관점에서 절충되어야 한다. 보통 TCO는 도핑을 한다. TCO 층은 기판(소다석회 유리의 Na 성분 등)이나 TCO 자체로부터 원하지 않는 불순물의 확산을 막을 수 있는 방지층의 역할

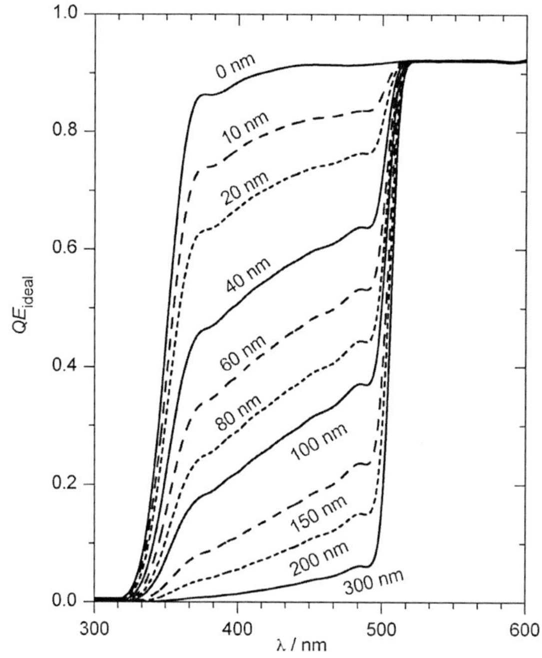

그림 7.5 식 (7.2)로 계산한 CdS 버퍼층 두께에 따른 CdTe 태양전지의 이상적인 분광응답 $QE_{ideal}(\lambda)$. TCO와 CdTe의 두께는 동일하게 1 μm, TCO 소재는 SnO_x.

을 하도록 충분히 두꺼워야 한다. 이런 이유로 TCO는 보통 이중층으로 만드는데, 도핑하여 전도성을 높인 층과 CdS 사이에 확산방지층을 두는 방식이다. 확산방지층은 동일한 TCO 재료로 만들 수 있지만 의도적인 도핑은 하지 않는다, 혹은 다른 TCO 재료를 사용한다. 〈표 7.3〉에 널리 사용되는 TCO 재료들 : indium tin oxide(ITO),

표 7.3 창층 재료의 특성

Property	Symbol	Unit	ITO	SnO_x	ZnO	Cd_2SnO4
Bandgap	E_g	eV	3.7 [22] 3.6 [16]	3.7 3.5 [22] 3.8 [18]	3.35 [14, 22] 3.2 [16]	2.9 [18]
Electron affinity	χ	eV	4.2–4.5 [22] 4.1 [16] 4.3–4.4 [18]	4.4–4.5 [2] 4.8 [22] 4.8–4.9 [18]	4.8 [22] 4.2 [16, 18]	4.55 [18]
Dopants			F	Sb, F [18]	B, Al, In	H, Li, Zn [18]
Sheet resistance	R_{sq}		3–5 [54]	3–8 [2] 7–10 [51] 6–15 [54]	6–15 [54]	2.6 [2] 16 [53]
Resistivity	ρ	cm	2 10^{-4} [52]	3–8 10^{-4} [2] 3.5–5 10^{-4}[51]		1.3 10^{-4} [2] 3 10^{-4} [53]
Transparency	T	%	95 [54]	90 [51, 54]	90 [54]	80 [53]

F 혹은 Sb 도핑 ITO, F 혹은 Sb 도핑 tin oxide(SnO_2 혹은 SnO_x), B 혹은 Al 도핑 ZnO, cadmium stannate(Cd_2SnO_4, 때로는 $CdSnO_3$로 표기)의 특성들이 요약되어 있다. 보편적으로 사용되는 배열 구조는 soda-lime glass/ITO/SnO_2/CdS이다[10]. 최고 효율의 CdTe 태양전지의 창층 구조는 borosilicate glass/Cd_2SnO_4/Zn_2SnO_4/CdS 이다[2].

7.3 CdTe 태양전지의 연구 분야 및 추이

7.3.1 CdTe의 활성화 처리

염소(chlorine)를 함유한 물질로 CdTe와 다른 II-VI 화합물을 처리하는 연구가 오랫동안 추진되었다. 1980년대 말 염소 공급원으로 $CdCl_2$를 사용한 기법이 CdTe 기반 태양전지에 적용되었고[55], 이후 빠르게 CdTe 태양전지 제조 공정의 필수로, 어떤 면에서는 마법과 같은 처방으로 인식되어 모든 연구그룹에 의해 채택되었다[56].

처음에 $CdCl_2$ 처리는 메탄올에 녹인 $CdCl_2$ 용액을 glass/TCO/CdS/CdTe 기판 위에 떨어트리는 방식으로[55], 이후 메탄올 용매를 휘발시킨 다음에 공기 중 약 450℃ 정도의 온도에서 짧은(약 15분) 시간 가열하는 방식이었다. 이 방법은[57] 진공증발이나 CSS[3] 등의 방식으로 얇은 고상의 $CdCl_2$ 막을 증착하여 염소를 공급하는 방식으로 개선되어 대량생산에 더 적합하게 되었다. 여타 변형된 방법 등도 시도되었는데, 염소 공급원으로 가스 상의 $CdCl_2$ 이용, 다른 염소 함유 가스(Cl_2, HCl[58, 59]), Cd 할로겐화물($CdBr_2$, CdI_2), 그리고 염소 함유 염($MnCl_2$[60], NaCl [61]), 그리고 가열 처리 시 분위기 가스의 교체(진공, 불활성 가스, 산소 농도 변화[62]) 등 다양하다. 이 처리 기법의 효과에 대해 집중적으로 연구가 되었는데, 주요 결과를 요약하면 다음과 같다[63].

(1) 초기 결정립이 1 μm 정도로 작을 때 결정립 성장이 일어나고, 초기 결정립 크기가 1 μm 이상 되면 성장이 일어나지 않는다. CSS 공정으로 만든 CdTe는 증착 직후에 결정립이 상당히 크기 때문에 $CdCl_2$ 처리하여도 더 이상의 성장은 관찰되지 않는다. 하지만 이따금씩 성장한다는 보고도 있다[64].

(2) 결정립들의 내부 결정학적 구조는 모든 경우에 개선이 된다(subgrain 구조가 없어짐).

(3) 계면에서 CdS와 CdTe 사이의 상호확산이 촉진된다. $CdCl_2$ 처리효과에 대해서는 광범위한 연구 보고가 있었다[65~68].

(4) p-형 도핑이 확립되었거나(type conversion) 혹은 개선되었다 : 소수 캐리어의 수명 τ_n이 향상되었다.

(5) 벌크나 혹은 계면에서 deep 전자 상태밀도가 감소한다[64]. 하지만 다른 deep 상태가 형성될 수 있다[69, 70]. Deep 상태를 만들어 주는 것과 어닐링으로 이를 제거하는 것은 처리 과정 중의 Cd vacancy 생성 및 염소와 산소와의 상호작용과 관련이 있다.

(6) 처리를 과도하게 하면 deep 재결합 중심들이 형성되어 V_{oc}가 떨어진다[69, 71]. 또한, 부착(adhesion)이 나빠질 수도 있다[2].

정확한 $CdCl_2$ 처리 메커니즘은 아직 명확하지 않다. 505℃의 융점을 가진 CdTe와 $CdCl_2$의 공융(eutectic) 혼합물이 생성되는데, 이는 순수 $CdCl_2$의 융점 568℃ 보다 훨씬 밑이다. 액상의 존재와 액상 소결 메커니즘은 500℃ 이하의 보통 열처리 온도에서는 생각해 볼 수 없다. 그 대신 가스 상의 물질 수송이 가능하다는 가정을 하였는데, $TeCl_2$ 같은 중간(intermediate) 휘발성 화합물에 의해 촉진될 수도 있다[72]. Hiie[73]는 $CdTeO_3$와 같은 산화된 종(species)이 CdTe-$CdCl_2$ 공융점을 455~480℃ 까지 낮춘다고 보고하였다. 지금은 CdTe에 염소를 집어넣는 것이 필수적이라는 것에 대해서는 이론의 여지기 없다. 증착 후의 'activation treatment'가 아니면 증착 중에 하는 것이다. 예를 들어 스크린 프린팅에서 CdTe 슬러리에 $CdCl_2$ 입자를 첨가한다든지, 전착 시에 공급원으로 chlorine 염을 사용한 것 등이다.

이런 것들이 $CdCl_2$ 처리한 태양전지의 수치 시뮬레이션에 사용되는 입력 변수들을 어느 정도는 완전하게 수정해 주는 효과를 내는 것은 명확하다. 특히, 태양전지의 도핑과 재결합 특성은 열처리와 같은 후속 공정에 영향을 받는다. 따라서 shallow와 deep 상태에서의 세밀한 특성분석이 필요한데, 도핑 유형, 농도 구배, 에너지 준위 혹은 분포, capture 단면 등이 그 대상이다.

7.3.2 후면전극 구조

CdTe-CdS 접합 박막 태양전지에서 CdTe 층에 적합한 안정된 오믹 접촉을 찾는 것이 과학기술적으로 왜 어려운지, 재료 측면에 그 근본적인 이유가 있는데, CdTe는 1.45 eV로 비교적 넓은 밴드갭을 가진 p-형 재료이고, 그 도핑농도를 높이는 것이 어렵다. 접촉 전극의 거동을 좌우하는 특성은 정공의 접촉장벽 Φ_b인데, 이 값은 전극에서 정공의 페르미 준위와 가전자대(valence band) edge 사이에서 측정된다. 금속과 반도체 사이에 매우 폭이 좁은 두께 d_i, 유전상수 ϵ_i를 가진 자연 생성 산화물이 삽입되어 있을 때 standard metal semiconductor theory[14, 74]로 접촉 장벽을 계산하는데, 에너지 밀도 D_{ss}의 표면 상태가 계면 gap 내에 존재하고, 그 에너지가 $E_V + \Phi_0$와 E_C 사이에 분포하고, 이때 변수 Φ_0는 fitting 변수로 그 물리적 중요성은 뒤에서 밝히게 될 것이다. 만약 도핑 농도가 너무 높으면 장벽은 다음 식으로 주어진다.

$$\Phi_b - (\chi + E_g - \Phi_m)\frac{C_i}{C_i + C_{ss}} + \Phi_0 \frac{C_{ss}}{C_i + C_{ss}} \tag{7.3}$$

여기서 C_i : 자연 생성 산화물 단위 면적 당의 capacitance $C_i = \varepsilon_i \varepsilon_s / d_i$

C_{ss} : 표면 상태의 capacitance $C_{ss} = q^2 / D_{ss}$

만약 자연 생성 산화물이 없거나($d_i \rightarrow 0$ 혹은 $C_i \rightarrow \infty$), 표면상태가 없을 때 ($C_{ss} \rightarrow 0$), 이는 이상적인 근사법이 된다.

$$\Phi_b = \chi + E_g - \Phi_m \text{ if } C_i \rightarrow \infty \text{ or } C_{ss} \rightarrow 0 \tag{7.4}$$

CdTe의 전자친화도 χ가 상당히 보편적으로 사용되는 4.3~4.5 eV 범위의 값이 되어도 0.5 eV 보다 낮은 접촉장벽을 얻기 위해서는 5.5 eV 이상의 높은 일함수 Φ_m를 가지는 접촉금속이 필요하다. 귀금속을 제외한다면 이는 경제적인 측면에서 그 대안을 찾을 수가 없다.

또 다른 극단적인 근사법은 $C_{ss} \rightarrow \infty$ 혹은 $C_i \rightarrow 0$의 조건이 될 때 유효한데, 이때 접촉장벽은 오로지 가장 낮은 계면 상태 준위, 즉 $E_V + \Phi_0$에서 페르미 준위 pinning에 의해서만 결정된다.

$$\Phi_b = \Phi_0 \text{ if } C_i \rightarrow 0 \text{ or } C_{ss} \rightarrow \infty \tag{7.5}$$

많은 재료에서 Φ_0는 밴드갭의 1/3 내지 1/2 사이이다. 페르미 레벨 핀닝 메커니즘은 상당히 높은 접촉장벽을 발생시키는데, 전극 재료와는 무관하다. n-형과 p-형 CdTe에 대한 여러 종류의 금속의 접촉 장벽에 대해서는 Ponpon[75]의 연구결과가 있는데, p-형 CdTe에 대한 결과는 [그림 7.6]과 같다. CdTe와 ZnTe 박막 위에서의

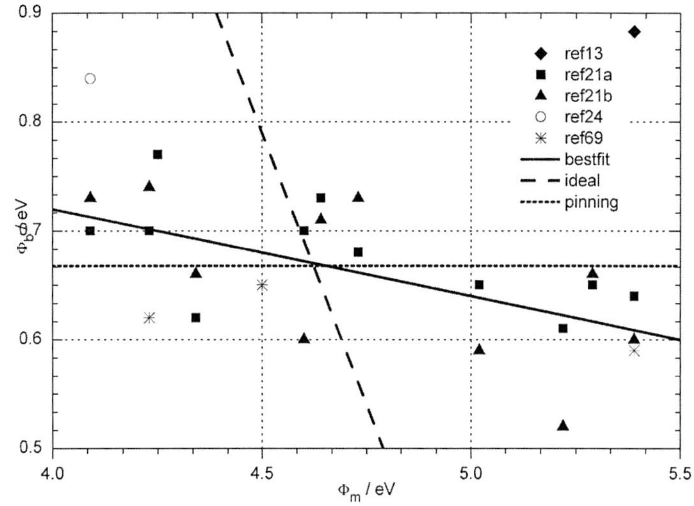

그림 7.6 n-형과 p-형 재료에 대한 여러 가지 금속의 접촉 장벽[75]. 굵은 선은 $C_i/(C_i+C_{ss})=0.08$, $\Phi_0=0.63$ eV의 조건에서 식 (7.3)의 모델을 나타내고, 점선은 식 (7.4)의 이상적인 모델을 나타냄. 파선(dashed)은 $\Phi_0=0.67$ eV에서 식 (7.5)의 이상적인 근사를 나타냄.

접촉장벽에 대해서는 Kraft 등이 결과를 보고한 바 있다[76]. [그림 7.6]에서 확인할 수 있는 바와 같이 p-형 CdTe에 대한 장벽은 항상 좀 높은데, 전극 재료를 잘 선택하여도 그 영향은 제한적이다. 또한, 예측한 식 (7.3)으로부터 접촉장벽은 근사값으로만 사용될 수 있다. 보다 정확한 값은 각 전극마다 실험적으로 구하여야 한다. CdTe의 재료 특성 때문에 접촉금속으로 사용 가능한 재료선택의 폭이 매우 좁다. 만약 CdTe 층이 매우 고농도로 도핑되면 접촉특성이 개선될 수 있다. 그러나 CdTe에서 10^{16} cm^{-3} 이상의 고농도 도핑을 얻는 것은 어려운데, 왜냐하면 CdTe가 self compensation이 쉽게 되기 때문이다. 이는 높은 밴드갭, activation treatment에 의한 염소의 도입 및 불순물과 CdTe의 자연 결함들 간의 상호작용과 복합결함(complexes) 형성 등과 관련이 있다(7.2.2절과 7.3.1절).

후면전극은 저항이 낮아야 할 뿐 아니라 안정성 또한 높아야 한다. 이는 태양전지 동작 중에 전극에서 태양전지 쪽으로 불순물이 확산(태양전지 제작 중 고온에서의 확산만은 허용)되어서는 안 된다는 것을 의미하고, 또한 전극 재료가 CdTe 흡수층과 화학적으로 상호 반응하면 안 된다는 것을 의미한다. 이중층 또는 다층 구조가 사용되면 어떤 층도 그 이웃하는 층과 상호 반응해서는 안 된다.

이처럼 CdTe에 양질의 안정한 전극을 만드는 것은 마치 예술 작업에 가까워 여러 단계를 거쳐야 하는데, bromine-methanol 혹은 질산-인산 혼합 용액에서의 에칭을 통한 표면의 사전처리(surface pretreatment), 접촉 혹은 버퍼층으로부터 CdTe 층으로의 외부 도펀트 확산 제어, 원하지 않는 확산이나 반응을 방지하기 위한 버퍼층의 활용 등이 그러하다. Cu를 함유한 전극이 초기에는 좋았으나(Cu는 CdTe에서 shallow 억셉터 형성), 장기적인 성능에 문제가 된다[77]. 왜냐하면 특정 환경 하에서 Cu는 CdTe 층을 통해 확산이 되어 CdS 접합과 CdS 내부에서 축적되기 때문이다. 흑연 전극으로부터 Cu 등의 불순물 확산, 그것이 셀 도핑과 안정성에 미치는 영향에 대해서도 연구가 이루어진 바 있다[78~83]. 의도적으로 Cu를 함유하지 않는 안정한 전극 구조에 대해서도 광범위하게 연구되었다. CdTe와 여러 버퍼층과 전극 재료 사이의 화학적 안정성에 대해서도 연구가 되었다[11, 84]. 끝으로 Cu가 없는 안정한 전극구조가 확립되었는데[85], 이는 CdTe/etching/Sb_2Te_3/Mo이다.

접촉 장벽의 존재는 CdTe 태양전지의 I-V 특성에 아주 특별하게 영향을 미치는데(그림 7.11 참조), I-V 곡선이 순방향 바이어스 사분면(quadrant)에서 "kink"를 나타낸다. 이는 보통 I-V 곡선의 'roll over' 라고 부른다[86]. 태양전지에 미치는 주요 효과는 Φ_b가 0.45 eV 이상이 될 때 충진율(fill factor : FF)의 감소와 이로 인한 효율의 감소이다[86, 87]. 효율 손실을 나타내는 유용한 근사식은 다음 식과 같다[87].

$$\eta = \eta_0\left(1 - \frac{kT}{qV_{oc}}\ln\left(1 + \frac{J_L}{J_c}\right)\right) \tag{7.6}$$

여기서 η_0 : 접촉 장벽이 없을 때의 효율

J_L : 광전류밀도

J_c : contact Schottky barrier의 포화전류밀도, J_c는 에너지 Φ_b에 열적으로 활성화

접촉 포화전류가 광전류 보다 더 낮은 한 효율 감소에 대한 우려는 없다.

다음과 같이 여러 가지 부수적인 효과가 보고되었다.

(1) 소수 캐리어(전자) 전류가 CdTe 후면전극에 존재할 수 있어, 이것이 I-V 곡선의 'cross over'를 일으킨다[87]. 특별한 경우에는 일련의 실험에서 얻은 모든 I-V 곡선이 단 하나의 점에서 cross over된다[88]. 이 효과는 붉은색 빛을 조사할 때, 셀의 두께가 얇을 때($<5\ \mu$m)[89], 전자의 겉보기 확산길이가 클 때 더 잘 일어나는데, 이는 2차원 효과에 기인할 수 있다[88].

(2) 후면전극에서 CdTe 도핑이 충분히 높을 때, 전극을 통한 정공전류는 공간전하층(space charge layer : SCL)을 통한 표류와 확산(문헌 [14] 258쪽)에 의해 나타낸다. 이 효과는 roll over의 모습을 약화시키고, 종래에는 실온에서 측정한 I-V 곡선이 마치 장벽이 아주 미약하거나 혹은 아예 장벽이 전혀 없는 것처럼 보인다[90].

(3) 또한, 접촉전극에서의 고농도 도핑은 겉보기 장벽을 바이어스 전압과 빛의 강도에 의존하게끔 한다[90]. 비록 이 효과가 실온 I-V 측정으로부터 결정한 장벽을 의심스럽게 하지만, 일반적으로 충진율과 효율에 긍정적으로 영향을 미친다.

7.3.3 환경 이슈

CdTe 태양전지에서는 건강과 환경 관련 이슈를 반드시 집고 넘어가야 한다. 이는 여타 박막 태양전지나 벌크 태양전지의 경우에도 마찬가지인데[91], 왜냐하면 어떤 것이든 새로운 산업 제품에 관련되기 때문이다. 일반 대중이 가질 수 있는 민감성 때문에 이 주제는 집중적으로 연구되었는데, 그 상세 내용은 문헌[92]에 보고되어 있다. 몇 가지 실제적 사실이 그 배경이 되었는데, Cd은 Zn 생산 시의 부산물이고, 상당히 많은 양이 존재하며, 산업적으로 활용 분야가 넓다. Cd은 독성이 있으나 용해되지 않는 Cd 화합물은 독성이 훨씬 더 약하다. 하지만 Cd이 생태시스템에 침투해 들어가지 않도록, 소화기나 호흡기를 통해 인체에 들어가지 않도록 모든 조치를 강구하여야 한다. 산업 제품 중에서 잠재적인 위험이 있는 물질의 위험도 평가와 예방은 그 수명기간 중에 아래 네 가지 단계에서 조치를 하여야 한다[93-98].

(1) CdTe와 CdS의 채광과 생산

(2) 태양전지 모듈

(3) 태양광시스템에서 모듈의 작동 기간(20년 이상)

(4) 수명이 다한 후의 철거, 처분, 재생

몇몇 태양전지 재료의 독성에 대해서 참고문헌[99]에 잘 정리된 바 있다. CdTe 화합물에 대해서는 입수 가능한 자료가 없어 그 독성은 원소 Cd으로부터 추정하였다. CdS, CdTe와 같이 용해도와 휘발성이 낮은 화합물은 섭취에 의한 위험성이 비교적 낮다. 그래서 미국 국립연구소인 NREL과 BNL에서는 CdTe 화합물 자체에 대한 독성 조사를 주장하였다[100]. 주요 아연 광물은 약 0.25%의 Cd을 함유하고 있고, 매년 수만 톤의 Cd이 생산되고 있다[92]. 만약 이 Cd이 산업적으로 처리되지 않으면 위험도가 높은 폐기물로 처리되어야 한다. Cd 사용량의 반 이상은 재충전 배터리용이고, 나머지는 물감, 플라스틱 안정제, 도금, 납땜 등에 사용된다. 연간 GW 규모의 CdTe 생산에는 그 소비량의 1% 만으로 충분하다.

CdTe 태양전지 생산과 관련된 건강과 환경 측면에 대해서는 생산에 선두를 달리고 있는 2개 회사, 즉 First Solar[101]와 Antec[4] 사에 의해 이미 많은 보고서가 나와 있다. 잠재적으로 위험성이 있는 물질을 취급하고 공정 처리하는 것은 산업적으로 전혀 드문 일이 아니다. 여타 모든 산업 활동과 마찬가지로 CdTe 태양전지 역시 안전에 관한 법률과 규정에 저촉을 받는다. 생산 공장을 꼼꼼히 설계하고 생산장비를 엄격하게 관리하고, 작업자의 환경을 지속적으로 모니터하고, 작업요원을 의학적으로 모니터하는 것 등이 핵심 포인트이다. 작업장에 발생할 수 있는 노출 수준에 대해서는 법적인 규제가 아직 없지만, First Solar 사는 작업요원들을 의학적으로 모니터하였는데[101], 혈액과 소변 중의 Cd 함량은 염려가 되는 수준(threshold concern level) 이하였다. 기술 및 경제적으로 Cd 배출 제로의 공장을 설계하고 운전하는 것도 가능해 보인다[10].

태양전지가 정상적으로 작동하고 있는 수명 기간에 실제로 감지될 수 있는 주요 위험은 모듈이 파괴되거나 화재가 발생했을 때의 Cd 유출이다. 여기에 대한 첫 번째 결과로, 전형적인 주택 화재에서의 최고 온도는 보통 800~1,000℃의 범위에 있는데, 이들 온도에서는 CdTe와 CdS의 증기압이 낮아 어떤 Cd 화합물도 방출되지 않았고, 이들 화합물들은 오히려 용융된 유리 내에 봉지되어 있었다[102]. CdTe, CIGS 모듈이 파괴되었을 때의 유독성 물질 침출에 대해서도 연구가 되었는데[103], 그러나 어떤 경우에도 측정된 농도는 한계 또는 허용 농도 이하였다.

현재의 법에 의하면 수명이 다한 후의 모듈이나 깨어진 모듈은, 위험성이 없는 폐기물을 대상으로 하는 침출 기준을 통과해야 한다. 그러나 CdTe나 여타 모듈을 매립지에 폐기 처분하는 것은 태양전지 업계에서 생각하는 시나리오가 아니다. 대신에 사용 후의 모듈과 깨진 모듈, 그리고 공정 중에 파손된 모듈에 대해서는 재생 계획이 수립되어 있다. 이 계획은 깎아내고(scraping), 분쇄하고(crushing), 녹이고(melting), 그리고 다시 생산 라인에 들어갈 수 있게 재생시키는 것을 포함한다[10].

7.3.4 여타 연구 분야와 추이

7.3.4.1 재료의 순도

의도하지 않더라도 불순물은 항상 존재한다. 출발물질로부터, 공정 중에 여타 출발 물질과 오염되어서도 발생할 수 있다. 예를 들어 진공증착 시에 공급원과 오염이 되거나, 진공 챔버의 벽이나 부품으로부터, 전기화학 증착용 bath 내에서, 일반적인 핸들링 및 저장 중에, 또는 기판이나 여타 태양전지 재료로부터 오염되는 것들이다. 대부분의 실험실에서 보통 5N 혹은 6N(불순물의 상대적인 양이 10^{-5}~10^{-6})의 고순도 CdTe를 사용하더라도 최종 태양전지에서의 CdTe 층이 그 정도로 순도가 높다고 보장할 수 없다. 보통은 10^{17}~10^{19} cm^{-3} 범위의 엄청난 양의 불순물들을 발견하게 된다[11]. 이 농도는 전기적으로 활성이 있는 농도보다 더 높은 것인데, 이는 self compensation에 기인할 수 있다. 아직까지 해로운 것과 이로운 불순물이 어떤 것인지 흑백 리스트는 없다. 불순물은 생산 가격과 제어 측면에서 중요한 요소이다. 'just pure enough'라는 목표는 집중적으로 연구해야 할 분야이다.

7.3.4.2 태양전지 두께 : 더 얇게

현재 생산되는 CdTe 태양전지는 5~10 μm 정도로 두꺼운데, 태양전지 작동 측면에서는 두께 1~2 μm로도 충분하다. 하지만 실제로 두께가 이렇게 얇으면 적외선 영역에서의 응답이 약간은 떨어진다. 현재의 두께는 재료의 사용과 증착속도, 생산 가격 측면에서 볼 때는 단점이다. 또한, 환경 비용도 필요 이상 높아진다. 불행하게도 얇거나 기공이 많은 박막은, 특히 습식에칭이나 습식처리 공정이 있는 경우 생산 수율을 떨어트린다. 이렇게 생산기법이 치밀하거나 밀폐된 박막을 얻는 데 적합하지 않으면 기술적인 이유로 두께를 최소화하게 된다. 흡수층을 더 얇게 한 몇몇 실험 결과가 보고된 바 있다[62, 104]. 이상적이고 치밀한 CdTe 태양전지에서 두께가 미치는 영향에 대해 모델링한 결과 보고도 있다[89].

CdTe 두께가 100 nm 정도로 더욱 얇게 되면, 지금의 평면(planar) 방식의 태양전지 구조로는 빛의 많은 부분을 흡수하기 어렵게 된다. 극히 얇은 흡수층(extremely thin absorber : ETA)을 사용한 태양전지는 보통 TiO_2 같은 기공이 많은 창 재료를 사용하는데, 극히 얇은 CdTe 층이 TiO_2 안으로 침투해 들어간다[105~107].

7.3.4.3 결정입계

결정입계의 전반적인 효과에 대해서는 이미 보고된 바 있다[17]. 다결정 CdTe 태양전지에서 결정립의 크기는 제조 기술에 따라 달라지는데, 보통 1 μm 정도이다. 이 정도의 길이는 몇몇 태양전지 특성길이(characteristic lengths)와 유사한 수준인데, 흡수 깊이(absorption depth) $1/\alpha$, 확산길이(diffusion length) L_n, 공핍영역의 폭(depletion width) W 등이 그러하다. 그러므로 결정립의 구조가 태양전지 성능에 미치는 영향이 예상된다. CdTe 태양전지가 갖는 다결정 성질의 정량적인 영향에 대해서는 Sites 등[108]이 추정한 바 있는데, 단결정 GaAs를 다결정 CdTe와 비교하였다. 이 2가지 재료는 동일한 밴드갭 E_g =1.45 eV을 갖고 있어 원칙적으로 태양전지로서의 성능이 유사할 것이다. 그러나 이들 태양전지의 효율은 GaAs가 최고 25.7%이고, CdTe가 최고 16.5%로 약 9.2%의 차이가 있는데, 이 차이의 1/2~2/3는 다결정성에 기인한다. 한편, 단결정 CdTe와 비교했을 때 다결정 CdTe는 놀라울 정도로 성능이 좋다. 이런 흥미로운 관찰결과로 인해 이 주제에 대해 많은 연구가 추진되었고 특별 워크숍도 개최된 바 있다[109].

결정입계 주변에서 여러 가지 효과로 인해 에너지 밴드 다이어그램이 뒤틀려지는데, 하전된 계면상태(charged interface states), 결정입계 가까이에 있는 결정립 내부에서의 도핑이 부족하거나 증대된 경우, 결정입계에서 불순물의 확산 또는 편석, 결정입계에서의 물질의 변형 등이 그러하다. 문헌상의 결과는 상당히 차이가 있는데, 세세한 기술적인 차이로 인해 시료 마다 큰 변동이 있을 수 있기 때문이다. 어떤 상황에서는 결정입계가 모든 물질 종의 확산 시 최우선 경로가 되는데, 기판으로부터의 Na의 확산, TCO로부터의 In, CdS 버퍼층으로부터 S, 접촉전극으로부터 Te, Cu, Sb의 확산 등이 그 대상이 될 수 있다[110, 111]. 최종 태양전지의 특성에 미치는 결정입계의 전기적 효과에 대해서는 [그림 7.7]의 에너지 밴드 그림에 잘 도식화되어 있다. [그림 7.7a]에서 결정입계는 소수 캐리어의 장벽으로 존재하고, 다수 캐리어를 축적한다. 그 결과 결정입계에서 정공에 의한 전도가 증대되고, 전자 재결합은 감소한다. 이 밴드 구조는 문헌[112~115]에서 인용한 것이다. 그러나 [그림 7.7b]의 구조는 결정입계가 공핍영역이 되어 다수 캐리어의 장벽을 형성하는 경우로 이는 도핑하지 않은 CdTe에서 R-EBIC 측정 결과로부터 추론한 것인데, Te 개재물에 가까운 곳에서의 밴드 그림은 [그림 7.7a]와 같다[116]. [그림 7.7b]의 결정입계에서의 공핍영역 존재에 대한 확실한 증거는 capacitance scanning microscopy 관찰에 의한 것이다[117]. 2가지 서로 상반되는 관점을 Woods 등[112, 113]이 통합시켰는데, 이들은 frequency dependent conductance measurements 결과로부터 [그림 7.7c]와 같이 2중의 장벽을, 즉 하나는 전자, 다른 하나는 정공의 장벽으로 가정하였다. 결정입계가 다른 재료로 이루어진 구조에서는 밴드갭이 벌크와 다를 것이기 때문에

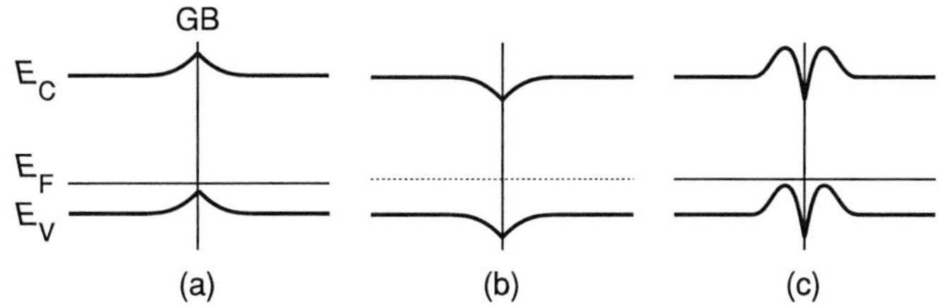

그림 7.7 CdTe에서 결정입계를 가로 질러 생성되는 에너지 밴드 : (a) 전자의 장벽, 장벽에서 정공의 축적; (b) 정공의 장벽, 장벽에서 정공의 결핍 ; (c) 이중 장벽, 전자와 정공의 장벽, 장벽에서 정공의 결핍.

[그림 7.7]에서 고려하지 않았다. 어림으로 판단해 볼 때 [그림 7.7a, c] 구조는 태양전지 동작에 유리할 것으로 생각된다. 왜냐하면 이들이 결정입계를 부동태화하여 전자 재결합을 줄일 것이기 때문이다. [그림 7.7b]의 구조는 결정입계에서의 재결합이 증대될 것이므로 바람직하지 않다. 그러나 전자와 정공의 농도, 재결합, 수송에 대한 세세한 부분은 매우 복잡하고, 결정입계 장벽의 높이와 2차원적인 모양(가로방향 혹은 세로방향 결정입계)에 크게 좌우된다. Visoly-Fisher[118]는 처음에 [그림 7.7b]의 결정입계에서 밴드의 bending은 더 심하지만, 전자 수송이 증대되는 재결합이 매우 작은 경로로 보았는데, 여기에 대해서는 정량적인 입증이 필요하다.

7.3.4.4 최신 태양전지 구조와 활용

지금까지 논의한 CdTe 태양전지는 [그림 7.8]과 같이 상판(superstrate) 구조이다. 우주용으로 사용하기 위해서는 중량 대비 출력(출력비 : power-to-weight ratio)이 중요한 선택 기준이고, 무거운 유리 기판을 얇은 포일로 대체하여야 한다. 상판 구조는 투명 플라스틱 포일이 사용되면 그대로 유지할 수 있는데, 그럴 경우 플라스틱이 고온의 CdTe 공정온도에 노출되게 된다. 금속 포일은 기판(substrate) 구조에서 사용할 수 있다. 플라스틱 상판과 관련된 문제는 스위스 ETH-Zürich에 있는 그룹에 의해 해결되었는데, 이들은 두께 10 μm 정도로 코팅된 polyimide 필름을 재사용이 되는 유리 기판으로부터의 lift off 기법과 연계하여 효율 11.4%를 달성하였다[129, 130]. 이렇게 새로운 구조의 태양전지 개념이 개발되어 우주용으로 시험되었고, 또한 이는 건축물 일체형으로 사용할 수도 있다.

CdTe 박막 태양전지는 방사선에 대한 내성이 매우 우수한데[131, 132], CIGS보다 더 좋고, GaAs나 결정질실리콘 보다는 훨씬 더 좋다. 여기에 대한 간단한 설명은, 전자와 양성자 방사에 의해 생성된 결함들은 그 개수가 이미 태양전지 내에 존재

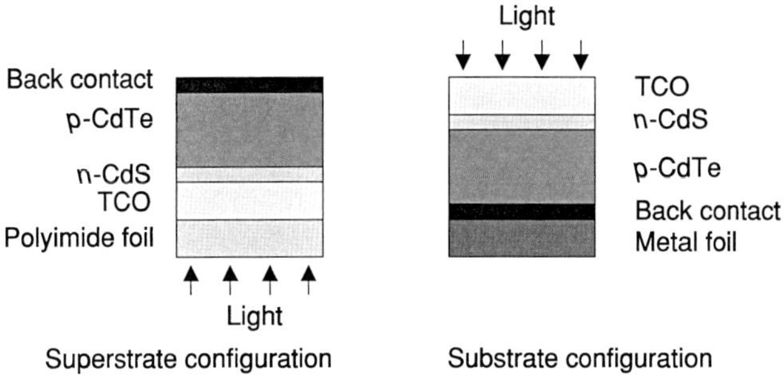

그림 7.8 상판(좌)과 기판(우) 배열 구조를 가지는 CdTe 태양전지.

하는 결함들의 개수를 능가할 때에만 태양전지 성능의 열화가 시작된다는 것이다. 결정질실리콘 태양전지의 성능은 소수 캐리어의 매우 높은 확산길이에 의존하는데, 그 값이 박막 태양전지에서 보다 100배는 커야 하고, trap 농도는 박막 태양전지에서 허용되는 것보다 10^3~10^4배 낮아야 한다. 따라서 박막 태양전지는 결정질실리콘이나 GaAs 태양전지 보다 수백 배 이상 높은 농도에서부터 열화가 시작된다. 갖가지 재료의 방사선 열화에 대한 비교 결과는 문헌 [132]의 [그림 7]과 같다.

후면전극에 대한 추가 기술개발이 추진 중이다. 특별한 CdTe 표면 처리로 n^+-형 TCO/p-형 CdTe 구조의 오믹 접촉이 실현될 수 있었다[133]. 이 셀의 구조에서는 2개의 투명전극이 있는데, 양면 태양전지나 탠덤 태양전지에의 적용을 고려해 볼 수 있다. 또 다른 연구주제는 기존의 습식에칭 단계(접촉 전극의 증착 이전에 하는 CdTe 표면처리)를 진공 기반의 건식공정으로 대체하는 것이다[134]. 완전한 건식공정에 의한 태양전지도 실현된 바 있다[135].

7.4 CdTe 태양전지와 모듈의 제조

7.4.1 CdTe 기반 태양전지의 증착 방법

7.4.1.1 CSS (Close spaced sublimation)과 여타 기법

현재 CdTe 태양전지를 생산하고 있는 두 회사, Antec과 First Sola 사는 CdTe 흡수층 증착에 승화법을 사용한다. Antec 사는 근접승화법(close spaced sublimation : CSS)을 사용하여 두께 0.1~0.2 μm의 CdS와 두께 5~10 μm의 CdTe를 순차적으로 증착한다[10]. CSS 기법에서 소스물질과 기판은 보통 1 mm 부터 수 cm 까지의 매우 짧은 거리에 위치한다. 이때 진공도는 0.1~1 Pa 혹은 10^{-3}~10^{-2} mbar 정도로 매우 낮다. 소스와 기판은 500℃ 정도의 고온으로 가열하는데, 기판보다 소스의 온도를 약간 더 높게 유지한다. 소스로는 CdTe 화합물이 사용되는데, 압축한 평판(tablet) 모양이나, 알갱이 혹은 분말 형태이다. Cd과 Te 분말을 화학량론에 맞게 혼합하여 사용할 수도 있다. 증착의 구동력은 소스와 기판 사이의 온도차, 그리고 기판에서의 표면에너지인데, 후자는 기판의 조성, 결정구조, 형상에 따라 달라진다.

[그림 7.9]는 배치방식의 CSS 증착장비 개략도이다. 이 기법에는 다양한 변형이 있다. 불활성 가스 Ar 혹은 N_2를 약 100 Pa 혹은 1 mbar에서, 혹은 대기압에서 사용한다. 이런 방식의 승화법을 때때로 close spaced vapour transport(CVT 혹은 CSVT)라고 부른다. 이 기법으로 CdS와 CdTe 둘 다를 증착할 수 있다.

7.4.1.2 여타 증착 방법 : 진공과 비진공

서론에서 설명한 바와 같이 CdTe는 허용 범위가 넓은 재료이다. 소자 수준의 CdTe 층을 다양한 기법으로 제조할 수 있다. 최종 CdTe 재료의 특성은, 증착 그 자체보다 $CdCl_2$ 처리에 의해 더 좌우되는 것으로 보인다. 이런 점이 보다 값싼 기법 개발에 대한 연구를 촉발시켰는데, 여기에는 비진공 기법도 포함되어 있다.

가. 여타 진공 기법

(1) 진공증발과 원소 적층 방식 : 미국 Delaware 대학에서 기존의 진공증발법으로 효율 10% 이상의 CdS/CdTe 태양전지를 제작하였다[119]. 원소 적층 방식(stacked elemental layers : SEL)에서는 얇은 Cd과 Te 층을 계속해 증착하고, 이를 어닐링하여 CdTe를 만든다[120].

(2) 원자층 증착(Atomic layer deposition : ALD) : SEL에서 연속하여 증착되는 원소층이 효과적으로 단원자(monoatomic) 층으로 한정되면, 이 기법은 처음에 원자층 에피택시(atomic layer epitaxy : ALE)라고 부르던 것으로 지금은 ALD라는 이름으로 정착되어 있다. Cd와 Te 단원자 층을 Cd 함유 불활성 캐리어 가스와 Te 함유 불활성 캐리어 가스 사이에 가스 흐름을 바꾸어가면서 주기적으로 증착한다. Te과 Cd, 혹은 $CdCl_2$ 같은 무기 전구체들이 사용된다. 이 기법으로 CdS/CdTe 상호 혼합 영역에서의 제어를 훌륭하게 할 수 있는데, 특정 횟수의 원자층, 예를 들어 100회 등으로 한정이 된다. 이 기법으로 14%의 고효율 CdS/CdTe 태양전지가 제조되었다[121].

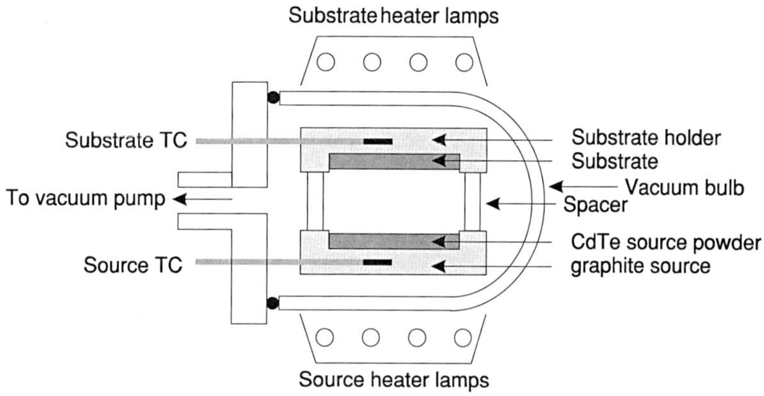

그림 7.9 CSS법에 의한 CdTe 증착 개략도. TC는 열전대.

(3) 유기금속 화학기상 증착(Metal organic chemical vapor deposition : MOCVD) : CdTe의 가스 phase 증착용의 전구체가 dimethyl cadmium, diisopropyl tellurium과 같은 유기금속화합물이다. 2개의 가스를 동시에 기판에 공급하는데, CdTe 막의 특성은 공정 변수(가스 온도, 유량과 농도, 기판 온도)에 의해 조절된다[71].

(4) 스퍼터링(sputtering) : 이 기법은 산업용의 대규모 생산에 아주 적합하고, CdS/CdTe 태양전지에도 성공적으로 적용된 바 있으며[122, 123], 후면전극 구조(7.3.2절)에도 적용되었다.

나. 비진공 기법

(1) 전착(electrodeposition) : 이 기법은 BP Solar에서 산업화 단계까지 개발되었다[124]. CdS와 CdTe 막의 형성은 저온에서 이루어지고, 그 후 400℃ 이상에서 열처리를 한다.

(2) CdS용 화학석출(Chemical bath deposition : CBD) : Cd^{2+} 이온과 S^{2-} 이온을 함유한 수용액 속에 담구는 방법이 CIGS 버퍼층으로 사용되는 CdS 증착용 최우선 기법이다. 이는 CdS/CdTe 태양전지에도 적용되었다[50]. 이 기법으로 매우 얇고, 치밀한 밀폐된 층을 형성할 수 있다. 그러나 형성할 수 있는 두께에 한계가 있어 CdTe에는 사용할 수 없다.

(3) 용액 스프레이(solution spray) : $CdCl_2$와 같은 Cd 함유 전구체와 TeO_2 혹은 유기 Te 화합물과 같은 Te 전구체를 함유하는 수용액을 가열된 기판 위에 분무하는 것이다. CdTe 화합물이 기판 위에 형성되고, 나머지 잔류물은 휘발되

어 버린다. 이 기법은 Photon Energy, 이후 이름이 바뀌어 Golden Photon 사에 의해 개발되어 12.7%라는 매우 높은 효율의 셀과 모듈이 제조된 바 있다 [125, 126].

(4) 스크린 프린팅과 소결(screen printing and sintering) : 이 기법 역시 일본 마쯔시타 배터리 사[46, 127]에 의해 산업화 수준까지 개발되었다. 일부 대학의 연구그룹도 이 기법의 개발에 기여하였다[43, 78, 128]. 스크린 프린팅용 슬러리는 CdS 혹은 CdTe(또는 Cd와 Te)분말로 구성되어 있는데, 수%의 $CdCl_2$를 용제(flux) 목적으로 첨가한다. 스크린 프린팅과 건조 후에 기판은 질소 분위기에서 500~600℃의 고온에서 소성한다. 얻어지는 박막은 두께 10~30 μm 정도로 큰 결정립을 가진다. 최고 효율 12%가 달성된 바 있다.

7.4.2 직렬연결 집적화한 CdTe 모듈

박막 태양전지의 본질적인 장점의 하나는 셀을 직렬연결하여 자동방식으로 모듈을 만드는 것이다. 이 개략도가 [그림 7.10]이다. 모든 박막층들은 모듈 크기로 증착된다. 증착 후에 TCO 층들은 기판 폭 전체에 걸쳐 레이저나 기계적인 스크라이빙으로 패터닝한다. 잘려나가는 부분의 폭은 최대한 좁아야(100 μm 정도), 구조 상 shunt를 일으킬 수 있는 TCO 재료를 남겨두어서는 안 된다. 그 사이의 간격은 최적화된 설계에 따라야 하는데, 보통 5~10 mm 정도이다(7.5.3.6절). CdS와 CdTe 층 증착, 그리고 activation treatment 후에 두 번째 스크라이빙을 TCO가 있는 부분까지 한다. TCO는 매우 단단하고 반도체 층보다 접착력이 더 좋다. 두 번째 절단에서 금속 층이 셀의 왼쪽과 오른쪽을 상호 연결해 준다. 세 번째 스크라이빙은 이웃하는 두 셀의 후면전극을 각각으로부터 분리시켜 준다. 이런 집적화된 직렬연결 방식의 기술로 60×120 cm^2 크기의 모듈을 빠른 속도(보통 2분 정도)로 자동 생산할 수 있다[6, 12].

7.4.3 CdTe 모듈 생산

현재 CdTe 모듈은 Antec Solar Energy[136]와 First Solar[137] 2개 회사에서 생산된다.

Antec[4, 5, 136]에서는 TCO를 스퍼터링으로 만들고, CdS와 CdTe는 CSS로 증착한다. 이들 공정 단계는 CdTe activation, 접촉 처리, 접촉 버퍼와 접촉 금속의

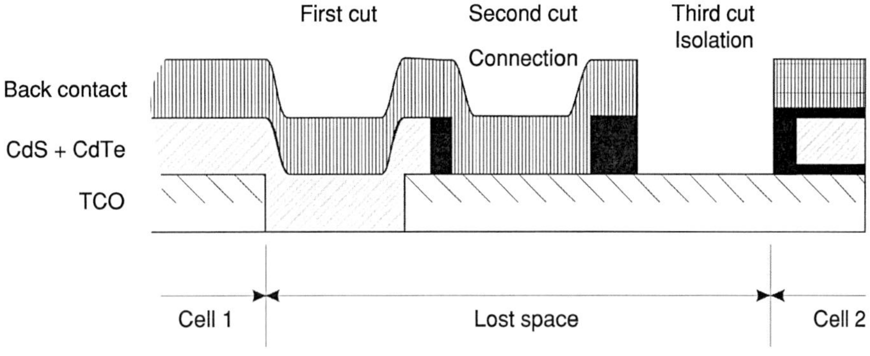

그림 7.10 모듈에서 이웃하는 2개의 셀을 레이저 스크라이빙으로 직렬연결. 검은색 부분은 레이저 공정 중에 CdTe에 가해질 수 있는 손상을 나타냄.

스퍼터링, 그리고 직렬연결용 스크라이빙 공정과 함께 1개의 생산 라인에 집적되어 있다. 모듈의 크기는 $60\times120\ \mathrm{cm}^2$, 처리량은 모듈 1개에 2분씩으로 연간 생산용량이 $100,000\ \mathrm{m}^2$로 모듈 효율을 8%로 계산하면 약 8 MW에 해당한다. 두 번째 생산 라인에서는 유리판이 봉지되고 모서리 밀봉하여 모듈이 완성된다. 현재 생산 가격은 2£/W_p 이하이고, 에너지 회수기간은 동부 유럽의 일조량 조건으로 계산하면 1년 이하가 된다.

First Solar[6, 137] 역시 동일한 크기의 모듈을 생산한다. CdS와 CdTe 층은 고속의 high rate vapor transport deposition(HRVTD) 기법으로 증착하는데, 승화된 CdS와 CdTe의 증기가 기판 위로 오게 된다. 이는 CSS 공정의 하나의 변형이다. 2003년 생산은 3 MW이었고, 2005년 25 MW로 증설할 계획을 가지고 있다.

일본의 마쯔시타 배터리 사는 계산기와 같은 실내 사용 가전제품의 전원용으로 스크린 프린팅과 소결 방식의 CdTe 태양전지를 생산하였다[46, 127]. 기술적인 측면에서 우수하였으나 2002년에 사업을 중지하였다. BP Solar 역시 전착 방식의 CdTe 태양전지로 대면적에서 효율 10% 이상을 달성하는 등 기술적인 진전을 보았다[124], 10 MW 규모의 공장을 캘리포니아에 세웠으나 2002년 활동을 중지하였다.

여타 산업에서의 활동과 마찬가지로 새로운 회사 부상, 재부상, 합작, 철수 등을 반복하는 등 회사들의 움직임은 매우 역동적이었다. 역사적인 진전 과정과 현재의 상황에 대해서는 문헌에 잘 요약이 되어 있다[12].

7.5 CdTe 태양전지의 최신 측정분석과 모델링

7.5.1 측정분석과 모델링 : 서론

지금의 다결정 태양전지들은 구조가 복잡하여, 어떤 특정 현상이나 메커니즘 또는 재료의 변수들이 미치는 영향을 직관이나 어림짐작으로는 이해하기 어렵다. 이때 전체를 통찰할 수 있고, 측정 결과를 해석하여 태양전지 구조의 잠재적인 우수성 등을 평가하기 위해 모델링이 사용된다. 하지만 특정한 가정 조건과 단순화 조건 하에서만 분석적인 해설이 가능하다. 수치 모델링은 박막 태양전지를 있는 그대로 파악하는 데 필수적이다. 수치 시뮬레이션에는 많은 개수의 변수(최소 50개)가 필요한 것이 문제이다. 50차원의 변수 공간을 완벽하게 해석하는 것은 접근 불가능한 것이다. 이는 결국 수치 모델링이 특정한 측정결과와 어느 정도의 신뢰성을 가지고 가급적 많은 수의 변수를 고정시켜 특별하게 제조한 구조로부터의 입력자료를 필요로 한다는 의미이다. 이런 측면에서 측정분석과 모델링은 말과 마차와 같이 함께 가야 한다고 이야기할 수 있다. 또한, 측정결과를 시뮬레이션하기 위해 일련의 변수 세트를 선정하는 것은 눈감고 컴퓨터에게 맡길 일이 아니고, 여기에는 물리적 통찰과 감이 필요하다. CdTe 후면전극에서와 같이 일부분의 변수에 대해 그 총체적인 작용을 설명해 줄 수 있는 간단하고, 분석적이고 혹은 수치로 된 'submodels'이 있으면 그런 물리적 통찰과 감을 잡는 데 크게 도움이 될 것이다. 여기서는 우선 수많은 변수들로 된 어두운 정글에 어느 정도의 빛을 밝혀주는 데 도움이 될 수 있는 몇 가지 최신의 측정분석 방법에 대해 요약하고자 한다. 그리고 CdTe 후면전극에 특별히 잘 맞는 'two diode' 분석모델을 가지고 모델링에 대해 논의하고자 한다.

7.5.2 CdTe 재료와 태양전지의 측정분석 방법

7.5.2.1 전기적 특성 측정

광 조사와 암 상태에서의 I-V 곡선 측정으로 태양전지의 4개 성능변수를 구할 수 있는데, 효율(efficiency) η, 단락전류밀도(short-circuit current density : J_{sc}), 개방전압(open circuit voltage : V_{oc}), 그리고 충진율(fill factor : FF)이다. CdTe 박막 태양전지에 전형적인 현상은 I-V 곡선에서 즉시 나타나는데, [그림 7.11]에 있는 바와 같이 'roll over'이다. 이는 접촉 현상과 그리고 다양한 원인을 가진 'cross over'에 기인한 것이다.

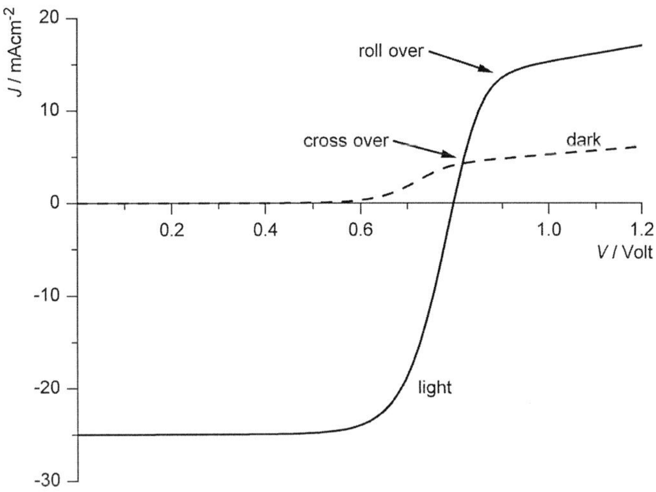

그림 7.11 CdTe/CdS 박막 태양전지의 암상태(파선)와 빛 조사(굵은 선) J-V 특성 곡선 : 용어 정의 : 'roll over', 'cross over'.

온도의 함수로 암상태에서 I-V 측정을 하는 것은 거의 일상적인 일이다. 로그 I-V 곡선이 일직선 영역을 나타낼 때, $V=0$까지 외삽하면 암상태의 다이오드 포화 전류(dark diode saturation current) J_s를 구할 수 있고, 반면에 기울기로는 diode ideality factor n을 구할 수 있다. 온도의 함수로 주어졌을 때, 만약 직선 부분이 있고, n이 T에 의존하지 않으면, log J_s versus $1/T$로부터 활성화 에너지 ΔE를 구한다. 여기서의 제약은 I-$V(T)$ 곡선이 적어도 어떤 전압과 온도 범위에서는 Shockley 법칙에 의해 다음 식으로 표시될 수 있어야 한다는 것을 의미한다.

$$J(V,T) = J_s(T)\left(\exp\left(\frac{qV}{nkT}\right) - 1\right) - J_L \quad with \quad J_s(T) = J_{s0}\exp\left(-\frac{\Delta E}{kT}\right) \tag{7.7}$$

여러 전류 관련 메커니즘들도 Schockley 법칙과 유사한 I-V 곡선을 만들 수 있다. 다이오드 ideality factor n이 2 보다 더 크고, 온도 증가와 함께 감소하면 tunneling이 전류 메커니즘이 될 수 있다. 비록 Schottky barrier[74]이지만 emission과 tunnelling이 결합된 경우에 사용할 수 있는 분석적인 표현은 식 (7.8)과 같다.

$$J = J_s \exp\left(\frac{V}{E_0}\right) \quad with \ E_0 = J_{00}\coth\left(\frac{qE_{00}}{kT}\right) \quad \text{and} \quad E_0 = q\frac{h}{2}\sqrt{\frac{N_A}{m^* \epsilon_s \epsilon_0}} \tag{7.8}$$

여기서 J_s는 온도, 장벽 높이, 반도체 특성의 복잡한 함수로, 바이어스 전압에는 아주 약하게만 의존한다[138]. 표준 J-V 관계로 표시하면 겉보기(apparent) ideality factor n은 온도에 의존하고, 2 이상 매우 클 수 있다. 암상태의 I-V 측정은 직렬 저항 R_s, 그리고 shunt conductance G_{sh}에 의해 심하게 흔들릴 수 있다. 그러면 식 (7.7)은 다음 식으로 대체되어야 한다.

$$J(V,T) = J_s\left[\exp\left(\frac{q(V-R_sAJ)}{kT}\right)-1\right] - J_L + (V-R_sAJ)\frac{G_{sh}}{A} \tag{7.9}$$

여기서 A는 태양전지 면적이다. 각 온도별로 변수 J_L, J_s, n, R_s, G_{sh}들을 추출하기 위해서는 curve fitting 하여야 한다. 직렬저항이 유일한 지배적인 효과라면 각 온도에서 빛의 조사강도를 변화시키면서 J_{sc}, V_{oc}를 기록하는 것이 더 쉽다. 그러면 J_{sc}-$V_{oc}(T)$ 곡선을 그릴 수 있다. 직렬저항이 너무 높지 않으면 J_{sc}와 V_{oc}는 그에 영향을 받지 않고, J_{sc}-$V_{oc}(T)$ 곡선은 원칙적으로 직렬저항 없는 암상태의 J-$V(T)$ 곡선과 동일한 정보를 담게 된다. 그러나 결정질실리콘 태양전지에서는 그렇지만 CdTe와 여타 박막 태양전지에서 광전류는 암전류의 단순한 자리 이동(translation)이 아니다. 따라서 J_{sc}-V_{oc} 곡선으로부터 구한 J_s, n, ΔE 값은 암상태의 J-V 측정 결과로부터 유도한 동일 변수와는 다를 수 있다. 이는 문헌에서 가끔 사용되는 '빛 조사하에서 측정한 암상태 다이오드 전류 변수(dark diode current parameters measured under illumination)'라는 원인불명의 형식을 설명하는 것이다. 이상적인 태양전지에서 개방전압은 온도와 함께 직선적으로 감쇠된다. V_{oc}-T 그래프의 직선 부분을 0 K 까지 외삽하면 전류 메커니즘에 대한 암시도 얻을 수 있다. 일부 잘 알려진 전류 메커니즘에서의 변수 J_s, ΔE, n, 그리고 V_{oc}(0 K)에 대한 개요가 〈표 7.4〉에 정리되어 있다[16, 139, 140]). 이 표는 암상태의 J-V와 J_{sc}-V_{oc} 곡선을 해석하는 데 지침으로 사용할 수 있다. 그 해석은 자체적으로 일관성이 반드시 확인되어야 한다. 왜냐하면 n, ΔE와 V_{oc}(0 K)의 값이 상호관련이 있기 때문이다.

Capacitance-voltage(C-V) 측정은 도핑 농도를 평가하는 데 일상적으로 적용하는 방법이다. 절차는 매우 간단하여, $1/C^2$-V(Mott-Schottky plot) 그래프를 구성하면, 그 그래프의 국부적인 기울기가 접합으로부터 위치 x 지점에서의 도핑 농도에 반비례한다[41]. 농도의 구배가 한쪽으로 기울어진 n^+p 접합(n 영역이 p 영역에 비해 훨씬 더 고농도로 도핑)의 경우 다음과 같이 도핑 농도를 구한다.

표 7.4 몇 가지 널리 통용되는 전류 메커니즘에서의 암전류 변수 J_s, E, n, $V_{oc}(0\ K)$. CdTe의 p 영역은 가장 낮게 도핑된 영역으로 가정. CdTe에서 QNR은 quasi neutral region, SCL은 space charge layer ; E_{gi}는 [그림 7.3]에서 정의한 계면 밴드갭. N_i와 S_i는 계면 상태 밀도와 재결합 속도.

	n	$J_s(N_A, \tau)$	ΔE of $J_s(T)$	$qV_{oc}(0\,\mathrm{K})$
Recombination in QNR	1	$\propto \frac{1}{N_A\sqrt{\tau}}$	E_g	E_g
Recombination in SCL (midgap defect)	2	$\propto \frac{1}{\tau\sqrt{N_A}}$	$\frac{E_g}{2}$	E_g
Recombination in SCL (nonmidgap defect at $E_i + E_t$)	low V: $n = 1$	$\propto \frac{1}{\tau\sqrt{N_A}}$	$\frac{E_g}{2} + E_t$	$\frac{E_g}{2} + E_t$
	high V: $n = 2$	$\propto \frac{1}{\tau\sqrt{N_A}}$	$\frac{E_g}{2}$	E_g
Interface recombination	$1 + \frac{N_A}{N_D} \approx 1$ for n$^+$p-juction	$\propto S_i\, n(0)$	$E_{gi} = E_g - \Delta E_C$ if $\Delta E_C > 0$	
			$E_{gi} = E_g$ if $\Delta E_C < 0$	
Tunneling through and emission over barrier	$n = \frac{E_{00}}{k\mathrm{T}}\coth\left(\frac{E_{00}}{k\mathrm{T}}\right) \approx 1 + \frac{E_{00}^2}{3k^2T^2}$ if $E_{00} \ll kT$			
Tunneling trough barrier	$n.kT = E_{00}\ (n > 1)$			

$$N_A(x) = -\frac{2}{A^2 q\epsilon_s\epsilon_0}\frac{dV}{d(1/C^2)} \quad \text{여기서} \quad x = A\frac{\epsilon_s\epsilon_0}{C} \tag{7.10}$$

몇 가지 의견이 제시되어 있는데, 식 (7.10)의 도핑 농도 $N_A(x)$는 가장 낮은 농도로 도핑이 된 영역의 것인데, 이는 항상 경험적으로 알려진 것은 아니다. 일반적으로 CdS/CdTe 태양전지는 n$^+$p 유형의 태양전지라고 간주하고, CdTe 층에서의 도핑농도를 조사한다. 다결정 재료에서 면적 A를 정확하게 결정하는 것은 texture와 2차원적인 효과 때문에 매우 어렵다. 면적을 2배 정도 과소평가하면 측정 포인트는 잘못되어 계면에 너무 가까이에 위치하게 되고, 도핑농도가 4배 이상 과대 계상된다. V 축과 Mott-Schottky 곡선의 외삽한 절편(extrapolated intercept)은 균일하게 도핑된 one sided 접합의 V_{bi}-kT/q와 같다. C-V 측정으로 구한 V_{bi} 값은 암상태의 J-V 변수인 ΔE와 자체 일관성을 반드시 확인하여야 한다. Deep trap의 존재는 C-V 거동을 매우 복잡하게 만드는데, capacitance C도 측정 주파수에 의존하게 된다[41]. 그럼에도 불구하고 간단한 식 (7.10)은 여전히 겉보기 도핑 농도를 도출하는 데 사용된다. 후면전극에서 Schottky 장벽의 존재는 C-V 거동에 철저하게 영향을 미친다(7.5.3.1절).

주파수 변화에 따른 complex 임피던스를 측정하면 $C\text{-}f(T)$와 $G\text{-}f(T)$ 곡선을 얻는다. 여러 가지 메커니즘이 capacitance가 주파수에 의존토록 만드는데, CdTe 층에서의 dielectric relaxation, CdTe에서의 deep traps(단일 준위와 여기저기 분포된 준위), 후면전극, CdS/CdTe 접합에서의 inversion layer, 계면상태 등이 그 요인에 들어간다. 이들 메커니즘의 특징적인 변수인 저주파수 value C_{LF}, 고주파수 value C_{HF}, 시정수 τ, 그리고 τ의 활성화 에너지 ΔE_{τ} 들을 분석하였다[141]. Deep 준위들이 $C\text{-}f(T)$ 곡선을 분산시키는 요인으로 예상될 때는 그 농도와 에너지 분포는 서로 다른 온도에서 측정한 log $C\text{-}f$ 그래프로부터 추정할 수 있다[142].

양자효율을 해석하기 위해서는 측정된 외부양자효율 $QE_{ext}(\lambda)$로부터 내부양자효율 $QE_{int}(\lambda)$을 먼저 계산하여야 한다. 전체 태양전지에서 전면에 반사 $R(\lambda)$와 투과 $T(\lambda)$가 있는 간단한 광학 구조에서는 다음과 같이 계산한다.

$$QE_{int}(\lambda) = \frac{QE_{ext}(\lambda)}{1 - R(\lambda) - T(\lambda)} \qquad (7.11)$$

좀 더 많은 광학적인 현상이 고려되어야 할 경우에는 QE_{int}와 QE_{ext} 사이의 관계식이 더 복잡해진다. QE_{int}의 장파장 영역은 후면 영역에 대한 정보를 준다. QE_{int}로부터 확산거리 L_n을 유도하기 위한 몇 가지 잘 알려진 방법은 이상적인 Shockley 태양전지 근사법(approximation)에 의존한다[14, 17].

$$QE(\lambda) \approx [1 - \exp(-\alpha W)] + \exp(-\alpha W)\frac{\alpha L_n}{\alpha L_n + 1} \qquad (7.12)$$

2개의 근사법을 정리하면 다음과 같다.

$$QE(\lambda) \rightarrow \frac{\alpha L_n}{\alpha L_n + 1} \text{ or } \frac{1}{1 - QE(\lambda)} \rightarrow \alpha L_n + 1 \quad when \ \ \alpha W < 1 \text{ and } L_n > W$$
$$QE(\lambda) \rightarrow \frac{\alpha (L_n + W)}{\alpha L_n + 1} \approx \alpha (L_n + W) \quad when \ \ \alpha W < 1 \text{ and } W > L_n \qquad (7.13)$$

첫 번째 근사법은 실리콘 태양전지에서 유효하다. 흡수계수 $\alpha(\lambda)$를 정확하게 알고 있을 경우 장파장 영역에서 α 대비 1-QE의 역수를 그리고, 여기서 직선 구간이 있을 경우 기울기로부터 L_n을 구한다. 두 번째 근사법은 CdTe 태양전지에 이용될 수 있다[90]. 일정한 장파장(820 nm < λ < 860 nm) 영역에서 역방향 전압을 변화시키면서 QE를 측정하고, 공핍층의 너비(W)는 C-V 측정의 결과를 따르는 것인데, 여기서 $\alpha(\lambda)$는 몰라도 된다. QE와 W의 관계 그래프에서 직선 부분을 W 축까지 외삽하면 $-L_n$을 구하게 된다. 확산길이를 결정하는 데 있어 이들 방법 및 여타 관련 기법에 대한 비판에 대해서는 문헌에 보고되어 있다[42].

Deep level transient spectroscopy(DLTS)와 관련 기법들은 일상적인 기법으로 볼 수 없다[41]. 태양전지를 특정 역방향 전압으로 바이어스를 가하고, 이어서 짧게 여기시키면, 측정의 기법에 따라 다음 3가지 형태로 분류한다. 역방향 바이어스에 계속 머물러 있는 전압 펄스(표준 DLTS)나 혹은 짧은 시간 동안 태양전지를 순방향 바이어스로 만들어 주는 전압 펄스(injection DLTS), 또는 짧은 레이저 펄스(optical DLTS)이다. 태양전지는 이후 정지 상태에 되돌아오고, 순간적으로 capacitance(보통 1 MHz 정도의 고주파수에서 측정)변화를 기록한다. 이를 여러 온도에서 행한다. 각 온도에서 측정된 순간 $C(t)$를 여러 가지 방법으로 처리하면 태양전지에 있는 deep state에 대한 정보(에너지 준위, 농도, capture cross-section)를 얻을 수 있다. CdTe 태양전지의 DLTS 결과는 문헌에 보고되어 있다[143~147].

7.5.2.2 구조, 물리와 화학적 특성 분석

CdTe 층과 CdTe/CdS 태양전지 분석에 모든 종류의 표준 분광분석(XPS, Auger, EDS, SIMS) 기법과 현미경(SEM, TEM) 기술이 사용되었다. 여기서는 몇 가지 특정 기법에 대해 좀 더 상세히 논의하고자 한다.

미시적인 규모로 태양전지의 응답을 직접 계량하는 데에는 electron beam induced current(EBIC)와 optical beam induced current(OBIC) 기법이 사용된다. 여기(excitation)는 초점을 맞춘 전자나 광학 빔으로, 측정되는 출력은 태양전지에서의 전류이다. 전자빔이 레이저빔보다 초점을 맞추기 더 좋은데, 따라서 EBIC의 공간 해상도가 더 좋다. 광전류나 유도된 전류는 입사되는 빔(직접 EBIC, OBIC)과 같은 위치에서 혹은 스캐닝(remote EBIC, OBIC) 동안 입사 빔으로부터 어떤 특정한 거리에 남아있는 전극에 의해 탐지된다. 이 기법은 태양전지의 표면(plane EBIC)이나 단면(transverse EBIC)에 적용될 수 있다. 얻어지는 정보는 측면 균질도(lateral homogeneity), 그리고 약간의 가정 하에서의 확산길이이다. EBIC와 관련 측정 기법이 CdTe 태양전지 연구에 광범위하게 이용되었다[11, 111, 114~116]. CdTe/CdS 태양전지 출력의 불균일성도 lock-in thermography로 연구되었는데, 여기에서는 태양전지 표면으로부터의 근적외선 복사가 스캔되고 온도 이미지로 변환된다[148].

PL이나 cathodoluminescence(CL) 같은 emission 측정으로 밴드갭, excitonic 구조 deep state, 재결합 특성 같은 정보를 얻을 수 있다. 여기서 여기 소스는 레이저나 전자빔이고, 출력 정보는 장파장에서 방출되는 빛이다. CdTe 박막 태양전지에도 적용된 바 있다[149-153].

Ultraviolet photon spectroscopy(UPS)와 X-ray photon spectroscopy(XPS)에서는 여기 소스가 10 eV(UPS)에서 수백 eV(XPS) 정도의 에너지를 가진 방사선이고, 방출된 전자의 에너지가 측정이 된다. 이 방법은 페르미 준위의 에너지 위치, 표면에서 가전자대 edge의 에너지 위치에 관한 정보를 준다. 밴드갭에 대한 이해와 함께 전도대 edge 위치 그리고 표면에서의 밴드 정렬에 관한 완전한 형태가 탐지된다[45, 76, 154, 155]. 전도대의 위치는 photoelectron spectroscopy(PES) 로 직접 탐지될 수 있다[156]. 부분적인 구조의 표면에서 밴드 정렬이 어떻게 완전한 태양전지 내부에서의 밴드 정렬과 연관이 되는지에 대한 질문은 다른 방법으로 접근하여야 한다.

첨단의 스캐닝 기법으로 atomic force microscopy(AFM)과 scanning tunneling microscopy(STM)이 사용되었다. 이 기법으로 표면 퍼텐셜(surface photovoltage : SPV)[157]), 일함수(Kelvin probe force microscopy, KPFM [158]), 그리고 마이크로미터 이하의 해상도로 전류나 표면 capacitance를 측정할 수 있다[117, 118]. 첨단 광학측정 기법은 subbandgap 영역에서 광학 흡수계수 $\alpha(\lambda)$의 정확한 측정에 이용된다. 상세한 내용은 Prague 대학의 연구 그룹이 발표한 보고서에 담겨 있다[27].

7.5.3 CdTe 박막 태양전지의 모델링

7.5.3.1 CdTe 태양전지 분석용의 'two diode model'

CdTe 후면전극에서 접촉 장벽 Φ_b는 메인 CdS/CdTe 태양전지 접합과 반대방향 쪽으로 Schottky 다이오드를 발생시킨다. 이런 'two diode model'을 가진 CdTe 태양전지의 분석적인 설명 내용을 담고 있는 [그림 7.12]는 CdTe 태양전지에 국한된 몇몇 효과를 간단하게 반정량적으로 설명해 줄 수 있어, 주목을 받을 만큼 성공적인 모델이다. 이 모델은 빛 조사 하에서의 I-V 특성에 대한 총체적인 효과를 설명하기 위한 목적으로 Stollwerck와 Sites가 제안한 것으로[86], 이후 Gent 대학에서 다시 개선하여 AC 거동, 후면전극에서 소수 캐리어 전류의 영향, 후면전극에서 전압과 빛 조사 의존성을 설명하는 데 이용되었다[87, 88, 90, 159].

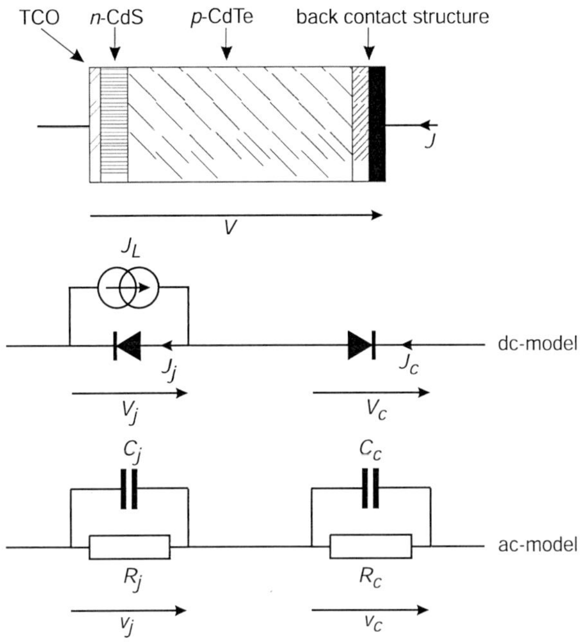

그림 7.12 CdS/CdTe 접합용의 'two diode' 모델과 후면접촉 구조.

[그림 7.12]에서와 같이 DC 모델에서는 전압들이 합으로 표시되는 한, CdS/CdTe 접합을 통한 전류 J_j - J_L와 접촉을 통한 전류 J_c가 똑같다. 태양전지 접합에서, 이상적인 Shockley 법칙은 ideality constant가 n인 것으로 가정하고, 접촉은 thermionic emission 법칙을 따르는 것으로 가정한다. 부호들을 바로 잡으면 다음 관계식을 얻는다.

$$
\begin{aligned}
J &= J_s\left(\exp\left(\frac{qV_j}{nkT}\right)-1\right)-J_L \qquad \text{CdS/CdTe } junction \\
&= -qN_V v_r \exp\left(-\frac{\Phi_b}{kT}\right)\left(\exp\left(-\frac{qV_c}{kT}\right)-1\right) \quad contact
\end{aligned}
\tag{7.14}
$$

$$V = V_j + V_c$$

여기서 v_r은 접촉장벽 위에서의 정공의 emission 속도이다. 첫 번째 개선안으로 v_r은 접촉에서의 표류 속도 v_d로 대체할 수 있는데, 이는 도핑농도와 접촉에서의 전압 V_c에 의존하거나, 아니면 thermionic emission, 표류와 확산의 연합 효과를 기술해 줄 수 있는 유효 v_{eff}로 대체할 수 있다[14, 74]. 이 모델로 이미 I-V 곡선의 roll over와 그의 접촉장벽 Φ_b 의존성을 설명한 바 있다. 첫 번째로는 충진율과 효율이 Φ_b

에 의존한다는 것을 추정케 해 준다[86]. 식 (7.6)의 간단한 형태는 문헌 [87]의 식 (7.14)로부터 유도한 것이다.

이 모델을 일부만 확장시키면 I-V 곡선의 cross over를 설명하는 것도 가능하다[160]. 경험적인 접근은 식 (7.14)에서 다이오드 포화전류 J_s, 접촉 포화전류 J_c와 같은 몇 가지 변수가 빛 조사에 의존한다는 것을 가정하고 있는데, 이는 장벽 Φ_b의 빛 조사 의존성에 기인한 것으로 볼 수 있다. 또한, shunt와 직렬 저항도 빛 조사에 의해 달라질 수 있다. 이와 같은 모든 경험적인 가정들이 I-V 곡선의 cross over를 거의 완벽하게 설명할 수 있지만 주어진 변수들이 왜 어떻게 빛 조사 강도에 의존하는지에 대한 물리적 설명을 해주지는 않는데, 처음 대상으로 했던 1개의 I-V 곡선 외에 다른 측정결과를 설명해주는 데 실패한 것은 놀랄 일은 아니다. Two diode model 분석 기법 범위 내에서 측정과 수치 시뮬레이션으로 보강한 물리적인 접근방법은 다음과 같다.

(1) 후면접촉 접합은 photovoltaic 성격이다[160] : [그림 7.12]의 DC 회로에서 접촉 다이오드와 평행하게 전류 소스(current source)를 두어야 한다. 이 전류 소스는 태양전지 접합 위에서의 source J_L과 반대방향을 가지고 있고, 장파장($\lambda > 820$ nm)에만 반응한다.

(2) 정공뿐만 아니라 소수 캐리어인 전자도 접촉을 통해 전류에 기여한다[87, 88]. 전자 전류를 기술하는 항이 식 (7.14)의 두 번째 식에 추가되어야 하고, 접촉 공간전하영역 edge에서의 전자농도도 추정하여야 한다. 이 메커니즘은 확산길이 L_n이 크거나 셀이 얇을 때나, 혹은 접촉에서의 2차원적 효과가 유효 두께를 줄이는 경우에만 중요시 된다. 접촉 공간전하영역에서 전자농도가 무시할 수 없을 정도로 되는 것은 직접 빛에 의해 생성되는 것일 수도 있는데, 그러면 이 모델은 (1)과 같아지거나 태양전지 접합 위에 충분히 큰 순방향 바이어스 전압이 걸려있는 경우가 된다. 이 모델은 특정 조건 하에서 관찰된 일련의 I-V 곡선들이 하나의 점에서 cross over 되는 것을 설명한다[88].

(3) 에너지 장벽은 간접적으로 빛 조사에 의존한다[90] : 장파장 빛의 조사는 접촉 부근에서의 deep 억셉터 상태의 점유에 변화를 가져온다. 이는 다시 그들의 전하 상태를 변화시키고, 결과적으로는 소자에서의 정전 퍼텐셜(electrostatic potential) 프로파일과 에너지 장벽의 변화를 가져온다. 이는 접촉을 통과하는 다수 캐리어(정공) 전류를 빛에 따라 변화시킨다.

(4) (3)과 유사한 여러 메커니즘으로 순방향 바이어스 조건에서 전면전극에서의 단파장 효과를 설명하기도 하였는데[161~165] : 순방향 전압 V, 파장 $\lambda < 520$ nm에서 겉보기(apparent) 양자효율이 마이너스가 되고 그 크기도 1 보다 더 크다. 비록 이들 모델들의 상세 내용은 다르지만 출발점은 동일하여 CdS 내에서 혹은 계면에서 deep 억셉터 상태들이 CdS의 shallow 도너 도핑을 상쇄하거나 그 이상 over compensation이 되기도 한다. 빛 조사 하에서, 그리고 σ_p/σ_n의 비가 1 보다 크다고 가정할 때 이들 억셉터들은 하전상태가 아니고, CdS에서의 유효 도핑 농도가 변화하고, 그 결과 CdS 위에 퍼텐셜 프로파일이 생기게 된다. 이는 태양전지 나머지 부분으로의 전류 수송에 심각한 영향을 미치게 된다. 문헌 [161, 162]에서 over compensation을 가정하였는데, 이 층이 modulated barrier photodiode(MBP)의 역할을 한다. 문헌 [163~165]에서는 다소 완전한 compensation을 가정하였는데, 순방향 바이어스와 단파장에서 태양전지의 좀 복잡한 거동(QE, I-V 둘 다)에 대해 상세히 설명이 되었다. 이들 높은 전압 V/단파장(λ) 효과들에 대해서는 문헌에 정리되어 있다[166, 167]. (4)에서의 모든 모델들은 분석적인 two diode model을 능가하고, 수치 시뮬레이션을 집중적으로 이용한다는 점을 특별히 강조하고자 한다. MBP 모델만이 보다 단순화시킨 가정 조건 하에서 분석적으로 취급가능하다 [161, 162].

AC 거동 역시 two diode model로 상당히 잘 설명할 수 있다. [그림 7.12]의 등가회로(equivalent circuit)에서 회로망 내에 있는 모든 요소들은 각 요소 위의 바이어스 전압 값에 의존한다. R_j와 R_c는 V_j와 V_c DC 값에 지수적으로 각각 의존(강한 의존성)하고, C_j와 C_c는 바이어스 전압의 제곱근에 비례하여 $C_j \propto \sqrt{V_{bij} - V_j}$ 와 $C_c \propto \sqrt{V_{bic} - V_c}$ 가 되는데, 여기서 V_{bij}와 V_{bic}는 적절한 약한 의존성을 가진 내부전압(built-in voltage)이다. 기초 회로이론으로부터 측정된 capacitance C를 계산할 수 있다. 여기서의 논의는 주파수 한계를 낮게 그리고 높게 한 경우에 한정한다.

$$C_{LF} = \frac{R_j^2 C_j + R_c^2 C_c}{(R_j + R_c)^2} \qquad C_{HF} = \frac{C_j C_c}{C_j + C_c} \tag{7.15}$$

마이너스에서 적당한 플러스로 인가된 전압까지 전류는 접촉 포화전류보다 낮고, 따라서 접촉이 전류를 제한하지는 않아 : $R_j >> R_c$, 따라서 $C_{LF} \cong C_j$가 된다. V_j가 인가전압 V와 함께 증가하므로 $C_{LF} \cong C_j$은 V와 함께 증가한다. Mott-Schottky

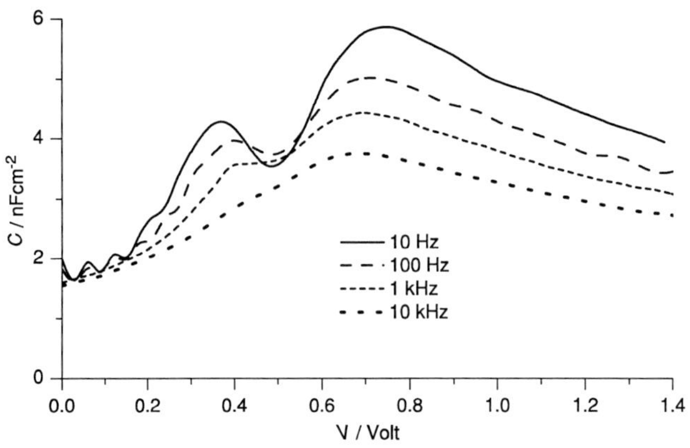

그림 7.13 $CdCl_2$ activation 하지 않은 CdTe 태양전지의 순방향 바이어스에서 측정한 C-V 특성. 측정 주파수는 10, 20, 40, 100 kHz.

그래프 분석으로부터 CdS 접합에 가까운 CdTe 층에서의 도핑농도를 추론할 수 있다. 그러나 높은 순방향 바이어스 전압에서는 접촉이 전류를 제한하여 $R_c >> R_j$, 그리고 $C_{LF} \cong C_c$이다. 또한 V_c는 V와 함께 증가하지만 [그림 7.12]에서처럼 V_c는 접촉의 역방향 전압이다. 따라서 $C_{LF} \cong C_c$는 인가전압이 증가하면 감소한다. Mott-Schottky 그래프 분석으로부터 접촉에 가까운 CdTe 층에서의 도핑농도를 추론할 수 있다. 식 (7.15)로부터 중간 전압, $R_jC_j = R_cC_c$에서 쉽게 직렬 capacitance 저항 $C_{LF} = C_jC_c/(C_j + C_c)$를 구할 수 있는데, 이는 C_j와 C_c 보다 낮다. 이는 후면접촉 장벽을 가진 CdTe 태양전지의 저 주파수 C-V 측정 결과의 특징적인 모양을 설명해 주는데, [그림 7.13]에서와 같이 2개의 최댓값 사이에서 최저값을 가진다. 이들 two diode model의 결과들로 접합과 접촉 영역에서 각각 별도로 CdTe 도핑 농도를 결정할 수 있게 되는데[87, 159], 이것이 접촉 장벽을 지닌 CdTe 태양전지의 표준 측정법이 되었다.

7.5.3.2 수치 모델링 도구

태양전지 수치 시뮬레이션은 주어진 태양전지 구조에 대해 '반도체 방정식(semiconductor equations)'을 계산해서 푸는 컴퓨터 프로그램이다. 1차원의 DC 반도체 방정식은 정전 퍼텐셜 ψ와 전체 전하 밀도와의 관계를 나타내는 아래 'Poisson equation'과,

$$\frac{d^2\psi}{dx^2} = -\frac{q}{\epsilon_s\epsilon_o}[p(x) - n(x) + N_D^+ - N_A^- + \rho_{ds}(n,p)] \quad \text{Poisson} \qquad (7.16)$$

전자와 정공 전류와 캐리어 재결합과 생성의 관계를 나타내는 아래 '연속 방정식(continuity equation)'이다.

$$\frac{dJ_n}{dx} = G(x) - R(n,p) \quad \text{electron continuity}$$
$$\frac{dJ_p}{dx} = G(x) - R(n,p) \quad \text{hole continuity} \tag{7.17}$$

식 (7.16)에서, $N_D^{\ +}$와 $N_A^{\ -}$는 각각 이온화된 shallow 도너와 억셉터의 농도이고, ρ_{ds}는 deep state에 있는 전하밀도로, 일반적으로 전자와 정공농도에 비선형적으로 의존한다. 식 (7.17)에서, G는 빛에 의한 캐리이 생성인데, 파장 λ와 위치 x에 따라 달라진다. R은 deep state에서의 전체 재결합을 나타내는데, 이 역시 캐리어 농도에 비선형적으로 의존한다. 전류 J_n과 J_p는 확산과 표류 항으로 구성되어 있다.

따라서 3개의 미지의 함수 $\psi(x)$, $n(x)$, $p(x)$에 대해 3개의 미분 방정식이 존재한다. 적절한 경계조건을 주면, 이 시스템은 해결이 된다. 컴퓨터 알고리즘에서 태양전지 구조는 우선 잘게 썬 slice로 나누는데, 보통 반도체 층을 수십에서 많게는 백 개로 나눈다. 5개의 층으로 된 태양전지 구조라면 slice의 개수 N=500개이다. 각각의 미분방정식은 N개의 비선형 대수 방정식으로 이루어진 시스템으로 어림한다. 각각의 slice에 $\psi(x)$, $n(x)$, $p(x)$ 3개의 미지수가 있으므로 총 1,500개의 방정식이 수치적으로 해결되어야 한다. 프로그램은 5개의 각 층에 대한 입력 자료를 필요로 하는데, 두께, 반도체 특성, shallow 및 deep 준위의 재결합 정보 등이다. 이렇게 많은 개수(50~100)의 입력 변수들이 예상된다.

태양전지 시뮬레이션 프로그램은 그 수치 처리능력(층의 개수, 층 당 deep 준위의 개수, 계산속도 등), 소자에서 일어나는 물리적인 메커니즘(서로 다른 재결합 메커니즘, 터널링 등), 작업 처리의 간편성(user interface 등), 그리고 가용성과 가격에서 차이가 난다. 박막 태양전지에서 사용되는 수치 시뮬레이션에 대한 설명은 문헌에 잘 정리되어 있다[168]. 아래에서 논의하는 결과들은 Gent 대학에서 개발된 SCAPS 프로그램으로 얻은 것이다[169~171].

7.5.3.3 일관된 매개변수 조합의 발굴

다양한 CdS/CdTe 박막 태양전지의 가장 두드러진 특징들을 시뮬레이션하는 데 쓰이는 매개변수 조합의 초기 값들은 Gloeckler와 Sites가 제공한 기본 조합(baseline set)이다[48]. 수치 시뮬레이션 예측이 목적이라면 일관된 변수조합을 찾는 것이 선결 과제이다. 이는 하나의 태양전지에 단일 변수조합을 의미하는 것으로 측정된 모든 효과를 설명하는 것이다. 이를 통해 특별한 가정(예를 들면 장벽 같은 특정 변수의 전압 혹은 빛 조사 의존성 등)이 필요하지 않고, 또 더 이상의 수치 처리 시의 기교(예를 들어 'neutral levels' 같이 재결합이 있지만 전하는 없는 경우로, 실제로 이런 이상적인 경우는 물리적인 실제에는 해당되지 않지만 SCAPS와 여타 프로그램에서 행해지는 특징이다)가 필요하지 않으며, DLTS를 포함하여 모든 측정에 적용가능하다는 것을 의미한다. Trap 밀도와 capture 단면(cross-section)의 결정이 결코 간단한 작업이 아니고, 큰 오류를 불러올 수 있기 때문에, 변수 N_t, σ_n, σ_p 들을 fitting 변수로 고려하여야 한다. 그와는 반대로 DLTS로 측정한 에너지 준위 E_t를 가진 모든 결함들은 변수세트로 이용한다. 이와 같은 일관된 변수조합을 찾는 것은 매우 힘겨운 작업이다. 첫 번째 세트는 순방향 바이어스 V/단파장 효과를 fitting하여 얻은 것이다[164, 165]. 이 세트는 이후 연구에서 더 개선되어, 온도변화에 따른 암상태와 빛 조사 J-V, J_{sc}-V_{oc}, C-V, 그리고 C-f 측정결과의 fitting도 포함시키고, $QE(\lambda, V)$ 측정결과도 포함시키게 되었다[172, 173]. 이 작업을 ANTEC 사에서 특별히 만든 2종류의 태양전지에서 행하였는데, 하나는 공기 중에서 $CdCl_2$ activation 처리한 것이고, 다른 하나는 진공에서 처리한 것이다. 기준 세트의 결함 관련 조합 변수들은 〈표 7.5〉에 정리되어 있는데, 여타 변수들은 〈표 7.1〉에서 취한 것이다.

7.5.3.4 모델링 결과

이 변수 조합을 기준 조합으로 이용하였는데, 변수 변화 시에는 한 번에 하나만 변화시키고, 다른 변수는 기준값을 유지시켰다[174]. 시뮬레이션은 SCAPS로 하였다.

(1) 접촉 장벽

[그림 7.14]는 접촉 장벽 Φ_b를 변화시켰을 때 진공 및 공기 중에서 activation 처리한 시료의 I-V 곡선 시뮬레이션 결과이다. 이는 이미 잘 알려진 효과를 보여준다. Φ_b가 증가하면, I-V 곡선은 실온에서 $\Phi_b \geq 0.4\,\mathrm{eV}$ 이상인 경우 순방향 바이어스의 사분면에서 roll over가 시작되는데, 그러면 충진율도 감소하고, 결국 S 모양의 I-V 곡선이 나타난다. 이와 연관된 효율 손실은 [그림 7.15]에 나타나 있다. 진공 처리한 태양전지의 효율이 더 낮은 것은 전체적인 도핑 농도가 더 낮기 때문이다.

표 7.5 진공과 공기 activation 처리한 태양전지의 매개변수 조합. Trap 에너지는 가전자대 edge로부터 측정한 것이고, 위치는 CdS/CdTe 접합으로부터 측정한 것임(출처 [173]).

	Air activated cell	Vacuum activated cell
CdS		
Thickness [nm]	70	70
Shallow N_D [cm^{-3}]	5 10^{16}	5 10^{16}
Defect 1	Function: light dependence of CdS	
Type	acceptor	acceptor
E_t [eV]	$E_V + 1.97$	$E_V + 1.97$
N_t [cm^{-3}]	4.9 10^{16}	3 10^{16}
σ_n [cm^2]	10^{-20}	10^{-20}
σ_p [cm^2]	10^{-11}	10^{-11}
Defect 2	Function: recombination in CdS	
CdTe		
Thickness [μm]	5	8.7
Shallow N_A [cm^{-3}]	1.5 10^{15}(0–3 μm) 1.0 10^{16} (3–5 μm)	2.0 10^{15} (0–0.55 μm) 3.0 10^{13} (0.55–8.2 μm) 4 10^{14} (8.2–8.7 μm)
μ_n [cm^2 V^{-1} s^{-1}]	110	110
μ_p [cm^2 V^{-1} s^{-1}]	70 (0–3 μm) 1 (3–5 μm)	70 (0–8.2 μm) 1 (8.2–8.7 μm)
Defect 1	Function: dark J-V, recombination, V_{oc}	
Type	Acceptor	Acceptor
Range [μm]	0–3.0 μm	0–8.2 μm
E_t [eV]	$E_V + 0.72$	$E_V + 0.74$
N_t [cm^{-3}]	1.0 10^{15}	1.0 10^{15}(0–0.1 μm) 5.0 10^{14}(0.1–0.55 μm) 7.7 10^{14}(0.55–8.2 μm)
σ_n [cm^2]	1.0 10^{-13}	3.0 10^{-14}
σ_p [cm^2]	1.0 10^{-12}	4.0 10^{-12}
Defect 2	Function: shape of dark J-V, / recombination, V_{oc}	
Type	Acceptor	Acceptor
Range [μm]	0–0.1 μm	0–0.1 μm
E_t [eV]	$E_V + 1.03$	$E_V + 1.03$
N_t [cm^{-3}]	8.0 10^{14}	8.0 10^{14}
σ_n [cm^2]	1.2 10^{-11}	1.2 10^{-11}
σ_p [cm^2]	1.0 10^{-11}	1.0 10^{-11}
Defect 3	Function: C-V at low $T < 250$ K	
Type	Donor	Donor
Range [μm]	0.1–3.0 μm	0.55–8.2 μm
E_t [eV]	$E_V + 0.2$	$E_V + 0.3$
N_t [cm^{-3}]	1.0 10^{15}	2.7 10^{13}
σ_n [cm^2]	10^{-20}	10^{-20}
σ_p [cm^2]	10^{-20}	10^{-20}
Back contact		
Φ_b [eV]	0.42	0.55

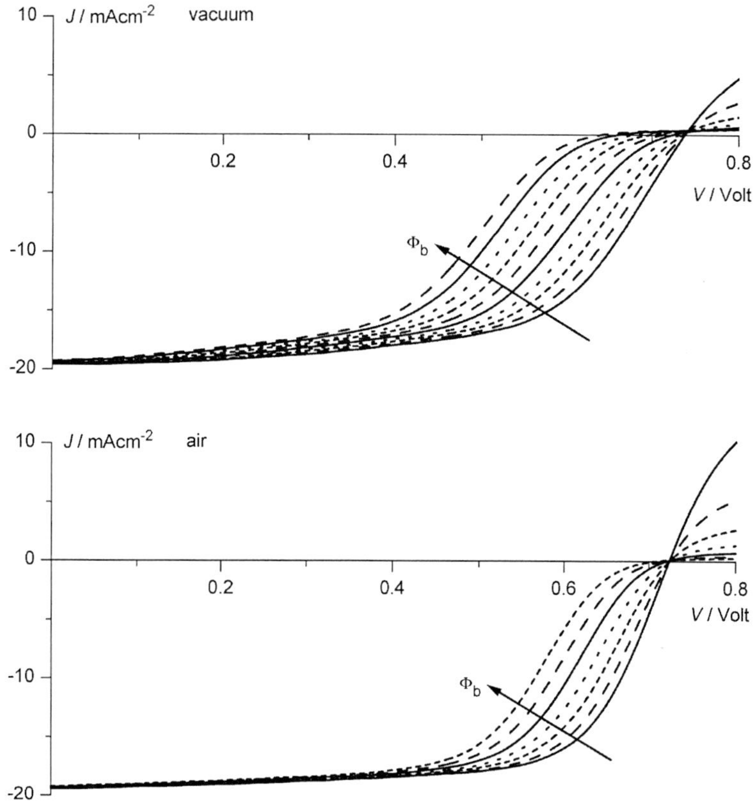

그림 7.14 CdTe 후면접촉에서 에너지 장벽 Φ_b를 가진 I-V 특성의 변화. 여타 변수는 기준값을 취하였다. 위 : vacuum activated 태양전지로 Φ_b는 0.42~0.60 eV(step 0.02 eV), 아래 : air activated 태양전지로 Φ_b는 0.40~0.52 eV(step 0.02 eV).

(2) 도핑 프로파일

다른 변수들은 각 태양전지별로 기준값을 그대로 유지하면서 CdTe 접촉에서의 도핑 농도를 변화시켰을 때의 I-V 곡선이 [그림 7.16]이다. Φ_b를 변화시킨 [그림 7.14]와 닮은 것은 매우 인상적이다. 이는 접촉 도핑의 효과가 접촉 장벽의 효과로 오인될 수 있음을 보여준다. 특히, CdTe 접촉에서 높은 도핑 농도는 접촉 장벽의 효과를 효과적으로 감출 수 있다. 이 결과는 이전[90]에 소개되었지만 가끔 간과한다. 〈표 7.5〉에 있는 여타 shallow와 deep 도핑, 그리고 trap 프로파일의 효과 역시 연구되었다. 공기 중 activation 처리한 시료에 대한 결과는 [그림 7.17], 그리고 진공 처리한 것은 [그림 7.18]에 요약되어 있다. 둘 다의 경우 접촉에서의 매우 높은 shallow 도핑 $N_{Acontact}$이 바람직하다. 만약 $N_{Acontact}$이 10^{16} cm^{-3} 이상 증가될 수 있으면, 추가로 0.5%(절대 값)의 효율 증대를 기대할 수 있다. 약 $E_V + 0.72$ eV의

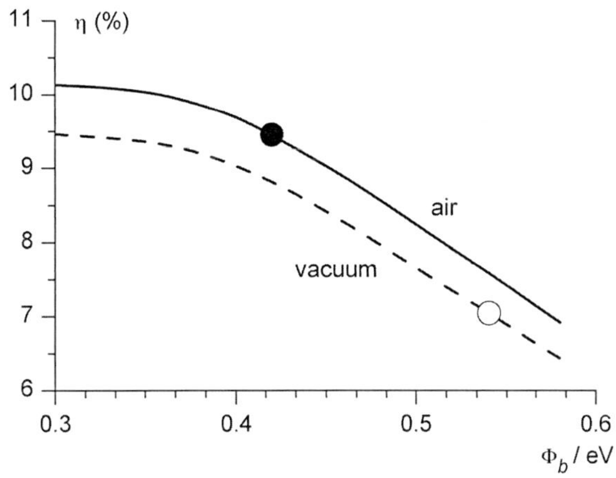

그림 7.15 접촉 에너지 장벽 Φ_b에 따른 vacuum(dashed line) 및 air activated(굵은 선) 태양전지의 효율. 2가지 모두에서 기본값이 나타나 있음.

에너지 준위들에 있는 deep 억셉터들은 역방향 바이어스 전압에서는 도핑에만 기여하지만, 바이어스의 영향력이 살아있는 전압구간($0 < V < V_{oc}$)에서는 공간전하영역에서의 재결합을 증대시킨다. 그러므로 [그림 7.17]에서와 같이 그 농도는 약 10^{15} cm^{-3} 정도로 제한시켜야 한다. 또한 $N_{Abulk} > 5 \times 10^{15}$ cm^{-3}인 경우, 그 이득은 매우 미미하지만 벌크 도핑도 가급적 높여야 한다. CdTe 벌크에서 shallow 도핑농도가 낮으면 충진율이 떨어져 결과적으로 효율이 떨어진다. 이는 [그림 7.18]의 진공 activation 처리 태양전지에 나타나 있는데, 그 이유는 공간전하영역에서 전기장이 너무 낮기 때문으로 보고 있다[159].

효율은 전적으로 CdS/CdTe 접합 부근에 있는 도핑농도 $N_{Ajunction}$에만 의존하는 것은 아닌데, 왜냐하면 여러 가지 효과들이 동시에 존재하기 때문이다. 고농도 $N_{Ajunction}$에서 V_{oc}는 높은데, 이는 내부 전압이 높기 때문이다. 하지만 장파장 전류 응답은 공간전하영역의 폭이 좁아 감소한다. 저농도 $N_{Ajunction}$에서는 공간전하영역에서 전기장이 너무 약하기 때문에 전류수집 특성이 좋지 않다. 따라서 J_{sc}는 $N_{Ajunction}$ 농도 2×10^{15} cm^{-3}의 중간 농도 수준에서 최대가 되고, 최댓값은 공기중 처리 태양전지의 경우 폭이 더 넓다. 5~8×10^{15} cm^{-3}의 고농도 $N_{Ajunction}$에서는 I-V 곡선의 roll over가 활성 사분면에서 이미 시작되기 때문에 V_{oc}는 감소한다. 이런 복잡한 거동 때문에 접합 부근에서의 CdTe 도핑을 조정하는 것이 가장 까다로운 변수가 된다. 특히, 진공처리한 시료의 경우 이 변수는 상당히 좁은 범위에 있어야 한다. 여기서 얻은 시뮬레이션 결과는 후면전극을 통해 CdTe 층으로 Cu를 도펀트로 투입하는 경우에 보고되었던 상호 모순되는 효과를 설명해 줄 수도 있다. Cu는 CdTe 층을 통해 쉽게 확산되고,

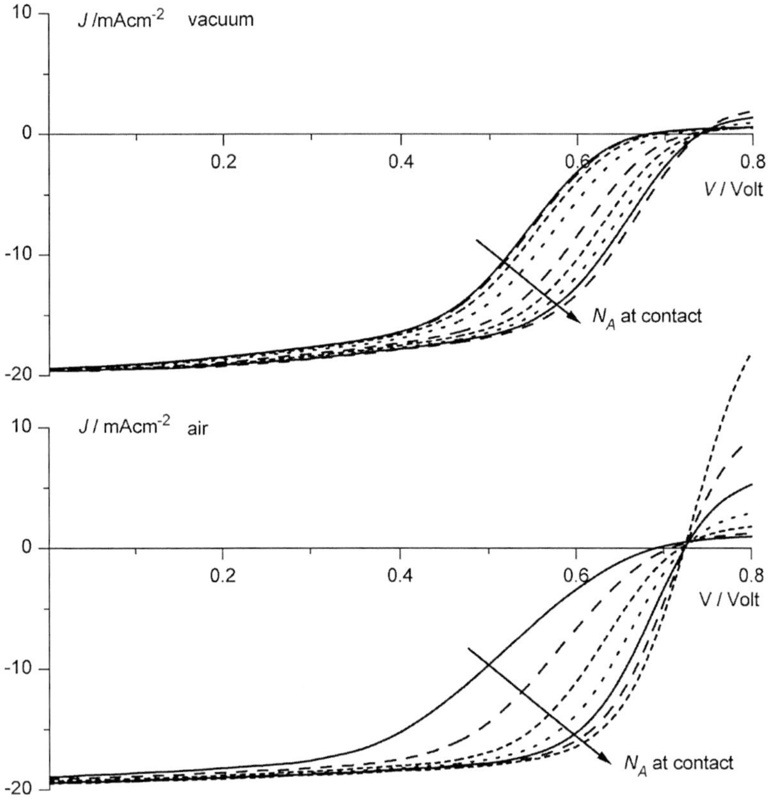

그림 7.16 CdTe 후면 접촉에서 도핑농도 $N_{Acontact}$을 가지는 vacuum activated(위)와 air activated(아래) 태양전지의 I-V 특성의 변화. 여타 변수는 기준값을 가짐, Φ_b=0.42 eV(air), Φ_b=0.55 eV (vacuum)). 위 : vacuum activated 태양전지 ; $N_{Acontact}$ 값은 10^{13}, $3x10^{13}$, 10^{14},...., 10^{17} cm^{-3}. 아래 : air activated 태양전지 ; $N_{Acontact}$ 값은 10^{14}, 3×10^{14}, 10^{15},...., 10^{17} cm^{-3}.

CdS/CdTe 접합과 CdS 층 내에서 축적된다[77]. 하지만 여기에서는 태양전지의 거동이 접합 부근에서의 도핑 프로파일 변화에 매우 민감한 것을 확인하였다. 따라서 Cu 관련 억셉터들의 프로파일 조절에 의존하는 기술은 생산성과 안정성 측면에서 위험을 동반할 수도 있다.

Deep 준위의 여타 요소들은 문헌에 잘 정리되어 있다. 예를 들어 후면접촉 가까이에 있는 deep 도너들은 후면접촉 가까이에 있는 CdTe 내에서의 shallow 억셉터 도핑의 compensation 때문에 V_{oc}의 손실을 가져올 수 있다[89]. 여기서 선택한 변수 조합으로 설명한 태양전지의 경우 충진율의 손실이 좀 더 지배적이라는 점을 제외하면, 이는 [그림 7.16]에 나타난 결과와 일치한다.

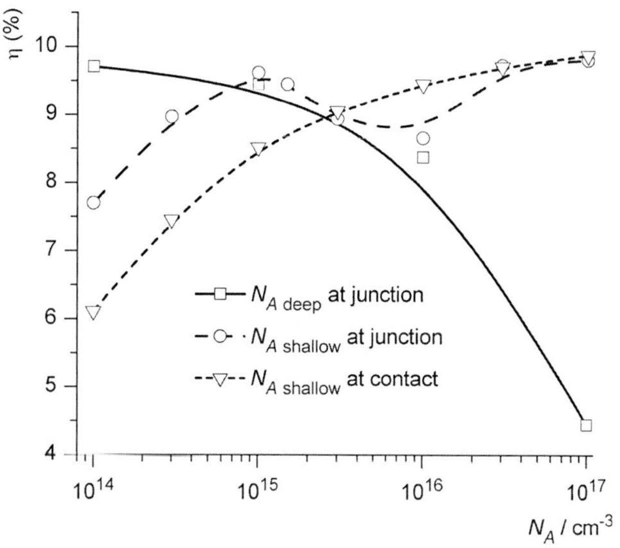

그림 7.17 접촉과 CdS 접합에서의 shallow 도핑, 접합(준위 : E_V+0.72 eV)에서 deep 억셉터 농도에 따른 air activated 태양전지의 효율. 여타 변수는 기준값.

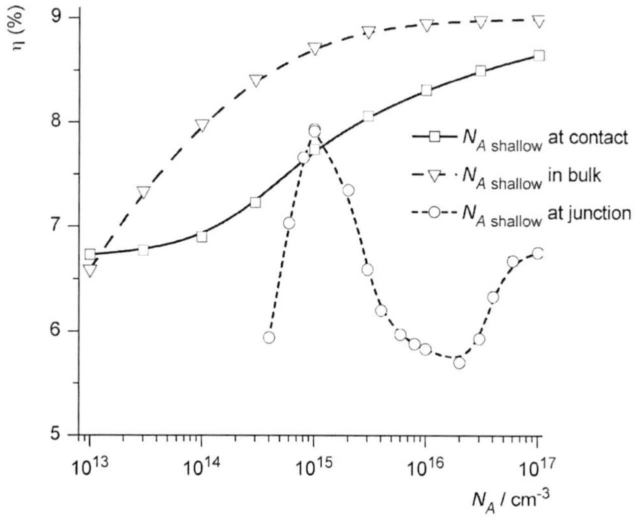

그림 7.18 접촉전극, 벌크, CdS 접합에서의 shallow CdTe 도핑에 따른 vacuum activated 태양전지의 효율. 여타 변수는 기준값.

본 태양전지에서 shallow 도핑농도의 프로파일은 후면접촉에서 접합 쪽으로 가면서 high-low-high이다. 이런 프로파일은 이전에 여타 조건으로 만든 태양전지에 대한 일련의 측정결과를 설명하는 데 적용된 바 있다[175]. 이런 high-low-high 프로파일과 같은 변화는 경시변화(ageing)에 따른 CdTe 태양전지의 거동을 설명하는 데 사용되었다[176]. 여타 shallow 도핑 프로파일들 역시 보고되었는데, 접합으로부터 접촉 방향으로 도핑농도가 지속적으로 증가는 것 등이 그러하다[89]. 여기서 시도한 시뮬레이션은 shallow와 deep 도핑 프로파일의 모든 요소들이 박막 CdTe 태양전지의 최종 I-V 특성에 영향을 미친다는 것을 여실히 보여준다.

7.5.3.5 모델링 결과 : 여타 주제

여기서는 Purdue 대학의 그룹이 수행한 초기 연구에 대해 언급하고자 한다[177~182]. 폭 넓은 시뮬레이션 연구의 대상이 된 CdTe 태양전지의 여타 특성들은 순방향 바이어스와 단파장(7.5.2.1절)에서 QE와 J-V 측정 효과, C-V와 C-f 거동[141, 183~185] 그리고 여러 가지 여타 변수들이다[186, 187].

7.5.3.6 모델링 결과 : 유사 (pseudo) 2차원 모델링

다결정 박막 태양전지는 결정입계와 비평면의 계면 때문에 2차원 또는 경우에 따라서는 3차원 프로그램을 필요로 한다. 결정입계 효과는 CIGS보다는 CdTe 태양전지에서 더 현저해 보이다. 비록 1차원적인 문제들이 벌크에 대한 결정입계의 효과를 평균화해버리긴 하지만, 기대 이상으로 성공적이었다. 또한, 2차원 또는 3차원으로의 전환은 입력 매개변수들의 개수를 엄청나게 증가시키게 되는데, 많은 변수는 현재 알려져 있지 않다.

보다 간편한 접근방법으로, 1차원의 물리적 시뮬레이션을 SCAPS와 혹은 다른 dimension의 network like treatment(예를 들어 slice)와 결합시킨 유사 2차원 시뮬레이션이 확보되었다. 이를 보다 유용하게 적용할 수 있는 활용분야는 모듈에서의 모놀리식 직렬연결 집적화로(7.4.2절), 모듈 설계용 시뮬레이터로 이를 다룬다[188]. 이 프로그램에서 '요소 단위셀(elementary unit cell)'의 모든 물리학적인 요소들을 하나의 지수함수의 다이오드 법칙으로 총괄하고, 사용자가 항목을 정하도록 한다. 직렬연결의 2차원적인 측면들은 이런 단위 셀과 저항체들의 네트워크로 취급한다. 이렇게 하여 태양전지의 물리적 측면과의 직접적인 연계는 사라지지만, 직렬연결을 설계하는 데 있어 속도와 interactivity 측면에서는 엄청난 이득이다. Shvydka와 Karpov 등은 analytical effective medium 모델과 결합한, 유사한 네트워크 접근방법을 사용하여 불균일성과 소면적 결함들의 효과를 시뮬레이션하였다[189~191]. 불균일한 빛의 조사나 소면적의 접촉전극의 효과 역시 이런 식으로 다루어진 바 있다[192].

결정입계에서의 물리적 화학적 특성을 나노 스케일 수준에서 측정 분석하기 위한 도구들이 최근 개발되었는데(7.3.4.3절), 이런 유사 및 완벽한 2차원 수치 시뮬레이션이 향후 결정입계들이 태양전지의 성능에 미치는 영향을 정량적으로 설명하는 데 적용될 수 있을 것으로 기대된다.

7.6 결 론

본 장에서 CdTe 태양전지와 모듈의 개발 현황에 대해 설명하였다. 주요 시사점은 CdTe 태양전지 모듈이 실제 생산이 되고 있고, 시장에 나와 있다는 점이다. 하지만 여기서 강조하고자 한 것은 소재부터 최종 태양전지의 성능에 이르기까지 요구되는 아주 긴 과학기술적인 연결고리에 대한 것이다.

CdTe의 경우, 태양전지를 구성하는 층의 결정 품질이 좀 나빠도 소자 특성이 크게 영향을 받지 않기 때문에 매우 허용 범위가 넓은 소재로 평가되고 있다. 이점은 이미 양질의 CdTe를 다양한 기법으로 제조할 수 있다는 점에서 증명이 되고 있다. 증착 기법과 상관없이 CdTe는 $CdCl_2$로 activation 처리만 하면 상당한 성능의 태양전지를 만들 수 있는, 그 제법이 다소 보편적인 특징을 가지고 있다. 제조기법은 단순하게 보이지만 그 이면에는 태양전지의 구조와 작동원리상의 복잡성이 내재되어 있다. 우수한 과학자들과 재능 많은 기술자들이 주로 경험적인 토대 위에서 기술적인 전문지식을 소재 기술에 대한 뛰어난 직관력과 결합하여 오늘날 매우 우수한 CdTe 태양전지 기술을 확보하게 되었다. 더 이상의 개발과 업적을 성취하기 위해서는 왜 모든 것들이 지금처럼 되고 있는지를 통찰할 수 있어야 한다. 그리고 주요 작동원리에 대한 일반적이고 정성적인 이해가 모든 재료와 관련 현상들에 대한 보다 자세한 정량적인 이해로 이어질 수 있어야 한다. 최신의 측정분석 도구, 물리적인 모델링에 있어서의 최근의 개발 실적과 활발하고 학제를 넘나드는 연구자들이 향후 CdTe 태양전지를 더 발전할 수 있도록 하는 중추 역할을 한다. 태양광과 여타 에너지 개발의 활발한 움직임 속에서 CdTe 태양전지가 환경친화적인 에너지 공급이라는 인류의 꿈을 공유하는 데 기여할 것이다.

참고문헌

[1] D. Bonnet and H. Rabenhorst, New results on the development of a thin film *p*-CdTe/*n*-CdS heterojunction solar cell, *Proc. 9th IEEE Photovoltaic Specialists Conference* (Silver Springs, MD, May 1972), 129–131, IEEE, New York (1972).

[2] X. Wu, J. Keane, R. Dhere, C. DeHart, A. Duda, T. Gessert, S. Asher, D. Levi and P. Sheldon, 16.5 %-efficient CdS/CdTe polycrystalline thin film solar cell, *Proc. 17th European Photovoltaic Solar Energy Conference* (Munich, Germany, October 2001), 995–1000, WIP, Munich (2002).

[3] D. Bonnet, H. Richter and K.H. Jäger, The CTS thin film solar module – closer to production, *Proc. 13th European Photovoltaic Solar Energy Conference* (Nice, France, Oct. 1995), 1456–1460, Stephens & Associates, UK (1996).

[4] D. Bonnet and M. Harr, Manufacturing of CdTe solar cells, *Proc. 2nd World Conference on Photovoltaic Energy Conversion* (Vienna, Austria, July 1998), 397–402, JRC, European Commission (1998).

[5] M. Harr and D. Bonnet, Production of advanced thin film solar modules, *Proc. 17th European Photovoltaic Solar Energy Conference* (Munich, Germany, October 2001), 1001–1004, WIP, Munich (2002).

[6] D. Rose, R. Powell, U. Jayamaha, M. Maltby, D. Giolando, A. McMaster, K. Kormanyos, G. Faykosh, J, Klopping and G. Dorer, R&D of CdTe-absorber photovoltaic cells, modules, and manufacturing equipment: plan and progress 10 100 MW/yr, *Proc. 28th IEEE Photovoltaic Specialists Conference* (Anchorage, AL, September 2000), 428–431, IEEE, New York (2000).

[7] D. Bonnet, The CdTe thin film solar cell – an overview, *Int. J. Solar Energy*, **12**, 1–14 (1992).

[8] T. Chu and S. Chu, Recent progress in thin film cadmium telluride solar cells, *Prog. Photovolt. Res. Appl.*, **1**, 31–42 (1993).

[9] P.Meyers and S. Albright, Technical and economic opportunities for CdTe PV at the turn of the millennium, *Prog. Photovolt. Res. Appl.*, **8**, 161–169 (2000).

[10] D. Bonnet, Cadmium telluride solar cells, in *Clean Electricity from Photovoltaics*, M. Archer and R. Hill (Eds.), Imperial College Press, London (2001).

[11] K. Durose, D. Boyle, A. Abken, C. Ottley, P. Nollet, S. Degrave, M. Burgelman, R. Wendt, J. Beier and D. Bonnet, Key aspects of CdTe/CdS solar cells, *Physica Status Solidi a*, **229,** 1055–1064 (2002).

[12] D. Bonnet, The evolution of the CdTe thin film solar cell, *Proc. 19th European Photovoltaic Solar Energy Conference* (Paris, France, June 2004), 1657–1662, WIP, Munich (2004).

[13] D. Bonnet and P. Meyers, Cadmium telluride – material for thin film solar cells, *J. Mater. Res.*, **13**, 2740–2753 (1998).

[14] S. M. Sze, *Physics of semiconductor devices* (2nd edn.), John Wiley & Sons Inc., New York (1981).

[15] M. Green, *Solar Cells – Operating Principles, Technology and System Applications*, The University of South Wales (1998).

[16] S. J. Fonash, *Solar Cell Device Physics*, Academic Press, New York (1977).

[17] A. L. Fahrenbruch and R. H. Bube, *Fundamentals of Solar Cells*, Academic Press, New York (1983).

[18] K. L. Chopra and S. R. Das, *Thin Film Solar Cells*, Plenum Press, New York (1983).

[19] A. Milnes and D. Feucht, *Heterojunctions and Metal-semiconductor Junctions*, Academic Press, New York (1972).

[20] R. Granger, Optical absorption of Cd/Zn/Te/Se compounds, in *Narrow Gap Cadmium Based Compounds*, Peter Capper (Ed.), EMIS Datareview Series, INSPEC, London, 427–432 (1994).

[21] S. Adachi, *Optical Constants of Crystalline and Amorphous Semiconductors*, Kluwer Academic Publishers, Boston (1999).

[22] H. J. Möller, *Semiconductors for Solar Cells*, Artech House, London (1993).

[23] X. Mathew and J. Pantoja Enriquez, Temperature dependence of the optical transitions in CdTe thin film – investigation with photoresponse spectra, *Sol. Energy Mater. Sol. Cells*, **63**, 347–354 (2000).

[24] E. Palik, Cadmium telluride (CdTe), in *Handbook of Optical Constants of Solids*, E. Palik (Ed.), Academic Press, New York, 409–427 (1985).

[25] M. Green, *Silicon Solar Cells – Advanced Principles &Practice*, The University of South Wales (1995).

[26] D. Albin, N. Dhere, A. Mason and A. Compaan, Optical bandgap data at room temperature for the $CdTe_{1-x}S_x$ alloy system, unpublished results (9-9-1997). Private communication by D. Albin (2005).

[27] J. Toušek, D. Kindl, J. Toušková, S. Dolhov and A. Poruba, Diffusion length in CdTe by measurement of photovoltage spectra in CdTS/CdTe solar cells, *J. Appl. Phys.*, **89**, 460–465 (2001).

[28] D. Wood, K. Rogers, D. Lane and J. Coath, Optical and structural characterization of CdS_xTe_{1-x} thin films for solar cell applications, *J. of Phys.: Condensed Matter*, **12**, 4433–4450 (2000).

[29] K. Ohata, J. Saraie and T. Tanaka, *Jpn. J. Appl. Phys.*, **12**, 1641 (1973).

[30] G. Gordillo, F. Rojas and C. Calderón, Optical characterization of $Cd(S_xTe_{1-x})$ thin films deposited by evaporation, *Superficies y Vacio*, **16**, 30–33 (2003).

[31] R. Granger, Dielectric constants of Cd/Zn/Te/Se compounds, in *Narrow Gap Cadmium Based Compounds*, Peter Capper (Ed.), EMIS Datareview Series, INSPEC, London, 433–435 (1994).

[32] K. Zanio, *Semiconductors and Semimetals*, **13**, Academic Press, New York (1978).

[33] J. Pautrat and N. Magnea, Shallow and deep levels in Zn/Cd/Te/Se compounds, in *Narrow Gap Cadmium Based Compounds*, Peter Capper (Ed.), EMIS Datareview Series, INSPEC, London, 546–554 (1994).

[34] E. Molva, J. Chamonal and J. Pautrat, Shallow acceptors in cadmium telluride, *Physica Status Solidi B*, **109**, 635–644 (1982).

[35] M. Astles, Impurity doping in CdTe, in *Narrow Gap Cadmium Based Compounds*, Peter Capper (Ed.), EMIS Datareview Series, INSPEC, London, 494–500 (1994).

[36] Y. Marfaing, Impurity doping and compensation mechanisms in CdTe, *Thin Solid Films*, **387**, 123–128 (2001).

[37] Y. Marfaing, Models of doping impurity compensation in cadmium telluride, *Revue de Physique Appliquée*, **12**, 211–217 (2001).

[38] X. Mathew, J. Arizmendi, J. Campos, P. Sebastian, N. Mathews, C. Jiménez, M. Jiménez, R. Silva-González, M. Hernández-Torres and R. Dhere, Shallow levels in the band gap of CdTe films deposited on metallic substrates, *Sol. Energy Mater. Sol. Cells*, **70**, 379–393 (2001).

[39] V. Lyahovitskaya, L. Cherniak, J. Greenberg, L. Kaplan and D. Cahen, Low temperature, post-growth self-doping of CdTe single crystals due to controlled deviation from stoiciometry, *J. Appl. Phys.*, **88**, 3976–3981 (2000).

[40] V. Lyahovitskaya, L. Cherniak, J. Greenberg, L. Kaplan and D. Cahen, *n*- And *p*-type post-growth self-doping of CdTe single crystals, *J. Cryst. Growth*, **214–215**, 1155–1157 (2000).

[41] D. Schroder, *Semiconductor Material and Device Characterization*, 2nd ed., John Wiley & Sons Inc., Toronto (1998).

[42] G. Agostinelli and E. Dunlop, Artefacts in the measurement of effective diffusion lengths in CdTe solar cells, *Proc. 17th European Photovoltaic Solar Energy Conference* (Munich, Germany, October 2001), 1054–1057, WIP, Munich (2002).

[43] I. Clemminck, M. Burgelman, M. Casteleyn and B. Depuydt, Screen printed and sintered CdTe-CdS solar cells, *Int. J. Solar Energy*, **12**, 67–78 (1992).

[44] A. Niemegeers, M. Burgelman and A. De Vos, On the $CdS/CuInSe_2$ conduction band discontinuity, *App. Phys. Lett.*, **67(6)**, 843–845 (1995).

[45] J. Fritsche, T. Schulmeyer, D. Kraft, A. Thißen, A. Klein and W. Jägermann, Utilisation of sputter depth profiling for the determination of band alignment at polycrystalline CdTe/CdS heterointer-

faces, *Appl. Phys. Lett.*, **81**, 2297–2299 (2002).
[46] H. Matsumoto, K. Kuribayashi, H. Uda, Y. Komatsu, A. Nakano and S. Ikegami, Screen-printed CdS/CdTe solar cell of 12.8 % efficiency for an active area of 0.78 cm^2, *Solar Cells*, **11**, 367–373 (1984).
[47] I. Oladeji, L. Chow, C. Ferekides, V. Viswanathan, Zhiyong Zhao, Metal/CdTe/CdS/$Cd_{1-x}Zn_x$/TCO/glass: a new CdTe thin film solar cell structure, *Sol. Energy Mater. Sol. Cells*, **61**, 203–211 (2000).
[48] M. Gloeckler, A.Fahrenbruch and J.Sites, Numerical modelling of CIGS and CdTe solar cells: setting the baseline, *Proc. 3rd World Conference on Photovoltaic Energy* Conversion (Osaka, Japan, May 2003), 491–494, WCPEC-3, Osaka (2003).
[49] J. Sites, Chalcogenide solar cells: choosing the window, presented (invited) at the European Materials Research Society Conference (Symposium O: Thin film chalcogenide photovoltaic materials), E-MRS, Strasbourg, France, 24–28 May 2004; accepted for publication in *Thin Solid Films*.
[50] D. Albin, Y. Yan amd M. Al-Jassim, The effect of oxygen on interface and microstructure evolution in CdTe/CdS solar cells, *Prog. Photovolt. Res. Appl.*, **10**, 309–322 (2002).
[51] J. Britt and C. Ferekides, Thin-film CdS/CdTe solar cell with 15.8 % efficiency, *Appl. Phys. Lett.*, **62**, 2851–2852 (1993).
[52] N. Romeo, A. Bosio, V. Canavari, M. Terheggen and L. Vaillant Roca, Comparison of different conducting oxides as substrates for CdS/CdTe thin film solar cells, *Thin Solid Films*, **431–432**, 364–368 (2003).
[53] K. Oehlstrom, V. Sittinger, S. Friedmann, A. Abken, R. Reineke-Koch and J. Parisi, Cd_2SnO_4 as front contact for CdS/CdTe solar cells, *Proc. 17th European Photovoltaic Solar Energy Conference* (munich, Germany, October 2001), 1172–1175, WIP, Munich (2002).
[54] R. Schropp and M. Zeman, *Amorphous and Microcrystalline Silicon Solar Cells: Modelling, Materials and Device Technology*, Kluwer Academic Publishers, Boston (1998).
[55] B. McCandles, L. Moulton and R. Birkmire, Recrystallisation and sulphur diffusion in $CdCl_2$-treated CdTe/CdS thin films, *Prog. Photovolt. Res. Appl.*, **5**, 249–260 (1997).
[56] B. Başol, Processing high efficiency CdTe solar cells, *Int. J. Solar Energy*, **12**, 25–35 (1992).
[57] N. Romeo, A. Bosio and V. Canevari, A new method to prepare efficient CdTe/CdS thin film solar cells, *Proc. 11th European Photovoltaic Solar Energy Conference* (Montreux, Switzerland, October 1992), 972–974, Harwood, CH (1993).
[58] T. Zhou, N. Reiter, R. Powell, R. Sasala and P. Meyers, Vapor chloride treatment of polycrystalline CdTe/CdS films, *Proc. 1st World Conference on Photovoltaic Energy Conversion* (Hawaii, 1994), 103–106, IEEE, New York (1995).
[59] B. McCandless, I. Youm and W. Birkmire, Optimization of vapour post-deposition processing for evaporated CdS/CdTe solar cells, *Prog. Photovolt. Res. Appl.*, **7**, 21–30 (1999).
[60] T. Potlog, L. Ghimpu, P. Gashin, A. Pudov, T. Nagle and J. Sites, Influence of annealing in different chlorides on the photovoltaic parameters of CdS/CdTe solar cells, *Sol. Energy Mater. Sol. Cells*, **80**, 327–334 (2003).
[61] Marc Köntges, *Beleuchtungsabhängiger Ladungstransport durch tiefe kompensierende Störstellen in CdTe und Cu(In,Ga)Se_2-Solarzellen*, PhD thesis, University of Oldenburg / IFSH (2002) (in German).
[62] K. Nakamura, T. Fujihara, T. Toyama and H. Okamoto, Influence of $CdCl_2$ treatment on the structural and electrical properties of highly efficient 2-μm thick CdS/CdTe thin film solar cells, *Jpn. J. Appl. Phys.*, **41**, 4474–4480 (2002).
[63] K. Krishna and V. Dutta, Effect of *in situ* $CdCl_2$ treatment on spray deposited CdTe/CdS heterostructure, *J. Appl. Phys.*, **96**, 3962–3971 (2004).
[64] P. Paulson, V. Dutta, Study of *in situ* $CdCl_2$ treatment on CSAS deposited CdTe films and CdS/CdTe solar cells, *Thin Solid Films*, **370**, 299–306 (2000).
[65] I. Clemminck, M. Burgelman, M. Casteleyn, J. De Poortere and A. Vervaet, Interdiffusion of CdS and CdTe in screenprinted and sintered CdS-CdTe solar cells, *Proc. 22nd IEEE Photovoltaic*

Specialists Conference (Las Vegas, NV, 1991), 1114–1119, IEEE, New York (1992).

[66] B. McCandless, M. Engelmann and R. Birkmire, Interdiffusion of CdS/CdTe thin films: modelling and x-ray diffraction line profiles, *J. Appl. Phys.*, **89**, 988–994 (2001).

[67] P. Gibson, M. Baker and M. Özsan, Investigation of sulphur interdiffusion at the CdS/CdTe interface of thin-film solar cells, *Surface and Interface Analysis*, **33**, 825–829 (2002).

[68] U. Jahn, T. Okamoto, A, Yamada and M. Konagai, Doping and intermixing in CdS/CdTe solar cells fabricated under different conditions, *J. Appl. Phys.*, **90**, 2553–2558 (2001).

[69] S. Ringel, A. Smith, M. McDougal and A. Rohatgi, The effects of the $CdCl_2$ on the electronic properties of molecular-beam epitaxially grown CdTe/CdS heterojunction solar cells, *J. Appl. Phys.*, **70**, 881–889 (1991).

[70] A. Niemegeers, M. Burgelman, H. Richter and D. Bonnet, A model for the effects of the $CdCl_2$ treatment on the performance of CdTe/CdS solar cells, *Proc. 14th European Photovoltaic Solar Energy Conference* (Barcelona, Spain, July 1997), 2079–2082, Stephens & Associates, UK (1998).

[71] A. Rohatgi, A study of efficiency limiting defects in polycrystalline CdTe/CdS solar cells, *Int. J. Solar Energy*, **12**, 37–49 (1992).

[72] N. Romeo, A. Bosio, V. Canevari and T. Kuku, Crystallisation of CdTe thin films by $CdCl_2$ treatment at high temperature, *Proc. 12th European Photovoltaic Solar Energy Conference* (Amsterdam, the Nederlands, April 1994), 662–663, Stephens & Associates, UK (1994).

[73] J. Hiie, CdTe:$CdCl_2$:O_2 annealing process, *Thin Solid Films*, **431–432**, 90–93 (2003).

[74] E. H. Rhoderick, *Metal-semiconductor Contacts*, Clarendon, Oxford (1978).

[75] J. P. Ponpon, A review of ohmic and rectifying contacts on cadmium telluride, *Solid-State Electronics*, **28**, 689–706 (1985).

[76] D. Kraft, B. Späth, J. Fritsche, A. Thißen, A. Klein and W. Jaegermann, Metal contacts to CdTe and ZnTe, presented at the European Materials Research Society Conference (Symposium O: Thin film chalcogenide photovoltaic materials), E-MRS, Strasbourg, France, 24–28 May 2004; accepted for publication in *Thin Solid Films*.

[77] K. Dobson, I. Visoly-Fisher, G. Hodes and D. Cahen, Stabilizing CdTe/CdS solar cells with Cu-containing contacts to p-CdTe, *Adv. Mat.*, **13**, 1495–1499 (2001).

[78] B. Depuydt, M. Burgelman, M. Casteleyn, A. Vervaet and A. Niemegeers, The effects of diffusion of impurities from graphite back contacts on CdS/CdTe cells, *Proc. 13th European Photovoltaic Solar Energy Conference* (Nice, France, October 1995), 593–596, Stephens & Associates, UK (1996).

[79] V. Singh, O. Erikson and J. Chao, Analysis of contact degradation at the CdTe-electrode interface in thin film CdTe-CdS solar cells, *J. Appl. Phys.*, **78**, 4538–4542 (1995).

[80] Y. Soo, S. Huang, S. Kim, G. Kioseoglou, Y. Kao, A. Compaan, D. Grecu and D. Albin, Effects of heat treatment on diffusion of Cu atoms into CdTe single crystals, *Appl. Phys. Lett.*, **76**, 3729–3731 (2000).

[81] C. Corwine, A. Pudov, M. Gloeckler, S. Demtsu and J. Sites, Copper inclusion and migration from the back contact in CdTe solar cells, *Sol. Energy Mater. Sol. Cells*, **82**, 481–489 (2004).

[82] M. Soliman, The effect of annealing on the junction properties of CdTe/CdS cells with carbon contacts, *Renewable Energy*, **23**, 355–360 (2001).

[83] A. Hanafusa, T. Aramoto and A. Morita, Performance of graphite pastes doped with various materials as back contact for CdS/CdTe solar cell, *Jpn. J. Appl. Phys.*, **40**, 6764–6769 (2001).

[84] A. Abken, Chemical stability of sputtered Mo/Sb_2Te_3 and Ni/Sb_2Te_3 layers in view of stable back contacts for CdTe/CdS thin film solar cells, *Sol. Energy Mater. Sol. Cells*, **73**, 391–409 (2002).

[85] D. Bätzner, A. Romeo, M. Terheggen, M. Döbeli, H. Zogg and A. Tiwari, Stability aspects in CdTe/CdS solar cells, *Thin Solid Films*, **451-452**, 536–543 (2004).

[86] G. Stollwerck and J. Sites, Analysis of the CdTe back contact barriers, *Proc. 13th European*

Photovoltaic Solar Energy Conference (Nice, France, 1995) Stephens & Associates, UK (1996).

[87] A. Niemegeers and M. Burgelman, Effects of the Au/CdTe back contact on *IV*- and *CV*-characteristics of Au/CdTe/CdS/TCO solar cells, *J. Appl. Phys.*, **81**, 2881–2886 (1997).

[88] M. Burgelman, P. Nollet, S. Degrave and J. Beier, Modelling the cross-over of the *I-V* characteristics of thin film CdTe solar cells, *Proc. 28th IEEE Photovoltaic Specialists Conference* (Anchorage, AL, September 2000), 551–554, IEEE, New York (2000).

[89] T. McMahon and A. Fahrenbruch, Insights into the nonideal behavior of CdS/CdTe solar cells, *Proc. 28th IEEE Photovoltaic Specialists Conference* (Anchorage, AL, September 2000), 539–542, IEEE, New–York (2000).

[90] J. Beier, M. Köntges, P. Nollet, S. Degrave and M. Burgelman, Importance of electron current in *p*-type CdTe in CdS/CdTe thin film solar cells at forward bias, *Mat. Res. Soc. Symp. Proc.*, **668**, H9.5.1–H9.5.6 (2001).

[91] V. Fthenakis, Overview of potential hazards, in *Practical Handbook of Photovoltaics: Fundamentals and Applications*, T. Markvart and L. Castañer, Elsevier, Amsterdam, 857–868 (2003).

[92] K. Zweibel and V. Fthenakis, Cadmium facts and handy comparisons, revision 26-12-2002, Report of NREL (National Renewable Energy Laboratory) and BNL (Brookhaven National Laboratory), available at http://www.nrel.gov/cdte/pdfs/cdte_factsheet.pdf . See also http://www.nrel.gov/cdte/ref_res.html .

[93] E. Alsema and B. van Engelenburg, Environmental risk of CdTe and CIS solar cell modules, *Proc. 11th European Photovoltaic Solar Energy Conference* (Montreux, Switzerland, October 1992), 995–998, Harwood, CH (1993).

[94] V. Fthenakis, Life cycle impact analysis of cadmium in CdTe PV production, *Renew. & Sustain. En. Rev.*, **8**, 303–334 (2004).

[95] P. Moskowitz, Environmental, health and safety issues related to the production and use of CdTe photovoltaic modules, *Int. J. Solar Energy*, **12**, 259–281 (1992).

[96] V. Fthenakis and P. Moskowitz, Thin-film photovoltaic cells: health and environmental issues in their manufacture, use and disposal, *Prog. Photovolt. Res. Appl.*, **3**, 295–306 (1995).

[97] P. Moskowitz and V. Fthenakis, Environmental, health and safety issues associated with the manufacture and use of II-VI photovoltaic device, *Solar Cells*, **30**, 89–99 (1991).

[98] V. Fthenakis and P. Moskowitz, Photovoltaics: Environment, health and safety issues and perspectives, *Prog. Photovolt. Res. Appl.*, **8**, 27–38 (2000).

[99] V. Fthenakis, S. Morris, P. Moskowitz and D. Morgan, Toxicity of cadmium telluride, copper indium diselenide, and copper gallium diselenide, *Prog. Photovolt. Res. Appl.*, **7**, 489–497 (1999).

[100] Nomination of cadmium telluride to the national toxicology program, memorandum of the US National Renewables Energy Laboratory (NREL) and the Brookhaven National Laboratory (BNL), 2003.

[101] J. Bohland and K. Smigielski, First Solar's CdTe module manufacturing experience; environmental, health and safety results, *Proc. 28th IEEE Photovoltaic Specialists Conference* (Anchorage, AL, September 2000), 575–578, IEEE, New York (2000).

[102] P. Moskowitz and V. Fthenakis, Toxic materials released from photovoltaic modules during fires; health risks, *Solar Cells*, **29**, 63–71 (1990).

[103] H. Steinberger, Health, safety and environmental risks from the operation of CdTe and CIS thin-film modules, *Prog. Photovolt. Res. Appl.*, **6**, 99–103 (1998).

[104] T. Toyama, T. Suzuki, M. Gotoh, K. Nakamura, H. Okamoto, Reduction of infrared response of CdS/CdTe thin-film solar cell with decreased thickness of photoactive layer, *Sol. Energy Mater. Sol. Cells*, **67**, 41–47 (2001).

[105] K. Ernst, A. Balaidi, R. Könenkamp, Solar cell with extremely thin absorber on highly structured substrate, *Semiconductor Science and Technology*, **18**, 475–479 (2003).

[106] C. Grasso, K. Ernst, R. Könenkamp, M. Burgelman, M.-C. Lux-Steiner, Photoelectrical characterization and modeling of the eta-solar cell, *Proceedings of the 17th European Photovoltaic*

Conference (munich, Germany, Ooctober 2001), 211–214, WIP, Munich (2002).
[107] S. Irvine, V. Barrioz, A. Stafford and K. Durose, Materials issues in very thin film CdTe for photovoltaics, presented at the European Materials Research Society Conference (Symposium O: Thin film chalcogenide photovoltaic materials), E-MRS, Strasbourg, France, 24–28 May 2004; accepted for publication in *Thin Solid Films* (December 2004).
[108] J. Sites, J. Granata and J. Hiltner, Losses due to polycrystallinity in thin-film solar cells, *Sol. Energy Mater. Sol. Cells*, **55**, 43–50 (1998).
[109] U. Rau, R. Noufi, and L. Stolt (organizers), Workshop on Polycrystallinity in CIGS Thin-Film Solar Cells, Strasbourg, France, 29 May 2004. Contributions on CdTe were presented by A. Compaan (A10), W. Jägermann (B01), I. Visoly-Fischer (C03) and M. Burgelman (C12). No Workshop Records were published.
[110] Y. Yan, D. Albin and M. Al-Jassim, Do grain boundaries assist S diffusion in polycrystalline CdS/CdTe heterojunctions?, *Appl. Phys. Lett.*, **81**, 171–173 (2002).
[111] K. Durose, M. Cousins, D. Boyle, J. Beier and D. Bonnet, Grain boundaries and impurities in CdTe/CdS solar cells, *Thin Solid Films*, **403–404**, 396–404 (2002).
[112] L. Woods, D. Levi, V. Kaydanov, G. Robinson and R. Ahrenkiel, Electrical characterization of CdTe grain boundary properties from as processed CdTe/CdS solar cells, *Proc. 2nd World Conference on Photovoltaic Energy Conversion* (Vienna, Austra, July 1998), 1043–1046, JRC, European Commission (1998).
[113] L. Woods, G. Robinson and D. Levi, The effects of $CdCl_2$ on CdTe electrical properties using a new theory for grain boundary conduction, *Proc. 28th IEEE Photovoltaic Specialists Conference* (Anchorage, AL, September 2000), 603–606, IEEE, New York (2000).
[114] P. Edwards, S. Galloway and K. Durose, Erratum to EBIC and luminescence mapping of CdTe/CdS solar cells, *Thin Solid Films*, **372**, 284–291 (2000).
[115] S. Galloway, P. Edwards and K. Durose, Characterisation of thin film CdS/CdTe solar cells using and optical beam induced current, *Sol. Energy Mater. Sol. Cells*, **57**, 61–74 (1999).
[116] K. Durose, J. R. E. Sadler, A. Yates, A. Szczerbakow, R-EBIC study of the electrical activity of grain boundaries in CdTe and Cd(S,Te), *Proc. 28th IEEE Photovoltaic Specialists Conference* (Anchorage, AL, September 2000), 487–490, IEEE, New York (2000).
[117] I. Visoly-Fisher, S. Cohen and D. Cahen, Direct evidence for grain-boundary depletion in polycrystalline CdTe from nanoscale-resolved measurements, *Appl. Phys. Lett.*, **82**, 556–568 (2003).
[118] I. Visoly-Fisher, S. Cohen, A. Ruzin and D. Cahen, How polycrystalline devices can outperform single crystal ones: thin film CdTe solar cells, *Adv. Mat.*, **76**, 879–883 (2004).
[119] R. Birkmire, B. McCandles and S. Hegedus, Effects of processing on CdTe/CdS materials and devices, *Int. J. Solar Energy*, **12**, 145–154 (1992).
[120] M. Bhatti, K. Hynes, R. Miles and R. Hill, Thin films of cadmium telluride produced using stacked elemental layer (SEL) processing for use in thin film solar cells, *Int. J. Solar Energy*, **12**, 171–182 (1992).
[121] J. Skarp, E. Anttila, A. Rautiainen and T. Suntola, ALE-CdS/CdTe-PV-cells, *Int. J. Solar Energy*, **12**, 137–142 (1992).
[122] F. Abou-Elfotouh and T. Coutts, RF magnetron sputtering of polycrystalline CdTe thin film solar cells, *Int. J. Solar Energy*, **12**, 223–246 (1992).
[123] A. Compaan, Ch. Tabory, Y. Li, Z. Feng and A. Fisher, CdS/CdTe solar cells by RF sputtering and by laser physical vapour deposition, *Proc. 23nd IEEE Photovoltaic Specialists Conference* (Louisville, KY, May 1993), 394–399, IEEE, New York (1993).
[124] D. Cunningham, M. Rubcich and D. Skinner, Cadmium telluride PV module manufacturing at BP Solar, *Prog. Photovolt. Res. Appl.*, **10**, 159–168 (2004).
[125] S. Albright, B. Ackerman, J. Jordan, Efficient CdTe/CdS solar cells and modules by spray processing, *IEEE Trans. Electron Dev.*, **37**, 434–437 (1990).
[126] S. Albright, R. Chamberlin, B. Ackerman and J. Jordan, Performance measurement irregularities on CdS/CdTe devices and modules, *Int. J. Solar Energy*, **12**, 109–120 (1992).
[127] S. Ikegami and A. Nakano, Effect of oxygen on photovoltaic properties of screen-printed CdS/CdTe

solar cell and module, *Int. J. Solar Energy*, **12**, 53–65 (1992).
[128] J. Park, B. Ahn, H. B. Im *et al.*, Photovoltaic properties of sintered CdS.CdTe solar cells doped with Cu, *J. Electrochem. Soc.*, **139**, 3351–3356 (1992).
[129] A. Tiwari, A. Romeo, D. Bätzner and H. Zogg, Flexible CdTe solar cells on polymer films, *Prog. Photovolt. Res. Appl.*, **9**, 211–215 (2001).
[130] A. Romeo, M. Arnold, D. Bätzner, H. Zogg and A. Tiwari, Development of high efficiency flexible CdTe solar cells, *Conference Records of PV in Europe, from PV technology to energy solutions* (Rome, Italy, October 2002), 377–381 (2002).
[131] A. Romeo, D. Bätzner, H. Zogg and A. Tiwari, Influence of proton irradiation and development of flexible CdTe solar cells on polyimide, *Mat. Res. Soc. Symp. Proc.*, **668**, H3.3.1–H3.3.6 (2001).
[132] D. Bätzner, A. Romeo, M. Döbeli, K. Weinert, H. Zogg and A. Tiwari, High energy irradiation properties of CdTe/CdS solar cells, *Proc. 29th IEEE Photovoltaic Specialists Conference* (New Orleans, LA, 20–24 May 2002), 982–985, IEEE, New York (2002).
[133] A. Tiwari, G. Khrypunov, F. Kurdzesau, D. Bätzner, A. Romeo and H. Zogg, CdTe solar cell in a novel configuration, *Prog. Photovolt. Res. Appl.*, **12**, 33–38 (2004).
[134] D. Niles, X. Li, D. Albin, D. Rose, T. Gessert and P. Sheldon, Evaporated Te on CdTe : a vacuum-compatible approach to making back contact to CdTe solar cell devices, *Prog. Photovolt. Res. Appl.*, **4**, 225–229 (1996).
[135] N. Romeo, A. Bosio, V. Canevari, A. Podestà, S. Mazzamuto and G. Guadalupi, High efficiency CdTe/CdS thin film solar cells with Sb_2Te_3 back contact by a thoroughly dry process, *Proc. 19th European Photovoltaic Solar Energy Conference* (Paris, France, June 2004), 1718–1720, WIP, Munich (2004).
[136] ANTEC Solar Energy AG, Emil-Paßburgstraße 1, D-99310 Arnstadt, Germany. See: http://www.antec-solar.de/
[137] First Solar, LLC, 28101 Cedar Park Blvd., Perrysburg, OH 43551, USA See: http://www.firstsolar.com/
[138] F. Padovani and R. Stratton, Field and thermionic-field emission in Schottky barriers, *Solid-State Electr.*, **9**, 695-707 (1966).
[139] Thomas Walter, *Herstellung und optoelektronische Charakterisierung polykristaliner I-III-VI_2-Verbindungshalbleiter und darauf basierender Heteroübergänge für Dünnschichtsolarzellen*, PhD thesis, University of Stuttgart, Institut für Physikalische Elektronik (IPE) (1994) (in German).
[140] M. Burgelman, A. De Vos and A. Niemegeers, Device simulation of polycrystalline heterojunction solar cells, *Proc. 12th European Photovoltaic Solar Energy Conference* (Amsterdam, the Nederlands, April 1994), 1557–1560, Stephens & Associates, UK (1994).
[141] A. Niemegeers, S. Gillis and M. Burgelman, Interpretation of capacitance spectra in the special case of novel thin film CdTe/CdS and CIGS/CdS solar cell device structures, *Proc. 2nd World Conference on Photovoltaic Energy Conversion* (Vienne, Austria, July 1998), 1071–1074, JRC, European Commission (1998).
[142] T. Walter, R. Herberholz, C. Müller and H.-W. Schock, Determination of defect distributions from admittance measurements and application to Cu(In,Ga)Se_2 based heterojunctions, *J.Appl. Phys.*, **80**, 4411–4420 (1996).
[143] W. Lee, N. Taskar, S. Ghandi and J. Borrego, Deep level transient spectroscopy studies of n-CdTe and p-CdTe, presented at the 8th Photovoltaic Research and Development Project Review Meeting, Denver, CO, USA, November 15–18 (1987).
[144] A. Balcioglu, R. Ahrenkiel and F. Hasoon, Deep-level impurities in CdTe/CdS thin-film solar cells, *J. Appl. Phys.*, **88**, 7175–7178 (2000).
[145] V. Komin, B. Tetali, V. Viswanathan, S. Yu, D. Morel and C. Ferekides, The effect of $CdCl_2$ treatment on CdTe/CdS thin film solar cells studied using deep level transient spectroscopy, *Thin Solid Films*, **431–432**, 143–147 (2003).
[146] J. Versluys, P. Clauws, P. Nollet, S. Degrave and M. Burgelman, DLTS and admittance measurements on CdTe/CdS solar cells, *Thin Solid Films*, **431–432**, 148–152 (2003).
[147] J. Versluys, P. Clauws, P. Nollet, S. Degrave and M. Burgelman, Characterisation of deep defects in

CdS/CdTe thin film solar cells using deep level transient spectroscopy, *Thin Solid Films*, **451–452**, 434–438 (2004).

[148] D. Shvydka, J. Rakotoniaina and O. Breitenstein, Lock-in thermography and non-uniformity modeling of thin-film CdTe solar cells, *App. Phys. Lett.*, **84**, 729–731 (2004).

[149] C. Bridge, P. Dawson, P. Buckle and E. Özsan, Photoluminescence spectroscopy and decay time measurements of polycrystalline thin film CdTe/CdS solar cells, *J. Appl. Phys.*, **88**, 6451–6456 (2000).

[150] T. Okamoto, A. Yamada, M. Konagai, Optical and electrical characterizations of highly efficient CdTe thin film solar cells prepared by close-spaced sublimation, *J. Crystal Growth*, **214/215**, 1148–1151 (2000).

[151] D. Halliday, M. Potter, D. Boyle and K. Durose, Photoluminescence characterization of ion implanted CdTe, *Mat. Res. Soc. Symp. Proc.*, **668**, H1.8.1–H1.8.6 (2001).

[152] K. Nakamura, M. Gotoh, T. Fujihara, T. Toyama and H. Okamoto, Electromodulated photoluminescence study of CdS/CdTe thin-film solar cell, *Jpn. J. Appl. Phys.*, **40**, 4508–4511 (2001).

[153] M. Romero, D. Albin, M. Al-Jassim, X. Wu, H. Moutinho and R. Dhere, Cathodoluminescence of Cu diffusion in CdTe thin films for CdTe/CdS solar cells, *Appl. Phys. Lett.*, **81**, 2962–2964 (2002).

[154] J. Fritsche, S. Gunst, A. Thißen, R. Gegenwart, A. Klein and W. Jaegermann, CdTe thin film solar cells: the CdS/SnO_2 front contact, *Mat. Res. Soc. Symp. Proc.*, **668**, H5.1.1–H5.1.6 (2001).

[155] J. Fritsche, T. Schulmeyer, A. Thißen, A. Klein and W. Jaegermann, Interface modification of CdTe thin film solar cells by $CdCl_2$-activation, *Thin Solid Films*, **431–432**, 267–271 (2003).

[156] L. Weinhardt, C. Heske, E. Umbach, T.P. Niesen, S. Visbeck, and F. Karg,, Band alignment at the i-ZnO/CdS interface in $Cu(In,Ga)(S,Se)_2$ thin film solar cells, *Appl. Phys. Lett.*, **84**, 3175–3177 (2004).

[157] R. Chakrabarti, J. Dutta, S. Bandyopadhyay, D. Bhattacharyya, S. Chaudhuri and A. Pal, Surface photovoltage measurement in CdTS/CdTe solar cell: grain boundary effect, *Sol. Energy Mater. Sol. Cells*, **61**, 113–126 (2000).

[158] Th. Glatzel, H. Steigert, S. Sadewasser, R. Klenk and M-Ch. Lux-Steiner, Potential distribution of $Cu(In,Ga)(S,Se)_2$-solar cell cross sections measured by Kelvin probe force microscopy, presented at the European Materials Research Society Conference (Symposium O: Thin film chalcogenide photovoltaic materials), E-MRS, Strasbourg, France, 24–28 May 2004; accepted for publication in *Thin Solid Films*.

[159] M. Burgelman, P. Nollet and S. Degrave, Electronic behaviour of thin film CdTe solar cells, *Appl. Phys. A*, **A69**, 149–153 (1999).

[160] Guido Agostinelli, *Photocurrent analysis of CdTe solar cells*, PhD thesis, University of Gent / ELIS (2002).

[161] G. Agostinelli, D.L. Bätzner and M. Burgelman, An alternative model for V, G and T dependence of CdTe solar cells IV characteristics, *Proc. 29th IEEE Photovoltaic Specialists Conference* (New Orleans, LA, 20–24 May 2002), 744–747, IEEE, New York (2002).

[162] G. Agostinelli, D. Bätzner and M. Burgelman, A theoretical model for the front region of CdTe Solar Cells, *Thin Solid Films*, **431–432**, 407–413 (2003).

[163] G. Agostinelli, E. Dunlop, D. Bätzner, A. Tiwari, P. Nollet, M. Burgelman and M. Köntges, Light dependent current transport mechanisms in chalcogenide solar cells, *Proc. 3rd World Conference on Photovoltaic Energy* Conversion (Osaka, Japan, May 2003), 356–359, WCPEC-3, Osaka (2003).

[164] M. Köntges, R. Reineke-Koch, P. Nollet, J. Beier, R. Schäffler, J. Parisi, Light induced changes in the electrical behavior of CdTe and $Cu(In,Ga)Se_2$ solar cells, *Thin Solid Films*, **403–404**, 280–286 (2002).

[165] P. Nollet, M. Köntges, M. Burgelman, S. Degrave, and R. Reineke-Koch, Indications for presence and importance of interface states in CdTe/CdS solar cells, *Thin Solid Films*, **431–432**, 414–420 (2003).

[166] M. Gloeckler and J. Sites, Apparent quantum efficiency effects in CdTe solar cells, *J. Appl. Phys.*, **95**, 4438–4445 (2004).

[167] M. Gloeckler and J. Sites, Quantum efficiency of CdTe solar cells in forward bias *Proc. 19th*

European Photovoltaic Solar Energy Conference (Paris, France, June 2004), 1863-1866, WIP, Munich (2004).

[168] M. Burgelman, J. Verschraegen, S. Degrave and P. Nollet, Modeling thin film PV devices, *Prog. Photovolt. Res. Appl.*, **12**, 143–153 (2004).

[169] M. Burgelman, P. Nollet and S. Degrave, Modelling polycrystalline semiconductor solar cells, *Thin Solid Films*, **361–362**, 527–532 (2000).

[170] A. Niemegeers, S. Gillis and M. Burgelman, A user program for realistic simulation of polycrystalline heterojunction solar cells: SCAPS-1D, *Proc. 2nd World Conference on Photovoltaic Energy Conversion* (Vienne, Austrai, July 1998), 672–675, JRC, European Commission (1998).

[171] S. Degrave, M. Burgelman, P. Nollet, Modelling of polycrystalline thin film solar cells: new features in SCAPS version 2.3, *Proceedings of the 3rd World Conference on Photovoltaic Energy* Conversion (Osaka, Japan, May 2003), 487–490, WCPEC-3, Osaka (2003).

[172] P. Nollet and M. Burgelman, Results of consistent numerical simulation of CdTe thin film solar cells, *Proc. 19th European Photovoltaic Solar Energy Conference* (Paris, France, June 2004), 1725–1728, WIP, Munich (2004).

[173] Peter Nollet, *Karakterisatie en modellering van CdTe/CdS dunne-filmzonnecellen*, PhD thesis, University of Gent / ELIS (2004) (in Dutch).

[174] M. Burgelman, J. Verschraegen, S. Degrave and P. Nollet, Analysis of CdTe and CIGS solar cells in relation to materials issues, Thin Solid Films, **480–481**, 392–398 (2005).

[175] V. Singh, D. Linam, D. Dils, J. McClure and G. Lush, Electro-optical characterization and modeling of thin film CdS-CdTe heterojunction solar cells, *Sol. Energy Mater. Sol. Cells*, **63**, 445–466 (2000).

[176] S. Degrave, P. Nollet, G. Stojanoska, M. Burgelman and K. Durose, Interpretation of ageing experiments on CdTe/CdS solar cells, *Proc. 17th European Photovoltaic Solar Energy Conference* (munich, Germany, October 2001), 1058–1061, WIP, Munich (2002).

[177] Y. Lee and J. Gray, Numerical modeling of the temperature and illumination intensity dependent performance of CIS solar cells, *Proc. 12th European Photovoltaic Solar Energy Conference* (Amsterdam, the Nederlands, April 1994), 1561–1564, Stephens & Associates, UK (1994).

[178] Y.-J. Lee and J. L. Gray, Numerical modeling of CdS/CdTe solar cells: a parameter study, *Proc. 22nd IEEE Photovoltaic Specialists Conference* (Las Vegas, NV, October 1991), 1151–1155, IEEE, New York (1991).

[179] Y.-J. Lee and J. L. Gray. Numerical modeling of polycrystalline CdTe and CIS solar cells, *Proc. 23nd IEEE Photovoltaic Specialists Conference* (Louisville, KY, May 1993), 586–591, IEEE, New York (1993).

[180] Y.-J. Lee and J. Gray, The effects of the band bending caused by interface states in CdTe/CdS solar cells, *Proc. 1st World Conference on Photovoltaic Energy Conversion* (Hawaii, 1994), 287–290, IEEE, New York (1995).

[181] S. Durbin and J. Gray, Considerations for modelling heterojunction transport in solar cells, *Proc. 1st World Conference on Photovoltaic Energy Conversion* (Hawaii, 1994), 1746–1749, IEEE, New York (1995).

[182] J.L. Gray, ADEPT: a general purpose device simulator for modeling solar cells in one- two and three dimensions, *Proc. 25nd IEEE Photovoltaic Specialists Conference* (Washington D.C., April 1996), 436–438, IEEE, New York (1996). Also see http://www.ece.purdue.edu/~grayj/ADEPT/adept.htm

[183] J. Gray, Interpretation of capacitance-voltage characteristics in thin-film solar cells using a detailed numerical model, *Proc. 25nd IEEE Photovoltaic Specialists Conference* (Washington D.C., April 1996), 905–908, IEEE, New York (1996).

[184] G. Friesen, M. Özsan and E. Dunlop, Impedance model for CdTe solar cells exhibiting constant phase element behaviour, *Thin Solid Films*, **361–362**, 303–308 (2000).

[185] D. Shvydka, U. Jayamaha, V. Karpov and D. Compaan, Capacitance-frequency analysis of CdTe photovoltaics, *Proc. 29th IEEE Photovoltaic Specialists Conference* (New Orleans, LA, 20–24 May 2002), 752–755, IEEE, New York (2002).

[186] A. Fahrenbruch, Modeling results for CdS/CdTe solar cells, Colorado State University Report, March 2000, 2020–2022.

[187] D. Linam, V. Singh, J. McClure, G. Lush, X. Matthew and P. Sebastian, Light and voltage dependence of the junction transport properties of CdTe/CdS photovoltaics, *Sol. Energy Mater. Sol. Cells*, **70**, 335–344 (2001).

[188] M. Burgelman and A. Niemegeers, Calculation of CIS and CdTe module efficiencies, *Sol. Energy Mater. Sol. Cells*, **51**, 129–143 (1998).

[189] V. Karpov, R. Harju and G. Dorer, Nonuniform power generation in polycrystalline thin film photovoltaics, *Proc. 28th IEEE Photovoltaic Specialists Conference* (Anchorage, AL, September 2000), 547–550, IEEE, New York (2000).

[190] D. Shvydka, A. Compaan and V. Karpov, Nonlocal response in CdTe photovoltaics, *J. Appl. Phys.*, **91**, 9059–9065 (2002).

[191] V. Karpov, A. Compaan and D. Shvydka, Random diode arrays and mesoscale physics of large-area semiconductor devices, *Phys. Rev. B*, **69**, Art. No. 045325 (2004).

[192] S. Degrave, M. Burgelman and P. Nollet, Quantitative study of solar cells based on Cu-In-S based absorber layers grown by the CISCuT-process, *Opto-Electron. Rev.*, **8**, 295–298, (2000).

08 도핑이나 블렌드된 유기 반도체에서의 광전류 생성

Charge Carrier Photogeneration in Doped and Blended Organic Semiconductors

V. I. Arkhipov
IMEC, Leuven, Belgium

H. Bässler
Institute of Physical, Nuclear and Macromolecular Chemistry,
Philipps-Universität, Marburg, Germany

8.1 서 론

보다 값싼 재료로 만든 유기 태양전지는 시계나 계산기로부터 컴퓨터에 이르기까지 다양한 제품의 전력 공급원으로 태양에너지 시장의 새로운 잠재력을 제공한다. 유연하고 무게가 가볍기 때문에 개인용 전자 제품의 전원 공급용으로 텐트는 물론 의복에까지 붙일 수 있다. 태양전지용으로 유기 소재와 폴리머의 장점은 확실하다 [1~3]. 하지만 이들 재료들은 몇 가지의 심각한 결점을 갖고 있다.

Si, Ge, GaAs 등의 기존 결정질 반도체와 달리 유기 소재에서는 광여기(photo-excitation)에 의해 순간적으로 자유 전하 캐리어(free charge carriers)가 생성되지 않는다. 결정질이든 비정질이든 유기 재료에서 주 광학 여기(primary optical excitations)는 결합 에너지가 약 0.5 eV, 혹은 그 이상인 Frenkel 유형의 분자 싱글렛 엑시톤(molecular singlet exciton)을 생성한다. 흡수가 시작되는 에너지단(absorption edge) 이상으로 빛에너지를 증가시켜도 1차 광여기의 특성은 변화되지 않는다는 점을 유의하여야 한다. 그 이유는 분자로 이루어진 고체의 경우 구성 성분 사이의 약한 Van der Waals 상호인력 때문에 $S_1 \leftarrow S_0$ 0-0 전이(transition) 이상의 매우 높은 광에너지에서도 직접 광이온화(photoionization)를 시키기엔 진동자 세기(oscillator strength)가 매우 작다. 에너지가 강한 광자는 오히려 크게 여기된 상태의 Franck-Condon states를 생성하는데, 이는 약 100 fs 정도의 매우 짧은 시간 내에 그들의 과잉 진동(vibronic) 에너지를 소비해 버린다. 그러므로 유기 태양전지의 첫 번째이자 가장 큰 숙제는 엑시톤을 어떻게 자유 전하 캐리어로 잘 분해하느냐이다.

다음 문제는 유기 및 무기 태양전지에 다 있는 것으로 광생성된 전하를 완전하게 수집하는 것이다. 특히, 무질서한(disordered) 유기 소재에서의 캐리어 이동도는 실리콘과 같은 결정질 무기 반도체에 비해 몇 자릿수 더 작다. 이는 유기 태양전지의 최대 두께를 극도로 제한시킨다. 게다가 동일한 유기 소재에서 전자와 정공 둘 다의 이동도를 어느 정도 수준 이상으로 높이는 것이 매우 어렵다. 벌크 내에서 이동도가 낮은 캐리어들이 축적되면 전극에서의 전하 수집을 방해하게 되고, 따라서 태양전지 효율을 크게 훼손시킨다.

다른 문제는 엑시톤의 효율적인 수확이다. 결합에너지가 크기 때문에 이완된 엑시톤들의 자발적인(intrinsic) 분해는 사실상 불가능하고, 전하 수송 센터나 혹은 도너/억셉터 계면쪽으로 엑시톤이 확산되는 것이 광전하 생성에 필수적이다. 무질서한 유기 소재에서 보통 엑시톤의 확산거리는 10~20 nm 미만인데, 이것이 도너 층의 두께를 20~40 nm 정도로 한정시킨다. 두께 40 nm의 유기 박막은 빛 흡수를 완전하게 하기에는 너무 얇다. 이에 대한 해결책이 다층구조 평판형(multilayer planar) 혹은 벌크 이종접합(bulk heterojunction) 형태로 태양전지를 구성하는 것이다. 전자는 분자량이 작은 재료에 더 적합한데, 진공증착 방식으로 각 층의 두께와 형상을 잘 제어할 수 있다. 이런 소자의 주요 문제점은 여전히 엑시톤 수확과 전극에서의 전하 수집이다.

스핀 코팅이나 스크린 프린팅에 의한 폴리머 기반의 평판형 이종접합 소자의 제조는 용매를 필요로 하기 때문에 문제가 되는데, 용매가 도너 폴리머를 녹일 수 있지만, 억셉터 재료는 녹이지 못하거나 또는 그 반대의 경우에만 가능하다. 폴리머 기반의 벌크 이종접합 태양전지는 수 내지 수십 나노미터 범주인 폴리머의 도너/억셉터 혼합물(blend)에서 일어나는 상의 분리(phase separation)를 활용한다. 원칙적으로 이 스케일은 엑시톤의 확산거리와 거의 일치하는데, 이것이 도너/억셉터 계면에서의 분해를 통해 엑시톤의 효율적인 수확이 가능한 여건을 제공한다. 그러나 엑시톤 분해 메커니즘은 아직 완전하게 이해되지 않고 있다. 게다가, 충분한 상분리는 억셉터(보통 C_{60} 기반) 쪽에서만 검증되어 있고, 순수한 도너 폴리머 상이 10 nm 스케일에서 형성이 되는지, 혹은 폴리머가 억셉터와 균일하게 혼합이 되는지는 아직 명확하지 않다. 좀 더 기술적인 측면에서 볼 때 벌크 이종접합 태양전지에서 해결해야 할 주요 문제는 : (i) 보통 두께 100 nm 정도인 소자에서 충분한 빛의 흡수, (ii) 도너 폴리머를 강력한 전자 억셉터와 혼합함에 따른 개방전압 감소,

(iii) 임의로 상호 교차하는 전하 추출/통행(percolation) 네트워크를 통한 전자와 정공의 전하 수송(charge transport)으로 정리된다.

여기서는 이들 기술적인 측면보다는 도핑하지 않은 순수한 상태거나, 도핑 농도가 낮거나 또는 고농도로 도핑된 공액 폴리머(conjugated polymer)에서 빛에 의한 전하 생성 과정과 메커니즘에 대해 초점을 두고, 엑시톤의 소멸 현상(quenching)과 전하 전달(charge transfer : CT) 중심부에서 엑시톤이 자신의 전하 캐리어 쌍(geminate pairs)으로 분해되는 것, 그리고 이들 전하 쌍이 다시 Onsager 형의 분해과정을 거칠 때 에너지 불균일성의 영향, 계면에서 엑시톤의 분해, 폴리머 도너/억셉터 혼합물에서 전하 쌍 재결합 현상 등에 대해 논의하고자 한다. 최근의 실험 및 이론적인 진전을 중심으로 논의하며, 공액 폴리머에서 광학 여기에 의해 생성된 엑시톤의 특성, 엑시톤의 결합 에너지, 엑시톤 에너지 이완(relaxation)과 site-selective spectroscopy 등과 같은 기존 이슈에 대해서는 참고문헌[4~7]을 참조하기 바란다.

8.2 도핑되지 않거나 균일하게 도핑된 랜덤 유기 반도체에서의 엑시톤 분해

8.2.1 공액 폴리머에서의 내재적인 광전하 생성

공액 폴리머에서 주된 광학적인 여기(primary optical excitations)는 전기적으로 중성인 싱글렛 혹은 트리플렛(triplet) 엑시톤이다. 이 개념에 대한 분광학적인 증거는 싱글렛과 트리플렛 사이에 약 0.7 eV의 정도의 에너지 갭이 관찰되는 점이다[8~12]. 이 양(quantity)은 엑시톤을 구성하는 전자와 정공 사이의 교환 상호작용(exchange interaction)의 강도를 나타내는 척도로서, 위와 같은 큰 값은 엑시톤이 단단하게 결합되어 있다는 것을 의미한다. 싱글렛 상태에서 전자-정공 사이의 이격 거리의 제곱근 평균값은 electroabsorption 데이터와 양자화학적 계산에 의해 약 1 nm 정도로 추정된다[13~15]. 이는 싱글렛 엑시톤의 분해에는 실온에서 kT 정도의 에너지가 필요하다는 것을 의미한다. 불행히도 엑시톤 결합에너지 E_b는 결정성의 polydiacetylenes를 제외하고는 분광학적으로 직접 측정하는 것이 쉽지 않았다. 이 경우 E_b는 0.5 eV 정도로 알려져 있다[16].

E_b가 0.5 eV이거나 혹은 더 크기 때문에 광전도(photoconductivity) 현상이 빛에너지 $h\nu = E(S_1) + E_b$에서 시작한다고 예상할 수도 있다. 여기서 $E(S_1)$는 싱글렛

여기 에너지이다. 치환된 polyphenylenevinylenes(PPVs)[17], 사다리 형태의 poly(paraphenylenes)[18], 또는 polythiophenes[19]과 같은 다양한 공액 폴리머 박막에서 연속모드(cw) 광전도 현상의 작동 스펙트럼을 보면 실제 분광학적으로 $S_1 \leftarrow S_0$ 0-0 전이에 의해 설정된 흡수단 보다 훨씬 더 높은 에너지에서 현저하게 증가된 것을 확인할 수 있다. 이 증가는 내재적인 광전하 생성의 시작을 나타내는 것으로 기존 분자 결정에서와 흡사하다[4]. 일반적으로 이는 아직 낮은 에너지 상태로 이완되지 않은 높은 에너지의 Franck-Condon 상태에서 자발적 이온화(autoionization)가 일어남에 따라 나타나는 현상으로 이해되고 있다[20]. 이것이 쿨롱 법칙에 따라 결합된 전자-정공의 쌍을 생성하는데, 이 전하 쌍은 온도와 혹은 전기장의 영향 하에 임의로 확산 운동을 하다가 제짝과(geminately) 재결합하거나 혹은 완전히 분해된다. 유사한 현상이 공액 폴리머에서도 일어난다. 이완된 싱글렛 엑시톤의 에너지에 비교하여, 쿨롱 인력을 극복하고 서로 묶이지 않은 전자-정공 한 쌍의 형성에 필요한 추가의 에너지는 이광자 흡수(two photon absorption)나 이완된 S_1 여기의 순차적인 광이온화(sequential photoionization)와 같은 이단 양자 프로세스(two quantum process)를 통해서나 혹은 2개의 엑시톤의 두 분자 만남(bimolecular encounter)을 통해서 공급될 수도 있다[21~23].

도핑 되어 있지 않은 순수한(neat) 시스템에서 잉여의 진동에너지를 소모하고 낮은 에너지 상태로 이완된 싱글렛 엑시톤을 분해하는 유일한 방법은 높은 전기장을 인가하는 것이다. 이러한 높은 전기장이 전자-정공 쌍을 멀리 떨어뜨릴 때 발생하는 쿨롱 결합에너지의 손실을 보상하여야만 하는 것이다. Anthracene 유형의 분자결정에서 이 과정은 E_b가 너무 크기 때문에 접근 가능한 전기장의 범주 밖에 있다. 두께 100 nm의 공액 폴리머 박막에서는 이 과정이 절연파괴(breakdown) 전기장보다는 낮은 보통 10^6 V/cm의 전기장에서 개시된다. S_1 엑시톤이 전기장의 도움을 받아 분해되는 것은 높은 전기장에서의 형광 소멸(fluorescence quenching)[24, 25] 등을 통해 간접적으로 관찰할 수 있다. 이 현상은 GaAs와 같은 무기 반도체에서는 잘 알려져 있지만, 엑시톤의 결합에너지가 낮기 때문에 10 kV/cm 범위의 전기장에서도 일어난다.

싱글렛 엑시톤이 전계의 도움으로 분해되는 것은 순간 광흡수(transient absorption)를 통해 직접 모니터할 수 있다. 100 fs 레이저 펄스로 여기하면 폴리머 박막은 박막의 광학적 밴드갭보다 훨씬 낮은 2 eV 부근에서 순간 흡수 시그널이 발생한다는 여러 문헌보고가 있다[26, 27]. 이는 전통적으로 폴라론(polaron)이라고 부르는 라디칼 양이온과 음이온의 생성 때문이다. 그 시그널이 일시적으로 커진다는 관점에서 내릴 수 있는 결론은 : (i) 분해는 진동에 의해 이완된 S_1 엑시톤의 전체 고유 수명(보통 300 ps 정도) 내에서 일어난다, (ii) 잘 정의된 속도로 일어나지는 않고, 분산성의 반응속도(dispersive kinetics)를 따른다[27]. 이는 불균일하게 폭이 넓어진 흡수 스펙트럼(broadened absorption spectra)을 특징으로 하는, 에너지 측면에서 랜덤한 시스템의 주요 특성이다[28, 29]. 분해의 조건은 우선 부근에 전하를 받을 수 있는 상태(charge accepting state)가 있어야 한다는 것인데, 전기장에 의존하는 이 상태의 에너지는 엑시톤의 에너지와 유사한 수준이어야 한다. 에너지 측면의 무질서(energetic disorder)가 반응 거리의 차이를 가져오고, 그 결과 반응속도에도 차이를 불러온다.

반응 결과물은 쿨롱법칙으로 결합된 준안정한 전자-정공 쌍으로, 이는 이후에 완전히 분해되거나 혹은 제짝 재결합(germinate recombination)을 겪게 된다. 이 개념에 대해서는 많은 증거가 보고된 바 있다.

(1) 반응을 자극하는 전기장을 끊으면 시료로부터 이른 바 지연된 형광(delayed fluorescence)이 방출된다. 그 세기는 $I_{DF}(t) \propto t^{-n}$, $n \approx 1$[24]과 같이 지수함수 형태로 감쇠하는데, 이는 형광 S_1 state를 형성하는 메커니즘이 제짝 쌍의 단분자(monomolecular) 재결합에 기인함을 나타낸다[30].

(2) 소위 delayed field collection 실험에서는 시료가 주어진 전기장에 의해 여기되는데, 여기 후 즉시 관찰되는 형광신호가 감쇠하고, 훨씬 지난 후에 광전도 현상이 측정된다. 이 결과는 엑시톤 분해가 지수함수 형태로 감쇠하는 준안정한 전자-정공 쌍을 생성한다는 것을 증명한다.

(3) 저온에서 광여기 시 공액 폴리머로부터 방출되는 열 자극에 의한 발광(luminescence)은 여기 후 몇 시간 동안 관찰되는데, 이는 온도에 따라 매우 긴 수명을 가지는 전자-정공 쌍으로부터 발생하는 것으로 설명될 수밖에 없다[31].

8.2.2 균일하게 도핑된 공액 폴리머에서 감광에 의한 전하 캐리어의 생성

8.2.2.1 실험

8.2.1절에서 요약한 결과에 의하면, 가해진 전기장이 낮거나 보통인 경우 단일 요소로 구성된 공액 폴리머에서 싱글렛 여기의 분해는 큰 쿨롱 결합에너지의 방해를 받아 광전하가 생성되지 않는다. 그럼에도 불구하고 보통의 전기장에서도 흡수단

근처에서 광전도가 발생한다는 사실은 이미 잘 정립되어 있다[17~19]. 그러나 그 수율이 매우 적고, 전기장 의존성이 강하나, 온도에 대한 의존성은 약하다. 이는 확실히 반도체 밴드 모델이 예상하는 것과는 차이가 있다. 거의 1 eV에 이르는 빛에너지 범위에서 동작 스펙트럼(action spectra)은 평평한 모습을 보여준다. 쿨롱 인력을 극복하는 데 필요한 에너지는 그 효과의 온도 의존성에서 드러나지는 않지만 몇 가지 S_1 여기는 이후에 분해될 가능성이 높다는 것을 확실하게 보인다.

C_{60}으로 도핑한 poly(2-methoxy, 5-(2-ethyl-hexoxy)-1, 4-phenylenevinylene(MEH-PPV)의 광전도에 관한 Lee 등[32]의 선구자적인 연구에선 부주의로 들어간 도펀트들이 감광제(sensitizer)의 역할을 하여 S_1 여기의 분해에 도움을 준다는 의심이 제기되었다. 도핑을 제어하는 것이 이 가설을 검증할 수 있는 방법의 하나인데, 대표적인 사례는 다음과 같다. Covion Organic Semiconductor 사가 제조한 고순도의 phenyl alkoxy-phenylenevinylene(PhPPV) 공중합체를 호스트 소재로 선택하였다. 도펀트는 trinitrofluorenone(TNF) 혹은 perylenediimide(PdI)로서 둘 다 강한 전자 억셉터들이다. [그림 8.1]은 도핑이 되어 있지 않은 PhPPV 막과, 무게 비로 1%의 TNF를 포함하는 PhPPV 막의 흡수와 PL 스펙트럼이다[33]. TNF는 UV를 흡수하므로 그것으로 인해 도핑한 막의 흡수 스펙트럼이 바뀌지는 않으나, 반면 호스트 재료의 형광은 강하게 소멸된다. 이와 동반하여 PhPPV의 S_1 여기의 수명이 짧아진다. 시간 분해 형광(time resolved fluorescence) 측정결과는 5.10-methenyltetrahydrofolate(MTHF) poly(2-methoxy, 5-(2-ethyl-hexoxy)-1, 4-phenylenevinylene) 고체 매트릭스에 고립되어 있는 PhPPV 체인의 S_1 수명이 약 700 ps 정도이고, 반면에 PhPPV 자체 막에서는 수명이 350 ps로 떨어진다. 수명이 짧아지는 효과는 농도 0.04%의 미확인 불순물에 의해 엑시톤이 소멸되기 때문으로 볼 수 있다. 형광의 농도 의존성은 도펀트 쪽으로 엑시톤이 무질서하게 확산되는 점으로 설명할 수 있다[29]. 폴리머의 빛 방출과 도펀트의 흡수 사이에 중복되는 스펙트럼은 없으므로 소광(quenching)이라는 것은 CT와 동일한 것으로 보아야 하고, 좀 더 정확하게는 여기된 PhPPV로부터 인근에 있는 도펀트 분자로 전자가 전달되는 것이다.

[그림 8.2]는 대칭적인 Al/film/Al 다이오드에서 반투명한 Al 전극에 빛을 쬐이면서 측정한 광전류의 정상상태(stationary state) 동작 스펙트럼이다[33]. 수율은 빛에너지 3.5 eV까지 거의 일정한 것으로 나타난다. 특이하게도 $S_1 \leftarrow S_0$ 흡수대를 커버하는 스펙트럼 영역에서 1%의 도펀트를 추가하면 호스트의 형광은 10배 이상 감소하지만 광신호는 많아야 2배 정도 증가한다. 처음에 이 결과를 보면 흥미를 자아낸다. 그러나 비록 도핑이 되어 있지 않은 PhPPV 막에서도 모든 S_1 여기의 약 50%는 이미

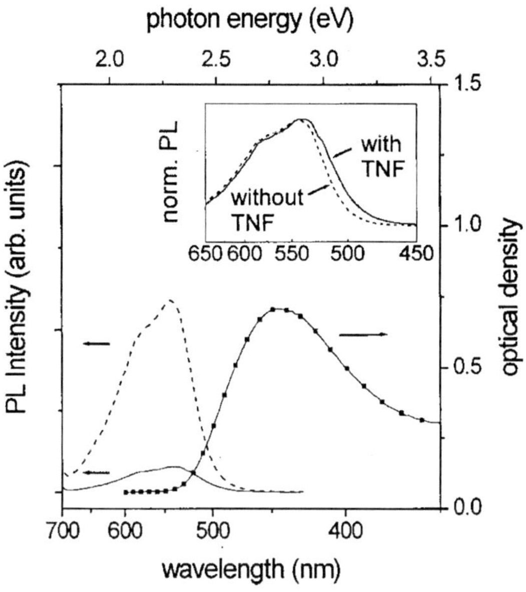

그림 8.1 PhPPV의 광발광(PL)과 흡수(OD) 스펙트럼(점선 : 순수 PhPPV의 PL, 실선 : TNF 도핑 PhPPV의 PL, 4각 실선 : 순수 PhPPV의 OD 스펙트럼). 정규화한 PL 스펙트럼은 내부 삽입도에 보임.

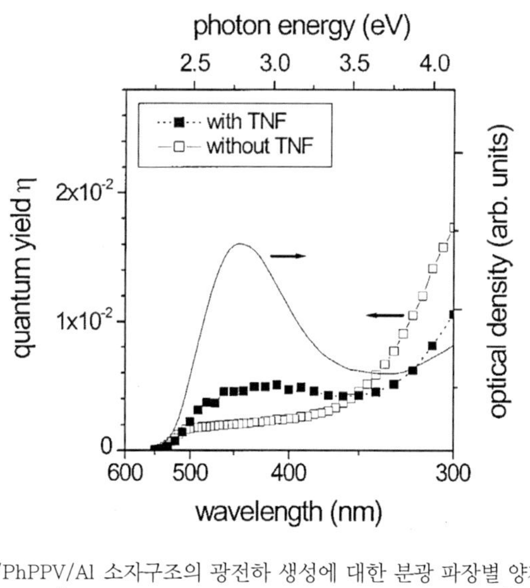

그림 8.2 293 K에서 Al/PhPPV/Al 소자구조의 광전하 생성에 대한 분광 파장별 양자 수율 η. 도핑된 막에서의 전기장 2.7×10^5 V/cm, 도핑하지 않은 막에서의 전기장 2.5×10^5 V/cm. 수율은 전류를 벌크 내에서 흡수된 광자의 수로 정규화하여 계산하였음.

0.04%의 미확인 불순물에 의해 소멸된다는 것을 고려하면 설명이 가능하다. 그러므로 광신호는 2배 이상으로 증가하지는 않는다.

도핑이 되어 있지 않은 막이나 도핑된 막에서 광전류의 전기장과 온도 의존성은 실제로 동일하므로 한 걸음 더 나아가 보통의 전기장에서 $S_1 \leftarrow S_0$ 전이의 스펙트럼 영역 내에서 측정한 광전류는 실제로 전자 억셉터형 불순물에 의해 주로 감응된 것이다. 폴리머의 산화 생성물이나 용해된 산소와 같이 전자친화도가 높은 불순물의 존재에 대한 증거는, 이온화 퍼텐셜이 낮은 공액 폴리머에서 전하 캐리어의 이동도에 대한 연구에서 전자의 시그널이 없는 것으로부터 추론할 수 있다. 매트릭스에 고립되어 결함이 없는 폴리머에서 정공과 전자의 이동도는 대등하기 때문에[34], 이는 벌크 막에서 전자의 움직임이 트랩에 의해 제한 받는다는 것을 증명한다. p-형 소재에서 대개 LUMO는 통상의 불순물의 LUMO 보다 더 위에 있다. 그러므로 폴리머 체인의 산화 생성물과 같은 불순물은 전자의 깊은 트랩으로 작용하고, 정공의 트랩으로 작용하지는 않는다.

[그림 8.3]은 도핑되지 않은 PhPPV 막과 1% TNF가 도핑된 막에 흐르는 전류가 전기장에 의존하는 것을 보여준다. 이들 데이터들은 펄스파로 여기가 일어나게 한 것인데, 이 조건에서는 사전 방전 효과의 염려 없이 전기장을 높여 실험할 수 있기 때문이다[35]. 중복이 되는 전기장 범위 내에서 순간 데이터와 정상상태 데이터는 상호 간에 일치하는 결과를 보이고 있다. 양자 수율은 순간 광전류를 흡수된 광자의

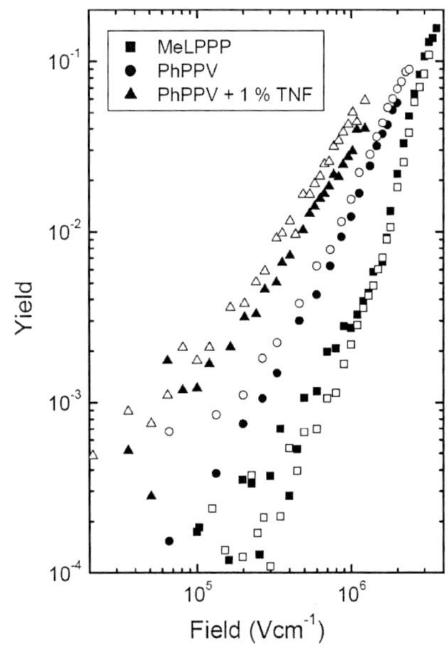

그림 8.3 낮은 광자 주입 조건에서 순수 PhPPV와 1% TNF로 도핑된 PhPPV의 전기장 세기에 따른 광전하 생성 수율(채워진 것: ITO positive bias, 빈 것: ITO negative bias). 비교 목적으로 MeLPPP 데이터 추가.

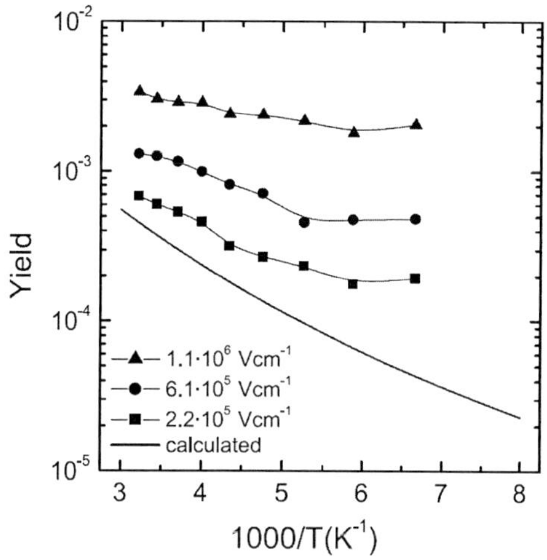

그림 8.4 서로 다른 전기장에서 PhPPV 막의 온도에 따른 양자 수율.

개수에 대하여 정규화한 후 적분하여 계산하였다. 광전류가 빛의 세기에 따라 엄밀히 직선적으로 변하기 때문에 직선계산에서 두 분자 전자-정공 재결합은 무시하였다. 광전하 생성의 양자 수율은 전기장의 세기에 크게 의존한다. 데이터를 전자-정공 제짝 재결합에 관한 Onsager's 이론의 3차원 버전으로 분석하였다면, 초기 쌍의 이격거리는 도핑하지 않은 순수한 막과 도핑한 막에서 각각 1.4 nm와 1.55 nm로 계산된다.

공액 폴리머에서 광전류의 온도 의존성이 약한 것은 널리 관찰되는 현상이다. [그림 8.4]의 PhPPV에 관한 데이터가 이를 확인시켜 준다[35]. 그 데이터들은 도핑하지 않은 막에서 얻은 것인데, 도핑한 막의 결과도 차이가 없다. Arrhenius plot의 고온부 기울기로부터 추정해 볼 때, 보통 세기의 전기장에서 가능한 활성화 에너지의 최댓값은 70 meV 정도이다. 상대 유전상수가 3.5인 물질에서 1.4 nm 만큼 떨어진 전자-정공 쌍의 결합에너지는 0.35 eV 정도로 예상된다. 극단적인 예는 사다리 형 poly(paraphenylene)에서 보인다. 전기장 10^5 V/cm에서 광전하 생성의 양자 수율은 겨우 10^{-4} 수준으로, 사실상 온도와 무관하다[18].

보통의 농도에서 도펀트로서 TNF를 PdI로 대체하면 비록 PdI가 폴리머 호스트의 싱글렛 여기에 대해 전자 억셉터와 도너 양쪽의 역할을 하지만 광전하 생성 현상 자체를 바꾸지는 않는다[36]. 평평한 광전류 동작 스펙트럼은 에너지 전달이 완전하게 엑시톤을 소멸시키지 않으며, 광전하 생성은 여기된 PdI 분자가 관여해야만 한다는 것을 가리킨다. 전기장 의존성과 수율 둘 다가 TNF가 도핑된 시스템에서와 대등하므로 전하 공급 과정은 동일하여야 한다. 즉, 전구체는 PhPPV 양이온과 PdI 음이

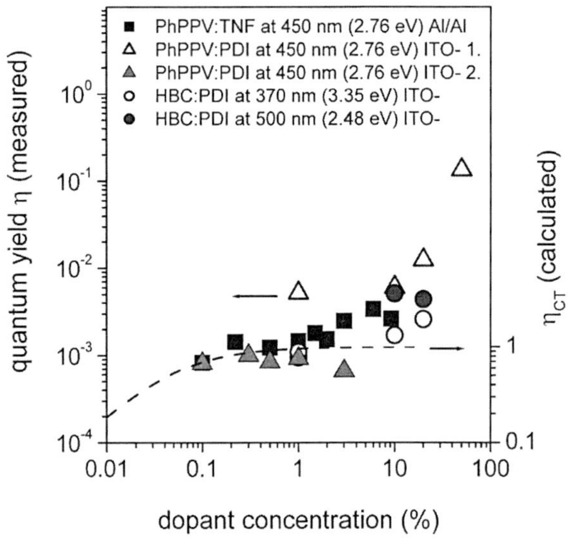

그림 8.5 다양한 시료의 배열 구조에서 도핑 농도에 따른 광전하 생성의 양자 수율 η(293 K).

온이 쿨롱 인력으로 결합된 쌍이며, 추가적인 분해가 일어나기 위해서는 전기장의 도움을 필요로 한다. 하지만 도펀트의 농도가 높아지면 임계치 효과가 현저하게 관찰되었다. [그림 8.5]에서와 같이 도펀트가 10%를 넘으면 수율의 전기장 의존성은 좀 더 낮은 전기장 영역에서 관측되며, 그리 크지 않은 보통의 전기장 세기에서 포화된다. 동시에 5×10^5 V/cm 정도의 보통 전기장 세기에서 측정한 수율은 도펀트 농도 1%와 10% 사이에서 크게 증가한다[36]. 확실히 이 특정 시스템에서 제짝 쌍의 분해 확률은 2 자릿수 이상 증가한다. 태양전지에서 이런 관찰이 의미하는 바는 자명하므로(8.2.3절), 광전하 생성 수율의 감응제(sensitizer) 농도에 대한 의존성을 측정하는 것은 바람직한 일이라 할 수 있겠다. 예를 들면, 넓은 농도 범위에서 C_{60}으로 도핑된 시스템의 농도 의존성을 측정한다면, 위에서 말한 임계치 효과에 대한 기준을 설정하는 데 있어 도움이 되겠다[32].

8.2.2.2 몬테카를로 시뮬레이션

도핑한 공액 폴리머에서 광감응성 전하생성에 대한 실험 결과를, 광학적으로 생성된 제짝 전자-정공 쌍에 관한 Onsager 이론의 Braun 수정판[37]에 의거하여 간단하게 합리화할 수는 없다. 핵심 문제는 수율의 온도 의존성이 약한 것으로, 상기 이론의 강한 전기장 의존성과는 배치된다. 가장 확실히 추측할 수 있는 결론은, 이것이 어떤 랜덤한 시스템과 연관된 무질서의 조짐이라는 것이었다. 전하 수송이 Gaussian 상태밀도(density-of-states : DOS) 분포를 가지며 에너지 측면에서 다양하게 분산된 위치들내에서 호핑(hopping)을 통해 이루어지는 전하 캐리어의 이동도는 Arrhenius 유형보다 높은 수준의 강한 온도 의존성을 보이는 특징이 있다. 이는 열적인 활성화에 의해 DOS의 꼬리상태 부분에 국부적으로 존재하는 캐리어들이 소위 수송 에너지에 가까운 상태로 점프하여 일어나게 된다[39, 40]. 준평형상태(quasiequilibrium)에서 이것의 에너지는 온도가 내려가면서 감소하기 때문에 활성화 에너지 자체가 $1/T$에 비례한다. 이는 전하 캐리어의 움직임뿐만 아니라 그들의 초기 생성에 매우 중요한 영향을 미친다.

금속전극에서 무질서한 내부분포를 갖는 유전체 안으로 전하 캐리어가 주입(injection)되는 프로세스의 경우가, 상기의 특성을 보여주는, 이미 잘 정리된 사례라 할 수 있다[41~43]. 수송 에너지(캐리어는 negative로 가정)는 온도가 내려가면 감소하기 때문에 주입에 필요한 에너지 역시 온도와 함께 감소한다. 그 결과, 만약에 무질서가 없다면 주입 전류의 온도 의존성은 예상보다 약할 것이다. 비슷한 논리로 유추하면 제짝 결합한 전자-정공 쌍에 포함된 전하 캐리어 중의 하나가 유리(liberation)되는 것은 다시 말해, DOS의 수송 에너지에 가까운 상태로 주입되는 것으로 생각할 수 있는데, 이때 필요한 에너지가 적게 소요되고, 온도 의존성이 약해지는 것으로 생각해 볼 수 있다.

위의 예측을 컴퓨터 시뮬레이션으로 시험하였다[44]. 호핑에 의해 전도가 이루어지는 시스템에서, 에너지의 무질서도를 나타내는 Gaussian DOS의 분산 σ가 0.05 eV에서 0.15 eV 사이의 값을 가지며, 유전상수(dielectric constant) 3.5, 전자-정공 거리가 변할 수 있다고 가정한 상태에서, 정상상태(stationary)의 양전하와 움직이는 음전하의 한 쌍을 생성시켰다. Miller-Abrahams 유형의 단위 시간당 호핑 확률을 가정하였다. 최종 재결합 과정이 단위 시간당 일어날 확률은 에너지가 높은 경우에서 낮은 경우로 떨어질 때의 단위 시간당 확률과 동일한 것으로 간주하였다. [그림 8.6]은 무질서가 실제로 전자-정공 쌍의 분해에 중요한 영향을 미친다는 것을 보여준다. 데이터는 인가한 전기장의 세기 10^4 V/cm에서 분산 σ가 0.1 eV인 Gaussian DOS를 가진 재료 내에서 전자-정공 쌍의 거리가 2.4 nm인 경우의 것이다. 고온에서 수율 η은 기대한 바와 같이 활성화 에너지 0.168 eV를 가진 Arrhenius 거동에 가깝지만, 낮은 온도에서는 수율의 온도 의존성 $\eta(T)$는 사라지고 거의 상수에 가깝게 된다. 비록 초기 쌍 거리가 2.4 nm에서 1.2 nm로 줄어도 후자의 효과는 유지된다. [그림 8.6]의 삽입 그림은 완전히 정렬된(ordered) 시스템에서 기대되는 값에 대비하여, 수율이 DOS 분산의 항으로 정량화한 무질서도(degree of disorder)와 지수함수적인 관계를 가진다는 것을 보여준다.

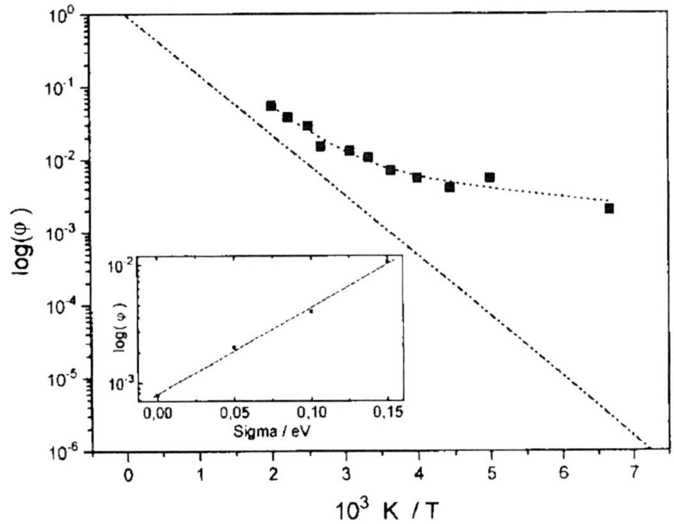

그림 8.6 분산 $\sigma=0.1$ eV($\epsilon=3.55$, $E=10^6$ V/m)의 Gaussian DOS에 의해 특성이 부여되는 호핑 시스템에서 그 상대 전하로부터 $r_0=24$ Å의 거리에서 시작된 전하 캐리어의 온도에 따른 탈출 확률 ϕ. 점선은 제짝 분해에 대한 3차원 Onsager 이론의 예측값임. 삽입 그림은 $T=250$ K에서 분산 σ가 증가함에 따른 ϕ의 변화이다. $\sigma=0$에서의 데이터 점은 Onsager 이론으로부터 구한 이론값이다.

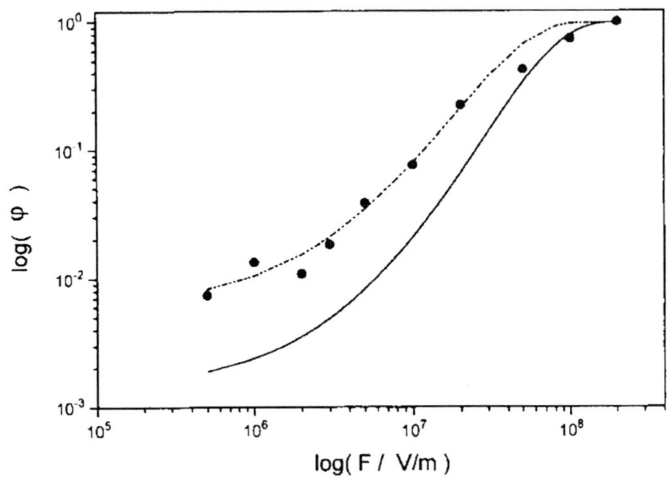

그림 8.7 ϕ의 전기장 의존성($r_0=24$ Å, $T=300$ K, $\sigma=0.1$ eV). 점선과 실선의 곡선은 각각 $r_0=24$ Å, 31 Å 경우에 모든 캐리어들이 상대 전하로부터 하향 전기장 방향에서 시작된다는 전제 하에 3차원 Onsager 이론으로 구한 예측값임.

기능적으로, [그림 8.7]의 수율의 전기장 의존성은, 겉보기(apparent) 쌍 거리를 2.4 nm 대신 3.1 nm로 가정하고, Onsager 이론의 3차원 버전으로 피팅할 수 있다. 여기서 정상상태 광전류의 전기장과 온도 의존성이 단지 수송 보다는 캐리어 생성에 의해 좌우된다는 것을 상기할 필요가 있다. 왜냐하면 두 분자(bimolecular) 재결합이나 혹은 무한히 깊은 트랩으로 빠지지 않으면 언젠가는 모든 캐리어들이 전극에 도달하여야 하기 때문이다. 이 개념은 태양전지의 효율과 중요한 관련이 있다.

무질서를 고려함으로써 낮은 농도나 보통의 농도로 도핑된 공액 폴리머에서 광생성 전하 캐리어들의 전기장과 온도 의존성을 모두 정성적으로 설명해 낼 수 있다는 것은 확실하다[45]. 하지만, 무질서의 효과만으로 모든 실험 결과를 설명할 수 있을지는 아직 의문이다. 무질서만으로는 수율의 온도 의존성을 설명하기에 불충분한 시스템이 적어도 하나는 있다. 그것은 methyl-substituted ladder-type poly(p-phenylene) (MeLPPP) 막이다. 폴리머의 뼈대가 단단하기 때문에 그것은 무질서도가 가장 낮은 폴리머이다. 그럼에도 불구하고 $S_1 \leftarrow S_0$ 전이 영역 내에서 측정된 광전류는 온도를 단지 295 K에서 120 K로만 내려도 2배 이상 감소한다[18]. 이 결과를 설명할 수 있는 다른 메커니즘으로는 : (i) 트리플렛 엑시톤에 의한 제짝 전하쌍 중 움직이는 전하 캐리어인 정공의 광학적 방출[46], (ii) 폴리머 체인 상에서 움직이는 전하 캐리어의 영점 진동(zero point oscillations)에 대한 고려[47]. 후자의 아이디어에 대해서는 8.3.1절에서 좀 더 논의하고자 한다.

8.2.3 도너/억셉터 계면에서의 전하 캐리어의 광생성

앞에서 랜덤 유기물 절연체, 특히 전기음성도가 큰 광감응제로 균일하게 도핑된 공액 폴리머에서 광에 의한 전하 캐리어의 생성에 대해 논의한 바 있다. 낮은 도핑 농도 0.1%~1%(중량비) 범위에서도, 사실상 모든 흡수된 광자는 효율적인 에너지 전달과 여기된 도너로부터 억셉터로의 전하전달 과정을 통해 제짝 결합된 전자-정공 쌍으로 변환된다[33]. 그러나 이러한 전자-정공 쌍이 제짝 재결합을 피할 수 있는 비율은 수집(collecting) 전기장의 크기에 강한 의존성을 보인다. 예를 들어 10^5 V/cm 정도의 보통의 전기장에서, 제짝 재결합을 벗어난 쌍의 비율은 통상 10^{-3}에 불과하다[33]. 태양전지에 이런 시스템을 사용하는 경우 이는 치명적이다.

그러나 PdI로 도핑한 PPV(PhPPV) copolymer와 같은 특별한 시스템에서는 억셉터인 PdI의 농도가 ≈20%에 도달하면 양자 수율이 엄청나게 증가하는 것이 관측되었다.[36]. 반면에 실제적으로 모든 광학적 여기들은 이미 훨씬 더 낮은 도핑 농도에서 도펀트에 의해 수확된다. 따라서 이런 수율의 증가는 단지 제짝 전자-정공 쌍의 분해가 개선되기 때문인 것으로 결론지을 수 있다. 이런 개념의 증거는 서로 다른 도펀트의 농도에서 관측되는 광전류의 전기장 의존성에서 찾을 수 있다. 임계 농

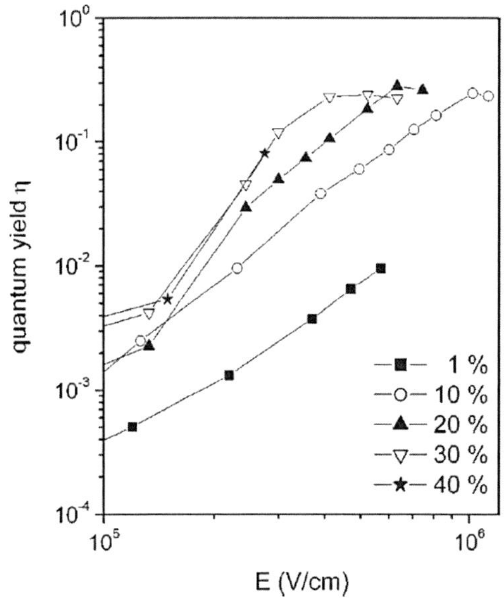

그림 8.8 PdI 도펀트의 농도를 바꾸면서 ITO/PhPPV:PdI/Al 소자 구조에서 측정한 광전하 생성 양자 수율 η의 전기장 의존성. 293 K. 여기 파장은 550 nm(2.25 eV).

도 30%를 넘어가면 수율은 약 3×10^5 V/cm에서 얻어지는 값에 포화된다(그림 8.8 참조). 농도에 따라 포화 전기장이 이렇게 바뀌는 것은, 억셉터의 농도가 더 높을 때 초기에 생성되는 전자-정공 쌍의 거리가 더 멀어진다는 것을 확실히 가리키고 있다. 이는 태양전지의 작동에 있어서는 매우 중요한 요소이다. 다음 절에서는 이 효과와 함께 다음과 같은 태양전지의 고유한 측면 : (i) 에너지 이동 혹은 전하전달 센터로 작용하는 도펀트들 사이의 구분, (ii) 자유 전하 캐리어의 생성, (iii) 그들의 재결합에 대해 논의하고자 한다.

8.2.3.1 도너/억셉터 계면에서의 에너지 준위

도너-억셉터 짝으로부터 빛에 의해 생성된 전자-정공 쌍에 필요한 핵심 요건은 그 에너지가 도너나 혹은 억셉터의 여기된 싱글렛 상태 중 최저 상태 에너지 준위보다 낮아야 한다는 것이다. 그렇지 않으면 에너지 전달에 의해, 나중에 광방사성 감쇠 위치로 작용할 최저 준위의 여기된 싱글렛 상태를 다 채워버릴 것이다. 이는 효율적인 전계발광(electroluminescence)이 필요한 LED에서는 필수적이다. 개념적으로 이는 매우 단순하지만, 어떤 시스템이 LED나 혹은 태양전지에 적합한지 예측하는 것은 전혀 간단하지 않다. 이렇게 명료하지 못한 것은 전자-정공 쌍의 에너지 준위에 대해 정확히 모르기 때문이다. 이 에너지는, 전자-정공 쌍의 쿨롱 결합에너지에 의해 줄기는 하지만, 도너의 라디칼 양이온의 에너지, 즉 이온화 에너지, 대등하게는 HOMO 에너지와, 억셉터의 전자친화도에 의해 설정되는 라디칼 음이온의 에너지, 혹은 대등하게는 LUMO 에너지 사이의 차이이다.

통상적으로 행해지는 실제 사례의 경우, HOMO와 LUMO 준위의 척도로서 두 가지 구성 요소의 산화와 환원 퍼텐셜에 의해서만 쌍의 에너지가 좌우된다고 추정하고, 쌍의 쿨롱 결합에너지는 종종 무시하기도 한다. 더 나쁜 경우는 흔히 두 가지 요소 중에 cyclic voltammetry를 통해 하나의 퍼텐셜만 확보 가능하여 확보하지 못한 퍼텐셜은 optical $S_1 \leftarrow S_0$ 0-0 전이로부터 추론하는 것이다. 이는 보통 0.5 eV 이상인 여기된 싱글렛 상태의 쿨롱 결합에너지를 무시한다. 반면에, cyclic voltammetry를 통해 비록 산화와 환원 두 가지 요소의 퍼텐셜을 동시에 모두 측정할 수 있어도, 이들 데이터는 전극으로부터 분자/고분자로의 전하전달을 측정하기 때문에 시스템 에러가 따른다. 그러나 극성 용액에서 양이온/음이온의 용매화(solvation) 에너지는 고체 절연체에서의 값에 비해 증가한다. 왜냐하면 고체 절연체에서는 용매화 껍질(shell) 내에서의 재배열(reorganization) 같은 것이 없기 때문이다. 에너지 혹은 전하전달 중에 어느 것이 도너-억셉터 시스템에서 우세한지에 대한 결론적인 시험은 분광학으로 보강할 수밖에 없었다. 도너 형광의 소광과 억셉터 형광의 시작 또는 라디칼 음이온/양이온의 순간 흡수가 나타남[48]을 동시에 측정하는 것만이 에너지 전달을 시험할 수 있는 설득력 있는 방법이다. 그 반대도 그러하다. C_{60} 혹은 TNF와 같이 도펀트가 아주 높은 전기음성도를 띄면 위에서 말한 애매모호함은 더 이상 문제가 되지 않는다. 왜냐하면 그들의 LUMO 준위는 PPV 또는 polyfluorene과 같은 일반적인 도너 보다 적어도 1 eV 이상 낮기 때문이다. 이런 경우는 항상 전하전달이 선호된다.

도너와 억셉터 사이의 LUMO 차이가 0.1~0.3 eV 정도로 작을 경우에는 흥미로운 상황이 발생한다. 이 경우에는 아마 exciplex가 형성될 수도 있을 것이다. Exciplex는 두 개의 화학적으로 동일한 발색단(chromophor)을 포함하는 들뜬 2합체(excimer)에 해당한다. 이는 상호 반발적인 기저상태(repulsive ground state)를 가지고 있고, 그 파동함수는 극성과 비극성의 두 기여로 구성된다. 분자간 특성(intermolecular character)으로 인해, 빛 방출 시 진동자 세기의 감소와 함께, 약간은 폭이 넓고 특징이 없는 발광 스펙트럼을 야기한다. 형광의 감쇠 시간은 보통 >10 ns로, 이는 형광 수명이 sub-ns 스케일인 단일(uncoupled) 발색단의 싱글렛 여기보다 훨씬 길다. Exciplex를 전하전달(CT) 상태나 혹은 제짝 결합된 전자-정공 쌍(그 안에서 전하전달은 완벽함)과 혼동하지 않아야 한다. Exciplex로부터 단단하게 결합된 전자-정공 쌍으로의 전이가 발열인지 혹은 흡열 반응인지는 여전히 의문인데, 여기에는 2개의 서로 상반되는 효과들이 포함되기 때문이다. Exciplex가 전자-정공 쌍 형성을 위해 공간적으로 확장되기 위해서는 쿨롱 결합에너지가 필요하다. 반면에 단지 부분적인 CT를 가진 상태가 극성의 유기 고체 안에서 충분히 전하가 분리된 상태로 변환될 때는 전자의 분극에너지(electronic polarization energy)가 증가한다.

도너-억셉터 유형의 태양전지에서 exciplex의 중요성은 이미 알려져 있다[49]. Cambridge 그룹에서 분광학적인 방법으로 이 현상을 보다 정량적으로 연구하였다. 시스템은 poly(9,9-dioctylfluorene-co-bis-N,N-(4-butylphenyl)-bis-N,N-phenyl-1,4-phenylenediamine(PFB) 혹은 poly(9,9-dioctylfluorene-co-N-(4-butylphenyl) diphenylamine(TFB)와 poly(9,9-dioctylfluorene-co-benzohiadiazole) (F8BT)의 혼합물이다[50, 51]. 급속 건조 조건에서 혼합물을 스핀 코팅하면 흔히 발생하는 폴리머들 사이의 상분리가 줄어들고, 2개 폴리머 사이의 계면이 넓은 막이 형성된다. PFB:F8BT 혼합물은 높은 전하 분리 수율(4% 외부 양자 효율)과 낮은 전계발광 효율(<0.64 lm/W)을 나타내고, 반면에 TFB:F8BT에서는 전계발광이 효율적이나(19.4 lm/W), 태양광 응답은 약하다. 형광을 통한 연구에서 2개의 시스템 모두에서 계면 exciplex가 형성된 것을 확인하였는데, F8BT의 단일 발광을 중첩시켜 놓고 볼 때, 발광이 넓게 퍼지고 장파장 쪽으로(bathochromic) 이동한 것이 그 증거이다. 이 두 경우의 상이한 거동을 보면 구성 요소 둘 다의 에너지 준위를 정밀 조정하는 것이 중요하다는 것을 확인할 수 있다. PFB:F8BT 시스템에서 530 nm 부근에서의 모노머 형광은 약하고, 활성화 에너지 200±50 meV를 갖는다. 반면에 TFB:F8BT 시스템에서는 모노머와 exciplex 발광이 대등하고, 모노머 발광 개체들의 활성화 에너지가 100±30 meV에 불과하다(그림 8.9 참조). Exciplex의 수명이 40±5 ns로 길기 때문에 더 긴 수명을 가진 여기의 저장고 역할을 하는데, 이것이 F8BT의 모노머 싱글렛 상태를 다시 생성할 수도 있고 혹은 완전히 분해할 수도 있다. 온도에 의해 활성화되는 엑시톤의 재생이 우세해 지면 시스템은 전계발광의 특징을 나타낸다. 그렇지 않으면 그 시스템은 태양전지 소자로서의 기능을 할 수 있을 것이다.

분광학적으로 exciplex 형성이 확인된 또 다른 시스템은 전자 도너인 poly(2-methoxy-5-(3,7-dimethyloctyloxy)-1,4-phenylenevinylene)(MDMO-PPV)와 억셉터인 poly(oxa-1,4-phenylene-(1-cyano-1,2-vinylene)-(2-methoxy-5-(3,5-dimethyloctyloxy)-1,4-phenylene)-1, 1-(2-cyanovinylene)-1,4-phenylene) (PCNEPV)의 혼합물이다[52]. [그림 8.10]에서 보듯이 혼합물의 흡수 스펙트럼은 구성 요소들의 흡수 스펙트럼을 중첩시킨 것과 일치하나, 그 발광은 1.85 eV에서 피크가 나타나는 모노머의

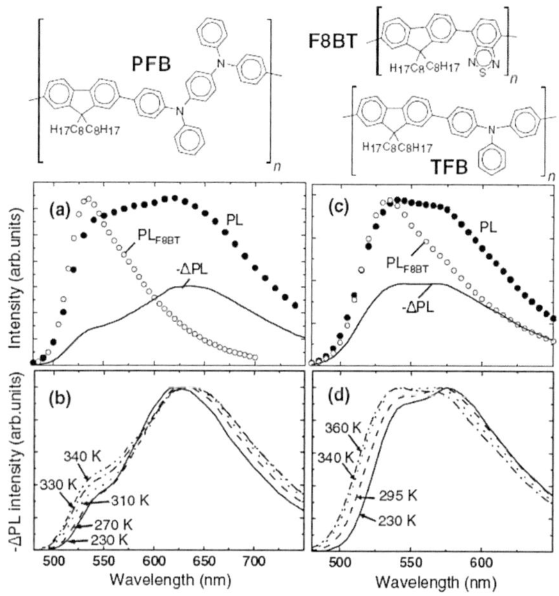

그림 8.9 340 K에서 PFB:F8BT 블렌드 소자의 (a) PL 세기(채워진 원)와 10 V의 역방향 바이어스 인가에 따른 PL 세기 감소(ΔPL 실선). (b) 서로 다른 온도에서 (a)와 동일 소자의 ΔPL 스펙트럼(10 V). (c) 340 K에서 TFB:F8BT 소자의 역방향 바이어스 15 V에서의 PL(채워진 원)과 ΔPL(실선). (d) 서로 다른 온도에서 (c)와 동일 소자의 ΔPL 스펙트럼. 비교 목적으로 F8BT 만으로 된 소자의 PL 스펙트럼(빈 원)이 (a)와 (c)에 나타나 있음. PFB, F8BT, TFB 구조 역시 표시되어 있음.

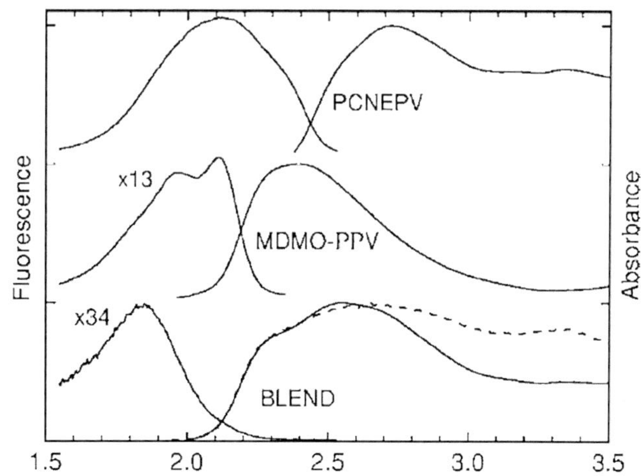

그림 8.10 실온에서 PCNEPV, MDMO-PPV, 그리고 이들의 1:1 wt% 블렌드 막의 정규화 UV-vis 흡수와 발광 스펙트럼(2.29 eV에서 여기). 1.85 eV에서 블렌드의 발광 여기 스펙트럼은 점선으로 표시.

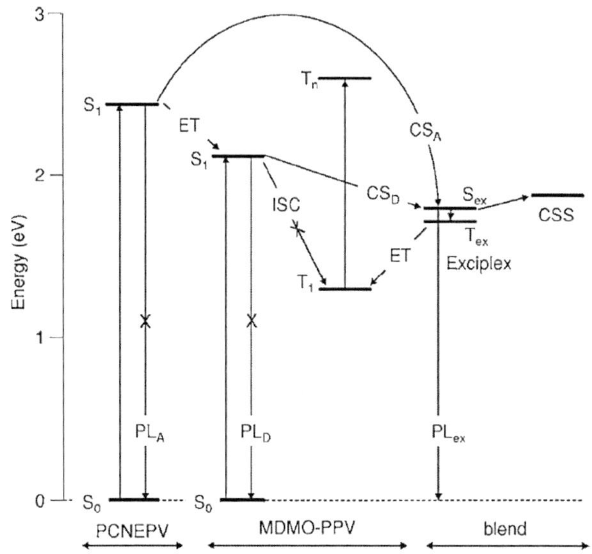

그림 8.11 MDMO-PPV와 PCNEPV의 도너(D)-억셉터(A) 블렌드에서 다음 여러 상태의 에너지 준위도: singlet(S), triplet(T), exciplex(ex), charge-separated(CS) 상태와 이들 상태 사이의 전이(transitions) (ET=energy transfer, CS=charge separation, PL=photoluminescence, ISC=intersystem crossing). Cross는 순수 재료에서 일어나는 프로세스이나, 블렌드에서는 소광된다.

형광 스펙트럼에 대비하여 장파장 쪽으로 이동한 것을 보여주고 있다. 그것은 exciplex로부터의 발광으로 생각되었다. 놀랍게도 그 초기의 수명은 1.6 ns에 불과한데, 이는 MDMO-PPV의 형광 수명 0.36 ns와 PCNEPV의 형광 수명 14 ns의 중간이다. 발광 수율이 낮은 것과 일관되게 [그림 8.10]에서 exciplex 발광이 PCNEPV의 그것에 비해 34배나 확대되어 있는데, 이 점은 그것이 비발광(nonradiative) 채널에 의해 제어되고 있다는 것을 시사한다. 이것이 쿨롱법칙으로 결합된 전자-정공쌍, 즉 여기서 어느 정도의 쿨롱 결합에너지의 손실보다 위에서 언급한 전자 안정화 에너지의 증가가 더 커지는 순수한 전하전달 상태로의 분해라고 추측할 수도 있다. 그러나 이는 exciplex의 발광 수율이 외부 전기장을 인가함에 따라 감소한다는 관찰 결과와 상반된다. 이는 exciplex로부터 전하전달 상태로의 전이가 [그림 8.11]에서처럼 발열성이 아니라 약한 흡열성이라는 것을 시사한다. Exciplex 수율이 낮으면 그에 상응하게 태양전지 효율이 낮아지지만, 지금까지 그 원인은 아직 미해결로 남아있다. 이 결과로부터 도너-억셉터 혼합물의 계면에서 exciplex가 형성되는 것은 태양전지 효율 측면에서 바람직하지 않다는 데 동의하는데, 특히 exciplex의 에너지가 도너나 혹은 억셉터의 트리플렛 상태 에너지를 능가하는 경우에 그러하다. 만약 exciplex와 전하전달 상태가 에너지 측면에서 가까우면 전하의 교환이 수시로 일어날 수 있고, 따라서 exciplex의 트리플렛 상태가 효율적으로 생성된다. 후자는 구성 요소 중의 어느 하나의 더 낮은 트리플렛 상태로 쉽게 감쇠할 수 있으며, 광캐리어 생성이나 혹은 전계 발광 과정을 거쳐 소실된다[52].

8.2.3.2 전하 캐리어의 생성

효율 높은 태양전지가 되기 위해서는 모든 광자들이 전자-정공 쌍을 생성시키고, 이어서 이들이 완전히 분해되어야 한다. 이 조건은 2개 혹은 여러 개의 도너-억셉터로 구성된 시스템에서만 만족되는데, 왜냐하면 단일 성분으로 된 시스템에서는 엑시톤의 큰 결합에너지가 분해를 방해하기 때문이다. 처음 생성된 여기 상태는 도너나 혹은 억셉터 상의 싱글렛 엑시톤이기 때문에, 이들은 분해반응의 중심부로 확산되어야 한다. 비록 공액 폴리머에서 엑시톤의 확산길이가 10~20 nm로 길지만[29, 53], 이 정도의 확산길이로는 두께가 100 nm나 되는 이중박막 소자구조를 이용하기 어렵고, 엑시톤의 분해가 전체 시료에서 일어날 수 있는 블렌드 시스템이 필요하다.

두 개의 구성요소 모두가 폴리머이면, 혼합 엔트로피가 낮기 때문에 상 분리가 일어나고, 그리고 엑시톤은 구성요소 사이의 내부 계면 쪽으로 확산되어야 한다. 그러나 PFB:F8BT의 조성비가 1:5에서 5:1인 범위에서 조성에 따른 형광 소광에 대한 연구결과는[54], 모든 엑시톤이 조성과 무관하게 내부 계면에 도달한다는 것을 보여주었다. 그러므로 태양전지 효율은 제짝 전자-정공 쌍이 내부 계면에 도달한 이후의 움직임에 따라 달라질 것이다. 일단 엑시톤이 반응 중심부로 확산하였거나, 혹은 만약에 흡수가 그 옆에서 이미 일어났다면, 전하전달은 하나의 초급속 프로세스가 되는 것이다. 순간 흡수가 일어나는 것을 모니터함으로써, MEH-PPV 체인으로부터 인근에 있는 C_{60} 분자로의 전자 전달은 단지 45 fs 걸린다는 것이 밝혀졌다[3, 55].

도너-억셉터 2성분 시스템에서 광전류 측정으로 모니터한 태양전지 효율은 억셉터의 농도와 시료의 모폴로지 둘 다에 의존한다. 그것은 외부 전기장이나 아니면 다이오드 내부전기장(built-in field)의 영향을 받아, 빛에 의해 유도된 전자-정공 쌍이 얼마나 효과적으로 전하전달의 중심부에서 분해되는가에 의해 결정된다. 비록 다른 시스템에서 얻은 것이긴 하지만 이 사실을 확인해 주는 여러 가지 핵심적인 관찰 결과가 있다.

(1) PhPPV:PdI 시스템에서 억셉터의 농도를 0.1%~약 30% 사이에서 변화시킨 결과, PdI 농도가 증가하면 분해 수율이 두 자릿수 이상 증가한다는 것이 확인되었다. 이는 더 낮은 전기장에서 $\eta(F)$ 의존성이 포화된다는 관찰과 연관이 있다(그림 8.8 참조).

(2) 블렌드 시스템에서 상분리 구조가 개선되면 효율에 긍정적인 영향을 미친다. 구조 개선은 예를 들어 MDMO:PCNEPV 시스템에서 열처리를 하거나 혹은 PFB:F8BT 시스템에서와 같이 조성을 변화시킴으로써 가능하다(구성 요소는 8.2.3.1절 참조).

(3) Poly(3,4-ethylene dioxythiophene(PEDOT)와 Al 전극 사이에 샌드위치된 poly(2-methoxy-5-(3-7-dimethyl-octyloxy)-1,4-phenylenevinylene(OC_1C_{10}-PPV)과 용융성의 플러렌 유도체 (6,6)-phenyl-C_{61}-butyric acid methyl ester (PCBM)의 블렌드 시스템으로 만든 태양전지에서, 빛의 세기, 온도 및 인가한 전기장의 크기를 달리하여 연구한 결과, 광전하 생성의 외부 양자 수율은 빛의 세기가 0.02에서 100 mW/cm^2 사이에서 변할 때 거의 일정하다는 것이 확인되었다. 120에서 325 K의 온도 범위에서 수율은 약한 온도 의존성을 보이고, 그 활성화 에너지는 50 meV이다.

(4) PCBM과 MDMO-PPV 폴리머의 혼합계에서, 전하의 재결합 속도에 대한 분광 측정은 지수함수 형태의 시간 의존성을 보였으며 millisecond 범위까지 확장되는 특징을 보여 주었다[52].

제기되는 핵심 질문은, 억셉터 상의 농도가 20% 이상이 될 때 수율이 획기적으로 증가하는 것이 어떤 특성 때문인가 하는 것이다. 그것은 : (i) 도너 라디칼 양이온과 억셉터 라디칼 음이온의 궁극적인 단분자 재결합인지, (ii) 전하수송을 위한 전하 추출 메커니즘(percolation limit)이 만족될 때 전하 수송이 촉진되기 때문에, 전자-정공 쌍이 쿨롱 퍼텐셜의 영향으로부터 더 쉽게 벗어나는 것인지, 혹은 (iii) 양자 수율의 한계가 쿨롱 인력과는 전혀 관계가 없고, 트랩에서의 캐리어 재결합과 활성층의 불완전한 모폴로지에 기인한 낮은 전하 캐리어의 이동도에 있는가 하는 것이다.

전하 캐리어의 이동도는 분명히 태양전지의 성능에 영향을 미친다. 전자 억셉터의 농도가 낮을 때 생성된 전자는 깊이 트랩된다. 결국에는 공간 전하가 축적되고, 그것이 피드백되어 전하생성에 영향을 미치고, 두 분자(bimolecular) 전하 재결합을 일으키게 된다. 소수 캐리어의 이동을 위한 전하 수송 경로를 열어주게 되면 이 문제를 경감시킬 수 있다. 반면에, 전하수송 한계를 넘어서는 경우에도 전자와 정공의 움직임에는 항상 불균형이 존재한다. 그것은 구성요소들의 진성 HOMO와 LUMO 준위의 에너지에 의해 정해지는데, 왜냐하면 불순물이 트랩으로 작용하는지 아닌지는 이들

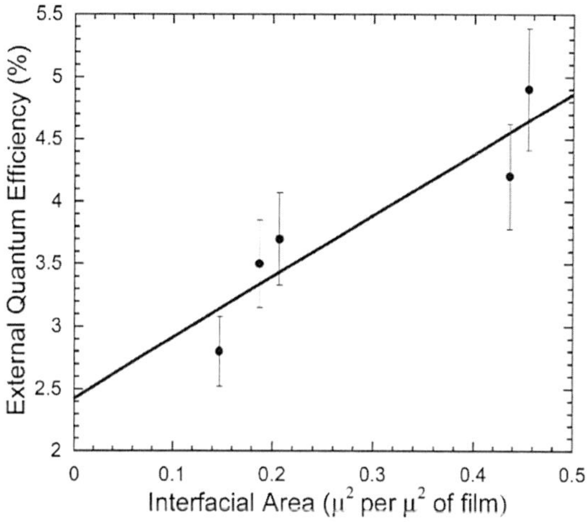

그림 8.12 조성 비율 1:1, 4:5, 3:5, 2:5, 1:5를 갖는 PFB/F8BT 블렌드 소자(그래프 상의 좌로부터)의 메조 상(mesoscale phase)간 계면의 면적에 따른 외부 양자효율 변화. 400 nm 빛 조사. 직선은 최적 피팅한 것임.

준위에 의해 결정되기 때문이다. 예를 들어, methanofullerene와 PPV 유도체(OC_1C_{10}-PPV)의 혼합물에서[56], 극도로 낮은 준위에 있는 C_{60}의 LUMO는 가능한 어떤 불순물의 전자 트랩핑도 허용치 않기 때문에, 전자는 정공보다 이동이 더 용이하다. F8BT와 같이 C_{60} 보다 약한 전기 음성도를 갖는 전자 억셉터의 경우는 상황이 달라질 수 있다. 그럼에도 불구하고 PFB:F8BT 시스템에서, 전극에서 효율적으로 전하수집이 되기 위해서는 소수 상(minority phase)을 위한 전도 경로가 필요하다고 주장하고 있다. 실제로 전하수집 효율은 상 분리를 통해 형성된 메조 규모(mesoscale)의 PFB-rich와 F8BT-rich 상 계면의 표면적에 따라 변하는 것으로 밝혀졌다(그림 8.12 참조). 전하 생성이 두 개의 상 계면 가까이에서 일어날 때 이 요건이 충족된다. 막의 두께 정도의 메조 규모 상 분리가 이런 폴리머 혼합 소자의 모폴로지를 최적화시킬 수 있을 것으로 제안된 바 있다. 이것이 두 상 사이의 계면 면적을 최대화시키고, 수집 전극 쪽으로 전하 캐리어가 이동할 수 있는 네트워크를 구축하게 된다[54].

실험적으로 이들 시스템에서 보통 억셉터/도너 비가 3:1 정도로 높을 때[57], 광전하 생성 수율이 최댓값에 도달하는 것으로 확인되었다. 이 비는 전자 수송(percolation)과 상 분리 둘 다를 위한 한계치(threshold) 보다 훨씬 크다. 게다가 최근 가장 효율이 좋은 3:1 비율의 폴리머/C_{60} 유도체 블렌드가, 폴리머 측면에서 볼 때 완전한 상 분리를 보이지 않는 것으로 밝혀졌다. 이 블렌드는 순수 C_{60} 유도체 상과, 도너 phase로 약 1:1 비율의 폴리머/C_{60} 유도체 혼합물이 혼재된 상태이다[58]. 이 혼합물이 2~5 nm 스케일에서 실제로 균일한지 여부는 아직 확실하지 않지만, 센 전자 억셉터의 농도가 높기 때문에 어떤 식으로든 엑시톤의 수명이 크게 짧아지고, 따라서 엑시톤의 확산길이도 감소한다.

열처리나 혹은 블렌드의 조성을 바꿈으로써 소자의 모폴로지가 개선되면, 그 효과가 초기에 생성된 제짝 전자-정공 쌍의 특성에도 영향을 미치고, 소자의 효율을 증가시킬 수 있는 핵심 요소가 될 수도 있다[52]. 이 개념은 초기에 생성된 존재가 완전히 자유로운 전자-정공 쌍이기 보다는 쿨롱법칙으로 결합된 것이라는 것을 의미한다. 앞의 가정은 다음 몇 가지 사실로 뒷받침되는데 : (i) 3~4의 유전 상수를 가지는 유기물 시스템에서 쿨롱 상호작용은 매우 중요하며, 그리고 (ii) 태양전지 효율이 빛의 세기에 직선적으로 의존한다는 것은 전하 캐리어의 재결합이 동력학적으로 2차 지수가 아닌 1차 지수 프로세스라는 것을 시사한다. 전자-정공 쌍의 제짝 재결합은 순전히 단분자 프로세스이다.

PhPPV:PdI 시스템에서 PdI 농도가 더 높아질 때 빛에 의한 캐리어 생성 효율의 전기장 의존성이 낮은 전기장 쪽으로 이동한다는 것은, 억셉터의 농도가 매우 높아질 때 주된 전하이동 프로세스가 확실하게 달라진다는 추측을 뒷받침한다. 이런 전기장 의존성은 전자-정공 쌍이 상호간의 쿨롱 퍼텐셜로부터 확산을 통해 벗어나는 정도에 의해 좌우된다. 이는 무질서 효과(8.2.2.2절)를 감안하여 수정한 Onsager 이론으로 설명된다. 전기장 의존성, 특히 수율이 포화되는 전기장은 전자-정공 쌍의 초기 분리에 의해 좌우된다. [그림 8.8]에서 포화 전기장이 더 낮은 쪽으로 이동한다는 사실은, 억셉터 농도가 더 높을 때 생성된 전자-정공 쌍이 훨씬 더 느슨하게 결합되어 있다는 것을 증명한다. PdI 농도 ≥ 30%에서 이격 거리가 2.4 nm인 전자-정공 쌍의 분해가 10^6 V/cm 부근에서 포화되므로, 이때 관찰된 포화 전기장 3×10^5 V/cm는 초기 전자-정공 쌍의 이격 거리가 약 7 nm 정도로 매우 크다는 것을 시사한다. [그림 8.13]은 PdI 농도에 따른 포화 전기장을 초기의 전자-정공 이격 거리로 나타낸 것이다. 유전 상수 3.5의 시스템에서 이격 거리 7 nm의 전자-정공 쌍은 60 meV의 쿨롱 결합에너지를 가지는데, 이 값은 OC_1C_{10}-PPV:PCBM 블렌드에서 보고된 활성화 에너지와 대등하다[59].

위의 결론을 일반화시키는 것이 적절치 않을 수도 있으나 적어도 PhPPV:PdI 시스템에서 속도를 제한하는 인자는, 임계치 이상의 억셉터 농도에서 형성된 전자-정공 쌍의 소위 가열거리(thermalization length)인 것은 확실하다. 이 현상의 기원에 대해서는 여전히 추측에 의존하고 있다. 개념상의 이해도를 높이는 것에 대한 논의는 8.3.2절에 있는데, 이는 제짝 재결합 반응속도에 관한 최근 결과가 논의된 이후에 이루어진 것이다.

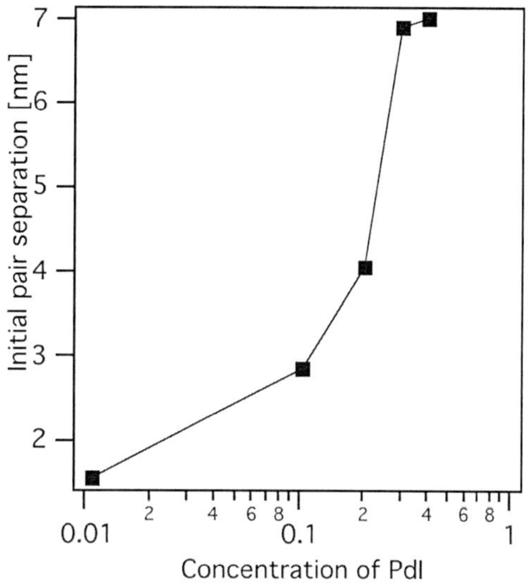

그림 8.13 PhPPV:PdI 블렌드에서 PdI 함유량에 따른 전자-정공 쌍의 초기 이격 거리. 제짝 재결합에 관한 Onsager 모델에 기초하여 [그림 8.4]의 데이터들을 초기 이격 거리로 재계산한 것이다.

8.2.3.3 제짝 전자-정공 쌍의 반응속도론

도너-억셉터 계면에서 제짝 결합된 전자-정공 쌍의 재결합과 분해 반응속도론에 관한 최근 연구는 Offermans 등의 시뮬레이션 작업에서 찾을 수 있다[60]. 주된 가정은 빛에 의한 여기가 일어나 가장 가까이에 있는 전자-정공 쌍을 생성하고, 그 전자/정공은 각각 억셉터/도너 상(phase)에 위치한다는 것이다. 양쪽 상은 모두 4의 유전상수를 가지고, 격자 상수 1 nm의 입방정계 격자로 표시된다. 호핑 점(Hopping sites)은 σ_e=70 meV, σ_h=120 meV의 서로 다른 분산 값을 가지는 것을 특징으로 하는 Gaussian DOS 분포를 형성한다. 가변 전기장은 계면에 수직 방향으로 작용하고, 호핑은 Miller-Abrahams 속도를 따른다. Marburg 그룹[30, 44]의 초기 시뮬레이션과는 다르게, 최종 비발광성(nonradiative) 전자-정공 재결합 속도는 1 ns^{-1}이고, 반면에 호핑 점간 속도식의 상수(prefactor rate)는 10 ps^{-1}로 가정하였다. 시뮬레이션에서는 전기장이 낮거나 높은 경우에 전자와 정공의 계면으로부터의 거리와 그들의 거리에 따른 분율, 시간의 함수로 DOS 내에서 그들의 평균 에너지를 독립적으로 모니터한다. 전기장 $F \geq 2\times10^5$ V/cm에서 분해 수율은 크게 증가하고, 2×10^6 V/cm에서 포화된다. 문헌 [60]의 온도 의존성에 관한 데이터를 Arrhenius 그래프로 그리면 [그림 8.6]과 유사한 의존성을 얻게 된다. 즉, 고온에서의 수율은 활성화 에너지 50 meV를 가진 거동에 가깝고, 반면에 저온에서서는 의존성이 더 약해진다.

시뮬레이션 결과는 무질서한 격자에서 입자의 확률적 거동(stochastic motion)으로 설명할 수 있다. 초기에 캐리어는 쿨롱 인력으로 결합되어 있고, 가까이에 있는 도너-억셉터 쌍에 위치한다. 쿨롱 결합에너지의 손실되는 부분이, 더 낮은 에너지를 지닌 위치로 넘어감에 따라 얻게 되는 에너지로 보상이 된다면, 캐리어는 반대 극성의 짝으로부터 쉽게 벗어날 수 있다. 유전 상수 $\epsilon=4$, 격자 상수 1 nm인 시스템에서, 이 에너지는 0.18 eV 정도로 크다. 정공의 경우는 σ_h가 120 meV이므로 0.18 eV의 에너지는 1.5 σ_h에 불가하여 이동이 쉽게 이루어진다. 하지만 전자의 경우는 상황이 달라, $\sigma_e=70$ meV이므로 DOS의 중심으로부터 깊은 곳에 위치한 0.18 eV 위치를 찾을 확률이 훨씬 더 낮다. 만약 정공이 계면으로부터 먼저 벗어났다면 이 프로세스는 쉬워진다. 왜냐하면 그때 전자가 느끼는 쿨롱 인력은 더 작기 때문이다. 그러나 억셉터 농도가 약 10% 이상인 PhPPV:PdI 시스템에서는 캐리어 수율이 더 낮은 전기장에서 포화된다는 실험결과를 이 시뮬레이션으로 되찾아낼 수는 없다.

이런 추리는 계면에서의 제짝 쌍 분해의 단계별 모델을 이끌어낸다. 첫 번째 스텝에서는, 정공이 계면으로부터 멀리 떨어진 낮은 에너지 위치로 점프한다. 그후 전자와 정공의 재결합 확률은 극히 억제될 것이므로, 이들 멀어진 전하쌍은 준안정(metastable)하다고 간주할 수도 있다. 두 번째 단계에서는, 좀 더 먼 거리에 있는 정공이 미치는 쿨롱 인력에 의해 생성된 퍼텐셜 우물에서의 전자의 확산 이동을 통해 이 멀어진 전하쌍이 분해될 수 있다. 동시에 정공은 계면으로 점프하여 되돌아가서 제짝 재결합을 촉진시킬 수 있다.

이 시뮬레이션은 주어진 제약조건에서 복잡한 시스템이 어떻게 거동하는지를 보여준다. 따라서 실제의 시료에서 이런 거동으로부터 벗어나는 정도를 알게 되면, 어떤 측면에서 모델 시스템이 그것과 다른지를 알 수 있게 된다. 특히, 위의 시뮬레이션 결과를 Dyakonov[59]가 연구한 ITO:PEDOT/MDMO-PPV:PCBM/LiF/Al 태양전지의 특성과, 그리고 70% PhPPV:PdI 시스템에서의 광전도도 데이터와 비교할 수 있다. 두 가지 경우 모두에서 광전도도 수율은 낮은 전기장에서 이미 포화가 된다. 첫 번째 경우에, 두께 10 nm의 시료에 걸쳐 2 V의 built-in 전압을 가정하면, 내부 전기장 약 2×10^5 V/cm에서 흡수한 광자의 수집효율은 약 50%이다. 이는 [그림 8.5]의 수율과 대등하다. 실제 시료와 시뮬레이션 사이의 주요 차이점은 내부 계면에서 전자-정공 사이의 이격 거리의 증가라고 추측할 수 있다. 이 효과는 공액 폴리머 체인 내부에서 정공의 움직임이 초고속이기 때문으로 생각된다. 만약 속도가 더 늦은 캐리어인 전자가 계면으로부터 빠르게 벗어날 수 있으면 이 효과는 유용하게 이용할 수 있다. 그러기 위해서는 전하 추출/통행(percolative) 네트워크의 구축이 필요하다. 다시 말하면, 시료는 전하 수송에 유리한 구조를 가져야 한다.

순간 흡수를 관찰하게 되면 도너-억셉터 계면에서 빛에 의한 전하 캐리어 생성의 속도론적 접근이 가능하다. 8.2.3.1절에서 언급한 바와 같이 계면에서 제짝 전자-정공 쌍의 형성은 100 fs 이하의 시간대에서 일어나는 초고속 프로세스이다. 이 속도가 지연되는 것은, 계면 쪽으로 엑시톤의 확산에 의한 것이다. 더 긴 시간대에서 기록된 순간 흡수를 관찰하면 후속으로 일어나는 전하의 감쇠를 모니터할 수 있다. 재결합 속도를 측정할 때, 생성된 전하 캐리어(통상으로 라디칼 양이온)의 흡수가 일시적으로 감쇠되는 것으로 측정하든, 혹은 중성 도너 상의 $S_1 \leftarrow S_0$ 전이에 새겨진 spectral 정공의 일시적 감쇠로 측정하든지는 중요하지 않는데, 왜냐하면 후자는 전하를 띠고, 따라서 그 전이는 당초의 스펙트럼 위치에 나타나지 않기 때문이다. 불행하게도, 이들 스펙트럼의 특징을 보아서는 어떤 하나의 전하가 제짝에 쿨롱인력으로 결합되어 있는지 아닌지를 쉽게 결론내릴 수는 없는데, 왜냐하면 쿨롱 전기장이 스펙트럼 이동에 미치는 영향이 아주 미미하기 때문이다. 이들 스펙트럼은 분자 자체의 특성에 따라 매우 불균질하게 퍼지는 특징을 보여준다. 이 점은 실험실적 데이터를 해석할 때 심각한 어려움이 된다. 예를 들어, Montanari 등[61, 62]은 양전하의 MDMO-PPV polaron, 즉 MDMO-PPV:PCBM 혼합물의 라디칼 양이온의 일시적인 감쇠를, 그들의 쿨롱 인력은 무시하고, 국재화된(localized) 전하의 재결합 측면에서 해석하였다. 이들 감쇠는 대수적으로 $t^{-1/2}$ 법칙을 따르는데, 이는 DOS 분포의 꼬리 방향으로 이완되는(relax) 정공의 재결합 때문으로 간주하였다. 동일한 시스템에서 Offermans 등[63]은, [그림 8.14]에서와 같이 2.76 eV의 빛에 의해 여기된 MDMO-PPV의 $S_1 \leftarrow S_0$ 0-0 전이의 꼬리 분포에 새겨진 spectral 정공의 감쇠를 측정하였다. 문헌 [61]과 일관되게, 일시적인 감쇠는 [그림 8.15]와 같이 유사하게 $t^{-1/2}$ 법칙을 나타내는데, 국재화된 정공의 분광 이완에 대한 유용한 정보를 갖고 있다. 문헌 [63]은 제짝 전자-정공 쌍의 재결합을 시뮬레이션하여 그 결과를 해석한 것이다. 반면에, Montanari[61]의 결과도 제짝 재결합은 무시하고, 지수함수 형태의 DOS 분포 시뮬레이션을 토대로 성공적으로 해석할 수 있었다. 제짝 재결합 대비 비제짝(non germinate) 재결합의 중요성에 대해 결론을 내리기 위해서는 추가적인 기준이 동원되어야 시뮬레이션 결과도 의미를 갖게 된다.

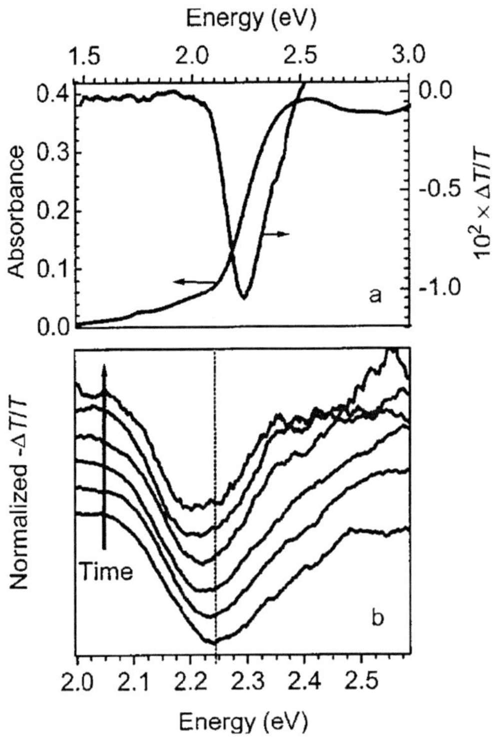

그림 8.14 (a) MDMOPPV:PCBM 블렌드에서 분광된 정공의 흡수 스펙트럼(2.76 eV에서 여기, 데이터 수집 delay 33 ns, gate width 10 ns, T=80 K) (b) 분광된 정공의 시간 의존성. 스펙트럼은 delay time/gate width 조합 10 ns/2 ns, 33 ns/10 ns, 233 ns/30 ns, 1 ms/100 s, 3 ms/300 ns, 10 ms/300 ns에서, 그리고 여기 에너지 2.76 eV(fluence 2.0 mJ/cm^2), 온도 T=80 K에서 기록한 것으로 그 차이를 분명하게 볼 수 있도록 순차적으로 위쪽으로 이동 표시함.

이렇게 모호한 이유는 무질서한 재료에서의 반응물의 대수적인 감쇠 법칙이 DOS의 정확한 모양과 쿨롱 퍼텐셜의 중첩(superposition)에 그리 민감하지 않기 때문이다. Gaussian DOS 분포를 갖는 단일 성분 시스템에서 제짝 쌍의 재결합에 대한 초기의 시뮬레이션 결과는 역시 반응물의 감쇠는 비슷한 법칙을 따르고, 반면에 반응 속도는 대체로 t^{-1} 법칙을 따른다는 것을 역시 확인시켜 주었다[30]. 후자의 결과는 단일 성분 사다리 형의 poly(para-phenylene)으로부터 방출된 지연된(delayed) 형광의 감쇠에 의해 확인된 바 있다[64]. 이 경우에, 지연된 형광은 두 개의 트리플렛 엑시톤의 두 분자 소멸(bimolecular annihilation)보다는 전자-정공 쌍의 제짝 재결합 때문이라는 결론이 내려졌는데, 이는 전하에는 작용하고 중성 엑시톤에는 작용하지 않는 전기장에서의 실험으로 증명되었다.

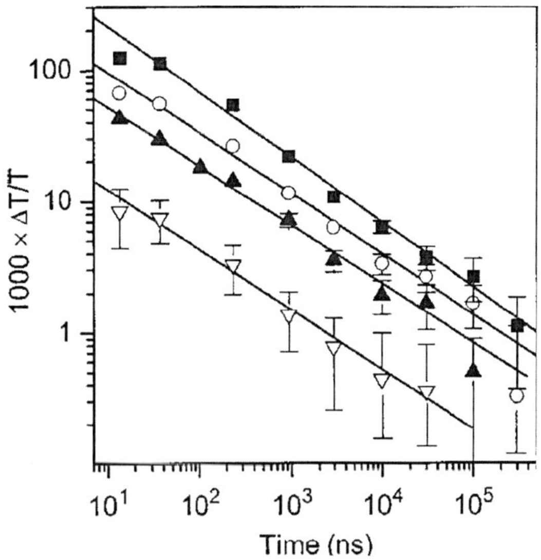

그림 8.15 MDMO-PPV:PCBM 블렌드에서 시간에 따른 분광된 정공의 소멸 깊이. 여기 2.76 eV, pump fluences : 약 2 mJ/cm^2(□), 약 1 mJ/cm^2(○), 약 0.5 mJ/cm^2(▲), 약 0.05 mJ/cm^2(♡). 실선은 $\Delta T \sim t^{-\alpha}$를 다음 조건의 데이터에 피팅한 것임. α=50 ± 0.01(■), d=0.46 ± 0.02(○), α=0.45 ± 0.03(▲), α=0.46 ± 0.16(▽).

8.2.3.4 전자-정공 쌍의 비 제짝 재결합

효율적인 태양전지에서는 모든 전하 캐리어들이 초기의 쿨롱 퍼텐셜에서 벗어나 더 이상의 손실 없이 전극에 도달하여야 한다. 그러기 위해서는 두 분자(bimolecular) 재결합, 즉 비제짝(nongeminate) 재결합의 효율에 어떤 기준이 필요하게 되는데, 그 기준은 캐리어의 이동 시간(transit time)이 두 분자 재결합 시간 보다 짧아야 한다는 것이다[65, 66]. $\mu_+ = \mu_- = \mu$로 이동도가 동일하고 그리고 $n_+ = n_- = n$으로 전자와 정공의 농도가 동일한 가장 간단한 경우에, 캐리어의 생성과 손실의 속도 방정식은 다음과 같다.

$$\frac{dn}{dt} = G - \frac{n}{\tau_{tr}} - \beta n^2 \tag{8.1}$$

여기서 β는 두 분자 재결합 상수, G는 쿨롱인력으로부터 자유로운 전자-정공 쌍의 생성 수율, $\tau_{tr} = d/\mu F$는 전하수송 시간, 그리고 d는 샌드위치 셀에서 전극의 이격 거리(separation)이다. 단분자 재결합, 즉 전극에서의 방전이 두 분자 재결합 보다 우세한 조건은 $\beta n < \tau_{tr}{}^{-1}$으로, 다음 식으로 표현된다.

$$n < \frac{\mu F}{\beta d} \tag{8.2}$$

일반적인 개념은, 분자로 된 고체에서 두 분자 전자-정공 재결합은 'Langevin type'으로, 일단 전하 캐리어가, 포획 반경(capture radius) $r_c = e^2/4\pi\epsilon_0\epsilon kT$로 정의되는 그들의 상호 쿨롱 퍼텐셜로 들어가면 발생한다. 여기서 ϵ_0는 자유 공간의 투자율(permittivity), ϵ는 상대 유전 상수이다. Langevin 모델이 예측하는 것은 아래식과 같다.

$$\frac{\beta}{\mu} = \frac{e}{\epsilon_o\epsilon} \tag{8.3}$$

이동도와 재결합 상수 사이의 Langevin 관계식은, 시료가 유기 LED[67]와 같이 결정질이든 비정질이든지에 관계없이 맞아야 한다는 것이 잘 알려져 있다. 식 (8.3)을 식 (8.2)에 대입하면:

$$n < \frac{\epsilon_o\epsilon F}{ed} \tag{8.4}$$

$\epsilon_0\epsilon F/d$는 커패시터 판 위에서의 전하 캐리어의 표면 밀도이므로, 만약 두께 d의 다이오드 내에서 전체 전하가 커패시터 전하와 비슷해지면, 부등식 (8.4)는 두 분자 재결합이 중요해 진다는 것을 의미한다. 이는 태양전지에서 생성된 정상상태 광전류의 직선 영역(linear regime)에 한계를 설정하게 한다. 300 nm 두께 태양전지에 100 mW/cm^2 세기의 광자가 완전히 흡수되고, 외부 양자효율 10%로 4×10^{20} carriers/cm^{3}s의 속도로 자유 전자와 정공 쌍이 생성된다고 가정하자. 만약 내부전계(built-in) 전압 $V_{bi}=0.5$ V이면, 벌크에서의 커패시터 전하 캐리어 밀도는 10^{15} cm^{-3}이다. 부등식 (8.4)를 만족시키기 위해서는 전하 수송시간이 $\leq 2.5\times10^{-6}$s가 되어야 하고, 캐리어 이동도는 $\mu \geq 8\times10^{-4}$ cm^2/Vs 정도로 높아야 한다는 것을 의미한다.

만약 한 종류의 캐리어가 매우 낮은 이동도를 가진다면 위의 요건은 더 까다로워진다. 그 경우 움직임이 느린 캐리어, 즉 전자의 정상상태 농도는 $n_- = (\mu_+/\mu_-)n_+$가 된다. 그러므로 좀 더 빠른 캐리어의 정상상태 임계 농도는 다음 식과 같이 더 느린 캐리어의 움직임에 의해 좌우된다.

$$n_+ < \frac{\mu_-}{\mu_+}\frac{\epsilon_o \epsilon F}{ed} \tag{8.5}$$

부등식 (8.4)와 (8.5)는 전하 캐리어의 이동도가 가능한 크고 대칭적이어야 한다는 일반론을 확인시켜 준다. 그렇지 않으면, 제짝 재결합을 모면한 캐리어의 두 분자 재결합을 더 느린 캐리어의 이동도가 좌우하게 된다.

최근 CELIV(charge extraction in a linearly increasing voltage) 기법으로 태양전지에서 광유도 전하 캐리어의 시간 의존 이동도와 재결합에 대한 연구가 이루어진 바 있다[68]. 스핀 코팅으로 만든 이 태양전지에서 광활성 블렌드는 정공 억셉터의 역할을 하는 poly[2-methoxy-5-(3,7-dimethyloctyloxy)-phenylenevinylene](MDMO-PPV)와 전자 억셉터 역할을 하는 1-(3-methoxycarbonyl)propyl-1-phenyl-(6,6)-C_{61} (PCBM)으로 구성되어 있다. 처음에 이 기법은 암 상태에서 직선적으로 증가하는 전압을 가하면서 캐리어들을 추출해 내는 방식으로 시료에 존재하는 전하 캐리어의 수송을 측정하기 위해 개발된 것이다[69]. 문헌 [68]에서는 강하게 흡수되는 3 ns 레이저 플래시로 광유도하여 전하 캐리어를 생성하였다. 온도 범위는 120에서 300 K이었다. 전극으로부터의 전하 주입을 피하기 위해 조정이 가능한 지연 시간 t_{del}를 1 μs에서 1 s 범위로 변화시키면서 역방향 바이어스 전압 펄스를 가하였다. 이 시간 구간에서 $t=t_{del}$까지 이미 제짝 재결합을 피하고, 두 분자 재결합을 모면한 캐리어들이 검지되었다. 캐리어 이동도는 지수법칙을 따르면서 시간에 의존하는 것으로 밝혀졌는데, 이는 에너지 측면에서 무질서하며 호핑(hopping) 전도가 우세한 유기물계에서, Gaussian DOS분포의 꼬리 상태 쪽으로 캐리어 에너지가 이완되는 조짐이다. 두 분자 재결합 속도상수 $\beta(t)$가 캐리어 확산에 의해 제어되기 때문에, $\beta(t)$ 역시 예상한 바와 같이 지수 법칙을 따르면서 시간에 의존한다. 이 결과가 내포하는 의미는 $\beta(t)/\mu(t)$의 비가 시간에 독립적이고, Langevin 이론의 예측값에 가깝다는 것이다(식 (8.3) 참조).

그러나 regioregular poly(3-hexyl-thiophene)(RR-P3HT)[70]와 PCBM의 1:2 비율의 블렌드는, 빛에 의해 생성된 전하의 두 분자 재결합에 관한 한 다르게 거동한다[66]. 이 시료는 두께 80~100 nm, 광학 밀도(optical density) OD=1.9($\alpha d=4.4$, 여기서 α는 흡수계수)이다. 광캐리어의 순간 응답은 시료를 최대 에너지 0.3 mJ/pulse의 레이저 펄스를 3 ns 동안 여기 시키면서 측정하였다. 이때 Resistance-Capacitance (RC) 시정수(time constant)는 캐리어 수송 시간보다 훨씬 더 크게 하였다. 커패시터 전하로 정규화(normalize)시킨 추출 전하와 (최고 빛 세기에서 30정도임), 추출 시간으로부터 구한 두 분자 재결합 계수는 $\beta=2\times10^{-13}$ cm^3/s로 계산되었다. 동일한 태양전지에서 time-of-flight 기법을 이용해 독립적으로 측정하여 얻은 가장 빠른 캐리어의 이동도 $\mu=4\times10^{-3}\ cm^2/Vs$를 대입하여 $\beta/\mu=5\times10^{-11}\ Vcm$를 얻었는데, 이는 Langevin 이론으로 예측한 $e/\epsilon_0\epsilon$ 보다 4 자릿수 정도 더 작은 값이다. 이는 도너-억셉터 블렌드에서 모폴로지의 영향이 엄청난 것임을 보여주는 주목할 만한 결과이다. 위치 규칙성 치환기를 갖는 polythiophene 체인의 자기배열(self alignment)이 이루어지면 두 분자 재결합이 크게 감소하는데, 이는 자기배열이, 전자와 정공의 독립된 수송 경로를 구축하는 데 도움이 되는 연속적 상호 관통 네트워크를 만들어 주기 때문이다. 이 현상이 적절한 조성의 블렌드 시스템에서 초기에 생성된 전자-정공 쌍의 제짝 재결합의 속도가 줄어드는 것에 관련이 있는지는 아직 추측에 불과하다. 하여튼 이는 블렌드 유기 태양전지에서 두 성분의 mesoscopic ordering이 매우 중요하다는 것을 증명해 준다.

8.3 균일하게 도핑된 공액 폴리머와 폴리머 기반 도너/억셉터 블렌드에서 엑시톤의 분해 모델

유기 태양전지 이론 측면의 연구에 대해 논의를 하기 전에 먼저 실험실적 결과를 간략히 요약하고자 한다. 공액 폴리머의 광물리(photophysics) 현상에 대한 엑시톤 접근 방법은 빛에 의한 자유 캐리어의 생성에 대해 다음의 시나리오를 제시한다. 흡수 밴드 범위에 있는 빛에 의해 공액 폴리머가 여기되면 0.5eV 정도의 결합에너지 E_b를 갖는 Frenkel type 싱글렛 엑시톤이 생성된다. 빛이 흡수되면 진동에 의해 이완되거나 혹은 에너지가 큰(hot) Franck-Condon 상태를 생성하는데, 입사되는 빛의 에너지가 흡수단 보다 크면 후자의 경우이다. 전자진동 모드(vibronic progression)를 통해 이 Franck-Condon 상태가 이완되면 과잉의 양자 에너지는 내부 준위를 진동 여기시키고 엑시톤은 '뜨거운' 준위(hot segment)를 점유한다. 이러한 뜨거운 엑시톤이 자유 캐리어의 쌍으로 급속히 분해되는 것은 보통 정도의 외부 전기장에서도 가능한 반면[71~73], 이완된 엑시톤의 내재적인 분해에는 MV/cm 범위의 전기장을 필요로 한다. 그러나 이완된 싱글렛 엑시톤은 소광될 수 있고, 전하전달 중심부에서 (제짝) 쌍의 전하로 분해될 수도 있다. 공액 폴리머에서 전형적인 전하전달의 중심부는 하나의 공액 폴리머 부위와, 인접한 하나의 deep electron trap인 전자 수거부(scavenger)로 구성된다. 하나의 전하전달 중심부에서 전자 수거부의 전자친화도가 엑시톤 결합에너지를 보상할 만큼 충분히 크면 엑시톤 분해가 가능하다.

그러나 전하전달 중심부에서 엑시톤 소광으로 자유 캐리어가 생성되지는 않는다. 대신에 강력하게 쿨롱인력으로 결합된 전하의 제짝 쌍이 생성된다. 각각의 쿨롱 결합에너지는 공액 폴리머 부위와 전자 수거부 사이의 거리가 1 nm이고, 유전 상수가 3일 때 0.5 eV로 예측되었다. 이 예측 결과는 제짝 쌍에서의 전하들이 진동에 의해 이완된 싱글렛 엑시톤에서 보다 더 약하게 결합된 것은 아니라는 것을 보여준다. 이 개념은 도핑된 공액 폴리머에서 광발광(photoluminescence : PL)의 소멸(quenching) 효율과 광전하 생성 수율 사이의 큰 차이를 설명해 준다[33, 36]. 1%의 도핑 농도에서 PL 강도는 거의 zero까지 떨어지는 반면에, 전하 생성이 효율적으로 일어나는 것은 10%가 넘는 도핑 수준을 필요로 하는데[31], 이는 다시 말하면 빛에 의한 자유 캐리어의 생성은 균일하게 도핑된 폴리머 보다는 도너-억셉터 블렌드에서 더 용이하다는 것이다.

8.3.1 Onsager-Braun 모델

도너-억셉터 유기 태양전지에서 광전하 생성에 대한 실험 결과를 제짝 전하쌍 분해에 관한 Onsager 이론의 Braun 확장을 이용하여 논리적으로 설명하고자 하는 것은 매우 올바른 접근으로 보인다. 1934년에 Onsager는 약 전해질에서 무한한 수명을 가진 이온의 분해에 관한 이론을 공식화하였다[74]. 1938년 그는 일단 충돌하면 순간적으로 재결합하는 광 유도된 전하 쌍을 다루었다(infinite sink approach)[38]. 1984년 Braun[37]은 전하 쌍이 유한한 수명을 가지는 경우를 고찰하였다. 이는 결국에는 상호 쿨롱 퍼텐셜을 완전하게 피할 수 있거나, 혹은 궁극적으로는 재결합하는 전하 쌍의 다중 왕복운동(multiple excursion)을 의미한다. 효율적인 광전하 생성은 유한한 수명을 지닌 도너와 억셉터 쌍들이 제공하는 최저 에너지 상태의 전자-정공 쌍에서 일어나는 것으로 전제하기 때문에, 이런 해석은 블렌드 유기 태양전지에도 맞아야 한다. 엑시톤-exciplex-전하전달 상태로 이루어진 사이클 내에서 여러 차례의 왕복운동에 의해 수명이 연장되면, 다음 식으로 주어지는 완전한 전하쌍의 분해 수율 $\eta(F, T)$는 틀림없이 증가하게 될 것이다.

$$\eta(F, T) = \frac{k_d(F, T)}{k_d(F, T) + k_{rec}} \tag{8.6}$$

여기서 k_d는 제짝 쌍의 완전한 분해 속도상수, k_{rec}는 단분자 재결합 속도이다. Braun[37]에 의하면, k_d는 다음과 같다.

$$k_d(F,T) = \frac{3\beta}{4\pi a^3}\exp\left(-\frac{E_{eh}}{kT}\right)\left(1+b+\frac{b^2}{3}+\frac{b^3}{18}+\frac{b^4}{180}+\cdots\right) \tag{8.7}$$

여기서 a는 도너-억셉터 계면에서 전자-정공 쌍으로 결합되어 있는 캐리어들의 초기 이격 거리, 이때 결합에너지 E_{eh}, $b=e^3F/8\pi\epsilon_0(\epsilon)(kT)^2$, (ϵ)는 공간적으로 평균한 상대 유전 상수, β는 Langevin형 전자-정공 재결합의 속도상수, 즉 $\beta=e(\mu)/\epsilon_0(\epsilon)$, μ는 공간적으로 평균한 전자와 정공의 이동도의 합계이다. 무질서한 시스템에서는, 또한 쌍 사이의 이격 거리가 공간 분포와 연관되어 있다는 점을 고려하여야 한다. 흔히 $\rho(r)=r^2\exp(-r^2/a^2)$ 형태의 분포 함수로 매개변수화 되어 있다. 따라서 식 (8.6)과 식 (8.7)은 r의 분포에 대해 적분하여야 하고, 그러면 식 (8.6)은

$$\eta(F,T) = \frac{4}{\sqrt{\pi a^3}}\int_0^\infty dr\rho(r)\eta(r,F,T) \tag{8.8}$$

Michailetchi 등[75]은 벌크 이종접합 태양전지의 광전류 데이터를 설명하기 위해 식 (8.8)을 사용하였다. 이때 태양전지는 poly(2-methoxy-5-(3,7-dimethyloctyloxy)-p-phenylene-vinylene)(OC_1C_{10}-PPV)과 PCBM을 조성비 20:80으로 혼합한 것이었다. $\epsilon=3.4$, $a=1.3$ nm, 그리고 전하쌍의 수명 1 μs를 이용하면 실험으로 얻은 전기장 의존성을 재현할 수 있다. 매우 낮은 인가전압(0.01 V)과 내부전계(built-in) 전압에서 측정한 온도 의존성으로부터 추정한 활성화 에너지는 각각 94.1, 35.4 meV이었다. 이 결과는 전자-정공 이격 거리 4.5 nm와 12 nm에 해당하는데, 이는 $a=1.3$ nm에서의 평균 값 1.5nm보다 훨씬 크다. 이런 불일치는 랜덤 유기 시스템에서는 어디서든 관찰되는데, 이는 자체 내부에너지의 무질서에 기인한 것으로 보인다(8.2.2.2절 참조). 제짝 전자-정공 쌍의 수명이나, 혹은 이의 분자 진동과의 비발광 결합(nonradiative coupling)으로 결정되는 전구체로서의 exciplex 수명 값은 여전히 의문이다. 보통 1~50 ns 범위에 있는 전하전달 상태의 수명이 exciplex의 수명을 능가할 수도 있는데, 하지만 이 개념은 실험으로 증명이 되어야 한다.

무질서 효과를 포함하는 Onsager-Braun 공식은 매개변수의 일관성이 있으면, 벌크 이종접합 구조를 갖는 유기 태양전지에서의 광전하 생성에 대해서도 그럴듯한 해석이 가능할 수도 있는데, 하지만 꼭 해야 하는 것인지는 의문이다. 그것은, 광자 수확과 일차 전자-정공 쌍 생성이 완전하게 이루어지는 한계치 이상의 임계 도펀트 농도에서 전하생성 수율이 급작스럽게 증가하는 이유를 설명하지 못하고, 모폴로지가 최적화된 시스템에서의 수율 증가도 설명하지 못하기 때문이다. 다음 절에서는 위에서 언급한 내용을 설명해 줄 수도 있는 이론적인 개념을 제시하고자 한다.

8.3.2 전자 수거제로 균일하게 도핑된 공액 폴리머에서의 엑시톤 분해

다음의 두 가지 효과가, 고농도로 도핑된 시스템에서 빛에 의한 전하 생성 수율이 급격히 증가하는 원인이 될 수 있다: (i) (호핑을 통한) 전자와 정공의 수송에 필요한 상호 관통형의 전하추출 네트워크의 형성, (ii) 도너/억셉터 계면에서의 엑시톤 분해를 가능케 하는 도너와 억셉터의 완전한 또는 부분적인 상분리. 완벽한 전하 수집을 위해서는 전자와 정공의 쌍극(bipolar) 수송이 반드시 필요하나, 빛 수확의 첫 번째 단계로 엑시톤의 분해가 없으면 태양전지의 효율을 높여 주지는 못한다. 계면에서 엑시톤의 완전한 수확은 빛에 의한 전하의 효율적인 생성의 핵심 요소인데, 그것은 엑시톤의 확산거리가 엑시톤이 가장 가까운 계면까지 도달하기 위해 건너야 하는 최대거리보다 더 길거나 적어도 대등하여야만 가능하다. 이 조건은 각 층의 증착조건을 제어하여 만든 평판형 다층구조 태양전지에서 충족시킬 수 있다. 도너/억셉터 시스템의 벌크 이종접합에서는 모폴로지의 제어가 훨씬 더 어렵다.

에너지 보존의 측면에서, 이완된 엑시톤이 전하전달 중심부에서 자유로운 정공과 국재화된 전자로 분해되는 것은 원칙적으로 호스트(도너)와 게스트(억셉터) LUMO 에너지 차이가 엑시톤의 결합에너지보다 클 때만 가능하다. 그러나 이런 일반적인 개념이 이 프로세스의 실험실적인 연구에서 제기된 몇 가지 중요한 질문에 대한 답을 주지는 못한다.

(1) 중간 상태(intermediate state)가 개입되지 않는다면, 전하전달 중심부에서의 전하생성은, 폴리머 체인상의 싱글렛 엑시톤에 두 캐리어가 결합된 형태의 초기상태로부터 양자역학적 단열 전이(adiabatic transition)를 통해 다음의 최종상태, 즉 '전자가 인근에 있는 억셉터의 LUMO에 국재화되어 있고, 정공은 실온에서 약 20 nm 정도인 Onsager 반경보다 더 먼 거리의 폴리머 체인상에 위치하고 있는 상태'로의 전이로 서술되어야 한다. 하지만 보통 100 fs 보다 더 짧은 엑시톤의 분해 시간에 비해 두 관련 시스템(matrix element)의 크기가 충분한 것 같지는 않다.

(2) 에너지 측면의 요건이 충족되면, 엑시톤이 자유 전하 캐리어로 직접 분해되는 수율은 외부 전기장에도 온도에도 의존해서는 안 된다. 그러나 측정 결과, 수율의 전기장 의존성은 매우 강한 것으로 나타났고, 다만 온도 의존성은, 특별히 저온에서 좀 약한 것으로 나타났다.

(3) 전하전달은 단열성 프로세스이므로, 억셉터 분자 내로 전자가 전이된 후에는 과잉의 에너지가 방출되고 소실되어야 한다. 에너지 소실시간이 보통 100 fs

보다 짧아서, 비록 억셉터 분자의 농도가 50% 가까이 또는 그 이상이 되는 경우에도, 그런 짧은 시간 동안에 전자가 호핑에 의해 쿨롱 퍼텐셜 우물을 벗어날 수 있을 가능성은 낮아 보인다. 그러므로 전하의 완전한 분리는 체인 위 정공의 또 다른 움직임에 의해서만 가능하다. 하지만 전자가 깊이 트랩되면서 방출된 과잉의 에너지가 어떻게 다시 체인 상의 정공으로 전달되는지는 확실하지 않다.

짧은 시간에 제짝 쌍으로 엑시톤 분해가 일어난 후에, 체인상의 정공은 여전히 트랩된 전자에 쿨롱 결합되어 있다. 그 각각의 퍼텐셜 $U(x)$는 수정된 1차원 쿨롱 우물(modified one-dimensional Coulomb well)로 설명될 수 있다.

$$U(x) = \frac{e}{4\pi\epsilon_o\epsilon(x^2 + a^2)^{1/2}} \tag{8.9}$$

여기서 a는 체인으로부터 전자 수거제까지의 거리이다. 폴리머 체인(혹은 그의 공액성 분자 조각) 내에서 정공은 이동이 자유롭기 때문에, 그 기저상태 에너지는 제로점 진동(on-chain zero point oscillations) 에너지를 포함하여야 한다. 불행히도 각각의 Schrödinger 방정식은 식 (8.9)로 주어지는 퍼텐셜에 대해 수식적으로 풀릴 수가 없다. 그러나 기저상태 에너지 E_0는, 이 퍼텐셜 분포가 parabolic potential $U_{osc}(x)$으로 근사가 가능하면 추정할 수 있다. $U_{osc}(x)$는 $x=0$에서 $U(x)$를 power 급수로 전개하여 계산하는데, 그 결과는 :

$$U_{osc}(x) = \frac{e^2}{4\pi\epsilon_o\epsilon a}\left(1 - \frac{x^2}{2a^2}\right),\quad E_0 = -\frac{e^2}{4\pi\epsilon_o\epsilon a} + \frac{e\hbar}{4\sqrt{\pi\epsilon_o\epsilon a^3 m_{eff}}} \tag{8.10}$$

여기서 m_{eff}는 체인 위 정공의 유효 질량이다. 이 변수가 실제로 제짝 쌍의 유효 결합 에너지 $E_b = -E_0$를 좌우하고, 따라서 자유 광전하의 생성 프로세스에서 핵심 역할을 한다.

공액 폴리머에서 m_{eff}의 값은 여전히 논쟁의 대상이다. 여러 가지 폴리머에 대해 양자화학적 계산을 수행한 결과[14]에 의하면, m_{eff}의 값이 약 $(0.03\sim0.08)m_e$인데, 여기서 m_e는 자유전자 질량이다. 식 (8.10)에서 이 m_{eff}의 값을 사용하면 제짝 쌍의 결합에너지는 zero 혹은 zero에 가깝게 되는데, 이는 외부 전기장 없이도 자유 캐리어로 즉시 분해된다는 것을 의미한다. 그러나 도펀트 존재 하의 엑시톤 분해 실험에서는 수율이 전기장에 강하게 의존한다는 것을 확인시켜 주었다[33, 35, 36]. 체인 위 캐리어의 유효 질량 값이 더 크다는 지적은 공액 폴리머에서의 마이크로웨이브 전도도 연구결과로부터 나왔다[76]. 이완된 polaron의 체인 위 이동도는 여전히 0.1~1 cm^2/Vs 정도 보다 크지 않다고 밝혀졌는데, 이는 캐리어의 유효질량이 (1~2)m_e인 것을 암시하는 것이다. 반면에 새로이 생성된 캐리어의 이동도는 1,500 cm^2/Vs 정도까지 클 수 있다[76].

이론계산과 실험 데이터 사이의 이런 명백한 모순은 엑시톤 분해와 체인 위 전하 수송의 속도 차이를 고려하면 설명될 수도 있다. 엑시톤 분해는 거의 순간적인 프로세스로, 곧바로 체인 위 정공이 만들어지는데, 이 정공은 분자 구조적으로 그리고 아마도 전자적으로도 이완된 분자 환경에 아직 예속되어 있지 않다. 그 유효질량은 실제로 문헌 [14]에서 계산으로 예측한 것만큼 작을 수 있다. Polydiacetylenes 단결정[77]에 대해 실시한 전기장반사(electroreflection) 실험에서, 체인 위 캐리어 질량이 m_e 보다 훨씬 더 작고, 계산된 값에 가깝다는 것을 보여준 점은 주목할 필요가 있다. 공액 폴리머에서 모든 polaron성 이완과 진동 이완이 100 fs 보다 짧은 시간대에서 일어나기 때문에, 더 긴 시간 범위에서의 전도도 측정은 단지 이완된 polaron의 값만을 보여줄 수도 있다.

새롭게 생성된 캐리어와 이완된 캐리어 사이의 유효질량 차이가 크다는 또 다른 징조는 광전하 생성 실험에서의 전하전달 속도와 전하수송 측정에서 추정한 점프 속도의 상호 비교로부터이다. 前者의 예로, 빛에 의해 여기된 PPV 부분에서 C_{60}으로의 전자전달은 50 fs 라는 시간대에서 일어난다[55]. 後者의 예로는 T → ∞에서 μ vs. $1/T^2$ 그래프로부터 추론한 전하 이동도의 계수(prefactor)는 통상 10^{-2} cm^2/Vs 수준이다. $eD=kT\mu$, 그리고 $D=a^2\nu/6$ 로 가정하면 이 결과는 무질서하지 않은 체인 간 점프 시간이 $1/\nu=1$ ps라는 해석이 된다. 이 차이에 대한 그럴듯한 설명은, 후자의 시간은, 유효질량 > $2m_e$를 가진 이완된 전하 캐리어의 단열성 이동에 해당하고, 반면에 前者는 작은 유효질량을 갖는 상태로 수직 전이하는 시간이라는 것이다.

이런 사실에 기초하여, 전하전달 중심부에서의 엑시톤 분해에 대해 다음과 같은 시나리오를 생각해 볼 수 있다. 폴리머 체인으로부터 인근에 있는 전자 수거부로 음전하가 전달되는 즉시, 체인 위의 이완되지 않은 가벼운 정공은 트랩된 전자의 음전하에 의해 형성된 퍼텐셜 우물 내의 기저상태 혹은 여기상태 중의 하나를 점유한다. Polaron형 이완 전까지 정공의 유효질량은 여전히 작기 때문에, 그 제로점 진동 에너지는 전자가 깊은 트랩에 빠지면서 방출한 과잉 에너지를 공유하면서 비교적 커지고, 또한 정공에 유리한 형태로 작용한다. 빠른(< 100 fs) polaron성 이완 및 진동 이완 과정을 거치면서, 그 정공의 유효질량은 (1~2)m_e 까지 증가하는데, 이것이 다시 정공의 제로점 진동 에너지 ΔE를 감소시킨다. 식 (8.10)으로부터 ΔE의 값은 다음과 같이 추정할 수 있다.

$$\Delta E = \frac{eh}{4\sqrt{\pi\epsilon_o\epsilon a^3}}\left(\frac{1}{\sqrt{m_{eff}^{(inst)}}} - \frac{1}{\sqrt{m_{eff}^{(el)}}}\right) \tag{8.11}$$

여기서 $m_{eff}^{(inst)}$ 와 $m_{eff}^{(el)}$ 은 각각 정공의 초기 유효질량과 이완된 정공의 유효질량이다. $m_{eff}^{(inst)} = 0.03\,m_e$, $m_{eff}^{(el)} = 2\,m_e$, 그리고 a=0.5 nm이면 식 (8.11)에서 ΔE= 1.2 eV가 된다. 이 과잉의 에너지는 국부적 진동을 야기시켜(local vibrational bath) 그 부분을 일시적으로 뜨겁게(hot) 만든다. 이전에 'hot' 엑시톤 분해 모델에서 제시된 바와 같이[71, 72], 이 에너지는, 볼쯔만 법칙과 같이 열적으로 활성화된 이완 프로세스를 통해, 체인 위 정공이 제짝 전자의 쿨롱 퍼텐셜 우물에서 벗어나는데 사용될 수 있다. 초기에 점유된 공액 폴리머 부분이 뜨겁기 때문에, 그 벗어날 확률은 주위 온도의 영향을 크게 받지 않는다[72]. 그러나 정공이 자유롭게 되기 위해서 반드시 넘어야 할 퍼텐셜 장벽의 높이를, 외부 전기장이 결정하기 때문에, 수율의 전기장 의존성은 여전히 크다.

놀랍게도 체인 위 정공의 polaron성 이완에 따라 방출되는 위의 과잉 에너지 추정치는, 보통의 내재적인 'hot' 엑시톤 분해에 요구되는 과잉의 빛에너지와[18, 78, 79], 그리고 유기 도너/억셉터 블렌드에서 효율적인 엑시톤 분해를 가능케 하는 억셉터 재료의 전자친화도 둘 다와 잘 일치한다. 특히, 전자전달에 따른 에너지 획득이, 일시적으로 가벼운 정공의 제로점 진동에 충분한 에너지를 공급할 만큼 크지 않으면, 체인 위 정공이 이완되거나 exciplex 상태를 직접 만들어 내는 작업이 훨씬 더 느려지게 된다. 이 둘은 모두 궁극적으로 완전한 전하 분리에 바람직하지 않다. 원칙적으로 이 개념으로, 8.2.3.1절에서 논의한 MDMO-PPV/PCNEPV 블렌드에서 exciplex 수율이 낮은 이유를 설명할 수 있다.

8.3.3 폴리머 도너/억셉터 계면에서의 엑시톤 분해

앞에서, 높은 농도의 전자 억셉터로 도핑된 공액 폴리머, 즉 폴리머 도너/억셉터 블렌드에서 모폴로지에 대한 요건이 충족되면, 내재적인 광전하 생성 수율이 거의 100%까지 증가한다는 것을 확인하였다[36, 57]. 게다가 이런 효율적인 엑시톤 분해는 보통 크기의 전기장과 저온에서도 가능하다. 이는 실제로 제짝 전자-정공 쌍이 폴리머/억셉터 계면에서 재결합되는 것을 막아주는 효율적인 메커니즘을 가리킨다. 도핑된 폴리머에서의 엑시톤 분해 시 도핑 농도를 낮게 한 경우와 높게 한 경우에 있어 큰 차이가 보이는데, 억셉터 농도가 작을 경우에는 결합된 제짝 전자-정공 쌍이 발견되는 반면, 폴리머/억셉터 블렌드에서는 자유 전하 혹은 느슨하게 결합된 긴 전하 쌍들이 주로 관찰된다는 점이다[80]. 제짝 쌍의 빠르고 효율적인 분해는 제짝 재결합을 막아주는 병목이 폴리머/억셉터 계면에 존재해야 된다는 것을 의미한다. 아래에서는 이 병목이 어떻게 형성되었는지를 보여주는 도너/억셉터 블렌드 계면에서의 엑시톤 분해의 모델을 기술하고자 한다[81].

5개의 고리를 가지는 공액 올리고머 p-bis[(p-styryl)styryl]benzene과 C_{60} 사이의 계면에서 0.25 eV에 해당하는 진공 준위의 이동이 관찰되었듯이[82], 이 모델은 하나의 쌍극자(dipolar) 층이 폴리머/억셉터 계면에 존재할 수 있다는 개념에 기초를 둔 것이다. 공액 폴리머에서 일어나는 광학적 여기는 계면 쪽으로 확산될 수 있고, 계면에서 전자-정공 쌍으로 분해된다. 분해가 일어난 즉시, 전자의 위치는 전자 억셉터 분자에 한정될 것이다. 반면에 정공은 계면 옆에 있는 폴리머 체인 위에 그대로 남는다. 체인 위 정공의 퍼텐셜(위치) 에너지 E_p는, 그 자신과 마이너스 전하를 가진 가장 가까이에 있는 전자 억셉터와의 상호작용, 그리고 [그림 8.16]에서와 같이 가상 쌍극자(dark dipole)의 부분 전하에 의해 결정된다. 가장 가까이에 있는

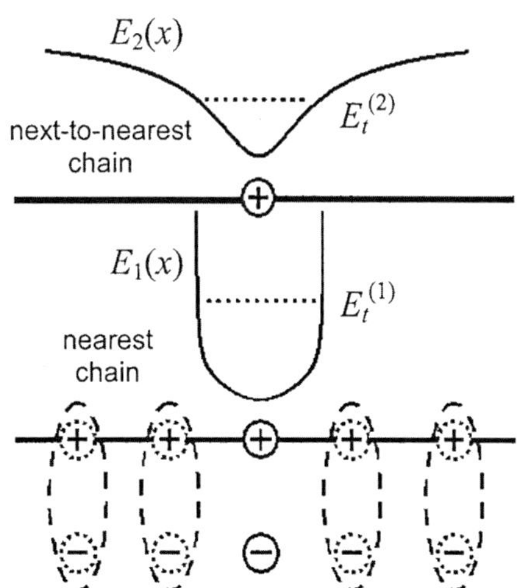

그림 8.16 폴리머/억셉터 계면 가장 가까이 또는 그 다음 가까이에 있는 폴리머 체인을 점유하는 정공의 퍼텐셜 에너지 분포와 전체 에너지. 퍼텐셜 분포는 암상태의 계면 쌍극자와 계면 인근의 억셉터에 포획된 제짝 전자에 의해 일어난다.

4개를 제외하고, 모든 부분(partial) 전하의 기여를 무시하면 퍼텐셜 에너지의 체인 방향 좌표 의존성은 다음과 같이 추정할 수 있다.

$$E_p(x) = \frac{e^2}{4\pi\epsilon_o\epsilon}\left(-\frac{1}{\sqrt{x^2+b^2}} + \frac{\alpha}{a+x} + \frac{\alpha}{a-x} - \frac{\alpha}{\sqrt{(a+x)^2+b^2}} - \frac{\alpha}{\sqrt{(a-x)^2+b^2}}\right) \tag{8.12}$$

여기서 a는 전자 억셉터들 사이의 거리, b는 체인과 전자 억셉터 사이의 거리, 그리고 α는 암 상태에서 체인으로부터 억셉터로 이동한 단위 전하의 분율이다.

비록 체인 위 정공이 퍼텐셜 우물의 확장된 상태(extended state)를 차지할 수 있어도, 체인을 따라 자유롭게 이동할 수는 없다. 그 주된 이유는 동일한 체인 위에 위치하는 양의 쌍극자 전하들이 정공의 오른쪽과 왼쪽에 있기 때문이다. 음의 전하를 띤 억셉터들과 함께 이들 전하들은 정공에 대해 체인 위 퍼텐셜 우물을 형성하고, 정공이 체인을 따라 자유롭게 이동하는 것을 저지한다. 이 퍼텐셜 우물에서 제로점 진동 에너지를 추정하기 위해서는 식 (8.12)에 있는 실제 퍼텐셜 분포를 다음과 같은 포물선형 진동 퍼텐셜로 근사화 할 수 있어야 한다.

$$E(x) \approx \frac{e^2}{4\pi\epsilon_o\epsilon}\left(-\frac{1}{b} + \frac{2\alpha}{a} - \frac{2\alpha}{\sqrt{a^2+b^2}}\right) + \frac{e^2}{8\pi\epsilon_o\epsilon}\left[\frac{1}{b^3} + \frac{4\alpha}{a^3} - \frac{6\alpha a^2}{(a^2+b^2)^{5/2}}\right]x^2 \tag{8.13}$$

계면에 가장 가까이에 있는 체인 위에서 기저상태를 차지하고 있는 정공의 전체 에너지 $E_t^{(1)}$은, 최소 위치에너지 E_p(x=0)와 제로점 진동에서의 운동에너지의 합이다.

$$E_t^{(1)} \approx \frac{e^2}{4\pi\epsilon_o\epsilon}\left(-\frac{1}{b} + \frac{2\alpha}{a} - \frac{2\alpha}{\sqrt{a^2+b^2}}\right) + \frac{\hbar}{2}\sqrt{\frac{e^2}{4\pi\epsilon_o\epsilon m_{eff}}\left[\frac{1}{b^3} + \frac{4\alpha}{a^3} + \frac{2\alpha}{(a^2+b^2)^{3/2}} - \frac{6\alpha a^2}{(a^2+b^2)^{5/2}}\right]} \tag{8.14}$$

만약 정공이 계면 가장 가까이에 있는 체인으로부터 그 다음 가까이에 있는 체인으로 이동하였다면 그 쿨롱 퍼텐셜 에너지는 증가하지만, 그와 동시에 새장 효과(cage effect)가 떨어지기 때문에 그 운동에너지는 크게 떨어진다. 위에서 설명한 것과 유사하게 계산을 하게 되면 이런 정공의 전체 에너지 $E_t^{(2)}$는 다음과 같은 식으로 표현된다.

$$E_t^{(2)} \approx \frac{e^2}{4\pi\epsilon_o\epsilon}\left[-\frac{1}{(b+d)}+\frac{2\alpha}{\sqrt{a^2+d^2}}-\frac{2\alpha}{\sqrt{a^2+(b+d)^2}}\right]$$
$$+\frac{\hbar}{2}\sqrt{\frac{e^2}{4\pi\epsilon_o\epsilon m_{eff}}\left\{\frac{1}{(b+d)^3}-\frac{2\alpha}{(a^2+d^2)^{3/2}}+\frac{6\alpha d^2}{(a^2+d^2)^{5/2}}+\frac{2\alpha}{[a^2+(b+d)^2]^{3/2}}-\frac{6\alpha a^2}{[a^2+(b+d)^2]^{5/2}}\right\}} \tag{8.15}$$

여기서 d는 폴리머 체인 사이의 거리이다. [그림 8.17]은 서로 다른 암상태 전하전달 상수 α에 대해, 두 에너지 사이의 차이 $E_t^{(1)}-E_t^{(2)}$를 유효 캐리어 질량의 함수로 나타낸 것이다. 놀랍게도, 유효 캐리어 질량이 충분히 작은 값에서 이 에너지 차이는 포지티브인데, 이는 음으로 하전된 하나의 억셉터와, 계면에서 그 다음으로 가까운 체인의 한 부분을 차지하는 정공을 분리시키는 반발성의 퍼텐셜 장벽이 구축된다는 것을 의미한다. 유효 질량이 $\sim 0.2\, m_e$ 혹은 그 이하이면, 이는 제짝 재결합을 방지하고 계면의 제짝 전하쌍을 안정화 시킨다. 그러나 정공이 가장 가까운 체인으로부터 그 다음 체인으로 이동하면서, 비록 체인 위 정공들이 더 무겁고 정공의 총에너지가 증가하더라도 새장 효과가 없을 때 보다는 그 증가량이 약하다. 제짝 재결합에 관한 Onsager 이론으로부터 알 수 있는 것은, 비록 조금이라도 인력 퍼텐셜이 감소하면, 특히 짧은 거리에서의 감소는 엑시톤 분해 확률을 크게 증가시키게 된다는 것이다. 이는 억셉터를 임계 농도 이상으로 도핑한 PhPPV:PdI 시스템에서 전자-정공 쌍 분리가 명백히 증가하는 것을 설명해 줄 수 있다. 그러므로 새장 효과는, 캐리어의 유효질량이 더 큰 경우에도 제짝 쌍이 자유 캐리어로 분해되는 것을 크게 증가시킨다.

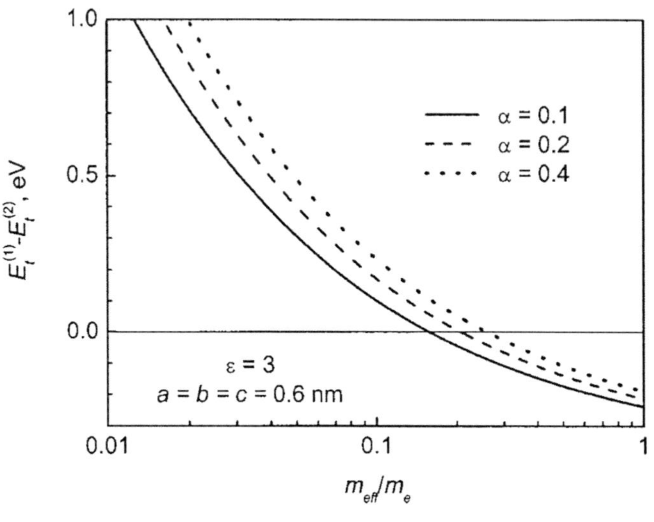

그림 8.17 여러 암상태 전하전달 상수 α에서 체인 위 캐리어의 유효질량에 따른 반발성 퍼텐셜 장벽 높이의 변화.

이 모델은 적어도 계면 가장 가까이에 있는 두 분자 층 내에서 폴리머 체인이 계면에 충분히 평행하게 되도록, 그리고 억셉터 분자가 질서정연하게 배열되는 것을 필요로 하는데, 이 점이 태양전지의 효율을 높이는 데에 왜 충분히 큰 억셉터 농도와 함께 내부 도너/억셉터 계면 가까이에서의 분자의 질서정연한 배열이 매우 중요한지를 설명해 준다. 또한, 왜 폴리머 태양전지가 저분자량의 유기물 태양전지보다 더 효율이 높은지를 체인 위 제로점 진동의 중요성으로부터 이해할 수 있다.

이 모델은 억셉터 농도가 더 높을 때 광전하 생성 효율이 증가하는 것을 제짝 전하쌍의 분해 속도가 증가하기 때문으로 설명한다. 다른 표현으로는, 전자가 억셉터 분자들의 어레이를 가로 질러 percolative motion을 시작하는 것으로 유추할 수 있다. 그러나 독립적인 분해 속도상수의 증가 없이는, 캐리어 확산계수의 어떤 변화도 제짝 쌍의 분해와 재결합 사이의 균형에 영향을 미칠 수는 없다. 이 모델은 또한 다음과 같은 몇 가지 실제적인 것을 내포하고 있다.

(1) 실험적으로 증명된 바와 같이, 계면의 모폴로지는 엑시톤 분해 수율에 크게 영향을 미친다. 계면에서의 어떤 구조적인 무질서도 제로점 진동 에너지를 감소시키고, 그에 따라 제짝 재결합을 막는 울타리가 붕괴되기 때문에 오히려 나쁜 결과를 초래한다.

(2) 도너/억셉터 계면에서의 쌍극자 층의 존재에 의해 제짝 쌍의 분해가 촉진된다. [그림 8.17]의 데이터로 확인되듯이 비록 암 전하전달의 정도(α)가 엑시톤의 분해 수율에 비교적 큰 영향을 미치지는 않지만, 특히 약한 전기장에서 분해 수율은 α와 함께 증가한다.

(3) 만약 전자-정공 쌍 내의 모든 캐리어들이 제짝 재결합을 막아주는 퍼텐셜 장벽에 의해 격리되기만 하면, 엑시톤의 효율적인 분해는 보통의 전기장에서도 가능하다. 하지만 이는 억셉터 성분이 주(main) 도너 폴리머 체인에 곁가지로 직접 붙어 있는 소위 'double-cable' 폴리머의 경우에는 해당되지 않는다[83].

그러므로 이 계면 분해 모델은 double-cable에 기반한 태양전지의 효율이 비교적 낮을 것으로 예측한다.

8.4 결 론

유기 태양전지에서의 효율적인 전력 변환을 위해서는 : (i) 초기의 모든 광학적인 여기가 전하전달 중심부에 도달하여 준안정한 제짝 전사-정공 쌍을 생성하고, (ii) 이렇게 생성된 쌍이 상호 쿨롱 퍼텐셜로부터 쉽게 벗어나 제짝 재결합을 피하여야 하고, 그리고 (iii) 자유롭게 된 전하 캐리어들이 두 분자 재결합이나 깊은 트랩에 빠지지 않고 내부 전기장에 의해 수집되어야 한다. 단일 성분의 유기 고체에서 엑시톤의 결합에너지는 매우 크기 때문에, (i)의 조건은, 전하전달 상태의 에너지가 도너나 억셉터의 싱글렛 여기 에너지 보다 낮은 2성분 시스템에서만 겨우 만족될 수 있다. 효율적인 빛의 수확을 위해서는 또한 엑시톤의 확산길이가 적어도 도너나 억셉터 상(phase)의 길이 정도는 되어야 한다. 보통 확산길이가 <10 nm이므로, 이는 결국 상 분리가 일어나는 블렌드 시스템의 구조적인 크기에 상한선을 정해 준다. 규칙적으로 상호 관통이 되는 네트워크가 이런 요건들을 만족시킬 수 있다.

그러나 여전히 논의의 대상인 것은, 내부 도너/억셉터 계면에서 생성된 제짝 전자-정공 쌍이 그들의 상호간 쿨롱 퍼텐셜로 부터 벗어나는 상세한 메커니즘이다. 실험실적 결과를 해석할 수 있는 하나의 방안은, 한정된 수명을 가진 전자-정공 쌍의 분해에 적용된 Onsager-Braun 모델을 활용하는 것이다. 그러나 알려진 바와 같이 분해 수율의 온도 의존성이 너무 약한 것을 설명하기 위해서는 쌍의 최종 수명이 1 μs라고 가정을 하거나, 혹은 재결합과 분해의 속도 상수가 대등하다고 보아야 한다(식 8.6). 그렇지 않으면, 분해는, 순수하게 전자-정공 쌍의 쿨롱 결합에너지에 의해 결정되는 분해의 속도 상수에 엄격히 비례하게 될 것이다. 이는 전자-정공의 이격 거리가 비현실적으로 크다는 것을 의미한다. 무질서 효과(disorder effect)를 동원하는 것도 어느 정도는 이 문제를 완화시킬 수 있을 것이다.

그럼에도 불구하고, 전자 억셉터의 농도 변화에 따른 광생성 제짝 전하 쌍의 동력학적 실험 연구를 통해 추정된 전자-정공 쌍의 긴 수명이, 맞는 것인지 잘못된 것인지에 대해 시급히 답을 내려야 한다. Onsager-Braun 모델은 조정할 수 있는 변수가 전하 쌍의 수명과 그 이격 거리 두 개에 불과하며 억셉터 농도는 포함되지 않는다. 그러나 실제 분해 수율은 억셉터 농도에 크게 의존하는 것으로 알려져 있다. PhPPV:PdI와 같은 특별한 시스템에서는 실제로 광전하 생성수율이 두 자릿수 이상 증가하는 것이 관찰되었다. 이는 주된 전하전달이 도너-억셉터 블렌딩에 의해 촉진되어 그런 것인지 혹은 단순히 전자의 수송 경로가 열려 재결합과 공간 전하 효과가 경감되는 것을 의미하는 것인지는 아직 의문이다.

실험실적으로 해명이 필요한 또 다른 문제는, 엑시톤이 제짝 전자-정공 쌍으로 분해되면서 방출된 과잉의 에너지가 더 먼 이격 거리를 갖는 전자-정공 쌍의 생성도 촉진하는가 하는 것이다. 언뜻 보기에 이것이 LUMO 준위가 매우 낮아서 가장 강력한 전자 억셉터의 하나가 되는 C_{60}을 포함하는 시스템이 왜 효율적인 유기 태양전지에 선호되는지에 대한 이유를 설명해 줄 수 있을 것이다. 반면에 PhPPV:PdI 시스템에서는 광전하 생성의 양자 수율이 겨우 20%에 그친다는 것이 확인되었다. 놀랍게도 그 프로세스의 각 파장별 수율(spectrally resolved yield)은 블렌드의 전체 흡수 스펙트럼 내에서 일정하였는데, 블렌드의 광학적 갭은 PdI의 흡수에 의해 정해진다. PdI가 에너지 발산형(dissipating) Forster type의 에너지 전달을 통해 여기되는 것인지 혹은 직접 여기되는 것인지의 차이는 분명히 없다. 이는 어떻게 여기되었는지와 무관하게, PhPPV/PdI 쌍으로 분해되는 것은 PdI의 여기된 싱글렛 상태라는 것을 증명한다. PdI의 싱글렛 상태의 에너지가 단지 2.2 eV에 불과하므로, 과잉의 에너지는 전자-정공 쌍의 에너지에 비해 작아야 한다. 동일한 논의를 PFB:F8BT 시스템에도 적용할 수 있다(8.2.3.1절). 이는, 과잉 에너지의 크기가 효율적인 유기 태양전지의 설계에 핵심 변수라는 개념과는 확실히 일치하지 않는다. 그럼에도 불구하고, 과잉 에너지가 미칠 수 있는 영향에 대한 체계적인 연구는 전자-정공 쌍 형성 메커니즘의 규명에 실마리가 될 수 있다.

최근에, 적어도 하나의 성분이 π 공액성 폴리머인 도너-억셉터 블렌드에서 효율적인 광전하 생성을 이해하기 위해 보다 진전된 모델이 제시된 바 있다. 핵심 아이디어는 전하 캐리어가 폴리머 체인 위에 생성되는 바로 그 순간에, 그것의 이동도는 강력한 체인 내 전기적 커플링(electronic intrachain coupling)에 의해 결정된다는 것이다. 그 값은 $10^3\ cm^2/Vs$[76] 정도에 달하고, 유효질량은 약 $0.05\ m_e$이다[14]. 비록 캐리어는 체인 결함(imperfection) 부분에서의 산란이나, 분자 진동과 phonon 때문에 sub-ps 시간대에서 빨리 이완되지만, 이 초고속의 움직임은, 전자-정공 쌍의 초기 이격 거리가 반복되는 체인 단위 길이의 몇 배나 된다는 것을 확인시켜 주는 것이다. 예를 들어, 도너-억셉터 이종접합의 내부 계면이나 그리고/혹은 퍼텐셜 변동부(potential fluctuation)에 위치하는 쌍극자 층(dipole layer)에 의해 쿨롱 퍼텐셜이 가려지지 않으면 그 전하 쌍은 제짝 재결합을 피할 수가 없게 된다. 후자는 또한 쿨롱 인력 퍼텐셜에 의해 결정되기 때문에 비 제짝 쌍의 재결합에도 영향을 미치게 된다. 이는 유기 태양전지에서 모폴로지의 역할 및 그 제어가 매우 중요하다는 것을 분명하게 보여주는 것이다.

참고문헌

[1] J. J. M. Halls, C. A. Walsh, N. C. Greenham, E. A. Marseglia, R. H. Friend, S. C. Moratti, and A. B. Holmes, Efficient photodiodes from interpenetrating polymer networks, *Nature* **376**, 498 (1995).
[2] G. Yu, J. Gao, J. C. Hummelen, F. Wudl, and A. J. Heeger, Polymer photovoltaic cells – enhanced efficiencies via a network of internal donor-acceptor heterojunctions, *Science* **270**, 1789 (1995).
[3] B. Kraabel, J. C. Hummelen, D. Vacar, D. Moses, N. S. Sariciftci, A. J. Heeger, and F. Wudl, Sub-picosecond photoinduced electron transfer from conjugated polymers to functionalized fullerenes, *J. Chem. Phys.* **104**, 4267 (1996).
[4] H. Pope and C. E. Swenberg, *Electronic Processes in Organic Crystals and Polymers*, 2nd ed. (Oxford, Univ. Press, 1999).
[5] H. Bässler, Excitons in conjugated polymers, in *Primary photoexcitations in conjugated polymers: Molecular excitons versus semiconductor band model*, N. S. Sariciftci (ed.), (World Scientific, Singapore, 1997).
[6] V. I. Arkhipov and H. Bässler, Exciton Dissociation in Conjugated Polymers, in *Handbook of Luminescence, Display Materials and Devices*, H. S. Nalwa and L. S. Rohwer (eds.), (American Scientific Publishers, Los Angeles 2003), v. 1, p. 279.
[7] V. I. Arkhipov and H. Bässler, Exciton dissociation and charge photogeneration in pristine and doped conjugated polymers, *Phys. Stat. Sol. (a)* **201**, 1152 (2004).
[8] Y. V. Romanovskii, A. Gerhard, B. Schweitzer, U. Scherf, R. I. Personov, and H. Bässler, Phosphorescence of pi-conjugated oligomers and polymers, *Phys. Rev. Lett.* 84, 1027 (2000).
[9] D. Hertel, S. Setayesh, H. G. Nothofer, U. Scherf, K. Müllen, and H. Bässler, Phosphorescence in conjugated poly(para-phenylene)-derivatives, *Advanced Mater.* **13**, 65 (2001).
[10] A. P. Monkman, H. D. Burrows, I. Hamblett, S. Navaratnam, U. Scherf, and C. Schmitt, The triplet state of the ladder-type methyl-poly(p-phenylene) as seen by pulse radiolysis-energy transfer, *Chem. Phys. Lett.* **327**, 111 (2000).
[11] A. P. Monkman, H. D. Burrows, L. J. Hartwell, L. E. Horsburgh, I. Hamblett, and S. Navaratnam, Triplet energies of pi-conjugated polymers, *Phys. Rev. Lett.* **86**, 1358 (2001).
[12] A. Köhler, J. S. Wilson, R. H. Friend, M. K. Al-Suti, M. S. Khan, A. Gerhard, and H. Bässler, The singlet-triplet energy gap in organic and Pt-containing phenylene ethynylene polymers and monomers, *J. Chem. Phys.* **116**, 9457 (2002).
[13] M. G. Harrison, S. Möller, G. Weiser, G. Urbasch, R. F. Mahrt, H. Bässler, and U. Scherf, Electro-optical studies of a soluble conjugated polymer with particularly low intrachain disorder, *Phys. Rev. B* **60**, 8650 (1999).
[14] J.-W. van der Horst, P. A. Bobbert, M. A. J. Michels, and H. Bässler, Calculation of excitonic properties of conjugated polymers using the Bethe-Salpeter equation, *J. Chem. Phys.* **114**, 6950 (2001).
[15] J. Rissler, H. Bässler, F. Gebhard, and P. Schwerdtfeger, Excited states of ladder-type poly-p-phenylene oligomers, *Phys. Rev. B* **64**, 045122 (2001).
[16] G. Weiser, Stark-effect of one-dimensional wannier excitons in polydiacetylene single-crystals, *Phys. Rev. B* **45**, 14076 (1992).
[17] M. Chandross, S. Mazumdar, S. Jeglinski, X. Wei, Z. V. Vardeny, E. W. Kwock, and T. M. Miller, Excitons in poly(para-phenylenevinylene), *Phys. Rev. B* **50**, 14702 (1994).
[18] S. Barth, H. Bässler, U. Scherf, and K. Müllen, Photoconduction in thin films of a ladder-type poly-para-phenylene, *Chem. Phys. Lett.* **288** (1), 147, (1998).
[19] G. Dicker, M. P. de Haas, L. D. A. Siebbeles, and J. M. Warman, Electrodeless time-resolved microwave conductivity study of charge-carrier photogeneration in regioregular poly(3-hexylthiophene) thin films, *Phys. Rev. B* **70** (4), 045203, (2004).
[20] N. E. Geacintov and M. Pope, Generation of Charge Carriers in Anthracene with Polarized Light' *J. Chem. Phys.* **47**, 1194 (1967).

[21] C. Silva, A. S. Dhoot, D. M. Russell, M. A. Stevens, A. C. Arias, J. D. MacKenzie, N. C. Greenham, R. H. Friend, S. Setayesh, and K. Müllen, Efficient exciton dissociation via two-step photoexcitation in polymeric semiconductors *Phys. Rev. B* **64**, 125211, (2001).

[22] G. Lanzani, G. Cerullo, D. Polli, A. Gambetta, M. Zavelani-Rossi, and C. Gadermaier, Photophysics of conjugated polymers: the contribution of ultrafast spectroscopy, *Phys. Stat. Sol. (a)* **201**, 1116, May (2004).

[23] D. Hertel, Y. V. Romanovskii, B. Schweitzer, U. Scherf, and H. Bässler, The origin of the delayed emission in films of a ladder-type poly(para-phenylene) *Synth. Met.* **116** (1-3), 139, (2001).

[24] B. Schweitzer, V. I. Arkhipov, and H. Bässler, Field-induced delayed photoluminescence in a conjugated polymer, *Chem. Phys. Lett.* **304**, 365 (1999).

[25] D. Hertel, E. V. Soh, H. Bässler, and L. J. Rothberg, Electric field dependent generation of geminate electron-hole pairs in a ladder-type pi-conjugated polymer probed by fluorescence quenching and delayed field collection of charge carriers *Chem. Phys. Lett.* 361, 99 (2002).

[26] W. Graupner, G. Cerullo, G. Lanzani, M. Nisoli, E. J. W. List, G. Leising, and S. De Silvestri, Direct observation of ultrafast field-induced charge generation in ladder-type poly(para-phenylene), *Phys. Rev. Lett.* **81**, 3259 (1998).

[27] V. Gulbinas, Y. Zaushitsyn, V. Sundström, D. Hertel, H. Bässler, and A. Yartsev, Dynamics of the electric field-assisted charge carrier photogeneration in ladder-type poly(para-phenylene) at a low excitation intensity, *Phys. Rev. Lett.* **89**, 107401 (2002).

[28] S. C. J. Meskers, J. Hübner, M. Oestreich, and H. Bässler, Dispersive relaxation dynamics of photoexcitations in a polyfluorene film involving energy transfer: Experiment and Monte Carlo simulations, *J. Phys. Chem. B* **105**, 9139 (2001).

[29] V. I. Arkhipov, E. V. Emelianova, and H. Bässler, Quenching of excitons in doped disordered organic semiconductors, *Phys. Rev. B* **70**, 205205 (2004).

[30] B. Ries and H. Bässler, Monte-carlo study of dispersive charge-carrier transport in spatially random-systems with and without energetic disorder, *J. Mol. Electron.* **3**, 15 (1987).

[31] A. Kadashchuk, Yu. Skryshevskii, A. Vakhnin, N. Ostapenko, V. I. Arkhipov, E. V. Emelianova, and H. Bässler, Thermally stimulated photoluminescence in disordered organic materials, *Phys. Rev. B* **63**, 115205 (2001).

[32] C. H. Lee, G. Yu, D. Moses, K. Pakbaz, C. Zhang, N. S. Sariciftci, A. J. Heeger, and F. Wudl, Sensitization of the photoconductivity of conducting polymers by C60 - photoinduced electron-transfer, *Phys. Rev. B* **48**, 15425 (1993).

[33] C. Im, E. V. Emelianova, H. Bässler, H. Spreitzer, and H. Becker, Intrinsic and extrinsic charge carrier photogeneration in phenyl-substituted polyphenylenevinylene- trinitrofluorenone blend systems, *J. Chem. Phys.* **117**, 2961 (2002).

[34] P. Prins, L. P. Candeias, A. J. J. M. van Breemen, J. Sweelssen, P. T. Herwig, H. F. M. Schoo, and L. D. A. Siebbeles, Electron and hole dynamics on isolated chains of a solution-processable poly(thienylenevinylene) derivative in dilute solution, *Advanced Mater.* **17**, 718 (2005).

[35] M. Weiter, V. I. Arkhipov, and H. Bässler, Transient photoconductivity in a thin film of a polyphenylenevinylene-type conjugated polymer, *Synth. Met.* **141**, 165 (2004).

[36] C. Im, W. Tian, H. Bässler, A. Fechtenkötter, M. D. Watson, and K. Müllen, J. Photoconduction in organic donor-acceptor systems, *Chem. Phys.* **119**, 3952 (2003).

[37] C. L. Braun, Electric-field assisted dissociation of charge-transfer states as a mechanism of photocarrier production, *J. Chem. Phys.* **80**, 4157 (1984).

[38] L. Onsager, Initial recombination of ions, *Phys. Rev.* **54**, 554 (1938).

[39] M. Grünewald and P. Thomas, Hopping model for activated charge transport in amorphous silicon, *Phys. Stat. Sol. (b)* **94**, 125 (1979).

[40] V. I. Arkhipov, E. V. Emelianova, and G. J. Adriaenssens, Effective transport energy versus the energy of most probable jumps in disordered hopping systems, *Phys. Rev. B* **64**, 125125 (2001).

[41] U. Wolf, V. I. Arkhipov, and H. Bässler, Current injection from a metal to a disordered hopping

system. I. Monte Carlo simulation, *Phys. Rev. B* **59**, 7507 (1999).

[42] V. I. Arkhipov, U. Wolf, and H. Bässler, Current injection from a metal to a disordered hopping system. II. Comparison between analytic theory and simulation, *Phys. Rev. B* **59**, 7514 (1999).

[43] T. van Woudenbergh, P. W. M. Blom, M. C. J. M. Vissenberg, and J. N. Huilberts, Temperature dependence of the charge injection in poly-dialkoxy-p-phenylene vinylene, *Appl. Phys. Lett.* **79**, 1697 (2001).

[44] U. Albrecht and H. Bässler, Yield of geminate pair dissociation in an energetically random hopping system, *Chem. Phys. Lett.* **235**, 389 (1995).

[45] S. Barth, D. Hertel, Y.-H. Tak, H. Bässler, and H. H. Hörhold, Geminate pair dissociation in random organic systems, *Chem. Phys. Lett.* **274**, 165 (1997).

[46] V. I. Arkhipov, E. V. Emelianova, and H. Bässler, A tandem mechanism of charge-carrier photogeneration in disordered organic materials, *Chem. Phys. Lett.* **340**, 517 (2001).

[47] V. I. Arkhipov, E. V. Emelianova, and H. Bässler, Dopant-assisted charge carrier photogeneration in conjugated polymers, *Chem. Phys. Lett.* **372**, 886 (2003).

[48] I. Riedel, M. Pientka, and V. Dyakonov, Charge Carrier Photogeneration and Transport in Polymer-fullerene Bulk-heterojunction Solar Cells, in *Physics of Organic Semiconductors*, W. Brütting (ed.) (Wiley VCH, Weinheim, 2005).

[49] M. Cocchi, D. Virgili, G. Giro, V. Fattori, P. Di Marco, J. Kalinowski, and Y. Shirota, Efficient exciplex emitting organic electroluminescent devices, *Appl. Phys. Lett.* **80**, 2401 (2002).

[50] A. C. Morteani, P. Sreearunothai, L. M. Herz, R. H. Friend, and C. Silva, Exciton regeneration at polymeric semiconductor heterojunctions, *Phys. Rev. Lett.* **92**, 247402 (2004).

[51] A. C. Morteani, R. H. Friend, and C. Silva, Endothermic exciplex-exciton energy-transfer in a blue-emitting polymeric heterojunction system, *Chem. Phys. Lett.* **391**, 81 (2004).

[52] T. Offermans, P. A. van Hal, S. C. J. Meskers, M. M. Koetse, and R. A. J. Janssen, Exciplex dynamics in a blend of pi-conjugated polymers with electron donating and accepting properties: MDMO-PPV and PCNEPV, *Phys. Rev. B* **72**, 045213 (2005).

[53] B. Kannan, K. Castelino, and A. Majumdar, Design of nanostructured heterojunction polymer photovoltaic devices, *Nano Lett.* **3**, 1729 (2003).

[54] H. J. Snaith, A. C. Arias, A. C. Morteani, C. Silva, and R. H. Friend, Charge generation kinetics and transport mechanisms in blended polyfluorene photovoltaic devices, *Nano Lett.* **2**, 1353 (2002).

[55] C. J. Brabec, G. Zerza, G. Cerullo, S. De Silvestri, S. Luzzati, J. C. Hummelen, and S. Sariciftci, Tracing photoinduced electron transfer process in conjugated polymer/fullerene bulk heterojunctions in real time, *Chem. Phys. Lett.* **340**, 232 (2001).

[56] V. D. Mihailetchi, J. K. J. van Duren, P. W. M. Blom, J. C. Hummelen, R. A. J. Janssen, J. M. Kroon, M. T. Rispens, W. J. H. Verhees, and M. M. Wienk, Electron transport in a methanofullerene, *Adv. Funct. Mater.* **13**, 43 (2003).

[57] S. E. Shaheen, C. J. Brabec, N. S. Sariciftci, F. Padinger, T. Fromherz, and J. C. Hummelen, 2.5 % efficient organic plastic solar cells, *Appl. Phys. Lett.* **78**, 841 (2001).

[58] J. K. J. van Duren, X. N. Yang, J. Loos, C. W. T. Bulle-Lieuwma, A. B. Sieval, J. C. Hummelen, and R. A. J. Janssen, Relating the morphology of poly(p-phenylene vinylene)/methanofullerene blends to solar-cell performance, *Adv. Funct. Mat.* **14**, 425 (2004).

[59] V. Dyakonov, Title: Mechanisms controlling the efficiency of polymer solar cells, *Appl. Phys. A* **79**, 21 (2004).

[60] T. Offermans, S. C. J. Meskers, and R. A. J. Janssen, Monte-Carlo simulations of geminate electron-hole pair dissociation in a molecular heterojunction: a two-step dissociation mechanism, *Chem. Phys.* **308**, 125 (2005).

[61] I. Montanari, A. F. Nogueira, J. Nelson, J. R. Durrant, C. Winder, M. A. Loi, N. S. Sariciftci, and C. Brabec, Transient optical studies of charge recombination dynamics in a polymer/fullerene composite at room temperature, *Appl. Phys. Lett.* **81**, 3001 (2002).

[62] J. Nelson, Diffusion-limited recombination in polymer-fullerene blends and its influence on photocurrent collection, *Phys. Rev. B* **67**, 155209 (2003).

[63] T. Offermans, S. C. J. Meskers, and R. A. J. Janssen, Charge recombination in a poly(para-phenylene vinylene)-fullerene derivative composite film studied by transient, nonresonant, hole-burning spectroscopy, *J. Chem. Phys.* **119**, 10924 (2003).

[64] B. Schweitzer, V. I. Arkhipov, U. Scherf, and H. Bässler, Geminate pair recombination in a conjugated polymer, *Chem. Phys. Lett.* **313**, 57 (1999).

[65] U. Albrecht and H. Bässler, Efficiency of charge recombination in organic light-emitting-diodes, *Chem. Phys.* **199**, 207 (1995).

[66] A. Pivrikas, G. Juška, A. J. Mozer, M. Scharber, K. Arlauskas, N. S. Sariciftci, H. Stubb, and R. Österbacka, Bimolecular recombination coefficient as a sensitive testing parameter for low-mobility solar-cell materials, *Phys. Rev. Lett.* **94**, 176806 (2005).

[67] U. Albrecht and H. Bässler, Langevin-type charge-carrier recombination in a disordered hopping system, *Phys. Stat. Sol. (b)* **191**, 455 (1995).

[68] A. J. Mozer, G. Dennler, N. S. Sariciftci, M. Westerling, A. Pivrikas, R. Osterbacka, and G. Juška, Time-dependent mobility and recombination of the photoinduced charge carriers in conjugated polymer/fullerene bulk heterojunction solar cells, *Phys. Rev. B* **72**, 035217 (2005).

[69] G. Juška, K. Arlauskas, M. Vilinas, and J. Kočka, Extraction current transients: New method of study of charge transport in microcrystalline silicon, *Phys. Rev. Lett.* **84**, 4946 (2000).

[70] H. Sirringhaus, P. J. Brown, R. H. Friend, M. M. Nielsen, K. Bechgaard, B. M. W. Langeveld-Voss, A. J. H. Spiering, R. A. J. Janssen, E. W. Meijer, P. Herwig, and de D. M. Leeuw, Two-dimensional charge transport in self-organized, high-mobility conjugated polymers, *Nature* **401**, 685 (1999).

[71] V. I. Arkhipov, E. V. Emelianova, and H. Bässler, Hot exciton dissociation in a conjugated polymer, *Phys. Rev. Lett.* **82**, 1321 (1999).

[72] V. I. Arkhipov, E. V. Emelianova, S. Barth, and H. Bässler, Ultrafast on-chain dissociation of hot excitons in conjugated polymers, *Phys. Rev. B* **61**, 8207 (2000).

[73] D. M. Basko and E. M. Conwell, Hot exciton dissociation in conjugated polymers, *Phys. Rev. B* **66**, 155210 (2002).

[74] L. Onsager, Deviations from Ohm's Law in Weak Electrolytes, *J. Chem. Phys.* **2**, 599 (1934).

[75] V. D. Mihailetchi, L. J. A. Koster, J. C. Hummelen, and P. W. M. Blom, Photocurrent generation in polymer-fullerene bulk heterojunctions, *Phys. Rev. Lett.* **93**, 216601 (2004).

[76] E. Hendry, M. Koeberg, J. M. Schins, L. D. A. Siebbeles, and M. Bonn, Ultrafast charge generation in a semiconducting polymer studied with THz emission spectroscopy, *Phys. Rev. B* **70**, 033202 (2004).

[77] G. Weiser, A. Horvàth, Variation with disorder of absorption and electroabsorption spectra of a pi-conjugated polymer: 4BCMU, *Chem. Phys.* **227**, 153 (1998).

[78] S. Barth, H. Bässler, Intrinsic photoconduction in PPV-type conjugated polymers, *Phys. Rev. Lett.* **79**, 4445 (1997).

[79] S. Barth, H. Bässler, H. Rost, and H. H. Hörhold, Extrinsic and intrinsic dc photoconductivity in a conjugated polymer, *Phys. Rev. B* **56**, 3844 (1997).

[80] M. C. Scharber, N. A. Schultz, N. S. Sariciftci, and C. J. Brabec, Optical- and photocurrent-detected magnetic resonance studies on conjugated polymer/fullerene composites, *Phys. Rev. B* **67**, 085202 (2003).

[81] V. I. Arkhipov, P. Heremans, and H. Bässler, Why is exciton dissociation so efficient at the interface between a conjugated polymer and an electron acceptor?, *Appl. Phys. Lett.* **82**, 4605 (2003).

[82] S. C. Veenstra and H. T. Jonkman, Energy-level alignment at metal-organic and organic-organic interfaces, *J. Polym. Sci. B: Polym. Phys.* **41**, 2549 (2003).

[83] A. Cravino and N. S. Sariciftci, Double-cable polymers for fullerene based organic optoelectronic applications, *J. Mater. Chem.* **12**, 1931 (2002).

09 나노결정 주입 태양전지

Nanocrystalline Injection Solar Cells

Michael Grätzel
Laboratory of Photonics and Interfaces,
Ecole Polytechnique Federale de Lausanne, Switzerland

9.1 서 론

지금까지 박막 태양전지는 반도체 산업에서의 경험과 이용 재료의 도움을 받아 비정질실리콘, CdTe, CIGS p-n 접합 소자에 의해 주도되어 왔다. 그러나 상호 연결된 3차원의 구조 때문에 보통 벌크 접합이라고 하는 mesoscopic 무기 혹은 유기 반도체를 토대로 한 소자의 가능성에 대해 점차로 관심이 증가하고 있다. 이들은 예를 들어 나노결정의 무기 산화물, 이온 결정 그리고 유기 정공 전도체나 전도성 폴리머로 만들어 지는데, 비싸고 에너지 소모가 많은 고온 및 고진공 공정 없이 매우 값싸게 제조할 수 있는 가능성을 보여주고 있다. 유연성 기판의 사용과 다양한 형태와 외관의 구현이 가능하여 옥내용 소자와 건축 혹은 장식용 모두를 커버하는 활용 분야의 시장 진출에 유리하다. 상호 관통(interpenetrating)하는 네트워크 접합을 토대로 한 소자로 대체함으로써 이제 기존의 고체 태양전지로부터 완전히 벗어날 수 있다. Mesoscopic 모폴로지는 엄청난 면적의 계면을 만들고, 이를 통해 소자들이 흥미로운 광전특성을 가지게 된다. 예상과는 달리 반도체의 상호 관통하는 네트워크에 바탕을 둔 소자는 기대 이상으로 높은 변환 효율을 나타내면서 기존 태양전지와 경쟁하고 있다. 이런 부류의 소자의 원형(prototype)이 염료감응 태양전지(dye sensitized solar cell: DSSC)로, 스위스 Ecole Polytechnique Federale de Lausanne에서 발명한 것이다[1]. 이는 mesoporous 혹은 나노 결정 모폴로지를 가진 넓은 밴드갭 반도체와 빛의 흡수 재료로 증감제(sensitizer)를 사용하여 광흡수와 전하분리 프로세스를 분리한 것이다[1, 2]. DSSC 태양전지는 액체 접합 소자구조로 표준 시험조건(AM1.5, 빛의 세기 1,000 W/m^2, 온도 298 K)에서 현재 >11% 에너지 변환효율을 보이고 있어[3], 기존 p-n 접합 태양전지의 유력한 대안으로 부상하고 있다. 유기 정공 전도체를 사용한 고체 접합 태양전지는 효율이 4% 이상이고[4], 반면에 TiO_2, $CuInS_2$와 같은 무기소재로 구성된 나노복합 박막은 5~6%의 효율에 이르고 있다[5, 6]. 광학적 단면(optical cross-section)이 증대된 그리고 더 긴 파장의 빛을 흡수할 수 있는 새로운 염료(dye)는 개발 중에 있다. 유사하게 전자 수집의 역할을 하는 mesoscopic TiO_2 박막은 최근 나노소재 연구의 진전에 큰 도움을 받고 있다. 감응형 나노결정 산화물 박막의 투명한 특성을 활용하여 DSSC와 CIGS를 각각 상층 및 하층 셀로 구성한 탠덤구조 태양전지에서 효율 15% 이상이 달성되었다[7].

온도 80~85℃에서 DSSC 태양전지의 장기 안정성 확보가 10년 이상 주요 장애로 남아 있었는데, 최근에야 달성이 되었다[8]. 실제 활용 목적에서 정공 전도체로 이온성 액체나 고체 폴리머와 같은 비유기용매성 전해질이 도입되었다. 양친성의 보조흡착제(amphiphilic coadsorbents)와 함께 소수성 증감제의 자기조립(self assembly)을 이용하여 계면을 안정화시킨 것은 특히 주목할 만하다. 온도 85℃에서의 장기 안정성 시험과 온도 60℃, AM1.5 light soaking 조건에서의 작동에서도 안정된 성능을 보여주었다[9]. 1,000시간의 고온 열화시험 후에도 초기 효율의 98%를 유지하였다. 장기 가속시험(long term accelerated testing)에서는, 만약 계면 엔지니어링 이슈만 적절히 대응할 수가 있으면 DSSC 태양전지가 20년 이상 안정되게 기능을 유지할 수 있다는 것을 보여주었다. 여기서는 신형 태양전지의 학술적인, 산업적인 측면에서의 현황과 최근 연구에 중점을 두고 요약하고자 한다.

9.2 DSSC 태양전지의 밴드 다이어그램과 동작원리

[그림 9.1]은 DSSC의 동작원리를 설명하는 밴드 다이어그램이다. 실리콘이나 혹은 여타 p-n 접합 박막 태양전지에 대비하여, DSSC는 빛의 흡수 프로세스를 전하 캐리어의 수송 프로세스로부터 분리한 것이다. 빛은 보통 TiO_2 막과 같은 밴드갭이 넓은 산화물 반도체에 붙어 있는 증감제(sensitizer)에 의해 수확된다. 염료의 광여기(photoexcitation)에 의해 전자가 산화물의 전도대로 주입(injection)된다. 염료는 전해질로부터 전자를 받아 재생된다. 전해질은 통상 유기 정공 전도체나, 대부분의 경우 산화환원쌍으로 iodide/triiodide 커플을 포함하는 이온성 액체와 같은 전해질을 사용한다. 이는 증감제 S^+의 산화된 상태에 의해 전도대 전자가 포획되는 것을

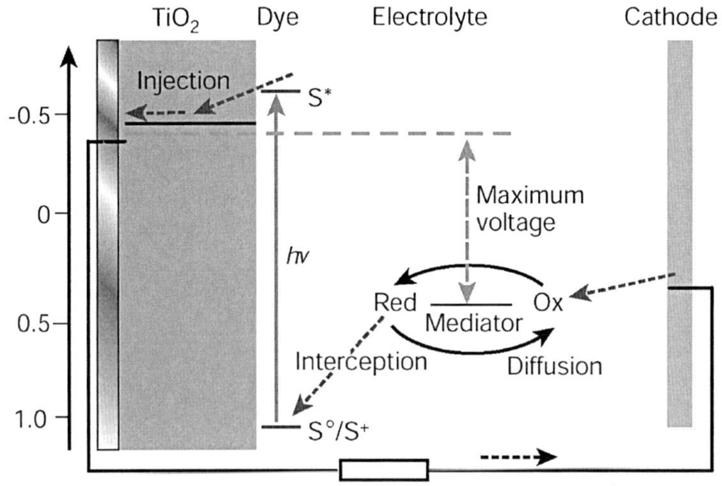

그림 9.1 DSSC의 에너지 밴드 다이어그램. 염료(S)가 빛을 흡수하여 여기된 상태(S^*)를 만들고 이것이 TiO_2와 같은 넓은 밴드갭(wide bandgap) 반도체의 전도대로 전자를 주입한다. 전자는 산화물을 가로질러 확산하여 전도성 산화물로 된 투명전도체까지 간다. 거기서부터 전자들은 외부 회로를 통과하면서 전기적 일을 하고 그리고 redox mediator(Ox)를 환원하면서 후면전극을 통해 태양전지로 다시 들어간다. mediator의 환원된 형태(Red)가 빛을 전기로 변환하는 폐 사이클을 만들면서 감응제를 재생한다.

저지한다. Iodide는 상대전극에서 triiodide의 환원에 의해 재생되는데, 외부의 부하를 통해 전자가 이동하게 되어 전체 회로가 완성된다. 빛 조사 하에서 생성되는 전압은 고체에서 전자의 준 페르미 준위(quasi-Fermi level)와 전해질의 레독스 퍼텐셜 혹은 정공 전도체의 일함수 사이의 차이이다. 이렇게 소자는 어떤 항구적인 화학 변형 없이 빛으로부터 전기를 생산하면서 재생된다.

[그림 9.2]는 태양에너지 변환 프로세스에 참여하는 레독스 사이클의 커플링을 보여준다. 자연의 광합성(photosynthesis)과 유사하게, 빛은 증감제로부터 산화물 반도체의 전도대를 거쳐 외부회로에 이르는 전하 흐름을 시작케 하는 전자 펌프로서의 역할을 한다. 염료는 iodine 혹은 triiodide를 생산하는 iodide로부터 전자를 받아 재생된다. Iodine 혹은 triiodide는 상대전극으로 확산하는데, 상대전극에서는 증감제에 의해 회로로 주입된 전자가 iodine 혹은 triiodide를 다시 iodide로 환원시킴으로써 에너지 변환 프로세스에 참여하는 2개의 레독스 사이클을 마치게 된다. 증감제의 동작 빈도(turnover frequency)는 태양빛이 충분할 때 25 s^{-1}이고, 20년의 옥외 사용동안에 약 1억 번의 동작을 버텨야 한다.

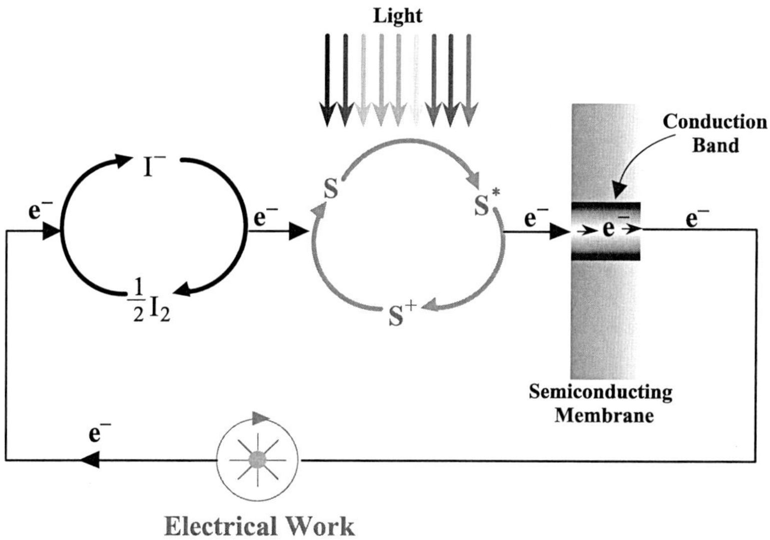

그림 9.2 DSSC의 전기 생산에 참여하는 2개의 redox 사이클.

9.3 나노구조의 중요성

산화물 반도체 박막의 나노결정 모폴로지는 효율적인 소자의 작동에 극히 중요하다. 평탄한 표면 위에서는 단층(monolayer)의 염료가 많아야 수%의 빛만을 흡수할 수 있기 때문이다. 증감제를 여러 층으로 하여도 이 문제를 실질적으로 해결할 수가 없다. 산화물 표면과 직접 접촉하고 있는 분자들만 광활성이고, 나머지는 단순히 빛을 필터링한다. 빛의 수확이 불량한 것과는 별도로 전자를 전도하기 위해서는 치밀한(compact) 반도체 박막이 n-형으로 도핑될 필요가 있다. 이 경우 반도체에서의 전자에 의해 여기된 증감제의 에너지 전달성 감쇠(quenching)가 일어나 불가피하게 태양전지 효율을 낮추게 된다.

[그림 9.3]은 mesoscopic TiO_2(anatase) 층의 TEM 사진이다. 입자들의 평균 크기는 20 nm, 노출된 결정면(facets)은 주로 (101) 방향성을 가지는데, 이는 가장 낮은 표면 에너지를 가진 anatase 결정면에 해당한다. 빛의 수확을 목적으로 이와 같이 단일 층의 증감제로 덮인 산화물 나노결정을 사용하는 것은, 넓은 밴드갭 반도체의 감응에 기반을 둔 모든 태양전지의 낮은 효율 문제를 극복하기 위한 좋은 방안이다.

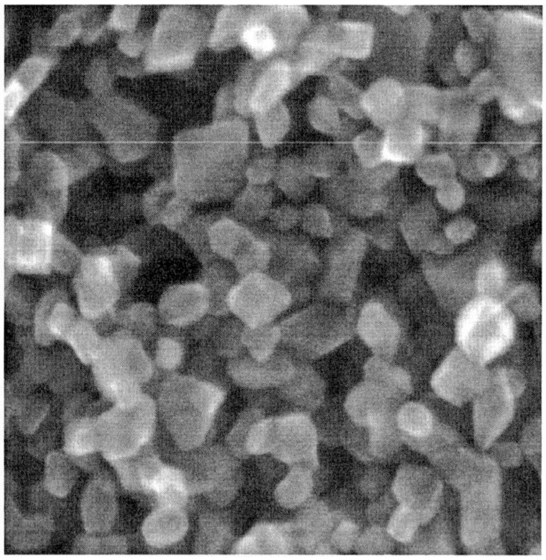

그림 9.3 mesoscopic TiO_2(anatase) 층의 TEM 사진. (101) 방향을 가진 facet의 입자가 bipyramidal shape를 가지고 있다. 입자의 평균 사이즈는 20 nm이다.

9.3.1 반도체 박막 위에 흡착된 단일층의 증감제에 의한 빛의 수확

투영된 면적보다 1,000배 이상 되는 실제 표면적을 가진, 20 nm 크기의 입자들로 구성된 10 μm 두께의 mesoscopic 산화물 박막을 생각해 보자. 입자의 크기가 작기 때문에 이런 박막은 투과도가 높고, 빛 산란이 무시할 정도이다. 빛의 흡수를 설명하기 위해 Lambert Beer의 법칙을 적용할 수 있는데, 흡수길이(absorption length)의 역수, α는;

$$\alpha = \sigma c \tag{9.1}$$

여기서 σ와 c는 각각 증감제의 광흡수 단면과 mesoporous 막에서의 그 농도이다. σ의 값은 아래 식 (9.2)의 관계식을 사용하여 증감제의 decadic 소광계수(extinction coefficient) ϵ로부터 유도할 수 있다.

$$\sigma = \epsilon 1000\,[\mathrm{cm^2/mole}] \tag{9.2}$$

[그림 9.4]는 널리 사용되고 있는 N3 염료 cis-$RuL_2(SCN)_2$ (L=2,2-bipyridyl-4,4 dicarboxylate)의 구조이다. 흡수가 최대가 되는 530 nm에서 이 증감제의 광학적 단면은 1.4×10^7 cm^2 /mole이고, 단층으로 충분히 커버할 때, 나노 결정 막에서

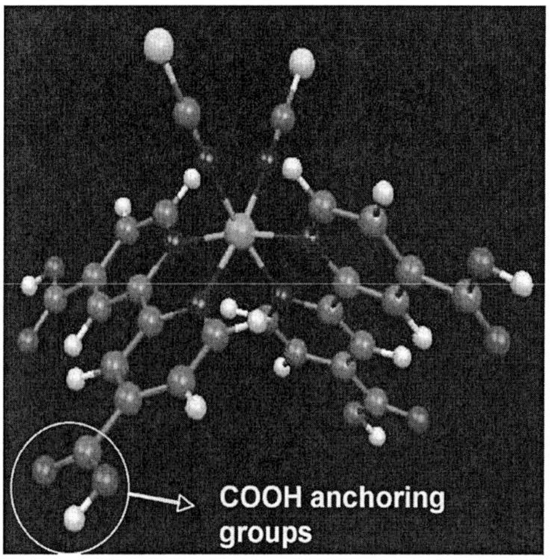

그림 9.4 N3 dye cis-$RuL_2(SCN)_2$(L=2,2-bipyridyl-4,4 dicarboxylate)의 구조.

그 농도는 보통 2×10^{-4} mole/cm^3이다. $\alpha=2.8\times10^3\ cm^{-1}$이므로, 흡수 길이 $1/\alpha$은 파장 530 nm의 빛에서 3.6 μm이다. 빛 수확 효율(light harvesting efficiency : LHE)은 흡수 계수의 역으로부터 유도한다.

$$\mathrm{LHE}(\lambda)=1-10^{\alpha d} \tag{9.3}$$

여기서 d는 나노결정 막의 두께이다. $d=10\ \mu$m, $\alpha=2.8\times10^3\ cm^{-1}$이면 LHE=99.8%이다. 단지 단층의 증감제로만 커버되어 있음에도 불구하고 이는 나노결정 TiO_2 층의 짙은 착색을 설명한다. [그림 9.5]와 같이 정렬된 mesoporous 구조를 나타내는 막은 마구잡이로 섞여 있는 나노입자로 구성된 것보다 훨씬 더 넓은 내부 표면적을 가지고 있다[10]. 동일한 두께에서도 더 많은 염료가 흡착되기 때문에 흡수 길이가 짧아지면서 태양광의 흡수를 증대시키고, 따라서 효율을 높인다.

9.3.2 빛가둠에 의한 적색과 근적외선 응답의 증진

표면에 흡착된 증감제에 의한 빛의 수확은 빛가둠(light localization)과 광학적인 증대 효과를 활용하여 더 향상시킬 수 있다. 예를 들어 크기가 100~400 nm인 큰 anatase 입자를 이용하면 막에 의한 적색과 근적외선 빛의 흡수를 크게 증진시킬 수 있다. 그런 입자의 SEM 사진이 [그림 9.6]이다. 이런 빛 제어 방법으로 빛을 mesoporous 구조 내에 국한시키고, 이로써 빛의 경로를 막의 두께보다 훨씬 더 길게 확장시킬 수 있다. 그리고 증감제의 광학적 단면이 작은 빛의 파장 영역에서 광자의 수확을

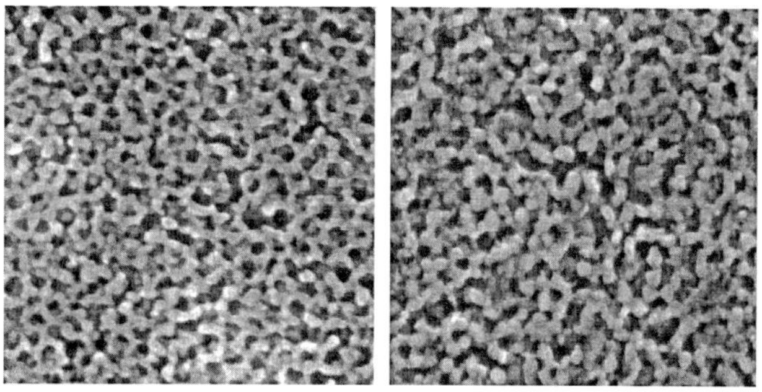

그림 9.5 Block copolymer templating 법으로 생산한 정렬된 mesoporous TiO_2(anatase)의 표면 사진.

증가시키기 위해 산란(scattering)과 photonic 밴드갭 효과를 이용한다[11~13]. 이와 같은 빛 제어 방법을 사용하는 데 따른 이점은 아래에서 명백히 볼 수 있다. 큰 입자로 된 빛 산란층이 태양광 스펙트럼의 근적외선과 가시광 영역에서의 DSSC의 광전류 응답을 증가시키는 것으로 보이며, 이런 광학적 가둠 효과(optical containment effect)에 의해 단락 광전류가 30% 정도까지 증가한다.

9.3.3 광유도 전하 분리와 광자의 전류로의 변환

입사된 광자의 전류 변환효율(incident photon to current conversion efficiency : IPCE)은 때때로 외부 양자효율(external quantum efficiency : EQE)이라고 부르기도 하는데, EQE는 외부 회로에서 광전류로 측정된 전자의 개수를, 태양전지에 입사된 단색광의 광자 flux로 나눈 것에 해당한다. 주요 변수 사이의 관계식은 다음과 같다.

$$\mathrm{IPEC}(\lambda) = \mathrm{LHE}(\lambda)\,\phi_{\mathrm{inj}}\eta_{\mathrm{coll}} \tag{9.4}$$

그림 9.6 DSSC의 적색 파장 응답을 강화하기 위해 light scattering center로 사용하는 약 400 nm 크기의 anatase 결정의 SEM 사진.

여기서 LHE(λ)는 광자의 파장 λ에서 빛의 수확 효율, ϕ_{inj}는 여기상태의 증감제로부터 산화물 반도체의 전도대로 주입된 전자의 양자수율, η_{coll}은 전자의 수집효율이다. 염료를 장착한 mesoscopic 막의 빛 수확 효율에 대해 분석하였으므로 아래에서는 다른 2가지 변수에 대해 논의하고자 한다.

전하 주입의 양자 효율 ϕ_{inj}는 염료에 의해 흡수된 광자가 전도대 내의 전자로 변환된 분율이다. 여기된 증감제로부터 전하가 반도체의 전도대로 주입되는 것은 다른 발광성 혹은 비발광성 감쇄 경로와 서로 경쟁상태에 있다. 이들 비생산적인 경로들의 속도상수를 합한 k_{deact}는 아래 식으로 표시된다.

$$(\phi_{inj}) = k_{inj}/(k_{deact} + k_{inj}) \tag{9.5}$$

보통의 k_{deact} 값은 $10^3\ s^{-1} \sim 10^{10}\ s^{-1}$이다. 1에 가까운 ϕ_{inj} 값을 얻기 위해서는 ps 범위의 주입 속도가 얻어져야 한다. 현재 사용되는 증감제는 이 요건을 만족한다. 이들 염료들은 염료들을 산화물 표면에 고정시키는 carboxylate, hydroxamate 혹은 phosphonate 종(moieties)과 같은 관능기를 포함한다[14]. 이들 그룹들은 표면 티타늄 이온과 강력한 배위결합을 형성함으로써 증감제의 LUMO와 반도체의 전도대 사이에 전자 커플링을 강화시킨다. N3 염료와 같은 ruthenium polypyridyl 착체(complexes)의 가장 낮은 에너지 전자전이(lowest energy electronic transition)는 MLCT(metal to ligand charge transfer) 특성을 가진다.

이렇게, 여기가 됨에 따라 전자 밀도는 Ru 금속으로부터 표면에 붙어 있는 리간드로 이동하는데, [그림 9.7]과 같이 리간드에서 반도체로 매우 빠른 전자주입이 일어난다. 이와 같이 분자 단위로 설계된 증감제의 경우 주입시간은 ps 내지 fs 범위이고[15~18], 전하주입의 양자효율은 보통 90%를 상회한다. 실제로 여러 가지 증감제의 경우 산화물 전도대로의 전자이동은 매우 빨라서, vibrationally hot excited states로부터 일어난다[16~18].

[그림 9.8]은 나노결정 TiO_2의 표면에 흡착된 염료 N-719(cis-$RuL_2(SCN)_2$ (L=2,2-bipyridyl-4,4' dicarboxylate))를 fs 동안 레이저로 여기시킨 후의 순간 흡수 시그널을 보여준다[19]. 여기된 Ru 착체로부터 산화물의 전도대로의 이종성(heterogeneous) 전하 전달에 기인한 산화된 증감제와 전도대의 전자 형성은 fs의 시간대에서 일어난다. [그림 9.8]은 레이저 여기 펄스 fs 동안에 반응이 완료된 것을 나타낸다. 피팅한 데이터는 57 fs의 cross-correlation time을 주는데, 이 값은 얇은 유리창에서 Kerr

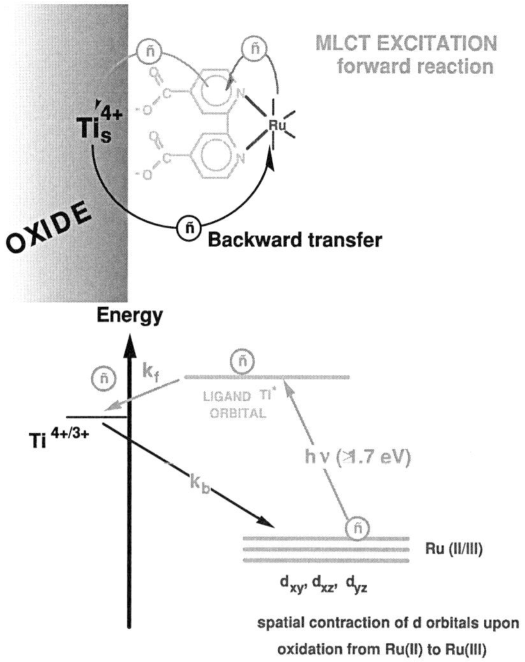

그림 9.7 Carboxylated bipyridyl ligand를 통해 TiO_2 표면에 결합된 ruthenium complex를 포함하는 계면의 전자 이동. Bipyridyl ligand의 π^* 궤도로부터 TiO_2 전도대를 형성하는 비어 있는 t_{2g} 궤도로의 순방향 전자 주입(forward electron injection : rate constant $k_{(f)}$)과 산화물의 전도대로부터 Ru(III) d 궤도로의 역방향 전자 주입의 궤도 다이어그램.

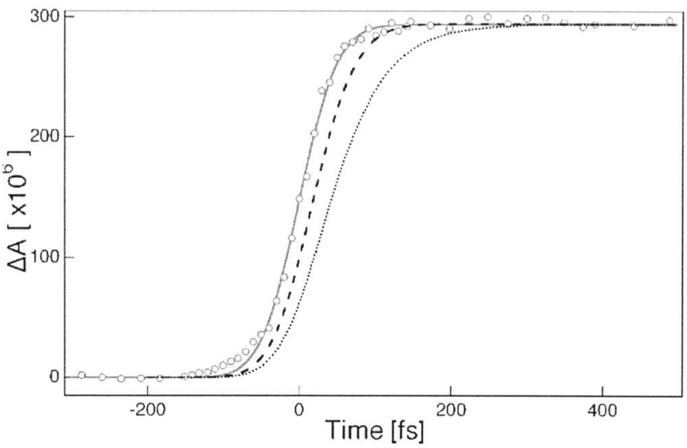

그림 9.8 나노결정 타이타니아에 흡착된 N719의 순간 흡수 시그널(pump 파장 535 nm, probe 860 nm). 측정기기의 피팅한 응답시간은 57 fs(——). 20 fs(——)와 50 fs(·········) 시정수를 가지는 시뮬레이션 결과와의 비교.

gating에 의해 측정한 기기 응답과 일치한다. 이런 순간적인 분석이 주입 프로세스의 속도를 정확하게 결정해 주지는 않지만, 그 시간 상수는 속도 상수 $k_{inj} > 5 \cdot 10^{13}\ s^{-1}$에 해당하는 26 fs 보다 확실히 짧은 것으로 추정할 수 있다. 이런 높은 속도는 증감제의 LUMO π^*와 Ti(3d) conduction manifold의 t_{2g} 파동함수, 그리고 반도체에서의 큰 억셉터 상태 밀도와의 전자 커플링으로 설명이 가능하다. 분자와 그 주위에서의 원자핵의 움직임은 적어도 20 fs의 시간 범위에서 일어나기 때문에 관찰된 전하주입과 관련한 dynamics는 확실히 진동을 매개로 하는 전자 전달 모델의 범위를 넘어선 것이다[20]. 그러므로 프로세스 속도는 고체에서의 electron dephasing에 의해서만 제한되는 것으로 보인다. 흥미롭게도, 증감제가 TiO_2 막의 표면에서 응집체(aggregated form)로 존재할 때는, ps 시간대로 연장된 훨씬 더 느린 주입 반응속도(injection kinetics)가 관찰되었다[19].

빛이 전류로 변환되는 데 있어서의 다음 단계로, 완전한 전하 분리가 이루어져야 한다. 열역학적인 측면에서, TiO_2 막의 전도대로 주입된 전자가 가장 우선시하는 프로세스는 산화된 증감제와 역으로 반응하는 것이다. 전류 대신에 열을 만들기 때문에 당연히 이 프로세스는 바람직하지 않다. 재결합 속도의 특성을 분석하는 데 있어 중요한 kinetic 변수는 속도 상수 k_b이다. 증감제 시스템을 개발하는 데 있어 k_{inj} 값은 높게, k_b 값은 작게 하는 것이 매우 중요하다.

N3 유형의 증감제의 경우, 순방향 주입은 fs 시간대에서 일어나는 매우 빠른 프로세스인 반면에, 전자가 산화된 Ru 착물과 역으로 반응하는 것은 훨씬 긴 μs 내지 ms 시간 대에서 일어난다. 이런 놀라운 거동이 일어나는 이유의 하나는 역 반응에 필요한 전자 커플링 요소(element)가 10의 1승 내지 2승 더 작기 때문이다. 전자를 다시 포획하는 것은 Ru 금속위에 편재된 d-orbital을 포함하기 때문에, TiO_2 전도대와의 궤도중첩(electronic overlap)은 매우 작고, Ru(II)에서 Ru(III)으로의 산화에 따른 파동함수의 spatial contraction에 의해 더 줄어든다.

전하 재결합 속도의 지연(kinetic retardation)에 기여하는 두 번째 중요한 요소는, 이 프로세스가 큰 구동력과 작은 reorganization energy를 특징으로 한다는 사실인데, N-719의 경우 그 값은 각각 1.5와 0.3 eV이다. 이는 확실히 전자 재포획을 inverted Marcus region(서로 다른 화학종 간의 전자의 이동 반응속도는, 반응이 열이나 빛으로 에너지를 방출하는 exogonic 반응일 경우 exogonic 에너지에 비례하여 줄어드는 영역)에 위치시키는데, 그 영역에서 몇 자릿수나 그 속도를 낮춘다. 같은 이유로 계면에서의 레독스 프로세스는 거의 온도에 무관하고, 놀랍게도 막과 접촉하고 있는 주위 환경에도 반응을 하지 않는다[21].

전하 재결합은 TiO_2 막의 표면에 있는 전기장의 존재에 의해 한층 더 방해를 받는다. 산화물 내에 있는 공핍층이, 입자의 크기가 작고 그 도핑 수준이 낮아, 무시할 정도인 반면에, Ru 착물의 carboxylic acid 그룹으로부터 산화물 표면으로 양성자가 이동하여 표면에서 dipole 층이 구축된다. Aprotic 용매에서 Li^+ 혹은 Mg^{2+}는 TiO_2의 퍼텐셜을 좌우하는 이온들이고[22], 이들은 표면을 플러스로 하전시키는 데 사용될 수 있다. 마이너스로 하전된 증감제로부터 플러스로 하전된 산화물까지의 국부적인 퍼텐셜 구배가 바람직한 방향으로 주입이 이루어지게 하고, 그리고 전자가 고체로부터 다시 방출되는 것을 막아준다.

끝으로 역반응(back reaction) dynamics는 mesoscopic 막에서의 전도대의 전자 포획에 의해 크게 영향을 받는다. 포획된 전자가 입자 표면으로 확산되는 것이 속도를 좌우하면 역 반응의 시간 법칙(time law)은 지수적으로 크다[23]. 그와는 대조적으로 계면에서 역으로 전자가 이동하는 것이 매우 느려 속도를 좌우하게 되면 그때는 역 반응이 1차 반응속도론(first order kinetics)을 따른다.

9.3.4 전하 캐리어 수집

입자로 구성된 네트워크에서 전하 캐리어의 이동(percolation)에 관한 문제가 현재 많은 관심을 끌고 있다. 이 중요한 프로세스가 증감제에 의해 주입된 전자를 거의 모두 수집한다. 이들 넓은 밴드갭의 산화물 막은 암상태에서는 절연성이나, 20 nm 크기의 입자들에 주입된 단일 전자는 2.4×10^{17} cm^{-3}의 전자농도를 생기게 한다. 전자 확산계수 10^{-4} cm^2/s를 사용하면 이는 비전도도(specific conductivity) 1.6×10^{-4} $S\,cm^{-1}$에 해당한다[24]. 실제로 이들 막에서 전자의 페르미 레벨이 전도대에 매우 가까워서 모든 trap들이 채워져 있고, 전자들이 자유롭게 움직이지 않는다면 전하 캐리어의 수송이 포획을 포함하기 때문에 상황은 더 복잡하다. 그러므로 전자의 움직임에 참여하는 trap의 깊이가 확산계수의 값에 영향을 미친다. 이것이 확산계수가 빛의 세기와 함께 증가한다는 관찰을 설명한다[25, 26]. 최근의 Monte Carlo 모델링으로 이런 mesoscopic 반도체 막에서 전자수송의 복잡성을 잘 설명할 수 있었다[27]. DSSC 태양전지 작동에서 가장 중요한 것은 전자 이동(electron percolation)을 촉진하면서 나노입자에 주입된 전자가 주위의 전해질에 의해 mesoscopic 스케일로 차폐될 수 있다는 사실이다[28]. 전자는 전해질에 있는 양이온에 의해 차폐되고 내부 전기장을 제거하게 되는데, 그래서 전자수송 방정식에서 어떤 표류(drift) term도 나타나지 않는다. [그림 9.9]는 이 local screening effect를 보여준다.

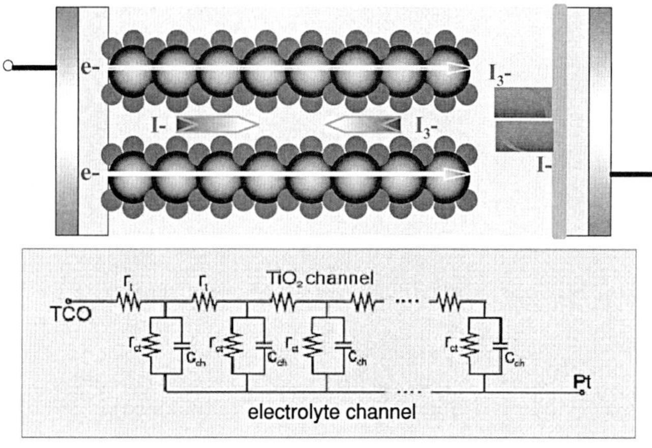

그림 9.9 mesoscopic 반도체 입자의 네트워크를 통한 전도대 전자 움직임에 대한 transmission line description. 전기 등가회로는 각 입자를 하나의 저항 요소로 취급한다. triiodide로의 계면 전자 이동은 입자-전해질 계면의 capacitance와 병렬로 연결된 하나의 charge transfer 저항으로 모델링하였다. 채워진 작은 점은 전해질로부터의 양이온을 나타낸다.

Mesoscopic 산화물 막의 전도대에서의 전자의 움직임은 계면에서의 전자이동 반응과 그리고 전해질에서의 이온확산과 결합되어 있다. Bisquert[29]는 이 프로세스를 모델링하기 위해 'infinite transmission line description'을 사용하였다. Mesoscopic 막은 [그림 9.9]와 같이 산화물 나노입자들의 스트링으로 구성된 것으로 간주하였다. 산화된 염료에 의해 재포획되는 것과는 별도로, 전자들은 triiodide 이온과 같은 레독스 mediator의 산화된 형태와의 반응에 의해 전해질 쪽으로 소실될 수 있다.

$$I_3^- + 2e_{cb}^-(TiO_2) \rightarrow 3I^- \quad (9.6)$$

[그림 9.9] 아래의 등가 전기회로는 각 입자를 계면을 통해 전해질에 결합된 저항 요소로 취급한다. 후자는 계면 전자이동의 저항 성분 r_{ct}와 평행하게 연결된 electric double layer capacitor(C)로 나타나 있다. 채워진 작은 점은 전해질 양이온이다.

[그림 9.9]로부터 mesoscopic 막의 전도대에서의 전자의 움직임은 나노 입자 표면 가까이에 있는 전해질에서의 전하 상쇄성(charge compensating) 양이온의 확산이 동반되어야 한다는 것은 확실하다. 양이온은, 막을 통해 그들의 움직임을 나쁘게 할 수 있는 상쇄되지 않은 국부적인 공간전하의 형성을 피하면서 전자들의 쿨롱 퍼텐셜을 차폐한다. 이는 mesoscopic 상호 관통하는 네트워크를 가진 태양전지에서의 전하수송을 설명하는데 있어 전자와 전하 상쇄성 양이온들의 기여를 포함하는 이극성(ambipolar) 혹은 유효 확산 계수의 사용을 정당화시켜 준다[30, 31]. 임피던스

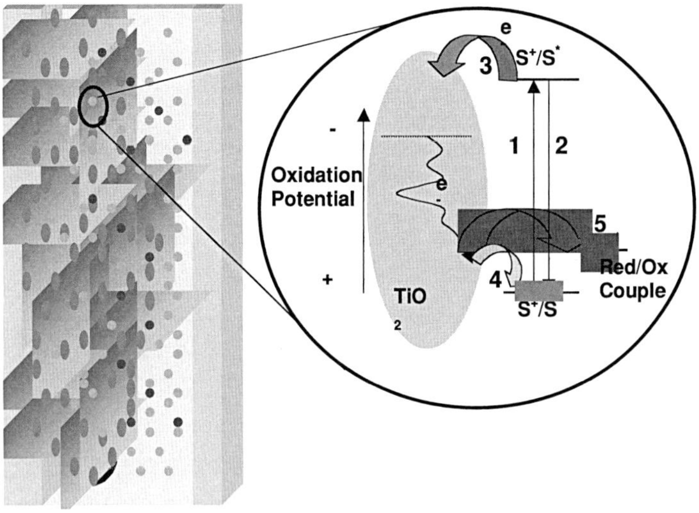

그림 9.10 나노결정 titania 박막의 표면에서 광에너지 변환 도중에 일어나는 photoinduced 프로세스. 1: 빛에 의한 감응제(S) 여기, 2: 감응제의 복사성과 비복사성(nonradiative) deactivation, 3: 전도대로의 전자 주입에 이어 전자 포획과 입자 표면으로의 확산, 4: 산화된 감응제(S^+)에 의한 전도대 전자의 재포획, 5: 전도대 전자와 감응제을 재생하고, 포지티브 전하를 상대전극으로 운반하는 redox couple과의 재결합.

분광학은 밴드갭 빛 조사 하에서 이들 막들로부터 얻은 흥미로운 발견들을 설명하는 데 유용한 단서를 제공해 준다[32].

[그림 9.10]은 전자주입과 재결합 프로세스를 보여준다. 원치 않는 역 반응이 일어나지 않도록 계면을 제어하는 것이 최근 연구의 핵심목표이다[33]. Iodide와 같은 전자 도너에 의해 효율적으로 재결합을 차단하는 것이 수집수율을 향상시키고 증감제의 사이클 수명을 올리는 데 결정적이다.

$$2S^+ + 3I^- \rightarrow 2S + I_3^- \qquad (9.7)$$

N3 혹은 그것의 amphiphilic analogue Z-907의 경우에는 시간 분해(time resolved) 레이저 실험으로, 재결합 차단이, 보통 태양전지에 사용하는 iodide의 농도에서 약 10^5~10^7/s의 속도 상수를 가지고 일어나는 것으로 밝혀졌다[34]. 이는 재결합 속도보다 백배나 빠른 것이고, iodide가 없을 때 전해질에서의 산화된 증감제의 고유 수명 보다 10^8배 더 빠른 것이다.

100%에 가까운 IPCE 값에 도달하기 위해서는 모든 광생성된 전하 캐리어들을 수집할 수 있어야 한다. 핵심 변수는 전자의 확산길이이다.

$$L_n = \sqrt{D_e \tau_r} \qquad (9.8)$$

여기서 D_e, τ_r는 각각 전자의 확산계수와 수명이다. 전하의 수집은 전자의 확산계수가 막의 두께(d) 이상이면 충분하게 된다.

$$L_n > d \tag{9.9}$$

그 다음, 양자점 혹은 분자 증감제의 분광 흡수 영역에서 거의 모든 빛이 정량적으로 흡수되기 위해서는 막이 빛의 흡수 길이 $1/\alpha$ 보다 훨씬 두꺼워야 한다.

$$d > 1/\alpha \tag{9.10}$$

마지막 조건을 만족시키기 위한 나노결정 층의 두께는 위에서 논의한 증감제의 광학적 단면과 막에서의 농도에 따라 다르지만, 보통 수 μm 정도이다.

9.3.5 양자점 증감제

반도체 양자점(quantum dot : QD)이 DSSC에서 빛의 감응제로 염료를 대체할 수 있다[35, 36]. 빛의 흡수는 QD에서 엑시톤이나 혹은 전자-정공 pair를 생산한다. 이들 전자는 반도체 산화물 내로 주입되고, 반면에 정공은 정공 전도체나 혹은 나노결정 산화물의 기공 내에 존재하는 전해질로 이동한다. PbS 양자점으로부터 triarylamine 정공 전도체로의 효율적이고 빠른 정공의 주입이 이미 실증된 바 있고, 수집체의 구조에 대한 최적화나 계면에서의 전자-정공 재결합을 지연시키지 않고도 50% 이상의 IPCE 값을 얻은 바 있다[35]. 그 크기에 따라 달라지지만 양자점은 분자 증감제보다 훨씬 높은 광학적 단면을 가진다. 그러나 양자점은 막 내에서 QD 농도를 감소시키는 mesoporous 전극의 표면 위에서 넓은 면적을 차지하고 있다. 그 결과 흡수길이의 값이 염료를 장착한 막에서의 값과 유사하다.

최근의 흥미로운 발견은, 광자의 에너지가 밴드갭보다 3배 이상 높으면, impact ionization을 통한 양자점에 의해 단일 광자의 흡수로부터 여러 개의 엑시톤이 생성될 수 있다는 것을 보여 주었다[36, 37]. 앞으로의 도전은 엑시톤들이 재결합되기 전에 수집할 수 있는 방법을 찾는 것이다. 재결합이 fs 시간대에서 일어나기 때문에, 전자를 제거하기 위해 mesoporous 산화물 수집 전극을 사용하는 것이 매우 유망하고, 궁극적으로는 100% 이상의 IPCE 값을 가진 태양전지를 개발할 수 있는 연구의 지평을 열고 있다.

9.4 DSSC 태양전지의 성능

DSSC 태양전지의 작동과 관련된 근본적인 특징에 대한 논의에 이어, 여기서는 새로운 형태의 박막 태양전지의 성능을 소개하고자 한다. 실험에 사용한 태양전지의 단면 구조는 [그림 9.11]과 같다. 전면과 후면 접촉 모두는 투명전도 산화물(TCO)로 코팅한 소다 석회 유리로 덮여 있다. 투명전극은 불소(fluorine)를 도핑한 이산화 주석(tin dioxide : FTO)으로, 표면 저항은 8~10 Ohm/square, 광투과율은 반사 손실을 포함하여 가시광 영역에서 80~90%이다. 후면 접촉은 SnO_2 전극으로부터 triiodide로의 계면 전자이동의 촉매제 역할을 하는 소량(보통 50 mg/m^2)의 백금(Pt)으로 코팅되어 있다. 나노결정 TiO_2 막은 전면전극의 역할을 하는 FTO 유리 위에 스크린 프린팅 방법으로 증착하고, 이어서 유기 불순물을 제거하기 위해 450℃ 공기 중에서 소결하는데, 그동안 나노입자들 사이의 상호 연결이 잘 형성된다. 단층의 증감제 흡착은 용액으로부터 자기조립에 의해 이루어진다. 태양전지 셀은 Bynel (Dupont) hot-melt를 사용하여 밀봉하고, 레독스 전해질은 후면의 구멍을 통해 주입시킨다.

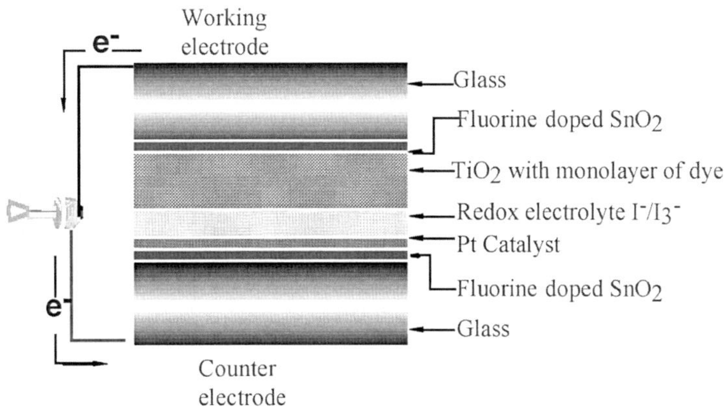

그림 9.11 태양전지 성능 측정에 사용되는 DSSC의 단면 구조.

9.4.1 광전류 작동 스페트럼

Mesoscopic TiO_2 막은 주로 수열합성(hydrothermal)법으로 만드는데, 이는 15~20 nm 크기의 anatase TiO_2로 구성된 막을 만드는 표준화된 방법이다. Mesoscopic 모폴로지는 DSSC 태양전지의 성능에 큰 영향을 미친다. [그림 9.12]는 단결정 anatase와

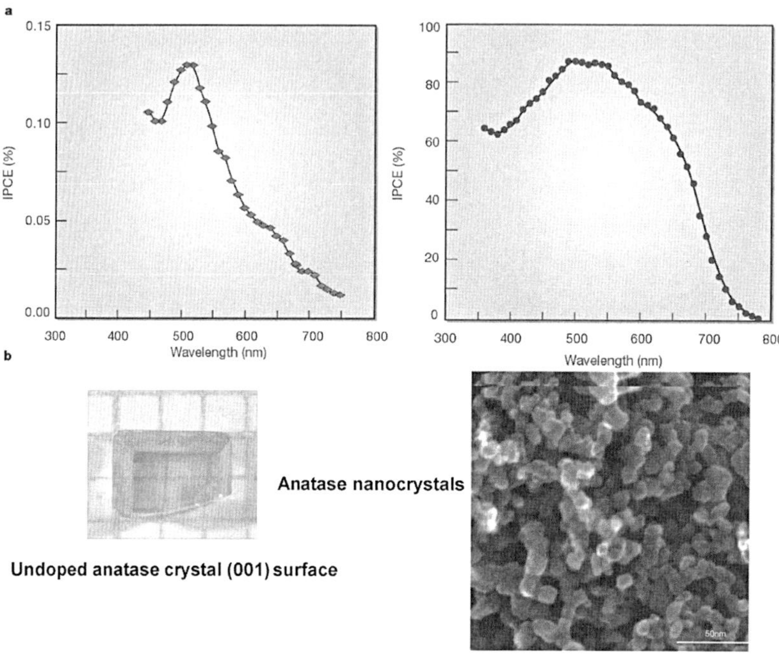

그림 9.12 DSSC에 의한 빛의 전기로의 변환. 입사 포톤 대비 전류 전환 효율(incident photon to current conversion efficiency : IPCE)은 여기 파장의 함수로 그려져 있다. 왼쪽 : (001) 면으로 절단한 단결정 anatase. 오른쪽 : 나노결정 anatase film. 전류 수집에 사용된 2개의 전극들도 보이는데, 전해질은 0.3M LiI과 0.03 M I_2 in acetonitrile 용액으로 구성되어 있다.

나노결정 막의 anatase로부터 얻은 광전류 작동(action) 스펙트럼을 비교한 것인데, 모두 N-719 Ru 염료, 즉 cis-$RuL_2(SCN)_2$(L=2,2-bipyridyl-4,4' dicarboxylate)를 증감제로 사용하였다. IPCE 혹은 외부 양자효율을 파장의 함수로 그린 것이다. 단결정으로부터 얻은 IPCE 값은 N-719 증감제가 최대의 흡수를 보이는 파장 530 nm 부근에서 겨우 0.13%인데, 나노결정은 88%에 달한다. 이런 놀라운 개선은, 접합의 면적이 넓어지면 무질서한 표면에서의 결함들로 인하여 광생성 전하 캐리어들의 재결합이 증가하고, 태양전지 효율이 나빠진다는 예상을 깨는 것이다.

전면 전극으로 사용되는 FTO 유리에서의 광학적 손실을 고려하면, 입사되는 광자의 변환이 실제적으로 증감제가 최대 흡수를 보이는 500~600 nm 범위에서 크게 증가한다. 식 (9.4)로부터, 이런 결과를 달성하기 위해서는 빛의 수확, 전자 주입과 전하 캐리어의 수집 효율이 1에 가까워야 한다는 것은 분명하다. 임피던스 분광 연구 결과 DSSC에서 전도대 전자의 확산 길이는 보통 20~100 μm 범위로 확인되었다. 이는 나노결정 TiO_2 막의 두께를 추월하는 것이고, 왜 모든 광유도(photoinduced) 전하 캐리어들이 수집될 수 있는지를 설명해 준다.

9.4.2 AM1.5 표준 시험조건에서 변환 효율

DSSC 태양전지의 변환효율은 다음 성능 변수들에 의해 좌우된다. 단락전류밀도(short circuit current density : J_{sc}), 개방전압(open circuit voltage : V_{oc}), 충진율(fill factor : FF), 그리고 입사광의 세기이다.

$$\eta_{global} = J_{sc} \times V_{oc} \times FF/I_s \tag{9.11}$$

AM1.5 global, 1 sun(1,000 Watt/cm^2)의 표준 시험조건에서 최신의 Ru 증감제를 사용하면 단락전류밀도 J_{sc}는 16~22 mA/cm^2, 개방전압 V_{oc}는 0.7~0.86 V, 충진율 FF는 0.65~0.8 범위이다. 2001년에 확인된 효율은 10.4%이었다[38]. 최고 기록은 11.2%인데[4], [그림 9.13]은 이 태양전지의 I-V 곡선이다.

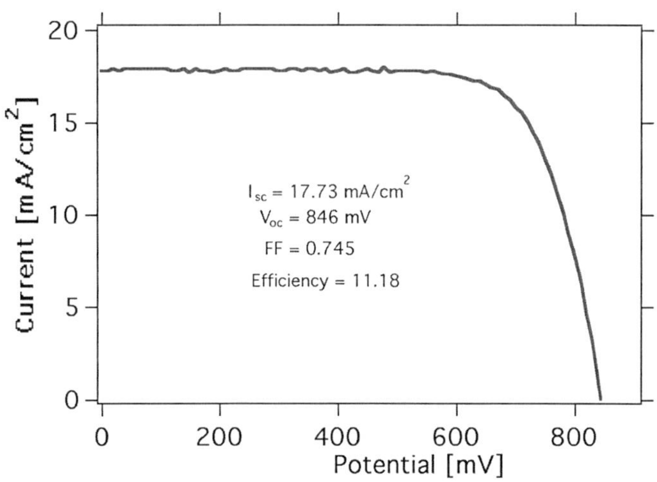

그림 9.13 이중 층의 나노결정 TiO_2([그림 9.4])와 분산(scattering) 입자([그림 9.6]) 위에 흡착된 N-719 염료를 사용한 DSSC의 I-V 곡선. iodide//triiodide 기반 redox 전해질은 용매로 acetonitrile과 valeronitrile의 혼합물을 이용한다. AM1.5 하에서의 효율은 11.18%.

9.4.3 개방전압의 향상

최근 연구에서, 이산화티탄-전해질 접합에서 암상태 전류를 억제할 수 있는 guanidinium 이온과 같은 첨가제를 찾아내었다. 아직 이들 효과에 대해서는 더 명확히 이해가 필요하겠지만, 이들 이온들이 TiO_2 표면에서 염료 분자들의 자기조립을 도와주어 침투가 더 잘되게 해주고, 태양전지의 암전류를 줄이는 것으로 보인다. 게다가 guanidinium butyric 산은 재결합의 중심으로서의 역할을 하는 표면 state의 개수를 억제하는 것으로 밝혀졌다[39].

Ru 염료 N-719는 4개의 carboxylate 그룹 중 2개를 통해 TiO_2 표면에 흡착된다. FTIR 분석과 molecular dynamics calculation으로 TiO_2 나노결정의 (111) 방향 표면에 흡착된 염료의 공간적인 배열에 대해 평가하였다. 염료의 단일층은 무질서하고, 양이온의 자발적인 coadsorption에 의해 마이너스로 하전된 염료 분자들의 측면 척력이 약해진다. 계면에서 염료 단일층의 질서를 증가시키고 더 치밀화시키는 것이 바람직하다. 여기서의 목표는 계면을 가로질러 흐르는 암전류를 차단하기 위해 염료층을 절연성으로 만드는 것이다. 이렇게 하여 얻어지는 개방전압의 증가분은 다이오드 식으로부터 계산된다.

$$V_{oc} = (nRT/F)\ln\left[(\frac{i_{sc}}{i_o}) - 1\right] \tag{9.12}$$

여기서 n은 ideality factor로 값은 1과 2 사이, i_o는 역방향 포화전류(reverse saturation current), 그리고 R과 F는 각각 이상가스(ideal gas), Faraday 상수이다. 전자주입을 증가시키고 재결합 속도를 낮추는 것이, 식 (9.12)에서와 같이 태양전지의 개방전압을 최대화하는 데 결정적이다. DSSC에서 ideality factor 값으로 1.5를 사용하면, 암전류가 10배 정도 감소하고 개방전압이 90 mV 증가하는 결과가 되고, 따라서 변환효율을 적어도 15%까지 향상시킬 수 있다. 염료 자체가 암전류를 차단하는 사실도 최근에 확인되었다[38].

9.5 새로운 증감제와 레독스 시스템의 개발

최근에 이룬 DSSC 태양전지의 성능 개선은 괄목할 만 하지만 레독스 시스템을 바꾸지 않고 표준의 N-719 증감제를 사용하여서는 효율을 더 이상 개선하기 어렵다. N-719의 레독스 레벨과 iodide/triiodide 짝의 불일치 때문에 [그림 9.1]의 밴드 다이어그램에 나타낸 바와 같이 증감제의 재생 반응은 흡수된 광자 에너지의 많은 부분을 소비한다. Nernst 퍼텐셜이 N-719 염료에 더 적합한 대체 레독스 시스템에 대한 연구가 최근 착수되었는데[40], 궁극적으로 1 V 이상의 개방전압을 가진 DSSC 태양전지 개발로 이어질 것으로 기대하고 있다.

대신에, 만약 현재의 iodide 기반 레독스 시스템이 유지된다면 panchromatic 증감제나 혹은 염료 혼합물을 사용하여 태양전지의 효율을 더 향상시킬 수 있다. 15%

의 변환효율을 위해서는 AM1.5 global, 1 sun(1,000 Watt/cm^2)의 조건에서 단락전류가 적어도 24 mA/cm^2, 그리고 충진율과 개방전압은 현재의 값과 유사하여야 한다. 이런 광전류 값을 얻기 위해서는 650~900 nm 범위에서의 빛의 수확이 크게 개선되어야 한다.

[개략도 9.1]의 증감제는 K-19로 코드를 붙인 heteroleptic Ru 착물의 구조를 보여주고 있는데, 그 리간드 중의 하나에서 π-system이 확장되어 흡수 계수가 증대된다. Bipyridyl 그룹에 긴 alkyl side 체인을 가진 이런 염료와 유사한 염료로 Z-907로 불리는 염료는 우수한 광전변화 효율과 안정성을 보여주었다[8]. Z-series의 이런 염료들은 고체 DSSC에 매우 유용한 것으로 증명되었는데, 그들의 소수성(hydrophobic) 특성이 실제로 도움이 되는 인자이었다. 이후 이들 염료들은 이온성 전해질과 정공 전도체를 포함하는 시스템의 성능을 향상시켜 주었다. K-19 염료는 또한 우수한 변환효율과 안정성을 보였다[9].

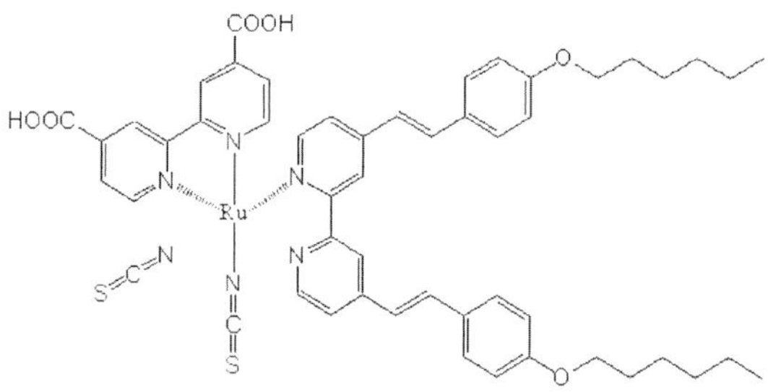

개략도 9.1 ligands 중의 하나에 extended p system을 가진 K-19 증감제.

9.6 고체 염료감응 태양전지

Li(CF_3SO_2)$_2$N, t-butyl pyridine와 같은 첨가제, 그리고 p 도펀트로 N(PhBr)$_3$SbCl$_6$와 함께 Z-907 염료와 정공 전도체 spiro-OMeTAD[41]를 사용하는 고체(solid state) DSSC는 [그림 9.14]에서와 같이 AM1.5 조사 하에서 효율 4% 이상을 보여주었다. 여기서도 염료 분자들이 TiO_2 표면 위에서 치밀한 층으로 자기조립되는 것이 중요한 역할을 한다. 이때 COOH 그룹은 anchor의 역할을, 그리고 소수성 체인은 정공 전도체와 TiO_2 사이의 차단 층으로서의 역할을 한다.

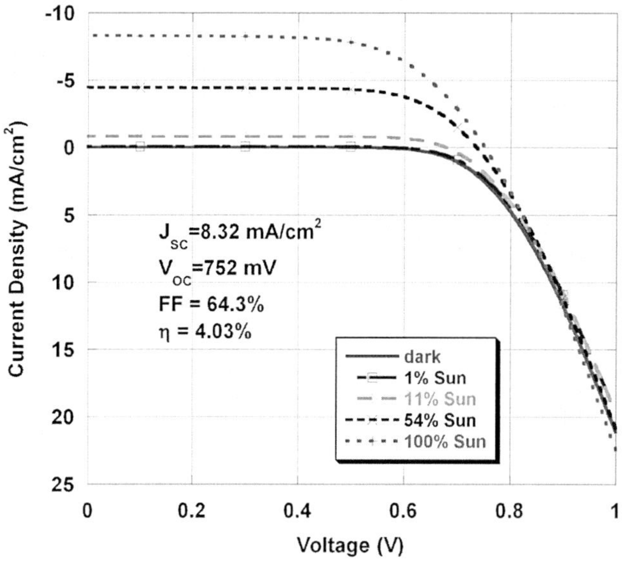

그림 9.14 효율 4%의 고체 DSSC의 I-V 곡선[4].

9.7 염료감응 태양전지의 안정성

장기간의 가속(accelerated) light soaking 시험이 DSSC 태양전지의 고유한 안정성을 확인시켜 주었지만[42], 80~85℃의 고온에서의 작동 안정성은 최근 튼튼하고 비휘발성인 전해질과 함께 사용한 증감제의 적절한 분자 엔지니어링에 힘입어 성취되었다.

9.7.1 염료의 장기 안정성의 기준

[개략도 9.2]는 셀이 동작하는 도중에 증감제가 수행하는 촉매성의 사이클을 보여준다. 안정성에 대한 기준은 여기된 상태 S^* 혹은 염료의 산화된 상태(S^+)로부터 일어나는 어떤 side 반응인데, 이것이 여기된 염료로부터 mesoscopic 산화물의 전도대 안으로의 전자 주입과, 그리고 증감제의 재생과 경쟁을 한다. 이들 파괴적인 채널은 1차 혹은 준 1차 반응속도론(pseudo-first order kinetics)을 따르는 것으로 간주되었고, 속도상수 k_1, k_2가 할당되어 있다. 2개의 분기의 비(two branching ratios), $P_1 = k_{inj}/(k_1 + k_{inj})$와 $P_2 = k_{reg}/(k_2 + k_{reg})$를 도입하고, 한 사이클에 살아남는 증감제 분자의 비율은 $P_1 \times P_2$의 곱으로 계산된다. 여기서 k_{inj}와 k_{reg}은 주입과 재결합 프로세스의 1차 혹은 준 1차 반응속도 상수이다. 또한, 2개의 분기 비의

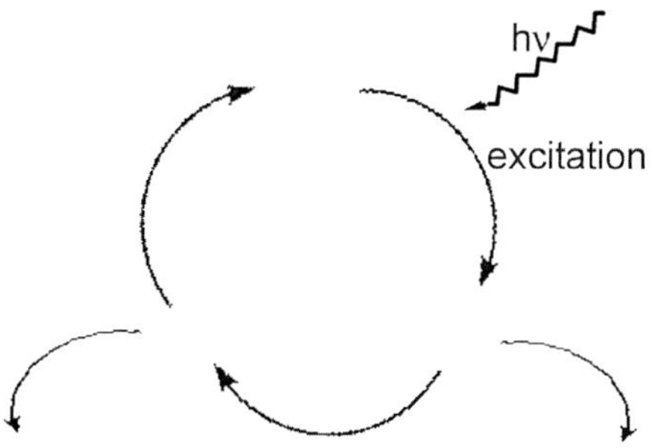

개략도 9.2 태양전지 작동 중 증감제의 catalytic 사이클.

합계의 상한은 셀의 동작수명 20년의 경우에 1×10^{-8}로 계산되었다. 계절과 주야 시간에 걸쳐 평균한 염료의 동작 빈도(turnover frequency)는 0.155 s^{-1}로 유도되었다.

9.7.2 반응속도 측정

위에서 지적한 바와 같이, 대부분의 보통 증감제의 경우 여기 상태로부터 TiO_2 입자의 전도대로의 전자주입의 속도상수는 fs 범위이다. $k_{inj}=1\times10^{13}$/s를 가정하면 $k_1<10^5$/s 범위의 파괴적인 side 반응은 허용될 수 있다. N3 유형의 Ru 증감제는 쉽게 이 조건을 만족시킬 수 있다. 이것들은 광유도 손실이나 thiocyanate ligand의 교환을 겪게 되는데, 이는 10^5/s 한계보다 훨씬 더 낮은 속도로 일어난다. 형성된 생성물이 전하 전달 증감제로서 작용하기 때문에 이 경로가 파괴적인지는 역시 논의의 대상이다. 에탄올 용액에서는 N3의 연장된 광분해(photolysis)로 sulfur 손실이 일어나고, 가정컨대, 산소에 의한 광산화를 통해 cyanato-ruthenium 착물이 형성될 것이다. 그러나 이 반응은 염료가 산화된 표면 위에 흡착될 때는 관찰되지 않는다.

증감제의 산화된 state를 포함하는 second destructive channel의 정확한 kinetic 정보들이 역시 축적되었는데, 핵심변수는 산화된 형태의 증감제의 열화와 그 재생의 속도 상수의 비 k_2/k_{reg}이다.

증감제의 S^+ state는 화학 및 전기화학 산화에 의해 쉽게 생성될 수 있고, 그 수명은 흡수 분광으로 독립적으로 결정된다. Z-907의 최근 연구에서는, 그 산화된 형태의 형성은 산화제의 첨가 후 첫 8~10분에 걸쳐 일어난다는 것을 보여준다. 계속되는 감쇠(decay)는 $k_2=2.2\times10^{-4}s^{-1}$에 해당되는 75분의 수명을 가지고 일어난다. 보통의 iodide/triiodide 레독스 전해질에서 이 증감제의 재생속도 상수는 적어도 2×10^5/s이다. 분기의 비가 약 10^{-9}으로, 이는 증감제의 동작(turnover) 횟수 1억번과 수명 20년에 필요한 한계치 10^{-8} 보다 훨씬 더 밑이다.

9.7.3 DSSC 안정성에 관한 실험 결과

N3 유형의 Ru 착물을 가지고 수행한 많은 장기 시험에서 이들 전하 전달 증감제의 뛰어난 안정성을 확인하였다. 예를 들어 유럽 JOULE 프로그램의 지원으로 구성된 유럽의 컨소시엄에서는, 2.5 suns에서의 10,000시간 이상 light soaking 시험결과 광전류의 안정성을 확인하였는데[42], 이 시간은 어떤 중요한 열화의 발생 없이 염료가 약 56백만 번 반복 사용될 수 있는 것에 해당한다. 이들 결과들은 위에서 언급한 반응속도론 측면에서의 내용을 확인시켜 준다. 좀 더 어려운 과제는 80~ 85℃의 고온에서 스트레스가 가중된 상태에서의 안정성을 확보하는 것이다. 양친성 보조흡착제(amphiphilic coadsorbents)와 함께 증감제의 자기조립을 이용하여 계면을 안정시킨 최근의 결과는, DSSC가 처음으로 실리콘 태양전지의 옥외 활용의 목적으로 제시된 요구조건을 만족시킨 것이기 때문에 특별히 의미있는 것이다. 예를 들어 새로운 amphiphlic 증감제 K-19는 소수성 bipyridyl의 π conjugation의 연장과 전자 도너성의 alkoxy 그룹의 존재 때문에 소광계수가 증가한 결과를 보여주었다. 광흡수가 증대된 새로운 증감제와 함께 coadsorbent로 decylphoshponic acid(DPA) 그리고 새로운 전해질을 사용하여 만든 DSSC 태양전지는 효율 8% 이상에, 가속 열화 시험과 light soaking 조건에서도 뛰어난 안정성을 보여주었다[9].

80℃ 고온에서의 장기 안정성 시험에는 전해액이 누출되지 않도록 밀봉한 태양전지를 사용한다. [그림 9.15]에서와 같이 이런 소자의 V_{oc}는 80℃에서 1,000시간 유지 후에도 25 mV 정도만 감소하는데, K-19 증감제만으로 채색한 B 소자 막의 경우

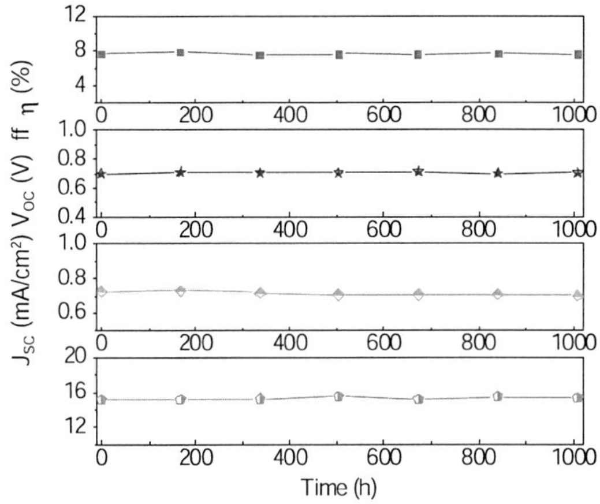

그림 9.15 80℃ 암 상태에서 지속적인 thermal aging 동안의 소자 A의 태양전지 성능 인자(AM1.5 full sunlight)의 시간 변화.

에는 70 mV 정도 감소한다. DPA의 사용으로 안정성이 향상되는 효과는, mesoscopic TiO_2 표면에서 튼튼하고 치밀한 분자 단층이 형성되어 흡착된 물의 양과 여타 영향을 미치는 불순물의 양을 감소시켜 주기 때문으로 보고 있다. V_{oc}의 안정화는 소자 A가 장기간 열에 노출되어도 높은 변환효율을 유지할 수 있게 해 준다. [그림 9.15]는 이 소자가 80℃에서 1,000시간 유지 후에도 초기 효율의 98%를 유지하는 것을 보여준다. 1,000시간 후에 충진율의 변화는 관찰되지 않았지만 단락전류밀도 J_{sc}는 15.38 mA/cm^{2}로 이전의 15.16 mA/cm^2 보다 오히려 증가하였다. J_{sc}와 V_{oc}가 서로 반대 방향으로 변화하는 것은 아마 열 스트레스 하에서 mesoporous TiO_2 막의 flat band 퍼텐셜이 약간 플러스 쪽으로 이동하여, 그것이 DSSC에서의 광유도 전하 분리 효율을 실질적으로 증대시켜 줄 수 있다는 것을 반영한 것으로 보인다. 자외선 차단 필터(400 nm까지)로 50 μm 누께의 폴리에스터 필름(Preservation Equipment Ltd, UK)으로 커버한 태양전지를, 회로를 개방한 상태에서 온도 60℃에서 Suntest CPS plus lamp(ATLAS GmbH, 100 mW/cm^2)로 빛을 조사시켰다. [그림 9.16]에서와 같이 소자 A는 열과 가시광선 light soaking이라는 2중의 스트레스 하에서도 초기 효율의 97.7%를 유지하는 우수한 안정성을 보여주었다. 매우 인상적인 것은, 1,000시간 열화 후에 측정한 J_{sc} 값 15.53 mA/cm^{2}은 초기의 15.15 mA/cm^2 보다 여전히 더 높은 것이다. 반면에 16 mV 정도 V_{oc}가 낮아졌고, 충진율이 3% 미만 감소한 것이 관찰되었다. 이는 가시광에 장기간 light soaking 시켰을 때, bipyridyl ligand에 붙어 있는 styryl unit의 광화학적 불활성(inertness)을 재확인시켜 주는 것이다[9].

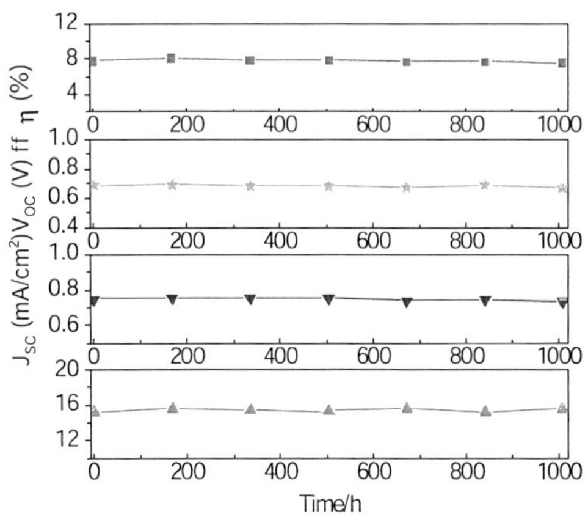

그림 9.16 60℃에서 one sun에 해당되는 가시광을 지속적으로 조사하는 동안의 소자 A의 태양전지 성능 인자(AM1.5 full sunlight)의 시간 변화.

9.7.4 첫 번째의 대규모 옥외 시험과 상업화 개발

최근 DSSC 태양전지에 대한 산업화 측면의 관심이 고조되어 상업용 제품의 개발이 빠르게 이루어지고 있다. 미국의 Konarka, 일본의 Aisin Seiki, 독일의 RWE 그리고 스위스의 Solaronix 등이 유연 및 유리 기판 모듈의 개발을 활발히 추진하고 있다. 특별히 흥미로운 것은 타일과 같은 건축일체형의 모듈이다. 호주의 Sustainable Technologies International 사는 대규모의 옥외시험을 위해 이런 타일을 생산하였고, 여러 건물에 설치를 하였다. 일본의 Aisin Seikis는 Toyota와 협력하여 DSSC 프로토타입 생산에 착수하였다. 이 모듈의 얼개는 [그림 9.17]과 같다. 모놀리식 설계에서는 제조단가를 낮추기 위해 카본을 상호 연결 및 음극 소재로 사용하고 있다. 이들 DSSC 패널을 [그림 9.18]에서와 같이 Toyota Dream House의 외벽에 설치하였는데, 이는 건축일체형 태양광 시스템의 전형이다.

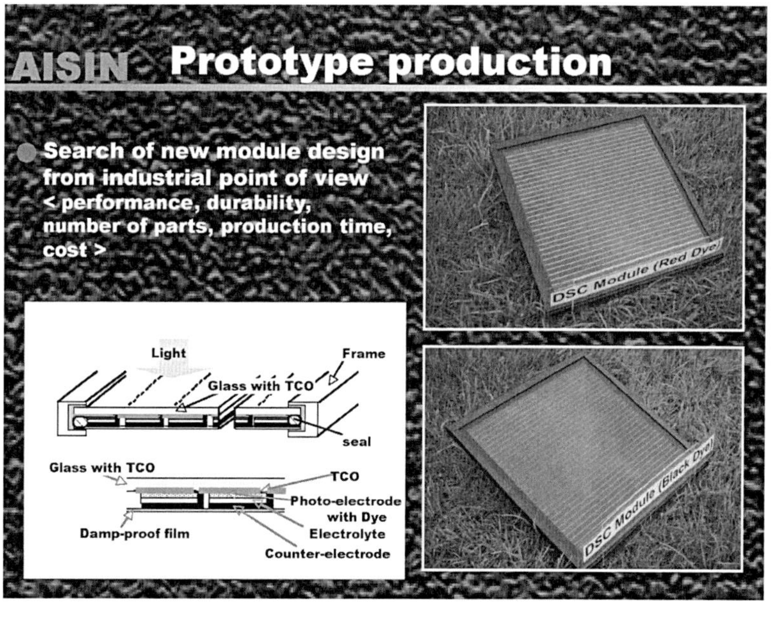

그림 9.17 일본 Aisin Seiki 사의 DSSC파일럿 생산 모듈은 모놀리식 구조이고, 인터커넥션과 상대 전극으로 카본을 사용하였다. 적색 염료는 N-719와 관련이 있고, 흑색 염료는 RuL'$(NCS)_3$의 구조를 가지고 있고, 이때 L'=2, 2', 2"-terpyridyl4,4',4" tricarboxylic acid이다.

그림 9.18 Aisin Seiki 사가 만든 DSSC 모듈을 전면에 설치한 Toyota Dream House.

9.8 향후 전망

중점적으로 panchromatic 염료와 IR 흡수 염료 혹은 표면 개질에 의존하여 효율 12% 이상을 달성하기 위해서는 700~900 nm 영역의 빛의 수집을 크게 증진시켜야 한다. 그 대안으로 유망한 것은 탠덤구조의 채택이다. 상층과 하층 셀이 각각 적외선을 포함하여 상호 보상적으로 빛을 완전하게 흡수할 수 있도록 설계 제작하는 것이다. 이런 소자가 최근 실험실에서 만들어졌는데, 효율 15%를 얻은 바 있다.

참고문헌

[1] B. O'Regan and M. Grätzel, Low cost and highly efficient solar cells based on the sensitization of colloidal titanium dioxide, *Nature* **335**, 7377 (1991).

[2] M. Grätzel, Photoelectrochemical cells, *Nature* **414**, 338–344 (2001).

[3] M. Grätzel, Mesoscopic solar cells for electricity and hydrogen production from sunlight, *Chem. Lett.* **34**, 8–13 (2005).

[4] L. Schmidt-Mende, U. Bach, R. Humphry-Baker, T. Horiuchi, H. Miura, S. Ito, S. Uchida and M. Grätzel, Organic dye for highly efficient solid-state dye-sensitized solar cells, *Adv. Mater.* **17**, 813–815 (2005).

[5] M. Nanu, J. Schoonman, and A. Goossens, *Adv. Mat.* **16**, 453 (2004).

[6] M. Nanu, J. Schoonman, and A. Goossens, *Adv. Func. Mat.* **15**, 95 (2005).

[7] P. Liska, R. Thampi, D. Brémaud, D. Rudmann, H. M. Upadhyaya, A. N. Tiwari and M. Grätzel, Nanocrystalline dye-sensitized solar cell //copper indium gallium selenide thin film tandem showing greater than 15 % conversion efficiency *Appl. Phys. Lett.* Submitted.

[8] P. Wang, S. M. Zakeeruddin, J. E. Moser, M. K. Nazeeruddin, T. Sekiguchi and M. Grätzel, *Nature Mat.* **2**, 402 (2003).

[9] P. Wang, C. Klein, R. Humphry-Baker, S. M. Zakeeruddin, and M. Grätzel, *Appl. Phys. Lett.* **86**, 123508 (2005).

[10] M. Zoukalova, A. Zoukal, L. Kavan, M. K. Nazeeruddin, P. Liska, and M. Grätzel, Organized mesoporous TiO_2 films exhibiting greatly enhanced performance in dye solar cells, *Nanolett.* **5**, 1789–1792 (2005).

[11] S. Nishimura, N. Abrams, B. Lewis, L. I. Halaoui, Th. E. Mallouk, K. D. Benkstein, J. van de Lagemaat and A. J. J. Frank, *Am. Chem. Soc.* **125**, 6306 (2003).

[12] L. I. Halaoui, N. M. Abrams, and T. E. Mallouk, *J. Phys. Chem.* **109**, 6334 (2005).

[13] S. Hore, P. Nitz, C. Vetter, C. Prahl, M. Niggemann, and R. Kern, *Chem. Comm.* **15**, 2011 (2005).

[14] A. Hagfeldt and M. Grätzel, *Acc. Chem. Res.* **33**, 269–277 (2000).

[15] Y. Tachibana, J. E. Moser M. Grätzel, D. R. Klug, and J. R. Durrant, *J. Phys. Chem.* **100**, 20056 (1996).

[16] J. E. Moser and M. Grätzel, *Chimia* **52**, 160 (1998).

[17] a) G. Benkö, J. Kallioinen, J. E. I. Korppi-Tommola, A. P. Yartsev, and V. Sundström, *J. Am. Chem. Soc.* **124**, 489 (2002). b) J. Kallioinen, G. Benkö, V. Sundström, J. E. I. Korppi-Tommola and A. P. Yartsev, A. P. *J. Phys. Chem. B* **106**, 4396 (2002). c) G. Benkö, J. Kallioinen, P. Myllyperkiö, F. Trif, J. E. I. Korppi-Tommola, A. P. Yartsev and V. Sundström, *J. Phys. Chem. B* **108**, 2862 (2004).

[18] Schwarzburg, K.; Ernstorfer, R.; Felber, S.; Willig, F. *Coord. Chem. Rev.* **2004**, 248(13-14), 1259–1270.

[19] B. Wenger, M. Grätzel and J. E. Moser, *Am. Chem. Soc. 127*, 12150–12151 (2005).

[20] a) J. M. Lanzafame, R. J. D. Miller, A. A. Muenter and B. A. Parkinson, *J. Phys. Chem.* **96**, 2820 (1992). b) R. Huber, J. E. Moser, M. Grätzel and J. Wachtveitl, *Proc. SPIE* **5223**, 121 (2003).

[21] J. E. Moser and M. Grätzel, *Chem. Phys.* **176**, 493 (1993).

[22] G. Redmond and D. Fitzmaurice, *J. Phys. Chem.* **97**, 11081 (1993).

[23] J. Nelson and R. E. Chandler, *Coord. Chem. Rev.* **248**, 1181–1194 (2004).

[24] H. G. Agrell, G. Boschloo and A. Hagfeldt, *J. Phys. Chem. B*, **108**, 12388 (2004).

[25] M. J. Cass, A. B. Walker, D. Martinez and L. M. Peter, *J. Phys. Chem. B*, **109**, 5100 (2005).

[26] A. J. Frank, N. Kopidakis and J. van de Lagemaat, *Coord. Chem. Rev.* **248**, 1165 (2004).

[27] M. J. Cass, F. L. Qiu, Alison B. Walker, A. C. Fisher and L. M. Peter *J.Phys. Chem. B*, **107 (1)**, 113–119 (2003).

[28] W. Kubo, T. Kitamura, K. Hanabusa, Y. Wada and S. Yanagida, *Chem. Comm*, 374–375 (2002).

[29] J. Bisquert, *J. Phys. Chem. B*, **106**, 325–33 (2002).

[30] F. Fabregat-Santiago, J. Bisquert, G. Garcia-Belmonte, G. Boschloo and A. Hagfeldt, *Sol. En. Mat. Sol. Cells* **87**, 117 (2005).
[31] S. Nakade, W. Kubo, Y. Saito, T. Kanzaki, T. Kitamura, Y. Wada and S. Yanagida, S. *J. Phys. Chem. B* **107** **page (2003).
[32] F. Fabregat-Santiago, J. Bisquert, G. Garcia-Belmonte, G. Boschloo and A. Hagfeldt, *Sol. En. Mat. Sol. Cells* **87**, 117 (2005).
[33] P. Wang, S. M. Zakeeruddin, J. E. Moser, R. Humphry-Baker, P. Comte, V. Aranyos, A. Hagfeldt, M. K. Nazeeruddin and M. Grätzel, *Adv. Mat.* **16**, 1806 (2004).
[34] P. Wang, B. Wenger, R. Humphry-Baker, J. E. Moser, J. Teuscher, W. Kantlehner, J. Mezger, E. V. Stoyanov, S. M. Zakeeruddin and M. Grätzel, *J. Am. Chem. Soc.* **127**, 18 (2005).
[35] R. Plass, S. Pelet, J. Krüger, M. Grätzel and U. Bach. *J. Phys. Chem. B*, **106**, 7578–7580 (2002).
[36] A. J. Nozik, Quantum dot solar cells, *Next Gen. Photovolt.* 196–222 (2004).
[37] R. Schaller and V. I. Klimov, *Phys. Rev. Lett.* **92**, 186601 (2004).
[38] M. K. Nazeeruddin, A. Kay, I. Rodicio, R. Humphrey-Baker, E. Müller, P. Liska, N. Vlachopoulos and M. Grätzel, *J. Am. Chem. Soc.* **115**, 6382 (1993).
[39] Z. Zhang, S. M. Zakeeruddin, B C. O'Regan, R. Humphry-Baker, and M. Grätzel, Influence of 4-guanidinobutyric acid as coadsorbent in reducing recombination in dye-sensitized solar cells, *J. Phys. Chem. B.* ***vol, page* 2005.
[40] H. Nusbaumer, S. M. Zakeeruddin, J. E. Moser and M. Grätzel, *Euro. J. Chem.* **9**, 3756 (2003).
[41] U. Bach, D. Lupo, P. Comte, J. E. Moser, F. Weissörtel, J. Salbeck, H. Spreitzert and M. Grätzel, *Nature* **395**, 550 (1998).
[42] A. Hinsch, J. M. Kroon, J. M. R. Kern, I. Uhlendorf, J. Holzbock, A. Meyer and J. Ferber, *Progr. Photovolt.* **9**, 425–438 (2001).

10 도너-억셉터 벌크 이종접합 태양전지에서의 전하 수송과 재결합

Charge Transport and Recombination in Donor-Acceptor Bulk Heterojunction Solar Cells

A. J. Mozer and N. S. Sariciftci
Linz Institute for Organic Solar Cells, Johannes Kepler University, Linz, Austria

10.1 서 론

태양전지용으로 유기 재료를 사용하는 것은 수십 년 동안 매혹적인 연구 주제였다. 유기 재료는 값이 싸고, 쉽게 가공할 수 있고, 분자 설계와 화학 합성으로 요구되는 기능을 맞춰갈 수 있다. 가장 중요한 기능은 매우 분극성이 높은(highly polarizable) 유기 분자의 π 전자 시스템이다. 유기 재료의 전자 구조는 보통의 무기계 결정성 재료와 다르지만, 비편재화된(delocalized) π 전자 시스템이 전통적으로 무기 반도체에 부여된 특성을 부여한다. 예를 들어 가시광과 근적외선 영역에서 빛의 흡수와 방출, 절연성에서부터 금속성에 이르는 전기 전도도, 긴 거리에 걸쳐 전하를 수송하는 능력 등이 그러하다.

1985년 Tang[1]은 처음으로 효율 1%의 유기 태양전지를 선보였다. 이 태양전지는 Me-Ptcdi(N,N'-dimethyl-perylene-3,4,9,10-dicarboximide)와 ZnPc(zinc-phtalocyanine) 2개의 잘 알려진 광전도체(photoconductor)를 이중층(bilayer)의 구조로 적층한 것인데, 이들 재료는 단일(single)층의 구조에서 사용하기에는 다소 비효율적인 태양전지 재료이다. 이는 이들 유기 재료에서의 전하생성 효율이 일반적으로 낮기 때문인데, 그 이유는 쿨롱 반경(Coulomb radius) $r_c = e^2/4\pi\epsilon_0 kT$(유전상수가 작음)보다 짧은 전하 캐리어의 평균자유행로(mean free path), 즉 낮은 이동도에 기인한다[2]. 그러므로 1차 광여기(photoexcitation)는 결합된(bound) 중성의 여기 상태(결합에너지는 0.04 eV~1 eV)를 먼저 생성한다[3, 4]. 이로부터 자유 전하 캐리어가 생성되기 위해서는 잉여 에너지가 필요한데, 그 에너지는 여기된 도너로부터 낮은 에너지에 위치한 전자 억셉터의 분자 궤도함수(molecular orbital)로 혹은 계면으로의 전자 이동에 의해 획득될 수 있다. 지금까지도 저분자 유기물을 이용한 다층 구조(multilayer) 소자 개념이 추진되고 있는데, 실험실에서 3.5% 이상의 효율이 보고되었다[5].

1977년의 처음 발견[6] 이후, 전도성 폴리머는 그 금속성 혹은 반도체 특성과, 일반적으로 플라스틱이 갖는 유연성과 가공의 용이성 때문에 큰 관심을 불러 모았다[7]. 1987년에 투명 전도 산화물(TCO)과 증착된 Al 전극 사이에 샌드위치 된 용해성의 poly(3-hexylthiophene) 폴리머를 기반으로 한 첫 번째 다이오드의 제작은 플라스틱 일렉트로닉스 분야의 출발이었다[8]. 앞으로 폴리머 LED를 토대로 한 디스플레이[9], 폴리머 전계 효과 트랜지스터(field effect transistor : FET)를 바탕으로 한 집적 전자 회로[10], 플라스틱 태양전지[11] 등과 같은 여러 전자 소자들이 저가의 소재와 제조공정, 유연성, 경량성 등이 요구되는 활용분야에서 시장에 진출할 것이다.

유연 플라스틱 태양전지용으로 가장 유망한 후보는 공액 폴리머와 플러렌이 상호 관통하는 네트워크(interpenetrating network)로 구성된 벌크 이종접합 개념에 바탕을 둔 것이다. 여기에서는 빠르게 확장되고 있는 이 분야의 최근 현황, 특히 새로운 재료와 첨단 측정 기법에 대해 기술하고자 한다.

10.2절에서는 광전하 생성 메커니즘, 즉 여러 가지 광학적인 기법으로 관찰한 광여기된 공액 폴리머와 플러렌 사이의 초고속의 광유도 전자 전달(photoinduced electron transfer)[12]에 대해 살펴보고, 초기 소자 제작에 관해 요약하고자 한다. 10.3절에서는 2가지 중요한 이슈인 나노모폴로지 최적화와 분광 응답을 향상시키는 데 초점을 두면서 벌크 이종접합 태양전지의 최신 기술과 작동 원리에 대해 논의하고자 한다. 10.4절에서는 새로운 순간 전도도(transient conductivity) 기법을 이용하는 전하 캐리어 이동도와 재결합 연구에 대해 살펴보고자 한다. 우선, 위치규칙성(regioregular) MDMO-PPVs(poly(2-methoxy-5-(3,7-dimethyloctyloxy)-1,4-phenylenevinylene)에서의 화학 구조와 모폴로지, 그리고 전하 캐리어 이동도의 상호 관련 특성에 대해 강조하고자 한다. 다음은, 'time of flight'(ToF) 기법과 'charge carrier extraction by linearly increasing voltage'(CELIV) 기법을 이용하여, 동일한 regioregular poly(3-hexylthiophene) 시료에서 광에 의해 생성된 전하 캐리어와 도핑 유도된 캐리어의 이동도를 비교한다. 이 비교 연구에서, 원리상 다른 2가지 ToF와 CELIV 기법이 전하 캐리어의 이동도에 대해 상호 일관된 결과를 보여주었다. 끝으로, 벌크 이종접합 태양전지에서 전하 캐리어의 이동도와 수명을 동시에 결정하기 위한 'photoinduced charge extraction by linearly increasing voltage' (photo-CELIV) 기법을 소개한다. 결정된 이동도와 수명 값을 활성층의 두께를 변화시킨 벌크 이종접합 태양전지

의 I-V 곡선과 비교하였다. 그리고, 종합 요약 및 향후 개발 전망에 대해 언급하고자 한다.

10.2 벌크 이종접합 태양전지의 개발

π 공액 폴리머에서, 반도체 특성은 전통적으로 폴리머가 갖고 있는 매력적인 기계적 특성과 가공상의 장점을 수반한다[7]. 새로운 카본의 형태로 플러렌[13]은 또 다른 부류의 흥미로운 기능성 소재이다. Buckminsterfullerene(C_{60})은 최대 6개의 전자를 잡을 수 있는 강력한 전자 억셉터이고, 여러 가지 강력한 도너와 전하 전달 염(salt)을 형성한다.

C_{60}을 반도체성 폴리머와 혼합하여도 어떤 의미있는 기저상태(ground state)의 상호 반응은 관찰되지 않는다. 공액 폴리머 도너의 광여기에 따라 일련의 연속반응이 일어나고, 다음의 반응식들과 같이 전하 분리가 일어나게 된다[14].

$$D + A \rightarrow {}^{1,3}D^* + A \quad \text{(excitation on donor)} \qquad (10.1)$$

$${}^{1,3}D^* + A \rightarrow {}^{1,3}(D \cdots A)^* \quad \text{(excitation delocalized on the donor-acceptor complex)} \qquad (10.2)$$

$${}^{1,3}(D \cdots A)^* \rightarrow {}^{1,3}(D^{\delta+} \cdots A^{\delta-})^* \quad \text{(partial charge transfer)} \qquad (10.3)$$

$${}^{1,3}(D^{\delta+} \cdots A^{\delta-})^* \rightarrow {}^{1,3}(D^{+\bullet} \cdots A^{-\bullet}) \quad \text{(ion radical pair formed)} \qquad (10.4)$$

$${}^{1,3}(D^{+\bullet} \cdots A^{-\bullet})^* \rightarrow {}^{1,3}(D^{+\bullet} + A^{-\bullet}) \quad \text{(charge separation)} \qquad (10.5)$$

위 반응식들에서 표현한 광물리 프로세스는 광유도 전자 전달이고, 비축퇴(non-degenerate) 공액 폴리머와 C_{60} 사이에 광유도 전자 전달이 일어난다는, 다양한 광프로브로 수집한 실험실적인 증거는 다음과 같다.

(1) (2-ethyl-hexyloxy)-p-phenylene vinylene(MEH-PPV):C_{60} 블렌드의 광학적 흡수 스펙트럼은 2 구성 요소를 단순히 중첩한 것이고, 기저상태의 상호반응이 관찰되었다는 어떤 표시도 없다[14].

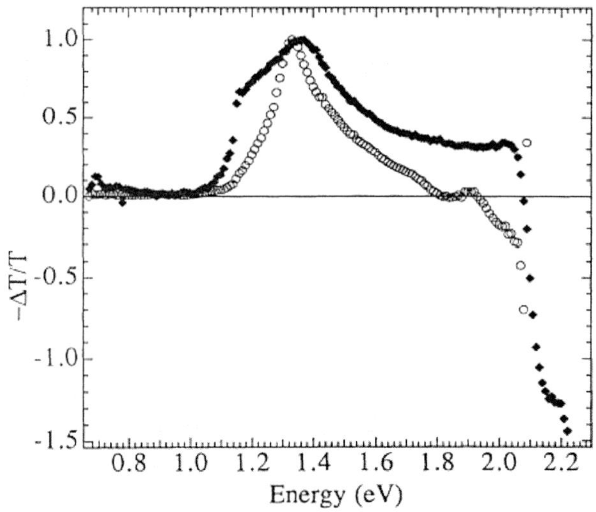

그림 10.1 MEH-PPV(○)와 MEH-PPV/C60 복합체(●)의 광유도 흡수 스펙트럼(온도 80 K, pumping with an argon ion laser at 2.41 eV with 50 mW).

(2) 순수한(pristine) MEH-PPV의 광유도 흡수(PIA) 스펙트럼에서 1.35 eV 부근에 중심을 둔 트리플렛-트리플렛 흡수밴드 대신에, MEH-PPV:C_{60} 블렌드의 스펙트럼에서는 [그림 10.1]과 같이 1.1eV에서 예리한 모양의 PIA 엣지(edge)와 1.6~2.0 eV 범위에서 플래토(plateau)가 관찰되었다[15].

(3) 광유도 흡수 탐지 자기 공명(photoinduced absorption detected magnetic resonance : PIADMR)[16]으로부터, 도핑하지 않은 폴리머의 1.35 eV에서 발견된 피크는 트리플렛-트리플렛 흡수로 간주되었는데, 이는 C_{60}과의 블렌드에서는 완전히 소광(quench)된다. 광유도 전하전달은 충분히 빨라서 MEH-PPV에서의 싱글렛-트리플렛 계간교차(intersystem crossing)를 소광시키고, 라디칼 양이온(photodoping)으로 간주될 만한 흡수상의 특징을 보여준다[14].

(4) Sub-ps 순간 흡수(transient absorption) 연구[17]에서는 광유도 전하전달이 광여기 후 40 fs 내에 일어나서 공액 폴리머의 결맞는 진동 여기(coherent vibrational excitations)까지도 소광시킨다는 것을 밝혀주었다[18]. 이런 초고속의 전하전달 시간은 광유도 전하 분리의 양자 수율이 거의 100%라는 것을 대변한다.

(5) 정상상태(steady state)의 광전도도(PC) 실험에서는 단지 1%의 C_{60}을 가진 공액 폴리머 블렌드가 PC를 10의 몇 승만큼이나 증가시킬 수 있다는 것을 보여주었다. 시간 분해(time resolved) 광전도도 실험으로부터는, 정상상태의

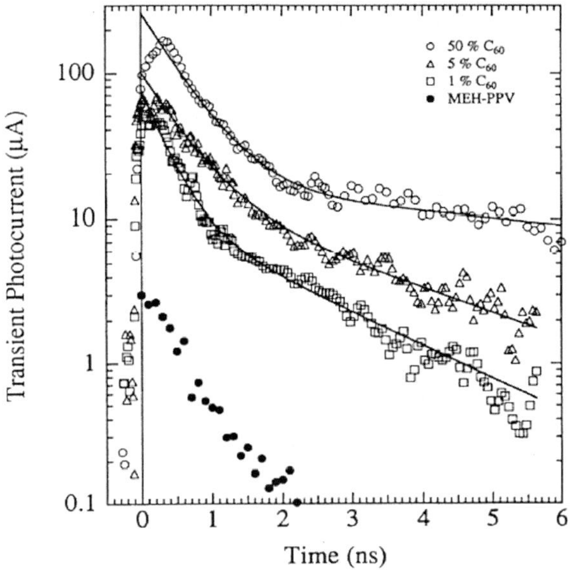

그림 10.2 순수한 MEH-PPV(•)와 C_{60}과의 다양한 블렌드들의 순간 광전도도

광전도도 증가가 전하 생성의 증가와 전하 캐리어 수명의 증가가 누적된 효과라는 결론이 내려졌다[19].

(6) 광유도 전하전달이 일어난다는 결정적인 증거는 광유도 전자스핀 공명(light induced electron spin resonance : LESR) 연구로부터 얻어졌다[12, 20]. MEH-PPV:C60 혼합물을 공액 폴리머의 $\pi-\pi^*$ 갭 보다 더 큰 에너지로 광여기하면 2개의 LESR 시그널이 감지된다. 약 $g<2$에서의 시그널은 C_{60}^- 라디칼 음이온의 특징인데, 이는 공액 폴리머 라디칼 양이온의 전형적인 g 값 ~ 2.002와 나란히 하고 있다. 시간 분해 LESR 연구는 또한 액체 He 온도에서 전하의 특징이 여러 시간 동안 계속 감지될 수도 있다는 것을 보여주었는데, 이는 저온에서 광전도도가 지속된다는 것을 시사한다[21].

(7) ns-ms 시간대에서의 순간 흡수 연구에서는 광생성 전하들이 지수법칙의 이완 속도론(relaxation kinetics)에 따라 긴 시간 존재한다는 것을 보여주었는데, 이는 전하 캐리어들의 일정 부분이 깊이 트랩될 수도 있다는 것을 가리킨다 [22].

위의 실험실적 관찰은, 1에 근접하는 전하 생성의 양자 수율을 가진 공액 폴리머의 광여기 상태와 플러렌 사이의 초고속 광유도 전자 전달과 일관성이 있다. 광생성 전하 캐리어들은 천분의 1초까지의 수명을 보이며 준안정하다. 이 시스템에 선택적인 전극을 도입하면 즉시 태양전지 소자가 만들어진다. 먼저 스핀 코팅하여 만든 MEH-PPV 층과 진공증착 C_{60}층을 이중층의 구조로 하고, 이를 ITO 코팅 유리와 Al 사이에 샌드위치 형태로 배열한 구조가 제시되었다[23]. 이 납작한 모양의 이종접합 소자는 암상태의 I-V 곡선에서 10의 4승 정도의 정류 특성을 보여주었고, ITO 층을 통해 1 mW cm^{-2} 세기의 단색광(514 nm)을 조사하여 수 μA cm^{-2}의 단락전류와 0.5 V의 개방전압을 얻었다. 다이오드의 분광응답 측정 결과는 이중층 구조의 소자에서 광전류의 대부분은 MEH-PPV과 C_{60} 이종접합 사이의 얇은 계면에서 생성된다는 것을 보여주었다. 실제 돌파구는 전자 도너와 전자 억셉터 재료가 상호 관통하는(interpenetrating) 네트워크를 생성시켜 열게 되었다. 이런 구조에서 계면은 전체 광활성층으로 확대되는데, 이렇게 하여 흔히 벌크 이종접합(bulk heterojunction)이라고 하는 소자 구조가 형성된다[11].

10.3 벌크 이종접합 태양전지

10.3.1 동작 원리

[그림 10.3]은 벌크 이종접합의 개념과 밴드 구조를 나타낸 것이다. 밴드 구조는 전자 도너와 억셉터의 highest occupied molecular orbital(HOMO)과 lowest unoccupied molecular orbital(LUMO), 그리고 전극의 일함수를 보여주고 있다. 유기 태양전지에서 흔하게 사용되는 몇몇 재료들의 화학 구조는 [그림 10.4]와 같다.

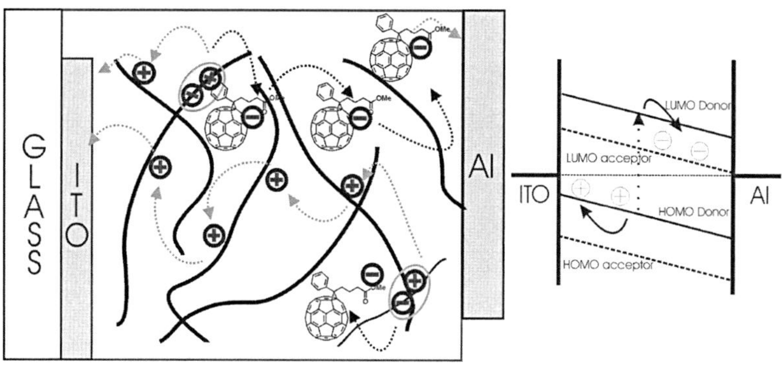

그림 10.3 공액 폴리머와 PCBM의 상호 관통하는 네트워크 구조에 기반한 벌크 이종접합의 개략도. 소자 성능에 관련되는 전자의 준위도 표시되어 있다.

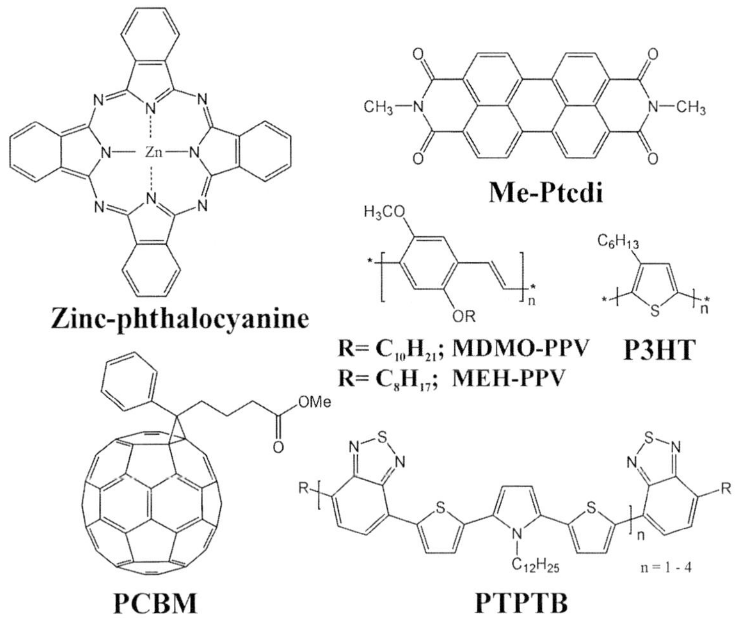

그림 10.4 Tang의 태양전지에서 사용된 재료들의 화학 구조:
zinc phthalocyanine
Me-Ptcdi(perylene-3,4,9,10-tetracarboxylic-N, N'-dimethyl-diimide)
플라스틱 태양전지:
MDMO-PPV(poly-[2-(3,7-dimethyloctyloxy)-5-methyloxy]-p-phenylene vinylene)
MEH-PPV(2'-ethylhexyloxy)-p-phenylene vinylene
PTPTB(poly-N-dodecyl-2,5-bis(2'-thienyl)pyrrole-2,1,3-benzothiadiazole)
P3HT(poly(3-hexylthiophene-2,5-diyl)
PCBM(1-(3-methoxycarbonyl)propyl-1-phenyl[6,6]C61).

전하 캐리어들은 광유도 전자전달에 의해 생성된다. 효율적인 전하 생성을 위해서는 블렌드 내 어디에서든 광에 의해 생성된 엑시톤이 그 수명 시간 내에 억셉터 계면에 도달하여야 한다. 그러므로 최대한 허용되는 상 분리의 크기는 엑시톤의 확산길이에 의해 결정된다. 서로 잘 섞은 블렌드에서의 실험결과는 [그림 10.5]에서와 같이 실제로 모든 여기(excitation)를 소광하는 데 단지 수 중량%의 전자 억셉터만으로도 충분하다는 것을 보여주었다[14]. 그러나 효율적인 태양전지라면 생성된 전하 캐리어들이 각자의 수명 시간 내에 해당하는 전극으로 수송되어야 한다. 수명은 전하 캐리어 이동도에 따라 달라진다. 도너와 억셉터 재료의 블렌드에서 양쪽 전하 모두의 수송 능력은 블렌드의 나노모폴로지(nanomorphology), 즉 양쪽 재료가 상호 관통하되 각자가 연결성을 유지하는 네트워크의 상세에 따라 민감하게 변화한다. [그림 10.5]에 나타낸 바와 같이 상당한 크기의 광전류를 얻기 위해서는 거의 20 mol%의 PCBM이 필요하다.

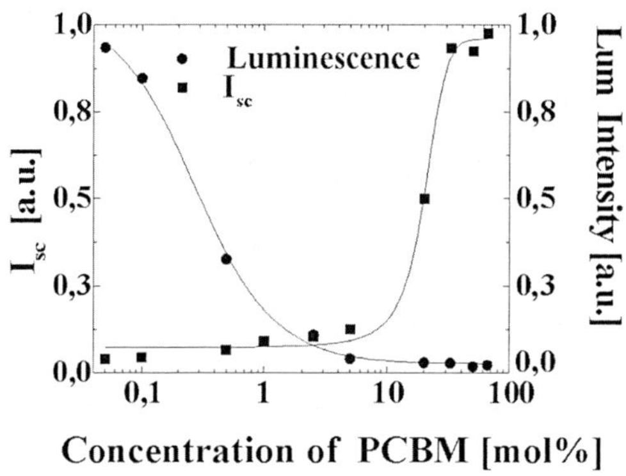

그림 10.5 MEH-PPV:PCBM 블렌드에서 PCBM의 농도에 따른 PL 소광(●)와 단락 전류(■).

마지막 단계로, 전하 캐리어들이 소자로부터 2개의 전극을 통하여 추출된다. 공액 폴리머의 HOMO 레벨과 매칭이 되는 투명한 ITO 코팅 유리(정공 접촉)는 빛이 조사되는 쪽에 사용되고, PCBM의 LUMO와 매칭이 되는 진공증착한 얇은 LiF/Al 금속 접촉(전자 접촉)은 다른 쪽에 사용한다. 최근 소자에서는 고농도로 도핑된 두께 100 nm의 poly(3,4-ethylenedioxythiophene)-poly(4-styrenesulfonate) (PEDOT-PSS)의 계면 막을 얇은 정공 주입 층으로 사용되는데, 이는 ITO의 표면을 매끄럽게 하고, 소자안정성을 높이기 위한 것이다.

벌크 이종접합 태양전지의 활성층은 여러 가지 용액 공정으로 제조할 수 있다. 스핀 코팅[24]은 실험실에서 간편하게 사용할 수 있는데, 닥터블레이드[25], 스크린 프린팅[26], 그리고 스프레이 코팅[27]과 같은 다양한 프린팅 기법으로 대규모의 프로토타입 플라스틱 태양전지를 생산할 수도 있다[28].

태양전지의 변환효율을 결정하는 주요 변수는 개방전압(V_{oc}), 단락전류(I_{sc}), 충진율(FF)이다. 다음 식으로 효율을 구한다.

$$\eta(\%) = (\frac{P_{out}}{P_{in}}) \times 100 = \frac{FF \cdot V_{oc} \cdot J_{sc}}{P_{in}} \times 100 \qquad (10.6)$$

여기서 P_{out}는 빛 조사에서의 출력(power), P_{in}는 입사되는 빛의 세기이다.

Metal-insulator-metal(MIM) diode와 같은 형태의 단층 폴리머 다이오드에서 개방전압은 양극과 음극 재료의 일함수의 차이이다[29, 30]. MDMO-PPV:PCBM 소자의 개방전압은 실온에서 약 ~0.8 V이고, 더 낮은 온도에서는 약간 증가하여 ~0.9 V이다[31]. 개방전압은 PCBM의 LUMO(4.1 eV [32] 혹은 4.3 eV [33])와 MDMO-

PPV의 HOMO(5.3 eV)[34]사이의 에너지 레벨 차이에 해당하는 것으로 제시되었다. 게다가 개방전압은 음극 재료의 일함수에는 아주 약하게만 의존하지만, 전자 억셉터의 LUMO에는 강하게 의존한다[35]. 이런 관찰로부터 내릴 수 있는 결론은 간단한 MIM 구조가 벌크 이종접합 태양전지의 내부에 형성된(built-in) 전기장을 설명해줄 수는 없다는 것이다. Au의 일함수가 ITO/PEDOT-PSS 양극의 일함수와 매우 유사하기 때문에 Au를 음극 재료로 사용하면, 이 간단한 MIM 구조에서의 내부 전기장이 0 V에 가깝지만, 실제로는 개방전압 +0.6 V가 얻어졌다. 따라서 소위 'Fermi level pinning'이라 불리는 메커니즘을 통해 음극의 일함수가 PCBM의 LUMO와 정렬이 되는 것이라고 제안하였다[36]. Mihailetchi 등[37]은 PCBM의 LUMO 보다 더 높은 일함수의 음극, 예를 들어 LiF/Al과 Ca을 가진 벌크 이종접합 태양전지의 개방전압이 비교적 민감하지 않은 것은 PCBM에 오믹(Ohmic) 접촉이 형성되기 때문이라고 제안하였다.

Gadisa 등[38]의 연구에서는 서로 다른 HOMO 레벨을 가진 polythiophenes을 기본으로 한 벌크 이종접합 태양전지의 V_{oc} 의존성을 조사하였다. 그 결과 공액 폴리머의 HOMO 변화에 따라 개방전압이 거의 직선적으로 변하는 것을 관찰하였다. 이는 최대 V_{oc} 값이 폴리머의 HOMO에 의해서도 영향을 받을 수 있다는 것을 확인시켜 준다.

단락전류 I_{sc}는 광활성 재료의 분광 응답(입사된 빛 중 광활성층에 의해 흡수된 분율)과 전하 생성의 효율, 그리고 전하 수집효율에 의존한다. 특정 재료의 조합에 따른 전하 분리와 수집 효율은 상 분리된 광활성 블렌드의 나노모폴로지에 크게 의존하는데, 이는 10.3.2절에서 논의하고자 한다.

벌크 이종접합 태양전지에서 광자 수확의 한계는, 장파장 영역의 빛을 잘 흡수하는 새로운 재료(좁은 밴드갭 재료)를 사용함으로써만이 극복할 수 있다. 벌크 이종접합 태양전지에서 빛의 수확을 개선하는 데 있어서 최근의 몇몇 개발결과에 대해서는 10.3.3절에서 다루고자 한다.

끝으로, 충진율은 전하 캐리어의 이동도(μ)와 수명(τ)의 곱에 의해 크게 영향을 받는다. 공액 폴리머의 전하 캐리어 이동도를 개선하여 충진율을 향상시킬 수 있는 실현 가능한 방법은 10.4절에서 설명할 regioregular 폴리머를 사용하는 것이다.

10.3.2 나노모폴로지와 소자 특성과의 연관성

10.3.2.1 나노모폴로지 연구

1:4 중량%의 비율로 혼합한 MDMO-PPV:PCBM 기반의 벌크 이종접합 태양전지에서, 단순히 활성층을 캐스팅할 때 사용하는 용매를 바꿈으로써 AM1.5 조건에서의 변환효율이 약 1.5%에서 2.5%로 개선되었다[24]. Atomic force microscopy(AFM) 조사 결과, 톨루엔 캐스트 막에서는 100~200 nm로 약간 큰 클러스터가 발견되었고, 반면에 클로로벤젠 캐스트 막에서는 매끈한 표면 모폴로지가 관찰되었다. 투과전자현미경(TEM)과 AFM 연구[39] 결과, 큰 클러스터는 PCBM-풍부 상으로 간주하였다. 좀 더 상세한 연구에서, PCBM 양을 증가시켜 가며 클로로벤젠으로 스핀 코팅한 MDMO-PPV:PCBM 블렌드에서의 상 분리를, AFM, TEM 그리고 dynamic time of flight secondary ion mass spectrometry(ToF-SIMS)를 이용하는 깊이별 분포(depth profiling) 실험을 조합하여 3차원으로 조사하였다[40]. 그 결과 PCBM 함량 50~60%까지는 AFM으로 매우 매끈한 막을 확인하였고, TEM으로도 어떤 현저한 차이를 확인할 수 없었다. PCBM 함량이 더 높으면(> 67%), 막의 표면은 점차로 울퉁불퉁해 지며, TEM으로 2개의 상을 확인할 수 있었다. PCBM 함량이 높아지면서 함께 커지는 더 어두운 상은 문헌[39]의 경우와 유사하게 다소 순수한 PCBM 상으로 확인되었다. 막 두께 전체에 걸쳐 deuterated PCBM-유도체(d5-PCBM)의 분포를 ToF-SIMS를 사용하여 조사하였는데, 모든 d5-PCBM 농도와 막 두께에서 균일한 분포가 관찰되었다. 빛 조사와 암상태에서 여러 가지 MDMO-PPV:PCBM 블렌드의 전자 특성을 조사하였는데, 50~70% 사이의 PCBM 혼합 시, 광전류와 변환효율의 증가를 관찰하였다. 요약하면, 폴리머 매트릭스 내에 80%의 PCBM을 혼합한 셀에서 최적의 소자 성능을 보였는데, 이는 전자 수송의 개선과 두 분자(bimolecular) 재결합의 감소에 의한 것이며, 관찰된 나노스케일의 상 분리와 밀접한 관계가 있다.

Hoppe 등[41]은 AFM과 SEM을 이용하여 광활성 층에서의 나노스케일 모폴로지에 대한 상세한 연구를 수행하였다. MDMO-PPV:PCBM 혼합물의 중량비를 1:2, 1:4, 1:6로 변화시키면서 클로로벤젠 캐스트 막에서 얻은 SEM 이미지를 [그림 10.6 a, b, c]에서 비교하였다. 1:6 막을 제외하고 모든 경우에서 균일한 매트릭스 안에 크기가 작고(20~30 nm) 밝은 나노구체(nanosphere)들이 박힌 것이 관찰되었고, 또한 더 큰 클러스터들도 관찰되었다. 그 크기가 PCBM 함량에 의존하는 이들 큰 클러스터들은 [그림 10.6d]의 톨루엔 캐스트 막에서 확실하게 보인다. 그러므로 이들 클러스터들은 문헌 [39,40]의 경우와 유사하게 PCBM으로 간주되었다. 그러나

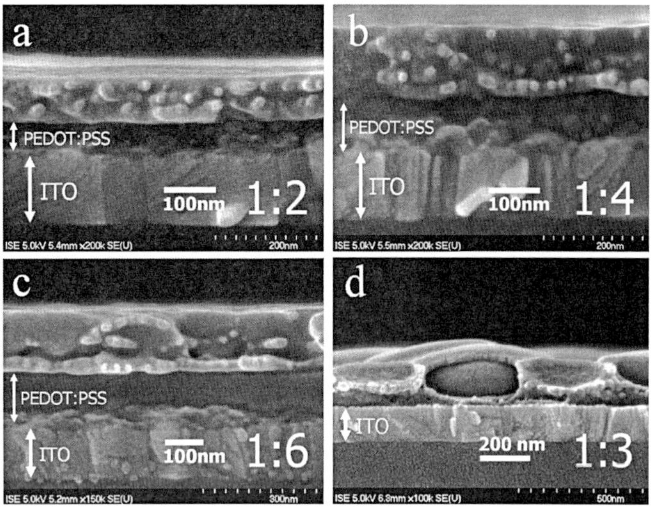

그림 10.6 a, b, c : 클로로벤젠 용액으로 MDMO-PPV:PCBM 1:2, 1:4, 1:6 중량비의 혼합물을 스핀 코팅한 막의 SEM 단면, d : 톨루엔 용액으로 MDMO-PPV:PCBM 1:3 중량비의 혼합물을 스핀 코팅한 막의 SEM 단면.

작고 밝은 나노구체들은 조사한 모든 막에서 발견되는데, 예를 들어 톨루엔 캐스트 막에서 큰 클러스터들을 둘러싼, 혹은 클로로벤젠 캐스트 막에서 균일하게 분포된 'thin skin'에서 이다. 그들의 크기는 용매의 종류와 PCBM 함량에 무관한 것으로 보인다. 이들 밝은 나노구체들을 MDMO-PPV phase로 간주하였는데, 여기서 폴리머 체인은 코일 형태를 띤다. 이 개념은 어닐링 실험으로 뒷받침되는데, PCBM의 확산하고 결정화하는 성향 때문에 서로 다른 상들 사이의 색 대비가 뚜렷해진다. PCBM 클러스터 대신에 큰 구멍이 나타나는 것은 결정화 중심으로 향하는 PCBM의 확산 움직임을 가리키는 것이다. 그러나 흥미롭게도 작은 구체들은 여전히 동일 위치에 남아 있다. 어닐링함에 따라 MDMO-PPV의 PL이 다시 나타나는데, 결과적으로 이는 작은 나노구체들을 MDMO-PPV 폴리머로 보는 견해를 강력하게 뒷받침한다.

[그림 10.7]은 MDMO-PPV 농도를 0.1~0.3% 범위에서 변화시키면서 톨루엔으로 캐스트한 MDMO-PPV:PCBM 1:4 막의 AFM 이미지이다. 농도가 높은 용액을 사용하면 분명히 더 큰 스케일의 상 분리가 관찰되었는데, 이는 두꺼운 막의 건조에 긴 시간이 필요하기 때문으로 이해되었다. 건조 조건이 모폴로지에 미치는 영향은 일찍이 관찰되었는데[42], 분광 연구 결과에 영향을 미칠 수 있다.

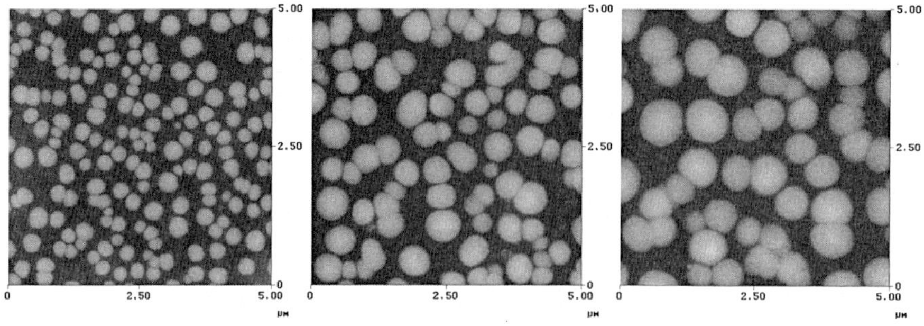

그림 10.7 폴리머 농도를 증가하면서 톨루엔 용액으로 스핀 코팅한 MDMO-PPV:PCBM 1:4 중량비 막의 AFM 이미지.

10.3.2.2 도너-억셉터 'double cable' 폴리머

앞의 모폴로지 연구에서는 비록 벌크 이종접합 태양전지의 제조가 매우 간단하지만, 공정 변수의 적절한 제어는 매우 복잡하며, 용매의 종류와 농도, 두 활성 성분의 중량 비와 같은 여러 가지 인자들의 영향에 대해 상세한 조사가 필요하다는 것을 보여주었다. 최적 변수의 조합은 재료의 배합이 다르면 변할 수밖에 없다. 분자 수준에서의 모폴로지 제어를 위해서 [그림 10.8]의 'double cable' 폴리머 개념이 도입되었다[43]. 이들은 많은 수의 공유결합성 치환기(covalently linked substituent)를 전자 억셉터로서 곁에 달고 있는 전자 도너성 공액 폴리머이다. 광유도 전자 전달에 의해 생성된 전자는 억셉터 군 사이에서 호핑에 의해 이동할 것으로 예상되고, 반면에 정공은 제법 높은 체인 위 이동도와 연 이은 체인간 호핑을 통해 이동할 것이다. 이상적으로 이들 재료에서 상 분리는 배제되는데, 즉 다른 말로 표현하면 전자 억셉터(n-형)와 전자 도너(p-형) 사이의 계면이 분자 수준까지 내려오는 것이다. 이처럼 'double cable' 폴리머는 [그림 10.8]과 같이 분자 이종접합으로 볼 수 있다. 태양전지용으로 이들 재료들을 사용할 때의 주요 기준은 주 체인인 전자 도너와 억셉터 사이에

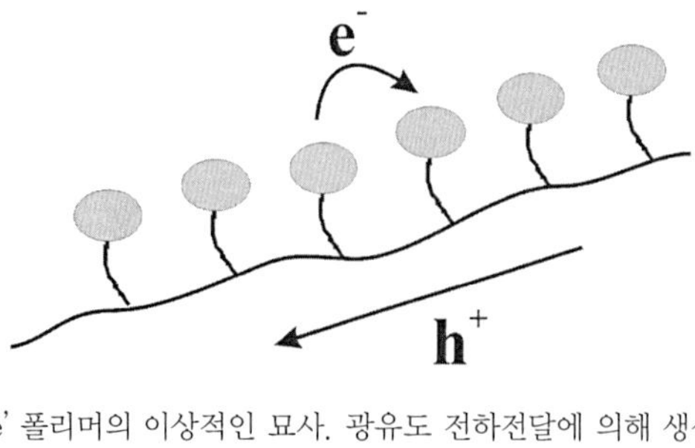

그림 10.8 'double cable' 폴리머의 이상적인 묘사. 광유도 전하전달에 의해 생성된 전하 캐리어들은 하나의 분자 내에서 수송될 수 있어, 분자 이종접합(molecular heterojunction)으로 간주한다.

기저상태 상호 작용이 없어야 한다는 것이다('cable'이 짧지 않아야 함). 이는 n-형(곁가지)과 p-형(케이블) 사이에 절연성 스페이서를 집어넣어 실현할 수 있다. 스페이서가 거대분자(macromolecule)의 용해도를 증가시킬 수도 있는데, 그러나 그 길이는 광유도 전자 전달을 방해하지 않게 적절하여야 한다.

도너-억셉터 한쌍(dyads)의 용해도가 다소 낮기 때문에 첫 번째 'double cables'은 전기중합법으로 만들었다. 거대분자가 가진 쌍극성 특징은 전기화학적인 기법의 사용으로 분명하게 확인되었다. 용해성 'double cable' 폴리머도 화학적으로 합성하였고, 이를 태양전지용으로 사용하기 위한 예비 연구 결과가 발표되었다. 태양전지의 고효율화를 위해 극복해야 할 장벽은 풀러렌의 함량이 다소 낮아 전하 수송에 제한을 받는다는 것과, 'double cable' 폴리머의 용해도가 여전히 좀 낮다는 것이다[44].

10.3.3 광자 수확의 개선

[그림 10.9]에 MDMO-PPV:PCBM 블렌드의 광 흡수 스펙트럼을, AM1.5 조건에서 지표면에 도달하는 총 광자량과 비교하였다. MDMO-PPV:PCBM 블렌드의 흡수는 1.8 eV 이하의 스펙트럼 영역에 제한된다[45]. 벌크 이종접합 태양전지의 분광응답을 향상시키기 위해서는 더 낮은 π-π^* 밴드갭을 가진, 즉 낮은 밴드갭을 가진 공액 폴리머가 필요하다. 그간 공액 폴리머를 기반으로 한 LED의 방출 색을 조정할 필요성이 생기면서 공액 폴리머의 밴드갭에 영향을 미칠 수 있는 여러 가지 합성법이

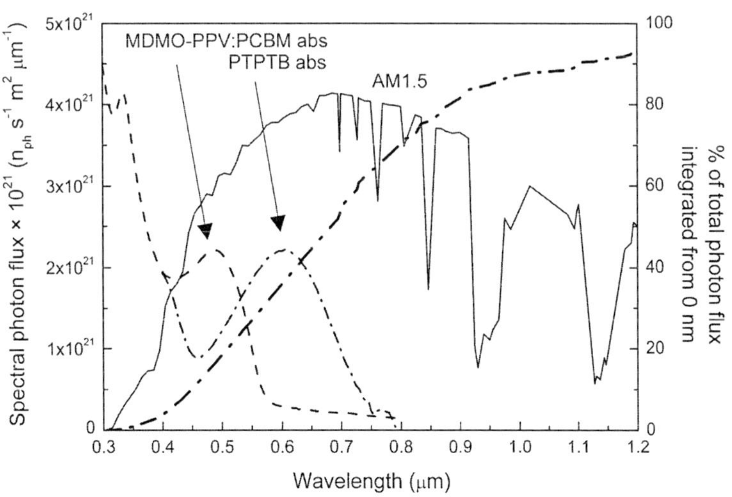

그림 10.9 AM1.5 태양광의 분광 스펙트럼 및 그 적분치(우측). 비교 목적으로 MDMO-PPV:PCBM 블렌드와 낮은 밴드갭 PTPTB 폴리머의 흡수곡선을 나타냄.

개발되었다. 현재 분자 구조-밴드갭의 상관성, 이른바 '밴드갭 엔지니어링'에 대한 이해가 상당한 수준까지 가능하게 되었다[46].

전자가 풍부한 N-dodecyl-2,5-bis(2'-thienyl) pyrrole 종과 전자가 부족한 [그림 10.4]의 2,1,3-benzothiadiazole(PTPTB) 종을 교대로 연결하여 만든 저 밴드갭 폴리머가 벌크 이종접합 태양전지에서 유망한 특성을 보여줄 것으로 기대를 받고 있다. [그림 10.9]에서 보는 바와 같이 PTPTB의 흡수는 파장 약 780 nm까지로, 이는 약 1.6 eV의 광학적 밴드갭에 해당한다. 이 폴리머는 근적외선 영역인 약 800 nm의 파장대에서 효율적인 PL 및 EL을 보여준다. PTPTB를 PCBM과 혼합하면 PL이 소광하고, 전형적인 광유도 전하(polarons)의 특징이 PIA 실험에서 발견된다. PTPTB:PCBM 블렌드를 기반으로 한 벌크 이종접합 태양전지에서 약 1%의 효율이 얻어졌다. 단락전류 조건에서 측정한 파장별 광전류(IPCE) 곡선은 공액 폴리머의 흡수 곡선을 아주 근접하게 따른다. PTPTB:PCBM 블렌드의 분광 응답은, MDMO-PPV:PCBM 블렌드 보다 거의 200 nm 정도나 더 긴 파장 영역으로 뻗어있는데, 이 영역에서 광자의 플럭스는 더 강하다. 다소 낮은 충진율(*FF*)이 이들 소자의 전반적인 성능을 제한하는 주요 요인이다.

낮은 밴드갭 폴리머로 또 다른 흥미로운 부류는 poly(thienylene vinylene)s(PTVs)이다[47]. 이들은 전계효과 트랜지스터(field effect transistor : FET) 구조에서 가장 높은 전하 캐리어 이동도를 보여준다[48]. 반면에 PTV들은 일반적으로 비용해성이다. 벌크 이종접합 태양전지에서 용해도와 관련한 문제를 극복하기 위해 Vanderzande 등은 최근 poly(thienylene vinylene)의 3,4-dichloro와 3,4-dibromo 유도체를 기반으로 한 전구체(precursor) 접근법을 개발하였다. 전구체 폴리머는 [개략도 10.1]에서처럼 sulfinyl 루트를 통해 합성되는데, 가벼운 열처리 만으로도 공액 폴리머 PTV로 변환된다. 그렇게 하여 얻은 PTV 폴리머의 밴드갭은 1.55 eV이다. 전구체

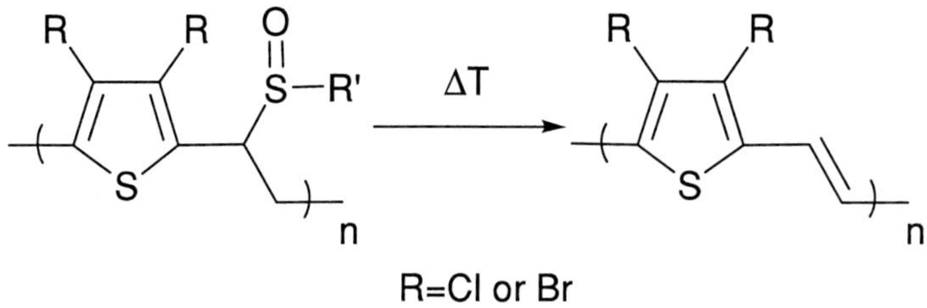

개략도 10.1 sulfinyl 루트를 이용한 전구체 폴리머의 공액 폴리머poly(thieneylene vinylene)로의 전환.

폴리머는 매우 잘 녹고, 통상의 용액 공정을 이용하여 증착할 수 있다. 전구체 폴리머와 PCBM의 혼합물로 이루어진 박막을 만들고 PCBM이 안정한 온도 범위에서 열처리하여 벌크 이종접합 태양전지를 제조한다. 하지만 이 전구체 루트를 통해 제조한 태양전지의 효율은 약 0.2%인데, 낮은 개방전압과 충진율에 의해 효율이 제한되었다. 초기 연구는 열 변환 프로세스를 최적화하는 것이 좀 더 효율을 향상시키는 핵심 요소라는 것을 보여주었다. 소자 제작 시의 후처리 공정으로 다이오드의 개방전압과 충진율을 개선할 수 있다는 것도 실증되었는데, 이는 광활성층 막에서의 누설전류와 핀홀의 감소 덕택으로 보인다.

공액 폴리머/C_{60} 태양전지의 분광 응답의 한계와 관련한 다른 문제는 가시광 영역에서 풀러렌의 낮은 광흡수 계수이다. 이는 440~640 nm 범위에서 C_{60}의 최소에너지 전자 전이(lowcst energy electronic transition)가 대칭성 금지(symmetry forbidden) 전이이기 때문이다[49]. 그러므로 현재 벌크 이종접합 태양전지에서 사용하는 태양전지용 블렌드의 억셉터는 대부분 광학적으로 불활성이다. Wienk 등은 PCBM의 C_{70} 유도체(70-PCBM)와 같은 좀 덜 대칭적인 풀러렌을 사용함으로써 벌크 이종접합 태양전지의 단락전류를 향상시킬 수 있다는 것을 증명하였는데, 이는 C_{70} 유도체에서 가시광 흡수가 크게 증가하기 때문이다. 더욱이 낮은 에너지에서 C_{70} 유도체의 광흡수 증가는 공액 폴리머 MDMO-PPV의 흡수와 중복되지 않아, 70-PCBM이 블렌드 내에서 선택적으로 광여기 될 수 있다. 풀러렌이 광여기 됨에 따라, MDMO-PPV 위에서 플러스 전하의 존재를 보여주는 광학적인 조짐이 광유도 흡수 실험으로 명확하게 관찰되었는데, 이는 풀러렌의 광여기 상태로부터 공액 폴리머로의 광유도 정공 전달이 일어난다는 것을 가리킨다. 이전까지 이런 전하 생성 메커니즘은 가정한 것인데, 분명하게 실증된 것은 이번이 처음이다. MDMO-PPV:70-PCBM 태양전지의 변환효율은 약 3%로, 표준의 MDMO-PPV:PCBM 태양전지에 비해 낮은데, 이는 V_{oc}(0.77 V)와 FF(0.51)의 값이 약간 더 낮기 때문이다.

위의 사례는 하나의 변수(모폴로지 혹은 밴드갭)를 최적화하는 것이 전하 캐리어 이동도나 혹은 막 형성 특성과 같은 다른 특성을 저해할 수도 있다는 것을 보여준다. 벌크 이종접합 태양전지의 변환효율을 올리기 위해서는 모든 필요한 기능을 수행할 수 있는 재료가 필요하다. 중요한 기능의 하나는 광에 의해 생성된 전하를 먼거리(macroscopic distance)까지 효율적으로 수송하는 것이다. 벌크 이종접합 태양전지에서 전하 캐리어 이동도를 결정하는 실험 방법과 그것을 개선할 수 있는 합성 방법에 대해서는 다음에서 설명하고자 한다.

10.4 전하 캐리어 이동도와 재결합

10.4.1 측정 기법

태양전지 활성층 내 어디에서든 광에 의해 생성된 전하 캐리어의 표류 거리(drift distance)는 $l_d = \mu \times \tau \times E$으로 주어지는데, 여기서 μ는 이동도, τ는 전하 캐리어 수명, 그리고 E는 전기장이다. 이 식은 전하 캐리어들이 전기장에 의해 구동된다고 가정한다[50]. 유기 재료의 이동도는 다소 낮은데, 만약 $\mu = 10^{-4}\ \mathrm{cm^2\ V^{-1}\ s^{-1}}$이라면 단락전류 밀도 $\sim 10\ \mathrm{mA\ cm^{-2}}$의 값에 도달하기 위해서는 $n \sim 10^{16}\ \mathrm{cm^{-3}}$ 정도로 높은 농도의 광전하 캐리어들이 필요하다. 전하 캐리어의 농도가 높으면 일반적으로 2분자 재결합이 증가하게 되어 수명이 짧아지고($\tau(t) = [\beta\, n(t)]^{-1}$), 따라서 표류 및 확산 거리가 짧아진다.

전하 캐리어 이동도와 수명은 대부분의 유기 재료에서 독립적이지 않다. 이동도가 낮은 유기 재료에서 흔히 있는 Langevin type 재결합의 두 분자 재결합 계수는 $\beta_{\mathrm{L}} = e(\mu_e + \mu_h)/\epsilon\epsilon_0$로 주어지는데, 여기서 μ_e, μ_h는 전자, 정공의 이동도, 그리고 e, ϵ, ϵ_0는 각각 단위 전하와 재료, 진공의 유전 상수이다. 그러므로 문제의 핵심은 이종접합 태양전지에서 어떻게 전하 캐리어 이동도(μ)와 수명(τ)을 측정하고, 전자 도너와 전자 억셉터 재료가 상호 관통하는 네트워크에서 μ와 τ가 어떻게 상호 연관성을 갖는가이다.

여기에서는 우선 공액 폴리머의 전하 캐리어 이동도를 향상시키는 것이 벌크 이종접합 태양전지의 효율을 올리는 길이라는 것을 보게 될 것이다. 위치 규칙성 MDMO-PPV의 전하 수송 특성을 비규칙성 대응물과 비교하였고, 분자구조-모폴로지-전하 캐리어 이동도 관계의 중요성에 대해 강조를 하였다. 다음에는 원칙적으로 다른 기법인 time of flight(ToF)법과 charge carrier extraction by linearly increasing voltage(CELIV)법을 poly(3-hexylthiophene) 시료를 이용하여 상호 비교하였다. 끝으로, 새로운 photo-CELIV 기법을 사용하여 벌크 이종접합 태양전지에서 전하 캐리어 이동도와 수명을 어떻게 동시에 측정하는가를 보여주고자 한다.

10.4.1.1 순간 전도도 (transient conductivity) 기법 : ToF, CELIV, photo-CELIV

ToF, CELIV와 photo-CELIV 기법의 측정 원리와 응답 패턴은 [그림 10.10]과 같다. ToF 기법에서는, 알려진 두께(d)를 통해 표류하는 광생성 전하 캐리어의 2차원

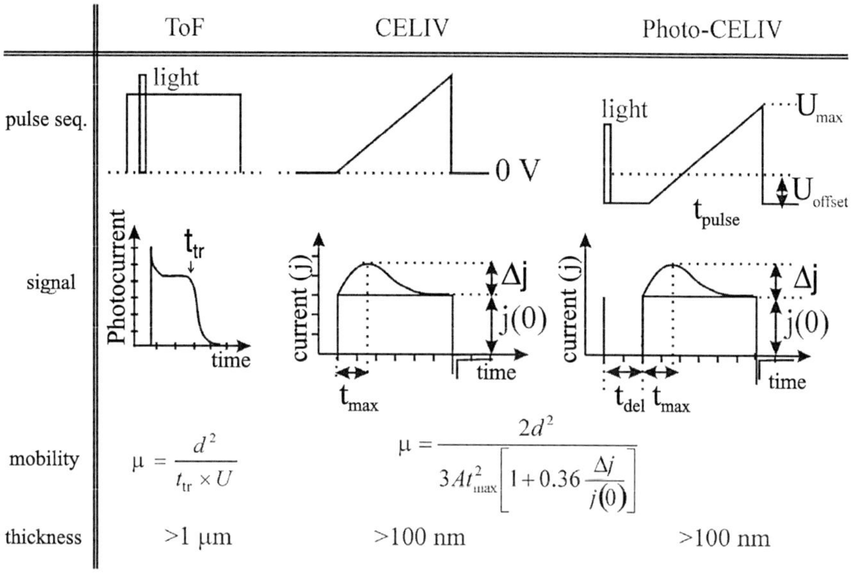

그림 10.10 ToF, CELIV, photo-CELIV 기법의 펄스 시퀀스와 응답 패턴. 이동도 계산식과 측정 소자의 두께 범위도 표시됨.

sheet의 통과시간(transit time)(t_{tr})을, 외부 전기장($E = U/d$)을 인가한 상태에서 측정한다. 이때 ToF 이동도는 $\mu = d^2/(U \times t_{tr})$으로 계산된다. ToF 기법에서, 표면 광전하 생성을 위해서는 높은 광학밀도(optical density : OD > 10)를 가진 두꺼운 막이 필요하다. 순간(transient) 광전류는 퍼지지 않고 잘 발달된 플래토우(plateau) 특성을 보이는데, 통과시간은 [그림 10.10]에서와 같이 순간 광전류 플래토우와 꼬리부의 교차점으로 정의한다. 분산성(dispersion)이 크면 순간 광전류는 플래토우를 형성하지 않고 꾸준히 감소한다. 이렇게 분산성이 농후한 경우에는, 통과시간을 log 광전류 대 log 시간 그래프에서 2개의 직선 부분이 교차하는 점으로 정의한다 [51]. 전기장은 시료 전체에 균등하게 분포된 것으로 가정한다. 그 조건은 다음과 같이 하여 유지하는데 : (i) 생성되는 광전하 캐리어의 개수를 전기용량(CU)의 10% 이하로 제한하고, (ii) dielectric relaxation time(τ_σ)을 통과시간보다 더 길게 하는 것이다($\tau_\sigma = \epsilon_0/\sigma_c > t_{tr} = d^2/\mu U$). 여기서 σ_c는 전도도(단위 : Ω cm^{-1})이다. 그렇지 않으면 평형 상태 혹은 도핑 유도 전하 캐리어(ep_0d, 여기서 p_0는 전하 캐리어 농도)의 개수가 너무 많아 광여기 전하 캐리어들이 전극에 도달하기 전에 전기장을 차폐하고 재배분해 버린다[52].

짧은 τ_σ를 가진 전도성 시료에서는 보충적으로 CELIV 기법을 사용할 수 있다. CELIV 기법에서는, 평형 상태의 전하 캐리어들이 역방향 바이어스 전압 기울기

($A = \mathrm{d}U_{\max} / \mathrm{d}t_{pulse}$) 하에서 유전체로부터 추출된다[53]. 추출된 전하 캐리어들의 이동도는 추출 전류가 최댓값($t_{\max}$)에 도달할 때의 시간으로부터 계산된다. CELIV 측정은, capacitance displacement 전류($j(0) = A \times \epsilon_0 / d$)가 최댓값 j에서의 추출 전류와 같아질 때 아주 간편하게 이루어진다. 이 실험은 시료의 두께를 적절히 설정하는 것이 필요한데, CELIV 기법은 ToF법에 비하여 불과 수백 나노미터 두께의 시료에서 전하 캐리어 이동도를 결정하는 데 사용될 수 있다.

대부분의 유기 재료들은 밴드갭이 다소 커, CELIV 기법을 적용하기에는 평형 전하 캐리어들의 양이 너무 적다. 따라서 화학 도핑 등의 방법으로 이들을 증가시킬 필요가 있다. 대안으로는, 짧은 레이저 플래시로 전하 캐리어들을 생성할 수 있다. 생성된 광전하 캐리어들은 재결합하거나 혹은 내부 전계 하에서 외부 회로(단락 회로)를 통해 추출된다. 내부 전기장은 DC offset 바이어스(U_{offset})를 인가하여 상쇄시킬 수 있는데, 그렇게 되면 플랫 밴드(flat band) 조건이 만들어져서, 광생성 전하 캐리어들이 강제로 만나 재결합하게 된다. 남아있는 전하 캐리어들은 역방향 바이어스 전압 기울기 하에서 일정한 지연 시간(t_{del}) 후에 추출될 수 있는데, 이 시간을 조정하여 캐리어의 수명을 결정하며 이를 photo-CELIV법이라 한다. [그림 10.10]의 이 기법을 이용한 이동도의 계산에서는, 전하 캐리어들이 벌크에서 생성된다는 것을 가정하는데, 이 때문에 시료의 여기 파장에서의 광 흡수계수에 따라 활성층의 두께를 약 300~400 nm로 한정시킨다.

10.4.2 공액 폴리머에서의 전하 수송

공액 폴리머는 1차원의 반도체로 볼 수 있는데, 그 반도체 특성은 고분자 척추(backbone) 위의 π_z 전자들에 의해 형성된 확장된 π전자 시스템 때문이다. 비록 microwave conductivity 기법[54, 55]으로, 공액 폴리머의 체인 위 이동도가 매우 높은 값에 도달할 수 있다는 것을 알았지만, 거시적인 수송 특성은 10의 몇 승 더 느린 체인 간 호핑(hopping) 프로세스에 의해 제어된다. 공액 폴리머의 용해도와 가공성은 주된 공액성 척추에 곁 체인을 붙여 달성할 수 있다. 당연히 절연성 곁 체인의 길이가 체인 간 전자의 커플링에 영향을 미치고, 그로 인해 이동도에도 영향을 미친다. 이는, 곁 체인의 길이가 증가하는 일련의 위치규칙성(regioregular) polyalkylthiophenes에서 전하 캐리어들의 이동도가 길이에 비례하여 감소하는 것으로 증명이 되었다[56]. 게다가 붙어 있는 곁 체인의 규칙성이 고체상의 모폴로지와 배열에 중요한 역할을 한다. 예를 들어, 용해성 곁 체인이 규칙적인 형태로 붙어 있는 위치규칙성 poly(3-hexylthiophene)는 결정성을 보여주고[57], 반면에 비규칙성 poly(3-hexylthiophene-2,5

-diyl(P3HT)는 보통 비정질이다. 이들 두 재료의 전기적 특성 역시 상당히 다르다. 규칙성 P3HT는 FET 구조 공액 폴리머 중에서 가장 높은 이동도를 나타내고, 비규칙성 P3HT의 이동도는 이보다 3 내지 4 승배 낮다[58, 59].

Martens 등은 일련의 alkoxy-PPVs 시료에 대해 곁 체인을 변화시키면서 이에 따른 전하 캐리어의 이동도 영향을 조사하였다[60]. 공간전하 제한(space charge limited) 전류 측정법으로 확인한 바로는, 위치규칙성 $OC_{10}C_{10}$-PPV의 전하 캐리어 이동도가 비규칙성 OC_1C_{10}-PPV(다른 이름 : MDMO-PPV)에 비해 1 승배 더 높게 나타났다. 이동도의 온도 및 전기장 의존성 연구로부터 체인 내 그리고 체인 간 무질서도의 증가가 비규칙성 MDMO-PPV의 이동도를 더 낮추는 요인이라는 결론이 내려졌다.

위의 논의에 근거하면, 공액 폴리머의 위치규칙성을 증가시키는 것이 전하 캐리어 이동도를 증가시키는 실현 가능한 방법이 될 것으로 기대된다. Lutsen 등[61]은 최근 sulfinyl 전구체 루트에 기반을 둔 용해성의 위치규칙성 MDMO-PPV 폴리머를 합성하였다[62]. ToF법을 이용하여 이 폴리머의 전하 수송 특성을 상업용의 비규칙성 MDMO-PPV와 비교하였다.

10.4.2.1 위치규칙성 MDMO-PPVs

[개략도 10.2]에 있는 sulfinyl 전구체 루트를 통해 동일한 모노머의 입체이성질체 A와 B, 두 개를 혼합하여 일련의 MDMO-PPV 코폴리머들을 합성하였다. MDMO-PPV 코폴리머의 용해도는, 이성질체 중의 어느 하나의 비가 80%를 넘어서면 크게 감소하는데, 이는 용액 내에서 공액 체인의 응집 때문으로 간주되었다. 응집성이

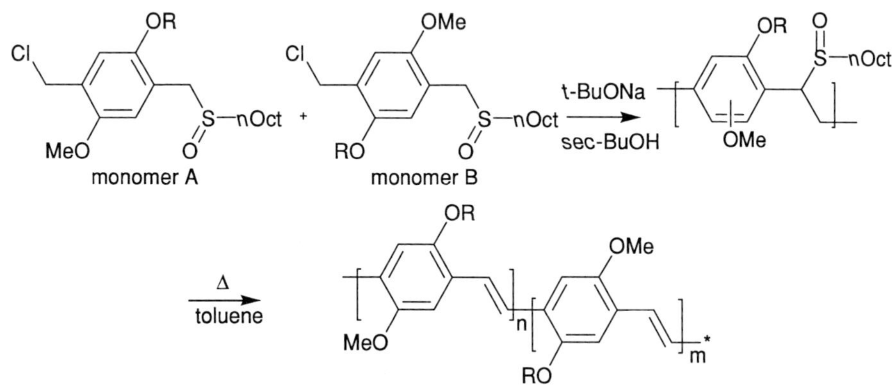

개략도 10.2 sulfinyl 전구체 루트를 통한 위치규칙성 MDMO-PPV 코폴리머의 합성.

증가하는 것은 X-선 회절(XRD) 측정 결과에 의해 한층 더 뒷받침되는데, 위치규칙성이 증가하면서 MDMO-PPV 분말에서 분명하게 구분이 되는 회절 피크가 약 3°에서 확인이 되었다[63]. 이 피크의 정확한 위치는 small angle X-선 산란 측정에 의해 확인되었는데, 이는 곁 체인(~28 Å) 때문에 벌어진 폴리머 주 체인들 사이의 반복 거리에 해당한다.

이동도 측정용의 소자 제조는 용해가 잘되는 재료를 필요로 하기 때문에, 모노머 A와 모노머 B의 중량비를 70:30으로 하여 중합하였고('70:30 MDMO-PPV'), 그 전하 수송과 태양전지 특성을 비규칙성 MDMO-PPV('RRa-MDMO-PPV')와 비교하였다.

[그림 10.11]은 서로 다른 두께를 가진 양쪽 폴리머들에 대해 ToF 기법으로 측정한 실온에서의 이동도 값을 보여준다. RRa-MDMO-PPV에 비해 70:30 MDMO-PPV의 이동도는 모든 두께와 전기장에서 약 3.5배 더 크다. 여러 온도에서 70:30 MDMO-PPV와 RRa-MDMO-PPV의 이동도의 전기장 의존성을 조사하였는데, Bässler와 그 동료들이 위치별, 에너지 불규칙성이 중첩된 전하 수송 미디어에서, 이동도의 온도와 전기장 의존성을 설명하기 위해 개발한 다음의 'disorder formalism'의 틀 내에서 분석하였다[64].

$$\mu(T,E)=\mu_o \exp\left[-\frac{2}{3}\left(\frac{\sigma}{kT}\right)^2\right]\exp\left\{C\left[\left(\frac{\sigma}{kT}\right)^2-\Sigma^2\right]E^{1/2}\right\} \tag{10.7}$$

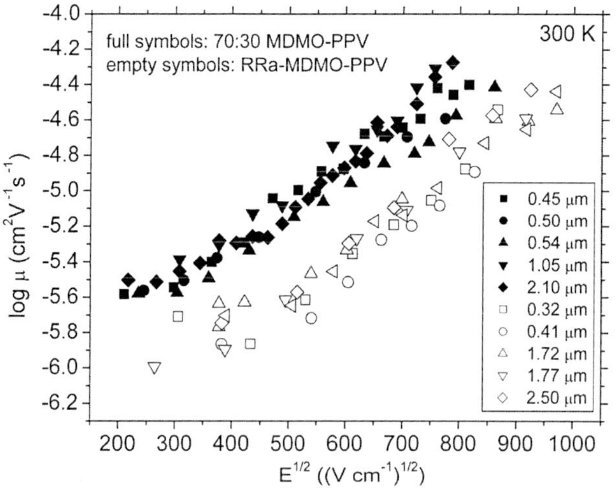

그림 10.11 서로 다른 두께를 가진 70:30 MDMO-PPV(까만 것)와 RRa-MDMO-PPV(빈 것) 폴리머들에 대해 ToF 기법으로 측정한 실온에서의 전하 이동도.

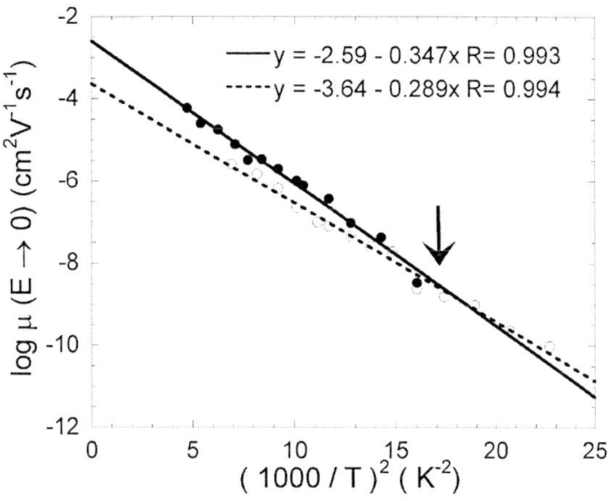

그림 10.12 70:30 MDMO-PPV(까만 것)와 RRa-MDMO-PPV(빈 것) 폴리머의 $(1000/T)^2$ 대비 zero field 이동도의 log 관계. 직선들은 데이터의 직선 피팅을 나타냄.

여기서 σ[eV]는 Gaussian 상태 밀도(DOS)의 폭, Σ는 위치별 무질서의 특징을 나타내는 변수이고, μ_0[cm^2 V^{-1} s^{-1}]는 에너지 측면의 무질서가 없는 질서 정연한 시스템의 prefactor 이동도, E[V cm^{-1}]는 전기장, C는 피팅 상수이다.

[그림 10.12]는 전기장의 세기 0(zero field)까지 외삽한 로그 이동도를 $1/T^2$의 함수로 나타낸 것이다. 직선들의 세로좌표 교차점은 prefactor 이동도(μ_0)를 결정하고, 그리고 기울기는 상태 밀도의 Gaussian 분포(σ)의 폭과 관련된다. 식 (10.7)의 변수 μ_0, σ, C들이 계산되었는데, 〈표 10.1〉에 정리되어 있다. 피팅 상수 C는 $(\sigma/kT)^2$ 대비 이동도의 전기장 의존성 기울기로부터 계산된다. Prefactor 이동도는 70:30 MDMO-PPV가 1 승배 더 높고, σ 역시 약간씩 증가한다. 재미있는 것은 [그림 10.12]에서 70:30 MDMO-PPV의 zero field 이동도는 온도 ~ 230 K 이상에서만 더 높으나, 에너지 무질서도가 더 크기 때문에 더 빠르게 감소하고, 마침내는 230 K 이하에서 RRa-MDMO-PPV 보다 낮아진다. 게다가, 변수 C에 의해 특징이 나타나는 이동도의 전기장 의존성은 70:30 MDMO-PPV의 경우가 아주 조금 더 크다. 결정된 C의 값은 이론적으로 계산된 값($C=2.9\times10^{-4}$ [(cm V^{-1})$^{1/2}$])과 단지 2배 정도의 범위 내에서 잘 맞는다.

표 10.1 식 (10.7)로 결정한 μ_{RT}(실온 이동도), μ_0(prefactor 이동도), σ(에너지 무질서도), C 피팅 상수

Sample	μ_{RT}[cm^{2}V^{-1}s^{-1}]	μ_0[cm^{2}V^{-1}s^{-1}]	σ[meV]	C[(cmV^{-2})$^{1/2}$]
70:30 MDMO-PPV	2.8×10^{-5}	2.6×10^{-3}	115	1.54×10^{-4}
RRa-MDMO-PPV	0.85×10^{-5}	0.22×10^{-3}	105	1.35×10^{-4}

Prefactor 이동도는 근본적으로 이웃하는 전하수송 위치들 사이의 전기적 커플링 정도에 의해 결정되는데, 위치들 사이의 거리에 아주 민감하게 지수적으로 반응하는 함수이다. 70:30 MDMO-PPV의 에너지 무질서도가 약간 증가하는 것은, 전반적인 전하 수송에서 깊은 에너지 트랩으로 작용하는 비정질 매트릭스에 비해 정렬이 잘된 나노 응집체(nanoaggregates)의 에너지 상태가 더 낮은 곳에 위치하기 때문일 수도 있다. [그림 10.13]은 위 모델을 개략적으로 표현한 것이다. 위의 그림은 막의 비정질 영역에서의 전하 움직임을 보여주는데, 여기서 전하수송 위치들의 에너지는 통계적 측면에서 다양하게 변하는 환경에 놓인다. 반면에, 아래 그림은 공액성 체인들이 부분적으로 정렬이 잘 되어 체인 간 상호작용이 좋은 상태를 보여준다. 이 영역에서는 전하 캐리어들의 최우선 경로(highways)가 만들어 질 것으로 예상되고, 그리하여 이동도가 증가하게 된다. 정렬이 잘된 영역에서 더 넓게 확장된 파동함수가

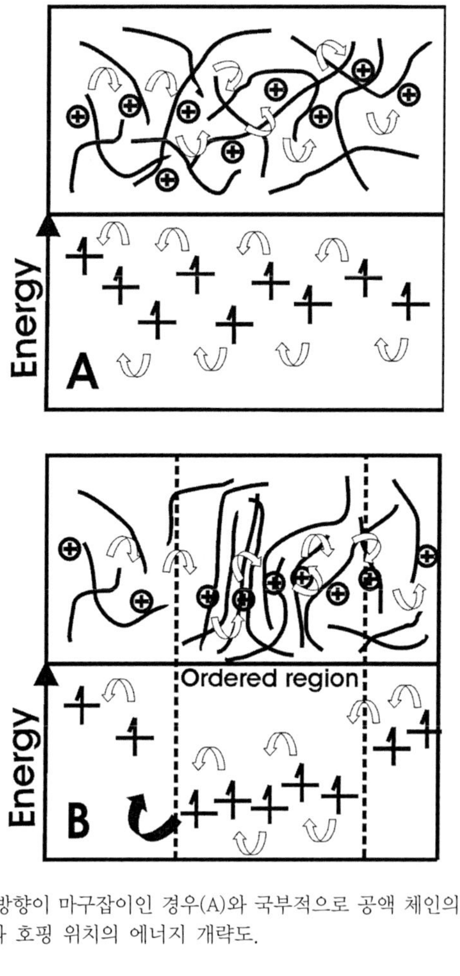

그림 10.13 공액 체인의 방향이 마구잡이인 경우(A)와 국부적으로 공액 체인의 정렬이 된 경우(B)에서의 전하 움직임과 호핑 위치의 에너지 개략도.

더 분극성이 있을 것으로 여겨지기 때문에, dipole 유도 상호작용은 막의 정렬이 잘 된 영역에서 더 높을 것으로 예상되며, 이것이 위치에너지를 낮춘다. 우리 모델에서 정렬이 잘된 영역들은 비정질 매트릭스에 박혀있기 때문에, 더 낮게 놓여 있는 이들 에너지 상태들이 트랩으로 작용할 수 있고, 따라서 상태 밀도의 분포를 더 넓게 만든다. ([그림 10.13]에서 큰 화살표로 표시한) 이들 최우선 경로의 끝에서 전하 호핑이 일어나기 위해서는 충분한 열에너지가 공급되거나 외부 전기장을 걸어 에너지 장벽을 경사지게 만들어야 한다. 그러므로 높은 온도와 높은 전기장에서는 체인간 패킹이 잘 된 70:30 MDMO-PPV의 전하 캐리어 이동도가 더 높다. 그러나 낮은 온도와 낮은 전기장 조건에서는 전하들이 잘 정렬된 영역의 더 낮은 에너지 위치에 포획될 수도 있어 이동도의 온도와 전기장 의존성이 더 강해진다.

위치규칙성 MDMO-PPV의 공액 체인 사이에 상호작용이 증가한다는 제안은, 위치규칙성이 증가함에 따라 응집성이 커지는 경향으로 뒷받침된다. 추가하여 최근의 열자극 발광(thermally stimulated luminescence : TSL) 연구도 이를 뒷받침한다 [63].

70:30 MDMO-PPV:PCBM의 1:4 중량비의 혼합물을 토대로 한 벌크 이종접합 태양전지를 제조하고 이를 RRa-MDMO-PPV 경우와 비교하였다(그림 10.14). 비록 두 소자의 단락전류와 개방전압은 상당히 비슷하지만, 충진율(0.70)이 매우 높기 때문에 70:30 MDMO-PPV가 좀 더 높은 변환효율을 보였다. 식 (10.8)에 의한 간단한

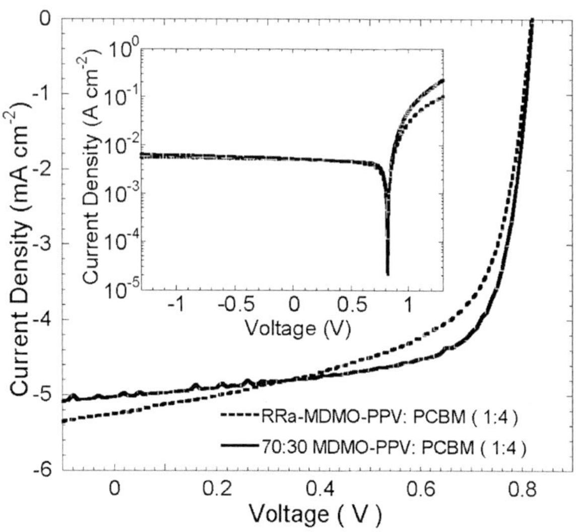

그림 10.14 70:30 MDMO-PPV:PCBM의 1:4 중량비의 혼합물, RRa-MDMO-PPV:PCBM 1:4 중량비의 혼합물을 갖는 벌크 이종접합 태양전지의 AM1.5 조건에서의 전류-전압 곡선.

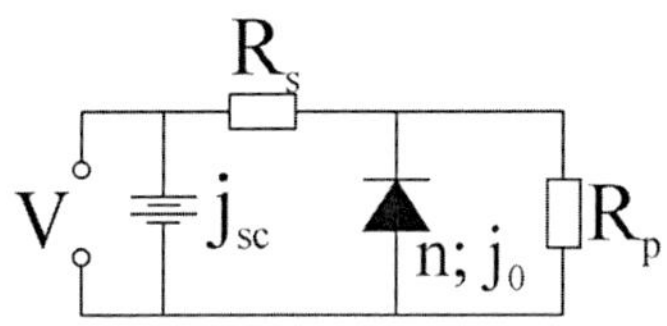

그림 10.15 이종접합 태양전지의 등가회로 모델. 단락전류는 전류 소스로 표기.

표 10.2 벌크 이종접합 태양전지의 성능과 수치 계산으로 구한 식 (10.8)의 변수 값

	J_{sc} mA cm^{-2}	V_{oc} V	FF	$\eta_{AM1.5}$ %	J_0 mA cm^{-2}	R_s Ω cm^{-2}	R_P Ω cm^{-2}	n
70:30 MDMO-PPV	5.0	0.8	0.71	2.65	6×10^{-7}	1.3	2150	1.9
RRa-MDMO-PPV	5.25	0.82	0.61	2.5	6×10^{-7}	3	950	2

'one 다이오드 모델'을 이용하여 I-V 곡선을 분석하였다. 'one 다이오드 모델'의 등가회로는 [그림 10.15]와 같다.

$$j = j_0\left[\exp\left(\frac{V - jR_s}{nkT}\right) - 1\right] + \frac{V - jR_s}{R_p} - j_{sc} \tag{10.8}$$

여기서 j[A cm^{-2}]와 V[V]는 단락전류 밀도와 개방전압이고, j_0[A cm^{-2}]는 역방향 바이어스 암전류(reverse bias dark current), R_s[Ω cm^{-2}]는 직렬 저항, R_p[Ω cm^{-2}]는 병렬 저항, 그리고 j_{sc}[A cm^{-2}]는 빛 조사 하에서의 단락전류 밀도이다. 식 (10.8)을 수치해석적으로 풀었고, 최적 피팅으로 구한 변수들은 〈표 10.2〉에 정리되어 있다. 70:30 MDMO-PPV 기반의 벌크 이종접합 태양전지의 직렬 저항은 RRa-MDMO-PPV 경우에 비해 2.3배 정도 감소하였는데, 이는 ToF 이동도 연구에서 시사한 바와 같이 광생성 전하 캐리어의 이동도가 향상되었기 때문으로 볼 수 있다.

10.4.2.2 위치규칙성 poly (3-hexylthiophene)

벌크 이종접합 태양전지에서 보다 괄목할만한 성능 향상은 위치규칙성 poly (3-hexylthiophene)(P3HT)를 전자 도너로 사용하여 이루어졌다[65, 66]. 이들 소자들은 최대 흡수 파장에서 75%에 가까운 양자수율(IPCE)을 보여주었는데, 이는 100~200 nm의 얇은 소자에서 생성된 광 전하들이 전극에 100% 수집된다는 것을 의미한다. P3HT에서 전하 캐리어의 이동도는 흔히 FET 구조에서 측정하는데, ToF 기법을 사용한 이동도의 온도 및 전기장 의존성에 대한 상세한 연구는 많이 되어 있지 않

다. 이는 아마도 시료가 공기에 노출되었을 때 산소[67, 68] 혹은 수증기의 도핑[69]에 의해 poly(alkylthiophenes)의 암전도도가 커지고, 이것이 전기장을 차폐하여 ToF 기법의 적용을 제한한 때문일 수도 있다.

ToF 기법을 이용하여, 낮은 전도도를 갖는 정제한 P3HT 시료 이동도의 온도와 전기장 의존성을 조사하였다. 문헌[70]에 설명된 정제 방법으로 낮은 전도도의 시료를 얻었다. 그리고, 소자는 제조한 후에 건조한 불활성 분위기에서 보관하고 특성을 분석하였다. 인가전압을 달리하여 온도 293 K와 180 K에서 기록된 위치규칙성 P3HT의 순간 광전류가 [그림 10.16]에 나타나 있다. ITO와 Al 전극 사이에 샌드위치된 두께 3.6 μm의 시료에 Al 쪽을 통해, 532 nm 여기 파장의 레이저 펄스로 3 ns 동안 빛을 조사시켰다. 화살표로 나타낸 전하 캐리어들의 통과시간은, 전압이 증가하면 모든 온도에서 감소한다. 실온 부근에서 순간 광전류 값들은 플래토우 전류와 다소 짧은 소멸 시간을 가지는 비분산성 특징을 보인다. 더 낮은 온도(< 180 K)에서는

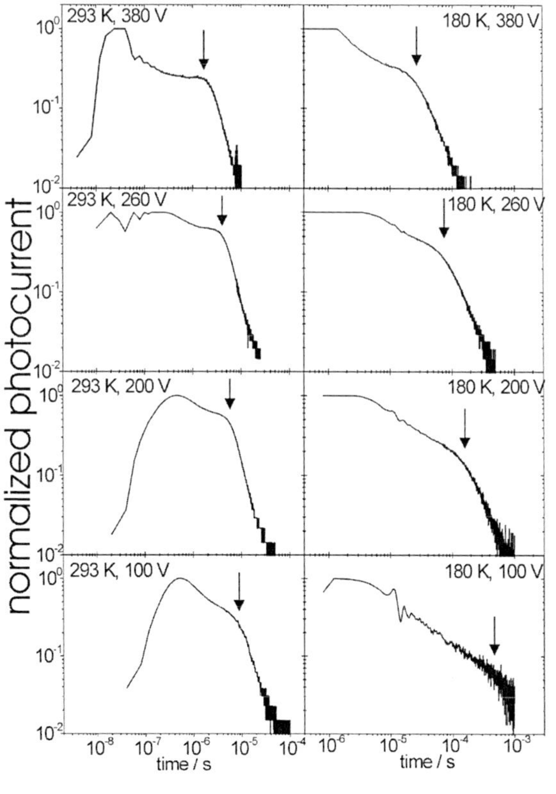

그림 10.16 ITO와 Al 전극 사이에 샌드위치 된 낮은 암 전도도 특성과 3.6 μm 두께 P3HT 시료의 인가전압과 온도(293K와 180 K)에 따른 ToF 순간 광전류. 화살표는 통과시간(transit time)을 나타냄.

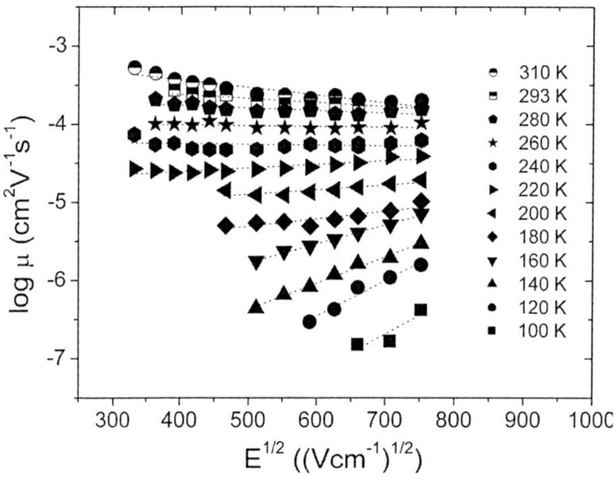

그림 10.17 여러 온도에서 ToF 이동도의 전기장 의존성. 선들은 데이터의 직선 피팅을 나타냄.

플래토우 영역이 점차로 없어지고, 후반의 광전류 꼬리가 불균일하게 폭이 넓어지는 분산성 특징을 나타낸다. 분산성은, 임의 에너지에서 광에 의해 생성된 전하 캐리어들이 출구 전극에 도달하기 전에 준평형 상태로의 이완이 아직 완료되지 않았거나, 혹은 전하 캐리어 다발들이 불균일하게 공간적으로 퍼져 있는 것이 소자의 두께에 걸쳐있다는 것을 시사한다.

[그림 10.17]은 전기장의 세기(1/2승)에 따른 이동도 값을 보여 준다. 낮은 온도에서 이동도는 $\log \mu \propto \beta E^{1/2}$ Poole-Frenkel 유형의 의존성을 따르며, 온도가 높아지면(> 250 K) β가 마이너스가 된다. 고온에서 이동도의 이런 마이너스 전기장 의존성은 분자로 도핑한 폴리머[71,72], 분자 유리[73], 폴리실란 유도체[74]와 같은 여러 유기 반도체에서 관찰되었다. 하지만, 공액 반도체 폴리머에서 관찰된 것은 이것이 처음이다[75]. 이동도의 마이너스 전기장 의존성이 나타나는 것은 식 (10.7)로 표현된 위치별 에너지 무질서의 중첩 효과로 이해하고 있다. 온도가 증가하면서 Σ는 σ/kT를 능가하고, 전기장 의존성($(\sigma/kT)^2 - \Sigma^2$)의 부호는 역전된다. [그림 10.18]은 전기장 의존성 대비$(\sigma/kT)^2$의 관계를 나타낸 것이다. 분명히, β는 $(\sigma/kT)^2$의 값 10에서 마이너스가 되고, Σ는=3.3으로 계산된다. σ값은 [그림 10.18]의 삽입 그림에서와 같이, $1/T^2$ 대비 zero 전기장까지 외삽한 로그 이동도 관계 도표(log μ $(E=0)$ versus T^{-2})의 직선 영역으로부터 결정하였다. 예상과 달리, 낮은 온도에서 직선적 의존성을 벗어나는 것은 아마도 비분산성에서 분산성 전이로 특성이 변하기 때문으로 보이는데, 식 (10.7)은 준평형상태 하에서의 전하 수송만을 고려하고 있음을 유념할 필요가 있다. 온도가 내려가면서 전하 수송 시 준평형상태에 도달하는

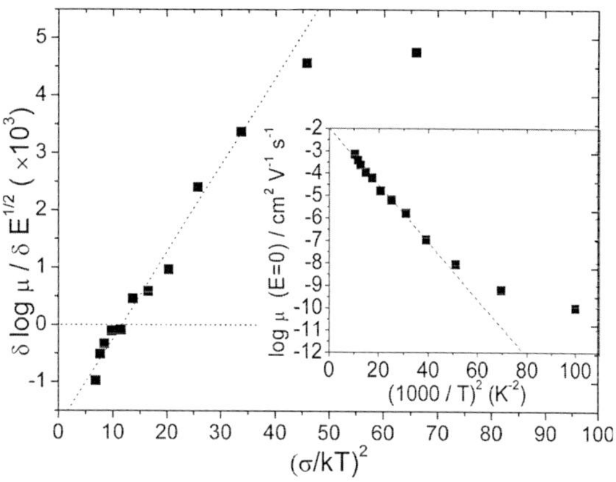

그림 10.18 $(\sigma/kT)^2$에 따른 이동도의 전기장 의존성(δ log $\mu/\delta E^{1/2}$) 기울기. 선들은 310와 180 K 사이에서의 직선 피팅.

시간이 전하 통과 시간보다 더욱 빨라지기 때문에($t_{rel}/t_0=10\exp(1.07(\sigma/kT)^2)$, 비분산성에서 분산성으로의 (ND→D) 전이가 예측된다[76]. ND→D 전이가 일어나는 것은 [그림 10.16]에서 순간 광전류의 모양이 변화는 것에서도 암시가 되었다.

ND→D 전이는 ToF 기법에 고유한 것으로, 여기서는 강하게 흡수된 레이저 플래시에 의해 광전하 캐리어들이 임의의 에너지로 생성된다. 반면에 CELIV 기법에서는, 이론적으로 전하 생성 모드가 달라 ND→D 전이가 없는데, 여기에서 전하 캐리어들은 추출 전에 열역학적 평형 상태에 있다. 위치규칙성 P3HT에서 관찰된 가역적인 산소나 수증기의 도핑은, 공기 중에 노출된 동일한 P3HT 시료를 CELIV 기법을 이용하여 이동도의 온도와 전기장 의존성을 측정할 수 있는 기회를 제공한다[77].

[그림 10.19]는 ITO와 Al 전극 사이에 샌드위치된 두께 1.3 μm의 P3HT 시료에 여러 가지 값의 역방향 바이어스 전압 펄스($U_{\max}$)를 인가하여 측정한 CELIV 순간 전류를 보여준다(A : 293 K, B 130 K). 추출 전류의 최댓값에 도달하기 위한 시간($t_{\max}$)은 전압 펄스의 최댓값을 증가시키면 더 짧은 시간대로 이동하고, 온도 의존성이 강한 특징을 보인다. 전기장은 전하추출 동안에 계속해서 변화하는데, 그 평균은 $E=(A\times t_{\max})/d$이다. ToF 기법과 함께 CELIV 기법으로 측정한 이동도의 온도와 전기장 의존성을 [그림 10.20]에 $E^{1/2}$의 함수로 나타내었다. 원칙적으로 이들 다른 기법들을 이용하여 얻은 합의점은, 특별히 ~250 K 이상의 온도에서 이동도의 마이너스 전기장 의존성이, 암전도도나 혹은 전하 캐리어들의 확산 효과에 의해 야기된 ToF 기법의 실험적인 한계가 아닌 것을 의미한다. 일찍이 전하 캐리어들의

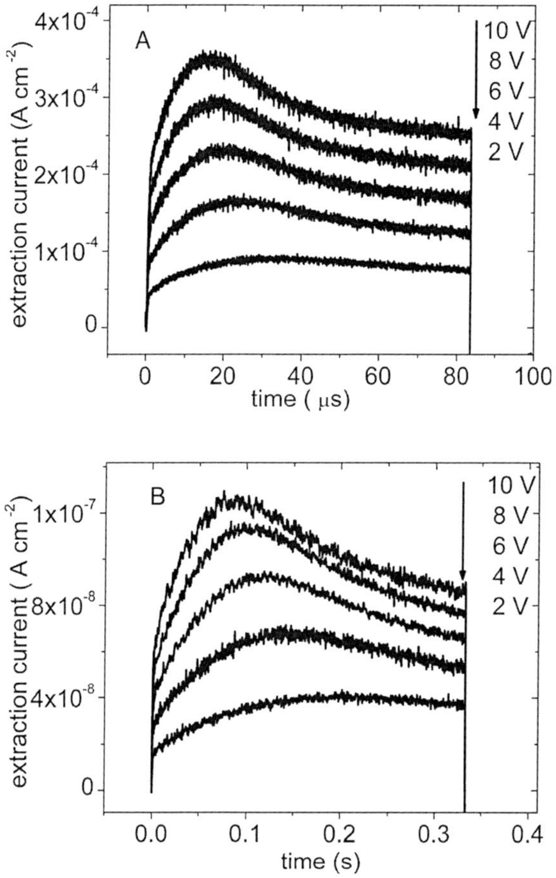

그림 10.19 ITO와 Al 전극 사이에 샌드위치된 두께 1.3 μm의 P3HT 시료에 최대 인가전압을 변화시키며 측정한 CELIV 순간 전류(A : 293 K, B 130 K).

확산성 움직임이, 약한 전기장 하에 있는 ToF 실험에서 이동도의 마이너스 전기장 의존성을 야기하는 것이라고 주장한 바가 있는데[78], CELIV 기법에서는 추출 전 전하 캐리어들이 이미 평형상태에 있어 그럴 위험성은 없다. 그러므로 동일하게 관찰된 마이너스 전기장 의존성은 측정한 P3HT 시료의 고유 성질로 추정되는데, 이는 시료의 위치별 불균일성이 전하 캐리어들의 움직임에 영향을 미치는 것으로 설명할 수 있다.

시뮬레이션 결과는 위치 간 전기적 커플링의 변동(fluctuation)이 임의로 움직이는 전하 캐리어들에게 막다른 길뿐만 아니라 더 빠른 루트를 생성한다는 것을 보여주었다. 전기장이 높으면 접근하기 어려운 위치 주변에 우회할 수 있는 루트가 점차로 제거되면서, 캐리어들이 어려운 점프를 할 수밖에 없어지고, 따라서 이동도가 감소한다.

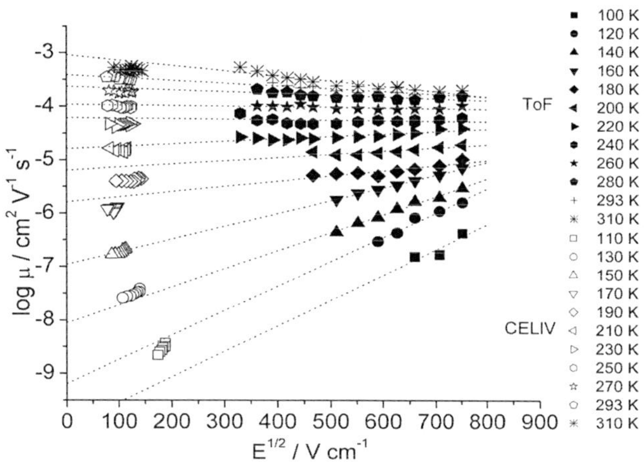

그림 10.20 도핑에 의해 유도된 캐리어들(공기 노출 시료, CELIV technique)과 광에 의해 생성된 전하 캐리어들(낮은 전도도 시료, ToF technique)의 전기장 세기에 따른 이동도의 변화.

[그림 10.21]은 ToF와 CELIV로 측정한 다양한 두께의 시료들의 log $\mu(E=0)$ 대 $(1000/T)^2$ 결과이다. CELIV 이동도는 전체 측정 온도 구간에서 식 (10.7)의 예측을 따른다. 반면에 ToF 기법은, 더 낮은 온도에서는 더 높은 값을 나타내는데, 이는 위에서 언급한 온도 180 K에서 ND→D 전이에 의한 것으로 간주할 수 있다. 양 기법으로 측정한 이동도 값은, 보다 높은 온도에서는 잘 일치하는데, 이는 전하 생성 모드가, 적어도 이렇게 작은 전하 농도 영역에서는 전하 수송 특성을 변화시키지 않는다는 것을 의미한다[77].

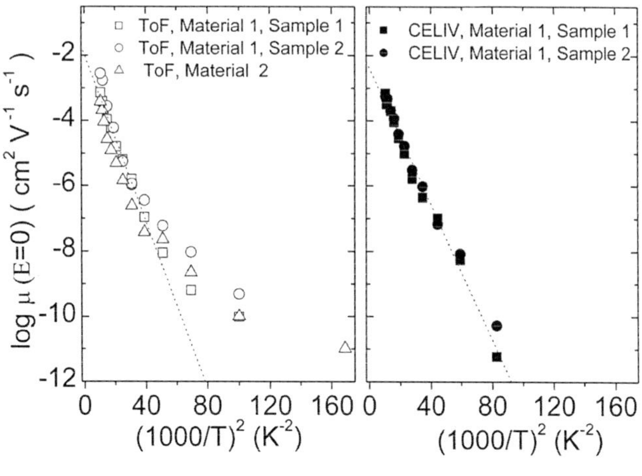

그림 10.21 CELIV, ToF 기법으로 측정한 여러 시료들의 이동도 의존성을 전기장 zero까지 외삽한 결과.

10.4.3 벌크 이종접합 태양전지에서의 전하 수송과 재결합

10.4.3.1 Photo-CELIV 기법

벌크 이종접합 태양전지에서의 전하 캐리어 이동도를 ToF 기법[79]을 이용하여 연구하거나, 혹은 FET의 수송 특성으로부터 계산하였다[80]. 이들 실험들은 광활성 블렌드에서 전자 이동도(PCBM 상)와 정공 이동도(공액 폴리머 상)가 상당히 균형을 이루고 있음을 보여주었는데, 이는 개별 재료에 대해 수행한 실험으로부터 예상한 것과는 반대이다. 공간 전하법(space charge limited current measurement)으로 측정한 이동도 결과는 순수한 MDMO-PPV 박막에 주입된 정공의 이동도가 PCBM 박막에 주입된 전자의 이동도 보다 몇 승배나 더 낮다는 것을 보여주었다[81]. 최근 MDMO-PPV:PCBM 1:2 블렌드에 대한 ToF 연구에서는 전자 이동도가 정공 이동도 보다 적어도 10의 2승배나 더 높아 불균형 상태가 심각하였다[82]. 위 사례들 사이의 불일치는, 현재 가능한 방법을 이용하여 실험실적으로 단순하게 결정하는 이동도 측정에 문제가 있다는 것을 보여준다.

ToF 기법에선 다소 두꺼운(최대 흡수에서 ~1 μm) 시료가 사용되는데, 벌크 이종접합 태양전지의 최적 두께보다 3~10배나 두꺼운 것이다. 이동도와 태양전지 성능 모두 강한 모폴로지 의존성을 보여줄 수도 있다. 모폴로지는 용액의 농도나 건조 시간 같은 막의 제조 조건에 따라 달라진다. 게다가, ToF 기법에서 전하 캐리어들의 농도는 전기용량(capacitive charge)의 10%로 제한되는데, 이것이 보통의 소자 구조에서 전하농도를 $n \sim 10^{14}$ cm^{-3}로 제한한다. 이 농도는 AM1.5 빛 조사 시 보통의 태양전지에서 생성되는 전하 캐리어 농도보다 적어도 2~3승 배 더 낮은 것이다.

FET 측정으로 얻은 이동도 값은 벌크 이종접합 태양전지의 I-V 곡선으로부터 수치 모사한 예측치와 더 잘 일치하는 것으로 보인다[83]. 그렇지만, 전기장으로 유도한 전하 캐리어들의 움직임을 절연체 표면에서 모니터하는 FET 기법도 역시 심각한 한계가 있다. 우선 FET 기법으로 얻은 이동도 역시 막의 모폴로지에 크게 의존한다. 절연체 부근에서 상 분리된 네트워크의 모폴로지는 벌크와는 전혀 다를 수 있다. 게다가 FET에서 전하 움직임의 방향은 샌드위치형 광다이오드에서의 움직임 방향에 수직이고, 문헌 [84]에서 관찰된 것과 같은 이동도의 이방성(anisotropy)은 미리 알 수 없는 것이다.

전자 도너와 억셉터 재료로 구성된 블렌드에서 광에 의해 생성된 전하 캐리어들의 재결합 동력학이 여러 가지 방법으로 연구되었는데, light induced electron spin resonance(LESR)[20], photoinduced absorption(PIA)[85], photoinduced reflection/absorption(PIRA)[86], 그리고 transient absorption(TA)[22] 등이 그러하다. 이들 광학적인 기법에선, 전하 캐리어에 의해 유도된 막의 흡수율 ($-\Delta T$)의 변화를 변조 기법(PIA)으로 모니터하거나 혹은 time resolved experiment(TA)에서 추적한다. 기록된 시그널은 흔히 매우 분산되어 있는데, 특히 저온, 저 주파수, 긴 시간 스케일에서 그러하다. 이들 수명이 긴 광여기가 실용적으로 중요하지만, 광학적인 기법이 움직이고 있거나 혹은 깊이 트랩된 것들과 움직이지 않는 전하 캐리어들 사이를 직접 구분할 수는 없다. 예를 들어 MDMO-PPV:PCBM 블렌드에 대한 순간 흡수(transient absorption) 실험은, μs~ms 시간 스케일에서 ($-\Delta T/T$) 시그널이 지수 $\alpha=0.4$의 지수함수로 소멸됨을 보여주었다[87]. 지수함수 소멸성은 분산이 너무 강하여 수명의 분포가 넓다는 것을 의미한다. 게다가 광학적인 기법들은 보통 전극이 없는 막에 적용되므로 작동이 되는 소자들은 쉽게 연구할 수가 없다.

작동하고 있는 벌크 이종접합 태양전지에서 재결합 프로세스에 대한 정보는, 흔히 단락전류가 입사되는 빛의 세기에 의존한다는 것으로부터 간접적으로 얻어진다[31]. 비례 지수가 1에 가까우면 단락전류가 두 분자 비제짝(nongeminate) 재결합과 같은 2차 재결합 프로세스에 의해 제한받지 않는다는 것을 의미하다. 후자의 경우 0.5에 가까운 지수가 예상된다. 불행하게도 이 실험은, 빛의 세기와 함께 직선적으로 증가하는, 어떤 1차 재결합 프로세스에 대해서는 거의 정보를 제공해 주지 못한다. 이런 1차 재결합 프로세스의 예는 트랩에 의한 (준-) 단분자 재결합 혹은 축적된 공간 전하에 기인한 재결합이다.

전하 캐리어 이동도(μ)와 수명(τ)은, photo-CELIV 기법을 이용하여 작동 중인 벌크 이종접합 태양전지에서 동시에 결정할 수 있다. 이 기법에서는 전하 캐리어들이 짧은 레이저 펄스에 의해 먼저 여기되어 생성되고, 이어서 내재하는 전기장 하에서 전하 캐리어들이 추출되거나 혹은 재결합 된다. 이 내부(built-in) 전기장은, 외부 광전류를 최소화하고 재결합시키는(flat band 조건), 순방향 바이어스 상쇄전압(offset voltage : U_{offset})을 인가함으로써 상쇄시킬 수 있다. 남아있는 전하 캐리어들은, 일정한 지연 시간(t_{del}) 후에 직선적으로 증가하는 전압 펄스에 의해 추출될 수 있다.

Photo-CELIV 기법의 세 단계에 대한 설명이 [그림 10.22]에 있다.

먼저 1단계로 광유도 전하 전달을 통해 전하 캐리어들이 생성된다. 2단계, 평형을 유지하는 동안에는 생성된 전하 캐리어들이 zero 전기장의 조건에서 재결합한다. Zero 전기장의 조건은 상쇄전압(U_{offset})을 인가하여 소자의 내부 전기장을 상쇄시킴으로써 만들 수 있다. 그러면 전하 캐리어들은 상태함수 분포의 꼬리 쪽으로 이완

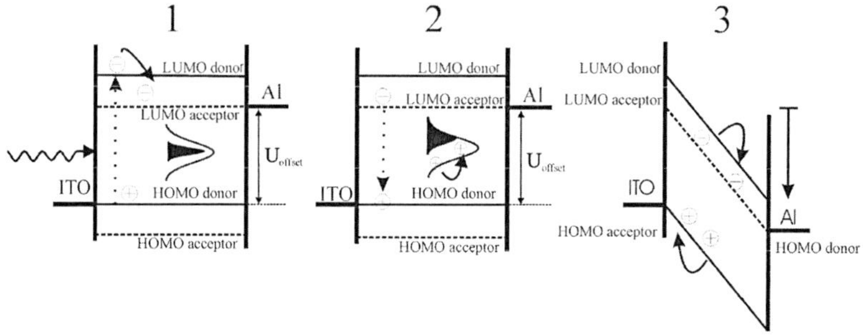

그림 10.22 photo-CELIV 기법의 3가지 주요 단계 : 1) 전하 생성, 2) 전하 재결합과 에너지 이완, 3) 전하 추출.

된다. 3번째 단계에서는 남아있는 전하 캐리어들이 역방향 바이어스 전압 펄스에 의해 추출된다. 추출 전류가 그 최댓값에 도달하는 시간으로부터 이동도를 계산하고, 지연시간 대비 추출된 전하 캐리어들의 농도를 계산하면 재결합 반응속도를 조사할 수가 있다.

기록된 photo-CELIV 곡선에 대한 상쇄전압(U_{offset})의 영향이 [그림 10.23]에 나타나 있다. 이 연구에 사용된 샌드위치 유형의 소자는 보통의 벌크 이종접합 태양전지이다(ITO/PEDOT-PSS/MDMO-PPV:PCBM 1:4/Al). MDMO-PPV는 [개략도 10.2]에 따라 sulfinyl 전구체 루트로 만들었다. 활성층의 두께가 265 nm인 이 소자를 솔라 시뮬레이터로 측정하여 효율 1.8%를 얻었다. 532 nm의 여기 파장에서 광활성층의 흡수 계수는 $4\times10^4\ cm^{-1}$으로, 광학 밀도(OD) ~1에 해당하는데, 이는 전하 캐리어들이 벌크에서 생성된다는 것을 가리킨다. 광 펄스와, 직선적으로 증가하는 전압 기울기(A=4 V/10 μs) 사이의 지연 시간 t_{del}는 5 μs이다.

단락전류 조건(0 V의 인가전압)에서 광에 의해 생성된 대부분의 캐리어들은 소자 내부 전기장의 영향 하에 역방향 바이어스 전압 펄스가 가해지기 이전에 소자를

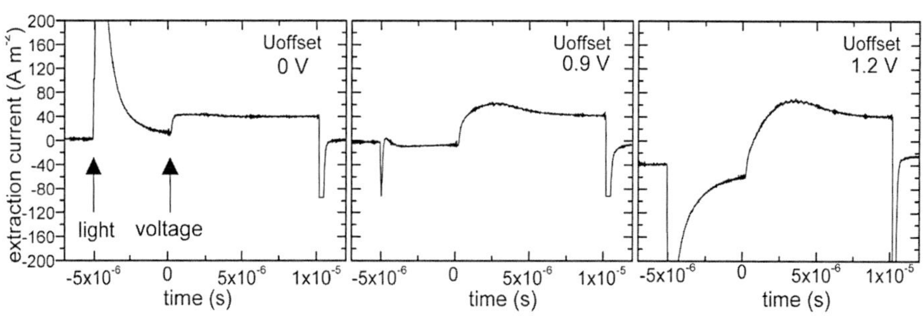

그림 10.23 5 μs의 지연시간을 갖는 photo-CELIV 곡선의 상쇄전압에 따른 영향.

빠져나간다(photoconductivity). 0.9 V를 인가하면 광여기에 따른 광전류는 최소화(flat band conditions)되고, 역방향 바이어스 전압 펄스에 기인한 추출 전류는 증가한다. 끝으로 $U_{offset} > 0.9$ V가 되면 광전류는 마이너스가 되는데, 이는 전하 캐리어 움직임이 전기장에 의해 구동된다는 것을 가리킨다. 게다가, nonzero 상쇄 전류가 보여준 것처럼 상당한 주입 전류가 흐르고, CELIV 펄스 하에서 주입된 전하 캐리어들도 역시 광에 의해 생성된 캐리어들과 함께 추출된다. 실험적으로, U_{offset}은 소자의 내부 전기장에 가깝게 선택하는데, photo-CELIV 곡선의 평가를 복잡하게 만드는 암상태의 주입을 피하기 위해 약간은 더 작게 한다. 내부 전기장은, PEDOT-PSS 정공 주입층이 없는 소자에서 더 정확하게 상쇄될 수 있다는 점을 지적할 필요가 있다. 그럼에도 불구하고 PEDOT-PSS의 유무에 상관없이 소자 이동도의 값, 그 시간, 농도 의존성에서의 상당한 차이는 관찰할 수 없었다.

[그림 10.24A]는 지연시간에 따른 photo-CELIV 곡선의 기록치를 그대로 보여준다. 이때 상쇄전압 U_{offset}은 0.75 V이었다. 최대 추출 전류 값은 지연시간 증가와 함께 감소하는데, 이는 전하 캐리어의 재결합을 의미하는 것이고, t_{max}는 더 긴 시간 쪽으로 약간 이동한다[88]. 모든 지연시간에서 추출 전류는 내부 전기용량 전류값까지 감소한다. 이것은 광유도 전하 캐리어들의 대부분이 이들 photo-CELIV 실험에서 추출된다는 것을 보여준다. [그림 10.24B]는 지연시간을 5 μs로 고정하고 빛의 세기를 달리하면서 기록한 photo-CELIV 곡선이다. 최대 추출 전류값은 빛의 한계 세기 ~1 μJ cm^{-2}/pulse까지는 일정하고, 빛의 세기가 더 낮으면 일정하게 감소한다. 지연시간에 따른 결과와 비교하여 빛 세기를 달리 하였을 때의 t_{max}는 거의 일정하다. 끝으로 [그림 10.24C]는 지연시간을 15 μs로 고정하고 빛의 세기를 고정한 상태에서 인가 전압 펄스의 최댓값 U_{max}의 변화에 따라 기록한 photo-CELIV 곡선이다. 전압 펄스의 최댓값이 증가하면 t_{max}가 더 짧아지는 것은 전하 캐리어의 평균 속도가 전압(전기장) 의존성을 나타낸다는 것을 의미한다.

이렇게 얻은 이동도 값을 지연시간에 따라 그림으로 표시한 것이 [그림 10.25A]이다. 이동도는 t_{del}가 10 μs이 될 때까지 감소하고, 그 이상에서는 거의 변하지 않는다. [그림 10.25B]는 빛 세기를 변화하며 photo-CELIV 측정으로 얻은 전하 캐리어들의 농도에 따른 이동도 값의 변화를 보여준다. [그림 10.25A]에서와 같이 짧은 지연시간에서 이동도는 다소 크게 증가하는 반면, 농도에 따라서는 크게 변하지 않는다. [그림 10.25C]는 지연시간 5 μs, 15 μs에서 이동도의 전압(전기장) 의존성을 보여준다. 지연시간이 더 길 때 이동도의 전기장 의존성은, 비정질의 반도체로부터 기대되는 것과 같이, 보통 플러스 의존성이다. 그러나 지연시간이 짧을 때 그것은 이례적으로 마이

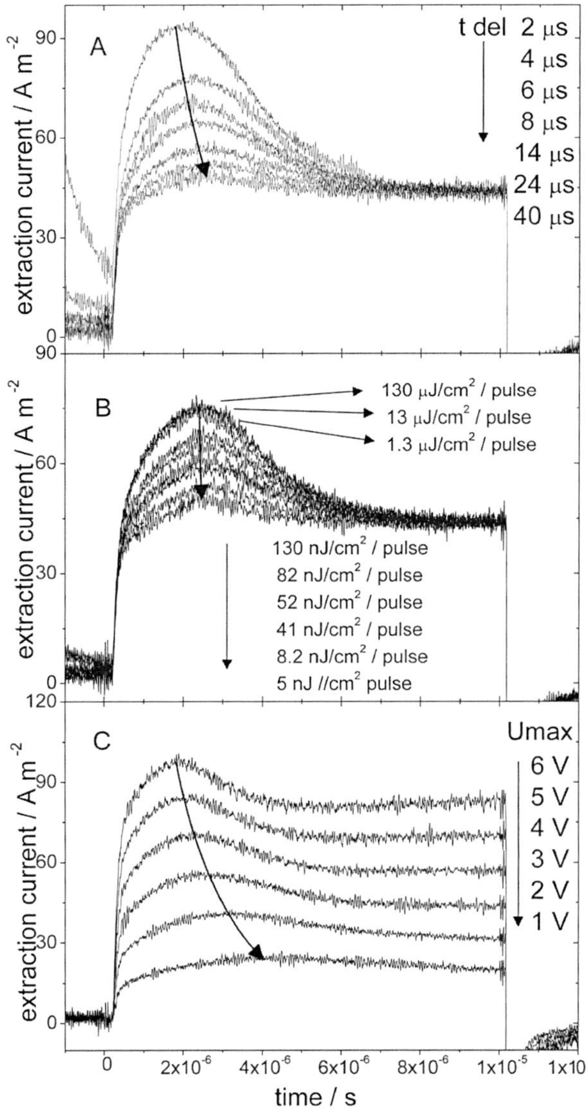

그림 10.24 photo-CELIV 곡선의 (A) 지연시간, (B) 빛의 세기(지연시간 5 μs) (C) 최대 인가 전압(지연시간 15 μs)에 따른 영향.

너스 의존성을 보여준다. 이 비교로부터 지연시간이 더 짧을 때 이동도의 시간 의존성이, 이동도 만의 전하 캐리어 농도(occupational density) 의존성과는 관련이 없다는 것을 알 수 있다. 후자는 '트랩 채우기' 효과 때문에 무질서한 반도체에서는 역할을 할 것으로 기대된다. 그것은 짧은 시간 스케일에서는, 전하 캐리어들의 에너지 이완이 시간에 따라 지속되는 때문으로 이해된다.

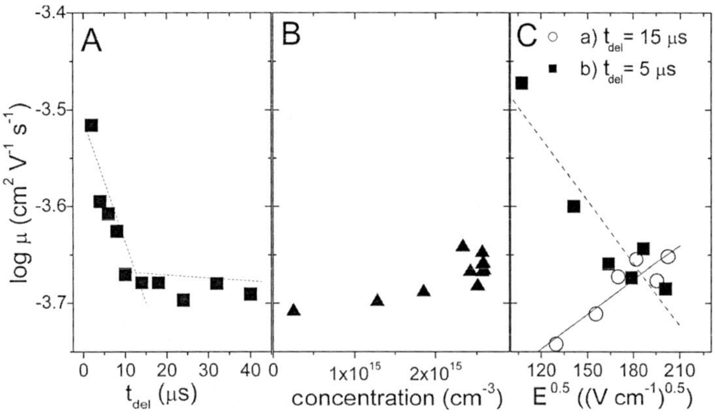

그림 10.25 (A) 지연시간, (B) 빛의 세기별 전하 캐리어 농도, (C) 전기장(지연시간 15 μs, 5 $\mu\mu$s) 변화에 따른 이동도의 영향.

추출된 전하 캐리어의 개수는 순간 추출 전류를 적분하여 계산하며, 이를 지연시간에 따라 나타낸 그림이 [그림 10.26]이다. 전하 농도 감소를 시간에 따른 (분산성) 재결합으로 피팅하면[89]:

$$\frac{dn}{dt} = -\beta(t)n^2 \tag{10.9}$$

여기서 $\beta(t)$는 시간 의존성 재결합 계수이다. $\beta(t)$의 시간 의존성은 [그림 10.26]의 데이터를 사용하여 다음과 같이 직접 계산할 수 있다.

$$\beta(t) = -\frac{dn/dt}{n^2} \tag{10.10}$$

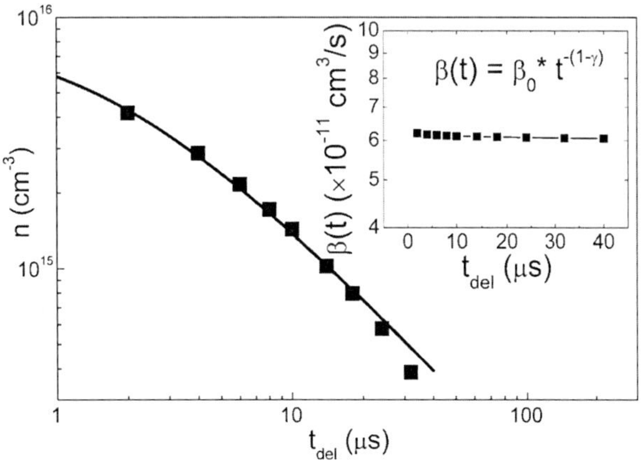

그림 10.26 지연시간 별 photo-CELIV 곡선으로부터 계산된 전하 캐리어의 농도. 내부 삽입도는 식 (10.5)에 따라 계산된 지연시간 별 $\beta(t)$.

계산 값들은 [그림 10.26]의 삽입그림에 있다. 시간에 따라 $\beta(t)=\beta_o t^{-(1-\gamma)}$ 식을 따르며 지수적으로 감소하는 특성이 발견된다. 여기서 γ는 분산성을 나타낸다. $\beta(t)=\beta_0 t^{-(1-\gamma)}$를 적용하면 식 (10.9)의 해는 다음과 같다.

$$n(t)=\frac{n(0)}{1+(t/\tau^{\gamma})} \tag{10.11}$$

여기서 $n(0)$는 광에 의해 생성된 전하 캐리어들의 초기($t=0$) 농도, $\tau_B=(\gamma/(n(0)\beta_0))^{1/\gamma}$는 '유효' 두 분자 수명('effective' bimolecular lifetime)이다. 얻어진 피팅 변수들은 $\beta(0)=6\times10^{-11}$ cm^3 s^{-1}, $\tau_B=1.7\times10^{-6}$ s, n(0)$=9\times10^{15}$ cm^{-3}, $\gamma=0.99$, 후자는 실온에서 비분산성(time independent) 두 분자 재결합을 가리킨다. 온도 의존 photo-CELIV 연구에서는 실온에서 관찰된 비분산성 두 분자 재결합 특성($\gamma=0.99$)이 온도가 내려가면 크게 변화한다는 것을 보여주었는데, 120 K의 $\gamma=0.47$은 재결합 프로세스가 매우 분산성(시간 의존성)이 강하다는 것을 의미한다. 게다가, '유효' 두 분자 수명 τ_B는 온도 증가와 함께 감소하는데(120 K에서 ~319 μs), 재결합이 ~80 meV 정도의 활성화 에너지를 가진 열적으로 활성화된 프로세스라는 것을 여실히 보여준다.

Photo-CELIV 기법을 이용한 이동도(μ)와 수명(τ)의 동시 결정은 앞에서 설명한 transient absorption(TA) 연구에 비해 놀라운 결과를 제공해 준다. 문헌[22,87]의 TA 측정과 비교하여, 지연시간에 따른 photo-CELIV로부터 계산된 다른 재결합 값들은, TA 실험 결과가, 이동성이 없는 캐리어를 포함하여 모든 전하 캐리어들의 농도 감쇠를 탐지한다는 사실이다. 반면에 photo-CELIV 실험에서는 적당한 이동도를 가진 전하 캐리어들만이 추출된다. 추출 전류의 끝단으로부터, 깊이 트랩되어 추출되지 않는 전하 캐리어들의 개수는 실온에서 극미하다고 추정된다. 그러므로 중요한 의문은 이렇게 긴 수명의 전하 캐리어들이 벌크 이종접합 태양전지의 작동 조건에서도 역시 추출될 수 있는지, 혹은 다른 말로는 photo-CELIV 기법으로 결정한 $\mu\tau$ 곱이 벌크 이종접합 태양전지의 I-V 측정 곡선을 적절히 설명해 줄 수 있는가 하는 것이다.

10.4.3.2 MDMO-PPV/PCBM 태양전지의 두께 의존성

활성층의 두께가 증가하면 빛의 흡수가 증가하기 때문에 벌크 이종접합 태양전지의 단락전류 역시 증가할 것으로 예상된다. 한편 $d \geq l_d=\mu\times\tau\times E$에 의하면, 활성층의 두께($d$)가 전하 캐리어들의 표류(drift) 거리(l_d)를 능가할 때 재결합으로 인한 전기 손실이 예상되는데, 여기서 $E = V_{oc}/d$는 전기장이다. 이 주장에 기초하면, 벌크 이종접합 태양전지의 단락전류의 두께 의존성으로부터 전하 캐리어들의 표류 거리를 추정할 수 있어야 하며, 이 거리는 다시 photo-CELIV 기법으로 측정한 $\mu\tau$ 곱과 비교될 수 있다.

앞에서 강조한 바와 같이 벌크 이종접합 태양전지의 성능은 모폴로지에 의존하는데, 따라서 제안된 비교 연구는 활성층의 모폴로지가 두께 변화에 의해 변하지 않는다는 조건하에서만 의미를 갖게 된다. 다양한 두께의 벌크 이종접합 태양전지의 활성층을 만들기 위해 MDMO-PPV:PCBM 1:4의 동일한 용액(chloroform, 0.5 mg polymer/ml solution)을 사용하였다. 이때 두께는 스핀 코팅의 회전수를 1,000~6,000 rpm 범위에서 변화시켜 조절하였다. 총 농도를 변화시키거나 혹은 용매의 종류를 바꾸는 것과 같은 실험에 비해 이 제작법은 제시된 두께 변화 실험에 더 적절한 것으로 보인다. 활성층의 두께는 회전수 6,000 rpm에서 약 125 nm이고, 1,000 rpm (~280 nm)까지는 비선형적으로 증가한다. 스핀수가 낮은 막은 다소 균일도가 좋지 못하여 8개의 소자를 만들고, 그 결과를 평균하였다. 벌크 이종접합 태양전지의 활성층 두께 대비 효율이 [그림 10.27]에 나타나 있다. 두께 125 nm에서 효율은 약 2.5%이고, 두께가 280 nm로 증가하면 1.7%로 떨어진다.

비교 목적으로, I_{sc}, V_{oc}, FF와 +2 V에서의 주입 전류 밀도가 [그림 10.28]에 나타나 있다. 단락전류 밀도의 평균값은 활성층의 두께가 증가하면 약간 증가한다.

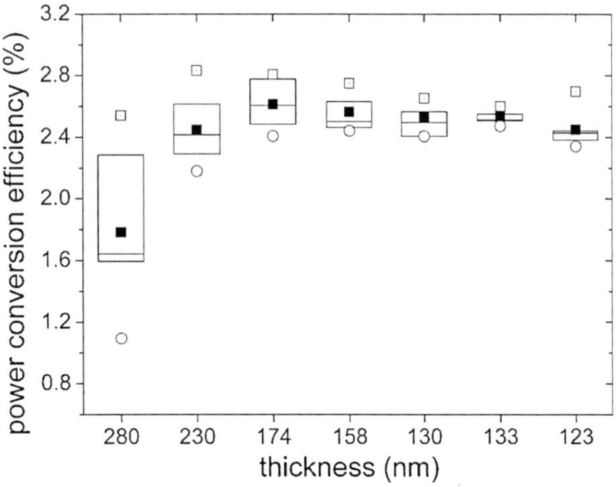

그림 10.27 MDMO-PPV:PCBM 태양전지의 두께에 따른 평균 변환 효율.

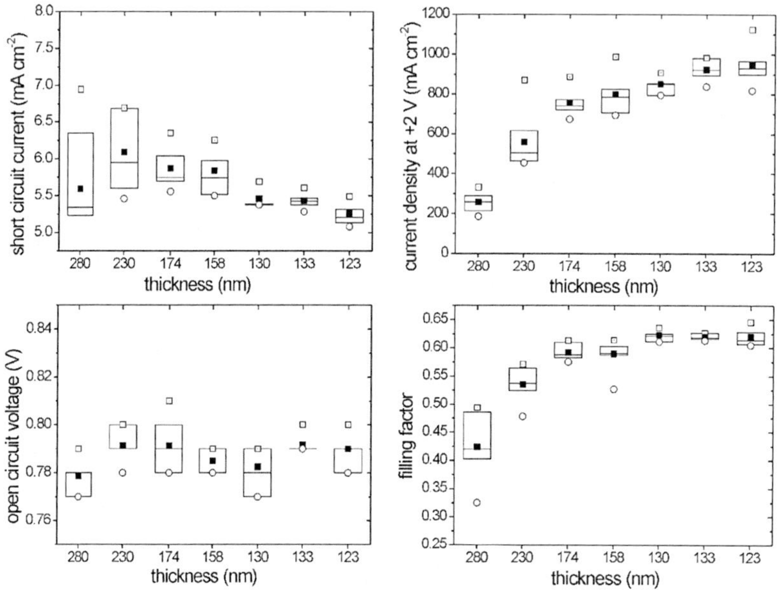

그림 10.28 MDMO-PPV:PCBM 태양전지의 제조 시 스핀코팅 속도에 따른 I_{sc}, V_{oc}, FF와 +2 V에서의 주입 전류밀도

그 최대는 두께 225 nm(~6 mA cm^{-2})일 때이고, 280 nm에서는 약간 떨어진다. 측정된 V_{oc}는 모든 활성층의 두께에서 일정하게 ~800 mV이다. 반면에 충진율은 활성층의 두께가 증가하면 0.6에서 0.4로 일정하게 떨어지는데, 이는 +2 V에서의 주입 전류 밀도 감소 경향과 잘 일치한다. 이 데이터로부터 확인할 수 있는 것은, 280 nm에서의 효율 감소는 주로 충진율 감소에 기인한 것이며, 단락전류가 약간 감소하는 것에 비해 더 크게 감소한다는 것이다.

활성층의 두께 변화에 따른 소자의 빛 조사하에서의 전류밀도-전압 곡선이 [그림 10.29]이다. J-V 곡선은 [그림 10.15]에 있는 간단한 'one diode' 모델의 개정판으로 분석한 것인데, 모델의 개정판은 P3HT:PCBM 블렌드 기반의 벌크 이종접합 태양전지의 J-V 곡선이 빛 조사 강도에 따라 변하는 것을 설명하기 위해 Schilinsky 등이 도입한 것이다[83]. 이 모델은 전극에서의 생성된 광전하 캐리어들의 수집이 인가된 전압(V_{ext})에 의존하여 감소하는 것을 고려한 것이다. 외부 전압이 플랫 밴드(flat band) 조건이 되도록 증가하면 소자에서의 전기장은 감소한다. 따라서 감소된 표류거리 $l_d=\mu\times\tau\times(V_{oc}-V_{ext})/d$ 내에서 생성된 전하 캐리어들만이 단락 광전류에 기여한다. 다른 말로 하면 식 (10.8)의 광전류는 일정하지 않고, 인가전압(V_{ext})에 의존한다.

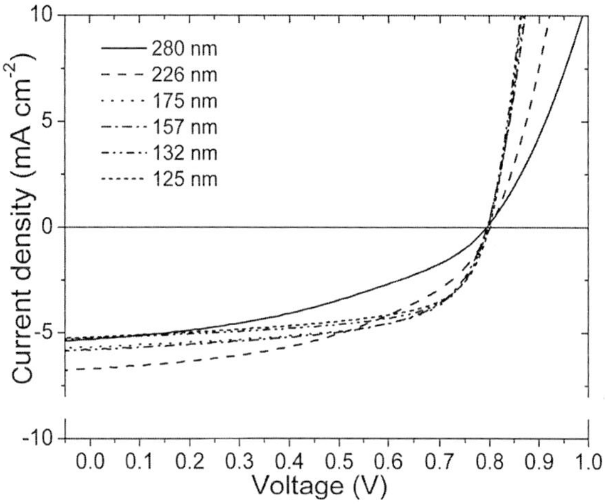

그림 10.29 활성층의 두께 변화에 따른 벌크 이종접합 태양전지의 빛 조사 하에서의 전류밀도-전압 곡선.

이 모델로부터 추정가능한 중요한 점은, $V_{ext} > V_{oc}$이면 광전류의 부호가 바뀌고, V_{ext}가 V_{oc} 쪽으로 증가하면 단락전류는 감소한다는 것이다. 게다가 125 nm 두께를 가진 소자의 높은 충진율은, 소자 전체로부터 생성된 캐리어들의 대부분을 포집할 때, 단지 작은 전기장($V_{oc}-V_{ext}$)/d으로 충분하다는 것을 가리킨다(0.6 V에서 광전류는 ~5 mA cm^{-2}, 이는 0.2 V/125 nm 전기장에 해당). 반면에 광전류밀도는, 소자의 두께가 226 nm 까지 증가할 때 ~0.1 V(0.7 V/226 nm 전기장에 해당)까지 꾸준히 증가한다.

수명이 긴 전하 캐리어들의 $\mu\tau$ 곱은 photo-CELIV 기법으로 결정된 값을 사용하여 계산된다.

$$\mu \times \tau_B = 2\times 10^{-4}\text{cm}^2\text{V}^{-1}\text{s}^{-1} \times 2\times 10^{-6}\text{s} = 4\times 10^{-8}\text{cm}^2\text{V}^{-1} \qquad (10.12)$$

활성층($d < l_d$)의 최대 두께는 다음으로 계산된다.

$$d = \sqrt{\mu\times\tau\times V_{oc}} = \sqrt{8\times 10^{-10}\text{cm}^2\text{V}^{-1}\times 0.8\,\text{V}} = 180\text{ nm} \qquad (10.13)$$

이 결과에 의하면 수명이 긴 전하 캐리어들의 대부분은 활성층의 두께가 180 nm를 초과하지 않는 한 태양전지 소자의 외부 전극에서 수집된다. 다른 말로는 전하 캐리어들의 두 분자 재결합이 소자의 단락전류를 제한하여서는 아니 된다는 것이다. 수명이 긴(μs~ms) 전하 캐리어들의 표류 거리를 계산하면 [그림 10.28]의 실험실적 관찰과 일치하는데, 이는 수명이 긴 전하 캐리어들의 대부분이 작동 중인 벌크 이종접합 태양전지에서 수집된다는 것을 의미한다. 이 결론은 광전류밀도가 빛의 세기에 의존한다는 관찰에 의해서도 뒷받침된다[31]. 보통 1에 가까운 비례 계수(scaling factor)가 관찰되는데, 이는 단락전류가 두 분자 재결합과 같은 2차 재결합 프로세스에 의해 제한받지 않는다는 것을 가리킨다.

10.5 요 약

최신의 특성분석 기술과 새로운 소재에 초점을 두고 벌크 이종접합 태양전지의 과학기술에 대해 살펴보았다. 상호 관통하며 상 분리된 네트워크의 나노모폴로지와 벌크 이종접합 태양전지의 효율 사이의 상관성을 연구하기 위해 다양한 현미경(AFM, SEM, TEM) 기법들이 이용되었다. 다양한 이동도 측정기법((FET, SCL 전류측정, and ToF)들을 사용하여, 전자와 정공 전달 상(phase)의 상호관통 네트워크 내에서 전하 캐리어의 이동도를 결정하였다. Photo-CELIV라는 새로운 기법을 이용하여 벌크 이종접합 태양전지의 전하 캐리어 이동도(μ)와 수명(τ)을 동시에 결정할 수 있었다. 얻어진 $\mu\tau$값들은 여러 다른 활성층의 두께를 가지는 벌크 이종접합 태양전지로부터 관찰된 성능과 일치하였다. 현재 벌크 이종접합 태양전지의 주된 이슈는 낮은 에너지의 태양광 스펙트럼 영역에서의 흡수에 한계가 있다는 점이다. 좁은 밴드갭 폴리머와 빛 흡수 풀러렌을 포함하는 최근의 기술 개발에 대해 요약하였다.

참고문헌

[1] C. W. Tang, Two-layer organic photovoltaic cell, *Appl. Phys. Lett.*, **48**, 183 (1986).

[2] M. Pope and C. E. Swenberg, *Electronic Processes in Organic Crystals and Polymers*, 2nd edn, Oxford University Press, New York, 1999.

[3] *Primary photoexcitations in conjugated polymers: Molecular excitons versus semiconductor band model*, N. S. Sariciftci (Ed.), World Scientific, Singapore, 1997.

[4] V. I. Arkhipov and H. Bässler, Exciton dissociation and charge photogeneration in pristine and doped conjugated polymers, *Phys. Stat. Sol. (a)*, **201**, 1152 (2004).

[5] P. Peumans, A. Yakimov, and S. R. Forrest, Small molecular weight organic thin film photodetectors and solar cells, *J. Appl. Phys.*, **93**, 93 (2003).

[6] H. Shirakawa, E. J. Louis, A. G. MacDiarmid, C. K. Chiang, and A. J. Heeger, Synthesis of electrically conducting organic polymers: halogen derivatives of polyacetylene (CH)x, *J. Chem. Soc. Chem. Comm.*, **16**, 578 (1977).

[7] A. J. Heeger, S. Kivelson, J. R. Schrieffer, and W. P. Su, Solitons in Conductive Polymers, *Rev. Mod. Phys.*, **60**, 781 (1988).

[8] H. Tomozawa, D. Braun. S. Phillips, and A. J. Heeger, Metal-polymer Schottky barriers on cast films of soluble poly(3-alkylthiophenes), *Synth. c. Metals*, **22**, 63 (1987).

[9] R. H. Friend, R. W. Gymer, A. B. Holmes, J. H. Burroughes, R. N. Marks, C. Taliani, D. D. C. Bradley, D. A. Dos Santos, J. L. Brédas, M. Lögdlund, and W. R. Salaneck, Electroluminescence in conjugated polymers, *Nature*, **121**, 397 (1999).

[10] Z. Bao, A. Dodabalapur, and A. J. Lovinger, Soluble and processable poly(3-hexylthiophene) for thin films field-effect applications with high mobility, *Appl. Phys. Lett.*, **69**, 4108 (1996).

[11] C. J. Brabec, N. S. Sariciftci, and J. C. Hummelen, Plastic Solar Cells, *Adv. Funct. Mater.*, **11**, 15 (2001).

[12] N. S. Sariciftci, L. Smilowitz, A. J. Heeger, and F. Wudl, Photoinduced electron transfer from a conducting polymer to buckminsterfullerene, *Science*, **258**, 1474 (1992).

[13] H. W. Kroto, A. W. Allaf, and S. P. Balm, C_{60}: Buckminsterfullerene, *Chem. Rev.*, **91**, 1213 (1991) and refs. therein.

[14] N. S. Sariciftci and A. J. Heeger, Photophysics, charge separation and device applications of conjugated polymer/fullerene composites in *Handbook of Conductive Molecules and Polymers*, H. S. Nalwa (Ed.), Vol. 1, John Wiley & Sons Ltd, 1997.

[15] L. Smilowitz, N. S. Sariciftci, R. Wu, C. Gettinger, A. J. Heeger, and F. Wudl, Photoexcitation spectroscopy of conducting-polymer-C_{60} composites: photoinduced electron transfer, *Phys. Rev. B*, **47**, 13835 (1993).

[16] X. Wei, Z. V. Vardeny, N. S. Sariciftci, and A. J. Heeger, Absorption-detected magnetic-resonance studies of photoexcitations in conjugated-polymer/C_{60} composites, *Phys. Rev. B*, **53**, 2187 (1996).

[17] B. Kraabel, D. McBranch, N. S. Sariciftci, D. Moses, and A. J. Heeger, Ultrafast spectroscopic studies of photoinduced electron transfer from semiconducting polymer to C_{60}, *Phys. Rev. B*, **50**, 1854 (1994).

[18] C. J. Brabec, G. Zerza, G. Cerullo, S. De Silvestri, S. Luzzati, J. C. Hummelen, and N. S. Sariciftci, Tracing photoinduced electron transfer process in conjugated polymer/fullerene bulk heterojunctions in real time, *Chem. Phys. Lett.*, **340**, 232 (2001).

[19] C. H. Lee, G. Yu, D. Moses, K. Pakbaz, C. Zhang, N. S. Sariciftci, A. J. Heeger, and F. Wudl, Sensitization of the photoconductivity of conducting polymers by C_{60}: photoinduced electron transfer, *Phys. Rev. B*, **48**, 15425 (1993).

[20] V. Dyakonov, G. Zoriniants, M. Scharber, C. J. Brabec, R. A. J. Janssen, J. C. Hummelen, and N. S. Sariciftci, Photoinduced charge carriers in conjugated polymer–fullerene composites studied with light-induced electron-spin resonance, *Phys. Rev. B*, **59**, 8019 (1999).

[21] N. A. Schultz, M. C. Scharber, C. J. Brabec, and N. S. Sariciftci, Low-temperature recombination kinetics of photoexcited persistent charge carriers in conjugated polymer/fullerene composite films, *Phys. Rev. B*, **64**, 245210 (2001).

[22] I. Montanari, A. F. Nogueira, J. Nelson, J. R. Durrant, C. Winder, M. A. Loi, and N. S. Sariciftci, Transient optical studies of charge recombination dynamics in a polymer/fullerene composite at room temperature, *Appl. Phys. Lett.*, **81**, 3001 (2002).

[23] N. S. Sariciftci, D. Braun, C. Zhang, V. I. Srdanov, A. J. Heeger, G. Stucky, and F. Wudl, Semiconducting polymer-buckminsterfullerene hererojunctions: diodes, photodiodes, and photovoltaic cells, *Appl. Phys. Lett.*, **62**, 585 (1993).

[24] S. E. Shaheen, C. J. Brabec, N. S. Sariciftci, F. Padinger, T. Fromherz, and J. C. Hummelen, 2.5% efficient organic plastic solar cells, *Appl. Phys. Lett.*, **78**, 841 (2001).

[25] C. J. Brabec, F. Padinger, J. C. Hummelen, R. A. J. Janssen, and N. S. Sariciftci, Realization of large area flexible fullerene – conjugated polymer photocells: a route to plastic solar cells, *Synth. Metals*, **102**, 861 (1999).

[26] S. E. Shaheen, R. Radspinner, N. Peyghambarian, and G. E. Jabbour, Fabrication of bulk heterojunction plastic solar cells by screen printing, *Appl. Phys. Lett.*, **79**, 2996 (2001).

[27] T. Ishikawa, M. Nakamura, K. Fujita, and T. Tsutsui, Preparation of organic bulk heterojunction photovoltaic cells by evaporative spray deposition from ultradilute solution, *Appl. Phys. Lett.*, **84**, 2424 (2004).

[28] M. Al-Ibrahim, H. K. Roth, and S. Sensfuss, Efficient large area polymer solar cells on flexible substrates, *Appl. Phys. Lett.*, **85**, 1481 (2004).

[29] I. D. Parker, Carrier tunneling and device characteristics in polymer light-emitting diodes, *J. Appl. Phys.*, **75**, 1656 (1994).

[30] I. H. Campbell, T. W. Hagler, D. L. Smith, and J. P. Ferraris, Direct measurement of conjugated polymer electronic excitation energies using metal–polymer–metal structures, *Phys. Rev. Lett.*, **76**, 1900 (1996).

[31] I. Riedel, J. Parisi, V. Dyakonov, L. Lutsen, D. Vanderzande, and J. C. Hummelen, Effect of temperature and illumination on the electrical characteristics of polymer-fullerene bulk-heterojunction solar cells, *Adv. Func. Mater.*, **14**, 38 (2004).

[32] 4.1 eV determined by cyclic voltammetry (CV) in solution, see ref. 34.

[33] 4.3 eV determined by Electrochemical Voltage Spectroscopy (EVS) in solid films, see ref. 34.

[34] David Mühlbacher, Comparative study of the electrochemical and the optical band gap of organic semiconductors, MSc Thesis, Johannes Kepler University Linz, Austria (2003).

[35] C. J. Brabec, A. Cravino, D. Meissner, N. S. Sariciftci, T. Fromherz, M. T. Rispens, L. Sanchez, and J. C. Hummelen, Origin of the open circuit voltage of plastic solar cells, *Adv. Func. Mater.*, **11**, 374 (2001).

[36] C. M. Heller, I. H. Campbell, D. L. Smith, N. N. Barashkov, and J. P. Ferraris, Chemical potential pinning due to equilibrium electron transfer at metal–C60-doped polymer interfaces, *J. Appl. Phys.*, **81**, 3227 (1997).

[37] V. D. Mihailetchi, P. W. M. Blom, J. C. Hummelen, and M. T. Rispens, Cathode dependence of the open circuit voltage of polymer: fullerene bulk heterojunction solar cells, *J. Appl. Phys.*, **94**, 6849 (2003).

[38] A. Gadisa, M. Svensson, M. R. Anderson, and O. Inganäs, Correlation between oxidation potential and open-circuit voltage of composite solar cells based on blends of polythiophenes–fullerene derivative, *Appl. Phys. Lett.*, **84**, 1609 (2004).

[39] T. Martens, J. D'Haen, T. Munters, Z. Beelen, L. Goris, J. Manca, M. D'Olieslaeger, D. Vanderzande, L. De Schepper, and R. Andriessen, Disclosure of the nanostructure of MDMO-PPV:PCBM bulk hetero-junction organic solar cells by a combination of SPM and TEM, *Synth. Metals*, **138**, 243 (2003).

[40] J. K. J. van Duren, X. Yang, J. Loos, C. W. T. Bulle-Lieuwma, A. B. Sieval, J. C. Hummelen, and R. A. J. Janssen, Relating the morphology of poly(p-phenylene vinylene)–methanofullerene blends to solar-cell performance, *Adv. Funct. Mater.*, **14**, 425 (2004).

[41] H. Hoppe, M. Niggemann, C. Winder, J. Kraut, R. Hiesgen, A. Hinsch, D. Meissner, and N. S. Sariciftci, Nanoscale morphology of conjugated polymer–fullerene-based bulk-heterojunction solar cells, *Adv. Funct. Mater.*, **14**, 1005 (2004).
[42] T. Martens, Z. Beelen, J. D'Haen, T. Munters, L. Goris, J. Manca, M. D'Olieslaeger, D. Vanderzande, L. De Schepper, and R. Andriesssen, Morphology of MDMO-PPV:PCBM bulk heterojunction organic solar cells studied by AFM, KFM, and TEM, *Proc. of SPIE*, Vol. 4801 (2002).
[43] A. Cravino and N. S. Sariciftci, Double-cable polymers for fullerene based organic optoelectronic applications, *J. Mater. Chem.*, **12**, 1931 (2002), and refs. therein.
[44] A. Cravino and N. S. Sariciftci, Molecules as bipolar conductors, *Nature Mat.*, **2**, 360 (2003).
[45] C. Winder and N. S. Sariciftci, Low bandgap polymers for photon harvesting in bulk heterojunction solar cells, *J. Mater. Chem.*, **14**, 1077 (2004).
[46] J. Roncali, Synthetic principles for bandgap control in linear conjugated systems, *Chem. Rev.*, **97**, 173 (1997).
[47] M. M. Murray and A. B. Holmes, Poly(arylene vinylene)s – synthesis and applications in semiconducting devices, in *Semiconducting Polymers: Chemistry, Physics and Engineering*, G. Hadziioannou and P. F. van Hutten (Eds.), Wiley VCH, Weinheim 2000.
[48] H. Fuchigami, A. Tsumura, and H. Koezuka, Polythienylenevinylene thin film transistor with high carrier mobility, *Appl. Phys. Lett.*, **63**, 1372 (1993).
[49] M. S. Dresselhaus, G. Dresselhaus, and P. C. Eklund, *Science of Fullerenes and Carbon Nanotubes*, Academic Press, USA (1996).
[50] C. Waldauf, P. Schilinsky, J. Hauch, and C. J. Brabec, Material and device concepts for organic photovoltaics: towards competitive efficiencies, *Thin Solid Films*, **451–452**, 503 (2004).
[51] H. Scher and E. W. Montroll, Anomalous transit-time dispersion in amorphous solids, *Phys. Rev. B*, **12**, 2455 (1975).
[52] G. Juška, K. Genevičius, K. Arlauskas, R. Österbacka, and H. Stubb, Charge transport at low electric fields in π-conjugated polymers, *Phys. Rev. B*, **65**, 233208 (2002).
[53] G. Juška, K. Arlauskas, M. Viliūnas, and J. Kočka, Extraction current transients: a new method of study of charge transport in microcrystalline silicon, *Phys. Rev. Lett.*, **84**, 4946 (2000).
[54] G. H. Gelinck, J. M. Warman, and G. J. Staring, Polaron pair formation, migration, and decay on photoexcited poly(phenylenevinylene) chains, *J. Phys. Chem.*, **100**, 5485 (1996).
[55] H. Bässler, Charge transport in random organic semiconductors, in *Semiconducting Polymers: Chemistry, Physics and Engineering*, G. Hadziioannou and P. F. van Hutten, (Eds.), Wiley VCH, Weinheim 2000.
[56] S. Nagamatsu, S. S. Pandey, W. Takashima, T. Endo, M. Rikukawa, and K. Kaneto, Photocurrent transport in processable poly(3-alkylthiophene), *Synth. Metals*, **121**, 1563 (2001).
[57] T.-A. Chen, X. Wu, and R. D. Rieke, Regiocontrolled synthesis of poly(3-alkylthiophenes) mediated by zinc: their characterization and solid-state properties, *J. Am. Chem. Soc.*, **117**, 233 (1995).
[58] H. Sirringhaus, P. J. Brown, R. H. Friend, M. M. Nielsen, K. Bechgaard, B. M. W. Langeveld-Voss, A. J. H. Spiering, R. A. J. Janssen, E. W. Meijer, P. Herwig, and D. M. de Leeuw, Two-dimensional charge transport in self-organized, high mobility conjugated polymers, *Nature*, **401**, 685 (1999).
[59] Z. Bao, A. Dodabalapur, and A. J. Lovinger, Soluble and processable poly(3-hexylthiophene) for thin films field-effect applications with high mobility, *Appl. Phys. Lett.*, **69**, 4108 (1996).
[60] H. C. F. Martens, P. W. M. Blom, and H. F. M. Schoo, Comparative study of hole transport in poly(p-phenylene vinylene) derivatives, *Phys. Rev. B*, **61**, 7489 (2000).
[61] L. Lutsen, P. Adriaensens, H. Becker, A. J. van Breemen, D. Vanderzande, and J. Gelan, New synthesis of a soluble high molecular weight poly(arylene vinylene): poly[2-methoxy-5-(3,7-dimethyloctyloxy)-p-phenylene vinylene]. Polymerization and device Properties, *Macromolecules*, **32**, 6517 (1999).
[62] A. J. Mozer, P. Denk, M. C. Scharber, H. Neugebauer, N. S. Sariciftci, P. Wagner, L. Lutsen, and D. Vanderzande, Novel regiospecific MDMO-PPV copolymer with improved charge transport for bulk heterojunction solar cells, *J. Phys. Chem. B*, **108**, 5235 (2004).

[63] A. J. Mozer, P. Denk, M. C. Scharber, H. Neugebauer, N. S. Sariciftci, P. Wagner, L. Lutsen, D. Vanderzande, A. Kadashchuk, R. Staneva, and R. Resel, Novel regiospecific MDMO-PPV polymers with improved charge transport properties for bulk heterojunction solar cells, *Synth. Metals*, **153**, 81 2005.

[64] H. Bässler, Charge transport in disordered organic photoconductors, *Phys. Stat. Sol. (b)*, **175**, 15 (1993).

[65] F. Padinger, R. S. Rittberger, and N. S. Sariciftci, Effects of postproduction treatment on plastic solar cells, *Adv. Funct. Mater.*, **13**, 1 (2003).

[66] P. Schilinsky, C. Waldauf, and C. J. Brabec, Recombination and loss analysis in polythiophene based bulk hererojunction photodetectors, *Appl. Phys. Lett.*, **81**, 3885 (2002).

[67] Z. Bao, A. Dodabalapur, and A. J. Lovinger, Soluble and processable regioregular poly(3-hexylthiophene) for thin film field-effect transistor applications with high mobility, *Appl. Phys. Lett.*, **69**, 4108 (1996).

[68] M. S. A. Abdou, F. P. Orfino, Z. W. Xie, M. J. Deen, and S. Holdcroft, Reversible charge transfer complexes between molecular oxygen and poly(3-alkylthiophene)s, *Adv. Mater.*, **6**, 838 (1994).

[69] S. Hoshino, M. Yoshida, S. Uemura, T. Kodzasa, N. Takada, T. Kamata, and K. Yase, Influence of moisture on device characteristics of polythiophene-based field-effect transistors, *J. Appl. Phys.*, **95**, 5088 (2004).

[70] M. M. Erwin, J. McBride, A. V. Kadavanich, and S. J. Rosenthal, Effects of impurities on the optical properties of poly-3-hexylthiophene thin films, *Thin Solid Films*, **409**, 198 (2002).

[71] A. Peled and L. B. Schein, Hole mobilities that decrease with increasing electric fields in a molecularly doped polymer, *Chem. Phys. Lett.*, **153**, 422 (1988).

[72] M. Novo, M. van der Auweraer, F. C. DeSchyver, P. M. Borsenberger, and H. Bässler, Anomalous field dependence of the hole mobility in a molecular doped polymer, *Phys. Stat. Sol. (b)*, **177**, 223 (1993).

[73] H. Kageyama, K. Ohnishi, S. Nomura, and Y. Shirota, Negative electric-field dependence of hole mobility for a molecular glass of tri(o-terphenyl-4-yl) amine, *Chem. Phys. Lett.*, **277**, 137 (1997).

[74] I. I. Fishchuk, A. Kadashchuk, H. Bässler and M. Abkowitz, Low field charge-carrier hopping transport in energetically and positionally disordered organic materials, *Phys. Rev. B*, **70**, 245212 2004.

[75] A. J. Mozer and N. S. Sariciftci, Negative electric field dependence of charge carrier drift mobility in conjugated, semiconducting polymers, *Chem. Phys. Lett.*, **389**, 438 (2004).

[76] P. M. Borsenberger, R. Richert, and H. Bässler, Dispersive and nondispersive charge transport in a molecularly doped polymer with superimposed energetic and positional disorder, *Phys. Rev. B*, **47**, 4289 (1993).

[77] A. J. Mozer, N. S. Sariciftci, A. Pivrikas, R. Österbacka, G. Juška, L. Brassat, and H. Bässler, Charge carrier mobility in regioregular poly(3-hexylthiophene) probed by transient conductivity techniques: a comparative study, *Phys. Rev. B*, **71**, 035214 (2005).

[78] A. Hirao, H. Nishizawa, and M. Sugiuchi, Diffusion and drift of charge carriers in molecularly doped polymers, *Phys. Rev. Lett.*, **75**, 1787 (1995).

[79] S. A. Choulis, J. Nelson, Y. Kim, D. Poplavskyy, T. Kreouzis, J. R. Durrant, and D. D. C. Bradley, Investigation of transport properties in polymer–fullerene blends using time-of-flight photocurrent measurements, *Appl. Phys. Lett.*, **83**, 3812 (2003).

[80] W. Geens, T. Martens, J. Poortmans, T. Aernouts, J. Manca, L. Lutsen, P. Heremans, S. Borghs, R. Mertens, and D. Vanderzande, Modelling the short-circuit current of bulk heteojunction solar cells, *Thin Solid Films*, **451–452**, 498 (2004).

[81] V. D. Mihailetchi, J. K. J. van Duren, P. W. M. Blom, J. C. Hummelen, R. A. J. Janssen, J. M. Kroon, M. T. Rispens, W. J. H. Verhees, and M. M. Wienk, Electron transport in a methanofullerene, *Adv. Func. Mater.*, **13**, 43 (2003).

[82] S. A. Choulis, J. Nelson, S. M. Tuladhar, S. Cook, Y. Kim, J. R. Durrant, and D. D. C. Bradley, Transport and recombination dynamics studies of polymer–fullerene based solar cells, *Macromol. Symph.*, **205**, 1 (2004).

[83] P. Schilinsky, C. Waldauf, J. Hauch, and C. J. Brabec, Simulation of light intensity dependent current characteristics of polymer solar cells, *J. Appl. Phys.*, **95**, 2816 (2004).
[84] H. Sirringhaus, P. J. Brown, R. H. Friend, M. M. Nielsen, K. Bechgaard, B. M. W. Langeveld-Voss, A. J. H. Spiering, R. A. J. Janssen, E. W. Meijer, P. Herwig, and D. M. de Leeuw, Two-dimensional charge transport in self-organized, high mobility conjugated polymers, *Nature*, **401**, 685 (1999).
[85] M. C. Scharber, C. Winder, H. Neugebauer, and N. S. Sariciftci, Anomalous photoinduced absorption of conjugated polymer–fullerene mixtures at low temperatures and high frequencies, *Synth. Metals*, **141**, 109 (2004).
[86] C. Arndt, U. Zhokhavets, G. Bobsch, C. Winder, C. Lungenschmied, and N. S. Sariciftci, Investigation of excited states in polymer–fullerene solar cells by means of photoinduced reflection-absorption spectroscopy, *Thin Solid films*, **451–452**, 60 (2004).
[87] A. F. Nogueira, I. Montanari, J. Nelson, J. R. Durrant, C. Winder, N. S. Sariciftci, and C. J. Brabec, Charge recombination in conjugated polymer–fullerene blended films studied by transient absorption spectroscopy, *J. Phys. Chem. B*, **107**, 1567 (2003).
[88] A. J. Mozer, N. S. Sariciftci, L. Lutsen, D. Vanderzande, R. Österbacka, M. Westerling, and G. Juška, Charge transport and recombination in bulk heterojunction solar cells studied by the photoinduced charge extraction in a linearly increasing voltage technique, *App. Phys. Lett.*, **86**, 112104 (2004).
[89] A. J. Mozer, G. Dennler, N. S. Saricitfci, M. Westerling, A. Pivrikas, R. Österbacka, and G. Juška, Time-dependent mobility and recombination of the photoinduced charge carriers in conjugated polymer/fullerene bulk heterojunction solar cells, *Phys. Rev.* B, **72**, 035217 (2005).

찾아보기 INDEX

【 ㅈ 】

【 ㅊ 】

【 ㅌ 】

【 ㅍ 】

【 ㅎ 】

【 기타 】

정가 39,000원

박막 태양전지

2012년 2월 25일 초판 인쇄
2012년 2월 29일 초판 발행

저 자 : Jef Poortmans and Vladimir Arkhipov
역 자 : 윤경훈 · 안병태 · 문상진 · 김동환
발행자 : 우명찬 · 송 준
발행처 : 홍릉과학출판사
주 소 : ㊙ 142-885 서울시 강북구 인수동 455-60
등 록 : 1976년 10월 21일 제5-66호
전 화 : 999-2274~5, 903-7037
팩 스 : 905-6729
ISBN : 978-89-97570-10-2

hongpub@hongpub.co.kr
www.hongpub.co.kr

역자와의 협의하에 인지생략